Physik und Chemie.

Gemeinfaßliche Darstellung ihrer

Erscheinungen und Lehren.

Von

Dr. B. Weinstein.

Mit 34 in den Text gedruckten Figuren.

Berlin.

Verlag von Julius Springer.

1898.

ISBN-13: 978-3-642-98147-0   e-ISBN-13: 978-3-642-98958-2
DOI: 10.1007/978-3-642-98958-2

Vorwort.

Ein Werk, das ich vor einigen Jahren zur Unterweisung rein praktisch beschäftigter Männer herausgegeben habe, ist von Fachgenossen und Fremden so günstig beurtheilt worden, daß der Wunsch entstand, es einem größeren Publikum zugänglich zu machen. Die Verlagshandlung ist mit Bereitwilligkeit auf diesen Wunsch eingegangen, wiewohl es sich dabei um eine vollständige Neuausgabe des Werkes handelte. Ich habe die Umarbeitung, beengt und behindert durch Dienstgeschäfte, in ziemlich mühseliger und oft unterbrochener Arbeit bewerkstelligt, hoffe jedoch, daß der Leser das Buch trotzdem glatt und einheitlich geschrieben findet, denn auf Güte des Stils und lebhafte Ausdrucksweise habe ich ganz besonderen Fleiß verwendet. Die Umarbeitung ist in der Weise vorgenommen worden, daß alles fremdfachliche entfernt, dem Ganzen ein rein wissenschaftlicher Ton verliehen und der Inhalt vervollständigt wurde. Dadurch ist das Werk zu einem neuen Buche geworden, welches mit dem früheren in den meisten Theilen fast nur noch die Anordnung des Stoffes gemein hat. Die Vollständigkeit ist aber derartig erzielt, daß, wie ich glaube, kaum eine wichtigere Thatsache übergangen worden ist.

Indessen würde ich den erstrebten Zweck für vollständig verfehlt erachten, wenn der Leser in meinem Buche nichts weiter fände als eine mehr oder weniger geschickte und gute Zusammenstellung der bekannten Thatsachen auf den betreffenden Wissensgebieten. Mein Hauptwunsch war, diese Thatsachen mit einander zu einem einheitlichen Ganzen zu verbinden und — soweit dieses gegenwärtig möglich ist — gedanklich zu einer Naturanschauung zu verarbeiten. Ich habe darum besonderen Werth gelegt auf die an die Mittheilung der Thatsachen sich anschließenden Diskussionen über ihre Bedeutung für unsere

Einsicht in das Getriebe der Natur und für die Ableitung höherer Gesichtspunkte. Denn die Verwerthung des Einzelnen für das Allgemeine halte ich für eine Hauptaufgabe der Wissenschaft, deren sich am wenigsten entschlagen darf, wer für die breiten Massen des Volkes zu schreiben unternimmt. Daß man dabei immer noch „populär", verständlich, bleiben kann, hoffe ich in diesem Buche, das wahrlich nicht die leichtesten Wissensgebiete behandelt, dargethan zu haben. Der Forscher bedarf der Phantasie und des Enthusiasmus so gut wie der Künstler, wenn er auch damit etwas haushälterischer walten muß wie dieser. Er ist deshalb keineswegs zu tadeln, wenn er über dasjenige hinausgeht, was ihm die Erfahrung unmittelbar bietet, und die Gedanken, welche die Auffassung der Thatsachen in ihm erregt hat, mit einer gewissen Begeisterung, die von absoluter Voreingenommenheit weit entfernt sein kann, bis zu höheren Konsequenzen verfolgt. Wissenschaft schließt Wissen, Forschen und Denken ein, und die wesentlichsten Fortschritte unserer Wissenschaft sind auf Grund oft geringfügiger Erfahrungen durch umfassendes Denken wie intuitiv bewirkt worden. Gesichert freilich können sie nur durch Thatsachen werden. Ich habe jedoch nicht versäumt stets auf die noch vorhandenen Lücken in unserem Wissen oder in unserem Erkennen hinzuweisen und die Begriffsbestimmungen sind so scharf als möglich gehalten. Im übrigen darf ich auf die Vorbemerkung zum eigentlichen Inhalt des Buches verweisen, die ich den Leser recht sorgfältig zu lesen bitte.

Ein sehr eingehend bearbeitetes Sachregister gestattet das Buch auch als Nachschlagewerk zu benutzen, was freilich gegen meine Intentionen gehen würde. Außerdem giebt ein Inhaltsverzeichniß über den im Buche enthaltenen Stoff Auskunft. Die Namen der auf unseren Wissensgebieten thätigen Forscher und Gelehrten bitte ich den Leser aus dem Texte selbst zu entnehmen; es schien mir nicht passend, sie alphabetisch zusammenzustellen.

Die Verlagshandlung hat ihrer Gepflogenheit entsprechend für beste Ausstattung des Buches gesorgt.

Berlin, im November 1897.

Weinstein.

Inhaltsverzeichniß.

Seite

Erster Theil.

Allgemeine Eigenschaften

und

Zusammensetzung der Körper.

Gegenstand der vorzutragenden Lehren, Theorie und Praxis.

Chemie und Physik sind Geschwisterwissenschaften und beziehen sich beide auf gewisse Verhältnisse der uns umgebenden Körperwelt und auf Vorgänge in der nicht belebten und zum Theil auch auf solche in der belebten Natur. Die Chemie beschäftigt sich mit der Materie der Körper, die Physik mit den an dieser Materie auftretenden Erscheinungen. Ihre Arbeitsgebiete sind jedoch nicht scharf gegeneinander abgegrenzt, eine namentlich in der neueren Zeit zu großer Ausdehnung gelangte Reihe von Untersuchungen gehört beiden Wissenschaften an und wird als Physikalische Chemie bezeichnet.

Die Lehren der Chemie und Physik bestehen, wie die einer jeden Wissenschaft überhaupt aus zwei Theilen, der eine bezieht sich auf die Erfahrung, der andere auf die daraus zu ziehenden Schlüsse und Erklärungen. Der erfahrungsmäßige Theil ist die feste Grundlage und enthält lediglich die Beobachtungen, die man an den Gegenständen des Studiums gemacht hat. Er bildet also eine Sammlung dieser zufällig oder systematisch ausgeführten Beobachtungen, in ähnlicher Weise wie eine Sammlung wirklicher Gegenstände, Gemälde, Pflanzen u. s. f. Da aber eine solche Sammlung, wenn sie sehr viele Beobachtungen betrifft — und die genannten Wissenschaften verfügen über Zehntausende solcher Beobachtungen — nach Willkür zusammengestellt, ganz unübersichtlich ist, hat man sich schon aus praktischen Gründen gezwungen gesehen nach Systemen zu suchen, mit Hilfe deren man sie leicht und übersichtlich ordnen und zu Gruppen zusammenfassen kann. Hierzu bedarf es bereits des zweiten Theiles der Lehren, denn diese Systeme beruhen auf Schlüssen. Nun sind diese Schlüsse allerdings aus den Beobachtungen selbst abgeleitet, allein da sie die Verbindung getrennter Gegenstände betreffen, stehen sie nicht entfernt so sicher wie die Beobachtungen selbst, sie sind hypothetischer Natur und

wechseln mit wachsender Erfahrung nnd oft auch mit der Vorliebe des betreffen=
den Verfassers für die eine oder andere Gruppirung der Thatsachen; daher die
vielen Systeme in den Wissenschaften. Indessen enthält der zweite Theil
der Lehren noch Darlegungen, die auf den ersten Blick als nicht des
Systematisirens wegen vorhanden zu sein, sondern höheren Rücksichten zu
dienen scheinen, nämlich solche, die sich auf Erklärung des Beobachteten
beziehen und die eigentlich sogenannten Hypothesen geben.

Es ist hier noch nicht der Ort, auf die an diese Zweitheilung sich
anschließenden Auseinandersetzungen einzugehen, die nicht allein eine Reihe
philosophischer Betrachtungen und Begriffsbestimmungen, sondern auch die
Kenntniß der erst vorzutragenden Lehren erfordern, doch kann zur vor=
läufigen Klarstellung einiges hinzugefügt werden.

Die sehr üblichen Bezeichnungen Praxis und Theorie für diese
zwei Theile der Wissenschaften sind, der Wortdeutung nach verstanden, nach
manchen Richtungen zu eng, nach andern zu weit, insbesondere darf man
nicht glauben, daß der erste, auf Sammlung von Beobachtungen sich be=
ziehende Theil stets unmittelbar Anwendung für die Praxis finden muß,
der zweite dagegen, als theoretischer, lediglich intellectuelle Bedeutung besitzt.
Im Gegentheil hat der zweite Theil für das Studium des Wissenszweiges
auch eminent praktische Bedeutung, da er das Studium erleichtert — viel=
fach überhaupt erst ermöglicht — und leitet, und nichts ist verkehrter und
in den Augen der Kundigen lächerlicher als die von Manchem zu seinem
eigenen Schaden zur Schau getragene Mißachtung der Theorie. Unter
„grauen“ Theorien hat unser größter Dichter nur die unfruchtbaren auf
werthlose Gegenstände sich beziehenden Spekulationen verstanden. Doch ist
es freilich schwer eine Grenze zu ziehen, und manches, was uns gegen=
wärtig werthlos zu sein scheint, hat in früheren Zeiten große, auch
praktische Bedeutung gehabt, wie umgekehrt vieles von dem, worauf wir
jetzt großen Scharfsinn verwenden, späterhin möglicher Weise bei Seite
gelegt werden wird. Aburtheilen aber ist nirgends weniger am Platze als
in der Wissenschaft.

Eine zweite Bemerkung bezieht sich darauf, daß die beiden Theile
nicht getrennt von einander behandelt werden können. Die Mittheilung
der Thatsachen scheint den daran sich anschließenden Auseinandersetzungen
stets vorausgehen zu müssen. Das ist auch bis zu einem gewissen Grade
richtig. Oft aber muß, um eben eine Leitung beim Studium zu haben,
der Kenntniß der Thatsachen vorgegriffen werden. Vielfach verweben sich
die beiden Theile in einander, was namentlich von den Darlegungen in
der Physik gilt.

Sodann ist hervorzuheben, daß alle Bestrebungen in den Wissen=
schaften auf eine möglichste Vermehrung der Thatsachen und eine möglichste
Verringerung der Erklärungsgrundlagen gerichtet sind. Ueber das erstere
besteht, abgesehen von Uebertreibungen, kein Zweifel; wir kennen die Natur
erst, seitdem wir angefangen haben Thatsachen im großen Stile zu sammeln.
Das zweite erfordert eine Erläuterung. Es gehört zu den Eigenschaften
unseres Geistes, alles Verwickelte und Mannigfaltige auf einfache Ver=
hältnisse zurückführen zu wollen, und wenn uns das gelungen ist, glauben
wir eine Erklärung gefunden zu haben. Allein der Streit entsteht nun
darüber, was eigentlich „einfache Verhältnisse" sind. Die Antwort hierauf
lautet je nach der geistigen Vorbildung, und insbesondere auch je nach dem
Stande der Kenntnisse sehr verschieden. Im Allgemeinen bemüht man
sich Alles auf Vorgänge zurückzuführen, die uns alltäglich umgeben, oder
mit denen wir zu der betreffenden Zeit besonders vertraut sind. Solche
Vorgänge scheinen uns „verständlich", weil wir ihrer gewohnt werden;
wir können sie uns Schritt für Schritt ins Gedächtniß zurückrufen, wenn
wir sie nicht sehen, sie uns also stets „vorstellen", wie wir uns einen
Gegenstand, den wir genügend oft gesehen haben, in den einzelnen Zügen
seiner Gestalt uns vorstellen. Ich werde das bei der Vorführung der
einzelnen Lehren näher erläutern; als Beispiel führe ich an, daß eine
Zeit lang der uns so geläufige Vorgang der Bewegung besonders einfach
schien und man deshalb andere Vorgänge wie die des Leuchtens, der
Wärme u. s. f. auf Bewegungen zurückzuführen gesucht hat. Gegenwärtig
sind uns die elektrischen und magnetischen Vorgänge durch die enormen
praktischen und wissenschaftlichen Anwendungen so vertraut, ja fast all=
täglich geworden, daß wir, wenn sonstige Gründe dafür noch vorliegen,
uns nicht mehr scheuen, andere Vorgänge durch diese zu erklären. Die
Wissenschaften sind niemals fertig, es wird fortwährend gebaut und nieder=
gerissen, und das Entstehen und Untergehen von Theorien ist oft dramatisch
bewegt.

Was die Mittel anbetrifft, die uns zum Betreiben unserer Wissen=
schaften zur Verfügung stehen, so sammeln wir Thatsachen, wie schon be=
merkt, durch Beobachten, Theorien durch Nachdenken auf Grund des Be=
obachteten. Das Beobachten richtet sich entweder auf Vorgänge in unserer
Umgebung, beispielsweise indem wir ein Gewitter in seinen einzelnen Er=
scheinungen verfolgen oder den Lauf der Himmelskörper u. s. f., oder auf
Vorgänge, die wir nach unserer Willkür durch Versuche, Experimente
einleiten und fortführen. Entstanden sind unsere Wissenschaften wohl aus
der ersten Art von Beobachtungen, ihre außerordentliche Durcharbeitung

und Ausdehnung verdanken sie aber wesentlich dem Experiment. Die Vorgänge in der Natur sind auch gewöhnlich viel zu komplicirt und von viel zu vielen Nebenvorgängen begleitet, als daß sie sich leicht übersehen ließen, während in Experimenten die Anordnungen so getroffen werden, daß die Erscheinung, die man studiren will, möglichst rein zum Vorschein kommt. Neben dem Auffinden von Vorgängen überhaupt ist die möglichste Vereinfachung derselben eine Hauptaufgabe des Experiments.

Die theoretischen Betrachtungen richten sich auf Verknüpfen der Thatsachen und auf Erklären. Das Verknüpfen geschieht durch sogenannte Regeln oder Gesetze. Je mehr Thatsachen ein Gesetz beherrscht, desto größere Bedeutung messen wir ihm bei; welche ungeheure Tragweite wird beispielsweise dem Newton'schen Gravitationsgesetz zugeschrieben, weil es alle am Himmelszelt beobachteten Vorgänge mit einander zu einem System vereinigt! Wir werden noch mehrere derartige und andere noch viel umfassendere Gesetze kennen lernen, die man auch als Naturgesetze bezeichnet. Sie sind es, die auch praktisch oft enorme Bedeutung haben, sie gestatten, Erscheinungen voraus zu berechnen, was beim Laien oft das meiste Erstaunen hervorruft, dem Forscher aber eine selbstverständliche Forderung ist, die er an ein brauchbares Gesetz stellt. Mit den Gesetzen hängen auch die Erklärungen zusammen, doch kann ich hierauf zunächst nicht weiter eingehen.

Allgemeine Eigenschaften der Körper.

1. Die Aggregatzustände.

Homogenität, Isotropie, Heterogenität.

1. Die Gegenstände in der Natur sind entweder fest, oder flüssig, oder gasförmig; man unterscheidet deshalb feste Körper, Flüssigkeiten und Gase. Feste Körper leisten gegen jede Veränderung ihrer Form Widerstand, Flüssigkeiten und Gase thun dieses nur bei Angriffen nach gewissen Richtungen hin. Zwischen den festen Körpern und den Flüssigkeiten stehen in der Mitte die weichen Körper, wie beispielsweise Wachs, zwischen den Flüssigkeiten und Gasen die Dämpfe. Der weiche Zustand bildet also den Uebergang vom festen zum flüssigen, der dampfförmige denjenigen vom flüssigen zum gasförmigen. Jeder Körper kann sich je nach den Umständen in einem der fünf genannten Zuständen befinden. Diese Zustände, insbesondere der feste, flüssige und gasförmige Zustand, heißen auch Aggregatzustände. Ob ein Körper sich in dem einen oder dem anderen Zustand befindet, hängt hauptsächlich von seiner Wärme ab. Beispielsweise ist Wasser unter 0 Grad Wärme fest und heißt Eis, von 0 Grad bis es zu kochen anfängt ist es flüssig, darüber hinaus dampfförmig und zuletzt bei sehr hohen Temperaturen gasförmig.

2. Der Uebergang aus dem festen in den flüssigen Zustand heißt Schmelzung, aus dem flüssigen in den dampfförmigen Verdampfung oder Verdunstung. Den Uebergang aus dem dampfförmigen in den flüssigen nennt man Verflüssigung oder Kondensation, den aus dem flüssigen in den festen Gefrierung oder Erstarrung. Der ganze Vorgang vom Verdampfen bis zum Wiederverflüssigen heißt Destillation. Der Uebergang von dem einen Zustand in den anderen geschieht im Allgemeinen allmählich, oft jedoch auch so plötzlich, daß die Zwischenzustände garnicht zum Vorschein kommen. Namentlich gilt das von dem Uebergang

aus dem festen Zustand in den flüssigen, während zwischen dem flüssigen und gasförmigen der dampfförmige nicht fehlt. So giebt es z. B. kein weiches Eis als Uebergang vom festen Wasser zum flüssigen, wohl aber Wasserdampf als Uebergang vom flüssigen Wasser zum gasförmigen. Auch kommt es vor, daß feste Körper gleich in den dampfförmigen oder gasförmigen Zustand übergehen können, ohne erst flüssig zu werden, sie verdunsten dann ebenso wie Wasser. Dieses ist z. B. der Fall beim Eis, manchen Metallen und bei vielen starkriechenden Körpern, wie Kampher. Wir nennen solche Körper flüchtige und den unvermittelten Uebergang vom festen Zustand in den dampfförmigen die Verflüchtigung. Der ganze Vorgang vom Verflüchtigen eines festen Körpers bis zum Kondensiren in einen festen Körper heißt Sublimation.

3. Die Aenderung des Aggregatzustandes kann vielfach mit Vortheil zur Trennung von Körpern verschiedener Art angewendet werden, und wird auch dazu in der Industrie benutzt. Indem nämlich verschiedene Körper bei verschiedenen Temperaturen erstarren und verdampfen, werden in einer Mischung von solchen Körpern bei allmählicher Herabsetzung bezw. Erhöhung der Temperatur die einzelnen Körper nach einander erstarren bezw. verdampfen und darum sich von einander trennen. So scheidet man Wasser von seinen Salzbeimengungen, indem man es so lange erhitzt, bis es zu verdampfen beginnt. Die Salze verdampfen nicht mit, der Dampf ist also reiner Wasserdampf; schlägt man ihn durch Abkühlen nieder, so hat man reines (sogenanntes destillirtes) Wasser. Die Trennung mehrerer verschiedener Körper durch Destillation nennt man fraktionirte Destillation. Geschieht diese Destillation unter Luftabschluß und nicht aus flüssigem, sondern aus halbflüssigem oder gar festem Zustand heraus, so heißt sie trockene Destillation. Durch fraktionirte Destillation gewinnt man z. B. die Produkte aus dem Rohpetroleum, die Benzine, Leuchtöle, Schmieröle u. s. f., durch trockene Destillation z. B. die Produkte aus den Steinkohlen, dem Holz (z. B. Holzessig), den Braunkohlen, dem Torf u. s. f. Auch die früher schon erwähnte Sublimation, welche ja gleichfalls eine Art Destillation ist, wird zum Trennen vermengter Körper benutzt, z. B. beim Indigo zum Ablösen des flüchtigen Farbstoffs von nicht flüchtigen Verunreinigungen. Die Bedeutung der Trennung durch Erstarrenlassen werden wir später kennen lernen.

4. Körper, welche in allen Theilen aus der gleichen Substanz bestehen, heißen homogene (Wasser, Schwefel u. s. f.) Haben sie auch nach allen Richtungen genau gleiche Eigenschaften, so nennt man sie isotrop (dahin gehören fast alle Flüssigkeiten, sodann die Gase und Dämpfe und sehr viele

feste Körper wie z. B. Stahl). Körper, welche aus verschiedenen Theilen und verschiedenen Substanzen bestehen, heißen heterogene (die meisten Felsen). Solche Körper haben auch meist nach verschiedenen Richtungen verschiedene Eigenschaften, sie sind anisotrop.

2. Die festen Körper.

5. Feste Körper setzen jeder Veränderung ihrer Form Widerstand entgegen, man kann sie ohne Anwendung von Kraft weder zertheilen, noch ausdehnen, noch zusammendrücken, biegen oder drillen. Es erfordern deshalb die Werkstätten, in denen feste Körper in bestimmte Formen gebracht (façonnirt) werden sollen, große Mittel an Maschinen und Kraft. Weil aber die festen Körper eine Form, die sie einmal bekommen haben, auch festhalten, sind sie ganz besonders geeignet zur Herstellung von solchen Gegenständen, bei denen es auf Erhaltung der Form gerade ankommt. Von Natur ist die Form der festen Körper im Allgemeinen eine zufällige, es kommt ganz auf die Verhältnisse an, unter denen etwa ein Stein entstanden ist, ob er die eine oder andere Form aufweist. In Flußthälern z. B. sind die meisten Steine abgerundet und haben die Form von mehr oder weniger regelmäßigen kugelartigen, oder flachen Gebilden, in den Gebirgen dagegen findet man die Gesteine meist scharfkantig und eckig. Doch giebt es auch Körper, welche von vornherein stets dieselbe Form haben, falls sie nicht nachher zerbrochen oder zerschlagen werden. Dahin gehören die durch die belebte Natur gebildeten, wie Knochen, Glieder, Blätter, Stämme u. s. f. und von der unbelebten Natur die Krystalle. Wir nennen die ersteren organisirte feste Körper, die anderen krystallinische. Körper, die keine natürliche Form besitzen, heißen gestaltlos (amorph). Es giebt auch Körper, die im Ganzen gleichfalls gestaltlos erscheinen, ohne es in ihren einzelnen Theilen zu sein. Sie bestehen dann aus einem Gemenge oder Gefüge von, oft regelmäßig gelagerten, kleinen Krystallen, sie haben krystallinisches Gefüge. Manche Körper können bald gestaltlos, bald in bestimmter Gestalt als Krystalle auftreten, wie z. B. der Schwefel, das Selen u. a. m. Diese Erscheinung nennt man Allotropie, die Körper heißen zweigestaltig (dimorph), dreigestaltig (trimorph) oder allgemein vielgestaltig (polymorph) und wechseln mit der Gestalt auch ihre Eigenschaften. Wieder andere können durch stetige Einwirkung von außen allmählich krystallinisches Gefüge erhalten, wenn sie auch früher kein solches Gefüge besaßen. So wird Stahl, welcher zunächst amorph ist, bisweilen krystallinisch, namentlich wenn er wiederholte Erschütterungen erfährt, wie

das der Fall ist bei den Achsen der Eisenbahnwagen. Er ist dann brüchiger als im gestaltlosen Zustand.

6. Die organisirten Formen der festen Körper sind sehr mannigfaltig. Wie erwähnen nur, daß sie aus kleinen Zellen der verschiedensten Gestalt zusammengesetzt sind und kompakte Massen, Gewebe und Fasern aufweisen. Die Krystalle dagegen lassen sich alle auf gewisse wenige Formen zurückführen, deren Untersuchung dem hier nicht zu behandelnden Wissensgebiete der Krystallographie angehört. Man kennt sechs solche Systeme von Krystallformen, in die sich alle vorkommenden Krystalle einreihen. Ihre Namen sind: tessuales oder reguläres, tetragonales oder quadratisches, hexagonales, rhombisches, monoklines, triklines System. Die Reihenfolge entspricht der zunehmenden Komplicirtheit der Form und der Eigenschaften. Alle Krystallformen sind von ebenen Flächen begrenzt, die sich in geraden Kanten schneiden, und sind mathematisch genau berechenbar, im Gegensatz zu den organischen Formen, welche hauptsächlich durch krumme und gewundene Flächen und Linien begrenzt werden und äußerst unregelmäßig sind. Kommen bei natürlichen Krystallen gekrümmte Flächen vor, was allerdings der Fall ist, z. B. beim Diamant, Bergkrystall u. s. f., so liegt der Grund in besonderen äußeren Verhältnissen, die bei der Bildung dieser Krystalle geherrscht haben. Als bekannteste Krystallformen nennen wir den Würfel (Steinsalz), die von rhombischen Facetten gebildete Form des natürlichen Granates, die Pyramide, die von vier Flächen und sechs Flächen begrenzt sein kann, das viereckige oder sechseckige Prisma (Balkenform) u. s. f. Vielfach sind in einem Krystall mehrere dieser Formen vereinigt; ein vollständiger regelmäßiger Bergkrystall besteht z. B. gewöhnlich aus einem sechskantigen Prisma, auf dessen Enden sechskantige Pyramiden aufgesetzt sind. Diese Formen können gerade oder schief sein, kurz es herrscht trotz der anscheinend vorhandenen Beschränktheit doch große Mannigfaltigkeit und zwar so große Mannigfaltigkeit, daß manche Körper zwar in einem und demselben System, aber in hunderten von Formen krystallisiren (Kalkspath, Bergkrystall u. a. m.). Einige Krystallformen sind hier dargestellt, und zwar ist aus jedem der sechs Systeme eine besonders charakteristische Form herausgegriffen (Fig. 1 bis 6). Nicht immer sind die Krystalle vollständig ausgebildet; vollständige Krystalle gehören sogar zu den Seltenheiten und werden theuer erkauft. Im Allgemeinen krystallisirt jeder Körper nur in einem der sechs Systeme, doch giebt es auch Ausnahmen von dieser Regel. Solche Körper würden dann vielgestaltig (polymorph) heißen. Oft ist die Vielgestaltigkeit nur eine scheinbare, indem die abweichende Form lediglich dadurch entstanden ist, daß die betreffende Substanz in einer

bereits fertig vorgefundenen Höhlung sich niedergeschlagen hat, die früher von einem andern Krystall ausgefüllt gewesen war, der aber auf irgend eine Weise (durch Herausfallen, Auflösung u. s. f.) abhanden gekommen ist. Solche zufällige Formen heißen **Pseudomorphosen**. Krystallisiren zwei Körper wirklich gleich, so heißen sie **isomorph**.

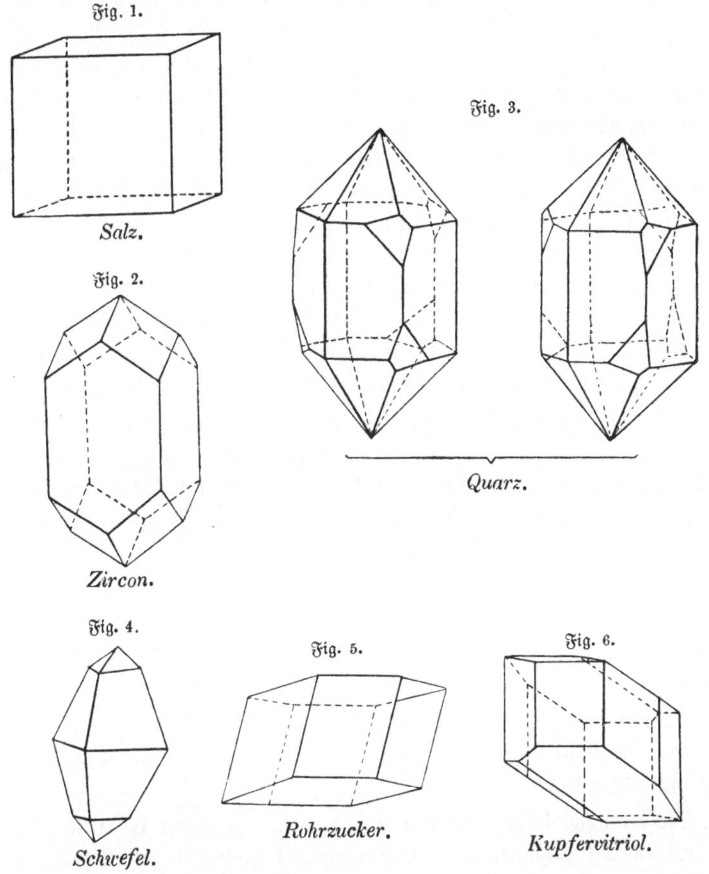

Gewisse Richtungen in den Krystallen sind vor anderen besonders bevorzugt, indem die Krystalle in diesen Richtungen besondere Eigenschaften zeigen, von denen wir späterhin manche kennen lernen werden. Bei dem vorhin erwähnten Bergkrystall ist z. B. die Richtung von Spitze zu Spitze der Endpyramiden und jede dazu parallele Richtung eine solche bevorzugte. Man nennt sie gewöhnlich **Axen der Krystalle**, muß dann aber angeben, für welche Eigenschaften sie Axen bilden sollen. Am leichtesten erkennbar sind die Gestaltaxen. Es giebt aber auch Elasticitätsaxen, optische Axen, Wärmeaxen u. s. f., deren Bedeutung zum Theil später klar werden wird.

Die Axen denkt man sich von einem Punkt ausgehend. Die Gestalt= axen insbesondere dienen zur Definirung der 6 Krystallsysteme. Mit Aus= nahme des hexagonalen Systems, in welchem man 4 solche Axen unter= scheidet, haben alle anderen Krystallsysteme 3 Axen. In den beiden ersten Systemen und im vierten System ist jede der 3 Axen zu den beiden andern senkrecht gerichtet, doch sind diese Axen im ersten System alle gleich lang, während im zweiten nur 2 Axen gleiche Länge haben und im vierten alle 3 Axen verschieden lang sind. Im dritten System ist eine Axe senkrecht zu den 3 andern, die in einer Ebene liegen, mit einander gleiche Winkel (von 60°) bilden und gleich lang sind. Im fünften Systeme steht eine Axe senkrecht zu den beiden andern, die schief zu einander geneigt sind, im sechsten endlich sind alle 3 Axen schief zu einander. Die Axen gehen von Spitze zu Spitze oder von Kante zu Kante oder von Fläche zu Fläche oder von Spitze zu Kante, und so, daß sie die Mitte der Kanten oder Flächen treffen.

Jede Krystallform ist durch eine ganz bestimmte Zahl von Flächen definirt, so die Würfel durch 6, das Oktaëder durch 8 u. s. f. Es kommt jedoch auch vor, daß von diesen Flächen die Hälfte sich so sehr ausdehnt, daß die andere Hälfte dadurch völlig verloren geht, derartige Formen heißen Hemiëder oder Halbflächner.

Oft treten die Krystalle zu ganzen Gruppen zusammen, indem sie auf gleicher Grundlage stehen oder mit einander verwachsen, sie bilden dann Drusen, Bomben u. s. f. Durchdringen sich zwei oder mehrere Krystalle, so hat man Zwillinge, Drillinge u. s. f. Diese Bildungen sind im Gegen= satz zu den zuerst genannten an bestimmte Gesetze gebunden.

Die Krystalle sind homogene und für die meisten Eigenschaften anisotrope Körper.

Die Krystalle bilden sich aus Flüssigkeiten, in denen die festen Sub= stanzen aufgelöst enthalten sind, oder auch aus geschmolzenen Massen. Die erstere Bildungsweise, die auf nassem Wege, ist die bekannteste und am leichtesten zu studirende. Löst man z. B. Salz in Wasser auf und läßt nachher das Wasser verdunsten, so bleibt das Salz in kleinen Krystallen zurück. Die Krystallbildung wird befördert, wenn man in die Lösung fertige Krystalle hineinthut oder Fäden hineinhängt, um welche herum sich die Krystalle dann ansetzen. Auf diese Weise kann man sehr schöne und große Salz=, Alaun=, Zucker= und andere Krystalle erzielen. Die zweite Art der Bildung, die auf feurigem Wege, ist noch wenig studirt und nicht leicht zu verfolgen, sie kommt jedoch in der Natur gleichfalls vor. Das Kapitel der Krystallbildung ist für die Geschichte der Erde und ihrer Gebirge von großer Bedeutung und beschäftigt demzufolge Geologen und Mineralogen auf das eifrigste, hier genügt jedoch das oben Gesagte.

Weil die verschiedenen Körper im Allgemeinen in verschiedenen Formen krystallisiren, trennen sich mehrere aus einer Flüssigkeit krystal= lisirende Körper beim Krystallisiren von einander. Dieses bietet ein gutes Mittel, Körper, die mit einander so vermischt sind, daß man sie mechanisch nicht von einander trennen kann, von einander zu scheiden, um sie einzeln zu gewinnen (Art. 3). Man löst sie in Wasser oder in einer anderen Flüssigkeit auf und läßt das Wasser oder die Flüssigkeit, nöthigenfalls durch Erwärmung, verdunsten. Die verschiedenen Stoffe krystallisiren dann einzeln für sich. Auf diese Weise verfährt man bei der Gewinnung gewisser Stoffe (z. B. Soda) im Großbetriebe. Auch aus geschmolzenen Massen krystallisiren die Stoffe einzeln aus, so daß die verschiedenen Körper einzeln in besonderen Krystallen hervortreten; z. B. besteht Granit aus einem krystallinischen Gemenge mehrerer Körper (Feldspath, Quarz, Glimmer u. s. f.), die man meist schon durch bloßen Augenschein von einander unterscheiden kann.

7. Läßt man auf feste Körper Kräfte wirken, so verändern sie mehr oder weniger ihre Form. Manche feste Körper nehmen dann bei nicht zu starken Krafteinwirkungen nach Aufhören dieser Krafteinwirkungen sofort ihre frühere Form wieder an. Solche Körper heißen elastisch, z. B. Gummi, Elfenbein, Marmor, Stahl u. s. f. Andere wieder behalten die neue Form bei, auch wenn die Krafteinwirkungen aufgehört haben. Solche Körper heißen weiche Körper, z. B. Blei, Thon u. s. f. Es giebt weder ganz elastische noch ganz weiche Körper, da einerseits kein Körper vollständig in die frühere Form zurückkehrt, nachdem die Kraft zu wirken aufgehört hat, und andererseits jeder Körper ein wenig von der früheren Form zurückerlangt.

Ferner zeigt es sich, daß die Veränderungen in den Körpern nicht plötzlich in ihrem vollem Betrage eintreten, nachdem die Krafteinwirkung begonnen hat, ebenso wie sie auch nicht selbst in sehr elastischen Körpern ganz oder zum Theil plötzlich verschwinden, nachdem diese Wirkung auf= gehört hat. Es findet vielmehr in beiden Fällen eine Nachwirkung statt, die je nach den Umständen nur Sekunden oder lange Jahre in Anspruch nimmt. Ein gedehnter Kautschukfaden schnellt wieder zusammen, nachdem man ihn frei gelassen hat, aber ein geringer Theil der Dehnung bleibt zunächst noch zurück und verschwindet kaum nach Monaten.

Wenn die Krafteinwirkung zu groß ist, dann werden die Körper je nach den Umständen zerdrückt, zerrissen, zerspalten oder zersplittert. Darauf beruht die Bearbeitung der festen Körper mittelst Werkzeugen zu bestimmten Formen, z. B. das Hämmern, Pressen, Schneiden, Sägen u. s. f. Dabei zeigt sich, daß manche Körper, wenn man nur genügend Kraft anwendet, sich fast in jede beliebige Form bringen lassen, z. B. Gold, Silber, Eisen; sie sind geschmeidig, dehnbar, hämmerbar, zu Draht ziehbar u. s. f. Andere dagegen splittern schon bei geringeren Krafteinwirkungen, z. B. Glas, Porzellan, viele Gesteine, gewisse Stahlsorten. Jene Körper bezeichnet man gewöhnlich als zähe, diese als spröde; die letzteren lassen sich nur durch gewisse Methoden, wie Schleifen oder Gießen, in bestimmte Formen bringen.

8. Der Widerstand, den ein fester Körper unseren Angriffen entgegensetzt, kann je nach der Art des Angriffs sehr verschieden groß sein. So vermag man dem Blei durch Schneiden und Biegen mit Leichtigkeit jede beliebige Form zu verleihen, dagegen ist es fast unmöglich, es zusammenzupressen. Wir sprechen darum von einem Widerstand gegen Dehnen, Pressen, Schneiden, Ritzen, Eindrücken, Ziehen, Aufschlagen, Biegen, Drillen u. s. f. Im Allgemeinen nennen wir Körper, welche der Formveränderung großen Widerstand entgegensetzen, hart, solche die dieses nicht thun, weich. Greift man einen Körper mit einem anderen an, so ist derjenige der härtere, der dabei die geringere Aenderung erfährt. Vorausgesetzt ist, daß beide Körper sich sonst unter gleichen Umständen befinden, also z. B. der eine nicht einen Widerhalt hat, der dem anderen fehlt. Man hat zur Beurtheilung der Härte der Materialien eine Zahl gewisser in der Natur fertig vorhandener Körper aufgestellt, die als Muster dienen und die Härteskala bilden. An der Spitze, als härtester Körper, steht der Diamant, den man mit keinem andern Körper zu bearbeiten vermag als wiederum mit Diamant; es kommen dann der Reihe nach Korund, Topas, Quarz, Feldspath, Apatit, Flußspat, Kalkspath, Steinsalz, Talk. So ist Kupfer so hart wie Kalkspath, Eisen härter als Flußspath, aber weicher als Apatit, Glas wieder härter als Apatit, aber weicher als Feldspath, sehr harter Stahl härter als Feldspath und weicher als Quarz. Mit jedem dieser Musterkörper kann man jeden der folgenden Körper ritzen, schleifen u. s. f. Kupfer ist deshalb härter als Talk oder Steinsalz, weil man z. B. mit einer Kupferspitze Talk und Steinsalz ritzen kann. Der Widerstand, den die Körper Formveränderungen entgegensetzen, entscheidet auch über ihre Festigkeit. In gewisser Hinsicht bietet hierfür die Härte ein Kennzeichen. Indessen versteht man in der Technik unter Festigkeit denjenigen besonderen

Widerstand, den ein Körper der gewaltsamen Aufhebung seiner Form (nicht bloß allmählichen Aenderung) entgegensetzt, z. B. dem Zerdrücken, Zerschlagen, Zerreißen, Zerdrehen, Entzweireißen u. s. f. Hier ist die Härte allein nicht mehr maßgebend; Glas z. B. ist härter als Blei, läßt sich aber viel leichter zersplittern als dieses. Man spricht daher außer von der Härte der Materialien noch besonders von der Zug=, Druck=, Biegungs=, Dreh= (Drill=, Torsions=) und Schub= oder Scheer=Festigkeit. Die Namen besagen schon, um was es sich dabei handelt.

9. Zugfestigkeit bezeichnet technisch den Widerstand gegen Zerreißung; nehmen wir dieses Wort aber allgemeiner, so bedeutet es den Widerstand gegen jede Dehnung. Zur ziffernmäßigen Vergleichung denkt man sich die Körper zu Fasern, Fäden oder Drähten gleicher Länge und gleichen Querschnitts gearbeitet, an dem einen Ende aufgehängt und an dem anderen mit Gewichten belastet. Die Zugfestigkeiten im technischen Sinne stehen im Verhältniß der Gewichte, welche angehängt werden müssen, bis die Fasern, Fäden, Drähte reißen. Vor dem Reißen tritt gewöhnlich an der Rißstelle eine stetig zunehmende Auseinanderziehung des Materials, also eine Verengerung des Querschnitts ein. Je zäher ein Material ist, um so bedeutender ist diese Querschnittsverengerung.

Einen anderen Ausdruck für die Zugfestigkeit bekommt man durch die sogenannte Reißlänge, d. h. die Länge, die man Fasern, Fäden oder Drähten geben muß, damit sie, am einem Ende aufgehängt, durch ihre eigene Last reißen. So würde ein Bleidraht bei 180 Meter Länge, ein Lederriemen bei 2700, ein Schafwollhaar bei 8300, eine Baumwollfaser bei 23 000, eine Rohseidefaser bei 31 000, gutes Konceptpapier bei 3000, Kanzleipapier bei 4000, Fließpapier bei 1000 Meter Länge reißen. Aus diesen Zahlen sieht man schon, daß man praktisch die Zugfestigkeit durch die Reißlänge nicht ermitteln kann, vielmehr verfährt man immer am ein= fachsten in der zuerst angegebenen Weise.

10. Was die Festigkeit der Materialien gegen Dehnung überhaupt betrifft, so vergleicht man diese durch diejenigen Gewichte, welche gleiche Längen ihrer Fasern, Fäden oder Drähte bei gleichem Querschnitt um gleiche Beträge dehnen. Insbesondere nennt man diejenige Zahl von Ge= wichten, durch deren Zug z. B. ein Draht von bestimmtem Querschnitt um seine ganze Länge gedehnt wird, den Elasticitätskoefficienten des Materials. So sind z. B. die Elasticitätskoefficienten für Blei, Gold, Kupfer, Eisen, Gußstahl, falls man den hieraus gefertigten Drähten den Querschnitt von 1 Quadratmillimeter ertheilt denkt, der Reihe nach in Kilogrammen etwa 1800, 7000, 11 000, 21 000, 23 000; das heißt, so viel Kilogramme

müßte man an Drähte dieser Materialien, welche 1 Quadratmillimeter Querschnitt haben, anhängen, damit sie um ihre ganze Länge ausgezogen werden, also 1 Meter zu 2 Meter wird, 2 Meter zu 4 Meter werden u. s. f. Allerdings reißen die Drähte vorher schon, ehe sie auch nur entfernt aufs Doppelte ausgedehnt sind. Indessen sind die Zahlen nicht werthlos; sie dienen, so lange die Zerreißung nicht erfolgt ist, um die Dehnung durch irgend welche Belastung zu bestimmen, indem verschiedene Materialien bei gleicher Belastung sich im umgekehrten Verhältniß ihrer Elasticitäts= koëfficienten dehnen, also Blei etwa viermal so stark wie Gold und drei= zehnmal so stark wie Stahl. Uebrigens ist diese Dehnung nur bei solchen Materialien nach allen Richtungen hin die nämliche, welche auch nach allen Richtungen hin gleiche Eigenschaften besitzen, wie Blei, Stahl, Glas u. s. f. Körper, bei denen das nicht der Fall ist, wie die Krystalle, die Holzarten und überhaupt die organischen Gewebe, haben nach verschiedenen Richtungen hin auch verschiedene elastische Dehnung und verschiedene Elasticitätskoef= ficienten; so verhält sich Holz in Richtung der Faser anders als quer dazu.

11. Die Druckfestigkeit bestimmt man gewöhnlich an würfelför= migen Stücken, indem man diese auf feste Unterlagen thut und auf sie so lange Gewichte auflegt, bis sie zerdrückt werden. Z. B. bedarf man bei hartem Stahl 80, bei Blei dagegen nur 5 Kilogramm, um einen Würfel von 1 Quadratmillimeter Querschnitt zu zerdrücken. Von dieser Druck= festigkeit gegen einseitigen Druck sehr wohl zu unterscheiden ist diejenige, welche durch den Widerstand der Materialien gegen allseitigen Druck bestimmt wird, diese ist meist außerordentlich viel größer als jene. Bei massiven festen Körpern hat sie mehr theoretisches als praktisches Interesse, bei hohlen ist sie jedoch von großer Bedeutung. Namentlich kommt die Druckfestigkeit nur gegen Druck von Innen nach Außen bei der Gefahr der Kesselexplosionen in Frage, während jene einseitige Druckfestigkeit für Träger und Stützen (wie Pfeiler, Säulen, Wände u. s. f.) von Wichtigkeit ist. Die Biegungs= oder Bruchfestigkeit ist durch dasjenige Gewicht bestimmt, durch welches ein einseitig horizontal befestigter Stab oder Balken so stark durchgebogen wird, daß er bricht; auch sie ist technisch von außer= ordentlicher Wichtigkeit.

12. Der Leser wird bemerken, daß die Verhältnisse hier etwas komplicirt sind, sie sind sogar noch viel komplicirter, als aus der obigen Darstellung entnommen werden könnte. Namentlich muß hervorgehoben werden, daß jede Festigkeit eines Körpers außer von seinem Material auch von seiner Form und seinen Abmessungen abhängt, daß also Zahlen für Festigkeiten verschiedener Körper nur dann mit einander vergleichbar sind,

wenn sie sich auf ganz dieselbe Form, ja auf genau dieselben Abmessungen, wie Länge, Breite, Dicke, beziehen.

So lange jedoch die Kräfte nicht so groß sind, daß sie eine Zerstörung des Zusammenhanges des festen Körpers herbeiführen, sind die durch sie bewirkten Formveränderungen im Allgemeinen nicht bedeutend, falls nicht etwa der Körper sehr dünn gezogen oder gewalzt ist. Insbesondere gilt dieses von der Zusammendrückbarkeit und Ausdehnung, beide sind, wenige besondere Substanzen, wie z. B. Gummi, ausgenommen, nur gering. Ein Eisendraht reißt eher, als daß er sich in einigem zu seiner Länge in Betracht kommenden Verhältniß ausziehen ließe. Das Ziehen der Drähte durch die Zieheisen und das Walzen und Aushämmern von Blechen ist damit nicht zu verwechseln, weil dabei nicht eine Ausdehnung des Metalls erfolgt, sondern lediglich eine Vertheilung einer vorhandenen Menge auf eine große Länge oder Fläche, wie etwa Butter auseinander gestrichen wird.

13. Die festen Körper verhalten sich im Allgemeinen abwehrend gegen das Eindringen anderer Körper in ihre Substanz. Manche Körper nehmen jedoch Flüssigkeiten und Gase gerne auf. Gewisse feste Körper sind nach Wasser so begierig, daß sie es allen sie umgebenden Körpern entziehen. So rafft das salzartige Chlorkalcium alle Feuchtigkeit der umgebenden Luft an sich, thut man es in Branntwein, so entzieht es ihm den Wassergehalt u. s. f. Auch viele thierische Gewebe haben besondere Neigung zur Flüssigkeitsaufnahme, z. B. Hölzer, Elfenbein, Haare. Wir nennen solche Körper hygroskopisch. Vielfach ändern sie durch die Wasseraufnahme ihren Aggregatzustand, sie zerfließen, dieses ist bei dem vorgenannten Chlorkalcium der Fall; in anderen Fällen behalten sie zwar ihre feste Form, erleiden jedoch Aenderungen in ihrer Länge, Dicke oder Breite. Gase werden von festen Körpern in das Innere ihrer Substanz, falls sie nicht etwa porös sind, nur selten aufgenommen, meist werden sie nur an der Oberfläche verdichtet. Doch giebt es Körper, welche sich durch ihr ganzes Innere mit Gasen erfüllen können, so das Metall Palladium mit dem Gase Wasserstoff.

3. Die Flüssigkeiten und die weichen Körper.

14. Flüssigkeiten können in eine bestimmte Form nur dadurch gebracht werden, daß man sie in ein Gefäß von dieser Form hineinthut. Ist dieses Gefäß rings geschlossen und füllen sie es ganz aus, so haben die Flüssigkeiten genau die Form des Gefäßes. Ist das Gefäß offen, oder füllen sie das Gefäß nur zum Theil aus, so stellt sich der freie Theil ihrer Oberfläche stets in bestimmter Weise ein und zwar immer unabhängig

von der Form des Gefäßes. Nur unmittelbar an der Wand des Gefäßes wird auch die freie Oberfläche der Flüssigkeiten durch diejenige des Gefäßes mitbestimmt, indem die Flüssigkeiten an dieser Wand emporsteigen, wie das bei Wasser geschieht, wenn es sich in einem Glasgefäß befindet, oder indem sie an der Wand heruntersinken, wie das bei Quecksilber an der Wand eines Glasgefäßes eintritt. Sind die Gefäße sehr eng, so hängt die ganze freie Oberfläche von deren Beschaffenheit und Abmessungen ab.

So z. B. steigt Wasser in einem engen Glasrohr, welches in ein mit dieser Flüssigkeit gefülltes Gefäß eingesenkt ist, empor, und um so höher empor, je enger das Rohr ist, und es endet in einer kugelförmig vertieften freien Oberfläche. Quecksilber dagegen wird in einem solchen Rohr, wenn dieses in ein mit Quecksilber gefülltes Gefäß eingesenkt wird, unter die Oberfläche des im Gefäß befindlichen Quecksilbers hinabgedrückt und endet in einem erhöhten Kugelabschnitt. Man nennt den vertieften Kugelabschnitt des Wassers und den erhöhten Kugelabschnitt des Quecksilbers den Meniskus. Senkt man andererseits in eine Flüssigkeit einen Körper hinein, so steigt die Flüssigkeit auch außen an ihm in die Höhe, oder geht an ihm nach unten. Sie bildet einen Wulst oder einen vertieften Kanal um ihn herum; der Wulst und der Kanal laufen nach dem Körper hin scharf zu. Der Wulst hängt sich an den Körper an und bewirkt, daß dieser in die Flüssigkeit mehr hineingezogen wird, als es sonst der Fall sein würde. Der Kanal dagegen drückt den Körper aus der Flüssigkeit heraus. Die Kraft, mit der das Herunterziehen des Körpers durch den Wulst und das Heraufdrücken durch den Kanal geschieht, wächst in demselben Verhältniß, wie der Umfang des Körpers an der Stelle, wo der Wulst oder Kanal an ihm enden. Sie ist außerdem abhängig von der Beschaffenheit der Flüssigkeit und von derjenigen des Körpers, namentlich von der Beschaffenheit der Oberfläche an der Stelle des Wulstes oder des Kanals.

15. Weil man die soeben beschriebenen Erscheinungen (zu denen noch manche andere gehören, wie die Bildung von Tropfen, von Blasen, von Flüssigkeitshäutchen, von Seifenblasen u. s. f) hauptsächlich in engen Haarröhrchen untersucht hat, nennt man ihre Ursache die Haarröhrchenkraft oder Kapillarität. Insoweit diese Erscheinungen durch die Beschaffenheit der Flüssigkeiten bestimmt sind, spricht man von den Kapillaritätskonstanten der Flüssigkeiten. Sie sind diejenigen Zahlen, mit denen man den inneren Umfang eines Röhrchens an der Stelle, wo der Meniskus aufhört, oder den äußeren Umfang eines Körpers an der Stelle, wo der Wulst oder der Kanal ihn schneidet, multipliciren muß, um, bei ganz reiner Oberfläche, die daran hängende oder heruntergedrückte Flüssigkeitsmasse zu

erhalten. Für Wasser z. B. beträgt diese Zahl, wenn man den Umfang des Rohrs oder des Körpers in Millimetern angiebt, 7,5. In einem Rohr von einem inneren Durchmesser von $\frac{1}{10}$ Millimeter, d. i. einem inneren Umfange von etwa $\frac{3}{10}$ Millimeter, würden also $\frac{3}{10} \times 7{,}5$, das ist $2\frac{1}{4}$ Milligramm Wasser emporsteigen, wenn es in ein Gefäß voll Wasser eingesenkt wird. Aehnlich würde an einem Glasstab, dessen Durch=messer 5 Millimeter, dessen Umfang also etwa 16 Millimeter beträgt, im Wasser ein Wulst von $16 \times 7{,}5$, das ist von 120 Milligramm, ansteigen.

Die Höhe, bis zu welcher eine Flüssigkeit vermöge der Kapillarität ansteigt, oder die Tiefe, bis zu der sie herabsinkt, heißt die Steighöhe bezw. die Senkungstiefe. In engen Röhren nehmen Steighöhe und Senkungstiefe sehr annähernd in demselben Maaße zu, wie der Durch=messer der Röhren abnimmt; Wasser steigt also in einer Röhre von $^{1}/_{10}$ Millimeter Durchmesser nahezu doppelt so hoch, wie in einer Röhre von $^{2}/_{10}$ Millimeter Durchmesser. Multiplicirt man die Steighöhe (noch genauer die Steighöhe vermehrt um den sechsten Theil des Durchmessers) oder die Senkungstiefe mit dem Durchmesser, so bekommt man also bei einer und derselben Flüssigkeit annähernd immer dieselbe Zahl. Diese Zahl ist das Vierfache der Kapillaritätskonstante.

16. Von den Erscheinungen der Kapillarität hängen diejenigen der Benetzung der Körper ab. Bezeichnet man als Randwinkel denjenigen Winkel, unter welchem die Flüssigkeitsoberfläche in die Wand eines aus ihr herausragenden Körpers oder des umgebenden Gefäßes einschneidet, also den Winkel, welchen die Oberfläche der Flüssigkeit mit dem innerhalb der Flüssigkeit befindlichen Theil der Wand des Körpers oder des Gefäßes bildet, so findet eine Benetzung des Körpers statt, wenn dieser Winkel spitz ist; dagegen ist keine Benetzung vorhanden, wenn dieser Winkel stumpf ist. Im ersten Fall steigt die Flüssigkeit an der herausragenden Körper= oder Gefäßwand an und bildet daselbst den Wulst, im zweiten Fall sinkt sie herab und bildet daselbst den vertieften Kanal. Je spitzer der Randwinkel ist, desto besser wird der Körper von der Flüssigkeit benetzt. Die Größe dieses Randwinkels hängt ab von der Natur der Flüssigkeit und der Natur des Körpers an der benetzten Stelle. Eine und dieselbe Flüssigkeit kann also einen Körper mehr oder weniger benetzen, je nach dem Zustande seiner Oberfläche. So wird reines Glas von Wasser vollständig benetzt, bringt man also einen Tropfen Wasser auf reines Glas, so fließt dieser Tropfen ganz auseinander. Sobald jedoch das Glas mit Fett verunreinigt ist, bleibt der Tropfen auf demselben, ohne sich auszubreiten und haftet wohl auch an ihm fest. Gießt man Wasser aus einem reinen Glasgefäß aus,

so läuft es von den Wänden glatt ab, und es bleibt nur eine dünne gleichmäßige Schicht zurück. Ist aber das Gefäß im Innern unrein, so bilden sich beim Entleeren einzelne unregelmäßig zerstreute Tropfen. Aus demselben Grunde ist der Wulst, der sich an einem Körper im Wasser bildet, und die Steighöhe in einem Rohr um so kleiner, je unreiner die Oberfläche ist. Vermessungen von Flüssigkeiten mit Glasgefäßen sind also unsicher, wenn nicht für Reinheit ihrer inneren Oberfläche gesorgt ist, doch ist diese Unsicherheit immerhin in der Praxis geringfügig. Flüssigkeiten, welche Körper gar nicht benetzen, ballen sich auf ihnen zu kleinen Kugeln, oder zu größeren, runden, flachen Tropfen zusammen. Dieses ist der Fall, wenn Quecksilber auf Glas oder auf Holz gebracht wird.

17. Die Kapillaritäts- und Benetzungserscheinungen sind im Haushalte der Natur, so insbesondere für die Verbreitung der Säfte in Pflanzen, von großer Wichtigkeit. Auf ihnen beruht auch das Filtriren, das Feuchtwerden von Sand, Erde und anderen losen Körpern durch darunter befindliche Flüssigkeiten, die Ausbreitung der Flüssigkeiten in porösen Körpern, z. B. in Zucker, welchen man an einer Stelle naß gemacht hat, das Ansteigen des Oels in den Dochten unserer Lampen oder des Wassers in Holz, und die Verbreitung des Fettes in Papier, die Bildung der Fettflecke.

18. Abgesehen von denjenigen Veränderungen, welche durch die Kapillaritätserscheinungen hervorgebracht werden, und welche sich nur in unmittelbarer Nähe der Gefäßwände oder der Wände eingetauchter Körper geltend machen, stellen sich Flüssigkeiten in Gefäßen auf der Erde immer so ein, daß ihre freie Oberfläche überall gleich hoch liegt. Dieses bedingt, daß die Oberflächen so gekrümmt sind, wie die Oberfläche der Erde. Da aber die Erde sehr groß ist, erscheint ihre Krümmung so gering, daß sie nur an großen Stücken bemerkt werden kann. Die Oberflächen von großen Seen oder gar Meeren und Oceanen, welche von dem festen Lande wie von den Wänden eines Gefäßes umgeben sind, zeigen sich deutlich kugelförmig, wie man daraus ersehen kann, daß Schiffe, wenn sie an ein Ufer herankommen, zuerst mit ihren Mastspitzen und dann mit dem Rumpfe sichtbar werden, und daß, wenn sie sich von dem Ufer entfernen, zuerst der Rumpf und zuletzt die Mastspitzen verschwinden. Die Gefäße, welche in der Praxis zur Aufnahme von Flüssigkeit dienen, sind im Vergleich zu der Erde jedoch so klein, daß in ihnen die Krümmung der freien Oberfläche der Flüssigkeit nicht bemerkt werden kann. Diese Oberflächen erscheinen eben und waagerecht.

In den beiden folgenden Figuren sind Querschnitte durch Glasgefäße dargestellt, welche Flüssigkeiten enthalten, in die man Röhren zum Theil eingesenkt hat. In Fig. 7 sind die Verhältnisse für Wasser, in Fig. 8 diejenigen für Quecksilber dargestellt. Man sieht in Fig. 7 die Flüssigkeit zu beiden Seiten an den Wänden des Gefäßes emporsteigen, dann eine Strecke eben verlaufen, an den Wänden der Röhre abermals ansteigen und außerdem in die Röhre emporsteigen und daselbst oben in einem vertieften Kugelabschnitt enden. Entsprechend ist die Oberfläche in Fig. 8 gestaltet; zu

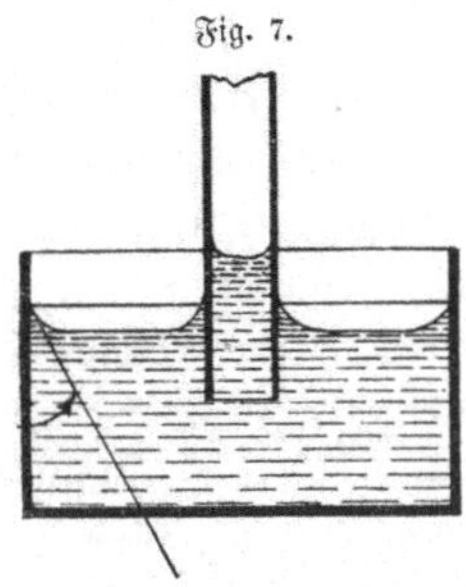
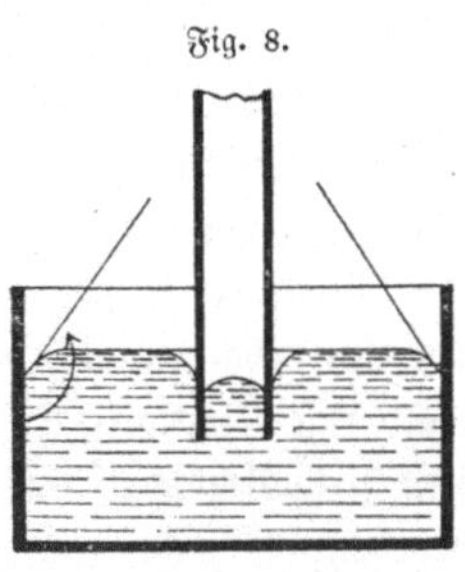

beiden Seiten an den Wänden sinkt hier die Flüssigkeit hinab, verläuft dann eine Strecke eben, sinkt am eingetauchten Rohr wieder hinab und befindet sich innerhalb der Röhre tief unter der äußeren Oberfläche, sie endet hier in einem erhöhten Kugelabschnitt. In beiden Figuren sind zugleich die Randwinkel angegeben, in Fig. 7 ist dieser Winkel dem obigen zufolge spitz (er ist thatsächlich sogar spitzer, als in der Figur dargestellt, und bei ganz reiner Oberfläche der Gefäßwand und der Flüssigkeit für Wasser anscheinend gleich 0), in Fig. 8 stumpf.

Die Theorie der Kapillarität hat die größten Mathematiker beschäftigt, wie Laplace, Poisson, Gauß. Uebrigens nehmen die Kapillaritätserscheinungen mit wachsender Temperatur ab, worauf wir noch später zu sprechen kommen werden.

19. Von der Eigenschaft der Flüssigkeiten, sich mit ihrer freien Oberfläche wagerecht einzustellen, macht man Gebrauch, wenn man Tische, Konsolen, Platten, Apparate u. s. f. wagerecht zu stellen hat, oder den Höhenunterschied zwischen zwei Gegenständen beurtheilen will. Man bedient sich dazu der sogenannten Wasserwaagen oder Libellen, das sind cylindrische oder kreisförmige rings geschlossene Gefäße, welche bis auf einen kleinen Rest mit Flüssigkeit (Wasser, Aether, Alkohol u. s. f.) gefüllt sind. Der fehlende Rest macht, daß die Flüssigkeit darin eine Blase bildet, die sich stets waagerecht, horizontal, einstellt. Cylindrische Libellen heißen auch Röhren-

libellen, kreisförmige Dosenlibellen. Stellt man eine solche Libelle auf eine Fläche, so bewegt sich die Blase aus der Mitte heraus, so lange diese Fläche schief steht; bringt man die Fläche in eine solche Lage, daß die Blase der Libelle auf ihr sich in der Mitte befindet, so ist die Fläche waagerecht. Zur Erkennung der richtigen Stellung der Blase ist die Libelle ganz aus Glas hergestellt, oder, wie bei den Dosenlibellen, oben mit einem Glasdeckel verschlossen; die Röhrenlibellen tragen außerdem zwei oder mehrere die Mitte einschließende Striche, die Dosenlibellen Kreise um die Mitte.

20. Die Gründe, weshalb Flüssigkeiten sich von selbst so einstellen, wie oben angegeben ist, werden später dargelegt werden. An dieser Stelle ist Folgendes zu bemerken. Alle Flüssigkeiten weichen jeder Krafteinwirkung auf sie ohne Weiteres, keine Flüssigkeit hält Stand, wenn sie nicht irgendwo einen festen Widerhalt findet, gegen den sie sich zu stützen vermag. Man kann deßhalb mit Leichtigkeit Flüssigkeiten zerdrücken, zertheilen, aus anderen Flüssigkeiten herausschöpfen, auf Flüssigkeiten verschieben u. s. f. Flüssigkeiten sind außerordentlich leicht beweglich, jeder Windstoß setzt die Gewässer der Meere in Bewegung, und oft bilden sich mächtige Wellen, in denen enorme Wassermassen auf und ab wogen. Hingegen sind Flüssigkeiten aber auch sehr widerstandsfähig, wenn sie keinen Platz zum Ausweichen haben, indem sie etwa rings von festen Wänden eingeschlossen sind. Hat man z. B. Wasser in einem Cylinder, der durch einen Stempel verschlossen ist, so erfordert es außerordentliche Kraftanstrengung, den Stempel auch nur eine ganz geringe Strecke herabzudrücken.

Flüssigkeiten sind fast gar nicht zusammendrückbar. Dieses ist eine sehr wichtige Eigenschaft derselben. Es erklären sich daraus die schönen Wellenringe, welche z. B. in einem Teiche entstehen, wenn man einen Stein hineinwirft; der Stein drückt die Flüssigkeit, auf die er trifft, nach unten, und da letztere sich nicht zusammendrücken läßt, so treibt sie ihrerseits die umgebende Flüssigkeit nach oben, es entsteht also um den Stein herum eine Erhöhung des Wassers, ein Wellenberg, dieser fällt bald zurück und treibt dadurch die ihn umgebende Flüssigkeit in die Höhe. So geht das Spiel fort, ein Wellenberg verursacht immer im Zurückfallen einen weiteren Wellenberg und es entstehen immer neue Wellenberge, die durch Thäler getrennt sind. Auf diese Weise bilden sich Wellenringe auf Wellenringe aus, die immer weiter und dabei immer flacher werden, so daß sie zuletzt dem Auge entschwinden.

Sucht man Flüssigkeit in einem Gefäß mit aller Gewalt zusammen zu drücken, so wird zuletzt das Gefäß zersprengt und die Flüssigkeit quillt durch die geschaffene Oeffnung heraus. So leicht sich also Flüssigkeiten an einander verschieben lassen und so bequem man sie von einander trennen kann, so ungemein schwer ist es, sie gegen einander zusammen zu drängen.

Auf dem großen Widerstande des Wassers gegen Zusammendrückung beruht die Einrichtung und Wirksamkeit der hydraulischen Pressen.

21. Jeder Druck, der gegen irgend eine Stelle einer Flüssigkeit aus=geübt wird, macht sich sofort in der ganzen Masse der Flüssigkeit und nach allen Richtungen in ganz gleicher Größe bemerkbar. Das ist bei anderen Körpern durchaus nicht immer der Fall. So drückt ein Eisenbahnzug auf den aufgeschütteten Damm hauptsächlich nach unten und nur wenig zur Seite; würden die aufgeschütteten Massen eines solchen Dammes auch nur annähernd die Eigenschaften von Flüssigkeiten haben, so wäre der Druck zur Seite so groß wie der nach unten, und keiner unserer jetzigen Eisenbahndämme würde unter der Last eines Eisenbahnzuges sich halten können.

Nicht alle Flüssigkeiten sind in gleicher Weise leicht beweglich, Aether und Benzin z. B. sind viel beweglicher als Wasser, dieses wieder ist beweg=licher als Olivenöl, welches seinerseits wieder beweglicher ist als die meisten Schmieröle, oder als Honig oder Syrup. Man spricht von der Zähig=keit der Flüssigkeiten, ihrer Viskosität, um dadurch den Grad der Beweglichkeit auszudrücken. Honig ist also zäher als Olivenöl, dieses wieder zäher als Wasser u. s. f. Der Grad der Zähigkeit bestimmt vielfach, wenn auch nicht ausschließlich, den Werth einer Flüssigkeit als Schmiermittel für Maschinen und Wagen, und wird deßhalb bei den von unseren Eisenbahn=verwaltungen bezogenen Schmierflüssigkeiten mit in Rücksicht gezogen und vielfach bestimmt. Die Mittel dazu bietet die Beobachtung der Zeit, welche das betreffende Schmiermittel braucht, um aus einem unten durchlöcherten Gefäß von selbst heraus zu fließen. Je zäher solche Flüssigkeiten sind, desto größer ist diese Zeit. Die Zähigkeit kann so groß werden, daß die Flüssig=keit zuletzt in einen weichen Körper übergeht, so daß sie zum Theil die Eigenschaft einer Flüssigkeit, zum Theil diejenige eines festen Körpers hat.

22. Eine weitere Eigenschaft der Flüssigkeiten besteht darin, daß man sie mit einander vermischen kann, wobei die Mischung so innig wird, daß man die einzelnen Bestandtheile durch die gewöhnlichen Mittel nicht mehr unterscheiden und trennen kann. Indessen sind nicht alle Flüssigkeiten mit einander mischbar. So kann man Wasser und Alkohol in allen beliebigen Verhältnissen mit einander mischen, man bekommt dann den Branntwein oder Spiritus, welcher um so stärker ist, je mehr Alkohol im Verhältnisse

zu Wasser er enthält. Aber Wasser uud Oel kann man gar nicht mit ein=
ander mischen; thut man Oel zu Wasser hinzu, so sammelt es sich auf der
Oberfläche an, rührt man es gehörig mit dem Wasser um, so zertheilt es
sich in einzelne Tropfen, welche immer im Wasser erkennbar sind und sich
allmählich an der Oberfläche ansammeln und dort wieder die Oelschicht her=
stellen. Ebensowenig kann man Wasser mit Quecksilber mischen, dagegen
wieder alle Steinöle mit einander.

Flüssigkeiten können auch, wenn sie über einander geschichtet sind und
in Ruhe verbleiben, sich allmählich vermischen. Dieser Vorgang heißt
Diffusion, und er tritt oft auch ein, wenn die beiden Flüssigkeiten durch
eine Scheidewand von einander getrennt sind. Dabei bewegen sich entweder
beide Flüssigkeiten in einander, oder die eine bleibt in Ruhe, während die
andere in sie eindringt. Das hängt von der Natur der Flüssigkeiten und
von vielen äußeren Verhältnissen ab.

Auch mit festen Körpern können sich Flüssigkeiten so vermischen, daß
jene in ihnen nicht mehr sichtbar sind; man sagt dann, die Flüssigkeiten
hätten die festen Körper aufgelöst. So kann das Wasser Zucker auflösen,
und zwar fast in jedem beliebigen Verhältniß. Ebenso löst es das gewöhn=
liche Kochsalz und viele andere Salze auf. Es ist auch bekannt, daß das
Meerwasser fast alle Stoffe der Erde, selbst Metalle in mehr oder weniger
großen Mengen aufgelöst enthält. Das todte Meer z. B. besitzt an manchen
Stellen bis zu 30 Procent fremde feste Stoffe. Das Auflösungsvermögen
der Flüssigkeiten hängt wesentlich von ihrer Temperatur ab, heiße Flüssig=
keiten lösen im Allgemeinen stärker auf als kalte. Kühlen sie sich ab, so
fällt ein Theil der gelösten Stoffe aus. Das kann man an den sogenannten
Thermalquellen beobachten, und davon wird auch in der Industrie viel
Gebrauch gemacht. Verdunsten die Flüssigkeiten, so bleiben die festen Stoffe
zurück. Auf diese Weise entstehen die wundervollen (meist Kalk=) Gebilde
in vielen Höhlen (wie in der Höhle bei Rübeland im Harz), die Salz=
lager u. s. f.

Endlich ist zu bemerken, daß Flüssigkeiten auch Gase in sich aufnehmen,
z. B. das Wasser Luft oder Kohlensäure u. s. f. Der Kunstausdruck für
diese Aufnahme von Gasen heißt Absorption, die Gase sind von den
Flüssigkeiten absorbirt. Einige solcher Lösungen von Gasen in Wasser
sind allgemein bekannt und im allgemeinen Gebrauch, z. B. das
künstliche Selterwasser, welches Kohlensäure enthält, die gewöhnliche Salz=
säure. Die Wasser der Meere, Flüsse u. s. f. enthalten viel absorbirte
Luft, ohne welche die meisten der darin wohnenden Thiere nicht würden
leben können.

4. Die Gase und Dämpfe.

23. Gase und Dämpfe sind hinsichtlich ihrer Form noch viel weniger bestimmt als Flüssigkeiten. Während man diese wenigstens in einem Gefäß, auch wenn es offen ist, transportiren und zumessen kann, ist dieses bei Gasen und Dämpfen nur in rings geschlossenen Gefäßen möglich, so daß man von der Gestalt einer Gasmenge eigentlich überhaupt nicht reden kann. Gase und Dämpfe haben das Bestreben, sich nach allen Richtungen möglichst auszudehnen, und sie dehnen sich in's Unbegrenzte aus, wenn sie nicht durch Gefäßwände oder auf sonst irgend eine Weise daran gehindert werden.

Aus diesem Bestreben der Gase und Dämpfe, sich möglichst nach allen Richtungen auszudehnen, so daß es einer gewissen Kraft bedarf, um sie zusammen zu halten, folgt, daß sie auf die sie einengenden Gegenstände, z. B. Wände eines Gefäßes, nach allen Richtungen, nach unten und oben und zur Seite, von selbst einen gewissen Druck ausüben, den man als den Gas- oder Dampfdruck bezeichnen kann. Dieser Druck ist nach allen Richtungen gleich groß und wächst um so mehr an, in einen je engeren Raum man das Gas oder den Dampf zusammen gedrängt hat.

24. Nach einem Gesetze, welches nach seinen Entdeckern das Boyle'sche oder Mariotte'sche Gesetz genannt wird, nimmt dieser Druck in dem gleichen Verhältniß zu, in welchem der Raum, in den das Gas oder der Dampf eingeengt ist, abnimmt. Preßt man also eine bestimmte Menge Gas oder Dampf auf die Hälfte seines Raumes oder auf den dritten Theil zusammen, so wächst der Druck des Gases auf das Doppelte oder Dreifache. Ist der Raum, den das Gas einnimmt, nur noch $^1/_{100}$ von dem ursprünglichen Raum, so beträgt der Druck auf die einschließenden Wände das 100fache von dem ursprünglichen Drucke.

Diese Eigenschaft der Gase und Dämpfe wird zum Treiben von Maschinen, Lokomotiven, Wagen u. s. f. angewendet. Mit ihrer Hülfe schleudern wir die centnerschweren Kugeln aus unseren Riesenkanonen meilenweit und durchbohren Mauern und Stahlpanzer. Ein Gas oder Dampf drückt nicht nur auf die einschließenden Wände, sondern auch auf jeden Körper, der sich in ihm befindet, weil ja der Körper einen Theil des Raumes wegnimmt, den das Gas oder der Dampf sonst selbst ausfüllen würde. So übt auch die Luft auf alle in ihr befindlichen Wesen einen Druck aus, der so groß ist, als ob auf jedem Quadratcentimeter Oberfläche mehr als ein Kilogramm lastete. Da die Oberfläche eines ausgewachsenen Menschen etwa 8000 Quadratcentimeter beträgt, so ist der ganze Luftdruck, der auf einem erwachsenen Menschen lastet, der von etwa 8000 Kilogramm.

Daß dieser ungeheure Druck den Menschen nicht zusammenpreßt, liegt daran, daß er nicht bloß von Außen nach Innen, sondern auch von Innen nach Außen wirkt. Doch preßt er allerdings manche Theile fest an einander, so die Gelenkköpfe der Knochen an ihre Pfannen.

Der Druck eines Gases oder Dampfes bleibt sich auch bei gleichem von ihm eingenommenen Raum nicht immer gleich, er hängt auch von der Wärme ab. Das Gesetz hierfür werden wir später in der Lehre von der Wärme kennen lernen.

25. Wir haben vorhin gesehen, daß sich Flüssigkeiten nur sehr schwer zusammenpressen lassen, derartig, daß wir kaum noch Mittel besitzen, Wasser auch nur um $1/10$ seines Raumes zusammenzudrücken. Ganz anders verhalten sich Gase und Dämpfe, diese lassen sich mit Leichtigkeit zusammendrücken; daß es aber um so schwerer wird, sie noch fernerhin zusammen zu drücken, je mehr sie bereits zusammengepreßt sind, folgt aus dem oben angegebenen Gesetz von Mariotte. Denn ist ein Gas oder ein Dampf schon auf die Hälfte zusammengedrückt, so daß es den doppelten Druck ausübt, so bedarf es des Doppelten dieses Druckes, also des Vierfachen des ursprünglichen Druckes, um es noch fernerhin auf die Hälfte zusammenzupressen. Befindet sich z. B. gewöhnliche Luft in einem Cylinder, der durch einen Stempel verschlossen ist, dessen Oberfläche 100 Quadratcentimeter beträgt, so muß man auf diesen Stempel die Last von mehr als 100 Kilogramm wirken lassen, um die Luft auf die Hälfte, und die Last von mehr als 400 Kilogramm, um sie noch weiter auf die Hälfte zusammenzudrücken u. s. f.

Ebenso wie man Gase und Dämpfe beliebig verdichten kann, kann man sie auch beliebig verdünnen, indem man ihnen Gelegenheit giebt, sich auf größere Räume auszudehnen, oder indem man sie aus dem Raum, den sie ausfüllen, zum Theil entfernt. Haben wir z. B. ein rings geschlossenes Gefäß, welches Wasser enthält, über dem sich gewöhnliche Luft befindet, und lassen wir das Wasser durch einen am Boden des Gefäßes befindlichen Hahn zum Theil ablaufen, so nimmt nunmehr die eingeschlossene Luft einen größeren Raum ein als früher, sie ist also verdünnt. Treiben wir andererseits aus einem Gefäße die Luft heraus, schließen dieses Gefäß vollständig ab und bringen es mit demjenigen Gefäß, welches die zu verdünnende Luft enthält, in Verbindung, so stürzt die Luft in das leere Gefäß hinein, nimmt also gleichfalls einen größeren Raum ein und ist verdünnt.

26. Auf diesen Wirkungen beruhen die gewöhnlichen sogenannten Luftpumpen, welche dazu dienen, aus einem bestimmten Raum die Luft ganz oder theilweise zu entfernen. Es enthalten diese Luftpumpen immer einen

besonderen Hilfsraum, aus welchem die Luft herausgedrängt wird und den
man dann mit dem auszupumpenden Raume durch Oeffnen eines Hahnes
oder Ventils in Verbindung bringt, so daß die Luft dieses Raumes zum
Theil in den Hülfsraum stürzt und dadurch verdünnt wird. Durch Schließen
des Hahnes oder Ventils wird der Hülfsraum wieder abgesperrt und aber=
mals die Luft aus ihm herausgedrängt, so daß er wieder leer ist. Bei
Wiederverbindung mit dem auszupumpenden Raum muß dieser von der
ihm gebliebenen Luft nochmals einen Theil abgeben, der in den Hülfsraum
eindringt, wodurch eine erneute Verdünnung geschieht u. s. f.

Bei den sogenannten Stempelluftpumpen geschieht das Heraus=
drängen der Luft durch einen Stempel, der in einem Rohr, dessen Inneres
den Hülfsraum bildet, auf= und abbewegt werden kann. Bei den Queck=
silberluftpumpen durch Einschieben einer Quecksilbermasse in den Hülfs=
raum vermittelst Anhebens eines mit Quecksilber gefüllten und mit diesem
Hülfsraume durch einen Schlauch verbundenen Gefäßes.

Einfacher noch sind die weitverbreiteten sogenannten Wasserluft=
pumpen, bei denen die Entleerung des Hülfsraumes, welcher in steter
Verbindung mit dem auszupumpenden Raume bleibt, dadurch bewirkt wird,
daß die Luft von einem durchfließenden Wasserstrahl fortgerissen wird. Als
solcher Hilfsraum kann einfach das Rohr der Wasserleitung selbst oder ein
daran befestigtes Rohr dienen. Die Verbindung mit dem auszupumpenden
Raume wird durch ein Seitenrohr bewirkt.

Dem umgekehrten Zwecke wie die Luftpumpen dienen die sogenannten
Kompressionspumpen zur Zusammenpressung eines Gases oder Dampfes
in einem bestimmten Raume. Eingerichtet sind sie fast ebenso wie die Luft=
pumpen; wie auch jede Luftpumpe unmittelbar als Kompressionspumpe benutzt
werden kann. Man hat nur die Luft aus dem Hülfsraume statt in's Freie
in den betreffenden Raum hineinzudrängen.

Wie man Luft herauspumpt und hineinpumpt, geschieht dieses natürlich
auch mit allen anderen Gasen und Dämpfen.

27. Alle Gase und Dämpfe können sich mit einander beliebig ver=
mischen, und zwar so, daß ein gleichartiges Gemisch entsteht. Jedes Gas
und jeder Dampf erfüllt selbst einen von Gasen oder Dämpfen schon ein=
genommenen Raum so, als ob dieser Raum ganz leer wäre. Dabei übt jedes
Gas und jeder Dampf für sich denjenigen Druck aus, der ihm zufolge
seiner Menge in dem Raume zukommen würde. Man nennt diese Drucke
der einzelnen Gase oder Dämpfe die Theildrucke oder Partialdrucke
derselben. Der Druck ihres Gemisches ist gleich der Summe
ihrer Theildrucke, und folgt bei Vergrößerung oder Verkleinerung des

von dem Gemisch eingenommenen Raumes genau dem oben angegebenen Mariotte'schen Gesetze.

28. Ein solches Gemisch von Gasen und einem Dampfe ist die uns umgebende Luft. Sie besteht hauptsächlich aus den beiden als Sauerstoff und Stickstoff bezeichneten Gasen, und zwar zu etwa 23 Theilen aus Sauerstoff und zu 77 Theilen aus Stickstoff. Außerdem enthält sie etwas Kohlensäure, Ammoniak und vor allem Wasserdampf, sowie das neuerdings entdeckte Gas Argon.

Der Sauerstoff ist dasjenige Gas, welches die Verbrennung von angezündeten Körpern unterhält. In einem Raume, in welchem kein Sauerstoff vorhanden ist, können angezündete Körper nicht fortbrennen; dagegen brennen solche Körper in einem Raume, der reichlich mit Sauerstoff versehen ist, außerordentlich hell und mit großer Hitze. Die Gebläse in Schmieden und in Gießereien, Glashütten u. s. f. dienen also vornehmlich dazu, den brennenden Kohlen Sauerstoff zuzuführen. Sauerstoff ist auch allen Thieren zum Leben nöthig, kein Thier vermag in einem Raume, der keinen Sauerstoff enthält, fort zu existiren. Er wird mit der Luft durch das Einathmen eingenommen, kommt in die Lungen und von da in das Blut. Beim Ausathmen geht neben dem miteingeathmeten unbrauchbaren Stickstoff Kohlensäure, Wasserdampf u. s. f. davon. Befinden sich also mehrere Personen in einem Raume, so wird der Sauerstoff desselben rasch verzehrt, und wenn durch Fenster und Wände nicht genügend frische Luft hineinströmt, wird die Luft im Raume schlechter und schlechter, das Athmen also immer beschwerlicher. Räume, welche zur Ansammlung großer Menschenmengen bestimmt sind, wie Konzertsäle, Theater u. s. f. müssen aus diesem Grunde mit Vorrichtungen zur Fortschaffung der schlechten Luft und Herbeischaffung frischer Luft versehen sein. Man nennt diese Vorrichtungen Ventilationen. Die Pflanzen brauchen Sauerstoff nicht entfernt in dem Maaße wie die Thiere; am Tage geben sie sogar vielfach Sauerstoff an die Luft ab, daher das Erfrischende der Waldluft.

Der Hauptbestandtheil der Luft, der Stickstoff, hat als solcher nur geringe Bedeutung für die Lebewesen, auch vermag er die Verbrennung nicht zu unterhalten.

29. Die Luft umgiebt die ganze Erde, die Höhe, bis zu der sie über der Erdoberfläche ansteigt, ist nicht bekannt, beträgt aber sicher viele Meilen. Die Luft ist, wie bemerkt, auch in den Gewässern der Erde enthalten. Ihr Druck als Gas, der sogenannte Luftdruck oder Atmosphärendruck, beträgt auf der Oberfläche der Erde für jedes Quadratmeter so viel wie der einer Last von 10 333 Kilogramm, welche auf der Fläche des Quadrat=

meters gleichmäßig verbreitet ist. Wie man diesen Druck mißt, wird später=
hin angegeben werden. Je höher man emporsteigt, um so geringer wird
natürlich der Druck der Luft, weil man einen Theil der Luft unter sich
läßt; auf Bergen ist der Druck der Luft geringer als in der Ebene, und
je höher die Berge sind, um so geringer wird er. Da, wie früher be=
merkt, im Menschen auch von innen ein Druck wirkt, so macht sich dieser
um so fühlbarer, je höher man emporsteigt; in großen Höhen treibt er
das Blut durch Nase und Ohren heraus. Dieses ist z. B. Alexander von
Humboldt begegnet, als er den Chimborasso in Südamerika bestieg. Gase
können genau so wie Flüssigkeiten in einander durch Membranen diffundiren.

5. Masse und Dichtigkeit.

30. Jeder Körper stellt eine gewisse Menge von Materie oder
Substanz dar, die man seine Masse oder sein Gewicht nennt.

Von der Art und dem Zustande der Substanzen hängen deren
Eigenschaften ab, indem z. B. festes Eisen ganz andere Eigenschaften be=
sitzt wie flüssiges Eisen oder Holz, oder Papier u. s. f. Von ihrer Menge
wird das Maaß ihrer Wirkungen nach Außen und dasjenige der Wirkungen
von Außen auf sie bestimmt. So hat 1 Kilogramm Eisen die nämlichen
Eigenschaften wie 2 Kilogramm der gleichen Substanz; aber der Druck,
mit dem die letztere Substanzmenge auf ihrer Unterlage lastet, ist doppelt
so groß wie derjenige der ersteren Substanzmenge, und zum Heben, Fort=
schleudern u. s. f. erfordert sie gleichfalls die doppelte Kraft wie diese. Wir
bestimmen hiernach die Art einer Substanz aus ihren Eigenschaften, z. B.
der Farbe, Festigkeit, Durchsichtigkeit, Form u. s. f., die Substanzmenge
dagegen aus ihren Wirkungen nach Außen oder den Wirkungen von Außen
auf sie. Körper, welche in ihren Eigenschaften völlig übereinstimmen,
nennen wir gleichartig. Dieses ist die einfachste Erklärung; wir werden
jedoch später noch eine andere kennen lernen, welche mehr auf das Wesent=
liche der Sache eingeht. Ebenso nennen wir Substanzmengen, welche
unter gleichen Umständen gleiche und gleich große Wirkungen nach Außen
hervorbringen, oder von gleichen von Außen herankommenden Angriffen
gleiche und gleich große Wirkungen erfahren, gleich groß. Auch hierfür
werden wir später noch eine andere Definition kennen lernen, welche der
Wißbegierde befriedigender klingt als diese. Dieser Definition zufolge sagen
wir von einem Körper, er habe die Substanzmenge oder Masse 1, 2,
3, . . . Kilogramm, wenn er z. B. auf seine Unterlage den gleichen Druck
ausübt wie die Gewichte 1, 2, 3, . . . Kilogramm, und die gewöhnlichen

Gewichte dienen so zur Bestimmung der Substanzmengen, da sie selbst Substanzmengen, Massen sind.

31. Wir finden, daß die verschiedenen Körper bei gleicher Substanzmenge, das ist gleichem Gewicht, gleiche Räume ausfüllen oder ungleiche. Im ersten Falle nennen wir die Körper gleich dicht, im zweiten ungleich dicht. Je kleiner der Raum ist, den die Substanz eines Körpers bei gleichem Gewicht einnimmt, um so dichter ist der Körper; Gold ist hiernach dichter als Wasser, da es kaum den 19. Theil des Raumes einnimmt, den Wasser bei gleichem Gewicht beansprucht. Die Dichtigkeit eines Körpers steht also im umgekehrten Verhältniß zu dem Raume, den seine Substanz ausfüllt. Man definirt daher zahlenmäßig die Dichtigkeit, oder, was damit gleiche Bedeutung hat, die Dichte oder das specifische Gewicht, durch diejenige Substanzmenge oder Masse, das ist dasjenige Gewicht, welches in einer Raumeinheit enthalten ist. Hieraus ergiebt sich noch: Die Masse eines Körpers ist gleich seinem Raumgehalt (Volumen) multiplicirt mit seiner Dichte.

Die verschiedenen Körper sind im Allgemeinen verschieden dicht. Am dichtesten sind durchschnittlich die festen Körper, dann kommen die Füssigkeiten und zuletzt die Gase und Dämpfe. Doch giebt es auch Flüssigkeiten, welche viel dichter sind als feste Körper, während alle Gase erheblich weniger dicht sind als feste Körper und Flüssigkeiten. Zu den dichtesten festen Körpern gehört das Platin, das Gold, das Blei, das Silber, das Eisen, u. s. f. Sehr wenig dicht sind von den festen Körpern das Lithium, Natrium, Kalium, Aluminium und viele von Pflanzen herrührende feste Körper, wie Holz, Kork, Gummi u. s. f. Von den Flüssigkeiten ist das dichteste das Quecksilber, welches sogar noch dichter ist als Silber. In weitem Abstande davon kommt dann Brom, und nach einer Reihe anderer Flüssigkeiten das Wasser, der Alkohol, Aether, Benzin u. s. f. Von den Gasen sind die beiden Hauptbestandtheile der Luft fast gleich dicht, Chlor ist dichter als Luft, das leichteste Gas dürfte Wasserstoff sein.

Gewöhnlich stellt man die Dichtigkeit der Körper in Vergleich zu der Dichtigkeit eines von ihnen, nämlich des Wassers. Gold ist hiernach mehr als 19 mal, Silber fast 11 mal, Eisen mehr als 7 mal, Quecksilber mehr als 13 mal, Aluminium nur $2\frac{1}{2}$ mal dichter als Wasser. Kork und die meisten Holzarten sind weniger dicht als Wasser. Von den bis jetzt bekannten Flüssigkeiten scheint keine weniger als etwa $\frac{1}{2}$ mal so dicht zu sein wie Wasser. Die meisten Gase sind nur etwa $\frac{1}{1000}$ mal so dicht wie Wasser, nur wenige haben eine Dichtigkeit, die größer ist als $\frac{1}{1000}$, Luft hat etwa $\frac{1}{800}$, Wasserstoff dagegen nur etwa $\frac{1}{12000}$ von der Dichte des Wassers.

32. Drückt man Körper zusammen, so vermehrt man ihre Dichtigkeit, zieht man sie auseinander, so verringert man sie. Feste Körper und Flüssigkeiten lassen sich durch die uns zur Verfügung stehenden Mittel nur wenig zusammendrücken und auseinanderziehen. Bei diesen ist also die Dichte fast immer die nämliche. Anders verhält sich dieses bei den Gasen und Dämpfen. Diese lassen sich fast in's Unbegrenzte zusammendrücken und ausdehnen, bei ihnen kann man also von einer Dichtigkeit nicht ohne Weiteres sprechen, wenn man nicht hinzufügt, unter welchem Druck sie sich befinden. Gewöhnlich ist der Druck, für den man die Dichtigkeit bei Gasen und Dämpfen angiebt, derjenige der umgebenden Luft an der Erdoberfläche, der Atmosphärendruck.

Zufolge der Erklärung der Dichtigkeit nimmt diese in demselben Verhältniß zu, wie der Raum, den der Körper ausfüllt, abnimmt. Ist also in einem Falle ein Körper auf die Hälfte seines ursprünglichen Raumes zusammengedrückt, so ist seine Dichte doppelt so groß als sie ursprünglich war; nimmt der Körper nur noch $\frac{1}{100}$ seines ursprünglichen Raumes ein, so ist seine Dichtigkeit 100mal so groß u. s. f. Da wir nun gesehen haben, daß bei Gasen und Dämpfen der Druck, den sie ausüben, in demselben Maaße anwächst wie der Raum, den sie ausfüllen, abnimmt, so ergiebt sich, daß die Dichtigkeit bei Gasen und Dämpfen in demselben Maaße anwächst, wie der Druck anwächst. Man kann also das früher behandelte Boyle'sche oder Mariotte'sche Gesetz auch so ausdrücken, daß man sagt, die verschiedenen Drucke, die ein Gas oder Dampf ausübt, stehen zu einander in demselben Verhältniß wie die Dichtigkeiten.

Wendet man zur Zusammendrückung von Gasen oder Dämpfen hinlänglich große Drucke an, so kann man sie schließlich so dicht machen wie Flüssigkeiten; bei Luft ist es z. B. gelungen, diese Dichtigkeit bis zu derjenigen des Wassers zu steigern. Andererseits kann man Gase beliebig ausdehnen, wozu die Luftpumpen dienen, man kann sie also beliebig verdünnen, so daß ihre Dichtigkeit bis auf $\frac{1}{1000000}$ und noch tiefer unter diejenige des Wassers herabsinkt, ja fast ganz unmerkbar wird.

Außer von der Zusammendrückung oder der Ausdehnung der Körper hängt deren Dichtigkeit wesentlich noch von ihrer Wärme ab. Im Allgemeinen sind die Körper um so weniger dicht, je wärmer sie sind; doch giebt es auch Ausnahmen von dieser Regel. Das Nähere hierüber wird später angegeben werden. Ebenso wird später gezeigt werden, durch welche Mittel Gewicht und Dichtigkeit der Körper bestimmt und zahlenmäßig festgestellt werden können.

Zweites Kapitel.

Zusammensetzung und Zerlegung der Körper (Allgemeine Chemie).

1. Zusammensetzung der Körper aus Elementen.

33. Körper, welche in allen Theilen aus der gleichen Substanz bestehen, werden im Allgemeinen auch in sich gleichartig sein, also in allen Theilen und nach allen Richtungen die nämlichen Eigenschaften zeigen. Ausnahmen hiervon machen die krystallinischen Körper, welche, wie bereits bemerkt, trotz überall gleicher Substanz nach verschiedenen Richtungen verschiedene Eigenschaften aufweisen können, sowie Körper, welche in besonderer Weise behandelt sind, z. B. schnell abgekühltes Glas, welches auf der Oberfläche zum Theil andere Eigenschaften zeigt als im Inneren, oder gedehnte Stahlsaiten, gepreßte Glasstücke u. a. m., welche in Richtung der Dehnung bezw. Pressung gleichfalls besondere Eigenschaften haben, die quer dazu fehlen. Auch Körper, welche eine bestimmte Struktur besitzen, namentlich die organischen Körper, gehören hierher. Alle Flüssigkeiten und Gase, auch Dämpfe sind in sich gleichartig, die oben verzeichneten Ausnahmen beziehen sich auf feste Körper. Es können jedoch auch Körper noch in sich gleichartig sein, wenn sie nicht überall von der nämlichen Substanz gebildet, sondern aus verschiedenen Substanzen gemengt sind, nämlich dann, wenn diese Mengung eine so innige ist, daß wir an keiner Stelle die einzelnen Bestandtheile heraus zu erkennen vermögen. Dahin gehören Gemenge von Gasen und Dämpfen, sowie zum Theil solche von Flüssigkeiten. Luft ist ein Gemenge von mindestens 2, vielfach auch von 5 und mehr Gasarten, und trotzdem in allen Theilen von völlig gleicher Art, ebenso ist jedes Gemenge von Wasser und Alkohol, oder Wasser und Zucker oder Salz in sich vollständig gleichartig, nicht dagegen ein Gemenge von Wasser und Oel. Auch Gemenge von festen Körpern können in sich völlig gleichartig erscheinen, wie es bei allen sogenannten Legirungen von Metallen der Fall ist, z. B. Bronce, Messing, Neusilber u. s. f. (die Legirungen sind zum Theil Gemenge). Im Allgemeinen sind jedoch Gemenge von festen Körpern in sich ungleichartig, man kann auch meist die einzelnen Gemengtheile von einander deutlich unterscheiden, z. B. im Granit röthliche, gelblichweiße und schwärzlichgrüne oder silbergraue Theile (Feldspath, Quarz und Glimmer).

34. Entsprechende Gleichartigkeiten und Ungleichartigkeiten finden wir natürlich auch, wenn wir von Körper zu Körper übergehen. Da nun die Uebereinstimmung oder Nichtübereinstimmung in den Eigenschaften im Wesentlichen von der Uebereinstimmung oder Nichtübereinstimmung in der Substanz abhängt und es Tausende von miteinander nicht übereinstimmenden Körpern giebt, so könnte es scheinen, daß auch ebenso viele Tausende von nicht übereinstimmenden Substanzen vorhanden sind. Dieses ist jedoch nicht der Fall, vielmehr hat sich herausgestellt, daß es nur eine geringe Zahl von wirklich verschiedenen Substanzen giebt, nämlich 70—80, soviel bis jetzt bekannt, und daß alle Körper aus diesen wenigen Substanzen zusammengesetzt sind. Man nennt diese Substanzen, die also selbst nicht zusammengesetzt, sondern einfach sind, aus denen aber alle anderen Körper aufgebaut sind, die Elemente. Die Wissenschaft, welche sich mit der Zusammensetzung der Körper aus diesen Elementen und der Zerlegung in diese Elemente beschäftigt, heißt die Chemie.

Die wichtigsten dieser Elemente sind zunächst alle bekannten einfachen Metalle, wie Aluminium, Blei, Eisen, Gold, Kalium, Kupfer u. s. f. Sodann von Nichtmetallen, Brom, Chlor, Kiesel, Kohlenstoff, Phosphor, Sauerstoff, Schwefel, Wasserstoff u. s. f. Die meisten dieser Elemente sind fest, einige flüssig, andere gasförmig.

Wasser z. B. besteht aus Sauerstoff und Wasserstoff, Alkohol aus Sauerstoff, Wasserstoff und Kohlenstoff, Schwefelsäure aus Sauerstoff, Wasserstoff und Schwefel, Ammoniak aus Wasserstoff und Stickstoff, Salzsäure aus Wasserstoff und Chlor, Thonerde aus Aluminium und Sauerstoff, der gewöhnliche Kieselstein aus Kiesel und Sauerstoff, der Zinnober aus Quecksilber und Schwefel u. s. f.

Um die Elemente nicht immer mit ihren zum Theil langen Namen benennen zu müssen, hat man für sie abgekürzte Bezeichnungen eingeführt, bestehend aus den ersten Buchstaben ihrer lateinischen oder griechischen Namen. So steht Au für Gold (Aurum), Hg für Quecksilber (Hydrargyrum), N für Stickstoff (Nitrogenium) u. s. f. Eine vollständige Tabelle der Elemente und ihrer Bezeichnungen folgt später.

2. Chemische Gesetze.

35. Bei der Zusammensetzung derjenigen Körper, welche der leblosen Natur angehören, wie Steine, Erze u. s. f. sind fast alle Elemente, in der Zusammensetzung zu zwei oder drei oder noch mehr betheiligt. Die Chemie, die sich mit diesen Körpern beschäftigt, heißt die anorganische Chemie. Die Körper dagegen, welche der belebten Natur angehören, sei es, daß sie

an dem Aufbau der Lebewesen betheiligt sind, wie Fleisch, Haut, Knochen, Blut, Fett, Holz u. s. f., oder daß sie von diesen Lebewesen hervorgebracht werden, wie Zucker, die Säfte der Pflanzen und Thiere u. s. f., bestehen im Wesentlichen fast ausschließlich aus den vier Elementen, Sauerstoff, Stickstoff, Kohlenstoff, Wasserstoff. Die Chemie, die sich mit ihnen beschäftigt, heißt die organische Chemie. Wiewohl die Zahl der bei den organischen Körpern betheiligten Elemente so gering ist, giebt es doch viele Tausende von solchen Körpern, die durchaus von einander verschieden sind.

36. Es ist hieraus zu entnehmen, daß die Zusammensetzung aus den Elementen für sich allein die Verschiedenheit der Körper von einander nicht bedingt, sondern daß es noch auf etwas anderes ankommt. Dieses Andere ist vornehmlich die Menge, in der die einzelnen Elemente bei der Zusammensetzung betheiligt sind. Ein Körper, der doppelt so viel Sauerstoff hat als das Wasser, besitzt ganz andere Eigenschaften als dieses, auch wenn er sonst nichts anderes enthält als das Wasser, nämlich Wasserstoff und Sauerstoff. So giebt es unzählig viele Körper, welche aus ganz denselben Elementen zusammengesetzt sind und die doch grundverschieden von einander erscheinen, weil diese Elemente in jedem von ihnen in anderen Mengenverhältnissen vertreten sind.

Entscheidend dabei können natürlich nicht die wirklichen Mengen der Elemente sein; denn wenn ich zwei verschiedene Theile Wasser zusammenbringe, so habe ich doch nur wieder Wasser, wiewohl die Menge des Sauerstoffs, sowie diejenige des Wasserstoffs sich vermehrt hat, es kommt allein auf die Verhältnisse dieser Mengen zu einander an, also z. B. beim Wasser, wieviel Sauerstoff im Verhältniß zum Wasserstoff darin enthalten ist.

37. Die Chemie lehrt, daß bei allen Verbindungen von Elementen mit einander die folgenden drei Gesetze bestehen:

1) Die Masse des aus der Verbindung von Elementen entstehenden Körpers ist genau so groß, wie die Summe der Massen der in ihm verbundenen Elemente vor der Verbindung (Gesetz von der Erhaltung der Massen).

2) Jedes Element tritt mit einem anderen Element in allen Verbindungen stets in demselben Mengenverhältniß auf, oder in dem Doppelten, Dreifachen, Vierfachen u. s. f., bezw. der Hälfte, einem Drittel, einem Viertel u. s. f. (Gesetz von den multiplen Proportionen).

3) Tritt ein Element nacheinander mit zwei anderen Elementen in Verbindung, so stehen seine beiden Mengenverhältnisse in Bezug auf diese

anderen beiden Elemente in demselben Verhältniß, in dem die Menge des einen Elements zu derjenigen des zweiten in jeder Verbindung steht, in welcher die beiden anderen Elemente überhaupt vorkommen, oder in dem Doppelten, Dreifachen, Vierfachen, bezw. der Hälfte, dem Drittel, Viertel u. s. f. dieses Verhältnisses (Gesetz von der Erhaltung der Verbindungsgewichte).

38. Wir wollen diese drei wichtigen Gesetze nacheinander genauer erklären. Das erste Gesetz ist das einfachste und besagt nur, daß durch die Verbindung von verschiedenen Substanzen zu neuen Körpern nichts von diesen Substanzen verloren geht und nichts an Substanzen gewonnen wird. Daß dieses Gesetz aber nicht immer anerkannt worden ist, kann aus vielen Aeußerungen der Gelehrten der alten Zeit und des Mittelalters entnommen werden. Ja es ist eigentlich erst seit dem Ende des vorigen Jahrhunderts durch die Arbeiten des bekannten französischen Forschers Lavoisier, der als ein Opfer der Revolution fiel, festgestellt und in die Wissenschaft eingeführt worden. Verbindet man 2 Gramm Wasserstoff mit 16 Gramm Sauerstoff, so erhält man $2+16$, das ist 18 Gramm Wasser. Ebenso bekommt man aus 1 Gramm Wasserstoff und 35,4 Gramm Chlor, $1+35,4$, das ist 36,4 Gramm Salzsäure u. s. f. Dehnt man das Gesetz auf alle Körper in der Welt aus, so folgt der allgemeine Satz, daß die Substanzmenge in der Welt sich stets gleich bleibt, nirgends etwas hinzukommt und nirgends etwas verschwindet, es also keine Schaffung und keine Vernichtung von Substanz giebt, ein Satz, der bekanntlich noch viel bestritten wird.

39. Weniger einleuchtend ist das zweite Gesetz. Es besagt, daß zwei Elemente stets in dem nämlichen Mengenverhältniß, oder in einem ganzen Vielfachen bezw. einem ganzen Bruchtheil davon in allen Verbindungen auftreten, in denen sie überhaupt zusammen sind. So ist das Verhältniß der im Wasser vorhandenen Menge Sauerstoff zu derjenigen des Wasserstoffs gleich 8, dasselbe Verhältniß findet sich zwischen der Menge des Sauerstoffs und der Menge des Wasserstoffs in der Essigsäure. In der untersalpetrigen Säure ist das Verhältniß doppelt so groß, in der salpetrigen Säure 4 mal so groß, in der Salpetersäure 6 mal so groß, ebenso in der Phosphorsäure u. s. f., im gewöhnlichen Alkohol $\frac{8}{3}$, im Aether $\frac{8}{5}$ so groß. Ferner verbindet sich Stickstoff mit Sauerstoff zu 5 verschiedenen Körpern, je nachdem das Mengenverhältniß des Stickstoffs zum Sauerstoff ist: $2 \times \frac{14}{16}$, $1 \times \frac{14}{16}$, $\frac{2}{3} \times \frac{14}{16}$, $\frac{1}{2} \times \frac{14}{16}$, $\frac{2}{5} \times \frac{14}{16}$. In dem ersten Beispiel sind alle Zahlen ganze Vielfache von 8, nämlich 1×8, 2×8, 4×8, 6×8, oder ganze Brüche von 8, nämlich $\frac{8}{3} \times 8$, $\frac{8}{5} \times 8$. Im zweiten Beispiel sind die Zahlen ganze Vielfache oder Brüche von $\frac{14}{16}$. So ließen sich die Beispiele in's Ungemessene vermehren.

40. Was das dritte Gesetz anbetrifft, so bildet es die, aber nicht selbstverständliche, Erweiterung des zweiten Gesetzes. Es besagt, daß wenn man zwei Körper hat, welche beide außer anderen Elementen noch ein und dasselbe Element enthalten und man das Mengenverhältniß dieses Elements zu einem anderen Element des ersten Körpers durch das Mengenverhältniß dieses gleichen Elements zu einem anderen Element des zweiten Körpers dividirt, man das Mengenverhältniß erhält, in welchem das andere Element des zweiten Körpers mit dem anderen Element des ersten Körpers eine Verbindung eingehen würde, oder ein gleiches Vielfache bezw. einen ganzen Bruchtheil davon. Als Beispiel mögen die drei Elemente Wasserstoff, Sauerstoff und Chlor dienen. Das Mengenverhältniß des Wasserstoffs zum Sauerstoff im Wasser ist $\frac{1}{8}$, dasjenige des Wasserstoffs zum Chlor in der Salzsäure $\frac{2}{71}$, also ist die Verhältnißzahl des ersten Mengenverhältnisses zu dem zweiten Mengenverhältniß $\frac{1}{8}/\frac{2}{71}$, das ist $\frac{71}{16}$. Dementsprechend findet man in der Chlorsäure, in welcher Chlor und Sauerstoff verbunden sind, für das Mengenverhältniß die Zahl $\frac{71}{48}$, das ist einen ganzen Bruchtheil, $\frac{1}{3}$ von der obigen Verhältnißzahl $\frac{71}{16}$. Als zweites Beispiel nehmen wir die beiden Körper Kohlensäure und Schwefelkohlenstoff; für die Kohlensäure ist das Mengenverhältniß zwischen Kohlenstoff und Sauerstoff gleich $\frac{3}{8}$, für den Schwefelkohlenstoff dasjenige zwischen Kohlenstoff und Schwefel $\frac{3}{16}$, also die Verhältnißzahl für diese beiden Mengenverhältnisse gleich $\frac{3}{8}/\frac{3}{16}$, das ist 2, dementsprechend finden wir für das Mengenverhältniß zwischen Schwefel und Sauerstoff in der Schwefelsäure $\frac{1}{2}$, also einen ganzen Bruchtheil, $\frac{1}{4}$ der obigen Verhältnißzahl. Dasselbe Mengenverhältniß findet sich im schwefelsauren Kupfer, in dem bekannten Kupfervitriol ist es dagegen gleich $\frac{2}{9}$, das ist $\frac{1}{9}$ von jener Verhältnißzahl.

3. Chemische Verbindungsgewichte und Formeln.

41. Die Mengenverhältnisse der Elemente in den verschiedenen Körpern stehen hiernach in bestimmter Beziehung zu einander, und es kommen bei der Zusammensetzung der Körper nur einfache ganze Zahlen oder echte Brüche vor. Einerseits sind nach dem zweiten Gesetze die Mengenverhältnisse zweier Elemente in allen beliebigen Körpern von derselben Größe, oder ganze Vielfache bezw. ganze Bruchtheile von einander. Andererseits lehrt das dritte Gesetz, daß man nur das Mengenverhältniß eines Elements zu allen anderen zu kennen braucht, um sofort die Mengenverhältnisse aller anderen Elemente zu einander zu erhalten. Als solches Element ist früher Sauerstoff gewählt worden, jetzt benutzt man dazu Wasserstoff, wenn gleich

auf dem Umwege über Sauerstoff. Da jedoch alle Mengenverhältnisse in ganzen vielfachen Beträgen vorkommen können, giebt man an, in welchen kleinsten Mengenverhältnissen alle Elemente sich mit Wasserstoff verbinden können. Diese Mengenverhältnisse heißen die Verbindungsgewichte oder auch die Atomgewichte der Elemente. Sie sind zusammen mit den Namen der Elemente und ihren in der Wissenschaft üblichen Bezeichnungen in der nachfolgenden Tabelle zusammengestellt. Die Tabelle enthält außerdem die Atomvolumina, das sind die Atomgewichte dividirt durch die Dichtigkeiten. Ueber die vorstellbare Bedeutung dieser Atomgewichte und Atomvolumina, ebenso über die in der Tabelle befolgte Anordnung und darin enthaltenen noch anderen Angaben, werden wir später sprechen, soweit dieses erforderlich ist.

Tabelle der Elemente

(geordnet nach der chemischen Aehnlichkeit).

| Gruppe | Name | Zeichen | Atomgewicht | Atomvolumen | Werthigkeit | | Aggregatzustand bei gewöhnlicher Temperatur | Metall oder Nichtmetall |
					zwei Atome gegen ein Atom O	eines Atoms gegen ein Atom H		
	Wasserstoff	H	1	1	1	—	gasförmig	Metall?
	Lithium	Li	7,0	11,9	1	1	fest	Metall
	Natrium	Na	23,0	23,7	"	"	"	"
	Kalium	K	39,0	45,4	"	"	"	"
	Kupfer	Cu	63,2	7,1	"	"	"	"
	Rubidium	Rb	85,2	56,1	"	"	"	"
I	Silber	Ag	107,7	10,2	"	"	"	"
	Cäsium	Cs	132,7	70,6	"	"	"	"
	Samarium	Sm	150,0	?	"	"	"	"
	—	—	—	—	—	—	—	—
	Gold	Au	196,7	10,1	"	"	"	"
	—	—	—	—	—	—	—	—
	Beryllium	Be	9,1	4,9	2	2	fest	Metall
	Magnesium	Mg	24,3	13,9	"	"	"	"
	Calcium	Ca	39,9	25,4	"	"	"	"
	Zink	Zn	65,1	9,1	"	"	"	"
	Strontium	Sr	87,3	34,9	"	"	"	"
II	Cadmium	Cd	111,7	12,9	"	"	"	"
	Baryum	Ba	136,9	36,5	"	"	"	"
	—	—	—	—	—	—	—	—
	—	—	—	—	—	—	—	—
	Quecksilber	Hg	199,8	14,1	"	"	flüssig	"

Gruppe	Name	Zeichen	Atomgewicht	Atomvolumen	Werthigkeit: zwei Atome gegen ein Atom O	Werthigkeit: eines Atoms gegen ein Atom H	Aggregatzustand bei gewöhnlicher Temperatur	Metall oder Nichtmetall
III	Bor	B	10,9	4,0	3	3	fest	Nicht=metall
	Aluminium	Al	27,0	10,6	"	"	"	Metall
	Scandium	Sc	44,0	17?	"	"	"	"
	Gallium	Ga	69,9	11,7	"	"	"	"
	Yttrium	Y	88,9	25?	"	"	"	"
	Indium	In	113,6	15,3	"	"	"	"
	Lanthan	La	138,0	22,5	"	"	"	"
	—	—	—	—	—	—	—	—
	Ytterbium	Yb	172,6	?	"	"	"	"
	Thallium	Tl	203,7	17,2	"	"	"	"
	—	—	—	—	—	—	—	—
IV	Kohlenstoff	C	12,0	3,6	4	4	fest	Nicht=metall
	Silicium	Si	28,3	11,4	"	"	"	"
	Titan	Ti	48,0	13?	"	"	"	Metall
	Germanium	Ge	72,3	13?	"	"	"	"
	Zirkonium	Zr	90,4	21,7	"	"	"	"
	Zinn	Sn	118,8	16,3	"	"	"	"
	Cer	Ce	139,9	21,0	"	"	"	"
	—	—	—	—	—	—	—	—
	—	—	—	—	—	—	—	—
	Blei	Pb	206,4	18,1	"	"	"	"
	Thorium	Th	232,0	29,9	"	"	"	"
V	Stickstoff	N	14,0	?	5	3	gasförmig	Nicht=metall
	Phosphor	P	31,0	17,0	"	"	fest	"
	Vanadium	Vd	51,1	9,3	"	"	"	Metall
	Arsen	As	74,9	13,5	"	"	"	Halb=metall
	Niobium	Nb	93,7	13,2	"	"	"	Metall
	Antimon	Sb	119,6	17,9	"	"	"	Halb=metall
	Didymium	Di	142,0	13,0	"	"	"	Metall
	—	—	—	—	—	—	—	—
	Tantal	Ta	182	16,9	"	"	"	"
	Wismuth	Bi	208,3	21,1	"	"	"	"
	—	—	—	—	—	—	—	—
VI	Sauerstoff	O	16,0	8?	6	2	gasförmig	Nicht=metall
	Schwefel	S	32,0	15,7	"	"	fest	"
	Chrom	Cr	52,0	7,7	"	"	"	Metall
	Selen	Se	78,9	17,1	"	"	"	Nicht=metall
	Molybdän	Mo	95,9	11,1	"	"	"	Metall
	Tellur	Te	125,0	20,2	"	"	"	"
	—	—	—	—	—	—	—	—
	—	—	—	—	—	—	—	—
	Wolfram	W	183,6	9,6	"	"	"	"
	—	—	—	—	—	—	—	—
	Uran	U	239,0	12,6	"	"	"	"

Gruppe	Name	Zeichen	Atomgewicht	Atomvolumen	Werthigkeit zwei Atome gegen ein Atom O	eines Atoms gegen ein Atom H	Aggregatzustand bei gewöhnlicher Temperatur	Metall oder Nichtmetall
	Fluor	F	19,1	13?	7	1	gasförmig	Nichtmetall
	Chlor	Cl	35,4	25,6	„	„	„	„
	Mangan	Mn	54,8	6,9	„	„	fest	Metall
	Brom	Br	79,8	26,9	„	„	flüssig	Nichtmetall
	—	—	—	—	—	—	gasförmig	—
VII	Jod	J	126,5	25,6	„	„	„	„
	—	—	—	—	—	—	—	—
	—	—	—	—	—	—	—	—
	—	—	—	—	—	—	—	—
	—	—	—	—	—	—	—	—
	—	—	—	—	—	—	—	—
	Eisen	Fe —	55,9	7,2	?	?	fest	Metall
	Kobalt	Co —	58,6	6,9	?	?	„	„
	Nickel	Ni —	58,6	6,7	?	?	„	„
	Ruthenium	Ru —	101,4	8,4	8	?	fest	Metall
VIII	Rhodium	Rh —	102,7	8,6	?	?	„	„
	Palladium	Pd —	106,4	9,2	?	?	„	„
	Osmium	Os —	191,0	8,5	8	?	fest	Metall
	Iridium	Ir —	192,5	8,6	?	?	„	„
	Platin	Pt —	194,3	9,1	?	?	„	„
	Argon	Ar —	20 od. 40	?	?	?	gasförmig	?
	Helium	He —	2,4 od. 8	?	?	?	„	?

Was die Atomgewichte als Verbindungsgewichte anbetrifft, so ist ihre Anwendung dem Vorstehenden zufolge klar.

So ist das Verbindungsgewicht des Eisens nach dieser Tabelle gegen 56, dasjenige des Sauerstoffs 16, Sauerstoff und Eisen können sich also in dem Mengenverhältniß von $\frac{16}{56}$ oder in einem ganzen Vielfachen davon mit einander und mit anderen Elementen verbinden. Chlor hat das Verbindungsgewicht 35,4, Wasserstoff selbstverständlich 1, zur Herstellung von Salzsäure bedarf es hiernach 35,4 Gramm Chlor und 1 Gramm Wasserstoff, woraus man, wie bereits oben bemerkt, 36,4 Gramm Salzsäure erhält, oder man kann von beiden Verbindungsgewichten das gleiche Vielfache, etwa 2 Gramm Wasserstoff und 70,8 Gramm Chlor, bezw. den gleichen Bruchtheil, etwa $\frac{1}{5}$ Gramm Wasserstoff und 7,08 Gramm Chlor u. s. f. nehmen.

42. Um anzudeuten, daß zwei oder mehr Elemente sich zu einem Körper zusammen setzen, schreibt man die Bezeichnungen der Elemente neben

einander. Da jedem Element ein bestimmtes Verbindungsgewicht angehört, so kann die Bezeichnung zugleich auch für dieses Verbindungsgewicht stehen. Es würde hiernach z. B. Fe für Eisen stehen und zugleich für das Verbindungsgewicht 55,9 des Eisens, ebenso Hg für Quecksilber und zugleich für das Verbindungsgewicht 199,8 des Quecksilbers. Stehen die Mengenverhältnisse der Elemente in einer Verbindung unmittelbar im Verhältniß dieser Verbindungsgewichte, so giebt die Zusammenstellung der Bezeichnungen der Elemente zugleich ein vollständiges Bild von der Zusammensetzung des Körpers, den sie bilden. So giebt die Zusammenstellung der Bezeichnung H für Wasserstoff mit der Cl für Chlor zu HCl unmittelbar die Zusammensetzung von Salzsäure. Dagegen giebt HO noch nicht die Zusammensetzung von Wasser, wiewohl dieses nur aus Wasserstoff H und Sauerstoff O besteht, weil hier der Wasserstoff im doppelten Verhältniß auftritt als sein Verbindungsgewicht besagt.

Um auch in diesen Fällen sich bequemer Abkürzungen bedienen zu können, hängt man die Zahl, welche anzeigt, wie vielfach das Verbindungsgewicht eines Elements in einem Körper vertreten sein soll, rechts unten an die Bezeichnung des Elements an. Hiernach ist beim Wasser das H mit einer 2 zu versehen, und Wasser wird dargestellt durch H_2O, das heißt als eine Verbindung von 2 Verbindungsgewichten Wasserstoff mit einem Verbindungsgewicht Sauerstoff, also nach der Tabelle z. B. von 2 Gramm Wasserstoff mit 16 Gramm Sauerstoff, oder 1 Gramm Wasserstoff mit 8 Gramm Sauerstoff, oder $\frac{1}{2}$ Gramm Wasserstoff mit 4 Gramm Sauerstoff u. s. f. Schwefelsäure kann man auf diese Weise bezeichnen durch H_2SO_4, das heißt, es enthält 2 Verbindungsgewichte Wasserstoff, 1 Verbindungsgewicht Schwefel und 4 Verbindungsgewichte Sauerstoff; nach der Tabelle würde man also z. B. zur Herstellung von Schwefelsäure nehmen können, 2 Gramm Wasserstoff, 32 Gramm Schwefel und 64 Gramm Sauerstoff, oder gleiche Vielfache bezw. gleiche Bruchtheile davon.

Manchmal setzt man auch die Zahl vor das Zeichen des Elements und klammert dann dieses ein, also $2(H)O$ für H_2O, $2(H)S\,4(O)$ für H_2SO_4 u. s. f. Diese Bezeichnung wählt man namentlich, wenn von einer Verbindung aus mehreren Elementen ein Vielfaches genommen werden soll, so ist z. B. $2(C_2H_5)O$ dasselbe wie $(C_2H_5)_2O$ und wie $C_4H_{10}O$, nämlich gewöhnlicher Aether.

Derartige abkürzende, die Zusammensetzung der Körper aus den Elementen vollständig bezeichnende Symbole nennt man chemische Formeln. H_2O, H_2SO_4, HCl, C_2H_6O, $2(C_2H_5)O$ oder $(C_2H_5)_2O$ oder

$C_4H_{10}O$ u. s. f. sind die chemischen Formeln für Wasser, Schwefelsäure, Salzsäure, Alkohol, Aether u. s. f.

43. Nicht bloß die Elemente können sich mit einander zu Körpern verbinden, sondern auch fertige Körper können zu neuen Körpern zusammentreten. So kann man die Schwefelsäure auch als eine Verbindung des Wassers H_2O mit dem Körper SO_3, welcher wissenschaftlich Schwefeltrioxyd heißt, ansehen. Es gilt dann das Gesetz, daß die neuentstandenen Körper genau so zusammengesetzt sind, wie wenn sie aus den einzelnen, in ihnen vertretenen Elementen gebildet worden wären. Ob man also Schwefelsäure aus Wasser und Schwefeltrioxyd bildet, oder aus den Elementen dieser beiden Körper, das ist ganz gleichgültig. Man braucht sich hiernach hinsichtlich des Endergebnisses um die Art, wie die Körper gebildet werden, gar nicht zu kümmern. Es ist auch vielfach nicht einmal gelungen, Körper aus ihren Elementen selbst zusammen zu setzen.

44. Auch für den Vorgang der Zusammensetzung von Körpern aus Elementen oder anderen Körpern hat man sehr bequeme Zeichen, die man chemische Gleichungen oder Formeln nennt. Man setzt die chemischen Zeichen der Elemente oder der Körper, welche zu Verbindungen zusammentreten sollen, durch $+$-Zeichen von einander getrennt, links von einem Gleichheitszeichen, diejenigen der Körper, welche entstehen, rechts von dem Gleichheitszeichen, z. B. $2\,(H) + O = H_2O$ ist die Verbindungsformel für Wasser, $2\,(H) + S + 4\,(O) = H_2SO_4$ ist die Verbindungsformel für Schwefelsäure, diese letztere bedeutet also, daß 2 Verbindungsgewichte des Wasserstoffs mit einem Verbindungsgewicht des Schwefels und 4 Verbindungsgewichten des Sauerstoffs Schwefelsäure geben. Stellt man Schwefelsäure aus Schwefeltrioxyd und Wasser her, so würde die Gleichung lauten $SO_3 + H_2O = H_2SO_4$; ähnlich bedeutet die Gleichung $C_2H_6O + 2\,(O) = H_2O + C_2H_4O_2$, daß Alkohol und 2 Verbindungsgewichte Sauerstoff Wasser (H_2O) und Essigsäure ($C_2H_4O_2$) geben u. s. f.

45. Wie die Elemente haben natürlich auch die Körper ihre Verbindungsgewichte, das Verbindungsgewicht eines Körpers ist genau so groß, wie die Summe aller Verbindungsgewichte der in ihm enthaltenen Elemente, jedes Element so oft genommen, als es darin vorkommt, z. B. der Wasserstoff in Wasser 2mal, der Sauerstoff in der Schwefelsäure 4 mal u. s. f. So ist das Verbindungsgewicht des Wassers $2 \times 1 + 16$, das ist 18, das der Schwefelsäure $2 \times 1 + 32 + 4 \times 16$, das ist 98, das des Alkohols $2 \times 12 + 6 \times 1 + 16$, das ist 46 u. s. f. Natürlich können die Körper auch mit ganzen Viel-

fachen ihres Verbindungsgewichts in Verbindungen auftreten. So verbinden sich 2 Verbindungsgewichte Kohlensäure (CO_2) und 2 Verbindungsgewichte Alkohol (C_2H_6O) zu Traubenzucker ($C_6H_{12}O_6$), die chemische Gleichung lautet in diesem Fall $2\,(CO_2) + 2\,(C_2H_6O) = C_6H_{12}O_6$.

4. Zerlegung der Körper. Chemische Analyse und Synthese.

46. Wie man Körper aus ihren Elementen oder aus anderen Körpern zusammensetzen kann, so vermag man sie auch in ihre Elemente oder in andere Körper zu zerlegen. Dieses ist nach dem Obigen eigentlich selbstverständlich, und es ist davon bereits mehrfach Gebrauch gemacht. So besteht die Umwandlung des Traubenzuckers in einer Zerlegung dieses Zuckers in Kohlensäure und Alkohol. Thut man ferner in Salzsäure Zink hinein, so wird die Salzsäure so zerlegt, daß der Wasserstoff frei wird, was zurückbleibt (Chlor) verbindet sich mit dem Zink zu einem neuen Körper (Zinkchlorid). Hier haben wir eine Zerlegung und eine Verbindung gleichzeitig. Derart sind die meisten chemischen Operationen und Vorgänge.

Die Zerlegung geht stets so vor sich, daß man aus den dabei erhaltenen Theilen (andere Körper oder Elemente) die zerlegten Körper vollständig wieder zusammensetzen könnte, ohne daß etwas fehlte oder übrig bliebe.

Im Allgemeinen ist die Zusammensetzung der Körper aus ihren Elementen und die Zerlegung in die Elemente eine mühsame Arbeit. Man nennt die erstere die chemische Synthese, die andere die chemische Analyse. Die Synthese der Körper ist oft so schwierig, daß es bei vielen Körpern überhaupt noch nicht gelungen ist, diese aus ihren Elementen oder aus anderen Körpern zusammenzusetzen. Namentlich gilt dies von den organischen Körpern. Es ist klar, von welcher enormen Bedeutung es z. B. sein würde, wenn es gelingen sollte, unsere Nahrungsmittel aus ihren Elementen zu bilden, da diese Elemente überall in großen Massen vorhanden sind. Die Pflanzen verstehen offenbar diese Kunst, denn sie bilden ihren ganzen Körper und alle Säfte darin aus unorganischen Bestandtheilen, die sie der Luft durch Blätter und Zweige und dem Erdreich durch Wurzeln entnehmen. Die Thiere verstehen diese Kunst zwar nicht in dem Maaße, sie betreiben jedoch auch Chemie im Großen — diese Chemie und die der Pflanzen heißt physiologische Chemie —, indem sie aus der Pflanzennahrung oder der thierischen die Stoffe herstellen, aus denen ihr Körper besteht. Das Gleiche gilt selbstverständlich auch von dem Menschen. Durch welche Kräfte das aber in ihm geschieht, das weiß er nicht, und wir sind noch sehr weit davon entfernt auch nur die Hoffnung hegen zu

dürfen, daß uns die Zusammensetzung unserer Nahrungsmittel, wenn auch
nur der Substanz nach — von den wunderbaren Formen, in denen sie
uns geboten werden, dürfen wir überhaupt nicht reden — je gelingen wird.

Anders verhält es sich mit der chemischen Analyse. Die Zerlegung
der Körper ist, wenn auch vielfach sehr mühsam, doch fast immer möglich.
Wir kennen daher die Zusammensetzung fast aller, bisher überhaupt unter=
suchten Körper, selbst diejenige der organischen Substanzen verwickeltsten
Baues, wie der Knochen, des Fleisches, der Fette, des Eiweißes u. s. f.

5. Mittel zur Herbeiführung chemischer Umsetzungen.

47. Die chemischen Gleichungen besagen nicht nur, aus welchen
Elementen oder Körpern die neuen Verbindungen bestehen, sondern auch,
welches Verbindungsgewicht ihnen zukommt. Mehr aber besagen diese
Formeln nicht, namentlich besagen sie im Allgemeinen nichts darüber, durch
welche Mittel die Verbindungen bewerkstelligt werden. Man spricht zwar
davon, daß die Elemente zu einander eine gewisse chemische Verwandt=
schaft haben sollen, man darf aber darunter nur verstehen, daß jedes
Element mit gewissen anderen Elementen sich überhaupt oder vorzugsweise
und am leichtesten verbindet. Es giebt allerdings Elemente, welche ohne
jeden Anstoß anscheinend ganz von selbst sich mit gewissen anderen Ele=
menten verbinden, dazu gehört z. B. das Element Fluor, welches frei fast
gar nicht vorkommt, sondern, sowie es entwickelt wird, sich sofort mit irgend
einem Körper der Umgebung verbindet. Auch von den beiden Metallen
Kalium und Natrium ist es bekannt, daß es nicht leicht ist, sie von der
Verbindung mit Sauerstoff abzuhalten. Dieses sind jedoch Ausnahmen.
Im Allgemeinen bedarf es vielmehr äußerer Antriebe, um Elemente oder
Körper zur Verbindung zu bringen, wenigstens wenn es darauf an=
kommt, daß die Verbindung verhältnißmäßig rasch vor sich gehen soll.
Diese äußeren Antriebe sind ziemlich mannigfacher Art. Es gehören dazu
in erster Reihe starke Erhitzung und das Durchschlagen elektrischer Funken.
So verbindet sich Quecksilber mit Schwefel nicht ohne Weiteres zu Zinnober,
sondern indem man beide erst innig vermischt und dann bis zum Schmelzen
des Schwefels erhitzt. Sauerstoff und Wasserstoff geben auch nicht ohne
Weiteres Wasser, sondern am leichtesten dann, wenn man einen brennenden
Körper hineinhält oder durch das Gemenge dieser beiden Gase einen
elektrischen Funken durchschlagen läßt u. s. f.

Oft bewirkt auch das Licht eine Verbindung der Elemente, z. B. ver=
binden sich Chlor und Wasserstoff im Dunkeln nicht mit einander, wohl
aber, wenn man ihr Gemenge dem Lichte der Sonne, oder dem einer

elektrischen Bogenlampe, oder dem eines brennenden Magnesiumdrahtes aussetzt. Doch ist nicht alles Licht in dieser Weise chemisch wirksam, sondern es kommen nur gewisse Lichtarten in Frage, über welche später zu handeln sein wird.

Andere Mittel zur Bewirkung von Verbindungen bestehen darin, daß man die betreffenden Elemente erst herstellt, unmittelbar bevor sie sich zu einem neuen Körper verbinden sollen, weil die Erfahrung gelehrt hat, daß Elemente dann am meisten geneigt sind, neue Verbindungen einzugehen, wenn sie aus anderen eben entlassen sind (in statu nascendi).

48. Endlich ist zu erwähnen, daß manche Körper anscheinend allein durch ihre Anwesenheit die Entstehung neuer Körper begünstigen oder vermitteln. Diese Körper können unorganischer Natur sein (fein vertheilte Kohle, Platinschwamm) oder organischer. Für uns von Wichtigkeit sind hauptsächlich die Wirkungen der organischen Körper, weil diese zur Entstehung großer Gewerbe Veranlassung gegeben haben und ihre Benutzung in mancher Hinsicht so alt ist wie das Menschengeschlecht; wir müssen deshalb hierauf genauer eingehen. Es spielen die dabei stattfindenden chemischen Vorgänge eine Rolle fast ausschließlich in der Chemie der organischen Körper. Jedermann weiß, daß Fleisch oder Milch und viele andere Nahrungsmittel, wenn sie längere Zeit liegen, Veränderungen erfahren, die sich durch Geruch und Aussehen sofort verrathen und das Genießen unmöglich bezw. ungesund machen. Diese Gegenstände verderben, oder faulen oder gähren, wie man sagt. Es rührt das davon her, daß aus der Luft zu ihnen kleine Organismen gelangen, welche durch ihre Lebensthätigkeit Veränderungen bewirken. Diese Veränderungen sind aber chemischer Natur, die genannten Stoffe werden in neue Körper umgewandelt, es entstehen aus ihnen neue, zum Theil übelriechende Gase und Dämpfe, wässerige und ölige Flüssigkeiten und Rückstände, welche viel Kohlenstoff enthalten. Man nennt die Organismen, welche diese Erscheinungen hervorrufen, und welche übrigens sehr verschiedenartig sind, Fermente oder Fäulniß= bezw. Gährungserreger. Diese Erscheinungen sind aber nicht allein auf den Vorgang der Fäulniß beschränkt; die für das Gewerbe wichtigsten haben wenig oder nichts von dem Unangenehmen der Fäulnißerscheinungen zu thun, wenn sie auch im Wesentlichen gleicher Natur sind wie diese. Es gehören hierzu die sogenannten Gährungserscheinungen, auf welchen die Bereitung des Brodes und anderen Gebäcks, des Spiritus, Essigs, Bieres, Weines u. s. f. beruht. Es mögen einige Beispiele folgen.

49. Bekanntlich giebt es verschiedene Arten von Zucker, derjenige, dessen wir uns gewöhnlich bedienen, heißt Rohrzucker oder Rübenzucker und

hat die chemische Formel $C_{12}H_{22}O_{11}$. In den meisten Früchten kommen aber noch zwei andere Zuckerarten vor, die als Traubenzucker und Frucht= zucker bezeichnet werden und beide die chemische Formel $C_6H_{12}O_6$ haben. Bringt man nun zu dem Rohrzucker etwas Wasser und ein gewisses Ferment, welches im Malz vorhanden ist und als Diastase be= zeichnet wird, so bilden sich aus ihm und dem Wasser diese beiden letztgenannten Zuckerarten, die Gleichung für den chemischen Vorgang lautet $C_{12}H_{22}O_{11} + H_2O = C_6H_{12}O_6 + C_6H_{12}O_6$. In dieser Gleichung steht nichts von den Fermenten und doch ist es nicht angängig, diese Zucker= arten aus dem Rohrzucker anders herzustellen.

Durch dasselbe Ferment kann man auch Stärke in Traubenzucker ver= wandeln.

Löst man jetzt von den gewonnenen Zuckerarten den Traubenzucker in Wasser auf und bringt solche Fermente dazu, welche das Faulen des Fleisches verursachen, thut also z. B. etwas von faulem Fleisch selbst dazu, so ver= wandelt sich der Traubenzucker in Milchsäure, dessen chemische Formel lautet $C_3H_6O_3$. Die Gleichung ist also $C_6H_{12}O_6 = 2\,(C_3H_6O_3)$. Ihr ist noch weniger etwas von dem Vorgang anzusehen wie der vorhergehenden, sie ist in Bezug auf diesen Vorgang völlig nichtssagend, denn Trauben= zucker ist nicht 2 mal Milchsäure, wie man nach der obigen Formel denken könnte, sondern wird erst dazu, wenn man die genannten Fermente hinzu thut. Noch eine andere wichtige Veränderung können wir mit dem Trauben= zucker vornehmen. Bringen wir zu dem in Wasser gelösten Traubenzucker Hefe, so entsteht aus ihm Kohlensäure und Alkohol; die Gleichung hierfür lautet $C_6H_{12}O_6 = 2\,(CO_2) + 2\,(C_2H_6O)$. Die Hefe ist hier das Ferment, sie enthält die Organismen, welche zu dieser Umwandlung nöthig sind. Es kommen jedoch die Organismen auch in der Luft vor, denn die gleiche Umsetzung erfährt der Traubenzucker im Weinmost, dem Safte der ein= gestampften Trauben, wodurch eben aus dem süßen Most der Wein entsteht.

Dieselbe Wirkung üben Fermente auf den dem Traubenzucker chemisch gleichen Fruchtzucker, der auch im Weinmost enthalten ist, aus.

Manchmal wird die Wirkung der Fermente auch durch die nicht= organischer Körper ersetzt. Dieses gilt namentlich von der Wirkung der vorhin erwähnten Diastase des Malzes; man kann nämlich Rohrzucker auch durch Kochen mit Schwefelsäure oder Salzsäure in Traubenzucker und Fruchtzucker verwandeln.

50. Zur Zerlegung der Körper bedient man sich derselben Ein= wirkungen, wie zur Zusammensetzung, also gleichfalls der Wärme, des Lichtes, der Elektricität u. s. f. Namentlich die Wärme und die Elektricität

sind mächtige Mittel, solche Zerlegungen und Zersetzungen hervor zu bringen. Die Zerlegung durch die Elektricität insbesondere ist als Elektrolyse bekannt und bildet einen bedeutenden Zweig der jetzigen elektrotechnischen Industrie.

Es ist schon bemerkt, daß auch die Fermente oder Gährungserreger Zersetzungen von Körpern bewirken. Doch sind in der Natur Zersetzungen und Verbindungen fast überall gleichzeitig vorhanden. Der Industrie dient die Zersetzung und Verbindung der Körper, um neue Körper oder einzelne der Elemente zu gewinnen. So soll mit Hülfe der Elektrolyse entweder eines der Elemente, insbesondere ein Metall eines Körpers, zur weiteren Verarbeitung gewonnen werden, wie z. B. das Aluminium durch Zersetzung der Thonerde, das Kupfer durch diejenige des Kupfervitriols u. s. f., das ist die Elektrometallurgie, oder es soll ein Körper mit einem der so gewonnenen Metalle gleich überzogen, vergoldet, versilbert, verkupfert, vernickelt u. s. f. werden, das ist die Galvanoplastik. In den Hüttenwerken werden gleichfalls die Metalle aus ihren Verbindungen mit Sauerstoff oder Schwefel, welche Erze heißen, befreit, wie Eisen, Kupfer u. s. f. aus den Eisen-, Kupfer- und anderen Erzen. Doch geschieht das durch Anwendung großer Hitze, durch Rösten der Erze unter Hinzufügung besonderer Materialien. In der chemischen Industrie werden Körper zerlegt und wieder verbunden, um alle diejenigen chemischen Präparate zu erhalten, deren man im täglichen Leben und in den Industrien bedarf, wie z. B. Farbstoffe, Arzneimittel, Soda, die Säuren, Salze u. s. f. In der Natur gehen die Zersetzungen und Neubildungen von Körpern, namentlich unter der Einwirkung der Fermente fast unaufhörlich vor sich und auch ganz ohne unser Zuthun, oft gegen unseren Willen. Wo die Zersetzungen Körper betreffen, welche für uns besonderen Werth haben, z. B. Nahrungsmittel, oder wo die Zersetzungen zur Bildung neuer Körper führen, welche lästig oder gar gefährlich sind, sucht man sie durch besondere Mittel zu verhindern. Dazu gehören namentlich starke Erhitzung, wie das Kochen und Braten, oder starke Abkühlung, weshalb sich gekochte Speisen oder in Eisschränken aufbewahrte viel länger halten als rohe oder in der gewöhnlichen Zimmerwärme befindliche. Der Grund dafür ist der, daß Hitzegrade, wie sie bei dem Kochen und Braten benutzt werden, die aus der Luft in die Nahrungsmittel bereits gelangten Organismen abtödten, die Kälte aber wenigstens ihre Wirksamkeit erheblich einschränkt. Doch reicht weder das Kochen und Braten, noch das Abkühlen auf die Dauer aus, das Verderben der Speisen zu verhindern. Besser ist es schon, wenn man die Speisen gegen den Zutritt der Luft abschließt. Auf diese Weise werden die sogenannten Konserven, welche jetzt eine so große Rolle in unserem Haushalt spielen, gegen das Verderben geschützt. Konservirte Gemüse z. B. werden, nachdem sie angekocht sind, heiß in eine Büchse gethan, die dann luftdicht verschlossen wird. Es giebt auch chemische Mittel, welche gegen die Fermente schützen, wie Karbolsäure, welche hauptsächlich in der Medicin Anwendung findet, um offene Wunden gegen den Angriff der Organismen, die sich in der Luft oder an den Gegenständen, die uns umgeben, befinden und die Blutvergiftung herbeiführen können, zu schützen. Solche Mittel nennt man fäulnißwidrige oder antiseptische. Es gehören dazu außer der Karbolsäure viele andere Körper, wie Chlorkalk, Kalkmilch, grüne Seife u. s. f.

51. Um das Erkennen der in einem Körper enthaltenen Elemente oder anderer Körper zu erleichtern, haben die Chemiker eine Reihe von Mitteln hergestellt, die man als Reagentien bezeichnet. Ein solches Reagens ist z. B. das Kalkwasser, d. h. eine Auflösung von gelöschtem Kalk (CaO_2H_2) in Wasser, für Kohlensäure; bläst man Kohlensäure hinein, so entsteht ein flockiger Niederschlag, welcher nichts anderes ist als kohlensaurer Kalk ($CaCO_3$). Ebenso bilden Säuren, wie Schwefelsäure, Salzsäure, Reagentien auf Kohlensäure für fast alle Körper, in denen sie enthalten ist; übergießt man z. B. Marmor mit Salzsäure, so entsteht ein starkes Aufbrausen, welches von der entweichenden Kohlensäure herrührt. Als Erkennungszeichen für Jod dient verdünnter Stärkekleister, der sich intensiv blau färbt, sobald nur eine Spur von freiem Jod vorhanden ist. Eins der bekanntesten Reagentien ist sodann das sogenannte Lackmuspapier, welches aus gewöhnlichem Löschpapier besteht, das mit einer Lackmuslösung getränkt ist; alle Säuren färben das blaue Lackmuspapier oder eine blaue Lackmustinktur roth und sind daran ohne Weiteres zu erkennen.

Wenn flüssige Reagentien dazu verwendet werden, nicht allein das Vorhandensein von Körpern und Elementen in anderen Körpern zu erkennen, sondern um auch die Menge davon zu bestimmen, so nennt man sie wohl auch Titrirflüssigkeiten und die Methode Titrirung.

6. Werthigkeit der Elemente.

52. Wie wir gesehen haben, bestehen alle Körper aus wenigen Elementen. Da es nun so unzählig verschiedene Körper giebt, folgt, daß man in jedem ein Element durch ein anderes oder durch einen neuen Körper muß ersetzen können, wodurch man aber stets einen neuen Körper erhält. Die Salzsäure (HCl) besteht aus Wasserstoff und Chlor, ersetzt man darin den Wasserstoff durch das Metall Natrium (Na), so bekommt man Chlornatrium ($NaCl$), das ist Kochsalz. Doch kann man nicht beliebig jedes

Element durch alle anderen Elemente ersetzen. Auch ist es nicht möglich, jedes beliebige Verbindungsgewicht eines Elements durch ein beliebiges Verbindungsgewicht eines anderen zu ersetzen. So kann man an Stelle eines Verbindungsgewichts Wasserstoff ein Verbindungsgewicht von Chlor und noch einigen anderen Elementen setzen, nicht aber im Allgemeinen ein Verbindungsgewicht von Sauerstoff, oder Stickstoff, oder Kohlenstoff; vielmehr ersetzen diese ihrerseits der Reihe nach zwei, drei, vier Verbindungs= gewichte Wasserstoff. Man sagt deshalb, sie seien zwei=, drei=, vier mal so viel werth wie Wasserstoff. Die chemische Werthigkeit (oder Valenz) eines Elements mit Bezug auf Wasserstoff ist also die Zahl, welche angiebt, wie viel Verbindungsgewichte des Wasserstoffs dazu gehören, um ein Ver= bindungsgewicht dieses Elements zu ersetzen. Hiernach sind z. B. mit Bezug auf Wasserstoff:

Einwerthig: Wasserstoff, Chlor, Brom, Jod, Fluor, Kalium, Natrium u. s. f.

Zweiwerthig: Sauerstoff, Schwefel, Selen u. s. f.

Dreiwerthig: Stickstoff, Phosphor, Arsen, Wismuth u. s. f.

Vierwerthig: Kohlenstoff, Silicium (Kiesel), Zinn u. s. f.

Die gleichen Elemente können mit Bezug auf ein anderes Element eine andere Werthigkeit haben, so ist z. B. Chlor, welcher in Bezug auf Wasserstoff einwerthig, in Bezug auf Sauerstoff $\frac{7}{2}$ werthig. Doch hat sich gezeigt, daß die Elemente im Allgemeinen nur zwei Werthigkeiten haben, für jedes Element also alle andern Elemente in zwei Klassen zerfallen, gegen die eine verhält es sich wie gegen Wasserstoff, gegen die andere wie gegen Sauerstoff. Die beiden Klassen heißen die elektropositive bezw. elektronegative, Namen, deren Bedeutung erst später klar gestellt werden kann. In der Tabelle auf Seite 37 ff. sind in der mit Werthig= keit überschriebenen Spalte die beiden Reihen von Werthigkeiten, gegen Wasserstoff und gegen Sauerstoff, angegeben. Die Werthigkeiten gegen Sauer= stoff sind auf zwei Verbindungsgewichte bezogen, um Brüche zu vermeiden. Bei einigen Elementen läßt sich die Werthigkeit in der einen oder andern Klasse nicht angeben.

Ueberhaupt gilt die Regel von der Werthigkeit der Elemente nur im Allgemeinen. Im Einzelnen kommen Ausnahmen vor, wobei aber die be= treffenden Körper meist wenig dauerhaft sind, sich also bald zersetzen oder mit anderen Körpern verbinden; sie sind, wie der Kunstausdruck lautet, ungesättigt. So ist z. B. Wasser zusammengesetzt aus einem Verbindungs= gewicht des zweiwerthigen Sauerstoffs mit zwei Verbindungsgewichten des einwerthigen Wasserstoffs. Das entspricht dem, was wir zu erwarten haben;

Wasser ist auch ein sehr beständiger Körper. Dagegen ist das Wasserstoff=
superoxyd, welches zwei Verbindungsgewichte des zweiwerthigen Sauerstoffs
mit nur zwei Verbindungsgewichten des einwerthigen Wasserstoffs enthält,
bei welchem also sozusagen der Sauerstoff durch den Wasserstoff nicht ganz
gesättigt ist, äußerst unbeständig und zersetzt sich sofort nach seiner Herstellung
in Wasser und den ungesättigt gebliebenen Theil des Sauerstoffs. Gold=
chlorid $AuCl_3$ ist eine andere Ausnahme und betrifft dazu eine Verbindung,
die ziemlich beständig ist. Die Theorie der Werthigkeit der Elemente hat
zu ungemein interessanten und wichtigen Ergebnissen geführt. Die mächtige
Ausdehnung der organischen Chemie, welche die Entdeckung so vieler für
die Industrie, die Medicin und den Haushalt wichtiger Körper veranlaßt
hat, ist hauptsächlich ihr zu verdanken. Doch bietet sie erhebliche Schwierig=
keiten, einiges wird bald nachgeholt werden.

7. Atome und Molekel.

53. Zur Erklärung der chemischen Vorgänge nimmt man an, daß
alle Körper aus einzelnen von einander getrennten Theilchen bestehen, welche
außerordentlich klein sind. Die chemischen Elemente unterscheiden sich von
einander in diesen kleinsten Theilchen, die man bei ihnen Atome nennt.
Ein Atom Sauerstoff ist etwas Anderes als ein Atom Wasserstoff, und
dieses etwas Anderes als ein Atom Gold u. s. f. Alle Atome eines und
desselben Elements haben gleiche Eigenschaften und gleiche Massen, die
Massen der Atome verschiedener Elemente stehen zu einander im Verhältniß
ihrer Verbindungsgewichte.

Treten Elemente zu einer Verbindung zusammen, so geschieht dieses
dadurch, daß Atome dieser Elemente sich an einander lagern. Derartige
an einander gelagerte Atome geben die Atome der zusammengesetzten
Körper, die man Molekel nennt. Zusammengesetzte Körper bestehen also
aus kleinsten Theilen, Molekeln, deren jedes in gleicher Weise aus Atomen
der darin enthaltenen Elemente gebildet ist. Wasser z. B. würde aus
Molekeln bestehen, deren jedes genau dieselbe Anzahl Atome Wasserstoff und
genau die halbe Anzahl Atome Sauerstoff enthält, etwa, gemäß der Formel
H_2O, zwei Atome Wasserstoff und ein Atom Sauerstoff. Ein Schwefel=
säuremolekel enthielte ähnlich auf je zwei Atome Wasserstoff, ein Atom Schwefel,
vier Atome Sauerstoff. Hieraus ergiebt sich die in Art. 39 und 40 dar=
gelegte Einfachheit der Verhältnißzahlen in den chemischen Verbindungen.

Die Verbindungsgewichte der zusammengesetzten Körper heißen ent=
sprechend deren Moleculargewichte. Sie sind, wie schon bemerkt, gleich
den Summen der Atomgewichte der in einem Molekel enthaltenen Atome.

54. Auch bei den Elementen spricht man nicht bloß von Atomen und Atomgewichten, sondern auch von Molekeln und Moleculargewichten. Gewisse Erfahrungen haben nämlich dargethan, daß im Allgemeinen die Elemente nicht bloß Aggregate ihrer Atome bilden, sondern daß in ihnen die Atome zu zwei, drei und mehr, also zu Molekeln zusammentreten. Die Moleculargewichte der Elemente sind ein ganzes Vielfaches ihrer Atomgewichte. Soweit die bisherigen Untersuchungen gediehen sind, kennt man nur 3 Elemente, nämlich Zink, Quecksilber und Cadmium deren Molekel im dampfförmigen Zustand nur aus je 1 Atom bestehen, sie heißen deshalb einatomig. Andere Elemente, wie Wasserstoff, Sauerstoff, Stickstoff, Chlor, Brom, Jod, Schwefel, Selen, Tellur, enthalten im Molekel je 2 Atome, sie sind im dampfförmigen Zustand zweiatomig. Andere, wie Phosphor und Arsen, sind im gleichen Zustand dreiatomig u. s. f. Zerfallen die Molekel zu Atomen, so spricht man von einer Dissociation, wie sie beispielsweise durch starke Erhitzung hervorgebracht wird. Ein solches Zerfallen tritt natürlich auch ein, wenn die Elemente in chemische Verbindungen eintreten, doch braucht dasselbe nicht immer vollständig zu geschehen.

55. Was die absolute Größe der Molekel anbetrifft, so ist dieselbe außerordentlich geringfügig. Wohl mehr als 10 Millionen, selbst der größern Molekel dürften erforderlich sein, um in einer Reihe an einander gelegt die Länge eines Millimeters zu bilden.

Wie viele Molekel in einer bestimmten Menge einer Substanz enthalten sind, läßt sich nicht mit Sicherheit sagen, da die Molekel weder gesehen noch sonst irgend wie getrennt der Wahrnehmung unterworfen werden können. Nach einem sehr wichtigen und interessanten, von Avogadro aufgestellten und durch alle Erfahrungen als sehr annähernd richtig nachgewiesenen Gesetz enthalten alle Gase im gleichen Raume unter gleichen Umständen (d. h. bei gleichem Druck und gleicher Temperatur) gleichviele Molekel. Also haben Wasserstoff, Sauerstoff, Chlor, Stickstoff u. s. f. unter gleichen Umständen im Liter gleichviel Molekel. Aus gewissen Beobachtungen hat man ermitteln können, daß ein Liter Wasserstoff bei 0° Celsius unter gewöhnlichem Luftdruck etwa 20000 Trillionen solcher Molekel enthält. Das Gleiche gilt also für alle anderen Gase. Würde man diese Molekel auf die ganze Erde gleichmäßig vertheilen, so kämen etwa 100 Molekel auf den Raum eines Kubikmeters. Ein Liter Wasserstoff wiegt etwa 0,08 Gramm, somit wiegt erst ein Viertel Quadrillion Wasserstofftheilchen etwa 1 Gramm. Bei anderen Gasen sind die Molekel größer, aber immerhin doch im Verhältniß selbst zu den kleinsten uns noch zugänglichen

Theilchen noch außerordentlich winzig. Die geringfügigste Bacterie ist noch ein kolossales Ungethüm gegen das größte Molekel eines Körpers.

56. Aus dem Avogadro'schen Gesetz in Verbindung mit dem früher behandelten Boyle'schen bezw. Mariotte'schen Gesetze ergiebt sich noch die Folgerung, daß die Moleculargewichte der Körper sich so ver= halten wie die Dichten ihrer Gase unter gleichen Umständen. Man kann hiernach die Moleculargewichte, welche früher aus rein chemischen Betrachtungen eingeführt sind, ganz unabhängig von allen chemischen Unter= suchungen allein durch Dichtebestimmungen ermitteln, was sehr merkwürdig ist und darauf hinweist, daß diese Gewichte nicht allein chemisch sondern auch physikalisch von großer Bedeutung sind; dies wird später noch klarer hervortreten.

Wir haben früher das Atomgewicht des Wasserstoffs der Berechnung aller anderen Gewichte als Einheit zu Grunde gelegt. Die Einheit ist nun dem Obigen zufolge, da zwei Atome Wasserstoff ein Molekel Wasser= stoff ergeben, ungefähr 2 Quadrilliontheile eines Gramm. Ferner haben wir die Atomvolumina aus der Dimension der Atomgewichte der Elemente durch die Dichtigkeiten berechnet. Also ist die Einheit der Atomvolumina dasjenige Volumen Wasser, welches ungefähr 2 Quadrilliontheile Gramm Ge= wicht hat, das heißt ungefähr 2 Quadrilliontheile Kubikcentimeter. Alle anderen absoluten Atomgewichte und Atomvolumina sind die durch Multi= plikation der Atomgewichtszahlen bezw. Atomvolumenzahlen mit den an= gegebenen Einheiten 2/(Quadrillion Gramm) bezw. 2/(Quadrillion Kubik= centimeter) erhaltenen Produkte. Doch haben diese Angaben mehr theoretisches als praktisches Interesse, da in der Praxis nur die Verhältnißzahlen, also die Atomgewichtszahlen und Atomvolumenzahlen selbst in Frage kommen. Man versteht unter den Atomgewichten und Atomvolumina immer soviel Gramm bezw. Kubikcentimeter als die Zahlen angeben und bezeichnet sie dann als Gramm=Atom oder Kubikcentimeter=Atom. Ebenso spricht man von Gramm=Molekel nnd Kubikcentimeter=Molekel, indem man unter dem Moleculargewicht Gramm, unter dem Molecular= volumen Kubikcentimeter versteht.

8. Konstitution der chemischen Verbindungen.

57. Wie die Elemente durch ihre Atome, so unterscheiden sich die zu= sammengesetzten Körper durch ihre Molekel. Lagern sich Molekel verschiedener zusammengesetzter Körper, oder Molekel von zusammengesetzten Körpern mit Atomen von Elementen an einander, so entstehen neue zusammengesetzte Körper, die denselben Regeln folgen müssen wie die aus Elementen ge=

bildeten Körper. Wesentlich sind hiernach die Körper durch die Zahl und Natur der in ihren Molekeln vorhandenen Atome von einander unterschieden. Daraus folgt schon, daß es eine ungeheure Menge von verschiedenen Körpern geben kann. Indessen kann man sich auch noch vorstellen, daß die Eigenschaften der Körper nicht allein von der Zahl und Natur der Atome ihrer Molekel bedingt werden, sondern auch davon, wie diese Atome sich an einander lagern, wodurch jene Menge noch sehr vermehrt würde. So könnten Körper, deren Molekel aus zwei Atomen Wasserstoff und einem Atom Sauerstoff bestehen, ganz verschiedene Eigenschaften zeigen, je nachdem in diesen Molekeln die Anordnung der Atome HHO oder HOH oder HH wäre.
$$\quad\qquad\qquad\qquad\qquad\qquad\qquad\qquad\qquad\qquad O$$

In der That finden wir auch, namentlich unter den organischen Körpern, Gruppen, welche Körper enthalten, die alle genau die nämliche chemische Zusammensetzung haben und doch ganz verschiedene Eigenschaften aufweisen (z. B. die Zuckerarten $C_6H_{12}O_6$). Wir können dann annehmen, daß die Molekel dieser Körper sich durch ihren besonderen Aufbau aus den Atomen der Elemente, welche sie enthalten, unterscheiden, wiewohl alle gleiche und gleich viel Atome enthalten.

Körper, welche sich chemisch nur durch diesen Aufbau ihrer Molekel aus den gleichen Atomen unterscheiden, heißen isomer.

58. Man nimmt gegenwärtig an, daß der Aufbau der Molekel aus den Atomen in der Weise geschieht, daß die Atome sich (bildlich) aneinander ketten, und daß diese Aneinanderkettung durch die Werthigkeit geregelt wird. Ein einzelnes einwerthiges Atom kann sich nur mit einem anderen einwerthigen Atom verbinden, ein zweiwerthiges mit einem anderen zweiwerthigen oder mit zwei einwerthigen, ein drei= werthiges mit einem dreiwerthigen oder einem zweiwerthigen und einem ein= werthigen oder endlich mit drei einwerthigen u. s. f. Diese Verkettungen kann man vermittelst der Bezeichnungen der Elemente durch Bilder zur nähern Vorstellung bringen. Dabei hat man, falls keine besonderen Gründe vor= handen sind, hiervon abzuweichen, die Atome möglichst symmetrisch im Bilde zu vereinigen, z. B.

$$1)\ \ \underset{\textstyle H\quad H}{H}-Cl = \text{Salzsäure,} \quad 2)\ H-\underset{\textstyle O}{O}-H = \text{Wasser,}$$

$$3)\ \ \underset{\textstyle H}{\overset{\textstyle H\quad H}{N}} = \text{Ammoniak,} \quad 4)\ H-O-\overset{\textstyle O}{\underset{\textstyle O}{S}}-O-H = \text{Schwefelsäure}$$

Die erste Formel besagt, daß ein Atom Wasserstoff, einem Atom Chlor angelagert, ein Molekel Salzsäure ergiebt. Die zweite, daß ein Atom Sauerstoff (welches zweiwerthig ist), zu beiden Seiten von je einem Atom Wasserstoff umgeben, ein Molekel Wasser ist. Das dritte Bild stellt ein Molekel Ammoniak vor, hierfür liegen die drei Molekel Wasserstoff im Kreise um das Molekel Stickstoff (welches dreiwerthig ist) herum. Im vierten Bilde steht der Schwefel (in Bezug auf Sauer= stoff dreiwerthig) in der Mitte nach allen vier Richtungen an Sauer= stoff gekettet, jedoch nach oben und unten voll gebunden, nach rechts und links nur zur Hälfte gebunden; außerdem sind rechts und links die Sauerstoffatome an ein Wasserstoffatom angelagert. Berühmt und für die Entwicklung der organischen Chemie von größter Bedeutung ist der sogenannte Benzolring geworden, der so aussieht:

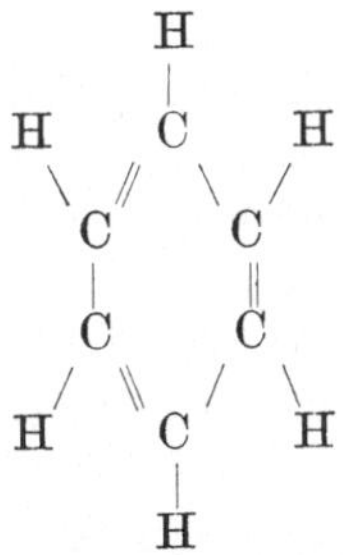

$$
\begin{array}{c}
H \\
| \\
C \\
H - C \quad\quad C - H \\
\;\;\diagdown\;\;\;\;\diagup \\
C \quad\quad C \\
\| \quad\quad\quad \| \\
C \quad\quad C \\
\;\;\diagup\;\;\;\;\diagdown \\
H \quad\quad\quad H \\
C \\
| \\
H
\end{array}
\quad = \text{Benzol.}
$$

Ich führe ihn an, weil er noch aus anderem Grunde Bedeutung hat, er repräsentirt die Verbindung C_6H_6, das ist eben Benzol. Nun ist Kohlen= stoff in Bezug auf Wasserstoff vierwerthig, 6 Atome Kohlenstoff sollten also mindestens 24 Atome Wasserstoff binden, es genügen aber schon 6 davon, um eine chemische Verbindung zu bewirken. Um das mit der Lehre von der Werthigkeit in Einklang zu bringen, hat man deshalb angenommen, daß in chemischen Verbindungen unter Umständen auch Atome des gleichen Elements sich an einander lagern und Verkettungen verschiedener Stärke bilden. Im Benzolring sehen wir das sinnbildlich dargestellt. 6 Kohlen= stoffatome bilden den Ring, jedes dieser Atome ist mit einem durch eine, mit einem andern durch 2 Werthigkeiten verbunden, es bleibt also für jedes dieser Atome nur noch eine Werthigkeit übrig, und diese ist durch Verbindung mit einem Wasserstoffatom erledigt. Hier sind also 18 Werthig= keiten verwendet, um die Kohlenstoffatome unter sich zu einem Ringe zu vereinen.

59. Wenn der Leser will, kann er sich jede Werthigkeit eines Elements als Symbol für eine von diesem Element ausgehende chemisch bindende Kraft vorstellen, die Werthigkeit ist zur Wirkung gelangt und damit nach Außen hin verschwunden, sobald eine Bindung thatsächlich stattgefunden hat.

Kohlenstoff hat also 4 solche Kräfte; im Benzol bindet jedes Atom mit 3 dieser Kräfte 2 andere Kohlenstoffatome, mit der übrig bleibenden vierten Kraft ein einwerthiges Wasserstoffatom.

Daß die Werthigkeiten gegen verschiedene Elemente verschiedene Intensität haben, darf die gewählte Versinnbildlichung durch Kräfte nicht stören, denn jede Kraft, die von einem Körper auf einen andern ausgeübt wird, ist zugleich von diesem andern Körper mit abhängig, wofür wir noch eine Menge Beispiele kennen lernen werden

Gelangen von einem Elemente alle Kräfte zur Verwendung, so sagen wir, seine bindende Kraft sei gesättigt. Verbindungen, in denen keine solche Kraft, also keine Werthigkeit mehr frei ist, heißen hiernach gesättigte Verbindungen. Solche Verbindungen sind meist auch beständig, doch hängt die Beständigkeit nicht allein von der Sättigung ab, sondern auch namentlich von dem Aufbau. Ein Element, in welchem nicht alle Werthigkeiten zur Verwendung gelangen, ist ungesättigt. Ebenso ist eine Verbindung ungesättigt, sobald in ihr Werthigkeiten von Elementen frei vorhanden sind. Solche Verbindungen sind unbeständig. Sie kommen frei im Allgemeinen nicht vor und sind nur daran zu erkennen, daß man sie in anderen Verbindungen ständig wieder vorfindet. So ist die Verbindung HO, sie heißt Hydroxyl, ungesättigt, da von dem Sauerstoff eine Werthigkeit noch frei ist; Hydroxyl kommt aber seinerseits als einwerthige Verbindung in andern Körpern vielfach vor. Eine ungesättigte Verbindung hat so viel Werthigkeiten, als von den Elementen, aus denen sie gebildet ist, frei geblieben sind. Mit den ungesättigten Verbindungen sind die sogenannten Radikale verwandt, worunter man solche Gruppen von Atomen versteht, die bei gewissen chemischen Umsetzungen ungeändert bleiben. Beispielsweise kann man durch Einwirkung von Salzsäure auf Alkohol einen neuen Körper, der Chloräthyl heißt, und Wasser bilden, aber dabei geht eine Gruppe von Atomen, nämlich C_2H_5 aus dem Alkohol unverändert in den Chloräthyl über, diese Gruppe ist das Radical des Alkohols und die Formel lautet

$$\underbrace{(C_2H_5)\,OH}_{\text{Alkohol}} + \underbrace{HCl}_{\text{Salzsäure}} = \underbrace{(C_2H_5)\,Cl}_{\text{Chloräthyl}} + \underbrace{H_2O}_{\text{Wasser.}}$$

60. Gleichzeitig sieht man, wie sich Alkohol von Chloräthyl nur dadurch unterscheidet, daß das Radikal in jenem an das einwerthige Hydroxyl, in diesem an das einwerthige Chlor gebunden ist. Bei der Behandlung des Alkohols mit Salzsäure setzt sich also an Stelle des Hydroxyls das gleichwerthige Chlor. Damit kommen wir auf einen Gegenstand, der von großer Wichtigkeit für die Deutung chemischer Umsetzungen ist und zugleich von

außerordentlichstem Eindruck auf die Entwickelung der Chemie geworden ist, auf die sogenannte Substitutionslehre. Sie läßt sich theoretisch in dem einen einfachen Satz zusammenfassen:

In chemischen Verbindungen kann man Elemente oder Gruppen von Elementen durch andere Elemente oder Gruppen von Elementen ersetzen, so jedoch, daß in beiden Fällen die Zahl der freien Werthigkeiten gleich ist. An Stelle eines Wasserstoffatoms kann jedes andere hinsichtlich des Wasserstoffs einwerthige Element treten, also Chlor oder Brom oder Jod u. s. f., ebenso das Hydroxyl oder jede andere ungesättigte Verbindung mit einer freien Werthigkeit. Zwei freie Wasserstoffatome können durch ein Sauerstoff- oder Schwefel-Atom ersetzt werden u. s. f. Der Nachdruck ist aber darauf zu legen, daß es auf die Freiheit der Werthigkeiten ankommt. Im Hydroxyl sind 3 Werthigkeiten vorhanden (2 vom Sauerstoff, 1 vom Wasserstoff), aber frei nur eine Werthigkeit (vom Sauerstoff), Hydroxyl ist einwerthig und kann nur durch ein einwerthiges Element oder durch eine einwerthige ungesättigte Verbindung ersetzt werden. Eine unglaubliche Zahl von namentlich organischen Körpern, die für die Praxis und die Wissenschaft von größter Bedeutung geworden sind, hat man auf dem Wege des Substitutionsverfahrens gebildet; wir werden viele davon noch kennen lernen. Trotzdem ist der obige Satz mehr theoretischer Natur, da er erstens nicht ohne Ausnahme besteht und zweitens nicht alle Substitutionen sich auch bewirken lassen.

61. Die Formeln, welche die Verkettung und Lagerung der Atome in den chemischen Verbindungen zur Anschauung bringen sollen und von denen wir 5 als Beispiele auf Seite 52 u. 53 angeführt haben, heißen Konstitutions- oder Strukturformeln. In den bezeichneten Beispielen sind alle Atome als in einer Ebene angeordnet gedacht; gewisse Erfahrungen haben jedoch, was ja von vornherein zu erwarten stand, gezwungen anzunehmen, daß vielfach die Atome im Raume vertheilt sind. So stellt man sich z. B. vor, daß die 4 Werthigkeiten des Kohlenstoffatoms 4 Kräfte repräsentiren, die nach 4 im Raume vertheilten Richtungen ausstrahlen. Verbindet man die Enden dieser Strahlen durch gerade Linien, so erhält man eine dreiseitige regelmäßige Pyramide, in deren Mitte das Kohlenstoffatom liegt. Lagern sich in den 4 Ecken der Pyramide 4 Wasserstoffatome ab, so hat man ein Molekel der Verbindung CH_4, welche Sumpfgas heißt. Indessen sucht man meist, der leichteren Darstellung und Uebersichtlichkeit halber, die Atome in der Ebene anzuordnen, und so sind in den Lehrbüchern die Strukturformeln meist gestaltet. Daß sie die thatsächliche Lagerung der Atome dar-

stellen, behauptet auch Niemand. Dieses geht auch noch aus folgendem Grunde nicht an, und zwar selbst dann nicht, wenn die Atome statt in einer Ebene im Raume angeordnet werden. Nach den Strukturformeln hat nämlich jedes Atom seinen bestimmten Platz, den es in ständiger Ruhe bei= behalten soll. Zahlreiche Erfahrungen, auf die wir noch zu sprechen kommen werden, haben jedoch zu der Annahme gezwungen, daß die kleinsten Theilchen der Körper überhaupt gar nicht in Ruhe sind, sondern sich fortwährend, schwingend und rollend und fliegend bewegen. Eigentlich ändert sich also die Struktur der Molekel einer Verbindung fortwährend. Ja es besteht sogar eine sehr große Wahrscheinlichkeit dafür, daß nicht einmal die Zu= sammensetzung eines Molekels stets die nämliche bleibt, sondern daß, wenig= stens bei gewissen Verbindungen, die Molekel auch fortwährend gegen ein= ander Atome der verschiedensten Art austauschen. Nur im Durchschnitt bleibt die Zusammensetzung erhalten, während sie thatsächlich von Moment zu Moment wechselt. Doch haben wir hiermit bereits ein Gebiet betreten, welches an dieser Stelle schon zu behandeln uns noch die nöthigen Mittel fehlen.

9. Chemische Verwandtschaft (Affinität) und Umsetzung.

62. Trotz der für jedes Element bestimmten Werthigkeit, darf man nicht annehmen, daß alle Elemente sich auch mit allen Elementen wirklich verbinden. Manche, z. B. Fluor, haben allerdings ein außerordentliches Streben nach Verbindung mit andern Elementen, andere dagegen nicht, wie beispielsweise Stickstoff. Ferner bevorzugt jedes Element gewisse Ele= mente, während es anderen Elementen widerstrebt. Die Bevorzugung kann soweit gehen, daß es sobald nur Gelegenheit dazu geboten wird, aus der Verbindung, in der es sich gerade befindet, mit mehr oder weniger Energie ausscheidet, um sich mit dem andern Element zu verbinden, oder daß es dieses Element einer Verbindung geradezu entreißt. Ein Stückchen Kalium auf Wasser geworfen zerstört die sonst ziemlich feste Verbindung des Sauerstoffs mit dem Wasserstoff und eignet sich sofort den Sauerstoff unter Entwickelung glühender Hitze an. Man spricht deshalb von Ver= wandtschaft der Elemente zu einander überhaupt, von ihrer Affinität, und von der Wahlverwandtschaft eines Elements gegen andere. Im Allgemeinen steigt die Neigung der Elemente zu einander je unähnlicher sie sind. Elemente, welche leicht Verbindungen eingehen, heißen aktiv, andere inaktiv.

Analoges gilt von den ungesättigten Verbindungen. Da es sich bei den chemischen Umsetzungen meist um Austauschung von Elementen oder Gruppen von Elementen mit gleicher Werthigkeit handelt, wird man es verstehen, daß wenn man keine besonderen Zwangsmittel zur Beeinflussung der chemischen Vorgänge anwendet, die Umsetzungen meist so vor sich gehen, daß die neu entstehenden Körper in ihrer Zusammensetzung denselben Typus zeigen wie die ursprünglichen, der Typus bleibt erhalten; Säuren und Salze auf einander einwirkend geben meist wieder Säuren und Salze. Aus Salz= säure und Alkohol entsteht wie oben S. 54 schon bemerkt, das typisch dem Alkohol ähnliche Chloräthyl und Wasser u. s. f. Doch giebt es auch sehr viele Ausnahmen von dieser Regel.

Die chemischen Vorgänge hängen im Allgemeinen nicht allein von den Verwandtschaften der Elemente oder Verbindungen zu einander ab, sondern auch von vielen Nebenumständen, wie Druck, Temperatur u. s. f., ja selbst von den Quantitäten, die dabei in's Spiel kommen.

So weiß man, daß chemische Umsetzungen bei höheren Temperaturen meist leichter vor sich gehen als bei tieferen. Weiter können sie vollständig gehemmt werden, wenn sie an Stellen geschehen sollen, woselbst capillare Kräfte wirksam sind. Setzt man ferner gewöhnlichen Zucker mit Salz= säure zu Traubenzucker und Fruchtzucker um, so wird die Umsetzung um so schwieriger und nimmt um so mehr Zeit in Anspruch je weiter sie bereits fortgeschritten ist, je weniger Rohrzucker also noch umzusetzen ist. Die hier in Frage kommenden Untersuchungen sind sehr verwickelter Art, sie knüpfen sich an die Namen von Guldberg und Waage und von Ostwald.

10. Aehnlichkeit der Elemente, periodisches Gesetz.

63. Dem Leser wird voraussichtlich die besondere Anordnung der Elemente in der Tabelle auf Seite 37 ff. aufgefallen sein. Es sind aus diesen Elementen, abgesehen vom Wasserstoff und Helium, 8 Gruppen ge= bildet. Jede der 7 ersten Gruppen enthält einander ähnliche Elemente, das heißt Elemente, die in ihrem chemischen Verhalten einander ähnlich sind, indem sie beispielsweise die gleiche Werthigkeit haben, sich gegenseitig in chemischen Verbindungen leicht vertreten, Verbindungen bilden, die ihrer= seits einander in ihrem Verhalten sehr ähnlich sind (z. B. Kalilauge und Natronlauge) u. s. f. Doch zeigt sich, daß jede Gruppe hinsichtlich der chemischen Aehnlichkeit in 2 Abtheilungen zerfällt, was dadurch markirt ist, daß in der die Zeichen enthaltenden Spalte gewisse Elemente aus der Reihe ausgerückt gesetzt sind. Besondere Aehnlichkeit besteht hiernach zwischen ab= wechselnd folgenden Elementen. In jeder Gruppe sind die Elemente nach wachsendem Atomgewicht geordnet und die Aehnlichkeit nimmt mit wachsendem

Atomgewicht ständig ab. Zieht man die Zahlen für die Atomgewichte unter=
einander stehender Elemente von einander ab, so erhält man verhältniß=
mäßig wenig abweichende Beträge. Durchschnittlich beträgt die Differenz
in allen 7 Gruppen etwa 16. Indem man von der Voraussetzung aus=
ging, daß da, wo die Differenz thatsächlich das doppelte oder dreifache
oder mehr beträgt, dieses nur dadurch zu Stande kommt, daß ein, zwei,
drei oder mehr Elemente fehlen, weil sie noch nicht entdeckt sind, hat man
die betreffenden Stellen durch Striche markirt. Es ist eine bemerkenswerthe
Thatsache, daß die Zahl dieser Stellen sich mehr und mehr verringert, je
weiter die Wissenschaft fortschreitet. Als Beispiel führe ich an, daß früher
in der Gruppe III die dritte und vierte Stelle gleichfalls leer waren, jetzt
sind sie durch die inzwischen entdeckten Elemente Scandium und Gallium
ausgefüllt. Gleiches gilt von der Gruppe IV an der vierten Stelle, wo=
selbst das früher fehlende Element mittlerweile im Germanium auf=
gefunden worden ist. Darf man annehmen, daß auch die anderen leeren
Stellen mit der Zeit werden ausgefüllt werden, so besteht hiernach gemäß
unserem gegenwärtigen Wissen jede Gruppe aus 11 Elementen, die in
2 Abtheilungen zerfallen und deren Atomgewichtszahlen im Durchschnitt
von 16 zu 16 fortschreiten. Von Gruppe zu Gruppe kehren die Atom=
gewichte wieder, so jedoch, daß sie in jeder folgenden Gruppe etwas größer
sind als in der voraufgehenden. Gleichfalls steigt die Werthigkeit gegen
Sauerstoff ständig um je eine Einheit für 2 Atome an. Die für Wasser=
stoff steigt bis zur vierten Gruppe gleichfalls um je eine Einheit für 1 Atom
an, von der fünften Gruppe ab nimmt sie ebenso regelmäßig um je eine
Einheit ab. Denkt man sich nunmehr die Elemente anders, nämlich nur
nach der Größe der Atomgewichte geordnet, so folgen erst die 7 ersten
Elemente der 7 Gruppen, dann die 7 zweiten u. s. f. In dieser Reihe
von 77 Elementen (die fehlenden hinzu zu denken), sie heißt die periodische
Reihe, trifft man nach Abzählen von je 7 immer wieder auf ein ähnliches
Element, von welchem man auch ausgehen mag, ja diese Aehnlichkeit ist
nicht allein eine chemische, sondern auch eine physikalische. Die Aehnlichkeit
wächst periodisch an und nimmt periodisch ab, in der Mitte zwischen zwei
ähnlichen Elementen ist sie am geringsten. Zwei ähnliche Elemente grenzen
also eine Periode ab. Von Periode zu Periode wiederholen sich die
Aehnlichkeiten und zwar in stets gleicher Folge. Man kann hiernach auch
für die fehlenden Elemente aus ihrer Stellung in dieser periodischen Reihe
ihre Eigenschaften voraussagen. Dieses ist von Mendelejeff geschehen
und hat sich bei den nachträglich entdeckten drei Elementen Scandium, Gallium,
Germanium vollauf bestätigt gefunden.

Alle diese im sogenannten periodischen Gesetz zusammengefaßten Regelmäßigkeiten, die anscheinend allein von der Größe des Atomgewichts abhängen, sind sehr auffallend. Leider besitzen wir noch keine Möglichkeit in die Geheimnisse dieser Gesetzmäßigkeit einzudringen. Dieser Abschnitt unserer Wissenschaft ist noch zu neu und er ist zugleich so schwierig, daß nur wenige Forscher sich seiner Bearbeitung hingeben, vor allem unser Lothar Meyer und dann der vorgenannte russische Chemiker Mendelejeff. Auch wird der Leser in der Tabelle bemerken, daß viele Elemente noch außerhalb der Reihe stehen. Zunächst Wasserstoff, sodann die in der Gruppe VIII vereinigten Metalle, die ihrerseits in 3 Abtheilungen zerfallen, die wie an die dritte, fünfte und achte Stelle einer Gruppe gehören. Von den ebenfalls abgesonderten Elementen Argon und Helium ist etwas sicheres nicht bekannt. Kommt dem Argon das Atomgewicht 20 zu, so ist es möglicher Weise das erste Element einer eigentlichen achten Gruppe. Doch ist eine Entscheidung zwischen 20 und 40 noch nicht erfolgt. Für Helium werden als Atomgewichte 2,4 und 8 angegeben; über dieses Element herrscht noch viel mehr Unklarheit als über Argon.

Drittes Kapitel.

Die Elemente und die aus ihnen gebildeten Körper (Specielle Chemie).

1. Eintheilung der Körper und Elemente.

64. Was nun die aus den Elementen zusammengesetzten Körper betrifft, so werden diese zunächst in organische und anorganische Körper eingetheilt. Jene gehören der belebten Natur an, diese der unbelebten. Steine, Wasser, Erze u. s. f. sind anorganische Körper; Alkohol, Zucker, Holz, Knochen, Fleisch u. s. f. organische.

Eine andere sehr wichtige Unterscheidung ist die in Säuren, Basen, neutrale Körper und Salze. Die meisten Säuren enthalten Sauerstoff; früher glaubte man, daß alle Sauerstoff enthalten müßten, und hat diesem Gase deshalb eben den Namen gegeben, es sollte der Säurebildner sein. Jetzt weiß man, daß es auch Säuren giebt, welche keinen Sauerstoff haben, z. B. die Salzsäure, Jodwasserstoffsäure u. a. m. Sauerstoff ist also nicht das zur Bildung einer Säure unbedingt nöthige Element. Dagegen enthalten alle Säuren Wasserstoff, so daß dieses Gas das eigentlich säurebildende Element zu sein scheint. Säuren färben in der Lösung blaue

Lackmustinktur oder Papier, welches in eine Lösung von Lackmus getaucht war, und viele blaue Pflanzenfasern roth. Sie schmecken sauer, wie Essig (eine Auflösung der Essigsäure in Wasser), sind gasförmig (Salzsäure), flüssig (Schwefelsäure) oder fest (Phosphorsäure).

Basen sind vornehmlich die Metalle, metallähnlichen Körper und gewisse Verbindungen der Metalle mit Sauerstoff. Sie schmecken laugenhaft bitter, bläuen durch Säuren geröthetes Lackmuspapier, bräunen Curcumapapier und wirken wie die Säuren scharf ätzend. Neutrale Körper sind solche, welche sich weder wie Säuren noch wie Basen verhalten. Enthält eine Flüssigkeit einen Ueberschuß an Säure oder an einer Basis, so kann man sie durch Hinzufügen einer Basis bezw. einer Säure in eine neutrale Flüssigkeit verwandeln. Dieses versteht man unter dem Kunstausdruck mit einer Basis bezw. einer Säure neutralisiren. Basen und Säuren haben große Verwandtschaft zu einander; wenn sie sich mit einander umsetzen, bilden sie die Salze, das sind salzähnliche Körper, welche im Allgemeinen weder die Eigenschaften der Säuren noch diejenigen der Basen haben, oder wenigstens diese Eigenschaften nur soweit haben, als die Säure oder Base in der Verbindung vorwiegt. Bei der Bildung der Salze giebt die Säure Wasserstoff ab, an dessen Stelle das Metall der Base oder der metallähnliche Körper tritt. So bildet sich aus Kupferoxyd und Salpetersäure das Salz Kupfernitrat und Wasser nach der Gleichung:

$$2\,(HNO_3) + CuO = 2\,(NO_3)\,Cu + H_2O$$
Salpetersäure + Kupferoxyd = Salpeternitrat + Wasser.

Aehnlich aus Salzsäure und Zink das Salz Chlorzink nach der Gleichung:

$$2\,(HCl) + Zn = ZnCl_2 + 2\,H$$
Salzsäure + Zink = Chlorzink + Wasserstoff.

Das Salz ist gesättigt, wenn aller Wasserstoff durch ein Metall ersetzt ist. Weiteres hierüber werden wir später noch kennen lernen.

65. Es ist nicht die Aufgabe des Verfassers, die Chemie auch nur in annähernder Vollständigkeit abzuhandeln. Wir betrachten vielmehr nur die für uns wichtigen Körper, über deren Bildung und Zusammensetzungen auch der Laie gern etwas erfährt, indem wir nach einander die einzelnen Elemente und ihre Verbindungen vorführen.

Man theilt die Elemente bequem ein in Nichtmetalle und Metalle. Die ersteren, auch Metalloide genannt, enthalten gasförmige, flüssige und feste Körper, die letzteren überhaupt keine Gase und auch nur einen einzigen flüssigen Körper, das Quecksilber. Doch gilt das, wie schon bemerkt, nur für die gewöhnlichen Verhältnisse, bei hohen Wärmegraden werden auch alle Metalle flüssig oder gasförmig, und umgekehrt, bei niedrigen unter hohen Drucken auch die gasförmigen Körper flüssig und selbst fest. Von den Nichtmetallen bezeichnet man gewöhnlich die vier: Chlor, Brom, Jod und Fluor noch besonders als Salzbildner oder Halogene.

2. Die Nichtmetalle Sauerstoff, Stickstoff (Argon), Wasserstoff (Helium), Kohlenstoff und ihre Verbindungen.

a) Sauerstoff.

66. Das Nichtmetall Sauerstoff, als Bestandtheil der Luft, ist schon früher untersucht worden, es ist hier nur folgendes nachzutragen. Sauerstoff ist ein farbloses, geruchloses und geschmackloses Gas, welches etwas dichter ist als die Luft, und von dem ein Liter unter gewöhnlichem Luftdruck etwa 1,43 Gramm wiegt. Es gehört zu den in der Natur am meisten verbreiteten Elementen, da es in der Luft gemischt mit Stickstoff, im Wasser in Verbindung mit Wasserstoff, in den Gesteinen der Erde in Verbindung mit Schwefel, Aluminium, Calcium u. s. f. vorhanden ist. Es verbindet sich mit allen Elementen und ist eines der chemisch aktivsten Elemente. Es wird am leichtesten daran erkannt, daß Verbrennungen in ihm mit sehr starkem Glanze vor sich gehen. So verlischt eine glühende Uhrfeder in der Luft, welche nicht genug Sauerstoff enthält, sehr bald, brennt jedoch im reinen Sauerstoff unter glänzendem Funkensprühen.

Die Verbrennung der Körper ist ein chemischer Vorgang, bei welchem das Leuchten und die Wärmeentwickelung nur Begleiterscheinungen sind. Da, wie wir sehen, zum Verbrennen im Allgemeinen (es giebt auch Aus= nahmen von dieser Regel) Sauerstoff gehört, so vermuthen wir, daß es nichts anderes ist, als die chemische Verbindung des Sauerstoffs mit dem ganzen verbrennenden Körper, oder mit Theilen von ihm, wobei im letzteren Fall andere Theile frei werden und neue Verbindungen bilden können. So entsteht, wenn reine Kohle verbrannt wird, Kohlensäure (CO_2), eine gasförmige Verbindung des Kohlenstoffs mit Sauerstoff. Verbrennt man Schwefel, so kommt wiederum eine gasförmige Verbindung zum Vorschein, die aus Schwefel und Sauerstoff besteht. Aehnlich verhält es sich mit verbrennendem Phosphor, nur entsteht dabei kein Gas, sondern ein aus festen Theilen gebildeter Rauch, der in Flocken niederfällt, also ein fester aus Phosphor und Sauerstoff zusammengesetzter Körper. Auch Metalle verbrennen in Sauerstoff zu festen kalkartigen Körpern. Verbrennt andererseits Holz, so entsteht aus den Elementen des Holzes und dem

Sauerstoff neben Kohlensäure und Wasser eine Reihe anderer Körper, theils gasförmiger, theils fester Art, die im Rauch der Verbrennung davonziehen. Die zurückbleibende Asche ist aus festen Körpern zusammengesetzt, die zum größten Theil schon von vornherein in dieser Form in dem Holze enthalten gewesen sind. Aehnlich ist die Verbrennung aller anderen organischen Körper. Beim Verbrennen des reinen Leuchtgases entstehen Kohlensäure und Wasser.

Nicht immer jedoch geschehen die Verbindungen des Sauerstoffs in dieser auffallenden, Licht und Wärme spendenden Weise. Meist sogar gehen diese Verbindungen langsam ohne jede auffallende Nebenerscheinung vor sich. Derartig sind diejenigen Verbindungen, die man als Rost der Metalle bezeichnet.

67. Man nennt die Verbindung des Sauerstoffs mit anderen Elementen Oxydation und die entstandenen Verbindungen Oxyde. Da Sauerstoff sich mit jedem Element in verschiedenen Vielfachen seines Verbindungsgewichts verbinden kann, so giebt es für jedes Element verschiedene Oxyde. Für Wasserstoff z. B. haben wir deren zwei kennen gelernt, das Wasser (H_2O), welches hiernach auch als Wasserstoffoxyd bezeichnet werden könnte, und das Wasserstoffsuperoxyd (H_2O_2). Für Stickstoff giebt es fünf Oxyde, für Schwefel vier, oder noch mehr u. s. f. Die Oxyde theilt man ein in saure und in basische. Die sauren geben mit Wasser Säuren, die man hiernach als die Hydrate der betreffenden Oxyde bezeichnen kann, wie Schwefelsäure, Salpetersäure u. s. f. Die basischen Oxyde heißen auch einfach Basen. Säuren bildet Sauerstoff hauptsächlich mit den Nichtmetallen, Basen mit den Metallen, neutrale Körper mit beiden Arten von Elementen. Vielfach bildet Sauerstoff mit einem und demselben Element Säuren, Basen und neutrale Körper, so mit dem Metall Mangan zwei Verbindungen, welche Säuren geben (Uebermangansäure und Mangansäure), zwei andere Verbindungen, welche Basen sind (Manganoxyd und Manganoxydul) und eine Verbindung (Mangansuperoxyd), welche sich neutral verhält.

68. Endlich ist zu erwähnen, daß der Sauerstoff in einer besonderen Modifikation vorkommt, die man als Ozon bezeichnet, welches ganz besonders kräftig chemische Verbindungen eingeht, und nicht wie der gewöhnliche Sauerstoff geruchlos ist, sondern ähnlich wie Phosphor riecht. Sauerstoff besitzt also die Eigenschaft, in zwei verschiedenen Formen aufzutreten. Doch stellt die zweite Form das Ozon eigentlich bereits eine Verbindung des Sauerstoffs, allerdings mit Sauerstoff selbst, dar, indem im Ozon 3 Atome Sauerstoff zu einem Molekel verknüpft sind, Ozon ist also O_3. Da

Sauerstoff zum Leben nicht entbehrt werden kann und Ozon so viel aktiver ist als der gewöhnliche Sauerstoff, so hat man die Hoffnung gehegt, daß das Ozon ein kräftiges Heilmittel für die Athmungsorgane bilden würde, eine Hoffnung, die sich leider nicht erfüllt hat. Uebrigens entsteht Ozon in der Luft ganz besonders nach Gewittern; man kann auch in jedem Zimmer Ozon hervorbringen, wenn man daselbst auf irgend eine Weise, z. B. durch eine Elektrisirmaschine, elektrische Funken springen läßt. Doch entsteht Ozon auch bei vielen anderen Gelegenheiten.

b) Stickstoff, Argon.

69. Stickstoff ist wie Sauerstoff farblos, geruchlos und geschmack= los. Er ist etwas weniger dicht als die Luft. Auch bei ihm ist es wie bei dem Sauerstoff gelungen, ihn durch gehörigen Druck zu einer Flüssigkeit zusammenzupressen und auch ihn ganz fest zu machen. Stickstoff gehört zu den indifferentesten Elementen, die wir kennen, er hat fast gar kein Be= streben, sich mit anderen Elementen von selbst zu verbinden und kann in andere Körper sozusagen nur hinein gezwungen werden. Doch kommt er immerhin in vielen Körpern vor, namentlich im (festen) Salpeter, der (flüssigen) Salpetersäure (HNO_3), dem (gasförmigen) Ammoniak und in vielen organischen Stoffen (Fleisch, Eiweiß, Käse u. s. f.). Daß er die Verbrennung und die Athmung nicht unterhalten kann, ist bereits gesagt, ebenso daß er die Hauptmasse der Luft ausmacht, nämlich $\frac{4}{5}$.

70. Stickstoff verbindet sich mit Sauerstoff in 5 Oxyden. NO ist Stickoxyd, ein farbloses Gas, welches sich in der Luft nicht hält, sondern höhere Oxyde bildet; es unterhält ähnlich wie Sauerstoff die Verbrennung, wenn auch nicht die aller Körper, namentlich jedoch die von Kohle, Phos= phor und Magnesium. Stickoxydul, N_2O, ist gleichfalls ein farbloses Gas, dichter als Luft, unterhält die Verbrennung der Körper, bildet mit Wasserstoff gemengt ein Knallgas und kann geathmet werden, ist also überhaupt dem Sauerstoff sehr ähnlich. Indessen geschieht die Einathmung nicht ohne sonderbare Folgen; das Gas wirkt berauschend und erzeugt Phantasien und Lachlust, weshalb es auch als Lustgas oder Lachgas bezeichnet wird und von Zahnärzten zur Unempfindlichmachung gegen Schmerzen angewendet wird. Länger eingeathmet, hat es auch gefährliche Folgen, indem es zu Rasereianfällen führt. Das nächste Oxyd ist N_2O_3, es ist in seinen Eigenschaften nur wenig bekannt. Das Oxyd NO_2 ist die Untersalpetersäure, ein rothbrauner Dampf, der sich bei der Zersetzung der Salpetersäure bildet.

71. Das wichtigste Oxyd ist N_2O_5, es bildet als Hydrat die Sal=

petersäure NO_3H, oder Scheidewasser. Diese Säure ist eine Flüssigkeit, welche, völlig rein, farblos ist, stechend riecht, an der Luft raucht und scharf ätzende Eigenschaften besitzt. Sie zerstört thierische Gewebe, siedet bei etwa 86 Grad und wird bei 50 Grad Kälte fest, sie zieht begierig Wasser an sich und mischt sich mit ihm in jedem Verhältniß. Verdünnte Salpetersäure ist eine solche Mischung mit Wasser, die koncentrirte Salpetersäure des Handels enthält immer noch Wasser. Salpetersäure wird leicht zersetzt; im Licht zerfällt sie in Untersalpetersäure, welche in ihr zurückbleibt und ihr die gelbe Färbung verleiht, und in Sauerstoff und Wasser. Man muß deshalb die Salpetersäure an möglichst lichtlosen Orten oder in Gefäßen aufbewahren, welche dem wirksamen Licht keinen Durchgang gestatten.

Hergestellt wird die Salpetersäure durch Zersetzen von Natriumsalpeter oder Kaliumsalpeter mittelst Schwefelsäure. Bei dieser Zersetzung giebt die Schwefelsäure ein Verbindungsgewicht Wasserstoff und der Salpeter sein Metall ab und dieser Wasserstoff und das Metall tauschen ihre Plätze. Die chemische Gleichung ist also für die Bildung aus Natriumsalpeter $NO_3Na + H_2SO_4 = HNaSO_4 + NO_3H$. Die Salpetersäure entsteht dabei in Folge der Wärme in Dampfform und wird durch Abkühlung verdichtet. Enthält Salpetersäure eine größere Menge aufgelöster Untersalpetersäure, so bildet sie eine dunkle, rothgelbe Flüssigkeit, welche dichte, braungelbe Dämpfe ausstößt und als rauchende Salpetersäure bezeichnet wird. Diese wird gleichfalls fabrikmäßig hergestellt. Uebrigens ist zu bemerken, daß Salpetersäure auch aus anderen Stoffen als Salpeter fabricirt wird. Salpetersäure ist eine kräftig wirkende Säure. Weil sie jedoch auch manche Metalle unverändert läßt, wird sie vielfach benutzt, um diese aus deren Legirungen mit von ihr zersetzbaren Metallen zu scheiden und heißt darum Scheidewasser. Gemischt mit Salzsäure giebt sie das Königswasser, dem nicht einmal Gold zu widerstehen vermag.

72. Sehr wichtig ist auch die Verbindung des Stickstoffs mit Wasserstoff nach der Formel NH_3. Sie heißt Ammoniak, bildet ein farbloses Gas von stechendem, aus dem Stalldunst bekannten Geruch, ist bei 0 Grad Kälte unter ausreichendem Druck flüssig und bei 80 Grad fest, wird vom Wasser in großen Mengen absorbirt, und zwar mit so großer Gier, daß das Wasser selbst in ein darüber gehaltenes Gefäß mit Ammoniak hoch hinaufstürzt und in einem Moment das Gas verzehrt. Mit Ammoniak versehenes Wasser heißt auch Salmiakgeist, oder Hirschhorngeist, Aetzammoniak. Es hat dieselben Eigenschaften wie das Ammoniak selbst, schmeckt laugenhaft und wirkt wie eine Basis. Ammoniakgas bildet mit

sauren Gasen dichte, weiße Dämpfe; es ist auch in der Luft verbreitet, namentlich an solchen Orten, wo stickstoffhaltige, organische Körper faulen.

Gewonnen wird es fabrikmäßig auf die mannigfachste Weise, z. B. bei der Leuchtgasbereitung, wo es sich im Gas= oder Kondensationswasser findet, durch Zersetzung der in den Latrinen und Kloaken enthaltenen thierischen Auswurfsstoffe, sowie von Knochen, Horn, Fleisch u. s. f. Auch aus unorganischen Substanzen kann Ammoniak hergestellt werden.

73. Da das Ammoniak wie eine Basis wirkt, so verbindet es sich mit Säuren und Salzen. In allen diesen Verbindungen kommt NH_4 vor und da dieser Körper, wenn er auch frei nicht bekannt ist, mit den Halogenen ganz ebenso Salze bildet, wie die Metalle Kalium, Natrium u. s. f., hat man ihn mit einem besonderen Namen **Ammonium** bezeichnet. Er spielt in den Ammoniumsalzen völlig die Rolle eines Metalls. So sind die Salze **Chlorammonium** und **Bromammonium** $(NH_4)\,Cl$ und $(NH_4)\,Br$ ganz ähnlich wie z. B. die Salze Chlornatrium und Bromnatrium $(Na)\,Cl$ und $(Na)\,Br$ gebildet. Auch in den Salzen der Sauerstoffsäuren tritt der gleiche Körper auf. Zum Beispiel im Salz Ammoniumsulfat $2\,(NH_4)\,SO_4$ ganz ähnlich wie Natrium in dem Salz Natriumsulfat $2\,(Na)\,SO_4$ u. s. f.

Von Wichtigkeit sind folgende Ammoniumsalze, die sich übrigens in der Natur weit verbreitet vorfinden. **Kohlensaures Ammoniak** $(NH_4)\,CO_3\,H$ oder **Hirschhornsalz** oder **Riechsalz**, wegen seines stechenden Geruches, hergestellt aus thierischen Abfällen und zu Arznei= mitteln verwendet, ebenso zum Auftreiben des Teiges in der Zucker= und Lebkuchenbäckerei und in Lösung als **Fleckwasser** zum Ausziehen des Fettes. **Ammoniumsulfat** $2\,(NH_4)\,SO_4$ bildet farblose, im Wasser lösliche Krystalle, wird als Nebenprodukt bei der Leuchtgasbereitung ge= wonnen, indem man das Gas durch Schwefelsäure führt; es dient zur Fabrikation anderer Ammonsalze und in der Alaun= und Düngerfabrikation. **Ammoniumnitrat** ist $(NH_4)\,NO_3$ und bewirkt beim Auflösen in Wasser eine so große Abkühlung, daß es als **Gefriersalz** zur Herstellung von Eis Verwendung findet.

74. **Chlorammonium** oder **salzsaures Ammoniak** ist der **Salmiak** $(NH_4)\,Cl$. Er wird in Aegypten durch Verbrennen von Kameelmist gewonnen und fabrikmäßig durch Neutralisirung des Gas= wassers mit Salzsäure oder durch Behandlung des Ammoniumsulfats mit Kochsalz u. s. f. hergestellt. In den Handel kommt er in großen, schweren Scheiben, welche weiß durchscheinend und klingend sind, oder krystallisirt als **Salmiakblume**. Anwendung findet er in der Arzneikunde, sodann zur Herstellung von **Salmiakgeist**, beim Verzinnen und Verzinken von

Kupfer, Eisen und Messing, beim Löthen, in der Zeugdruckerei, Farben=
fabrikation u. s. f. Die anderen Salze des Ammoniums können wir hier
übergehen.

75. Da der Stickstoff sich so schwer mit anderen Stoffen verbindet,
sind seine Zusammensetzungen vielfach sehr unbeständig und zerfallen leicht.
Dieses ist z. B. der Fall bei vielen organischen Stickstoffverbindungen.
Manche Stickstoffverbindungen zeigen das Erzwungene ihres Bestandes so
energisch, daß sie bei dem geringsten Anstoß sich mit großer Heftigkeit
wieder in ihre Bestandtheile zerlegen. Sind dabei die Produkte der Zer=
legung zum Theil gasförmig, so entstehen wohl auch Explosionen, indem
aus einem Körper von geringem Raumgehalt plötzlich ein solcher von
großem entsteht, der sich Raum schafft. Derartig sind die gewaltsamen
Zerlegungen des Pulvers (einer Mischung von Kohle, Salpeter und
Schwefel), Nitroglycerins und der anderen Schieß= und Spreng=
stoffe, welche sämmtlich Körper enthalten, die Verbindungen mit Stickstoff
sind. Die Schieß= und Sprengstoffe sind nämlich feste Körper oder weiche
und flüssige, ihre Zerlegung wird durch einen Funken oder einen Schlag
oder eine Erschütterung eingeleitet. Es bilden sich aus ihnen neue Körper,
welche zum größten Theil gasförmig sind und einen Raum einzunehmen
streben, der viele 100 mal größer ist als der Raum, den diese Stoffe ein=
nehmen, beim Pulver z. B. einen fast 300 mal so großen. Sind nun
diese Stoffe, wie das Pulver, in den Gewehren und Kanonen in einer
engen Kammer enthalten, so entsteht in dieser Kammer beim plötzlichen
Zerfall der Stoffe durch einen einschlagenden Funken oder einen Stoß u. s. w.
ein ungeheurer Druck durch die sich entwickelnden Gase, der beim Pulver
mehr als 6000 mal so groß ist als der gewöhnliche Druck der Luft. Durch
diesen Druck werden die Wände der Kammer, wenn sie nicht stark genug
sind, zersprengt, und wird eine Kugel, welche die Kammer schließt,
mit großer Gewalt herausgeschleudert. Darauf beruht die außer=
ordentliche Wirkung unserer Spreng= und Schießstoffe, vermittelst deren
wir centnerschwere Massen meilenweit schleudern und mächtige Felsen und
Bauwerke in Trümmer zerreißen. Uebrigens sind die Zerfallerscheinungen
der genannten Stoffe vielfach mit Verbrennungen und Lichterscheinungen
verbunden.

76. Noch sei bemerkt, daß der Stickstoff mit Kohlenstoff eine eigen=
thümliche Verbindung bildet, die als Cyan (CN) bezeichnet wird, welche
ein blaugefärbtes Gas, und in vieler Beziehung mit den Eigenschaften eines
Elements begabt ist. Die Verbindung dieses Cyans mit Wasserstoff
(HNC) giebt eines der gefährlichsten Gifte, die Blausäure. Ueberhaupt

neigt der Stickstoff zur Bildung von Giften. So sind die sogenannten Alkaloide, die wir später noch genauer kennen lernen werden, wie das Coniin, Strychnin, Morphin u. s. f., Stickstoffverbindungen, welche in dem Safte vieler Pflanzen vorkommen und in hohem Grade giftige Eigenschaften besitzen. Der Stickstoff ist also trotz der Harmlosigkeit, mit der er in der Luft auftritt, ein recht gefährliches Element, doch sind viele seiner Verbindungen zwar Gifte, nichtsdestoweniger jedoch mächtige Heilmittel oder Helfer des Arztes, wie das Chinin, das Atropin, Cocain, Aconitin, Antipyrin, Salipyrin u. s. f.

77. Das Element Argon ist dem Stickstoff sehr ähnlich, aber noch abgeneigter chemische Verbindungen einzugehen. Es befindet sich in der Luft, woselbst es sich lange mit dem Stickstoff vermischt allen Beobachtungen entzogen hat. Entdeckt wurde es auf physikalischem Wege durch Dichtigkeitsmessungen. Jetzt weiß man, daß es auch in manchen Mineralen enthalten ist. Sonst ist von ihm nichts Rechtes bekannt. Der Name soll besagen, daß das Element sehr unenergisch ist. Von mehreren Seiten wird behauptet, daß Argon sich zum Stickstoff so verhalten soll, wie Ozon zum Sauerstoff. Darnach wäre Argon N_3 und nicht zu den Elementen zu rechnen.

c) Wasserstoff, Helium.

78. Wasserstoff ist wie Stickstoff und Sauerstoff gasförmig, farblos und geruchlos. Er ist aber viel leichter als diese beiden Gase, indem seine Dichtigkeit bei gewöhnlichem Luftdruck nur $\frac{7}{100}$ von derjenigen der Luft beträgt, ein Liter Wasserstoff wiegt etwa 0,09 Gramm. Der Wasserstoff kann zwar ebensowenig wie der Stickstoff Verbrennung unterhalten, er hat aber die Eigenthümlichkeit, selbst im Sauerstoff zu verbrennen, indem er mit ihm die Verbindung Wasser bildet. Während Sauerstoff und Stickstoff in großer Menge frei auf der Erde vorkommen, nämlich in der Luft, giebt es freien Wasserstoff auf der Erde nur sehr wenig, dagegen auf der Sonne und vielen anderen Himmelskörpern anscheinend in außerordentlichen Massen. Gebunden freilich kommt er auch auf der Erde in großer Menge vor, da er $\frac{1}{9}$ aller Gewässer bildet.

79. Der Wasserstoff ist zwar nicht in gleichem Maaße wie der Sauerstoff, aber jedenfalls in sehr viel höherem Grade als der Stickstoff zur Bildung von Verbindungen geneigt. Mit Sauerstoff verbunden giebt er, wie schon oft bemerkt, hauptsächlich das Wasser (H_2O). Die Eigenschaften des Wassers sind allgemein bekannt und bedürfen keiner besonderen Darlegung. Nur das sei erwähnt, daß Wasser in hohem Grade

die Fähigkeit besitzt, Körper aufzulösen, da es kaum einen Körper giebt, der nicht mehr oder weniger vom Wasser aufgelöst wird. Das Meerwasser enthält z. B. neben vielen Gasen auch viele Salze und Metalle, selbst Silber, aufgelöst, wenn auch vielfach nur in sehr geringen Mengen. Reines Wasser bekommt man durch Abdestilliren, indem man Wasser kocht und den Dampf auffängt und durch Kühlung verdichtet. Die dazu dienenden Apparate heißen Destillirapparate. Solches Wasser ist sehr weich, hart wird es, wenn es Kalk aufgelöst enthält. Das Regenwasser ist nicht ganz rein, nähert sich aber dem destillirten Wasser sehr, und ist gleichfalls sehr weich, wogegen Quellen und Brunnen hartes Wasser abgeben.

80. Mischt man Wasserstoff mit Sauerstoff, so entsteht daraus noch nicht ohne Weiteres Wasser; es bildet das Gemenge vielmehr das sogenannte Knallgas, welches seinen Namen davon hat, daß es unter Knallen sich in Wasserdampf umwandelt, wenn man einen Funken durchspringen läßt oder einen brennenden Körper plötzlich hineinbringt. Da der Sauerstoff die Verbrennung unterhält und der Wasserstoff sehr gut brennt, so eignet sich das Knallgas vorzüglich zum Hervorbringen hoher Hitzegrade. Weil jedoch die Verbrennung des Knallgases allzu plötzlich vor sich geht, mischt man dieses Knallgas gewöhnlich erst unmittelbar vor der Stelle, an der es verbrennen soll, indem man den Sauerstoff aus einem Rohr herausströmen läßt und den Wasserstoff an gleicher Stelle aus einem anderen. Wo die beiden Strahlen auf einander treffen, werden sie angezündet. Das Knallgas brennt mit heißer aber schwachleuchtender Flamme, richtet man diese Flamme jedoch auf ein Stück Kalk, so wird dieses so heiß, daß es in intensiv weißem Lichte zu strahlen beginnt. Darauf beruht die Einrichtung des sogenannten Drummond'schen Kalklichts, wofür man heutzutage das Zirkonlicht anwendet, worin statt des Kalkstückes eine Zirkonplatte gewählt ist. Ueberhaupt ist die Knallgasflamme so heiß, daß selbst Gold und Platin darin schmelzen.

81. Außer mit Sauerstoff verbindet sich Wasserstoff auch mit allen anderen Nichtmetallen, mit Stickstoff bildet es das schon erwähnte Ammoniak (H_3N), mit Chlor, Jod, Brom, Fluor starke Säuren, z. B. die Salzsäure (HCl), mit Schwefel das nach faulen Eiern riechende Schwefelwasserstoffgas (H_2S) u. s. f.

Namentlich bildet es eine Reihe von brennbaren Gasen und von Flüssigkeiten, welche brennbare Gase liefern, falls sie erwärmt werden. Das Leuchtgas ist eine Mischung solcher brennbaren gasförmigen Verbindungen des Wasserstoffs, welches allerdings außerdem auch noch Kohlenoxyd, Stickstoff, Ammoniak und andere Gase enthält. Die chemische Beschaffenheit dieser Gase und Flüssigkeiten werden wir später kennen lernen. Hier bemerken wir hinsichtlich der Entstehung des Leucht= gases, daß dasselbe durch trockene Destillation von Steinkohlen, Holz, Harz, Petroleumrückständen und manchen anderen organischen Substanzen ge= wonnen wird, und daß das Brennen unter Verbrauch von Sauerstoff aus der umgebenden Luft geschieht. Im Uebrigen ist die Art des Verbrennens der fertigen Gase (z. B. des Leuchtgases) die nämliche wie die derjenigen, welche erst durch Erwärmung der zu Beleuchtungszwecken dienenden Flüssig= keiten (z. B. Petroleum) oder festen Körper (z. B. Kerzen) entstehen. Es bilden sich beim Verbrennen Wasserdampf, Kohlensäure, Kohlenoxyd und andere Stoffe; das sind gas= und dampfförmige Verbindungen. Zugleich jedoch werden auch Kohlentheilchen frei, und diese gerade sind es, welche der Flamme die Leuchtkraft verleihen sollen. Da die Kohlentheilchen für sich nicht leuchten, so müssen sie durch die Flamme selbst in's Glühen ge= bracht werden.

Kommt nun zu der Flamme zu wenig Luft hinzu, so reicht ihre Wärme dazu nicht aus und die Kohlentheilchen gehen unverbrannt im Rauch davon, die Flamme rußt, wie man sagt, und leuchtet wenig. Kommt so viel Luft hinzu, daß die Kohlentheilchen intensiv glühen können, ohne dabei so= fort zu verbrennen, so leuchtet die Flamme sehr stark. Wenn endlich so viel Luft hinzu kommt, daß eine vollständige Verbrennung der Kohlen= theilchen schon bei ihrem Freiwerden entsteht, wodurch viel Kohlensäure gebildet, aber das Glühen der Kohlentheilchen beeinträchtigt wird, so bekommt man eine sehr heiße, aber nur schwach bläulich leuchtende Flamme. Unsere gewöhnlichen Gas= und Lampenbrenner sind natürlich auf Leuchten eingerichtet, die bekannten Bunsenbrenner, die Gaskochapparate, sowie die Gasheizapparate auf Wärmeentwickelung.

Das Leuchten der Glühstrümpfe in den Glühlichtlampen ist eine physi= kalische Erscheinung und beruht auf der Fähigkeit gewisser Körper Hitze in Licht zu verwandeln, worüber später einiges gesagt werden soll.

82. Das Helium habe ich nur zu erwähnen, es ist neuerdings erst entdeckt und von seinen Eigenschaften ist noch so gut wie nichts bekannt. Den Namen hat es davon, daß es mit einem in der Sonne vorhandenen Gase, welches eben Helium heißt, für identisch gehalten wird. Doch scheint das noch nicht sicher entschieden zu sein. Es ist doppelt so dicht wie Wasserstoff und findet sich in Mineralen (Cleveit, Monazit).

d) Kohlenstoff.

83. **Kohlenstoff** ist ein sehr merkwürdiges Element. Es kommt in drei verschiedenen Formen vor, als gewöhnliche Kohle, als Graphit (in unseren Bleistiften) und als Diamant. Kohle und Graphit sind gestaltlos, wenngleich Graphit auch Krystalle (hexagonale) bilden kann, erstere ist tiefschwarz, letzterer silbergrau. Der Diamant bildet Krystalle (regulär) und ist vollkommen wasserklar durchsichtig. In allen drei Formen ist der Kohlenstoff fest; während jedoch der Graphit zu den weichsten Körpern gehört, ist der Diamant der härteste, den es giebt. Der Kohlenstoff kommt in allen organischen Verbindungen vor, er ist für diese Verbindungen von so großer Wichtigkeit, daß man ihn fast als organisches Element benennen könnte, und daß von vielen Chemikern die organische Chemie auch als Chemie des Kohlenstoffs bezeichnet wird.

Der gewöhnliche Kohlenstoff, die Kohle, ist ein brennbarer Körper. Da er in allen organischen Verbindungen vorhanden ist, so tritt er auch überall auf, wo solche Verbindungen vollständige oder theilweise Zersetzungen erfahren haben. Man findet ihn demgemäß in der Erde an solchen Stellen, wo große Ansammlungen von Pflanzen stattgefunden haben, die im Laufe der Jahrtausende ihrer anderen Bestandtheile durch chemischen Zerfall beraubt worden sind. Er kommt dann als Steinkohle oder Braunkohle vor. Keine der Kohlenarten ist ganz rein, doch ist die Steinkohle reiner als die Braunkohle. Steinkohlenlager finden sich bekanntlich an sehr vielen Stellen der Erde, namentlich scheinen sie in Nordamerika sehr ausgedehnt zu sein. Sie kommen dann noch vor in England, Deutschland (Rheinprovinz, Schlesien), Frankreich, Spanien, China u. s. f. Am meisten ausgebeutet werden sie in England. Braunkohlen sind Produkte der Pflanzenwelt, deren Zersetzung noch nicht so weit fortgeschritten ist, wie diejenige der Steinkohlen, sie sind gleichfalls sehr weit verbreitet und finden sich auch in Deutschland in großen Lagern. Hier ist auch der Torf zu erwähnen, der sich unter unseren Augen durch Vermoderung von Sumpfpflanzen bildet und jedem unserer Leser eine genügend bekannte Erscheinung ist. Ueber andere Kohlen, wie Holzkohle, Knochenkohle, Gaskohle, Koaks u. s. f. ist nichts besonderes zu sagen.

Noch mehr Kohlenstoff als selbst die Steinkohle enthält der Anthracit und das Jet.

Die zweite Form der Kohle, der Graphit (Eisenschwärze, Reißblei, Wasserblei u. s. f.), kommt in England, Bayern, Nordamerika und an anderen Orten der Erde in mehr oder weniger großer Menge vor, er kann nicht zum Brennen verwendet werden, dient zur Herstellung der Bleistifte, deren Bezeichnung als Bleistifte hiernach nicht mehr ganz richtig ist, sowie zur Fabrikation von Graphittiegeln, zum Schmelzen von gewissen Metallen.

Die dritte Form des Kohlenstoffs ist die allerseltenste, Diamanten von einiger Größe werden ja mit enormen Summen bezahlt. Die Färbung, welche manche Diamanten zeigen (bis tiefschwarz) rühren wohl von organischen Beimengungen her. Die Fundorte der Diamanten und die Eigenschaften darf ich als bekannt voraussetzen. Bemühungen Diamanten aus Kohle herzustellen sind bis jetzt mißlungen, nur ganz winzige Splitterchen hat man gewonnen zu haben geglaubt. Diamant ist von allen Körpern derjenige, der eindringendes Licht am meisten von seinem Wege ablenkt, darauf mit beruht das Lichtspiel der Diamanten, das durch besonderen Schliff noch unterstützt wird.

Nicht alle Kohlenarten brennen gleich leicht, man kann sie darum auch nicht alle ohne Weiteres anzünden. Diamant erfordert sogar zu seiner Anzündung besonderer Vorrichtungen; man muß ihn vorher so hoch erhitzen, daß Silber dabei schmilzt.

84. Das Verbrennen der Kohle besteht, wie dasjenige aller anderen Körper, in einem Verbinden mit Sauerstoff, es bilden sich dabei zwei Gasarten, Kohlenoxydgas (CO) und Kohlensäure (CO_2), von denen namentlich die zweite bekannt ist. Beide Gase vermögen das Athmen nicht zu unterhalten. Wie sehr z. B. die Kohlensäure das Athmen erschwert, wissen Alle, welche in Brennereien oder Hefefabriken oder Brauereien in der Nähe der Gährbottiche zu thun haben, aus denen Kohlensäure massenhaft aufsteigt. Das Kohlenoxydgas ist sogar außerdem noch giftig, es bildet sich besonders bei unvollständigen Verbrennungen, wie sie bei zu frühem Schließen des Ofens stattfinden, und ist hauptsächlich an der tödtlichen Wirkung des Kohlendunstes schuld. Die Kohlensäure ist ein weitverbreitetes Gas, sie kommt in der Luft und im Wasser frei vor und verleiht diesem letzteren einen Theil seiner auflösenden Kraft und seiner Frische. Die meisten Brunnen, welche in Bädern zu Heilzwecken getrunken werden, enthalten auch Kohlensäure, manche würden ohne die Kohlensäure gar nicht genießbar sein. Ferner bricht Kohlensäure aus gewissen Stellen der Erde hervor. Es ist auch allgemein bekannt, daß alle Thiere beim Ausathmen zugleich mit dem eingeathmeten Stickstoff neben Wasserdampf auch Kohlensäure aus ihrem Körper ausscheiden. Diese Kohlensäure entsteht durch chemische Umsetzungen, welche die thierischen Stoffe unter der Einwirkung des eingeathmeten Sauerstoffs im Körper erfahren, und welche wie eine Verbrennung (wenn auch ohne die gewohnten Nebenerscheinungen) be-

trachtet werden kann. Da die Kohlensäure schwerer ist als Luft, so sinkt sie überall zur Erde; an solchen Stellen, wo sie aus der Erde hervorquillt, bleibt sie daher auch in der Nähe der Erdoberfläche. Es kommt deshalb vor, daß Menschen solche Orte gefahrlos durchschreiten, weil sie mit dem Kopfe über die Kohlensäureschicht hervorragen, also frei athmen können, während kleine Thiere in dieser Schicht bleiben und darum ersticken. In chemischer Verbindung kommt die Kohlensäure in massenhaften Gesteinen vor, namentlich im kohlensauren Kalk ($CaCO_3$), zu dem auch der Marmor gehört.

Die Kohlensäure kann verhältnißmäßig leicht flüssig gemacht werden; daß sie bei der Herstellung der künstlichen Mineralwässer, bei der Eisfabrikation, der Weinbereitung, Bierauffrischung und bei vielen anderen Gelegenheiten Anwendung findet, braucht nur erwähnt zu werden.

3. Die organischen Körper.

a) Die Kohlenwasserstoffe.

85. Die vier bis jetzt behandelten Elemente setzen, wie bereits mehrfach hervorgehoben worden ist, zu zweien, dreien oder vieren alle Körper der Pflanzen- und Thierwelt zusammen. Außer ihnen nehmen daran nur noch Theil etwa der Schwefel und der Phosphor, jedoch beide in sehr viel geringerem Maaße als die genannten. Wir werden nur wenige der bereits bekannten Tausende von organischen Verbindungen erwähnen und beschreiben können.

86. Die einfachsten Verbindungen der organischen Chemie sind diejenigen des Kohlenstoffs mit Wasserstoff, die Kohlenwasserstoffe. Sie sind außerordentlich zahlreich, lassen sich jedoch auf bestimmte Gruppen zurückführen. Die erste Gruppe umfaßt alle Verbindungen, bei denen Wasserstoff um 2 mehr Verbindungsgewichte enthält als die doppelte Zahl der Verbindungsgewichte des Kohlenstoffs beträgt. Die folgenden Gruppen haben immer je 2 Verbindungsgewichte Wasserstoff weniger. Die Formeln lauten hiernach:

1. CH_4, C_2H_6, C_3H_8, C_4H_{10}, C_5H_{12}, C_6H_{14}, ... Gruppe der Aethane (Sumpfgasreihe);

2. CH_2, C_2H_4, C_3H_6, C_4H_8, C_5H_{10}, C_6H_{12}, ... Gruppe der Aethylene (Olefine);

3. C_2H_2, C_3H_4, C_4H_6, C_5H_8, C_6H_{10}, ... Gruppe der Acetylene;

4. C_3H_2, C_4H_4, C_5H_6, C_6H_8, ... Gruppe der Terpene;

5. C_4H_2, C_5H_4, C_6H_6, ... Gruppe der Benzole

u. s. f.

Nicht alle so zu bildenden Gruppen kommen in der Natur vor, ebenso wenig sind alle in den einzelnen Gruppen verzeichneten Verbindungen vorhanden. Hinsichtlich der Beschaffenheit der vorhandenen Verbindungen gilt im Allgemeinen die Regel, daß bei geringem Gehalt an Kohlenstoff die Verbindungen gasförmig, bei höherem flüssig, und zuletzt fest sind. Aehnliches gilt für die Temperatur, bei welcher die Verbindungen sieden oder schmelzen, indem auch diese mit dem Kohlenstoffgehalt anwächst. Die gasförmigen Verbindungen sind meist leicht entzündlich und brennen mit schwach- oder auch hellleuchtender Flamme, die flüssigen und festen entwickeln vielfach beim Erwärmen leicht entzündliche Dämpfe. Die Kohlenwasserstoffe sind wichtig für unsere Beleuchtungsmittel, da sie die Leuchtgase, Mineralöle (Erdöle), Paraffine zusammensetzen, ebenso für die Farbenfabrikation.

87. Wir betrachten zunächst die beiden ersten Gruppen. Diese sind es besonders, welche die Erdöle und Paraffine bilden, sie sind jedoch auch in dem Leuchtgase zum Theil enthalten. Verbindungen bis zu 4 Verbindungsgewichten Kohlenstoff sind gasförmig. Wir nennen als besonders bemerkenswerth aus der zweiten Gruppe (in welcher übrigens CH_2 selbst nicht vorkommt) das Aethylen oder ölbildende Gas C_2H_4. Es ist von unangenehmem Geruch, farblos, nicht athembar, brennt angezündet mit heller Flamme, giebt mit Luft gemischt ein Knallgas und kann zu einer Flüssigkeit verdichtet werden. Es findet sich in Kohlengruben und ist ein erheblicher Bestandtheil des Leuchtgases. Seinen Namen, ölbildendes Gas, hat es davon, daß es mit Chlor gemischt sich zu einer ölartigen Flüssigkeit umsetzt. Die folgenden Stoffe dieser Gruppe heißen: **Propylen**, **Butylen**, **Amylen** (letzteres bereits flüssig) u. s. f.

Von den gasförmigen Kohlenwasserstoffen der ersten Gruppe ist bereits die erste Verbindung CH_4, das **Methan** oder **Sumpfgas** oder **Grubengas** sehr merkwürdig. Es findet sich zwischen den einzelnen Schichten oder Höhlungen der Kohlenflötze eingeschlossen, strömt beim Abbau derselben oft plötzlich aus und bildet, vermischt mit der atmosphärischen Luft, ein gefährliches explosibles Gas, das **schlagende Wetter**, dessen unvermutheten Explosionen leider so oft Hunderte von Grubenarbeitern zum Opfer fallen. Vielfach strömt es auch, mit anderen Gasen der Kohlenwasserstoffe vermischt, aus der Erde, und ist es einmal entzündet, so brennt es so lange fort als es Zufuhr aus dem Inneren der Erde erhält. Solche natürliche brennende Gase sind die heiligen Feuer zu Baku, welche seit uralter Zeit einen Gegenstand der Anbetung für Zoroaster's Schüler bilden, denen das Feuer die heiligste Erscheinung ist. Es ist farb-, geruch- und geschmacklos, und nur etwas mehr als halb so dicht wie Luft. C_2H_6 heißt **Aethan**,

kommt in dem Petroleum vor und brennt wie Methan. Aehnliche Eigen=
schaften besitzt das Propan C_3H_8, nur daß es beim Brennen stark leuchtet
und bei 25 Grad Kälte ohne Druckvermehrung in eine Flüssigkeit übergeht.
C_4H_{10} ist Butan und bereits bei 1 Grad Wärme flüssig.

Die flüssigen Kohlenwasserstoffe dieser Gruppe haben alle mit einander
große Aehnlichkeit, sie sieden jedoch bei um so höheren Temperaturen, je
größer ihr Kohlenstoffgehalt ist. Ihre Dichte ist immer geringer als die=
jenige des Wassers, sie sind im Wasser wenig oder gar nicht löslich, wohl
aber in Alkohol und Aether, vielfach leicht beweglich, nur wenig gefärbt,
meist mit einem nicht unangenehmen Geruch begabt und entwickeln beim
Erwärmen brennbare Dämpfe. Säuren haben auf sie unter gewöhnlichen
Verhältnissen fast gar keinen Einfluß, sondern nur beim Erwärmen, wobei
sie in Wasser und Kohlensäure zerfallen. In beiden Gruppen scheinen die
unter gewöhnlichen Verhältnissen flüssigen Kohlenwasserstoffe bis zu Ver=
bindungen mit 16 Verbindungsgewichten Kohlenstoff zu gehen, so daß man
deren in jeder Reihe etwa 12 zu unterscheiden haben würde, indessen ist
hierüber etwas sicheres nicht bekannt.

Die festen Kohlenwasserstoffe heißen auch Paraffine; sie sind noch
widerstandsfähiger gegen Säuren als die flüssigen. Was wir gewöhnlich
Paraffin nennen, ist ein Gemisch von verschiedenen festen Kohlenwasser=
stoffen, meist der ersten Gruppe von $C_{22}H_{46}$, $C_{24}H_{50}$, $C_{27}H_{56}$. Paraffine
der zweiten Gruppe werden durch trockene Destillation des chinesischen
Wachses und des gewöhnlichen Wachses erhalten und kommen auch in dem
aus Ozokerit hergestellten Paraffin vor. Der Schmelzpunkt der Paraffine liegt
meist höher als 30 Grad, ferner sind die Paraffine weniger dicht als Wasser.

88. Die Verbindungen der dritten Gruppe, von denen die erste C_2H_2
Acetylen heißt und ein Gas ist, welches unrein ähnlich giftig wirkt wie Kohlen=
oxyd, sind, soweit sie gasförmig sind, in dem Leuchtgase enthalten. Die
flüssigen haben meist einen stechenden durchdringenden Geruch. Acetylen wird
übrigens auch für sich als Leuchtgas benutzt; es leuchtet fast zehnmal heller
wie das gewöhnliche Leuchtgas, doch verlangt es besonders construirte Brenner.

Die vierte Gruppe enthält Verbindungen, welche in den sogenannten
ätherischen Oelen vorkommen.

Die fünfte Gruppe umfaßt eine äußerst wichtige Klasse von Körpern,
welche bei der Bildung der zahlreichen sogenannten aromatischen Ver=
bindungen betheiligt sind. Diese Kohlenwasserstoffe heißen darum zu=
sammen mit Kohlenwasserstoffen der folgenden Gruppen aromatische
Kohlenwasserstoffe. Die aromatischen Kohlenwasserstoffe werden haupt=
sächlich durch trockene Destillation des Steinkohlentheers gewonnen, sie

sind jedoch auch im Braunkohlentheer, den Erdölen, den Oelen der Schiefer, dem Holz u. a. m., wenn auch nur in geringen Mengen, enthalten. Besprechen werden wir sie an anderer Stelle.

89. Die Kohlenwasserstoffe finden in den Haushaltungen und in der Industrie die mannigfachste Anwendung, zur Reinigung von Stoffen, zur Beleuchtung, zum Schmieren der Maschinen u. s. f. Die **Erdöle** oder **Mineralöle** insbesondere sind Mischungen von den flüssigen Verbindungen der beiden ersten Gruppen von Kohlenwasserstoffen, enthalten jedoch im natürlichen Zustand auch gasförmige Verbindungen davon und feste aufgelöst. Außerdem kommen in ihnen Verbindungen der aromatischen Kohlenwasserstoffe vor, ferner Harze und manche andere organische Substanzen. Das Verhältniß, in welchem die verschiedenen Kohlenwasserstoffe in ihnen gemischt sind, ist je nach dem Ursprung und der Herkunft der Oele sehr verschieden. Hinsichtlich des Ursprunges ist zu bemerken, daß Erdöle entweder als Rohpetroleum fertig aus der Erde entnommen oder aus organischen Stoffen, wie Braunkohlen, Torf, Erdpech, Erdtheer, Erdwachs (Ozokerit) durch Destillation gewonnen werden. Fertiges natürliches Oel, Rohpetroleum, hat sich wahrscheinlich, ebenso wie das Erdpech, Erdwachs, der Erdtheer, aus den Resten untergegangener vorweltlicher Thiere im Laufe vieler Tausende von Jahren gebildet. Es kommt an manchen Stellen der Erde so massenhaft vor, daß von diesen aus die ganze Welt damit versorgt werden kann. Die wichtigsten Petroleumlager sind die von Nordamerika und vom Kaukasischen Rußland, woselbst Quellen erbohrt sind, die ständig viele Meter hohe, dicke Strahlen Petroleum aus dem Innern der Erde emporsenden. Die Quellen in Rußland sind sogar so reich, daß es einstweilen kaum möglich ist, alles aus ihnen hervorsprudelnde Oel zu verwenden. Auch in Deutschland hat man an einzelnen Stellen Petroleum gefunden, so im Hannoverschen (Oelheim bei Peine), im Elsaß bei Wörth, Hagenau, Pechelbronn und am Tegernsee in Südbayern, woselbst ein heiliger Mönch Quirinus das aus der Erde quellende Oel bereits vor mehreren Jahrhunderten zu Heilzwecken benutzt hat. Ferner kommen solche Oele vor in Galizien, Aegypten, Persien u. s. f. Das russische Petroleum enthält verhältnißmäßig mehr dichte und schwerer siedende Kohlenwasserstoffe als das amerikanische, die deutschen Oele stehen durchschnittlich zwischen den russischen und amerikanischen, die galizischen scheinen den russischen mehr zu entsprechen als den amerikanischen. Aus dem Rohpetroleum werden eine große Anzahl von Produkten gewonnen, die man auch nach der Anwendung in drei Klassen einreihen kann: 1) leichte Oele, 2) Leuchtöle, 3) Schmieröle. Man erhält sie durch fraktionirte Destillation. Da

nämlich das Petroleum eine Mischung sehr verschiedener, bei verschiedenen Temperaturen siedender Oele ist, so kann man eine gewisse Trennung dieser Oele dadurch herbeiführen, daß man das Petroleum erst wenig und dann mehr und mehr erhitzt und die jedes Mal sich entwickelnden Dämpfe gesondert auffängt und durch Abkühlung verdichtet. Die zuerst über=gehenden Dämpfe geben die leichten Oele, die man auch Benzine nennt (Rhigolen, Petroleumäther, Gasolin, Benzin, Ligroin, Putzöl), deren Dichtigkeit zwischen 0,6 etwa bis 0,78 liegt. Es dienen diese Oele zum Ausziehen von Pflanzenölen aus Samen, zur Entfettung von Stoffen, zum Reinigen von Wäsche und anderen Kleidungsstücken (als Fleckwasser), zur Bereitung von Oelgas, zum Putzen und Einölen von Maschinentheilen, zum Verdünnen von Oelfarben u. s. f. Sie sind leicht entzündlich und müssen darum mit Vorsicht behandelt werden.

Wenn die Wärme hoch genug gestiegen ist (über 120 Grad etwa), beginnen die schwereren als Leuchtöle zu verwendenden Oele, die Kerosene, überzugehen. Ihre Dichte schwankt zwischen 0,785 und 0,845, doch giebt es auch Leuchtöle russischer, ägyptischer und galizischer Herkunft, deren Dichtigkeit bis zu 0,875 geht, und andererseits solche aus amerikanischem Petroleum hergestellte, deren Dichtigkeit bis 0,780 und darunter herabgeht.

Durch weitere Destillation bei noch höheren Temperaturen werden die zum Leuchten nicht mehr tauglichen aber als Schmiermittel verwendeten Schmieröle (Lubricating, Paraffin=, Vaselin=, Vulkanöl) her=gestellt. Diese sind konsistenter als alle anderen Oele, ihre Dichtigkeit variirt bis zu etwa 0,95.

Der Rückstand giebt das Petroleumpech, welches wie Asphalt ver=wendet wird. Außerdem werden aus dem Petroleum noch hergestellt Vaselin, Druckerschwärze, Paraffin u. a. m.

Daß die verschiedenen Produkte des Rohpetroleums nach ihrer Ge=winnung auch noch gereinigt (raffinirt) werden (mit Schwefelsäure und Natronlauge), ist hier nur zu erwähnen. Durch den Grad der Reinheit, den Gehalt an besonderen Oelen, Paraffin und Gasen unterscheiden sich die außerordentlich vielen Oelarten von einander, die im Handel unter den verschiedensten Namen vorkommen. Unter Naphta versteht man ent=weder Rohpetroleum oder leichte Oele. Zu bemerken ist noch, daß bei den Leuchtölen es besonders auch auf ihre gefahrlose Anwendbarkeit ankommt; ihre Entflammungstemperatur darf nach der Verordnung vom 22. Februar 1882 nicht unter 21° C. sinken, wenn sie nicht als feuergefährlich bezeichnet werden sollen. Es wird zwar bei der Einführung sorgfältig untersucht, doch ist größte Vorsicht trotzdem noch geboten, denn die meisten Explosionen kommen aus Unachtsamkeit vor. Der Vorgang bei solchen Explosionen ist der umgekehrte wie der bei der Explosion von festen oder flüssigen Körpern. Die Gase gehen plötzlich in Flüssigkeiten und feste Körper über, dadurch wird der Raum, den sie eingenommen haben, fast ganz leer, die Luft stürzt von allen Seiten ihn zu füllen herbei, und das geschieht mit solcher Vehemenz, daß alle widerstehenden Gegenstände geschleudert, zerschlagen oder zerrissen werden. Außerdem kommt als zweite Gefahr die brennende Flamme hinzu.

90. Den vorstehend behandelten entsprechende Oele werden durch Destillation von Braunkohlentheer, sowie aus Erdtheer, Erdwachs (Ozokerit) hergestellt. Braunkohlentheer wird durch trockene Destillation von Braunkohlen gewonnen. Er ist dickflüssig, erstarrt schon bei 5 Grad über Null und hat eine Dichtigkeit zwischen 0,820 und 0,870. Er giebt bei der fraktionirten Destillation ebenfalls leichte Oele, Leuchtöle, Schmieröle und besonders viel Paraffin, außerdem noch manche andere Stoffe und als Rückstand Asphalt. Bergpech und Bergtheer (auch Asphalt genannt) kommen in kompakten mehr oder weniger weichen und flüssigen Massen vor (z. B. am Todten Meer, in Pechelbronn), oder von Gesteinen aufgesogen, die man alsdann bituminös nennt (wie bituminöser Kalk, Sandstein, Dolomit, Schiefer u. s. f.). Die Dichtigkeit der Asphalte ist größer als diejenige des Wassers, ihre Oele sind durchschnittlich etwas schwerer als die vorgenannten. Bei ihnen ist der Rückstand naturgemäß sehr groß. Endlich Erdwachs und Ozokerit (auch Bergwachs, Neftgil genannt) findet sich in England, Rußland, Ungarn, Persien u. s. f., ist weniger dicht als Wasser und giebt hauptsächlich Paraffin und schwere Oele.

b) Die Alkohole, Aether, Ester und Aldehyde.

91. Aus den Kohlenwasserstoffen kann man den größten Theil aller übrigen organischen Verbindungen ableiten, indem man sie mit anderen Elementen zusammengesetzt denkt, oder indem man der Reihe nach ein Verbindungsgewicht Wasserstoff nach dem anderen entfernt und andere Elemente an deren Stelle tretend sich vorstellt. Die Systematik ist ziemlich schwierig und ohne tieferes Eingehen auf die verschiedenen Ansichten über die Natur der chemischen Verbindungen nicht wohl darstellbar. Maaßgebend sind die auf Seite 55 mitgetheilten Gesetze. Einiges Leichtere und Interessantere wird Erwähnung finden.

Schon die einfachste Verbindung der Kohlenwasserstoffe, die mit dem Sauerstoff, ist von großer Wichtigkeit. Kohlenwasserstoffe der ersten Gruppe mit einem Verbindungsgewicht Sauerstoff verbunden, also Oxyde dieser

Kohlenwasserstoffe, bilden die Alkohole. Da es eine große Zahl von solchen Kohlenwasserstoffen giebt, sind auch viele Alkohole vorhanden. Ihre Formeln lauten dem Obigen zufolge CH_4O, C_2H_6O, C_3H_8O, . . .

92. Von allen Alkoholen ist der an zweiter Stelle genannte C_2H_6O der weitaus wichtigste. Er ist der gewöhnlich so genannte Alkohol oder Weingeist, chemisch führt er auch den Namen Aethylalkohol. Zu seiner Fabrikation gehören Rohstoffe, welche die früher genannten Zucker= arten, Traubenzucker und Fruchtzucker, bereits fertig enthalten, oder welche andere Stoffe besitzen, die in diese Zuckerarten verwandelt werden können, nämlich gewöhnlichen Zucker oder Stärke. Stoffe der ersteren Art geben die Säfte vieler Pflanzen, wie Traubensaft, Aepfel= und Birnensaft, Pflaumensaft, Kirschsaft, Beerensaft u. s. f. Stoffe der zweiten Art liefern die Zucker= fabriken in Gestalt der Melassen, das sind die mit einigem Gehalt an ge= wöhnlichem Zucker noch versehenen Reste der in diesen Fabriken auf Zucker verarbeiteten Rohstoffe (Zuckerrohrsaft, Rübensaft), sodann die Getreidearten, Kartoffeln u. s. f., welche Stärke in Zellen eingeschlossen enthalten.

Im Großbetrieb wird der Alkohol hauptsächlich aus Stoffen der zweiten Art gewonnen, es giebt also Melasse=, Korn=, Mais=, Kartoffelbrennereien u. s. f. Die Operation, deren es hier mehr bedarf, als beim Verarbeiten der Stoffe erster Art, besteht in der Umwandlung des gewöhnlichen Zuckers oder der Stärke in die vergährbaren Zuckerarten, was, wie bereits beschrieben, durch Hinzufügung von Malz zu der Melasse bezw. zu den, behufs Sprengung der die Stärke enthaltenden Pflanzenzellen zerkleinerten, gedämpften und aufgeweichten Getreiden oder Kartoffeln geschieht, oder durch Kochen mit Säuren bewerkstelligt werden kann. Die weiteren Operationen sind in beiden Fällen im Wesentlichen die nämlichen. Die die vergährenden Zuckerarten enthaltende Flüssigkeit, die Maische, wird mit dem nöthigen Ferment zur Hervorbringung der Gährung, mit Hefe, versetzt. Die Zuckerarten zerlegen sich dadurch in Alkohol und Kohlensäure (wobei zugleich etwas Glycerin und Bernsteinsäure entsteht), letzteres Gas entweicht in die Luft, der Alkohol bleibt in der Flüssigkeit zurück und wird, wenn es, wie beim Bier oder Wein, der Zweck erheischt, in derselben belassen oder durch Destillation von ihr getrennt und gereinigt. Was man zuletzt erhält, ist Alkohol, der nur noch mit sehr wenig Wasser vermischt ist, oder es sind die verschiedenen trinkbaren Branntweine, welche noch einige fremde Stoffe enthalten, deren Gegenwart nicht weiter stört oder sogar zum Hervorbringen eines besonderen Geschmackes erwünscht ist. Was von der Maische zurückbleibt, ist die in der Landwirthschaft zum Füttern u. s. f. verwendete Schlempe.

Die Fruchtsäfte gähren übrigens meist ohne Hinzufügung von Hefe, die hierzu nöthigen Organismen kommen ihnen in genügender Menge aus der Luft zu, so namentlich der Traubensaft, welcher vergohren Wein giebt.

93. Der Alkohol mischt sich mit Wasser in allen Verhältnissen. Dabei entsteht eine Zusammenziehung (Kontraktion), so daß zwei gleiche Volumina von Wasser und Alkohol gemischt, nicht das doppelte Volumen Branntwein, sondern ein geringeres ergeben. Die Stärke der Branntweine bemißt man nach ihrem Gehalt an Alkohol. Giebt man sie an in der Anzahl Liter Alkohol auf 100 Liter des Branntweins, so bezeichnet man diese Stärke als die Volumprocente des Alkohols. Rechnet man sie nach der Anzahl Kilogramm Alkohol in 100 Kilogramm des Branntweins, so ist diese Stärke in Gewichtsprocenten ausgedrückt. Der ganz reine Alkohol ist farblos, von angenehmem Geruch und brennendem Geschmack, und findet nicht allein zur Bereitung von Branntwein und Likör, sondern auch in der Technik vielfache Anwendung. Branntweine bestehen wesentlich aus Wasser und Alkohol, Liköre enthalten auch Zusätze von Zucker und gewissen Essenzen, ihr Gehalt an trockenen Substanzen wird als ihr Extraktgehalt bezeichnet.

94. Von den anderen Alkoholen kommen viele, namentlich der Amylalkohol ($C_5H_{12}O$), in dem sogenannten Fuselöl des fuselhaltigen Branntweins vor und geben diesem im Uebermaaß den unangenehmen Geruch und Geschmack. In geringen Mengen bilden sie je nach ihrer Zusammensetzung geschätzte Beimengungen, die die verschiedenen Branntweine von einander charakteristisch unterscheiden. Der an erster Stelle genannte Alkohol CH_4O, mit nur einem Verbindungsgewicht Kohlenstoff, heißt auch Methylalkohol oder Holzgeist, er wird vielfach dazu verwendet, den Branntwein, der zu gewerblichen Zwecken unter Steuererleichterung abgegeben werden soll, für den Genuß unbrauchbar zu machen, zu denaturiren.

95. Denkt man sich in einem Alkohol alle Verbindungsgewichte verdoppelt und dann zwei Verbindungsgewichte Wasserstoff und ein Verbindungsgewicht Sauerstoff, also kurz ein Verbindungsgewicht Wasser wieder in Abzug gebracht, oder, was noch leichter zu behalten ist, einen Alkohol mit einem entsprechenden Kohlenwasserstoff der zweiten Klasse verbunden, so erhält man die sogenannten Aether. Der gewöhnliche Aether kann auf diese Weise aus dem gewöhnlichen Alkohol abgeleitet werden, muß hiernach als Aethyläther bezeichnet werden; das Doppelte des Alkohols giebt $C_4H_{12}O_2$, davon H_2O abgezogen bleibt $C_4H_{10}O$, welches die chemische Formel für diesen Aether ist. Dasselbe bekommt man, wenn man den gewöhnlichen Alkohol C_2H_6O mit dem entsprechenden Kohlenwasserstoff C_2H_4 der zweiten Klasse vereinigt denkt. Dieser Aether ist noch leichter als Al-

kohol, dünnflüssig, entwickelt schon bei gewöhnlicher Zimmerwärme stark=
riechende Dämpfe, die sich leicht entzünden und siedet bei 35 Grad Wärme.
Mit Alkohol mischt er sich in jedem Verhältniß und giebt in der Mischung
von 1 Theil Aether und 3 Theilen Alkohol die bekannten Hoffmanns=
tropfen, mit Wasser nur sehr wenig. Er löst Fette, Oele, Harze und
manche andere Stoffe.

96. Vermischt man Alkohole mit Säuren, so entstehen, wieder unter
Abtrennung von Wasser, neue Körper, welche zusammengesetzte Aether
oder Ester heißen. Die Säuren können gewöhnliche anorganische Säuren
sein, wie Salpetersäure, Schwefelsäure u. s. f., oder organische, wie Wein=
säure und andere, die wir noch kennen lernen werden. So ist beispiels=
weise Salpetersäure=Aethylester $C_2H_5NO_3$ (also $C_2H_6O + HNO_3 - H_2O$),
Aethylschwefelsäure $C_2H_5HSO_4$ (also $C_2H_6O + H_2SO_4 - H_2O$) u. s. f.
Ester finden sich vielfach in Likören und scheiden sich aus diesen mit noch
anderen Stoffen beim Schütteln mit Salz als Oelschicht aus. Kocht man
Ester in Wasser und setzt stark basische Lösungen (Laugen) hinzu, so werden
die Alkohole wieder ausgeschieden und die Säuren verbinden sich mit den
Basen zu Salzen, welche, wenn diese Säuren organische sind, Seifen
geben. Derartige Operationen heißen Verseifungen der Ester. Als
Ester bezeichnet man übrigens auch die Verbindungen der Glycerine mit
Säuren, die wir noch kennen lernen werden. Auch die Aether verbinden
sich mit Säuren, unter Abspaltung von Wasser zu Estern, z. B. Schwefel=
säure=Aethylester $C_4H_{10}SO_4$ (also $C_4H_{10}O + H_2SO_4 - H_2O$).

97. Die Chemiker betrachten die Alkohole als bestehend aus HO, dem
Hydroxyl und einem Rest, dem Radikal, so ist z. B. Aethylal=
kohol $= C_2H_5$ (Radikal) $+ HO$ (Hydroxyl). Das HO ist, wie der Leser
schon weiß, einwerthig. Tritt an dessen Stelle eine andere, gleichfalls un=
gesättigte einwerthige Verbindung, so enthält man neue Körper. Auf diese
Weise entstehen z. B. die Merkaptane, ungemein übelriechende Körper,
die sich nicht in Wasser lösen. Sie sind Alkohole, welche an Stelle der Ver=
bindung HO die gleichwerthige HS (Schwefelwasserstoff weniger H) enthalten
oder, was leichter zu behalten ist, in die an Stelle des Sauerstoffs Schwefel
getreten ist. Das Merkaptan des gewöhnlichen Alkohols ist hiernach C_2H_5HS.
Die sogenannte Amine der Alkohole erhält man, wenn an Stelle von HO
ein wieder einwerthiges H_2N (also Ammoniak weniger Wasserstoff) tritt,
z. B. das nach faulen Fischen riechende Methylamin CH_5N, das Aethylamin
C_2H_7N. Die stechend riechenden und Blasen ziehenden Senföle gehen
aus den Alkoholen hervor, wenn man HO durch NCS (Sulfocyansäure
weniger Wasserstoff) ersetzt. Gleiches gilt von den Aethern. Ein Theil

dieser Verbindungen kann wieder Ester geben, und so steigt die Zahl der auf diese Weise abgeleiteten Körper in's Ungemessene; zumal die Alkoholradikale sich auch noch vervielfachen können, wodurch auch solchen ungesättigten Verbindungen in sie der Eintritt gestattet ist, welche zwei=, drei= oder mehrwerthig sind.

98. Man kann nun, wie die Kohlenwasserstoffe der ersten Gruppe, auch die der zweiten mit Sauerstoff verbunden, oxydirt denken; man bekommt dann die sogenannten Aldehyde, welche hiernach den Alkoholen entsprechen und zwei Verbindungsgewichte Wasserstoff weniger enthalten als diese. Das bekannteste Aldehyd ist das mit dem gewöhnlichen Alkohol auf gleicher Stufe stehende Aethylaldehyd, welches auch gewöhnlich als Aldehyd bezeichnet wird. Seine Formel ist hiernach C_2H_4O. Es tritt vielfach zusammen mit dem Alkohol auf und entsteht insbesondere aus diesem bei der Essigfabrikation. Es ist, wie der Alkohol, farblos, von angenehmem Geruch, flüssig und mit Wasser, Alkohol und Aether in beliebigen Verhältnissen mischbar. In größerer Menge eingeathmet, verursachen seine Dämpfe Brustkrämpfe und Athemnoth. Läßt man es an der Luft stehen, so oxydirt es sich zu Essigsäure. Das Paraldehyd $C_6H_{12}O_3$ ist gewissermaaßen ein dreifaches Aldehyd und wird vielfach als Schlafmittel benutzt.

Aus den Aldehyden leiten sich, wie aus den Alkoholen, wieder eine große Anzahl Körper ab.

99. Ersetzt man im Aldehyd 3 Wasserstoffe durch 3 Chlore, so bildet sich das Chloral C_2HCl_3O, eine farblose durchdringend riechende Flüssigkeit. Mit Wasser zusammen giebt sie das Chloralhydrat, in der Medicin als Schlafmittel angewendet. Chloral weniger CO ist das, allerdings nicht ganz hierher gehörende, Chloroform $CHCl_3$, durch seine betäubenden Eigenschaften der mächtige aber nicht ungefährliche Helfer der Chirurgen. Jodoform CHJ_3 und Bromoform $CHBr_3$ sind ähnlich zusammengesetzt und finden gleichfalls in der Medicin Anwendung.

c) Die fetten Säuren, fetten Oele, Fette und Seifen.

100. Wir haben oben die Essigsäure erwähnt. Sie gehört einer neuen Reihe von Körpern an, die aus den Aldehyden dadurch abzuleiten sind, daß man in diesen zwei Verbindungsgewichte Wasserstoff entfernt und durch ein Verbindungsgewicht Sauerstoff ersetzt, und die man organische fette Säuren nennt. Es gehört dazu die aus dem dem ersten Aldehyd CH_4O zu bildende Ameisensäure CH_2O_2, welche in den Ameisen, Brennnesseln, Fichtennadeln u. s. f. vorkommt, flüssig und um $\frac{1}{4}$ dichter ist

als Wasser, stark sauer riecht und auf der Haut Blasen zieht, die bekannte Wirkung der Brennnesseln.   Sodann die

Essigsäure $C_2H_4O_2$, die auch als ein Oxyd des gewöhnlichen Aldehyds angesehen werden kann.   Sie bildet sich, wie bereits erwähnt, in der That aus diesem, wenn es an der Luft steht, durch Oxydation. Essigsäure in Wasser aufgelöst giebt den Essig.   Technisch wird er nach zwei Methoden hergestellt, aus Branntweinen und anderen alkoholhaltigen Flüssigkeiten, wie Weine, Biere u. s. f., oder aus gewissen Produkten des Holzes.   Die Essigbildung nach der ersten Methode ist eine Gährungs= erscheinung wie die gewöhnliche Alkoholbildung, veranlaßt durch ein Ferment und tritt besonders rasch ein, wenn viel Luft mit der alkoholartigen Flüssig= keit in Berührung kommt.   Man läßt deshalb diese Flüssigkeit aus einem Gefäß, dessen Boden siebartig durchlöchert ist, in Strahlen durch die Luft in ein anderes Gefäß fließen und sorgt für noch weitere Zertheilung da= durch, daß man dieses zweite Gefäß mit Hobelspänen anfüllt, welche man noch mit etwas Essig vorher begossen hat.   Das nöthige Ferment kommt aus der Luft und aus dem Essig, mit welchem die Hobelspäne befeuchtet sind.   Die Luft giebt außerdem noch den erforderlichen Sauerstoff zur Oxydirung des aus dem Alkohol, durch Abspaltung von zwei Verbindungs= gewichten Wasserstoff sich bildenden Aldehyds.   Wenn die Flüssigkeit die Hobelspähne verlassen hat, ist sie bereits sauer; um sie noch saurer zu machen, läßt man sie denselben Weg nochmals und, wenn nöthig, ein drittes und viertes Mal durchlaufen.   Diese Art der Essigfabrikation heißt die Schnellessigfabrikation.   Man gewinnt dadurch, je nach der an= gewendeten Flüssigkeit, Essigsäure, welche noch mit verschiedenen anderen Körpern vermischt ist, z. B. Weinessig, welcher aus Wein bereitet, noch Weinsäure, Bernsteinsäure und gewisse Aetherarten enthält, die ihm den angenehmen Geruch verleihen, Spiritusessig aus Branntwein, der etwas Essigäther enthält, Obstessig aus Apfel= und Birnenwein, in welchem noch Apfelsäure vorkommt, Bier=, Malz= oder Getreideessig aus der ungehopften Bierwürze, dem in Folge dessen Dextrine, Phosphate u. s. f. beigemengt sind, Rübenessig aus Zuckerrüben hergestellt.

Die zweite Methode beruht auf der Zersetzung des Holzes.   Unter= wirft man nämlich Holz der langsamen Verkohlung wie in den Meilern (trockene Destillation), so daß zuletzt nur Kohle zurückbleibt, so ent= weichen neben Kohlenoxyd, Kohlensäure und Wasserstoff auch viele leichte und schwere Kohlenwasserstoffe und deren Verbindungen mit Sauerstoff. Fängt man diese auf und verdichtet sie durch Abkühlung mit kaltem Wasser, so erhält man zwei Flüssigkeitsschichten; die obere Schicht giebt den Holz=

theer, welcher eine dicke, ölige Masse bildet, und aus Paraffin, Kreosot, Naphthalin u. s. w. zusammengesetzt ist, die untere wässerige Schicht den gewünschten Holzessig in Wasser aufgelöst und sehr unrein. Der rohe Holzessig muß also noch gereinigt werden. Das Technische hierfür gehört nicht hierher. Besonders feiner Holzessig wird als Tafelessig bezeichnet. Essig mit sehr vieler Säure ist Doppelessig oder Essigsprit oder Essigessenz.

101. Die wasserfreie Essigsäure ist um etwa $\frac{1}{16}$ dichter als Wasser und siedet auch bei höherer Wärme, sie riecht und schmeckt stechend sauer und zieht auf der Haut Blasen, in der Kälte bildet sie weiße blätterige Krystalle. Sie hat große Neigung, mit Metalloxyden unter Abgabe von Wasserstoff Salze zu bilden, die man als essigsaure Salze oder Acetate bezeichnet. Eines der bekanntesten ist das Kupferacetat, welches im so=genannten Grünspan der kupfernen Gefäße enthalten ist, in welchen Essig zur Anwendung gelangt ist. Aus Kupferacetat und arseniger Säure stellt man das Schweinfurtergrün her.

Eine Umsetzung der Essigsäure mit Alkohol ist der angenehm und erfrischend riechende und schmeckende Essigäther $C_4H_8O_2$.

102. Von den anderen fetten Säuren nennen wir noch die dem Essig=äther gleich zusammengesetzte Buttersäure $C_4H_8O_2$, welche als Fett in der Butter vorkommt und eine farblose, unangenehm ranzig riechende Flüssig=keit bildet, die Valeriansäure ($C_5H_{10}O_2$), zur Fabrikation der sogenannten Baldriantropfen verwendet, und aus den Wurzeln der Pflanze Valeriana officinalis gewonnen, die Stearinsäure oder Talgsäure ($C_{18}H_{36}O_2$), in thierischen Fetten und mit Palmitinsäure ($C_{16}H_{32}O_2$) die Masse der Stearinkerzen ausmachend, beide feste Körper, die Oleinsäure oder Oelsäure ($C_{18}H_{34}O_2$) in den fetten Oelen enthalten, eine farb=, geruch= und geschmacklose ölige Flüssigkeit, die durch Stehen an der Luft sich oxydirt, schnell gelb und „ranzig" wird, nebst vielen anderen, deren Auf=zählung ermüden würde.

Die fetten Säuren heißen, wie aus den vorstehenden Angaben bereits zu ersehen ist, „fett", weil sie, mit Glycerin umgesetzt, die thierischen und pflanzlichen Fette, sowie die fetten Oele und Wachsarten bilden. Der Körper, durch dessen Umsetzung mit ihnen diese Fette und Oele entstehen, also das Glycerin oder Oelsüß $C_3H_8O_3$, wird in der That aus solchen Fetten als Nebenprodukt bei der Herstellung der Stearinkerzenmasse ge=wonnen und bildet sich auch bei der Alkoholgährung in geringen Mengen, weshalb es vielfach auch in Weinen, Likören u. s. f. von Natur enthalten ist. Es ist eine syrupartige süßschmeckende Flüssigkeit, welche etwa um

$\frac{1}{4}$ dichter ist als das Wasser und schwer siedet. Es verdunstet unter gewöhnlichen Verhältnissen fast gar nicht, löst Kupferoxyd, Kalk, Baryt, Kupfervitriol u. s. f., und bildet eine große Zahl von anderen organischen Körpern. Die Umsetzungen mit fetten Säuren geben die als Glycerinester zu bezeichnenden Fette und Oele.

103. Zur Herbeiführung dieser Umsetzungen erhitzt man Glycerin mit fetten Säuren und erhält dann unter Abspaltung von Wasser neue, als Triglyceride bezeichnete Körper, wie Palmitin $3 (C_{16}H_{31}O) C_3H_5O_3$, Stearin $3 (C_{18}H_{35}O) C_3H_5O_3$, Olein $3 (C_{18}H_{33}O) C_3H_5O_3$, Margarin $3 (C_{17}H_{33}O) C_3H_5O_3$, Butyrin $3 (C_4H_7O) C_3H_5O_3$, Laurin $3 (C_{12}H_{23}O) C_3H_5O_3$. Diese Körper mit einander in verschiedenen Verhältnissen gemischt bilden die thierischen und pflanzlichen fetten Oele und Fette, und zwar richtet sich die Konsistenz hauptsächlich nach dem Gehalt an Olein, welches selbst flüssig ist, und ein Fett um so flüssiger macht, je mehr von ihm darin enthalten ist. Ein entscheidender Unterschied in der Zusammensetzung der thierischen Fette und Oele gegen die pflanzlichen ist nicht vorhanden. Doch enthalten die thierischen ausschließlich Triglyceride, und zwar namentlich die drei erstgenannten (Butter noch 2% andere Triglyceride), die pflanzlichen dagegen neben diesen auch freie Fettsäuren.

Die fetten Oele und Fette gehören zu den verbreitetsten Stoffen im Pflanzen= und Thierreich und finden sich bei Pflanzen und Thieren fast in allen Theilen ihres Körpers oft frei, oft aber auch in Zellen eingeschlossen. Bei den Pflanzen werden sie hauptsächlich aus den Oelfrüchten (Samen, Knollen, Früchten u. s. f.) durch Auspressen oder Ausziehen mittelst gewisser Flüssigkeiten (z. B. Aether, Schwefelkohlenstoff, Benzin) gewonnen. Die Rückstände (Oelkuchen oder Oelmehl) finden gleichfalls noch Verwendung.

Bei den Thieren finden sich Oele und Fette im Knochenmark (96%), Fettgewebe (83%), Rückenmark (23%), in der Milch 1 bis 7% u. s. f., und selbst im Schweiß (0,001%). In den lebenden Thieren ist das Fett flüssig, weil hier die Temperatur hinreichend hoch ist. Oele und Fette dienen als Nahrungsmittel (sie werden durch den Bauchspeichel und die Galle verdaut), sodann zur Herstellung der Seifen, der Firnisse, zum Verdünnen von Farben, Schmieren von Maschinen u. s. f. Die Eigenschaften der Oele und Fette sind hinreichend bekannt, auch die Unterscheidung zwischen den verschiedenen Oelen und den verschiedenen Fetten — nach ihrem Gebrauch: Speiseöle, Schmieröle, Firnißöle, Butter; (Kunstbutter oder Margarine wird aus gereinigtem Fett durch Entziehung des Stearins und vermischen mit Rahm und anderen Stoffen hergestellt), Talg, Fett,

Schmalz, Lanolin u. s. f., oder nach ihrer Herkunft (Olivenöl, Leinöl, Baumöl, Klauenöl, Thran, Hammeltalg, Schweineschmalz, Knochen= fett u. s. f.) — dürfte Jedem geläufig sein. Frisch sind fast alle Oele und Fette geruchlos; nur Thran riecht fischig, Kakaobutter nach der Kakaobohne, Palmöl nach Veilchenwurzel; bei längerem Stehen an der Luft oxydiren sie sich, indem Fettsäuren und Glycerin entstehen und riechen ranzig. Auch ein charakteristischer Geschmack fehlt ihnen im frischen Zu= stande; doch schmeckt Thran fischig; ranzig schmecken sie widerlich. Die Farbe ist weiß bis gelb. Im Wasser sind Oele und Fette fast ganz un= löslich, leicht löslich dagegen in Aether, Chloroform, Schwefelkohlenstoff, flüssigen Kohlenwasserstoffen, warmem Alkohol u. s. f. Dagegen lösen wieder Oele und Fette ihrerseits Schwefel, Selen, Phosphor, Grünspan, Bleisalze und Pflanzenalkaloide. Die Oele und Fette sind meist neutrale Körper oder doch nur schwach sauer. Schüttelt man Oele oder zerlassene Fette in Wasser gehörig durch, bis sie in winzige Tröpfchen zerfallen sind, so bilden sie mit dem Wasser ein gleichartiges Gemisch, befinden sich darin in Emulsion; in dieser Form befindet sich das Fett in der frischen Milch. Bleibt diese längere Zeit stehen, so sammeln sich die Fettröpfchen an der Oberfläche und bilden daselbst eine Fettschicht, die Sahne oder den Rahm. Doch enthält Milch nicht allein Fett, sondern vornehmlich auch noch einen anderen Körper, das Kasein, welches später behandelt wird. Aus Fetten und Oelen werden Salben, wohlriechende Oele und Pomaden hergestellt.

Im heftigen Verbrennen geben Glycerin, Fette und Oele den vom Ueberlaufen der Milch jeder Hausfrau bekannten abscheulichen Geruch, welcher von einem dabei entstehenden neuen Gase, Akrolein C_3H_4O, herrührt. Langsam in glühenden Röhren verbrannt, erhält man von den Fetten ein Gemenge von Gasarten, welches als Oelgas zum Be= leuchten dient.

104. Behandelt man Fette und Oele durch Kochen mit Alkalien, nämlich mit Aetzkali (KHO), Aetznatron (NaHO) u. s. f., ein Verfahren, welches man Verseifen der Fette nnd Oele nennt, so entstehen Seifen, Kaliseife (Schmierseife), Natronseife (harte Seife) u. s. f., welche nichts anderes sind als Gemenge von neutralen Verbindungen der be= treffenden fetten Säuren mit Kalium, Natrium u. s. f. unter Abspaltung eines Verbindungsgewichts Wasserstoff, also neutrale fettsaure Salze. Dabei werden die an die Fette und Oele gebundenen Bestandtheile des Glycerins frei und geben mit Bestandtheilen der Verseifungsmittel wieder Glycerin, welches entweder bestehen bleibt und aus der Seifenlauge ge=

wonnen werden kann, oder in Folge des besonderen Fabrikationsprocesses sich weiter zerlegt. Die Wirkung der Seifen beim Waschen beruht darauf, daß sie, im Wasser aufgelöst, durch dieses zersetzt werden, und zwar in zwei Theile, in ein Alkali, welches die Unreinigkeiten wegnimmt, und in freie fettsaure Salze, welche Fett aufnehmen. Kocht man Fette in Wasser mit Bleioxyd, so erhält man ein Gemenge von Verbindungen der in ihnen enthaltenen fetten Säuren mit Blei, ihre Bleisalze, welche die Pflaster abgeben, außerdem entsteht zugleich wieder Glycerin.

105. Endlich ist von dem Glycerin zu erwähnen, daß es bei Behandlung mit Schwefelsäure und Salpetersäure das furchtbare Sprengmittel Nitroglycerin oder Sprengöl, einen dickflüssigen, etwas gelblichen Körper, liefert. Dynamit ist Kieselguhr oder Sägespähne und ähnlicher Stoff mit Nitroglycerin getränkt.

106. Den Fetten und Oelen in ihrem Verhalten nahe stehen die Wachsarten, sie sind Gemenge von Alkoholen und gewissen Estern, und enthalten auch freie fette Säuren. Bei gewöhnlicher Temperatur fest oder nur wenig weich, werden sie in der Kälte brüchig, in der Wärme knetbar, schmelzen nnter 100 Grad Wärme, sind leichter als Wasser, in diesem und in Alkohol unlöslich, in Aether löslich und brennen. Walrath (Spermaceti) steht an der Grenze zwischen Fetten und Wachsen. Bienenwachs ist das gewöhnlichste Wachs. Es giebt auch Pflanzenwachse, Baumwachs oder Klebwachs, wie das Carnaubawachs.

107. Zu den fetten Säuren in Beziehung stehen das Aceton C_3H_6O oder beweglicher Essigsprit, eine bewegliche Flüssigkeit von aromatischem Geruch, welche mit Wasser, Alkohol, Aether in allen Verhältnissen sich mischt, das Propion $C_5H_{10}O$ und andere Körper, welche bei der Oxydation fette Säuren geben und zum Theil in den ätherischen Oelen enthalten sind, ferner gewisse Stoffe, die auch ein Verbindungsgewicht Stickstoff enthalten und in den thierischen Säften vorkommen.

d) Nicht fette organische Säuren.

108. Wir betrachten noch eine Reihe anderer organischer Säuren, die nicht zu den fetten Säuren gehören. Zwei Verbindungsgewichte Wasserstoff weniger als das Glycerin hat die Milchsäure $C_3H_6O_3$, sie befindet sich im Magensaft und bildet sich durch einen Gährungsvorgang aus Zuckerarten. Auf diese Weise entsteht sie in der Milch beim Sauerwerden. In besonderer Form ist sie in dem Safte des Muskelfleisches enthalten; sie bildet sich daselbst bei körperlicher Arbeit in größeren Mengen und verursacht wahrscheinlich das Gefühl der Ermüdung. Auch entsteht sie

daselbst beim Eintritt der Todtenstarre. Ein milchsaures Eisensalz (Ferrolactat) findet in der Medicin Anwendung.

Oxalsäure oder Kleesäure genannt $C_2H_2O_4$ ist wohl die stärkste organische Säure und in ihren Salzen weit verbreitet in der Pflanzenwelt. Sie ist fest, krystallinisch, zersetzt sich bei höherer Temperatur und bildet ein sehr heftiges Gift. Die Salze, die sie mit Metallen und Oxyden giebt, heißen Oxalate; es gehören dazu besonders das Kleesalz C_2HKO_4 und das oxalsaure Calcium $C_2CaO_4 + 2\,H_2O$, welches in den sogenannten Maulbeersteinen mit als Blasenstein auftritt. Bernsteinsäure $C_4H_6O_4$, ein fester Körper, ist im Bernstein enthalten und auch sonst in der Natur ziemlich verbreitet. Sie bildet sich zugleich mit Glycerin bei der Alkohol= gährung, findet sich demnach auch in den Extrakten der Weine. Asparagin= säure findet sich mit manchen anderen organischen Säuren in der Rüben= zuckermelasse und entsteht auch bei der Verdauung der Eiweißkörper durch den Bauchspeichel. Zwei Wasserstofftheile weniger als Bernsteinsäure hat die Fumarsäure $C_4H_4O_4$ und die ihr chemisch gleiche Maleinsäure.

Fumarsäure mit einem Verbindungsgewicht Wasser, also Bernsteinsäure oxydirt gedacht, ist Apfelsäure $C_4H_6O_5$, sehr sauer, stark hygroskopisch und deshalb, wenn auch an sich fest, gewöhnlich eine syrupartige Flüssigkeit darstellend. Sie ist im Safte der Aepfel, Birnen, unreifen Trauben, Johannis=, Stachel=, Himbeeren, Quitten u. s. f. enthalten und jedenfalls eine der verbreitetsten pflanzlichen Säuren, wenn sie auch nicht immer frei, sondern meist in Salzverbindungen (mit Kalium und Calcium besonders) auftritt. Uebrigens giebt es eine Menge Säuren, welche chemisch dieselbe Zusammensetzung haben wie diese Apfelsäure, die sich jedoch physikalisch wesentlich von ihr unterscheiden.

109. Weinsäure, davon giebt es zwei Arten, Rechtsweinsäure und Linksweinsäure (Antiweinsäure), die beide dieselbe Zusammen= setzung $C_4H_6O_6$ haben. Die Bedeutung der Unterscheidung in Links und Rechts wird später klar werden. Zusammen bilden sie die Trauben= säure. Sie sind einzeln und zusammen frei oder in den Kalium= und Calciumsalzen, im Traubensaft, in den unreifen Vogelbeeren, im Ananas, in den Gurken u. s. f. enthalten und bilden Krystalle, die in Wasser und Alkohol löslich sind. Von ihren wichtigen Salzen nennen wir das neu= trale weinsaure Kalium $C_4K_2H_4O_6$, welches als Tartarus tartarisatus ein bekanntes Arzneimittel bildet. Sodann den Weinstein $C_4KH_5O_6$ auch Cremor tartari genannt, harte, angenehm säuerlich schmeckende Krystalle ab= gebend, kommt besonders im Wein vor. Da er sich zwar in Wasser, aber nicht in Alkohol löst, fällt im Wein mehr und mehr davon aus, je weiter

der Alkoholgehalt durch Gährung zunimmt, und lagert sich in den Fässern und Flaschen als braune Kruste ab. Das ist der rohe Weinstein, Cremor tartari ist gereinigter Weinstein. Dieses Salz ist gleichfalls ein Arzneimittel, dient aber auch in der Metallurgie. Aus einer Lösung des Weinsteins, in welche man kohlensaures Natrium (Na_2CO_3) hineingethan hat, scheidet sich in Krystallen ein Kalium-Natriumtartrat, das Seignettesalz, ab, $C_4H_4KNaO_6 + 4\,H_2O$. Brechweinstein ist gleichfalls ein weinsaures Salz und enthält, wie das Seignettesalz, zwei Metalle (ist ein Doppelsalz) $C_4KSbH_4O_4$; er hat einen brechenerregenden Geschmack und darf als Arzneimittel nur in geringen Mengen genommen werden, weil er ein heftiges Gift ist. In ihrem chemischen Verhalten der Weinsäure ähnlich ist die den Hausfrauen in Lösung genügend bekannte Zuckersäure $C_6H_{10}O_8$, welche sich durch Einwirkung von Salpetersäure auf Zuckerarten und Stärke bildet. Dieselbe Zusammensetzung wie Zuckersäure hat die Schleimsäure. Citronensäure $C_6H_8O_7$ ist frei in den Citronen, Stachelbeeren, Johannisbeeren und anderen sauren Früchten vorhanden. Sie ist fest und findet in der Färberei und Kattundruckerei als Aetzmittel Anwendung, ebenso zur Bereitung der Brauselimonade, Brausepulver und bei manchen anderen Gelegenheiten.

110. Mehr des allgemeinen Interesses wegen nennen wir die Harnsäure $C_5N_4H_4O_3$, ein weißes Pulver, welches im Wasser etwas löslich, und im Harn des Menschen und der fleischfressenden Säugethiere, sowie in den Auswurfsstoffen vieler anderer Thiere enthalten ist. Sie bildet den Hauptbestandtheil der meisten Blasensteine und findet sich auch in den Gichtknoten (als harnsaures Kalcium). Von ihr leiten sich eine Menge für die Biologie wichtiger Körper ab. Der Harnstoff selbst ist CH_4N_2O, stellt einen krystallinischen Körper dar, findet sich im Harn aller Thiere, doch auch im Blute und dem Glaskörper des Auges und wird aus dem Blute durch die Nieren ausgeschieden. Unter dem Zutritt von Fermenten aus der Luft zersetzt sich der Harnstoff und giebt dadurch Veranlassung zur Fäulniß des Harns. Mit den beiden letztgenannten Verbindungen in Beziehung steht das Guanin $C_5H_5N_5O$, ein Bestandtheil des Guano, das Karnin $C_7H_8N_4O$ und Kreatin $C_4H_9N_3O_2$ im Muskelfleisch enthalten und farblose durchsichtige Krystalle bildend, das Theobromin $C_7H_8N_4O_2$, ein weißes Pulver im Kakao enthalten, das Coffein oder Thein, ein ähnlicher Körper, $C_8H_{10}N_4O_2$, wovon im Kaffee $\frac{1}{2}$, im Thee bis zu 6 Prozent vorhanden ist, u. a. m. Die beiden letztgenannten Körper werden übrigens auch zu den Alkaloiden gerechnet.

111. Der aromatischen Reihe von Körpern gehören an: die

Benzoesäure $C_7H_6O_2$, welche Blättchen oder Nadeln bildet, in heißem Wasser, Alkohol und Aether löslich, und in vielen Harzen und ätherischen Oelen, namentlich im Benzoeharz enthalten ist. Brennt an der Luft und giebt Dämpfe, welche zum Husten reizen. Zimmtsäure $C_9H_8O_2$ ist in verschiedenen Balsamen (Perubalsam) und im Zimmtöl vorhanden. Salicylsäure $C_7H_6O_3$ krystallinisch, in heißem Wasser, Alkohol und Aether löslich, wirkt gährungs= und fäulnißwidrig und tödtet Infektionskeime; deshalb äußerlich und innerlich als Arzneimittel angewendet. Findet sich auch in der Natur fertig vor, im rohen Nelkenöl und in besonderen Verbindungen im Gaultheriaöl oder Wintergrünöl, einem „außerordentlich lieblich riechenden Oele". Auch ihre Salze finden in der Medizin Verwendung. Anissäure ist $C_8H_8O_3$, im Anisöl, Estragonöl, Fenchelöl enthalten. Gallussäure $C_7H_6O_5$ kommt in den Galläpfeln, dem Sumach, dem Thee, Dividivi u. s. f. vor, bildet farblose Nadeln und findet in der Photographie Anwendung zur Reduktion von Gold und Silber aus ihren Lösungen.

112. Galläpfelgerbsäure, auch Digallussäure oder Tannin $C_{14}H_{10}O_9$ genannt, erscheint als amorphe Masse von zusammenziehendem Geschmack, löst sich in Wasser, Alkohol und Aether. Aus Tannin, arabischem Gummi und Eisenvitriol stellt man Tinte her, indem dabei das Tannin mit dem Eisenvitriol zu gerbsauren Eisensalzen sich umsetzt, welche schwarz= blaue Niederschläge bilden, die durch das Gummi in der Lösung schwebend erhalten werden. Uebrigens bekommt die Tinte, je nach ihrer Verwendung, noch manche Zusätze, wie Zucker, Chininsulfat, schwefelsaure Indigolösung, einen Auszug von Krapp u. s. f. Tannin geht auch mit leimgebenden thierischen Membranen unlösliche Verbindungen ein, auf welchen, wie wir später sehen werden, die Lederfabrikation beruht. Diese Säure findet sich in den Galläpfeln, welche durch den Stich eines Insekts an Pflanzen her= vorgebracht werden. Außer dieser Gerbsäure giebt es noch eine Anzahl anderer, wie Katechugerbsäure, Chinagerbsäure in der Chinarinde, Eichenrindengerbsäure, Quebrachagerbsäure u. s. f. Alle diese Gerbsäuren sind in den Gerbstoffen, Lohe, Dégras enthalten und zeigen ganz dieselben Eigenschaften wie die hervorgehobene Galläpfelgerbsäure.

e) Die Kohlehydrate und Glukoside.

113. Eine sehr wichtige Klasse von Verbindungen sind die Kohle= hydrate, der die Zuckerarten, Stärke, Cellulose u. s. f. angehören. Wir leiten diese Klasse von Körpern ein durch das Mannit, welches allerdings nicht ganz hierher paßt.

Wenn wir die Zahl der Verbindungsgewichte des Glycerins mit 2 multipliciren und dann 2 Verbindungsgewichte Wasserstoff in Abzug bringen, erhalten wir das Mannit $C_6H_{14}O_6$, einen im Pflanzenreich sehr verbreiteten Stoff, der sich auch im Harz der Kirsch= und Apfelbäume findet. Den Namen hat dieser Körper von seinem Auftreten in dem Safte der Manna= esche, welcher eingetrocknet als käufliche Manna oder Mannazucker in den Handel kommt. Es ist fest, süß und wird mit dem Saccharin gemischt.

114. Zuckerarten giebt es eine ziemlich große Anzahl, von denen mehrere genau die nämliche chemische Zusammensetzung zeigen, aber ver= schiedene physikalische Eigenschaften haben, also isomer sind. Wir unter= scheiden unter den Zuckerarten zwei Klassen, je nachdem sie die Formel $C_6H_{12}O_6$ oder die Formel $C_{12}H_{22}O_{11}$ bezw. ein Vielfaches davon haben.

115. Zu den Zuckerarten der ersten Klasse $C_6H_{12}O_6$ gehört 1. Trauben= zucker, auch Glykose oder Dextrose (Rechtszucker) genannt, im Safte der meisten süßschmeckenden Früchte, wie Trauben, Feigen, Kirschen auf= gelöst enthalten. Er findet sich auch bei gewissen Krankheiten im Harn des Menschen. Daß er beim Kochen von gewöhnlichem Zucker, oder von Stärke mit Säuren und durch Einwirkung der Diastase entsteht, ist bereits früher erwähnt. Fabrikmäßig wird er in dieser Weise aus Stärke als Stärke= zucker oder Kartoffelzucker hergestellt. Zuckerkouleur, zum Färben von Likören und Bier, wird jetzt meist aus Stärkezucker durch Erhitzen auf etwa 100 Grad Wärme gewonnen (Bierkouleur dextrinhaltig, Weinkouleur nicht dextrinhaltig).

Die gleiche chemische Zusammensetzung wie der Traubenzucker, nämlich $C_6H_{12}O_6$, hat auch 2. der Fruchtzucker oder die Lävulose (Linkszucker); er kommt allein selten vor, sondern meist zusammen mit der Dextrose und anderen Zuckerarten, auch dem Rohrzucker. So enthält z. B. der Trauben= saft und der Honig eine Mischung von Dextrose und Lävulose, der Honig mit etwas überwiegender letzterer Zuckerart. Es ist nicht leicht, chemisch diese beiden Zuckerarten von einander zu unterscheiden, physikalisch haben sie jedoch getrennte Eigenschaften (beispielsweise krystallisirt die Dextrose leicht, nicht aber die Lävulose), die auch zu ihrer Erkennung benutzt und bei der Lehre von den Lichterscheinungen Erwähnung finden werden. Dextrose und Lävulose zu gleichen Theilen gemengt geben den Invertzucker, der einen farblosen süßen Syrup bildet und in Wasser und Alkohol löslich ist. Er findet sich im Honig, im Obst (z. B. Pfirsiche 1 %, Beeren 5 bis 7 %, Aepfel und Birnen bis 8 %, Kirschen 9 %, Trauben bis 15 % u. s. f.), in Blüthen und Blättern, sodann auch in den Säften der Zuckerfabrikation (Colonialsyrup). Lävulose ist süßer als Dextrose.

116. Diese drei Zuckerarten sind gährungsfähig; doch hängt die Gährung

von der Art des zugesetzten Ferments ab. Von der gewöhnlichen Alkohol=
gährung ist bereits die Rede gewesen. Hinzuzufügen ist nur noch, daß
sie bei der Dextrose leichter eintritt als bei der Lävulose, so daß, wenn
eine Mischung beider Zuckerarten vergährt, die Dextrose rascher schwindet
als die Lävulose, letztere also mit fortschreitender Gährung mehr und mehr
überwiegt, was z. B. im Wein der Fall ist. Fermente, die sich in saurer
Milch und altem Käse finden, bringen die Milchsäuregährung hervor, wobei
sich Milchsäure, Alkohol, Mannit, Kohlensäure, Buttersäure und ein gummi=
artiger Körper bilden. Andere Fermente geben Buttersäuregährung, wieder
andere andere Gährungen, bei denen immer besondere Produkte auftreten.
Ferner besitzen diese Zuckerarten die Eigenschaft, Kupfersalze, insbesondere
Kupfervitriol, in Laugenlösungen unter Ausscheidung von rothem Kupfer=
oxydul zu zersetzen. Darauf beruht ihre chemische Bestimmung mittelst der
sogenannten Fehling'schen Lösung, worauf jedoch hier nicht eingegangen
zu werden braucht.

117. Andere Zuckerarten der nämlichen Klasse sind die Laktose oder
Galaktose, welche bei dem Kochen des später zu nennenden Milchzuckers
mit Säuren neben Dextrose entsteht, ferner Mannitose, aus Mannit durch
Befeuchtung mit Wasser und Verreiben mit Platinmoor (welches dabei nur
die Umsetzung anregend wirkt) gebildet, Arabinose, sehr süße Krystalle
bildend. Inosit und Fleischzucker ist im Thier= und Pflanzenreich sehr
verbreitet, so im Muskelfleisch, in Lunge, Leber, Nieren, in den Schmetter=
lingspflanzen, unreifen Erbsen, Bohnen, den Blättern von Spargel, Eichen,
im Traubensaft u. s. f. Er bildet große durchsichtige Krystalle, ist sehr
süß und im Wasser löslich. Melitose hat die Formel der obigen Zucker=
arten doppelt genommen und soll das eigentliche Produkt der Umsetzung
der Stärke durch Diastase sein. Dambose hat nur die halbe Formel,
nämlich $C_3H_6O_3$. Auch diese Zuckerarten sind der einen oder anderen
Gährung fähig (Inosit jedoch nur der Milchsäuregährung).

118. Wenn man die chemische Formel $C_6H_{12}O_6$ der vorgenannten
Zuckerarten mit 2 multiplicirt und ein Verbindungsgewicht Wasser in Ab=
zug bringt, gelangt man zu der chemischen Formel $C_{12}H_{22}O_{11}$ der zweiten
Reihe von Zuckerarten; diese Reihe von Zuckerarten steht also zu der
ersten Reihe in derselben Beziehung, wie die Aether zu den Alkoholen.
Die wichtigste davon ist:

Der Rohrzucker (auch Saccharose genannt). Dieses ist der ge=
wöhnliche Zucker, der im Safte fast aller süßen Früchte vorkommt, be=
sonders reichlich in demjenigen des Zuckerrohrs, des Zuckerahorns und der
Zuckerrübe. Er ist süßer als manche der früher genannten Zuckerarten und

mischt sich mit Wasser in fast allen Verhältnissen, wogegen er in Alkohol und Benzin fast ganz unlöslich ist. Erhitzt man ihn über 160 Grad Celsius, so schmilzt er und giebt beim Erkalten eine glasartige Masse, die man gebrannten Zucker oder Gerstenzucker nennt. Treibt man die Erwärmung bis 200 Grad, so verändert sich der Zucker und geht in den nicht mehr süß schmeckenden Karamel über; bei noch stärkerem Erhitzen zersetzt sich der Zucker ganz in eine Reihe anderer chemischer Verbindungen, und es bleibt zuletzt nur sehr harte Kohle zurück. Kocht man Rohrzucker mit verdünnter Schwefelsäure, Salzsäure, Salmiak, Chlorkalcium, Chlor=zink u. s. f. oder läßt auf Rohrzucker die schon genannten Fermente ein=wirken, so zerlegt er sich unter Aufnahme von Wasser in Zuckerarten von der ersten Art, bildet Invertzucker. Man nennt dieses Verfahren In=version. Der Rohrzucker geht mit Metalloxyden Umsetzungen ein, bei denen er Wasserstoff abgiebt und das Metall aufnimmt; er bildet dadurch Saccharate, wie Kalksaccharate, Strontiumsaccharate u. s. f. Diese Eigenschaft wird bei der Fabrikation des Rohrzuckers benutzt.

119. Ueber diese Fabrikation selbst kann an dieser Stelle nur folgendes von allgemeinem Interesse gesagt werden. Sie besteht in der Saftgewinnung, der Bearbeitung (Läuterung und Sättigung) des Saftes mit Kalk, Kohlen=säure u. s. f., der Einkochung des Saftes und endlich der Krystallisirung. Der Saft wird aus dem Zuckerrohr (Zuckergehalt durchschnittlich etwa 14 %) und der Zuckerrübe (Zuckergehalt durchschnittlich etwa 11 %) durch Aus=pressen oder durch Auslaugen mittelst Wasser (Diffusionsverfahren oder Osmose) gewonnen. Er enthält dann neben dem Zucker noch eine Reihe anderer unerwünschter, Stoffe, namentlich auch Stickstoffverbindungen und organische Säuren, welche im weiteren Verfahren zur Inversion in Invert=zucker führen würden, welche die Krystallisirung hindert. Von diesen Stoffen wird er durch Erwärmen, wodurch die Eiweißverbindungen gerinnen, und durch Kalkmilch, welches die Säuren neutralisirt und die schädlichen Stoffe theils zersetzt, theils in eine schlammartige Masse umwandelt, befreit. Die schlammigen Bestandtheile sinken zu Boden, der Saft wird von ihnen ab=gelassen. Der Schlamm enthält aber noch eine Menge Saft, der ihm durch Auspressen in den Filterpressen entzogen und mit dem anderen Saft ver=einigt wird. Der Saft wird mittelst Filtriren durch Kohlenfilter gereinigt, und durch mehrfach wiederholtes Kochen so lange verdickt, bis der Zucker in Gefäßen aus Zuckerhutform auskrystallisirt. Der zurückbleibende Saft ist der grüne oder ungedeckte Syrup, der noch eine weitere Bearbeitung erfährt, um ihn genußfähig zu machen, oder, um ihm den Zucker, den er noch enthält, möglichst zu entziehen. Was zuletzt übrig bleibt, heißt

Melasse und enthält immer noch Zucker, etwa 50 %, daneben Asparagin=
säure, Glutaminsäure, Betain (ein Alkaloid), Dextrin, gewisse Eiweißstoffe u. s. f.
Zur Gewinnung dieses Restes von Zucker hat man mannigfache Verfahren
vorgeschlagen; meist wird das Fällungsverfahren angewendet, welches
in nichts anderem besteht, als in der Zuführung von Stoffen, wie Kalk,
Baryt, Strontian u. s. f., mit denen er Saccharate bildet, die dann von
der Melasse getrennt werden und von denen durch Behandlung mit anderen
Stoffen der Zucker wieder abgeschieden wird. Doch benutzt man die Melasse
vielfach auch als Rohstoff zur Herstellung von Branntwein, in den so=
genannten Melassebrennereien oder zur Fabrikation von Syrup.

Je nach dem Grade der Reinheit unterscheidet man vom Zucker feine
Raffinade, Meliszucker, Kochzucker, Farinzucker u. s. f. Kandis=
zucker ist harter, in großen Krystallen krystallisirter Zucker, er wird aus
dem vom Zuckerrohr gewonnenen Zucker hergestellt.

Die Aufgabe, den Zuckergehalt in den verschiedenen Säften, sowie in
hergestellten Lösungen zu bestimmen, wird als Saccharimetrie bezeichnet.

120. Die reinsten Zuckersorten, Raffinade, Krystallfarin, Kandis,
Saftmelis enthalten 99,9 % Zucker und neben 0,05 % Wasser noch 0,05 %
andere Stoffe; die weniger reinen, Lumps, Farinmehl, Würfelzucker, ge=
mahlener Zucker besitzen etwa 1 % Verunreinigungen, darunter gegen 0,3 %
Invertzucker. Doch kommen auch Zucker in den Handel, welche viel stärker
verunreinigt sind. Zucker aus Zuckerrohr enthält vielfach namentlich viel
Invertzucker (bis zu 9 %), solcher aus Rüben Invertzucker und Raffinose.
Letztere Zuckerart, die Raffinose, ist eine Mischung verschiedener Zucker
dieser Klasse, die man als Gossypose (Baumwollsamenzucker), Mellitose,
Mellitriose u. s. f. bezeichnet. Ihre chemische Formel ist $C_{18}H_{32}O_{16} + 5H_2O$,
steht jedoch nicht ganz fest. Invertzucker und Raffinose finden sich selbst=
verständlich nicht bloß im fertigen Zucker, sondern auch in den verschiedenen
Zuckerabläufen und namentlich in der Melasse. Die Raffinose nimmt mit
fortschreitender Entzuckerung zu. Sie verhält sich ähnlich wie Rohrzucker,
namentlich vergährt sie zu Alkohol und läßt sich invertiren, doch ist sie
gar nicht süß.

Syrup ist im Allgemeinen ein Nebenprodukt der Zuckerfabrikation,
namentlich ist der Kolonialsyrup, aus Zuckerrohr gewonnen, verbreitet.
Es giebt auch Syrupe, welche aus Obst, Rüben, Mais, Möhren u. s. f.
durch Auspressen und Eindampfen des Saftes hergestellt werden. Sie ent=
halten neben Rohrzucker besonders viel Invertzucker. Doch sind die Ver=
hältnisse sehr schwankend.

121. Von den anderen Zuckerarten ähnlicher chemischer Zusammen=

setzung erwähnen wir nur noch den Milchzucker, er unterscheidet sich von dem Rohrzucker chemisch nur dadurch, daß er ein Verbindungsgewicht Wasser mehr enthält, so daß seine Formel eigentlich das Doppelte der Formel des Fruchtzuckers u. s. f. darstellt. Der Milchzucker kommt im Gegensatz zu den früher genannten Zuckerarten nur im Thierreich vor, er bildet mit Fett, Käsestoff (Caseïn) und Wasser die Milch der Säuge= thiere und findet in der Arzneibereitung ausgedehnte Verwendung.

122. Hierher gehören auch Körper von der Zusammensetzung $C_6H_{10}O_5$ und Vielfachen dieser Größe, die alle geruch= und geschmacklos sind, und durch Inversion in Zuckerarten verwandelt werden können. Wir nennen von der Zahl dieser Körper die Cellulose, welche die Wandungen aller Pflanzenzellen, überhaupt die Pflanzenfaser und Holzfaser u. s. f. bildet. So ist Baumwolle und feines Filtrirpapier fast reine Cellulose. Diese chemisch reine Cellulose ist weiß, geschmack= und geruchlos und weder in Wasser, Alkohol, Aether, fetten und flüchtigen Oelen, noch in verdünnten Säuren und Alkalien löslich, wohl aber in koncentrirter Schwefelsäure. Thut man zu Schwefelsäure, welche Cellulose aufgelöst enthält, Wasser hinzu, so scheidet sich eine flockige Masse ab, welche als Amyloid bezeichnet wird. Pergamentpapier ist gewöhnliches ungeleimtes Papier, welches durch Eintauchen in Schwefelsäure · oder eine Lösung von Chlorzink ober= flächlich in solches Amyloid verwandelt ist. Es ähnelt dann in jeder Be= ziehung dem thierischen Pergament. Seine werthvollen Eigenschaften sind jeder Hausfrau hinreichend bekanut. Läßt man ferner auf Baumwolle, welche, wie bemerkt, fast reine Cellulose ist, Salpetersäure oder ein Gemisch von Salpetersäure mit Schwefelsäure einwirken, so erhält diese Baum= wolle, ohne ihr Aussehen zu ändern, merkwürdige Eigenschaften, sie wird zur Schießbaumwolle und explodirt durch Schlag oder Temperatur= erhöhung, wobei sie ohne Zurücklassung von Kohle verbrennt. Mit Aether und Kampher behandelt giebt Schießbaumwolle das feste Celluloid, welches wie Horn zu bearbeiten ist und auch entsprechende Anwendung findet. Aehnlich wird die künstliche Seide bereitet. Läßt man ferner reine Baumwolle in einer warmen Lösung von Kalisalpeter und Schwefelsäure etwa 24 Stunden stehen, so ist sie nachher in einer Mischung von Alkohol und Aether löslich. Die Lösung giebt nach Verdunsten der Flüssigkeit das Collodium, dessen Anwendung in der Photographie und bei anderen Gelegenheiten nur erwähnt zu werden braucht. Collodin ist Collodium, dessen Alkohol nicht ganz verdunstet ist, und sieht seifenartig aus. Aus der Cellulose bildet sich im weitern Wachsthum der Pflanzen, durch Verlust von Sauerstoff, als inkrustirende Substanz das Lignin, welches im Holz

und den hornartigen Kernen der Früchte enthalten ist. Die pflanzlichen Gespinnstfasern bestehen fast ausschließlich aus Cellulose event. mit eingelagertem Lignin, im Gegensatz zu den thierischen Gespinnstfasern (Wolle, Seide), welche hauptsächlich Eiweißstoffe enthalten.

123. In die nämliche Klasse gehört die Stärke (Amylum). Sie besteht in den Pflanzen aus kleinen ovalen Körnchen, die aus verschiedenen chemisch ähnlichen Stoffen zusammengesetzt sind. In Alkohol und Aether ist Stärke unlöslich, in kaltem Wasser wenig löslich, in heißem Wasser geht sie in eine aufgequollene klebrige Masse, den Kleister, über, der von Jod blau gefärbt wird. In Salpetersäure aufgelöst, giebt auch Stärke einen explosiven Körper. Stärke findet sich in allen Pflanzenzellen, sie ist ein Bestandtheil des Mehles der Kartoffeln und vieler anderer pflanzlichen Nahrungsmittel. Arrow=Root ist Stärkemehl aus der westindischen Pfeilwurzel, Tapioca aus der Wurzel einer Jatropha Manihot genannten Pflanze, Sago=Stärke aus dem Marke gewisser Palmarten. Das gewöhnliche Stärkemehl wird aus Kartoffeln, Reis und Weizen durch Zerreißen oder Zerreiben der Zellenhüllen, Auswaschung der freigewordenen Stärke und nachheriges Trocknen hergestellt, wofür es sehr viele Methoden giebt. Die käufliche Stärke enthält etwa 80% Stärkemehl.

Aus Stärkemehl wird Dextrin (auch Gommeline, Dampfgummi, Stärkegummi, Leiogomme genannt) durch Rösten bis zum Gelbbraunwerden, oder durch Einwirken von starkverdünnter Salpetersäure, nachheriges Trocknen und Erhitzen bis über den Siedepunkt des Wassers angefertigt. Dextrin löst sich in Wasser, findet als Gummi, sodann im Zeugdruck, Tapetendruck, in der Appretur, als Mundleim, zur Fabrikation des englischen Pflasters u. s. f. Anwendung. Es ist in der Kruste des Gebäcks, im Bier und in anderen Nahrungsmitteln vorhanden.

124. Wir erwähnen hier ferner als von ähnlicher Zusammensetzung die Pflanzenschleime, die gleichfalls Kohlehydrate sind, im Wasser aufquellen, im trockenen Zustande hornartige Massen bilden und im Pflanzenreiche sehr verbreitet sind (namentlich in Leinsamen, Flohsamen, gewissen Seealgen). Sodann führen wir noch an die Pectinstoffe, welche im Marke fleischiger Früchte (z. B. Birnen) und Wurzeln vorkommen und mit Wasser Gallerten bilden.

All diese Stoffe mit Ausnahme der letztgenannten haben die Eigenschaft, durch Behandlung mit verdünnten Säuren oder durch Einwirkung gewisser bereits genannter Fermente Zuckerarten $C_6H_{12}O_6$ und andere ähnliche Stoffe zu geben, es bildet deshalb z. B. die Stärke den Ausgangspunkt für die Fabrikation des Stärke= (Kartoffel=) Zuckers und der Alkohol= und Bierbereitung, wovon früher schon die Rede gewesen ist.

125. Nicht weil sie mit diesen Stoffen chemisch gleichartig sind, sondern weil sie aus ihnen abgeleitet werden können und die nämliche Eigenschaft haben, erwähnen wir an dieser Stelle eine Reihe von Körpern, die man als Glukoside bezeichnet. So zerfällt das Glukosid Salicin (in Rinde und Blättern der Weiden und in einigen Pappelarten enthalten und in der Medicin als fieververtreibendes Mittel an Stelle von Chinin benutzt) $C_{13}H_{18}O_7$ durch Erwärmen mit verdünnter Schwefelsäure in einen Körper C_7H_6O (Saliretin) und Traubenzucker. Hierher gehört eine große An= zahl von Verbindungen wie Aesculin (aus der Rinde der Roßkastanie), Quercitrin $C_{33}H_{30}O_{17}$, welches als Farbstoff im Quercitron enthalten ist und aus der Rinde von Quercus tinctoria in Südamerika gewonnen wird, Coniferin im Cambiumsafte aller Coniferen, die Carminsäure $C_{17}H_{18}O_{10}$, das ist der Farbstoff der Cochenille, die beim Kochen mit ver= dünnter Säure Carminroth $C_{11}H_{12}O_7$ und eine Stärkeart giebt. So= dann Digitalin, ein besonderer für die Herzthätgkeit höchst giftiger Stoff, der sich in den Blättern, Samen und Samenkapseln des Fingerhuts (digitalis purpurea) findet, aber auch als Arzneimittel Anwendung hat, und noch manche andere Giftstoffe, wie Antiarin (im javanischen Pfeil= gifte). Einige dieser Körper enthalten auch Stickstoff, so das Amygdalin $C_{20}H_{27}NO_{11} + 3H_2O$ in den bitteren Mandeln. In Gegenwart eines in den Mandeln selbst vorhandenen Ferments zerfällt es in Bitter= mandelöl C_7H_6O, Blausäure CNH und einen Zucker $C_6H_{12}O_6$, giebt also zur Entstehung des gefährlichsten Giftes, der Blausäure, Veranlassung. Gekocht verlieren die Mandeln ihr Ferment oder wenigstens dessen Wirkung. Sodann das Indican in den Pflanzen, welche Indigo liefern; gekocht mit verdünnten Säuren giebt es das Indigblau und einen anderen Körper. Chitin $C_9H_{15}NO_6$ bildet bekanntlich das äußere Skelett und den Panzer der Krustaceen (Krebse, Hummern, Schildkröten u. s. f.) und findet sich auch in den Flügeln, Decken und in inneren Theilen der Fliegen, Käfer und Spinnen; es ist weiß, durchscheinend und giebt mit Schwefel= säure gekocht Ammoniak und Traubenzucker. Endlich das Cerebrin $C_{17}H_{33}NO_3$, ein Bestandtheil des Gehirns.

126. Hier ist auch der Ort, zwei Getränke zu erwähnen, welche Stoffe aus der Zuckerreihe und anderen vorstehend genannten Verbindungen ent= halten, oder aus solchen Stoffen und Verbindungen hergestellt werden.

Wein enthält neben Wasser und Alkohol eine große Anzahl anderer Stoffe, nämlich weitere Alkohole, ätherische Oele, Glycerin, fette und andere organische Säuren (Essigsäure, Bernsteinsäure, Gerbsäure, Weinsäure, Apfelsäure), Zucker (Dextrose und Lävulose), Pektinstoffe, Farbstoffe, Fette, Eiweißkörper, weinsaure und gerbsaure Salze, unorganische Körper (Salze), Kohlensäure. Die Gesammtheit der beim Verdampfen des Weines bei 100 Grad zurückbleibenden Substanzen nennt man seinen Extrakt oder auch trockenen Extrakt, so daß im Wesentlichen Wein aus Wasser (durch=schnittlich etwa 80—90%), Alkohol (durchschnittlich 7—20%) und Extrakt (durchschnittlich etwa 1—4%) besteht. Nicht in jedem Wein sind auch alle vorgenannten Stoffe enthalten. So besitzen die gewöhnlichen Weine nur wenig Kohlensäure, welche dagegen in den moussirenden in reichlicher Menge da ist; ferner haben die weißen Weine keine Farbstoffe, die dagegen den rothen zukommen, süße Weine haben viel Zucker, Likörweine viel Alkohol, leichte Weine viel Wasser u. s. f.

Die Weine entstehen aus dem Saft der Trauben, dem Most, durch Gährung, das Ferment kommt aus der Luft. Most enthält den hierzu nöthigen Zucker (Traubenzucker und Fruchtzucker), außerdem den größten Theil der vorgenannten Stoffe. Alkohol, Glycerin, Bernsteinsäure und Kohlensäure bilden sich bei der Gährung, Farbstoffe werden durch den ent=stehenden Alkohol aus den Trestern ausgezogen. Zugleich gehen noch einige andere chemische Umsetzungen vor sich, die zu behandeln zu weit führen würde. Die Rückstände der Gährung können noch weiter verarbeitet werden auf: petiotisirten Wein (indem man unter Zusatz von Zucker=wasser nochmals gähren läßt), Tresterbranntwein, Essig, Grünspan, Futter, Dünger, Gerbstoff u. s. f. Zuckerarme und säurereiche Moste werden durch Zusatz von Zucker= und Marmorstaub (Chaptalisiren), oder von Zucker und Wasser (Gallisiren) verbessert, fertige Weine je nach den Verhältnissen durch Zusatz von Alkohol, Zucker, von die Säuren neutra=lisirenden Stoffen, Glycerin (Scheelisiren) und durch Mischen (Ver=schneiden) mit anderen guten Weinen. Das Pasteurisiren des Weines und Mostes dient zur besseren Haltbarmachung und besteht im Erwärmen bis zu etwa 60 Grad Wärme. Koncentrirt werden Moste durch Aus=treiben des Wassers über offenem Feuer oder im luftverdünnten Raume. Verdorbene Weine werden schleimig oder sauer, bitter oder kahmig; es ge=schieht dieses durch Hinzutreten von organischen Keimen aus der Luft.

Obstweine oder Cider werden durch Gährung von Obstsäften aus Aepfeln, Beeren u. s. f., gewonnen und nach den verschiedenen Obstsorten unterschieden.

127. Bier ist gleichfalls ein Gährungsprodukt, welches aus Wasser, Alkohol (3—7 Volumenprocenten) und Extraktstoffen (4 bis zu 20%) besteht.

Zur Bereitung des Bieres gehören Wasser, Getreide (oder dieses vertretende Stoffe), Hopfen und Hefe. Als Getreide wird meist Gerste genommen, welche Wasser, Stärke, Eiweißstoffe, Fett, Cellulose, Zucker, Dextrin und auch unorganische Substanzen enthält. Hopfen nennt man die weiblichen Blüthen der Hopfenpflanze; er enthält Gerbsäure, gewisse ätherische Oele, Harze u. s. f. Hefe ist eine aus organischen lebenden Zellen, die aus einem Eiweißkörper bestehen, welcher von einer Cellulosemembran umschlossen ist, zusammengesetzte Masse, die Fermentwirkungen hervorbringen kann. Die Art der Hefe richtet sich nach der Natur der betreffenden Organismen. Die Fabrikation besteht darin, daß man diesen Organismen die Bedingungen einer geeigneten und reichlichen Vermehrung schafft. Sie entwickeln sich in zuckerhaltigen Flüssigkeiten, in denen zugleich Eiweißstoffe und gewisse (phosphorsaure) Salze vorhanden sind, und erregen dabei die Gährung. In der Technik unterscheidet man zwei Hefearten. Die Oberhefe, welche sich bei der Gährung gewisser Bierarten (z. B. der obergährigen Weizenbiere) an der Oberfläche abscheidet und in der Bäckerei als Bärme zum Aufgehen des Teiges Anwendung findet, und die Unterhefe, die bei der Weingährung und der Gährung der bayrischen Biere sich entwickelt. Jene besteht aus Zellen, die vielfach mit einander zusammenhängen, diese aus solchen, die sich mehr getrennt von einander halten und auch kleiner sind. Man führt die Gerste erst in Malz über, indem man sie in Wasser aufquellen und dann keimen läßt; dadurch bekommt sie den Stoff, der ihre Stärke in Zucker verwandelt (die Diastase). Das nothwendige Unterbrechen des Keimens geschieht durch Trocknen und Darren des Malzes. Das Malz wird zerschroten und durch Zuthun von Wasser unter Erhöhung der Temperatur zur Bierwürze eingemaischt. Dabei wird die Stärke durch die Diastase in Zucker und Dextrin verwandelt. Zur Bierwürze thut man den Hopfen, welcher den Zweck hat, einerseits dem Biere die Bitterstoffe zu verleihen, sodann durch die in ihm enthaltene Gerbsäure die Eiweiß- und Schleim-Substanzen, welche durch die Temperaturerhöhung nicht gefällt sind, zu binden und niederzuschlagen und so die Gährung zu hemmen und zu regeln, endlich durch seine Oele und Harze auf den Geschmack und die Erhaltung des Bieres zu wirken. Die Maische wird sodann gekühlt und unter Zusatz von Hefe der Gährung überlassen. Obergähriges Bier (norddeutsches Flaschen- und Weißbier, böhmische, elsassische, englische, belgische Biere) ist weniger haltbar, auf schnellen Konsum berechnet, und wird aus Würzen bereitet, die starken Zuckergehalt haben, wobei die Fabrikation eine verhältnißmäßig rasche ist. Untergähriges Bier soll haltbar sein wie die bayrischen Biere, dieses gährt langsamer und stätiger als jenes.

f) Aetherische Oele, Harze, Firnisse, Lacke.

128. Um noch andere von Pflanzen herrührende Körper zu erwähnen, welche von Wichtigkeit sind, führen wir an: die ätherischen Oele, das sind meist Mischungen von chemischen Verbindungen von verwickelter Zusammensetzung, wie das Wachholderöl, Rosmarinöl, Zimmtöl, Citronenöl, Anisöl, Pfeffermünzöl, Rosenöl, Terpentinöl u. s. f. Sie werden aus den verschiedenen Theilen der Pflanzen meist durch Abdestilliren mit Wasser gewonnen und dienen zur Herstellung von Parfumes, Pomaden u. s. f. und als Zusatz zu Likörs. Sie sind in Wasser nur wenig löslich; die geringen Mengen, welche von ihnen in das Wasser übergehen, genügen aber meist, um diesem den charakteristischen Geruch zu verleihen. Die sogenannten destillirten Wässer, wie das Orangeblüthenwasser, Bittermandelwasser u. s. f., sind derartig parfumirtes Wasser. Die gewöhnlichen Parfumes sind Auflösungen der ätherischen Oele in Alkohol, so das eau de mille fleurs, das eau de Cologne, Elfenhauch u. s. f. Die Pomaden werden durch Schichtung von Fett mit den betreffenden Pflanzentheilen oder durch Hinzufügung der ätherischen Oele in Tropfen gewonnen. Die wohlriechenden Oele sind fette Oele mit solchen ätherischen Oelen vermischt. Zur Likörfabrikation verwendet man bei feinen Likören reine, bei weniger feinen (Aquavite) weniger reine ätherische Oele. Zugleich bekommen die Liköre einen Zusatz von Zucker; ist dieser Zusatz so groß, daß die Liköre ganz dickflüssig werden, so heißen sie Crêmes. Rataffias enthalten Fruchtsäfte, Zucker und Alkohol. Aetherische Oele dienen auch in der Bonbonfabrikation. Im Uebrigen hat fast jeder Fabrikant besondere Zusätze und besondere Bereitungsart.

129. Läßt man ätherische Oele längere Zeit an der Luft stehen, so gehen sie in Harze über. Harze kommen jedoch auch in Pflanzen fertig vor. Es gehören hierher das Kolophonium, welches aus dem Terpentin gewonnen wird, das seinerseits aus der verletzten Rinde verschiedener Nadelhölzer herausschwitzt, der Kopal aus verschiedenen Bäumen in West- und Ostindien, der Bernstein, welcher von untergegangenen Baumgeschlechtern gebildet wurde, der Schellack, der Mastix, das Benzoë, Drachenblut u. s. f. Harze zum Theil in ihren Oelen gelöst nennt man Balsame oder Weichharze; dazu gehört der Terpentin, der Perubalsam, Copaivabalsam, Storax u. s. f. Endlich sind zu erwähnen die Schleimharze, welche aus Einschnitten in Bäumen als dicke milchige Säfte herausfließen und an der Luft verhärten. Asant (Stinkharz, Teufelsdreck), Asa foetida dient als Arzneimittel. Das Kautschuk oder Gummi elasticum ist ein

besser bekanntes Schleimharz; es ist, wie sein zweiter Name schon besagt, sehr elastisch, sehr weich und schmilzt bei 200 Grad Wärme, wobei es in eine dicke schmierige Masse übergeht. In Wasser ist es gar nicht löslich, ebenso wenig in Alkohol, wohl aber in Aether, in leichten Steinkohlentheer= ölen und vor Allem in Schwefelkohlenstoff. Kautschuk hat die Eigenschaft, Schwefel in sich aufzunehmen, es vulkanisirt sich, wie man sagt; dadurch wird es viel widerstandsfähiger gegen Druck und Temperaturänderungen. Bei bedeutender Aufnahme von Schwefel wird der Kautschuck hornartig, heißt dann Hartgummi oder Ebonit und kann technisch wie Horn be= handelt werden. Ein dem Kautschuk ähnliches Harz ist die Guttapercha, bei gewöhnlicher Temperatur ist sie steif, wenig elastisch und wenig dehnbar, bei 50 Grad jedoch wird sie weich und kann in jede Form gebracht werden; darauf beruht ihre Anwendung zur Herstellung von ärztlichen Instrumenten, Knöpfen, Dosen, Rahmen und zum Ueberziehen von Drähten, welche Elektricität leiten sollen, wie Telegraphendrähte.

130. Firnisse sind gewöhnliche Oele, welche an der Luft durch Oxydation verharzen und dadurch verhärten. Firniß im gewöhnlichen Sinne des Wortes ist Leinöl, welches zur Beschleunigung der Verharzung ohne weiteren Zusatz oder nach Hinzufügung von Bleiglätte, Braunstein oder anderen sauerstoffreichen Stoffen mehrere Stunden gekocht ist.

Lacke zum Anstreichen, Lackfirniß, werden durch Auflösen von Harzen und Balsamen in Firniß und Terpentinöl hergestellt. Andere Lacke sind Auflösungen der Harze in Branntwein, wieder andere solche in Terpentinöl. Manche erhalten noch besondere Zusätze an erdigen und anderen Stoffen (z. B. Siegellack, welches Kolophonium in Terpentinöl gelöst enthält und mit Mennige, Schwerspath u. s. f. vermischt ist). Ester= lacke sind harzsaure Ester von dem Aussehen des Kolophoniums und in Benzin, Terpentinöl und fetten Oelen löslich.

Kitte sind vielfach Mischungen von Leinöl mit einem Stoff, der mit den Säuren des Oeles feste Verbindungen eingeht, so besteht Glaserkitt aus Leinöl und Kreide. Andere Kitte sind Auflösungen von Harzen in Terpentin, welche unter Umständen noch mineralische Zusätze erhalten, so Schellackkitte, Mastixkitte u. s. f. Noch andere sind Auflösungen von Kautschuk in Terpentin oder Chloroform, wobei auch noch andere Harze zugesetzt werden können. Eine große Zahl weiterer Kitte wird unter Be= nutzung von Caseïn, Glycerin, Leim u. a. m. unter Zusatz von Gyps, Lehm, Kreide, Sand, Kalk durch Einrühren in Wasser oder Leinölfirniß u. s. f. hergestellt.

g) Die organischen Farben.

131. Nicht vollständig in das Gebiet der organischen Körper gehören die Farben. Vielmehr ist ein Theil derselben unorganischen Ursprungs, so das Bleichromat, Berlinerblau u. f. f. Die Farben haften entweder nur auf der Oberfläche, wie: Lackfarben (Verbindungen von Stärkemehl, Thonerde, Oxyden von Antimon, Baryum, Blei und Zinn mit den betreffenden Farben), Pastellfarben (Lack- und Metallfarben gemengt mit Porzellanerde, Tragantschleim, Seifen und Fett, als Farbstifte trocken angewendet), Anstrichfarben (mit Leimwasser oder Oelfirniß), dazu auch die gewöhnlichen Anstreichfarben und die Malerfarben, Tuschfarben (erdige Farben) und andere. Oder sie dringen in den zu färbenden und zu bedruckenden Stoff ein und werden mit dessen Substanz verbunden. Letzteres geschieht von selbst (durch Verdunsten des Lösungsmittels, durch in der Luft eintretende Oxydation), oder durch Anwendung gewisser Mittel, die man Beizen nennt und die aus Lösungen von Alaun, Aluminumsulfat, Fetten, Gerbsäure, Albumin, Leim und vielen anderen Stoffen bestehen. Farben, welche undurchsichtig sind, heißen Deckfarben; Saftfarben oder Lasurfarben sind durchscheinend. Nicht alle Farben werden als solche angewendet, manche (namentlich die anorganischen in der Zeugfärberei und Zeugdruckerei) entstehen aus den zu ihrer Herstellung nöthigen Produkten erst auf dem zu färbenden Stoff.

Ein Theil der Farben ist unorganischen Ursprungs und wird später unter verschiedenen Artikeln behandelt, ein anderer organischen.

132. Die organischen Farben entstammen theils dem Thierreiche, theils dem Pflanzenreiche, theils werden sie aus dem Theer gewonnen. Aus dem Thierreich kommt heutzutage im Wesentlichen nur noch ein Farbstoff in Betracht, die Cochenille. Er besteht aus den getrockneten Weibchen einer Schildlaus, die auf gewissen Kaktuspflanzen in Mittelamerika, Algier, Südafrika lebt oder gezüchtet wird. Die feine Cochenille heißt auch Mestica (kommt aus Honduras), die weniger gute ist die Wald- oder wilde Cochenille. Sie erscheint in kleinen dunkelrothen Körnchen, oft mit weißem Staube bedeckt. Der für die Farbe entscheidende Körper ist die Karminsäure, die wir bei den Glukosiden bereits kennen gelernt haben. Neben der Karminsäure findet sich auch ihr Spaltungsprodukt, das Karminroth. Der Karmin wird hieraus hergestellt, indem man die Cochenille mit siedendem Wasser auszieht, das abgegossene Wasser mit Alaun versetzt und den darin sich bildenden Niederschlag auswäscht und trocknet. So oder ähnlich gewinnt man den Karminlack und den dazu

gehörigen Kugellack. Andere ähnliche Farbstoffe werden von der Lack=
schildlaus und von dem Kermes (wovon es im Handel auch
mineralische und pflanzliche Arten giebt) gewonnen. Der im Alterthum
so hochgeschätzte Farbstoff der Purpurschnecke spielt in unserer Zeit keine
Rolle mehr.

133. Die Pflanzenfarben sind ziemlich mannigfaltig, auch sie
enthalten vielfach als färbendes Element Glukoside, so daß die Farbstoffe
aus ihnen durch Behandeln mit Säuren oder durch Gährung gewonnen
werden. Doch sind die Farbstoffe manchmal auch fertig in ihnen vor=
handen, wobei zu bemerken ist, daß sie nicht selten erst bei der Anwendung
in der gewünschten Farbe hervortreten. Nicht in allen Fällen ist die
chemische Zusammensetzung der Farbstoffe bekannt. Wir erwähnen nur die
wichtigsten.

Das Indigo oder Indigoblau $C_{16}H_{10}N_2O_2$, aus dem Safte der
Blätter gewisser Pflanzen (hauptsächlich Anilpflanze, jedoch auch in der
Isatis tinctoria, im Polygonum tinctorium, Nerium tinctorium u. s. f.
vorhanden) gewonnen, bildet sich, wie schon bemerkt, durch Kochen mit ver=
dünnter Säure, aber auch durch eine Gährung. In letzterer Weise ge=
schieht die Herstellung des Indigo des Handels, welches in beiden Indien,
in Süd= und Mittelamerika, in Aegypten und anderweitig gewonnen wird.
Man thut die Pflanzen in einen Gährbottich, übergießt sie mit kaltem
Wasser und überläßt sie bei einer Temperatur von 30 Grad etwa
15 Stunden sich selbst. Sie gähren während dieser Zeit und das Wasser
wird erst grün und dann blau. Nach Beendigung der Gährung wird das
Wasser in einen anderen Bottich abgelassen und daselbst mit Schaufeln und
Stöcken geschlagen, so daß viel Luft hinein kommt. Dadurch scheidet sich
das Indigo als Pulver ab und fällt später zu Boden. Das nun über=
flüssige Wasser wird abgelassen und das Indigo in Beuteln ausgepreßt
und getrocknet. Indigopräparate sind Indigoblau, Indigotin,
Indigokarmin (blauer Karmin), Purpurblau. Einen anderen blauen
Farbstoff liefert das Campecheholz oder Blauholz (aus Centralamerika
und den Antillen). Blauholzextract gemischt mit essigsaurem Chromoxyd
und anderen Stoffen ist ein Indigoersatz.

134. Von rothen Farbstoffen erwähnen wir zuerst den Krapp,
welcher die Wurzel der in Süd=, Mittel= und Westeuropa (namentlich
Elsaß und der Provence), Ostindien, Japan und anderweitig wachsenden
Färberröthe (Rubia tinctorum) ist. Krapp enthält zwei Farbstoffe, das
Purpurin und die Ruberythrinsäure $C_{26}H_{28}O_4$, von denen die
letztere das eigentlich färbende Element bildet und zu den vorhin be=

handelten Glukosiden gehört, indem sie unter der Einwirkung eines Ferments, oder durch Kochen mit Säuren Alizarin $C_{14}H_8O_4$, womit wir uns bei den Theerfarbstoffen beschäftigen werden, und einen Zucker $C_6H_{12}O_6$ giebt. Zu den Krapppräparaten gehört Krapplack, eine Verbindung von Alizarin und Purpurin mit basischen Thonerdesalzen.

135. Weitere Färbemittel bieten mehrere Farbehölzer der Gattung Caesalpinia, nämlich das Roth= oder Brasilienholz, oder Fernambuk= holz, welches auch zur Fabrikation der rothen Tinte dient. Das Sandel= holz (Ceylon und Ostindien) gelb und roth, der Safflor oder das Bürstenkraut aus den getrockneten Blättern der Färbedistel (Ostindien, Aegypten, Europa). Das aus dem letzteren gewonnene Carthamin oder Safflorkarmin ist $C_{14}H_{16}O_7$, dient in der Seidenfärberei und giebt mit Talk verrieben eine rothe Schminke. Orseille wird aus der Färber= flechte gewonnen, indem diese mit Harn angerührt und der Fäulniß über= lassen wird, wodurch die Flechte in eine teigartige röthliche Masse übergeht. Der Farbstoff darin ist das Orcein $C_7H_7NO_3$. Sodann sind noch als rothe Pflanzenfarben zu erwähnen das Drachenblut (ein Harz), die Alkannawurzel u. s. f.

Gelbe Farbstoffe liefern das Gelbholz (gelbes Brasilienholz, Kuba= holz, alter Fustik), das Extrakt davon heißt Kubaextrakt; sodann das Fisetholz (ungarisches Gelbholz), der Orlean, kommt als steifer, in Amerika und den beiden Indien aus der Frucht der Rixa orellana her= gestellter Teig vor; die Goldbeeren (Avignon Körner, persische Beeren, Kreuzbeeren aus der Levante, Angora, Südfrankreich) geben goldgelbe und olivengelbe Farbstoffe, das Quercitron, welches als Farbstoff das bei den Glukosiden schon erwähnte Quercitrin enthält. Quercitrin spaltet sich in Quercitin $C_{27}H_{18}O_{11}$ und Zucker, ersteres kommt als citronengelbes Pulver unter dem Namen Flavin in Handel. Braune Farben liefert die Rinde der Weiden, Eichen und Walnußbäume, sodann das Catechu, ein Extrakt aus dem Holze der Areca und Acacia catechu (Chemischbraun oder Havannabraun).

136. Hier ist auch der Ort, zwei Farbstoffe zu behandeln, die in der Technik der Färberei gar keine oder nur sehr unbedeutende Anwendung finden, aber als Reagentien auf Säuren und Basen dem Chemiker unent= behrlich sind und schon mehrfach erwähnt wurden und noch erwähnt werden. Nämlich Lackmus (Tournesol) zum Blauen des Kalks, Rothfärben des Champagners und zur Herstellung des Lackmuspapiers. Er wird aus den= selben Flechten wie die Orseille und Persio und auf gleiche Weise (nur bei längerer Gährung und unter Hinzufügung von Potasche) gewonnen.

Die gegohrene Masse wird mit Gyps und Kreide gemengt und in blauen Tafeln oder Würfeln in den Handel gebracht. Sodann die Curcuma (Gelbwurz), Wurzel einer in Ostindien, Java u. a. Orten angebauten Pflanze, deren färbendes Element das Curcumin $C_{10}H_{10}O_3$ von gelber Farbe durch Laugen braun gefärbt wird. Lackmuspapier und Curcumapapier werden durch Eintauchen von ungeleimtem Papier (Fließpapier) in einen weingeistigen Auszug von Lackmus und Curcuma hergestellt.

137. Der größte Theil der organischen Farbstoffe wird aus dem Steinkohlentheer gewonnen; sie bilden die Steinkohlentheer=Farbstoffe. Der durch trockene Destillation der Steinkohlen gewonnene Steinkohlentheer ist eine Mischung einer großen Zahl fester und flüssiger organischer Körper, zum Theil Kohlenwasserstoffe der in Art. 78 bezeichneten Gruppen, zum Theil Verbindungen von solchen mit Sauerstoff und Stickstoff. Sie gehören den aromatischen Verbindungen an und bestehen, um nur die allerwichtigsten zu nennen, aus Benzol (C_6H_6), Toluol (C_7H_8), Anthracen ($C_{14}H_{10}$), Naphtalin ($C_{10}H_8$), Phenol, das ist Karbol=säure (C_6H_6O), Anilin (C_6H_7N), Toluidin (C_7H_9N) u. s. f. Der theoretisch interessanteste Bestandtheil ist das Benzol, von dem bereits mehrfach gesprochen worden ist. Es ist flüssig, im Handel mit Toluol vermengt und siedet zwischen 80 und 120 Grad, je nach dem Gehalt an Toluol und sonstigen fremden Stoffen. Diejenigen Bestandtheile des Theers, welche hauptsächlich zum Herstellen von Farben dienen, sind das Anilin, das Phenol, das Naphtalin und das Anthracen. Das Anilin ist etwas schwerer als Wasser, siedet bei etwa 184 Grad, mischt sich mit Alkohol und Aether in jedem Verhältniß und wird entweder aus dem Theer unmittelbar hergestellt oder aus Benzol nach Ueberführung desselben in Nitrobenzol gebildet.

138. Die Anilinfarben werden durch Behandlung des Anilins mit verschiedenen Körpern gewonnen, so das Anilinroth oder Fuchsin durch Behandlung mit Zinnchlorid oder Salpetersäure, das Anilin=violett durch Behandeln mit Kaliumbichromat und Schwefelsäure und ähnlich das Anilinblau, das Anilingrün, das Safranin und die anderen Anilinfarben.

Das käufliche Phenol zur Herstellung der Phenolfarben ist gleichfalls ein Gemenge mehrerer Körper. Das Phenol selbst, die Karbolsäure, ist rein ein fester Körper, hat den bekannten starken Geruch, löst sich zum Theil in Wasser, bringt auf der Haut Brandwunden hervor, ist ein heftiges Gift für Thiere und Pflanzen und tödtet selbst die

Fermente und schädlichen Organismen. Die neuere Chirurgie verdankt ihre außerordentlichen Erfolge dieser letzteren Eigenschaft der Karbolsäure. Der gleichen Eigenschaft ist die Dauerhaftigkeit geräucherter Fleischwaaren zuzuschreiben, da der Rauch Phenol mitenthält. Zu den Phenolfarben gehört die gelbe Pikrinsäure, das Phenylbraun, das scharlach= rothe Corallin, das blaue Azulin u. s. w. Die Naphtalinfarben sind das Manchestergelb, das Magdalaroth, das Naphtalinviolett und das Naphtalinblau. Das Naphtalin ist ein fester Körper von starkem, den Hausfrauen als Mottenvertreibungsmittel wohl bekanntem, Geruch und brennendem Geschmack, es ist etwas leichter als Wasser und löst sich in diesem gar nicht.

Das Anthracen ist gleichfalls ein fester Körper, schmilzt erst bei Temperaturen über 200 Grad und liefert das Alizarin oder An= thracenroth.

Auch aus anderen auf Umwegen gewonnenen Produkten des Stein= kohlentheers werden Farbstoffe hergestellt, so namentlich aus der uns schon bekannten Benzoesäure ($C_7H_6O_2$).

h) Pyridinbasen und Alkaloide.

139. Hieran schließen wir weitere Verbindungen, die sich im Stein= kohlentheer befinden und im sogenannten Thieröl und auch im „Vorlauf" des Rohspiritus mit Essigsäure verbunden enthalten sind, nämlich die Pyridinbasen, welche als Denaturirungsmittel für Spiritus Anwendung finden. Sie haben sämmtlich ein Verbindungsgewicht Stickstoff; ihre Ver= bindungsgewichte Kohlenstoff wachsen von fünf stetig um je 1, die Ver= bindungsgewichte Wasserstoff gleichfalls von fünf um je 2. Die erste Pyridinbase ist das Pyridin selbst, C_5H_5N, eine farblose Flüssigkeit von stechendem Geruch, die sich mit Wasser in jedem Verhältniß mischt. Die folgende ist Picolin. C_6H_7N, von gleicher Zusammensetzung wie das Anilin, von gleichfalls scharfem Geruch und brennendem Geschmack. Die übrigen Pyridine heißen Litudin, Collidin u. s. f. Aehnliche Körper sind das Chinolin, C_9H_7N, und das Lepidin, $C_{10}H_9N$, welche beide mit Jod prachtvolle blaue Farbenstoffe liefern, das Cyanin des Handels; sie können auch als Reagentien auf Säuren und Basen benutzt werden, da ihre Lösungen in Alkohol auch durch die schwächsten Säuren entfärbt werden, während die entfärbten Lösungen, so lange sie noch eine Spur von Säure enthalten, durch Basen wieder blau gefärbt werden.

Gleichfalls ein Produkt des Steinkohlentheers ist das Saccharin oder Toluolsüß, $C_7H_5NSO_3$, dessen Süßigkeit diejenige des Rohrzuckers im ganz reinen Zustande fast um das 500 fache übertrifft. Als Ersatz für Zucker hat es sich allgemeiner nicht einführen können; den Zuckerkranken ist es aber ein willkommenes Versüßungsmittel, da es für sie ganz unschädlich ist, während Kohlehydrate ihnen gefährlich werden können.

140. Eine merkwürdige Klasse von Körpern sind die Alkaloide, auf die wir schon früher hingewiesen haben. Sie enthalten alle Stickstoff, verbinden sich mit Säuren zu Salzen, bläuen geröthetes Lackmuspapier, haben also basische Eigenschaften, sind zum Theil heftige Gifte und finden als Arzneimittel weitgehende Anwendung. Das Gift der Schierlingpflanze, Coniin, $C_8H_{17}N$, ist eine ölige farblose Flüssigkeit, die betäubend riecht und brennend schmeckt. Das Nikotin, $C_{10}H_{14}N_2$, allen Tabakrauchern genügend bekannt, ist gleichfalls eine ölige farblose Flüssigkeit, von etwas größerer Dichte als das Wasser.

Eine ganze Menge von Alkaloiden enthält der durch Einritzen der halbreifen Samenkapseln von Papaver Somniferum gewonnene Milchsaft, das als wichtiges Arzneimittel und durch seinen Mißbrauch in orientalischen Ländern so berufene und verrufene Opium. Es gehören dazu das Morphin, $C_{17}H_{19}NO_3$, ein weißes Pulver, welches rein narkotisch wirkt und in größeren Mengen tödtlich ist. Es löst sich theilweise in Alkohol und findet in den verschiedensten Morphiumpräparaten Verwendung. Ferner Codein, $C_{18}H_{21}NO_3$, Narkotin, $C_{22}H_{23}NO_7$, weniger giftig als Morphin, Papaverin, $C_{20}H_{21}NO_4$, welches gar nicht giftig ist u. s. f.

Höchst segensreich sind die Alkaloide der Cinchoneen, sie kommen in der Rinde einiger Cinchonaarten vor, den Chinarinden. Wir nennen hier das Chinin, $C_{20}H_{24}N_2O_2$, in Wasser schwer, in Alkohol und Aether leicht löslich, bitter mit bitterem Nachgeschmack wirkt es sicher fieberver= treibend. Chinarinde ist deshalb ein Fiebermittel. Das in der Medicin am meisten gebrauchte Chinapräparat ist die Verbindung mit Schwefel= säure, in welcher das Chinin doppelt, die Schwefelsäure einfach vertreten ist, $2(C_{20}H_{24}N_2O_2)H_2SO_4$. Auch das salzsaure Chinin $2(C_{20}H_{24}N_2O_2)HCl$ findet in der Medicin Anwendung. Weniger sicher wirkt das zweite Chinin= alkaloid, das Cinchonin, welches chemisch dem Chinin gleicht und nur ein Sauerstoff weniger enthält als dieses. Nur um zwei Verbindungsgewichte Wasser reicher als das Chinin ist das Conchinin, welches als billiges Fiebermittel dient. Völlig gleich dem Conchinin ist das Cinchonidin. Aehnlich wirken die in der Neuzeit als Mittel gegen die Influenza so sehr in Aufnahme gekommenen Alkaloide Antipyrin, $C_{11}H_{12}N_2O$, Salipyrin, $C_{18}H_{18}N_2O_4$ und Antifebrin, C_8H_9NO.

Einen Gegensatz zu diesen wohlthätigen Alkaloiden bilden die ver=

rufenen Alkaloide der Strychneen, die ungemein giftig sind, aber in unendlich kleinen Mengen doch auch sammt ihren Verbindungen mit der Salpeter= säure, Schwefelsäure, Salzsäure und Essigsäure als Arzneimittel Anwendung finden. Das Strychnin selbst, $C_{21}H_{22}N_2O_2$, ist in den sogenannten Brechnüssen (nux vomica), den in den Früchten des Krähenaugen= baumes enthaltenen Samenkörnern, die selbst sehr giftig sind und als Heilmittel benutzt werden, vorhanden. Es wird auch aus diesen Nüssen gewonnen. Es bringt schon in kleinen Mengen genossen Krämpfe hervor. Ein steter Begleiter des Strychnins und fast ebenso giftig wie dieses ist das Brucin, $C_{23}H_{26}N_2O_4$. Das Curarin, dessen chemische Formel nicht genügend bekannt ist, findet sich in dem Curare genannten Pfeilgift. Andere Alkaloide sind in den Ranunculaceen und Colchiceen enthalten; das Veratrin in den weißen Nießwurzeln ist sehr giftig und erregt als Staub aufgenommen heftiges Niesen; das Colchicin findet sich in Colchicum Autumnale, erregt Erbrechen und Durchfall.

Weitere Alkaloide sind: das Atropin, $C_{17}H_{23}NO_3$, aus der Toll= kirsche hergestellt oder dem Stechapfel, ist sehr giftig und bringt eine starke, nur langsam vorübergehende Erweiterung der Pupille hervor; wird auch dazu in der Medicin angewendet. Aus den Blättern einer in Südamerika wachsenden Pflanze, welche von den Indianern genossen werden, der Coka, wird das Cokain hergestellt, $C_{17}H_{21}NO_4$, es verursacht auch äußerlich angewendet, an der betreffenden Stelle Gefühllosigkeit. Eserin oder Physostigmin, äußerst giftig und entgegengesetzt wie Atropin wirkend, nämlich die Pupille verengend, findet sich in der Kalabarbohne, es ist $C_{15}H_{21}N_3O_2$. Berberin, $C_{20}H_{17}NO_4$, kommt aus der Wurzel des ge= wöhnlichen Berberis. Piperin, $C_{17}H_{19}NO_3$, ist in den Pfefferarten ent= halten. Sinapin im Senfsamen, kommt zwar frei nicht vor, wohl aber in seinen Salzen.

i) Eiweißstoffe.

141. Am Bau der thierischen Körper im großen Maßstabe betheiligt und auch im Pflanzenreiche weit verbreitet, sind die Eiweißkörper oder Albuminstoffe auch Proteinstoffe genannt. Die Eiweißkörper kommen entweder in löslicher oder nichtlöslicher Form vor. Gelöst sind sie enthalten in den Säften des Thierkörpers (im Blut, im Chylus, in der Lymphe u. s. f.) und des Pflanzenkörpers. In nicht löslicher Form und organisirt finden sie sich im Gewebe als Körnchen, Zellen, Fasern. Die löslichen können durch Kochen oder durch Behandlung mit Säuren und Fermenten in unlösliche übergeführt werden. Die Albumine bestehen aus Kohlenstoff, Wasserstoff, Sauerstoff,

Stickstoff und Schwefel, in ziemlich gleichmäßigen Verhältnissen. Sie gehen mit den meisten Metalloxyden Verbindungen ein, werden durch Alkohol, Mineralsäuren, Gerbsäure gefällt und von kaustischen Alkalien sämmtlich gelöst, geben beim Verbrennen einen scharfen Geruch und sind zum Faulen sehr geneigt. Bei der Verdauung liefern sie die in der Zusammensetzung sich nicht wesentlich von ihnen unterscheidenden sogenannten Peptone. Sie sind ein wesentlicher Bestandtheil aller Nahrungsmittel. Getreide=arten enthalten bis 12%, Brote 9%, Hülsenfrüchte bis 27%, Fleische bis 23%, Käse bis 50% Albumin.

Wodurch die Eiweißstoffe die Fähigkeit zu den Lebensäußerungen erhalten, die selbst bei der einfachen Organisation eines Protoplasma=Eiweißklümpchens so außerordentlicher Natur sind, ist nicht bekannt. Auch sind wir nicht im Stande, ein Eiweißstoff aus seinen Elementen zusammen=zusetzen, obwohl wir wissen, welche Elemente und in welchem Verhältnisse diese zu nehmen sind.

Im Thierkörper kommen folgende vor: das Serumalbumin in den Säften des Körpers gelöst enthalten, das Eieralbumin gleichfalls gelöst im Eiweiß. Das Casein oder der Käsestoff, in der Milch aller Säugethiere enthalten, wird durch Labmagen aus den Lösungen zusammen=geballt, das Myosin findet sich in dem durch Todtenstarre geronnenen Muskelbündelinhalt und im Leben in den Muskelröhren. Blutfaserstoff oder Blutfibrin, im lebenden Blute und anderen Säften gelöst enthalten, gerinnt nach dem Tode und überhaupt, so oft Blut und entsprechende Säfte aus dem lebenden Körper herausgekommen sind, und bildet alsdann eine gelbliche oder grauliche elastische Masse von faseriger Struktur. Auch die Fleischfasern bestehen aus Proteinstoffen.

In der Pflanzenwelt kommen als solche Stoffe vor der Kleber oder Gluten, der sich in den Getreidearten findet, namentlich in dem Weizenmehl; er wird zu vielen besonderen Nahrungsmitteln (Maccaroni, Nudeln u. s. f.) und zur Herstellung von Leim verwendet und besteht aus mehreren Proteinstoffen, die durch ein Bindemittel mit einander vereinigt sind. Ferner das dem Käsestoff entsprechende Legumin der Hülsenfrüchte, Mandeln u. s. f. und das Pflanzenalbumin, in allen Pflanzensäften gelöstes Eiweiß.

Den Eiweißstoffen nahe verwandt ist das krystallisirbare Hämoglobin, welches sich in den rothen Blutzellen als färbender Körper findet und Eisen enthält.

Es hat die merkwürdige Aufgabe, den Sauerstoff, der mit der Luft beim Einathmen in die Lunge gelangt und durch diese in das Blut ein=

bringt, auf sich zu verdichten. So wird dieser Sauerstoff vom Blutstrom nach allen Körpertheilen transportirt und zersetzt dort die Stickstoffverbindungen. Ein Theil der Produkte dient zum Aufbau des Körpers, ein anderer (Kohlensäure, Harnstoff, Harnsäure u. s. f.) wird als unbrauchbar ausgeschieden. Die Zersetzung ist mit Wärme-Entwickelung verbunden (Körperwärme).

142. Dieselben Elemente wie diese Eiweißstoffe, nur etwas weniger Kohlenstoff, enthalten die als Albuminoide bezeichneten Proteine, Verbindungen, die sich in den Geweben der thierischen Körper finden. Dazu gehört der Leim, welcher zwar im Thierkörper im Allgemeinen als solcher nicht vorkommt, aber durch Behandlung der betreffenden Gewebe, die man als leimgebende Substanzen bezeichnet (Knorpel, Bindegewebe, elastisches Gewebe, Hornhaut), mit heißem Wasser entsteht. Glutin insbesondere, der eigentliche Knochenleim, ist der in dieser Weise aus dem Knochenknorpel, den Sehnen, dem Bindegewebe, den Thierhäuten, dem Hirschhorn, den Kalbsfüßen und den Fischschuppen hergestellte Leim.

143. Thierische leimgebende Membranen, wie Thierhäute, gehen, wie bemerkt, mit Gerbsäure unlösliche Verbindungen ein, die nicht mehr faulen, worauf die Lederfabrikation beruht. Indessen bewirkt die Lederfabrikation auch, daß das Zusammenkleben der einzelnen Gewebtheile der Haut aufgehoben wird, so daß sie faserig und geschmeidig erscheint. In dieser Beziehung haben gewisse Metalloxyde, wie Eisenoxyd, Chromoxyd, ferner fettsaure Metalloxyde, oxydirtes Fett, Pikrinsäure die gleichen Eigenschaften wie die Gerbsäuren. Sie führen deshalb mit diesen zusammen die Bezeichnung Gerbstoffe und die Materialien, in denen sie enthalten sind, heißen Gerbematerialien. (Eichenrinde, Fichtenrinde, Tannenrinde, Quebrachaholz, Sumach oder Schmack, Galläpfel, Knoppern, Katechu, Kino, Alaun, Fette und Thrane u. s. f.) Die Gerberei mit den gerbsäurehaltigen Rinden, mit Gerberlohe, ist die Roth- oder Lohgerberei, die mit den mineralischen Materialien die Alaun- oder Weißgerberei, die mit den Fetten oder Thranen die Sämisch- oder Oelgerberei. Da diejenige Schicht der Haut, welche in Leder übergeführt wird, die mittlere, die Lederhaut (Korium) ist, so muß vor dem Gerben diese durch Schaben und Reinigen und Anwendung noch anderer Mittel freigelegt werden, wobei zugleich die Fetttheile beseitigt werden. Im Uebrigen unterscheidet man, je nach der Anwendung und je nach der Thierart, von der die Haut stammt, und auch je nach der benutzten Gerbart, verschiedene Sorten Leder. Pergament ist nicht gegerbte, aber gereinigte und getrocknete Haut kleinerer Thiere,

Chagrin ist Pergament mit schwacher Gerbung. Es giebt auch unechte Lederarten, die aus gewissen Abfallstoffen hergestellt werden.

144. Ein weiteres Albuminoid ist das Chondrin oder der Knorpelleim. Ferner das Keratin oder Hornstoff, der sich in der Oberhaut, den Nägeln, Haaren, Federn, Klauen, ferner im Horn, Fischbein, in der Wolle u. s. f. findet. Hornstoff giebt keinen Leim. Sodann das Fibroin, ein Bestandtheil der Seide und der Herbstfäden; Seidenleim oder Sericin ist gleichfalls in Seide enthalten und geht durch Kochen mit Wasser unter hohem Druck in Lösung über. Endlich Schleimstoff oder Mucin macht Flüssigkeiten, in denen er sich befindet, zäh und kleberig.

145. Zu den Albuminoiden gehören auch Stoffe, welche außerordentliche Fermentwirkungen ausüben; sie sind im Wasser löslich, ballen sich beim Kochen nicht zusammen, verlieren aber dabei ihre Fermentwirkung. Rein sind sie nicht bekannt. Von den in thierischen Säften enthaltenen Fermenten nennen wir das Pepsin, welches im sauren Magensaft enthalten ist und in Gegenwart von Säuren, insbesondere von Salzsäure, alle Eiweißstoffe in Peptone verwandelt, das sind Stoffe, welche im Gegensatz zu den Eiweißstoffen, die diese Eigenschaft nicht besitzen, durch die Wände der Gefäße in diese eindringen (diffundiren) können und dadurch in die Säfte des Thierkörpers gelangen, um an den verschiedenen Stellen unter Mitwirkung des Sauerstoffs, wie bemerkt, zum Aufbau des Körpers verwendet zu werden. Ferner sind solche Fermente enthalten im Speichel, im Saft der Pankreas (Bauchspeicheldrüse) und der Leber, welche gleichfalls zur Verdauung (insbesondere der Fette) behilflich sind. Für die Technik von großer Wichtigkeit sind die Fermente gewisser Pflanzen. Das wichtigste davon, die Diastase, ist uns schon bekannt. Sie entsteht bei der Keimung der Getreidekörner, insbesondere der Gerste und ist in den Keimen enthalten, sie zersetzt Stärke in Dextrin und Zucker. Ein anderes Ferment ist die Synaptase oder das Emulsin, von dem wir schon früher erwähnt haben, daß es in den süßen und bitteren Mandeln enthalten ist und das Amygdalin der bitteren Mandeln in Zucker, Blausäure und Bittermandelöl zerlegt.

Wir schließen damit die Betrachtung der organischen Verbindungen, soweit sie für uns von Interesse gewesen sind. Die Betrachtung der anderen Elemente und der aus ihnen und den bereits erwähnten zu erhaltenden Körper kann viel kürzer gefaßt werden, da die Verhältnisse bei ihnen einfacher liegen.

4. Die unorganischen Stoffe.

a) Die Halogene und ihre Verbindungen.

146. Wir erwähnen von den nicht metallischen Elementen zunächst die als Halogene bezeichneten, Chlor, Jod, Brom und Fluor. Sie bilden mit Wasserstoff starke Säuren und neigen außerordentlich dazu, Verbindungen mit anderen Elementen einzugehen. Sie kommen deshalb frei in der Natur nicht in nennenswerther Menge vor, doch sind sie in Verbindungen in großen Massen vertreten.

147. Chlor ist ein Gas, fast $2\frac{1}{2}$ mal so dicht wie Luft, hat eine blasse, grünlichgelbe Farbe, einen scharfen Geruch, wirkt eingeathmet zerstörend auf die Athmungsorgane und bleicht Farben. Die bekannteste seiner Verbindungen ist das Chlornatrium, NaCl, Kochsalz. Andere Salze des Chlors wie Chlorkalium, Chlormagnesum, Chlorkalcium u. s. f. kommen in den sogenannten Abraumsalzen der Steinsalzbergwerke als Sylvin, Karnallit u. s. f. vor. Die Eigenschaften des gewöhnlichen Kochsalzes sind genügend bekannt. Die der anderen Salze entsprechen denen des Kochsalzes, nur sind diese Salze bitter und für uns ungenießbar. Sie sind zugleich mit dem Kochsalz im Meerwasser in ungeheuren Mengen vorhanden, da das Meerwasser durchschnittlich drei und mehr Procent Salze enthält, und machen dieses zum Trinken unbrauchbar.

Die Verbindung des Chlors mit Wasserstoff, die Chlorwasserstoffsäure oder Salzsäure ist gasförmig, etwa $1\frac{1}{2}$ Mal so dicht wie Luft, farblos und stark sauer. Die käufliche Salzsäure ist Wasser, welches dieses Gas absorbirt enthält. Die Salzsäure kommt frei im Magensaft der Thiere vor und spielt bei der Verdauung eine große Rolle (Art. 145), daher ihre Anwendung in der medicinischen Praxis. Chlor mit Wasserstoff nur gemischt giebt das Chlorknallgas, welches im Dunkel sich erhält, bei Tageslicht sich allmählich in Salzsäure umwandelt und im direkten Sonnenlichte, im elektrischen Licht oder Magnesiumlicht unter heftiger Explosion in Salzsäuregas übergeht. Die Salzsäure wird im Großbetriebe als Nebenprodukt, namentlich der Sodafabrikation, gewonnen. Mit Sauerstoff bildet das Chlor gleichfalls Verbindungen. Ebenso mit Schwefel, Silber u. s. f.

148. Das Jod ist bei gewöhnlicher Temperatur ein fester metallglänzender, eisengrauer Körper; erwärmt giebt es einen schönen, betäubend riechenden, veilchenblauen Dampf (daher der aus dem Griechischen genommene Name). Es ist 5 mal so dicht wie Wasser und am leichtesten daran zu erkennen, daß es verdünnten Stärkekleister selbst in geringsten Mengen blau färbt. Seine Verbindungen entsprechen ganz denjenigen des Chlors,

es bildet gleichfalls eine Wasserstoffsäure und ebenso Salze und findet sich mit dem Chlor- und den entsprechenden Bromsalzen im Meerwasser. Daß es in der Medicin in den Jodpräparaten (Jodoform, Jodkalium, Jodzink u. s. f) Anwendung findet, ist bekannt.

149. Das Brom ist eine stark gefärbte rothbraune Flüssigkeit von mehr als 3mal so großer Dichtigkeit wie das Wasser. Obschon es erst bei etwa 60 Grad siedet, giebt es doch auch bei gewöhnlicher Temperatur rothbraune Dämpfe, welche etwa $5\frac{1}{2}$mal so dicht sind wie die Luft und auf organische Substanzen wie das Chlor zersetzend und bleichend wirken. Es ist ein sehr gefährliches Gift. Frei kommt es auf der Erde nicht vor, aber mit anderen Körpern verbunden, wie schon bemerkt, im Wasser der Meere, namentlich in demjenigen des todten Meeres, sodann in Soolquellen und in manchen Mineralquellen (Kreuznacher Salzsoole, Adelheids Quelle in Oberbayern), endlich in den Abraumsalzen, aus welchen es fabrikmäßig gewonnen wird. Seine Verbindungen entsprechen denen der schon genannten Halogene, sie finden mit denen dieser Elemente hauptsächlich Anwendung in der Medicin und Photographie, einige werden wir noch kennen lernen.

150. Fluor ist im freien Zustande fast unbekannt, da es ein so heftiges Verlangen nach anderen Körpern hat, daß, so wie es entsteht, es sich auch sofort mit jeder in seiner Umgebung befindlichen Substanz, wenn es sein muß, mit der Wandung des umschließenden Gefäßes verbindet. Wahrscheinlich ist es ein Gas. Auf der Erde kommt es hauptsächlich in der Verbindung mit Kalcium als **Fluorkalcium** oder **Flußspath** $CaFl_2$, ein schön in Würfeln oder Doppelpyramiden krystallisirendes Mineral, vor. Wichtig ist insbesondere seine Verbindung mit Wasserstoff, welche die zum Aetzen von Glas und Metallen dienende **Flußsäure** HFl giebt. Diese ist ein Gas, welches von Wasser absorbirt wird, hat alle Eigenschaften einer Säure und gehört zu den gefährlichsten Körpern. Neuerdings wird zum Aetzen nicht allein diese gasförmige oder in Wasser aufgelöste Flußsäure benutzt, sondern es dienen dazu auch gewisse flußsaure Salze, doch ist unter allen Umständen die Gegenwart von Wasser oder Wasserdampf erforderlich.

b) Schwefel.

151. Schwefel gehört zu denjenigen Körpern, die in zwei Gestalten vorkommen; in der einen bildet er einen festen, spröden Körper von blaßgelber Farbe, welcher in der Natur oft in schönen Krystallen erscheint, bei 111 Grad schmilzt und bei 400 Grad siedet und in einen braungelben

Dampf übergeht. Die Schwefelblume, das ist pulverförmiger Schwefel, erhält man durch Einführen von kalter Luft in diesen Schwefeldampf. Den Stangenschwefel durch Einfüllen flüssigen Schwefels in entsprechende Formen. In der zweiten Gestalt erscheint der Schwefel, wenn man gewöhnlichen geschmolzenen Schwefel in kaltes Wasser tropfen läßt, er bildet dann eine gelbe durchsichtige und längere Zeit knetbare, gestaltlose Masse, die auch als amorpher Schwefel bezeichnet wird. In beiden Formen ist der Schwefel nahezu 2mal so dicht wie Wasser. Schwefelmilch ist ein Gemenge von Schwefelpulver mit Flüssigkeiten, z. B. Wasser.

Der Schwefel brennt bekanntlich mit blaßblauer Flamme und unter Entwickelung eines eigenthümlichen Geruches, welcher der Entstehung eines Schwefeloxydes zu verdanken ist, des Schwefeldioxydes SO_2. Bei dem gewöhnlichen Verbrennen des Schwefels ist dieses die einzige Verbindung mit Sauerstoff, welche entsteht; sonst giebt es noch eine Reihe anderer Verbindungen mit Sauerstoff, von denen jedoch nur einige wenige für uns Interesse haben.

152. Die eben genannte ist also ein farbloses Gas von erstickendem Geruch, welches auf viele Pflanzen- und Thierstoffe bleichend wirkt, weshalb die Dämpfe brennenden Schwefels als Bleichmittel für Seide, Wolle, Stroh, Hopfen u. s. f. verwendet werden. Eine andere Verbindung hat die Formel SO_3 und heißt Schwefelsäureanhydrid oder Schwefeltrioxyd, sie ist bei niedrigen Temperaturen fest, jedoch schon bei Zimmertemperatur eine ölige Flüssigkeit, welche an der Luft dicke, weiße Dämpfe ausstößt und begierig Wasserdämpfe anzieht. Ein Tropfen davon in kaltes Wasser geworfen verursacht ein zischendes Geräusch, wie ein eingetauchtes glühendes Eisen, ein Tropfen Wasser in eine Flasche mit Schwefeltrioxyd gethan, bringt eine heftige Explosion hervor, welche mit einer Lichtentwickelung verbunden ist.

153. Diese beiden Oxyde in Verbindung mit Wasser geben die schweflige Säure H_2SO_3 und die Schwefelsäure H_2SO_4. Wichtig für uns ist die zweite. Die Schwefelsäure, auch Oleum oder Vitriolöl genannt, ist eine farblose, ölige Flüssigkeit, welche etwa 1,85mal so dicht ist wie Wasser und auf pflanzliche und thierische Stoffe rasch zerstörend wirkt, weshalb sie mit großer Vorsicht gehandhabt werden muß. Ihre zerstörende Wirkung beruht auch darauf, daß sie außerordentlich begierig nach Wasser ist, sie entzieht in Folge dessen den organischen Verbindungen Sauerstoff und Wasserstoff, so daß von ihnen zuletzt nur die Kohle übrig bleibt, sie verkohlt diese Stoffe. Auch aus der Luft rafft sie alle Feuchtigkeit an sich, sie ist daher eines der besten Mittel zum Trocknen von Räumen und von

Gasen. Sie mischt sich mit Wasser unter sehr starker Wärmeentwickelung in jedem Verhältniß und giebt dadurch die verschiedenen verdünnten Schwefelsäuren, deren Stärke man nach Procenten des Gehalts an Schwefelsäure oder an den wasserfreien Bestandtheilen der Schwefelsäure, dem Schwefeltrioxyd, schätzt. Die im Handel als koncentrirt bezeichnete Schwefelsäure ist noch wasserhaltig. Fabrikmäßig wird die Schwefelsäure durch Verbrennen von Schwefel oder von schwefelhaltigen Körpern, Schwefelkiesen, hergestellt. Es entsteht dabei zunächst ein Dampf, der Schwefeldioxyd SO_2 enthält, dieser wird in Kammern, die mit Bleiplatten ausgelegt sind (Bleikammern) zugleich mit Luft, Wasserdampf und Salpeter=säuredampf geleitet. Dort entsteht die Schwefelsäure auf eine bisher noch nicht genügend aufgeklärte Weise, indem sich die verschiedenen Dämpfe mit einander chemisch umsetzen, wobei die Salpetersäure zerlegt und wieder gebildet wird, so daß dieselbe Salpetersäure immer wieder gebraucht werden kann, bis sie durch allmählich eintretende anderweitige Verluste verloren gegangen ist. Die so entstandene Schwefelsäure ist stark mit Wasser ver=dünnt und enthält auch namentlich Verbindungen mit Blei. Da Schwefel=säure etwa bei 340 Grad siedet, Wasser schon bei 100, so kann das Wasser durch Destillation zum Theil entfernt werden. Die anderen Un=reinigkeiten werden durch besondere Manipulationen fortgeschafft, oder auch, soweit sie bei der Anwendung der Säure nicht bedenklich sind, darin belassen. Diese so hergestellte Säure ist die gewöhnliche oder Englische Schwefelsäure.

Die sogenannte Nordhäuser oder rauchende Schwefelsäure enthält noch eine andere Verbindung des Schwefels mit Sauerstoff und Wasserstoff, und hat ihren zweiten Namen davon, daß sie dicke, weiße Dämpfe von dem früher genannten Schwefeltrioxyd ausstößt. Die Schwefel=säure gehört zu den stärksten Säuren, die wir haben.

154. Von anderen Verbindungen des Schwefels ist der Schwefel=kohlenstoff oder Schwefelalkohol CS_2, eine farblose sehr flüchtige Flüssigkeit, deren Dampf betäubend wirkt, schon öfter als Auflösungsmittel genannt. Mit Wasserstoff bildet der Schwefel den nach faulen Eiern übel=riechenden Schwefelwasserstoff H_2S, welcher vielfach an Stellen, wo Fäulniß eingetreten ist, in vulkanischen Gegenden, in Bergwerken u. s. f., vorkommt. Silber= und Goldsachen laufen in Gegenwart von Schwefel=wasserstoff an, daher man sie vor der Berührung mit Speisen, welche aus Eiern zubereitet sind, und welche geeignet sind dieses Gas zu entwickeln, zu bewahren pflegt. Die Verbindungen des Schwefels mit Metallen werden wir später betrachten. Daß Schwefel auch in manchen organischen

Verbindungen, namentlich in den Albuminen und Albuminoiden vertreten ist, hat bereits Erwähnung gefunden.

c) Selen, Tellur, Bor, Antimon, Arsen.

155. Ganz ähnliche Eigenschaften wie der Schwefel hat das Selen. Es ist ein starrer Körper, dunkelbraun und glasig, brennt unter Entwickelung eines nach Rettig riechenden Dampfes und gehört zu den seltensten Körpern der Erde. Es ist darin sehr interessant, daß gewisse elektrische Eigenschaften (die elektrische Leitungsfähigkeit) bei ihm von der Art der Belichtung abhängen. Seine Verbindungen haben für uns wenig Interesse. Gleiches gilt von dem Tellur, welches in seinem Aeußeren den Metallen sehr ähnlich sieht. Vom Bor ist auch nur wenig zu sagen, es ist fest und tritt in zwei verschiedenen Formen auf. In Krystallform ist es außerordentlich hart, fast noch härter als Diamant und glänzt auch ähnlich wie dieser Körper. Seine bekannteste Verbindung ist die Borsäure H_3BO_3, ein krystallinischer Körper von bitterlichem Geschmack. Dampfförmig kommt die Borsäure vermischt mit vielen anderen Gasen aus Spalten der Erde in Italien, namentlich in den sogenannten Maremmen von Toskana heraus. Borax ist das borsaure Salz des Natrium und hat die Formel $B_4O_7Na_2 + 10H_2O$; er löst sich in Wasser zu einer etwas laugenartigen Flüssigkeit, krystallisirt aus dieser bei etwa 60 bis 70 Grad aus, findet sich in einigen Seen von China und anderen asiatischen Ländern, aus denen er als Tinkal in den Handel kommt, wird aus Borsäure und kohlensaurem Natrium, namentlich in Italien hergestellt, dient in der Wäsche, um ihr beim Plätten Glanz zu verleihen, beim Löthen der Metalle, um diese an der Löthstelle von Oxydüberzügen zu reinigen, ferner mit schwefelsaurem Magnesium (Bittersalz) gemengt und in Wasser gelöst, um Gewebe zu durchtränken und sie so gegen Feuersgefahr zu schützen. Der Borax wird auch als Flußmittel benutzt, indem seine Beimengung zu Metallen diese leichter schmelzen macht.

156. Vom Antimon oder Spießglanz ist hervorzuheben, daß er völlig metallisch aussieht, beim Schmelzen sich entzündet und zu Antimonoxyd verbrennt, Sb_2O_3. Das gewöhnliche Antimonerz heißt Grauspießglanzerz oder Antimonglanz und ist eine Verbindung des Antimons mit Schwefel Sb_2S_3. Zu Metallen gemischt, macht es diese glänzender und härter, mit Blei vermengt giebt es das zur Herstellung der Buchdruckerlettern dienende Schriftgießermetall, mit Zinn das Britanniametall, welches zur Herstellung von gewöhnlichem Hausgeräth, wie Löffel, Leuchter, Kannen u. s. f. angewendet wird.

157. Arsen sieht gleichfalls metallisch aus, ist stahlgrau, mehr als $5\frac{1}{2}$ mal so dicht wie Wasser, erscheint in zwei Formen und giebt beim Erhitzen einen unangenehmen knoblauchartigen Geruch. Es brennt sowohl in Luft zu einem Arsenoxyd, als auch in Chlor zu Chlorarsen und ist selbst und mit allen seinen Verbindungen heftiges Gift. Das Arsen des Handels führt auch die Namen Arsenik, Fliegengift, Fliegenstein, Kobaltum u. s. f. Es kommt in der Natur frei und in Verbindungen vor, namentlich in Schwefelkiesen, Braunkohle, Steinkohle und in manchen Mineralquellen. Auch in vielen Legirungen, so im Messing, im Spiegelmetall, im Bleischrot u. s. f., ist es enthalten. Angewendet wird es in der Feuerwerkerei, Schrot- und Giftfabrikation. Die Verbindung mit Sauerstoff As_2O_3, ein fester geruchloser und geschmackloser Körper, heißt gleichfalls Arsenik oder Giftmehl, Rattengift u. s. f. und gehört zu den heftigsten Giften, die in der Natur vorkommen. Arsensäure hat die Gleichung H_3AsO_4, Arsenwasserstoff, ein knoblauchartig riechendes, außerordentlich giftiges Gas, die Gleichung H_3As. Realgar, ein Mineral, welches in Krystallen vorkommt und in der Feuerwerkerei zur Mischung des Weißfeuers dient, ist eine Schwefelverbindung des Arsens, As_2S_2. Eine andere Schwefelverbindung As_2S_3 heißt Auripigment oder Opperment oder Rauschgelb, hat eine schöne gelbe Farbe und wird als Malerfarbe benutzt, es enthält stets Arsenik.

d) Phosphor.

158. Phosphor kommt in zwei durchaus verschiedenen Formen vor; der gewöhnliche Phosphor läßt sich mit dem Messer schneiden, ist durchsichtig und fast farblos und riecht knoblauchartig. Seine Dichte ist gegen 1,83, er schmilzt bei etwa 44 Grad, entzündet sich bei 60 Grad und verbrennt mit bläulichweißer Flamme; er ist aber überhaupt so leicht entzündlich, daß er schon durch oberflächliches Reiben ins Brennen geräth, daher seine Anwendung in den älteren Zündhölzern zur Herstellung der Zündmasse (welche außerdem Gummi, Mennige u. a. m. enthält, je nach der Fabrikation). Seinen Namen (als Lichtträger) hat er davon, daß er im Dunkeln leuchtet. Er verwandelt bei Gegenwart von Wasser den Sauerstoff der Luft in Ozon und ist ein heftig wirkendes Gift. Setzt man gewöhnlichen Phosphor unter Wasser dem Tageslicht aus, so verliert er allmählich seine Durchsichtigkeit und bekommt eine rothe Farbe, dieses ist die zweite Form des Phosphors, der rothe Phosphor, der 2,1 mal so dicht ist wie Wasser, von selbst nicht leuchtet, sich auch nicht leicht entzündet, gerade in denjenigen Flüssigkeiten, wie Schwefelkohlenstoff, sich nicht löst, in denen der gewöhnliche

Phosphor sich löst und der vor Allem auch nicht giftig ist. Er entzündet sich gleichfalls durch Reiben und wird u. a. auch zur Herstellung der Reibfläche für die schwedischen Zündhölzer verwendet (die an der Spitze kein Phosphor haben, sondern Kaliumchlorat und andere Stoffe). Erwärmt man diesen Phosphor bis zu 260 Grad, so wird er zu gewöhnlichem Phosphor. Erwärmt man ihn zu 360 Grad, so bekommt man die dritte Form des Phosphors, den schwarzen Phosphor, der noch dichter ist als der rothe.

Phosphor kommt frei in der Natur nicht vor, in großen Mengen aber in den phosphorsauren Salzen. Die Knochen der Thiere z. B. bestehen zu $\frac{2}{3}$ aus solchen Salzen.

Man kennt mehrere Säuren des Phosphors, die in der Technik Anwendung finden. Die gewöhnliche Phosphorsäure hat die Formel H_3PO_4; sie ist eine syrupdicke Flüssigkeit, die sich im Wasser löst und verdünnt auch in der Medicin Anwendung findet. Phosphorwasserstoff H_3P ist dadurch merkwürdig, daß er in der einen Form selbstentzündlich, in der anderen Form nicht selbstentzündlich ist. Phosphor mit nur zwei Verbindungsgewichten Wasserstoff H_2P, giebt den flüssigen Phosphorwasserstoff, mit einem Verbindungsgewicht HP den festen. Die Verbindungen mit Schwefel, Chlor u. s. f. übergehen wir.

e) Silicium.

159. Endlich Silicium kommt gleichfalls in zwei Formen vor, krystallinisch dem natürlichen Graphit ähnlich, sehr hart, sehr widerstandsfähig gegen alle Säuren, selbst in der Weißglühhitze unveränderlich; sodann amorph als dunkelbraunes Pulver, welches beim Erhitzen sich leicht entzündet. Silicium gehört zu den am häufigsten vorkommenden Körpern auf der Erde, doch findet es sich nicht frei, sondern stets in Verbindung mit Sauerstoff. Es giebt aber nur eine solche Verbindung, das ist die Kieselerde SiO_2. Krystallisirte Kieselerde ist der Bergkrystall, der zu den unveränderlichsten Körpern gehört, von keiner Säure angegriffen wird und sehr schwer schmelzbar ist. Er bildet schöne, wohl allen unseren Lesern bekannte Krystalle, die je nach der Färbung als Bergkrystall, Rauchtopas, Amethyst u. s. f. bezeichnet werden. Der gemeine Kieselstein oder Quarz mit allen seinen Unterarten, wie Rosenquarz, Milchquarz, Katzenauge ist im Wesentlichen auch nur Kieselerde, ebenso der Hornstein, Kieselschiefer, Jaspis, Feuerstein, Chalcedon, Onix, Carneol, Chrysopras, Heliotrop, Moosachat u. s. f. Achat ist ein schichtenweise wechselndes Gemenge der vor-

genannten Minerale und gehört mit diesen der nichtkrystallinischen Form der Kieselerde an. Ueber die Art, wie die Achatdrusen entstehen, sind die Akten noch nicht geschlossen, wahrscheinlich ist der Vorgang der, daß in Höhlungen von Gesteinen heißes Wasser eintritt, welches die zugehörigen Stoffe gelöst enthält und diese, indem es sich abkühlt, niederschlägt. Die Färbungen sind durch geringfügige Beimengungen organischer und unorganischer Stoffe bewirkt. Doch sind die Achate des Handels meist künstlich gefärbt. In welch ungeheuren Mengen die Kieselerde vorkommt, ist leicht zu ermessen, wenn wir sagen, daß fast aller Sand und der ganze Berge zusammensetzende Sandstein aus Quarzkörnchen besteht, und daß in ganzen Landstrichen der Boden aus Quarz gebildet ist. Quarz ist auch ein Bestandtheil der meisten Gebirgsarten.

160. Es giebt auch mehrere Verbindungen der Kieselsäure, deren Salze als Silicate bezeichnet werden. Feldspath, Hornblende, Augit, Granat, Thonschiefer, Gneis, Granit bestehen aus solchen Silicaten. Kieselsäure und Silicate kommen auch in der Asche fast aller Pflanzen vor, namentlich in denen der Gräser, in den Halmen der Getreidearten, im Bambusrohr u. s. f. Im Thierreich bilden sie die Panzer vieler kleiner Thierchen, die man mit dem allgemeinen Namen Infusorien bezeichnet, Infusorienerde oder Kieselguhr ist eine massenhafte Ansammlung derartiger Panzer verwester Infusorien.

161. Daß das Glas größtentheils aus Kieselerde und Silicaten besteht, ist bekannt. Hergestellt wird es durch Zusammenschmelzen von Kieselerde (Sand) mit verschiedenen Metalloxyden, namentlich mit Kaliumoxyd (Kali), Natriumoxyd (Natron), Calciumoxyd (Kalk), Bleioxyd (Mennige), Zinkoxyd (als Zinkweiß), Wismuthoxyd u. s. f. Die verschiedenen Glassorten unterscheiden sich von einander nach dem Vorherrschen des einen oder anderen Oxydes. Bouteillen- und Fensterglas ist hauptsächlich ein Calcium- und Magnesiumsilicat, das weiße böhmische Glas ein Calcium- und Kaliumsilicat, das französische Glas ein Calcium- und Natriumsilicat, Spiegelglas ist häufig eine Mischung der beiden letztgenannten Glasarten, Krystallglas ist ein Kalium- und Bleisilicat, ebenso Flintglas; Kronglas enthält dagegen kein Blei; stark bleihaltig ist Emaille, welche einen Zusatz von Zinnoxyd enthält, Straß ist eine Glasart, die zur Herstellung von künstlichen Edelsteinen dient, Wasserglas ein in Wasser lösliches, kieselsaures Alkali, welches zum Ueberziehen von leicht feuerfangenden oder der Witterung ausgesetzten Gegenständen dient und in Folge seiner Fähigkeit zu binden und zu kleben als mineralischer Leim Anwendung findet. Die Färbung der Gläser wird

durch Zusatz von gewissen Stoffen bewirkt, wie Eisenoxyd und Kupfer=
oxyd zur Rothfärbung, Chromoxyd zur Grünfärbung, Braunstein zur
Violettfärbung u. s. f. Bleihaltige Gläser sind leicht, Kaligläser am schwersten
schmelzbar.

f) Die Metalle und ihre Verbindungen.

162. Wir sind damit an das Ende der nichtmetallischen Elemente
gelangt und haben gesehen, daß diese einander vielfach sehr unähnlich sind.
Die zur zweiten Klasse der Elemente gehörigen Körper, die Metalle,
sind dagegen einander sehr ähnlich. Alle haben den bekannten Glanz, der
als Metallglanz bezeichnet wird, alle sind bis auf eines, das Quecksilber,
fest, alle sind ohne Veränderung in Flüssigkeiten fast unlöslich, alle sind un=
durchsichtig, alle haben auch die nämlichen elektrischen und Wärmeeigen=
schaften, die wir später noch kennen lernen werden.

Im Einzelnen kommen zwischen den Metallen jedoch auch erhebliche
Unterschiede vor. So sind zunächst die Dichten außerordentlich mannig=
faltig. Das leichteste Metall, Lithium, ist nur so dicht wie die am
wenigsten dichten Flüssigkeiten, nämlich nur wenig mehr als $\frac{1}{2}$ mal so dicht
wie Wasser, Gold dagegen ist mehr als 19 mal, Platin gar mehr als
21 mal so dicht wie Wasser.

Wiewohl sie alle schmelzbar sind, sind ihre Schmelztemperaturen von
einander sehr verschieden. Quecksilber, welches ja schon gewöhnlich flüssig
erscheint, also geschmolzen ist, wird erst bei fast 40 Grad unter Null fest,
so daß seine Schmelztemperatur 40 Grad unter derjenigen des Wassers
liegt. Zinn dagegen schmilzt bei 235 Grad über Null, Silber bei
1000 Grad, Gold bei 1250 Grad, Platin bei so starken Hitzegraden, wie
sie nur schwer und durch besondere Mittel zu erreichen sind.

Auch die Härte der Metalle ist sehr verschieden, einige sind so weich,
daß man sie mit dem Messer schneiden oder gar mit der Hand kneten
kann, wie Kalium und Natrium, andere wieder sind sehr hart, oft härter
als Glas. Sie sind theils geschmeidig und dehnbar, so daß man sie zu
den feinsten Blechen auswalzen und aushämmern, oder zu den feinsten
Drähten ausziehen kann, wie Gold, Blei, Eisen, Silber u. s. f., theils aber
auch spröde und brüchig wie Glas, z. B. Stahl. Auch ihre Festigkeit ist
außerordentlich verschieden, ein Eisendraht reißt erst bei dem mehr als
20 fachen angehängten Gewicht wie ein Bleidraht von gleicher Länge und
Dicke. Die Farbe der Metalle ist im Allgemeinen silberweiß oder silber=
grau, doch ist Kupfer roth, Gold gelb, Aluminium und Silber fast völlig
weiß. Alle Metalle lassen sich poliren und spiegeln alsdann.

163. Wenige der Metalle kommen in der Erde als solche vor, z. B. Gold, Silber, Platin, Kupfer, Quecksilber, sie heißen dann gediegen oder regulinisch, und ein gediegener Metallklumpen wird als Regulus bezeichnet. Die meisten sind an andere Elemente gebunden, sind vererzt, wie man sagt, und werden erst aus den Erzen durch den Hüttenprozeß und die Metallurgie gewonnen. Sie kommen in den Gesteinen der Erde vor und bilden Schichten oder Gänge, die man als Erzgänge bezeichnet. Die Erze, aus denen die Metalle gewonnen werden, sind hauptsächlich Oxyde, Schwefelmetalle, Chlormetalle und Salze. Aus den Oxyden bekommt man die Metalle durch Erhitzen mit Kohle, wobei die Kohle dem Oxyd den Sauerstoff entzieht, um damit Kohlensäure zu bilden, wodurch das Metall frei wird. Die Kohle ist das Reduktionsmittel, und das Metall ist reducirt, wie man sagt, es fließt geschmolzen ab und wird in Formen aufgefangen. Schwefelmetalle werden geröstet oder abgeschwefelt, wodurch sie in Oxyde übergehen, die wieder mit Kohle reducirt werden. Die Schlacken in den Schmelzöfen sind geschmolzene Gesteinstücke, innerhalb deren die Erze sich befanden, oder geschmolzene Zuschläge, um den Reduktionsproceß zu beschleunigen und zu regeln. Neuerdings werden manche Metalle auf elektrolytischem Wege gewonnen, namentlich wird jetzt das Aluminium in großen Massen in dieser Weise hergestellt.

164. Die Metalle verbinden sich mit einander chemisch unmittelbar nicht; wenn mehrere Metalle in einer Verbindung vorkommen, so ist das auf indirektem Wege durch Einwirkung verschiedener ihrer Verbindungen auf einander bewirkt. Die Metalle können sich aber in einander auflösen. Lösungen von Metallen, welche durch Quecksilber bewirkt werden, nennt man Amalgame. So giebt es Zinkamalgame, Goldamalgame, Silberamalgame, Zinnamalgame zum Belegen der Spiegel u. s. f. Die Metalle können aus den Amalgamen wiedergewonnen werden durch starkes Erhitzen, indem dabei das Quecksilber verdunstet und das Metall zurückbleibt. Darauf beruht die Anwendung vieler Amalgame zur Herstellung von Metallniederschlägen, wie zum Vergolden, Versilbern, was als Feuervergoldung, Feuerversilberung u. s. f. bezeichnet wird. Die Amalgame sehen durchaus metallisch aus.

Mischungen anderer Metalle mit einander geschehen nur im geschmolzenen Zustande und geben die Legirungen, welche gleichfalls durchaus Metalle sind. Am bekanntesten ist die Legirung des Kupfers mit Zinn, Zink, Blei, Aluminium u. s. f. Bronze besteht zu etwa 91 Theilen aus Kupfer und etwa 9 Theilen aus Zinn, durch einen geringen Zusatz von Phosphor bekommt man die **Phosphorbronze**, mit etwas Gold die **Goldbronze**. Die Griechen waren Meister in der Herstellung von Bronzen, manche ihrer Bronzen (wie das Korinthsche Erz) wurden im Werthe dem Golde gleichgeschätzt. **Glockenmetall** enthält etwa 78 Theile Kupfer und 22 Theile Zinn, **Kanonenmetall** ist ähnlich wie Bronze zusammengesetzt, **Statuenbronze** enthält außer Kupfer und Zinn noch Zink und Blei. **Messing** ist eine Legirung von Kupfer und Zink, die im Durchschnitt etwa 30 °/₀ Zink enthält. **Tomback**, rothes Messing, enthält nur 15 °/₀ Zink. **Neusilber** oder **Argentan** ist eine Legirung von Kupfer, Zink und Nickel, **Alfenid** ist versilbertes Neusilber; ähnlich verhält es sich mit vielen anderen Kupferlegirungen. Die Legirungen des Bleies geben das **Schnellloth** der Klempner (Zinn und Blei zu gleichen Theilen), das **Schriftgießermetall** und manches andere. Kadmium, Blei, Zinn und Wismuth bilden eine eigenthümliche Legirung, die man als **Wood'sches Metall** bezeichnet, welches schon bei 70 Grad schmilzt. Silber wird hauptsächlich in seiner Legirung mit Kupfer verarbeitet. Unsere Münzen bestehen aus einer solchen Legirung, deren Gehalt an Silber gesetzlich festgestellt ist. Gold wird gleichfalls nicht rein verwendet, sondern in der Legirung mit Kupfer und Silber. Es darf nicht unerwähnt bleiben, daß von vielen Chemikern die Amalgame und Legirungen als wirkliche chemische Verbindungen betrachtet werden, doch sind es jedenfalls solche, bei denen die metallischen Eigenschaften bestehen bleiben.

165. Anders verhält es sich mit den unzweifelhaften chemischen Verbindungen mit den Nichtmetallen, es kommen hier hauptsächlich in Betracht:

a) Die Verbindungen mit Sauerstoff, die **Metalloxyde**; ausnahmslos starre Körper, meist unlöslich in Wasser, ohne jedes metallische Aussehen, vielmehr größtentheils von erdiger Beschaffenheit. Alle Metalle bilden Oxyde und zwar vielfach von sehr verschiedenem Gehalt an Sauerstoff, so Mangan allein sechs Oxyde. Die Oxydbildung erfolgt vielfach unter ganz gewöhnlichen Verhältnissen, z. B. allein durch Liegen in feuchter Luft, die Metalle rosten, wie man sagt, so Eisen, Zink, Kalium, Natrium u. s. w. Manche Metalle gehen dabei allmählich vollständig in Rost über, wie Eisen, andere dagegen bekommen nur eine Haut von Rost, welche sie gegen weiteres Verrosten schützt, wie Zink. Die edlen Metalle rosten nicht. Die Oxydbildung wird beschleunigt, wenn die Metalle in der Luft geglüht oder geschmolzen werden. Einige Metalle zersetzen in Folge ihrer Vorliebe für den Sauerstoff das Wasser, sobald sie mit ihm nur in Berührung kommen; dieses geschieht bei Natrium und Kalium mit außerordentlicher Heftigkeit. Andere wieder oxydiren sich erst in Säuren, doch bilden sie dabei sofort

mit einem Bestandtheil der Säuren Salze, vielfach unter gleichzeitiger Zer=
legung des Lösungsmittels der Säuren, namentlich, wenn letztere verdünnt
sind. Dieses findet z. B. statt bei der Auflösung von Zink in verdünnter
Schwefelsäure nach der chemischen Gleichung $H_2SO_4 + Zn = ZnSO_4 + H_2$;
der frei werdende Wasserstoff kann aufgefangen werden und wird in der
That vielfach, wo man seiner bedarf, so gebildet. Daß man die Metalle
aus den Oxyden durch Glühen wiedergewinnen kann, ist bereits erwähnt.
Es kann dieses geschehen durch Glühen der Oxyde allein, namentlich bei
den edlen Metallen, wie Gold, Silber, Platin, Quecksilber, oder durch
Glühen mit einem Reduktionsmittel, wozu vorzugsweise Kohle und Wasser=
stoff dient, z. B. Bleioxyd und Kohle geglüht geben reines Blei und
Kohlenoxydgas, Kupferoxyd und Wasserstoff geglüht geben reines Kupfer
und Wasser u. s. f.

b) Halogenverbindungen. Verbindungen der Metalle mit Chlor
entstehen vielfach ohne jeden Anstoß, werden auch bewirkt durch Auflösen
der Metalle in Salzsäure oder bei den edlen Metallen, Gold, Platin, in
Königswasser. Sie sind meist starr, einige auch flüchtige Flüssigkeiten.
Jedes Metall kann mehrere Verbindungen mit Chlor eingehen, welche als
Chloride, Chlorüre, Chlorate u. s. f. bezeichnet werden. Aehnlich sind die
Verbindungen mit den anderen Halogenen.

c) Schwefelmetalle. Die meisten Metalle verbinden sich mit
Schwefel, entweder durch Verbrennen im Schwefeldampf oder durch Glühen
eines Metalloxyds mit Schwefel, oder durch Glühen eines schwefelsauren
Metallsalzes mit Kohle, oder durch Einwirkung von Schwefelwasserstoffgas
auf Metalloxyde u. s. f. Diese Verbindungen sind starr, vielfach sehr leb=
haft gefärbt, kommen häufig in den Gesteinen vor und besitzen meist Metall=
glanz. Durch Glühen, Rösten werden sie in Oxyde verwandelt, aus denen
das Metall dann durch Reduktion gewonnen werden kann.

d) Mit anderen nichtmetallischen Elementen kommen gleichfalls Ver=
bindungen vor, doch sind von größerer Wichtigkeit nur die Verbindungen
des Eisens mit Kohlenstoff im Roheisen und Stahl. Namentlich gering
ist die Neigung des Wasserstoffs zu den Metallen. Seltsamerweise verhalten
sich die Verbindungen des Wasserstoffs mit den Metallen wie Metall=
legirungen.

e) Salze. Sie sind, wie bereits bemerkt, Umsetzungen von Säuren
mit Basen, durch welche der Wasserstoff der Säuren ganz oder zum Theil
durch Metalle oder ihnen ähnliche Körper ersetzt ist. Es giebt folgende
Arten von Salzen. Haloidsalze, in denen der übrig gebliebene Säure=
bestandtheil eines der Halogene ist, dazu gehört z. B. das Kochsalz, das ist

Chlornatrium, sodann das ihm sehr ähnliche in den Staßfurter Salzlagern vorkommende Chlorkalium, das Chlorlithium, Chlorbarium, Fluorcalcium oder Flußspath, Jodkalium, Bromkalium, Eisenchlorür, Eisenjodid u. s. f. Die anderen Salze sind solche, welche aus der Umsetzung von Basen mit Sauerstoffsäuren entstehen, z. B. K_2SO_4 schwefelsaures Kalium, $CaSO_4$ schwefelsaurer Kalk oder Gips, $ZnSO_4$ schwefelsaures Zink. In allen diesen Salzen sind die Wasserstofftheile der Schwefelsäure durch das Metall des betreffenden Oxydes ersetzt. So ist auch der Borax ein Salz des Natriums, welches durch Umsetzung mit Borsäure entstanden ist. Nach den Säuren unterscheidet man salpetersaure Salze, schwefelsaure, phosphor=saure, arsensaure, antimonsaure, chlorsaure, bromsaure, jodsaure, kohlensaure, kieselsaure, borsaure und Salze der organischen Säuren, wie die der Essig=säure, Oxalsäure u. s. f. Bilden die nämlichen Elemente mehrere Säuren, so giebt es auch mehrere entsprechende Salze; so unter den schwefelsauren Salzen eigentlich schwefelsaure, schwefligsaure, unterschwefelsaure und unter=schwefligsaure, also vier Arten von Salzen. Aehnlich giebt es drei Arten von phosphorsauren Salzen, zwei von salpetersauren u. s. f.

Manche Salze enthalten statt des Sauerstoffs der Säure eine ent=sprechende Zahl von Verbindungsgewichten Schwefel, sie heißen dann Sulfosalze; so entspricht dem arsensauren Salz K_3AsO_3 das Sulfo=salz K_3AsS_3.

Die Salze sind entweder sauer oder neutral oder basisch. Ein und dasselbe Metall bildet mit derselben Säure bald saure, bald neutrale, bald basische Salze. So ist $HKSO_4$ ein saures Kaliumsalz, K_2SO_4 ein neu=trales, $HClZnO$ ein basisches Salz. Ein Salz wird sauer sein, wenn in der Umsetzung mit der Basis die Säure vorherrscht, basisch, wenn das mit der Basis der Fall ist und neutral, wenn keines von beiden vorherrscht. Starke Säuren und schwache Basen geben also saure Salze, schwache Säuren und starke Basen basische, gleich starke Säuren und Basen neu=trale Salze.

Es giebt auch Salze, in denen zwei Metalle vertreten sind, sie heißen Doppelsalze. Dazu gehören besonders die Alaune wie Kalium=Alu=minium=Sulfat $KAlS_2O_8$.

Die Salze sind meist starre Körper, krystallisiren größtentheils und sind manchmal auch gefärbt, sie schmecken rein salzig, wie Kochsalz, oder daneben etwas bitter, wie Kaliumsalz, oder sehr bitter, wie die Magnesium=salze. Andere wieder schmecken süß, noch andere metallisch. Die meisten Salze lösen sich in Wasser, einige sind sogar so begierig nach Wasser, daß sie an der Luft zerfließen, indem sie aus ihr alle Feuchtigkeit an sich ziehen, z. B. Chlorcalcium.

Wenn Salze aus einer wässerigen Lösung auskrystallisiren, verbinden sie sich vielfach mit bestimmten von der Temperatur und anderen Umständen abhängigen Mengen Wasser. Man nennt dieses Wasser Krystallwasser und muß es in den chemischen Formeln der krystallisirten Salze berück= sichtigen. So ist der gewöhnliche Alaun nicht krystallisirt ein Doppelsalz, von der Formel $KAlS_2O_8$, dagegen ist noch die Größe $12H_2O$ hinzuzufügen, wenn es sich um Alaunkrystalle handelt. Ebenso ist Zinkvitriol nicht krystallisirt $ZnSO_4$, krystallisirt $ZnSO_4 + 7H_2O$. Geht das Krystallwasser den Krystallen verloren, so zerfallen sie meist zu Pulver; bei manchen Krystallen geschieht das erst durch starke Erhitzung, bei anderen dagegen schon unter gewöhnlichen Umständen. Diese verwittern, wie man sagt. Nicht alle Salze nehmen Krystallwasser beim Krystallisiren auf. Auch Krystalle organischer Stoffe enthalten vielfach Krystallwasser.

Nach diesen allgemeinen Auseinandersetzungen können wir uns in Be= zug auf die einzelnen Metalle kurz fassen. Man theilt sie in Gruppen ein, deren jede besonders ähnlich sich verhaltende Metalle umfaßt.

166. Die Alkalimetalle, nämlich Kalium, Natrium, Lithium, Rubidium, Cäsium. Sie haben ihren Namen davon, daß ihre Oxyde Alkalien heißen. Enthalten die Oxyde auch Wasserstoff — solche Oxyde heißen allgemein Hydroxyde — so nennt man sie kaustische Alkalien. Letztere sind die stärksten Basen, haben einen ätzenden, laugenhaften Ge= schmack, zerstören alle organischen Gewebe, färben in Lösung rothes Lack= muspapier blau und Kurkumapapier braun; daher man diese Reaktion alkalisch nennt, auch wenn man sie an anderen Basen trifft. Diese Metalle selbst sind in gewöhnlicher Temperatur sehr weich, in der Kälte hart, spröde und alle sehr leicht.

167. Kalium hat die Dichtigkeit 0,865, ist silberweiß, schmilzt schon bei etwa 62 Grad, ist äußerst begierig nach Sauerstoff, so daß es sofort anläuft und erhitzt verbrennt. Es muß deshalb unter Petroleum aufbewahrt werden, welches bekanntlich keinen Sauerstoff enthält.

a) Wichtig ist die Verbindung mit Sauerstoff und Wasserstoff KHO, Kalihydrat, Aetzkali oder Aetzstein genannt. Es ist ein weißer, harter Körper, der an der Luft zerfließt und in Wasser unter starker Er= hitzung sich löst. Die wässerige Lösung heißt Kalilauge. Die Stärke der Kalilauge wird nach dem Gehalt an Aetzkali bestimmt. Diese Lauge bildet sich von selbst, wenn man Kalium auf Wasser wirft, die Bildung geht jedoch etwas stürmisch vor sich.

b) Von den Salzen nennen wir vor allem das Kaliumkarbonat K_2CO_3; im Handel kommt es mit vielen anderen Salzen vermischt unter dem Namen Pottasche vor, welche im Haushalte, in der Seifenfabrikation und in der Glasfabrikation angewendet wird. Sie wird aus der Holzasche nach Behandlung mit Wasser, in welchem das in der Asche enthaltene kohlensaure Kalium sich löst, durch Eindampfen und durch Glühen (Kalciniren) gewonnen oder fabrikmäßig aus dem in Staßfurt gegrabenen Chlorkalium hergestellt. Doch kann sie auch aus Feldspath, den Salzen des Meerwassers oder aus Tangen u. s. f. angefertigt werden.

c) Ein anderes wichtiges Salz ist das salpetersaure Kalium oder Kalisalpeter, KNO_3, von scharfem Geschmack, farblos, durchsichtig und in Wasser löslich. Der Salpeter findet sich namentlich in heißen Ländern, nach der Regenzeit aus der Erde ausgewittert und kommt in den Handel als ostindischer oder prismatischer Salpeter. Künstlich gewonnen wird er in den Salpeterplantagen, indem man stickstoffhaltige, faulende thierische Stoffe, wie Harn, Jauche, thierische Abfälle mit Bauschutt oder Holzasche, oder verwittertem Feldspath vermischt und jahrelang der Ein= wirkung der Luft überläßt. Was man durch Auslaugen dieser Salpetererde bekommt, ist ein Gemenge von mehreren Salzen, aus denen man das ge= wünschte Salz durch Abdampfen und mehrfaches Umkrystallisiren gewinnt.

d) Salpeter wird bekanntlich hauptsächlich zur Fabrikation des Schieß= pulvers angewendet; ungefähr 75% davon sind Salpeter, 12% Schwefel, 13% Kohle. Doch benutzt man es auch bei der Herstellung von Salpeter= säure, Schwefelsäure, Feuerwerken und in der Medicin.

e) Chlorsaures Kalium oder Knallsalz $KClO_3$ dient zum Füllen von Zündhütchen zusammen mit Schwefel oder Schwefelantimon und anderen Stoffen und zur Herstellung der schwedischen Zündhölz= chen. Chlorkalium KCl kommt in den Abraumsalzen vor, ebenso Bromkalium, sie dienen zur Fabrikation von Pottasche, Brom u. s. f. Jodkalium und Bromkalium sind bekanntlich auch Arzneimittel.

f) Schwefelkalium K_2S giebt mit schwefelsaurem Kalium K_2SO_4 die Schwefelleber der Apotheken und dient durch Vermischung mit Salzsäure zur Herstellung der Schwefelmilch.

g) Erhitzt man Quarz mit kohlensaurem Kalium, so erhält man kieselsaures Kalium, das sogenannte Wasserglas, dessen Eigenschaften schon angegeben sind.

h) Ein furchtbares Gift ist Cyankalium KCN, ein starrer, farb= loser, alkalisch reagirender Körper. Hierher gehört auch das rothe und gelbe Blutlaugensalz, Ferridcyankalium $K_6Fe_2C_{12}N_{12}$ und

Ferrocyankalium $K_4FeC_6N_6 + 3H_2O$. Das letztere findet in der Technik ungemein vielseitige Anwendung zur Herstellung von Cyankalium, in der Färberei, Fabrikation von Schieß= und Sprengstoffen u. s. f. und wird durch Glühen von thierischer Kohle (aus Blut, Horn, Leder, Wolle) mit Pottasche hergestellt. Berlinerblau (neutrales und basisches) wird durch Lösung von gelbem Blutlaugensalz in einer Lösung von Eisenchlorid bezw. einer anderen Eisensalzlösung erhalten und als Aquarellfarbe, zum Färben von Wollstoff, Seide u. s. f. und in der Zeugdruckerei verwendet.

168. Außerordentlich ähnlich dem Kalium verhält sich das Natrium, es ist etwas dichter als dieses, nämlich 0,97 mal so dicht wie Wasser und schmilzt bei höherer Temperatur. Es verbrennt an der Luft erhitzt und rafft überall Sauerstoff an sich.

a) Natron ist Natriumoxyd Na_2O, Natronlauge ist eine wässerige Lösung des Natriumhydroxyd $NaHO$, oder Natronhydrat, Aetz= natron, Natronätzstein (auch Seifenstein) und hat dieselben Eigen= schaften wie die Kalilauge.

b) Von den Salzen entspricht dem Kaliumkarbonat das Natrium= karbonat Na_2CO_3, das ist Soda, eine krystallinische feste Masse, die im Wasser leicht löslich ist. Soda findet sich in den sogenannten Natronseen, in Ungarn und Armenien, und kann auch aus der Asche gewisser Pflanzen gewonnen werden, das ist die natürliche Soda. Fabrikmäßig wird es nach dem Leblanc'schen Verfahren ungefähr in folgender Weise her= gestellt: Man behandelt Kochsalz mit Schwefelsäure, dieses giebt schwefel= saures Natrium und Salzsäure, welche als Nebengewinn gesondert auf= gefangen wird. Die Gleichung ist $2NaCl + H_2SO_4 = Na_2SO_4 + 2HCl$. Das schwefelsaure Natrium bringt man in Glühöfen, die Sodaöfen, und fügt Kohle und kohlensaures Calcium hinzu; dabei gehen zwei Veränderungen vor sich, erst entsteht durch Einwirkung der Kohle auf das schwefelsaure Natrium, Schwefelnatrium und Kohlenoxyd nach der Gleichung $Na_2SO_4 + 4C = 4CO + Na_2S$. Sodann wird das Schwefelnatrium, durch das kohlensaure Calcium in kohlensaures Natrium, das ist die gewünschte Soda und Schwefelcalcium verwandelt, nach der Formel $Na_2S + CaCO_3 = Na_2CO_3 + CaS$. Alles zusammen bildet eine geschmolzene nach dem Er= kalten steinharte Masse, aus welcher die Soda durch Wasser ausgelaugt wird. Wird das Wasser durch Verdampfen entfernt, so krystallisirt die Soda aus. Diese Fabrikation ist ausführlicher behandelt, weil sie als eklatantes Beispiel für chemische Umsetzungen für viele andere stehen kann und weil die Sodafabrikation mit den wichtigsten Zweig der chemischen Industrie bildet. Sodafabriken stellen auch unter Benutzung des gewonnenen Chlor=

wasserstoffs Salzsäure und Chlorkalk her und fabriciren auch Schwefelsäure. Das neue Ammoniak=Sodaverfahren kann an dieser Stelle nicht aus= einander gesetzt werden. Angewendet wird Soda wie Pottasche, dessen Fabrikation aus Chlorkalium übrigens dieselbe ist, wie die der Soda aus Chlornatrium.

c) Ersetzt man in der Soda ein Verbindungsgewicht Natrium durch ein Verbindungsgewicht Wasserstoff, so bekommt man das bekannte doppelt= kohlensaure Natron $NaHCO_3$ oder Natrium bicarbonicum. Es findet sich auch in vielen Mineralwässern, namentlich in den Säuerlingen und Stahlquellen.

d) Ein anderes medicinisch wichtiges Salz ist das schwefelsaure Natrium oder Glaubersalz $Na_2SO_4 + 10 H_2O$, von bitterlich=salzigem Geschmack und abführender Wirkung. Es kommt gleichfalls in vielen Mineralwässern vor, bildet aber auch ganze Gebirgsmassen.

e) Das Analoge zum Kalisalpeter ist der Natronsalpeter, auch Chile=, Peru= oder kubischer Salpeter $NaNO_3$ genannt. Anwendung findet er hauptsächlich zur Bereitung der Salpetersäure; für Pulver eignet er sich nicht, weil er Wasser aus der Luft anzieht. Er wird an der Grenze von Chile und Peru, woselbst er viele Quadratmeilen Landes bedeckt, durch Einsammeln gewonnen. Der Rohsalpeter muß erst gereinigt werden. Ueber das borsaure Natrium, den Borax, ist bereits gesprochen worden.

f) Das kieselsaure Natrium giebt wieder ein Wasserglas. Das Chlornatrium das Kochsalz $NaCl$ und seine Gewinnung als Steinsalz, aus Salzsoolen und aus dem Meerwasser ist genügend bekannt. Es giebt auch hier eine Schwefelleber.

169. Das Lithium und seine Verbindungen haben ebenso wenig wie die noch fehlenden Alkalimetalle mit ihren Verbindungen besonderes Interesse. Zu erwähnen ist nur, daß einige Lithiumverbindungen sich in Mineral= wässern finden (Karlsbad, Baden=Baden, Kissingen, Kreuznach) und daß ihnen besondere Heilwirkungen zugeschrieben werden.

Mit den Alkalimetallen viele Aehnlichkeit hat die früher schon behandelte, frei allerdings nicht vorkommende Verbindung NH_4 Ammonium, welche mit Quecksilber sogar ein Amalgam bildet.

170. Metalle der alkalischen Erden. Deren sind drei, Baryum, Strontium und Calcium; sie sind hart, dehn= und hämmerbar, laufen in feuchter Luft leicht an, verbrennen erhitzt mit starker Lichtentwickelung zu Oxyden, Schwefel= und Chlorverbindungen und zersetzen das Wasser auch bei gewöhnlicher Temperatur. Frei kommen sie in der Natur nicht vor. Die Oxyde heißen alkalische Erden. Die Hydroxyde, kaustische al=

kalische Erden genannt, sind gleichfalls starke ätzende Basen, doch nicht in dem Maaße wie die kaustischen Alkalien.

171. Baryum ist bisher nur als gelbes metallisches Pulver dargestellt, Baryumoxyd BaO heißt manchmal auch Baryt und kommt frei in der Natur nicht vor.

a) Baryumhydroxyd, Barythydrat, Aetzbaryt, kaustischer Baryt ist BaH_2O_2; in Wasser gelöst giebt es das Barytwasser, eine laugenhaft wirkende und ebenso schmeckende Flüssigkeit, die man nicht an der Luft stehen lassen darf, weil sie aus dieser Kohlensäure anzieht, wodurch das Aetzbaryt in kohlensauren Baryt übergeht. Letzterer bildet ein weißes erdiges Pulver, ist giftig und findet sich in der Natur krystallisirt als Witherit.

b) Schwefelsaurer Baryt $BaSO_4$ heißt krystallisirt Schwerspath, ist gleichfalls ein weißes erdiges Pulver, wird in großer Menge als weiße Farbe unter dem Namen Barytweiß, Permanentweiß, Blankfixe, vermischt mit Bleiweiß als Genueser, Hamburger, Holländisches, Venetianisches Weiß verkauft. Da dieser Baryt in Wasser unlöslich ist, geben Baryumsalze in Schwefelsäure gethan einen flockigen Niederschlag. Hierauf beruht die Anwendung löslicher Baryumsalze zur Entdeckung der Schwefelsäure und umgekehrt der Schwefelsäure zur Entdeckung des Baryums.

c) Andere Salze sind salpetersaurer Baryt, chromsaurer (Barytgelb oder Permanentgelb), phosphorsaurer, Chlorbaryum $BaCl_2$, letzteres sehr giftig.

172. Strontium, $2\frac{1}{2}$ mal so dicht wie Wasser, schön goldgelb, entzündet sich erhitzt und verbrennt zu Strontiumoxyd, auch Strontian geheißen SrO. Kohlensaures Strontium oder kohlensaurer Strontian, Strontianit $SrCO_3$ wird in der Zuckerfabrikation im Strontianitverfahren verwendet, kommt auch natürlich in größeren Massen vor und ist ein weißes dem kohlensauren Baryt ähnliches Pulver. Schwefelsaures Strontium $SrSO_4$ heißt als Mineral Cölestin und löst sich in Wasser mehr als das schwefelsaure Baryt, sieht letzterem aber ganz ähnlich. Die Strontiumsalze färben die Flammen roth und werden deshalb in der Feuerwerkerei verwendet.

173. Calcium ist das wichtigste der drei Metalle, denn es kommt in Verbindungen in ungeheuren Massen auf der Erde vor. Es ist hellgelb, sehr dehnbar, in trockener Luft ziemlich beständig und zersetzt das Wasser unter starker Erwärmung schon bei gewöhnlicher Temperatur, es verbrennt erhitzt in der Luft und in Halogengasen.

a) **Calciumoxyd** CaO oder **Kalk** oder **Kalkerde** führt, weil es aus dem kohlensauren Kalk durch Brennen gewonnen wird, auch den Namen gebrannter Kalk. Er wird durch Brennen der Kalksteine in den Kalköfen, wodurch die Kohlensäure vertrieben wird, hergestellt. Uebergießt man gebrannten Kalk mit Wasser, so erhält man das Kalkhydrat oder den kaustischen Kalk oder Aetzkalk CaH_2O_2, einen laugenhaft wirkenden Körper, der sich in Wasser in geringen Mengen löst. Die Lösung heißt Kalkwasser und bildet, wie schon erwähnt, ein vorzügliches Reagenz für Kohlensäure, indem diese das Kalkhydrat wieder in kohlensauren Kalk, der in Flocken zu Boden fällt, verwandelt. Es zieht auch Kohlensäure aus der Luft an. Kalkmilch ist Kalkwasser mit einem Ueberschuß von Kalkhydrat, letzterer senkt sich allmählich zu Boden und läßt das Kalkwasser zurück. Gelöschter Kalk ist Kalkhydrat, der durch reichliches Uebergießen des Kalkes mit Wasser gewonnen wird, wobei bekanntlich eine starke Erhitzung entsteht. Er ist der wesentlichste Bestandtheil des Mörtels, der außerdem noch Sand und andere Stoffe enthält und die Eigenschaft hat, an der Luft zu erhärten, die seine Verwendung bestimmt. Magerer Kalk ist solcher Kalkstein, der verhältnißmäßig wenig kohlensauren Kalk enthält, aber viel Kieselsäure und Thonerde, er wird zur Herstellung des auch in Wasser erhärtenden Wassermörtels, auch hydraulischer Kalk oder Cement (in seinen vielen Abarten) genannt, verwendet. Ersetzt kann er werden durch eine Mischung aus Kalk und Thonerde.

b) Der **kohlensaure Kalk** hat die Formel $CaCO_3$, ist in Wasser unlöslich, so lange darin keine Kohlensäure enthalten ist; seine Benutzung zur Herstellung von Kalk ist schon erwähnt. Er gehört zu den verbreitetsten Körpern auf der Erdoberfläche. Marmor, Urkalk, Kreide, Kalkstein, die Tropfsteine vieler Höhlen, der Kalksinter, die Muscheln, Perlmutter, Austernschalen, Eierschalen, Perlen, Korallen bestehen größtentheils aus kohlensaurem Kalk. Auch die Knochen der Wirbelthiere enthalten ihn. Krystallisirt kommt dieser Kalk vor unter dem Namen Kalkspath, besonders geschätzt als Isländischer Doppelspath. Der Arragonit ist eine andere Krystallform des kohlensauren Kalks.

c) **Schwefelsaurer Kalk** $CaSO_4$, Gips kommt gleichfalls viel in der Natur vor und heißt wasserfrei Anhydrit, als Gebirgsmasse Gipsstein, im krystallinischen Zustand Alabaster, Marienglas, Gipsspath, Fraueneis. Gips erhitzt verliert sein Krystallwasser, benetzt gewinnt er dasselbe wieder und wird dabei hart, darauf beruht die Anwendung des gebrannten Gipses zur Herstellung von Gipsabgüssen und Stuckarbeiten. Mauersalpeter, der aus den feuchten Stellen von Mauern auswittert, ist salpetersaurer Kalk.

d) Der Bleichkalk ist eine Mischung von zwei Chlorsalzen des Calciums, nämlich vom unterchlorigsauren Calcium $CaCl_2O_2$ und Chlorcalcium $CaCl_2$, wozu noch Calciumhydroxyd kommt. Er heißt auch Chlorkalk und wirkt bleichend und desinficirend. Hergestellt wird er durch Behandeln von gelöschtem Kalk oder Kalkwasser mit Chlor. Da die Sodafabrikation, wie wir gesehen haben, auch Salzsäure liefert und aus dieser durch Braunstein das Chlor entwickelt werden kann, wird Chlorkalk vielfach neben der Soda fabricirt. Chlorkalk mit etwas Essig befeuchtet giebt Chlor, darauf beruht seine Anwendung als Desinfektionsmittel.

e) Chlorcalcium ist eine poröse Masse von äußerster Begierde nach Feuchtigkeit, daher es zur Entfeuchtung von Räumen und zum Entwässern von Flüssigkeiten, z. B. von nicht ganz wasserfreiem Alkohol, benutzt wird. Auch ist es ein vorzügliches Mittel, um Kältemischungen herzustellen, denn mit Schnee gemischt, bringt es eine Kälte von fast 50 Grad unter Null hervor. Fluorcalcium ist das bekannte Mineral Flußspath, welches in Form von Würfeln oder Doppelpyramiden krystallisirt und glasartig aussieht, doch auch ganz undurchsichtig sein kann; es leuchtet nach Erwärmen im Dunkeln.

f) Phosphorsaurer Kalk $Ca_3P_2O_8$ kommt als Phosphorit, Apatit, Koprolit, Islandguano vor und findet sich besonders auch in den Knochen der Thiere. Die Asche der gebrannten Knochen, die Knochenerde besteht zu $\frac{4}{5}$ aus diesem phosphorsauren Kalk, zu $\frac{1}{5}$ aus kohlensaurem Kalk. Das aufgeschlossene Knochenmehl dagegen ist ein Gemenge von saurem phosphorsaurem Kalk $CaH_4P_2O_8$ und Gips und dient ebenso wie Knochenerde als Düngemittel. Calcium bildet auch mit vielen organischen Säuren Verbindungen, so giebt es essigsauren, citronensauren, carbolsauren, holzsauren (Rothsalz), oxalsauren u. s. f. Kalk.

174. Metalle der Magnesiumgruppe, nämlich Magnesium, Beryllium, Zink und Kadmium. Sie zersetzen Wasser bei gewöhnlicher Temperatur nicht, ihre Hydroxyde sind in Wasser unlöslich, ihre Sulfate leichtlöslich, sie sind meist silberweiß.

175. Magnesium ist dehnbar und hämmerbar, verhältnißmäßig leicht und verbrennt mit außerordentlichem, bläulichem Glanz zu Magnesiumoxyd. Ein brennender Magnesiumdraht von $\frac{1}{3}$ Millimeter Dicke leuchtet so hell wie 75 Stearinkerzen, daher seine Anwendung für glänzende Lichteffekte und in der Photographie. Rein kommt es in der Natur nicht vor,

es wird aus dem Chlormagnesium durch Behandlung mit Kalium oder Natrium, oder durch Elektrolyse gewonnen.

a) Magnesiumoxyd MgO heißt Magnesia oder Bittererde, oder Talkerde; es bildet ein feines, weißes Pulver, ist fast ganz unlöslich in Wasser, reagirt schwach alkalisch und wird durch Glühen von kohlensaurem Magnesium gewonnen, findet in der Medicin als Arzneimittel und als Gegengift bei Arsenikvergiftung Anwendung. Es läßt sich durch Glühen mit Kohle zu Metall nicht reduciren. Auch das Magnesiumhydroxyd MgH_2O_2 erfährt als Magnesia alba mit Magnesiumoxyd gemischt Anwendung. Die Magnesiumsalze finden sich in den Gesteinen, Mineralien und in der Asche der Thiere und Pflanzen. Die löslichen von ihnen wirken abführend.

b) Es gehören hierher: das kohlensaure Magnesium, Magnesit $MgCO_3$, das schwefelsaure Magnesium oder Bittersalz $MgSO_4 +$ $7\,H_2O$, welches wasserklar, krystallinisch, bittersalzig und in Wasser leicht löslich ist. Bitterquellen, wie Epsom in England (daher auch der Name Epsomsalz), Saidschütz, Sedlitz, Pilna in Böhmen, enthalten solches Bitter= salz natürlich; künstliches Bitterwasser kommt aus Friedrichshall und Kissingen. Der Kieserit der Staßfurter Salzlager enthält gleichfalls schwefelsaures Magnesium, ebenso der Kainit. Andere Salze sind phosphorsaures Magnesium, kieselsaures Magnesium, letzteres bildet in verschiedenen Formen die Minerale Olivin (im Basalt und in Meteor= steinen), Serpentin, Speckstein, Meerschaum, Talk (eine Ge= birgsart, läßt sich mit dem Messer schneiden), Talkschiefer und Topfstein.

c) Wichtig sind auch die Doppelsalze des Magnesiums. Bitter= spath, der Hauptbestandtheil des Dolomits in Tyrol, ist $MgCO_3 +$ $CaCO_3$, also kohlensaures Magnesium=Calcium. Kieselsaures Magnesium= Calcium findet sich in den Gesteinen Augit und Hornblende, auch im gewöhnlichen Asbest (Amianth, Erdflachs u. s. f.).

d) Von den einfachen Salzen mit den Halogenen nennen wir das Chlormagnesium $MgCl_2$, ein leicht zerfließendes Mineral, welches im Meerwasser, in Salzsoolen und vielen Mineralquellen vorkommt. Mit Chlorkalium zusammen bildet es den Karnallit, mit Chlorcalcium das Tachhydrit, mit Magnesiumborat den Boracit oder Staßfurtit der Staßfurter Salzlager. Brom= und Jodmagnesium kommen ähnlich vor wie das Chlormagnesium.

176. Ueber das Beryllium ist wenig zu sagen. Die Beryllerde ist BeO. Die Edelsteine Beryll, Chrysoberyll und der Smaragd

gehören hierher, sind jedoch komplicirte Verbindungen des Berylliums mit Kieselsäure und Aluminium.

177. Das dritte Metall dieser Gruppe, das Zink, ist genügend bekannt, es schmilzt bei 360 Grad, verwandelt an der Luft seine bläulichweiße Farbe in Grau, verbrennt bis zum Sieden erhitzt mit weißem Licht zu Zinkoxyd, kommt gediegen nicht vor und wird aus seinen Erzen (Galmei und geröstete Zinkblende) gewonnen.

a) Zinkoxyd ZnO ist unlöslich in Wasser und bildet mit Säuren Salze, es wird fabrikmäßig hergestellt und dient als Zinkweiß, Zinkblume, Zinkstaub, Zinkasche u. s. f. für Bleiweiß. Auch findet es in der Medicin Anwendung.

b) Die Zinksalze sind giftig. Wir erwähnen das schwefelsaure Zink oder Zinkvitriol $ZnSO_4 + 7\,H_2O$, bildet schöne, große, durchsichtige Krystalle und entsteht auch in verdünnter Schwefelsäure durch Auflösen von Zink. Fabrikmäßig wird es aus Zinkblende durch Glühen und Auslaugen hergestellt. Kohlensaures Zink, Zinkspath oder Galmei $ZnCO_3$ bildet mit das wesentlichste Zinkerz. Zinkblüthe enthält dieses Salz nebst Zinkhydroxyd und Wasser. Zinkglas oder ebenfalls Galmei ist kieselsaures Zink.

c) Chlorzink ist ein leicht zerfließlicher Körper, der ätzend wirkt, findet in der Medicin als Aetzmittel und wegen seiner giftigen Eigenschaften auch zur Konservirung anatomischer Präparate, ferner zur Imprägnirung von Eisenbahnschwellen Anwendung. Schwefelzink ZnS ist die Zinkblende, die als Zinkerz dient.

178. Kadmium wird zur Herstellung der Kadmiumpräparate, mit Quecksilber legirt, also als Amalgam, zum Plombiren der Zähne angewendet. Seine Verbindungen haben für uns wenig Interesse.

179. Die nächste Gruppe, welche die Metalle Cerium, Lanthan, Yttrium, Erbium, Didymium enthält, hat einstweilen nur wissenschaftliche Bedeutung.

Wir gehen gleich zu einer der wichtigsten Gruppen, zu der Eisengruppe, über, der die Metalle Alumininm, Eisen, Nickel, Kobald, Chrom, Mangan, Wolfram, Uran, Indium und Molybdän angehören. Physikalisch sind sie von einander recht verschieden, chemisch aber einander nahe verwandt.

180. Das Aluminium wird unseren Lesern genügend bekannt sein. Es ist ein silberweißes Metall, nur etwa $2\frac{1}{2}$ mal so dicht wie Wasser, legirt sich mit mehreren anderen Metallen, ist verhältnißmäßig beständig, wird mit Ausnahme der Salzsäure von verdünnten Säuren nur wenig an=

gegriffen, löst sich jedoch in kaustischen Alkalien auf. Es wird jetzt in großen Massen auf elektrolytischem Wege hergestellt, läßt sich leicht dehnen und hämmern und beliebig verarbeiten.

a) Das Aluminiumoxyd ist die weitverbreitete Thonerde Al_2O_3, krystallisirt bildet sie die drei bekannten Edelsteine Saphir, Rubin und Korund, welche nächst dem Diamant und dem Bor die härtesten Körper geben. Orientalischer Topas und orientalischer Amethyst sind gelbe und violette Abarten des Rubins. Auch gestaltlos kommt die Thonerde vor, eine Abart davon ist der Schmirgel.

Die Aluminium- oder Thonerdesalze gehören zu den verbreitetsten Stoffen auf der Erde und setzen große Gesteinsmassen zusammen, namentlich kommen sie in Doppelsalzen vor. Der Türkis, der als Edelstein Anwendung findet, ist ein solches Aluminiumsalz.

b) Von der größten Wichtigkeit ist das kieselsaure Aluminium, da es in vielen Gesteinsarten, sodann im Thon, Lehm, Porzellan, Cement u. s. f. enthalten ist. Thon besteht hauptsächlich aus diesem Salz, dazu noch aus Calcium-, Magnesium-, Eisen- und anderen Salzen und auch aus organischen Stoffen. Reinster Thon ist das Kaolin oder die Porzellanerde, eine weiße, weiche, sich fettig anfühlende Masse. Es gehören außerdem zum Thon Pfeifenthon, Fayencethon, Ziegelthon, Töpferthon u. s. f., die sich von einander nur durch die Menge fremder Beimischungen unterscheiden. Fetter Thon ist solcher, der mit Wasser vermengt sich kneten und in beliebige Form bringen läßt. Magerer Thon, bei dem das in geringerem Maaße der Fall ist. Mergel ist Thon mit vielem kohlensauren Kalk vermischt; hierher gehört auch die Ockererde, Walkerde, Sienischeerde oder Siegelerde, auch Bolus genannt u. s. w. Auch das Ultramarin oder der Lasurstein enthält hauptsächlich kieselsaure Thonerde, außerdem Natrium, Calcium und Schwefel. Er kommt als blauer und grüner Ultramarin in den Handel.

c) Die Doppelsalze des Aluminiums bilden die Klasse der Thonerde-Doppelsilikate und diejenige der schwefelsauren Doppelsalze oder Alaune. Die ersteren enthalten die Feldspathe und Glimmer, welche den Hauptbestandtheil des Granits, Gneißes, Porphyrs und anderer Gebirgsarten bilden; als zweites Metall ist dabei Kalium oder Natrium vertreten, sodann die Granate und die Zeolithe, die Kryolithe (die auch zur Sodafabrikation dienen) u. s. f. Zu den anderen Doppelsalzen, den Alaunen, gehören der gewöhnliche oder Kali-Alaun, in welchem das zweite Metall Kalium ist, $AlSO_4 KSO_4 + 12 H_2O$. Er bildet gewöhnlich eine regelmäßige Doppelpyramide, kommt jedoch auch als kubischer Alaun in Würfeln vor. Hergestellt wird er in den Alaun=werken aus Thon, Schwefelsäure und schwefelsaurem Kalium, oder durch Auslaugen alaunhaltiger Erden, Alaunstein, römischer Alaun, welche in vulkanischen Gegenden vorkommen, oder aus Alaunschiefer, aus Kryolith u. s. f. Andere Alaune enthalten an Stelle des Kaliums Natrium oder eines der anderen Alkalimetalle oder die als Ammonium bezeichnete und schon behandelte Verbindung NH_4. Die Alaune finden in der Färberei und Zeugdruckerei Anwendung, indem ihre Thonerde die Verbindung des Farbstoffes (pflanzlichen Ursprungs) mit der Pflanzenfaser vermittelt, so=dann in der Papierfabrikation, Weißgerberei 2c. 2c.

d) Die Thonerde, welche ein Oxyd ist, hat die Eigenschaft sich unter Umständen wie eine Säure zu verhalten; deshalb tritt sie mit manchen anderen Oxyden, welche mehr basischer Natur sind, zu Verbindungen zu=sammen, die man Aluminate nennt. Dahin gehören das Kalium=Aluminat $AlOKO$, Natrium=Aluminat $AlONaO$, Spinell Al_2O_4Mg, Chrysoberyll Al_2O_4Be u. s. f. Thonerdeseife ist eine Verbindung von Thonerde mit Palmitinsäure.

181. Eisen ist fast silberweiß, zieh= und hämmerbar, in der Hitze auch zusammenschweißbar, schwer schmelzbar und am zähesten von allen Metallen. In feuchter Luft rostet es, ebenso im lufthaltigen Wasser. In verdünnten Säuren löst es sich auf unter Bildung eines schwefelsauren löslichen Salzes, in koncentrirten dagegen bleibt es erhalten, es wird in ihnen passiv, wahrscheinlich indem sich daselbst sehr schnell eine schützende Haut bildet. Eisen, welches verarbeitet wird, enthält immer unabsichtliche und absichtliche Beimengungen von Schwefel, Phosphor, Arsen, Mangan, Aluminium, namentlich aber von Kohlenstoff, Stickstoff und Silicium. Es erscheint in der Praxis als Gußeisen, Schmiedeeisen und Stahl.

a) Gußeisen auch Roheisen enthält neben anderen Stoffen in geringen Mengen noch 3—5 % Kohlenstoff, chemisch gebunden oder bei=gemengt. Seinen Namen führt es davon, daß es sich leichter gießen läßt als die anderen Eisensorten; doch ist es spröde und deshalb nicht schmied=bar. Spiegeleisen oder Spiegelfloß, auch weißes Eisen und graues Eisen sind Abarten davon, von denen letzteres das weniger dichte und harte ist. Ersteres enthält allen Kohlenstoff chemisch gebunden, letzteres den größten Theil in Form von Graphitschuppen beigemengt. Halbirtes Roheisen ist eine Mischung beider, die vornehmlich zum Gießen Verwendung findet. Weißes Eisen kann zum Gießen nicht ge=braucht werden, es dient aber zur Herstellung von Schmiedeeisen und Stahl durch den Frischproceß (Frischroheisen). Graues Eisen geht durch Schmelzen und rasches Abkühlen in weißes, dieses durch Schmelzen und sehr langsames Abkühlen in graues über.

b) Schmiedeeisen, Stabeisen, Frischeisen oder geschmeidiges Eisen ist reiner als das Roheisen und enthält neben sehr geringen Mengen Mangan und Silicium etwa 0,2—0,8 % Kohlenstoff. Es ist sehr schwer schmelzbar, aber leicht zu schmieden und zu schweißen (letzteres beruht darauf, daß glühende Theilchen Schmiedeeisen an einander kleben und durch Hämmern untrennbar mit einander vereinigt werden). Ferner ist es sehr hart und zähe und von faseriger Beschaffenheit. Der vom Schmiedeeisen bei dem Hämmern abspringende Hammerschlag besteht aus Theilen der durch den Schlag abspringenden Oxydhaut, die sich im Glühen auf dem Eisen bildet. Schwefel beigemengt macht es rothbrüchig (in der Rothgluth brüchig), Phosphor kaltbrüchig (in der Kälte brüchig), Silicium faulbrüchig (überhaupt spröde). Calcium benimmt ihm die Schweißbarkeit, es wird hadrig. Schmiedeeisen wird aus Roheisen hergestellt, indem man aus diesem im Frischproceß oder Frischen den größten Theil Kohlenstoff und die fremden Beimengungen durch Oxydirung in der Luft entfernt (deutscher, schwedischer Proceß oder Herdfrischung, indem man das geschmolzene Roheisen tropfenweise durch Luft fallen läßt; englischer oder Puddelproceß durch Einrühren von Luft; Bessemer=Proceß durch Einblasen von Luft von unten nach oben).

c) Stahl enthält mehr Kohlenstoff als Schmiedeeisen, aber weniger als Roheisen, nämlich je nach der Sorte 0,6—1,9 %, außerdem noch Stickstoff, Mangan u. a. m. Feinkörnig und einer der homogensten Körper, ist er spröder und härter als Schmiedeeisen. Taucht man glühenden Stahl plötzlich in Wasser oder Oel (Ablöschen), so wird er sehr hart, spröde nnd elastisch, gehärteter Stahl; er verliert die Härte zum Theil, wenn er wieder erwärmt und langsam abgekühlt wird. Darauf beruht das Anlassen des Stahls. Charakteristisch dabei sind seine Farbenveränderungen. Hergestellt wird er aus den Eisenerzen als Rennstahl (natürlicher Stahl, Cementstahl, Gußstahl aus Erzen), durch Entkohlung von Roheisen, als Frischstahl (Herdfrischstahl, Puddelstahl oder Flammenfrischstahl, Bessemerstahl, Glühstahl, Uchatiusstahl, Martinstahl, Salpeterfrischstahl, Heatonstahl, Gußstahl, Erzstahl; die drei ersten durch Entkohlung vermittelst Luft, wie bei dem Schmiedeeisen, die anderen durch Glühen oder Entkohlung vermittelst gewisser Substanzen), sodann durch Kohlung des Schmiedeeisens, als Kohlungsstahl (Cementstahl, Guß stahl), endlich durch Zusammenschmelzen von Roheisen mit Schmiedeeisen als Flußstahl. Andere Stahlarten sind Wolframstahl, der etwas Wolfram enthält, Damascenerstahl, indischer Wootz u. s. f. Die verschiedenen Stahlsorten haben verschiedene Eigenschaften und erfahren dementsprechend verschiedene Anwendung. Die Technik gehört jedoch nicht hierher.

Eisen kommt zwar gediegen vor, aber nur selten; namentlich enthalten die Meteorsteine Eisen. In Verbindungen ist es jedoch sehr weit verbreitet; selbst in den organischen Substanzen, namentlich im rothen Farbstoff des Blutes (Hämoglobin) und im grünen der Blätter (Chlorophyll) findet es sich. Die Rohstoffe für seine Gewinnung, seine Erze sind seine Verbindungen mit Sauerstoff, Schwefel und anderen Körpern.

d) Oxyde des Eisens giebt es vier. Eisenoxydul FeO kommt für sich allerdings nicht vor, aber in Salzen, nämlich: Kohlensaures Eisenoxydul $FeCO_3$, Spatheisenstein oder Sphärosiderit ist in kohlensäurehaltigem Wasser leicht löslich und findet sich auch in den Stahlquellen (Pyrmont, Spaa, Schwalbach u. s. f.) vor. Eisenvitriol oder schwefelsaures Eisenoxydul $FeSO_4 + 7H_2O$ ist ein bekanntes Mineral, welches in der Färberei zum Schwarzfärben, in der Fabrikation der Nordhäuser Schwefelsäure, in der Tintenfabrikation, in der Heilkunde und bei vielen anderen Gelegenheiten Anwendung findet. Rein ist es blaßblaugrün. Es findet sich in der Natur in Höhlen des Thon= und Kohlenschiefers und wird fabrikmäßig aus Verbindungen des Eisens mit Schwefel hergestellt, indem diese geröstet und dann ausgelaugt werden, aus der Lauge aber krystallisirt das Eisenvitriol aus. Vielfach wird Eisenvitriol auch durch Verwitternlassen von Schwefeleisenverbindungen oder durch Kochen von Eisenfrisch und Puddelschlacken mit Schwefelsäure hergestellt.

e) Ein zweites Oxyd des Eisens ist das eigentliche Eisenoxyd Fe_2O_3 oder Rotheisenstein oder Eisenglanz, auch Glaskopf, Eisenrahm, Eisenocker, Blutstein, oder je nach seinen Beimengungen von Kieselerde, Thon und Kalkverbindungen Kieseleisenstein, Thoneisenstein und Minette u. s. f. genannt. Eisenglanz ist metallglänzend, undurchsichtig, kommt in Krystallen vor und hat schwarze, graue oder röthlichbraune Farbe. Rotheisenstein ist gestaltlos, weniger dicht als Eisenglanz und dunkelroth oder stahlgrau. Künstliches Eisenoxyd ist ein feines braunrothes Pulver, welches auch Englischroth, Polirroth, Bergroth, Caput Mortuum heißt. Eisenoxyd ist in Feuer und Wasser sehr beständig und selbst in Säuren nur schwer löslich, und kommt in der Natur in der einen oder in der anderen Gestalt sehr häufig vor. Das natürliche dient zur Eisengewinnung, das künstliche zum Färben und Poliren. Das Hydrat des Eisenoxyds ist der Eisenrost; frisch bereitet ist dieser das sicherste Gegengift gegen Arsenikvergiftung, wie überhaupt das Eisen durch seine Verbindung mit Giften diese unschädlich macht. Die Salze des Eisenoxyds sind farblos, oder gelb oder roth gefärbt. Ferrocyankalium bildet in seinen Lösungen, wie schon früher bemerkt, Berliner Blau (neutrales $Fe_7C_{18}N_{18}$ und basisches $Fe_3C_6N_6$), mit Gerbsäure einen schwarzblauen Niederschlag, der zur Tintenbereitung dient. Es gehören ferner hierher schwefelsaure Salze (Vitriolocker), phosphorsaure, welche im Raseneisenstein oder Sumpferz enthalten sind, kieselsaure, im Gelbeisenstein und Eisensinter, sodann Doppelsalze wie Eisenalaun, welches außerdem Kalium enthält und ein schwefelsaures Salz bildet u. s. f. Eisenmennige, welches zum Anstreichen dient, ist eine Mischung von Eisenoxyd, Thon und Wasser.

f) Das dritte Oxyd ist physikalisch sehr merkwürdig, es ist das Eisenoxydul Fe_3O_4 oder Magneteisenstein; der letztere Name besagt schon, worin die Merkwürdigkeit dieses Körpers besteht, er ist ein natürlicher Magnet. Er ist undurchsichtig, kommt krystallinisch vor, läßt sich zu Pulver zerreiben, bildet an einzelnen Stellen der Erde, wie in Schweden und Norwegen, mächtige Lager nnd ist eines der besten Eisenerze. Während der Rotheisenstein beim Streichen über eine rauhe Fläche einen rothen Strich giebt, bekommt man durch den Magneteisenstein einen schwarzen.

g) Die Haloidsalze des Eisens sind das Eisenchlorür $FeCl_2$, eine weiße in Wasser lösliche Verbindung, das Eisenchlorid Fe_2Cl_6, gleichfalls in Wasser löslich. Entsprechend sind die Verbindungen mit Jod, Brom und Fluor, sie werden größtentheils in der Heilkunde angewendet.

h) Von den Verbindungen des Eisens mit Schwefel, deren es drei giebt, Einfach Schwefeleisen FeS, Anderthalb Schwefeleisen Fe_2S_3, Zweifach Schwefeleisen FeS_2, hat nur das letztere, als eine der am häufigsten vorkommenden Verbindungen, Bedeutung. Es ist der Eisenkies oder Schwefelkies, auch Strahlkies, Wasserkies u. s. f., welcher in messinggelben, metallglänzenden Würfeln von großer Härte oder strahlig krystallisirt und in der Glühhitze Schwefel abgiebt, worauf seine Benutzung zur Herstellung von Schwefel beruht. Er verwittert als Strahlkies sehr rasch, wobei er sich stark erwärmt, kommt in Steinkohlen- und Braunkohlenlagern vor, denen er durch die letztere Eigenschaft Selbstentzündlichkeit verleiht und verwandelt sich leicht in Eisenvitriol.

182. Nickel hat mit dem Eisen physikalisch und chemisch große Aehnlichkeit, es ist jedoch dichter als dieses, grauweiß mit einem Stich ins

Gelbe, läßt sich walzen, hämmern und ziehen und gehört zu den selteneren Mineralien. Gewonnen wird es aus dem Kupfernickel (Rohnickel= kies), welches aber kein Kupfer enthält, sondern neben Nickel Arsen, ferner aus dem Antimonnickel (Weißnickelkies), Nickelkies oder Haarkies u. s. f. Auf galvanoplastischem Wege wird es auf andere Metalle nieder= geschlagen. Es ist viel beständiger als Eisen und wird deshalb vielfach zur Herstellung von Legirungen (Neusilber oder Argentan, Pack= fong, Alfenid u. s. w.), sowie zum Ueberziehen anderer Metalle ver= wendet. Außerdem dient es zu Münzen. Die Verbindungen des Nickels haben für uns kein besonderes Interesse, Kupfernickel ist NiAs, Nickel= antimonglanz ist $NiS_2 + NiSb_2$, Chlornickel $NiCl_2$, Nickelocker $Ni_3As_2O_8$. Die Nickelsalze sind übrigens gefährliche Gifte, das Gleiche ist der Fall mit den Zink= und Kupfersalzen, weshalb Neusilber sich nicht zur Herstellung von Eßgeräthen eignet.

183. Kobalt, gleichfalls ein selteneres Metall ist stahlgrau, hart und spröde, kommt frei in der Natur nicht vor, wohl aber an Arsen und Schwefel gebunden. Hergestellt wird es aus dem Speiskobalt $CoAs_2$, und Kobaltglanz $Co_2As_2S_2$. Die Kobalterze im gerösteten Zustande heißen Safflore oder Zaffer. Sie bestehen hauptsächlich aus den Oxy= den des Kobalts vermischt mit Arsen, Nickel, Mangan u. s. f. und dienen zur Herstellung der Kobaltfarben, wie der Smalte, des Kobaltultra= marin, Kobaltgelb, Kobaltviolet, Kobaltbronce, Sächsischgrün, welche ihrerseits zum Färben von Papier, Leinwand Glas, Emaille und in der Porzellan= und Glasmalerei Verwendung finden. Beispielsweise ist Smalte feingemahlenes Glas, welches durch Schmelzen mit Kobaltoxydul CoO blau= gefärbt war. Ferner wird Kobaltgelb durch Mischen einer Lösung des Kobaltoxydul mit salpetrigsaurem Kalium hergestellt u. s. f. Zu erwähnen ist noch das Chlorkobalt $CoCl_2$, welches die sympathetische Tinte giebt. Kobaltspeise ist ein Nebenprodukt der Smaltefabrikation, besteht aus Nickel, Kobalt, Eisen, Schwefel, Arsen u. s. f. und dient zur Nickel= gewinnung.

Die drei Metalle Eisen, Nickel und Kobalt kommen vielfach zusammen vor, sie sind alle drei stark magnetisch. Namentlich wird Eisen zur Her= stellung von Magneten benutzt.

184. Chrom ist darin ein sehr merkwürdiges Metall, daß es je nach seiner Herstellungsweise besondere Eigenschaften hat. Aus seinem Oxyde durch Kohle reducirt, ist es stahlgrau und von so großer Härte, daß es Glas schneidet und noch schwerer schmelzbar als Platin ist. In anderer Weise kann es jedoch als hellgraues, aus kleinen Krystallen be=

stehendes Pulver gewonnen werden, welches im Sauerstoff verbrennt. Noch in anderer Weise dargestellt, bildet es regelmäßige Krystalle, die nicht einmal von Königswasser, welches doch selbst Gold löst, angegriffen werden. Das Erz, aus dem Chrom hauptsächlich gewonnen wird, ist der Chromeisenstein oder Chromit, eine Verbindung von Chromoxyd mit Eisenoxydul $Cr_2O_3 + FeO$, ein Mineral, welches hauptsächlich in Norwegen und Nordamerika vorkommt und als Ausgangspunkt für die Herstellung der Chrompräparate, die zum Färben und Malen dienen, benutzt wird.

a) Chromoxyd Cr_2O_3 wird in der Glasfärberei, Porzellan- und Glasmalerei als Chromgrün verwendet, in der Natur färbt es den Smaragd, auch dient es als Schleifmaterial und als Druckfarbe für gewisse Banknoten. Die entsprechenden Salze sind grün oder violett gefärbt, im durchscheinenden Lichte roth. Das schwefelsaure Chrom giebt in Wasser gelöst eine violette Farbe, die beim Erwärmen in grün übergeht. Chromalaun ist ein schwefelsaures Doppelsalz mit Kalium, das ganz dem gewöhnlichen Alaun entspricht, aber violett oder schwarzroth ist. Das Doppelsalz Chromeisenstein oder Chromit ist bereits erwähnt. Chromsäure CrO_3 giebt carmoisinrothe Prismen, zerfällt leicht in Sauerstoff und Chromoxyd und wirkt schrumpfend und erhärtend auf thierische Gewebe. Das Hydrat davon, die eigentliche Chromsäure, ist CrH_2O_4. Diese und die Doppelchromsäure $Cr_2H_2O_7$, sind nur aus ihren Salzen bekannt.

b) Die chromsauren Alkalien sind gelb, die doppelchromsauren orangeroth. Dahin gehören Kaliumchromat CrK_2O_4, von basischen Eigenschaften; in der Theerfarbenindustrie zur Herstellung von Anilinviolett, Anilingrün nnd Alizarin aus Anthracen, und auch in der Färberei selbst verwendet. Bariumchromat $CrBaO_4$, ist gelbes Ultramarin. Bleichromat $CrPbO_4$ oder Rothbleierz ist die schönste als Chromgelb oder Königsgelb bekannte Malerfarbe. Denkt man sich Bleichromat mit Bleioxyd verbunden, so erhält man das Chromroth oder Chromzinnober. Kaliumbichromat ist orangeroth und findet zur Herstellung von gelben und rothen Farben, außerdem in der Medicin Anwendung. Zinkchromat ist eine ähnliche Verbindung mit Zink und giebt das Zinkgelb. Die Salze mit den Halogenen, wie Chromchlorür $CrCl_2$, können zum Theil gleichfalls in der Farbenindustrie Verwendung finden. Uebrigens kommt Chrom als solches in der Natur nicht vor.

185. Mangan ist so hart, daß es Glas und Stahl ritzt und ist sehr schwer schmelzbar; beim Erhitzen oxydirt es. Gewonnen wird es hauptsächlich aus den unter den Namen Braunstein oder Mangansuper-

oryd oder Weichmanganerz bekannten, doch auch aus den anderen Oryden. Es ist schon bei anderen Gelegenheiten erwähnt, daß das Mangan sich durch die stattliche Reihe seiner Oryde auszeichnet, da es deren nicht weniger als sechs giebt, die zum Theil saure, zum Theil basische Eigenschaften haben, zum Theil indifferent sind.

a) Manganorydul MnO ist hellgrün, unlöslich und verändert sich leicht in der Luft. Künstlich hergestellt bildet es smaragdgrüne, diamantglänzende Krystalle. Ein hierher gehöriges Salz ist das mit der Kohlensäure gebildete $MnCO_3$, welches als Manganspath (Dialogit) bekannt ist und in vielen Mineralquellen vorkommt. Ferner schwefelsaures Manganorydul, kieselsaures u. s. w. Manganoryd ist Mn_2O_3, es heißt auch Braunit oder Hartmanganerz und ist von braunschwarzer Farbe. Das Hydrat davon wird als Manganit oder Graubraunsteinerz bezeichnet. Manganoryduloryd Mn_3O_4 findet sich als Hausmanit oder Glanzbraunstein.

Mangansuperoryd MnO_2 ist der Braunstein, der im Handel meist mit den anderen Manganerzen vermengt ist. Er ist das wichtigste Manganerz, dient auch zur Bereitung von Sauerstoff, sodann bei der Fabrikation von Chlorkalk, Brom, Jod, zum Färben und Entfärben von Glas, Steingut, Seifen, sowie zur Darstellung des als Desinfektionsmittel bekannten übermangansauren Kalis. Vermischt man Braunstein mit Salzsäure und erwärmt beides, so erhält man eine Verbindung des Mangans mit Chlor $MnCl_2$, sodann noch Wasser und Chlor selbst; ähnlich kann man Chlor mit Hülfe des Braunsteins aus Kochsalz und Schwefelsäure entwickeln.

Das folgende Oryd MnO_3 kommt selbst nicht vor, ein Salz davon aber ist das Kaliummanganat MnK_2O_4, welches zur Darstellung von Sauerstoff dient. Uebermangansäure ist $MnHO_4$. Das hier wichtige Salz ist das schon genannte Desinfektionsmittel Uebermangansaures Kalium $MnKO_4$, es bildet lange dunkelrothe Nadeln und wird aus Braunstein, Kalilauge und Kaliumchlorat hergestellt.

b) Chlormangan $MnCl_2$ dient gleichfalls als Desinfektionsmittel. Manganglanz MnS oder Manganblende ist eine Schwefelverbindung des Mangans.

186. Uran gehört zu den schwersten und seltensten Metallen. Das Uranorydul UO wird als schwarze Farbe in der Porzellanmalerei gebraucht. Uranoryd U_2O_3 färbt Glasflüsse grünlichgelb, Natriumuranat $U_2Na_2O_7$ oder Urangelb die Glasflüsse gelb mit grünem Reflex. Die merkwürdige Eigenschaft dieser so gefärbten Gläser, unter gewissen Ein-

wirkungen von Licht, Wärme und Elektrizität zu phosphoresciren, wird später behandelt werden. Uranoxyduloxyd oder Uranpecherz oder Uranpechblende U_3O_4 ist das häufigste Uranerz.

187. Noch schwerer als Uran ist Wolfram; es ist spröde, sehr schwer schmelzbar, an der Luft beständig und sehr selten. Seine Verbindungen haben für uns wenig Bedeutung, doch ist hervorzuheben, daß es im Wolframstahl diesem seine besondere Härte verleiht. Auch sind die Legirungen von Wolfram und Eisen fast ganz unmagnetisch.

Vom Molybdän ist gleichfalls nicht viel zu sagen; es ist silberweiß, spröde, läuft an der Luft an, ist sehr selten und außerordentlich schwer schmelzbar. Das Erz davon Molybdänglanz ist eine Schwefelverbindung MoS_2 von der Farbe des Graphits.

Auch das Indium ist nur zu erwähnen. Es ist gleichfalls sehr selten, sieht dem Platin ähnlich und ist weicher als Blei.

188. Die nächste Gruppe ist die des Zinns. Sie enthält außerdem noch Titan, Zirconium und Thorium.

Das Zinn ist weich, kann zu den feinsten Blättern ausgeschlagen werden (Zinnfolie oder Staniol), schmilzt schon bei 228 Grad, ist von krystallinischer Struktur, sehr beständig an der Luft und in Wasser und giebt beim Biegen ein knirschendes Geräusch, welches als Zinngeschrei bezeichnet wird. In den Handel kommt es als Blockzinn, Stangenzinn oder in dünnen Blättern als Rollzinn und auch als Bruchzinn. Zinn dient zur Herstellung von Ueberzügen auf leicht rostende Metalle, z. B. Eisen, Kupfer, Messing, zu Legirungen von Kanonen=, Glockenmetall, Bronce, Kompositionsmetall, Britanniametall, zur Anfertigung von Hausgeräthschaften (mit Blei), der Folie, welche zum Verpacken von Chokolade, Thee, Käse u. s. f. und zum Belegen der Spiegel (mit Quecksilber) benutzt wird. Das Schlagsilber oder unechte Blattsilber ist Zinn mit etwas Zink vermischt. Zinnasche ist Zinnoxyd, erhalten durch Glühen von Zinn, und zum Poliren von Metall und Glas angewendet, sowie in der Emaille=färberei. Gemortes oder geflammtes Zinn wird durch Behandlung von Zinn mit Säure erhalten.

a) Von den Verbindungen des Zinns ist das Zinnoxyd bereits genannt. Das Zinndioxyd SnO_2 ist der Zinnstein, das wichtigste Zinnerz, aus dem das Zinn durch Glühen mit Kohle gewonnen wird. Es ist nicht schmelzbar und macht, Glasflüssen zugesetzt, diese weiß und undurchsichtig (Milchglas und Email). Von dem Hydrat, dem Zinnhydroxyd SnH_2O_3 und den zugehörigen Zinnsalzen (Stannate) macht man in der Färberei

Gebrauch, so vom zinnsauren Natrium SnO_3Na_2, welches als Prä= parirsalz zum Beizen in der Kattundruckerei benutzt wird.

b) Chlorzinn $SnCl_2$ in Verbindung mit zwei Verbindungsgewichten Krystallwasser giebt ein gleichfalls in der Färberei benutztes Zinnsalz. Es wird durch Auflösen von Zinnspähnen in Salzsäure hergestellt, ist in Wasser leicht löslich und dient in Lösung auch, um gewisse Metalle aus ihren Salzen zu reduciren, z. B. Silber und Quecksilber. Aehnlich wird die zweite Verbindung mit Chlor, das Zinnchlorid $SnCl_4$ in der Verbindung mit Salmiak als Pinksalz in der Kattundruckerei angewendet. Kompo= sition oder Rosirsalz ist eine Verbindung dieser beiden Salze, die zu gleichen Zwecken dient. Die Verbindungen mit den anderen Halogenen sind denen mit dem Chlor analog. Von den Verbindungen mit Schwefel nennen wir nur das Zinnsulfid SnS_2, es führt den Namen Musivgold und wird zum Bronciren verwendet. Hergestellt wird es durch Glühen eines Zinn= amalgams mit Schwefel und Salmiak. Die gleiche Verbindung kommt auch im Zinnkies vor.

189. Titan findet sich zwar nicht gediegen vor, ist jedoch in vielen Mineralien, so im titansauren Eisenoxydul, welches als Titaneisen oder Titaneisenerz bezeichnet wird, enthalten. Außerdem findet es sich in den Mineralien Anatas, Rutil, Brookit als Titandoppeloxyd, welches noch dadurch interessant ist, daß es in drei verschiedenen Krystallgestalten auftritt. Im Uebrigen ist das Titan ein graues, dem Eisen ähnliches Pulver.

Zirkon ist ein noch seltenerer Körper, als schwarzes Pulver bekannt und kommt als Silikat in dem Mineral Hyacint vor.

190. Vom Thorium ist nicht mehr zu sagen, als daß es als Thoriumoxyd zur Herstellung der Glühstrümpfe dient, es wird aus ver= schiedenen Mineralien (Thorit, Orangit, Monazitsand u. s. f.) gewonnen. Die Eigenschaft starker Lichtemission hat es mit mehreren anderen Stoffen gemein, z. B. mit dem Zirkon. Die Metalle der nächsten Gruppe Vanadium, Tantal und Niobium übergehen wir.

191. Wichtig sind wieder die Metalle der Bleigruppe, Blei, Kupfer, Wismuth, Thallium.

Das Blei kommt selten gediegen vor, häufig jedoch im Bleiglanz und Spießglanzbleierz, sodann im Weißbleierz, Grünbleierz, Vitriolbleierz oder Anglesit, Gelbbleierz, Rothbleierz oder Krokoit. Es ist sehr weich, beliebig auswalzbar und dehnbar, von Natur bläulichweiß, an der Luft aber bläulich= grau und schmilzt bei 335 Grad. Es oxydirt sich an der Luft und auch in Wasser, wenn man dieses häufiger mit der Luft in Berührung bringt, jedoch nur dann, wenn das Wasser keine Salze enthält. Trink= und

Brunnenwasser oxydirt Blei im Allgemeinen nicht. Schwefelsäure löst Blei so wenig, daß man sie bei gewöhnlichen Temperaturen in Gefäßen aus Blei aufbewahren kann; Salpetersäure und organische Säuren dagegen oxydiren das Blei. Das letztere namentlich ist von Wichtigkeit; da die Verbindungen des Bleies Gifte sind, so muß man es vermeiden, Speisen in Gefäßen aufzubewahren, welche einen größeren Procentsatz Blei enthalten. Aus seinen Oxyden wird das Blei durch Glühen mit Kohle und kalkhaltigen Zuschlägen reducirt; aus dem Bleiglanz durch Schmelzen mit Eisen und Kohle oder durch Röstung an der Luft und nachheriges Schmelzen mit Kochsalz.

a) Mit Sauerstoff giebt es vier Verbindungen des Bleies, Bleiunteroxyd Pb_2O, das ist das Oxyd, welches beim gewöhnlichen Anlaufen des Bleies entsteht; Bleioxyd PbO, ein citronengelbes oder röthlichgelbes Pulver, welches in Wasser unlöslich, in Essig aber löslich ist. In den Handel kommt es als Bleiglätte, Lithargyrum oder als Massicot; das letztere ist gelbes Bleioxyd, das erstere mit Kieselerde, Kupferoxyd und anderen Mineralien verunreinigtes. Es findet bei der Bereitung von Mennige, der Herstellung von Krystallglas, Flintglas und Straß, in der Töpferei zur Glasur, in der Glas und Porzellanmalerei als Flußmittel, ferner zur Bereitung von Firnissen und Pflastern, zum Färben von Horn und Haaren u. s. f. Anwendung. Da Bleiglanz vielfach Gold und Silber enthält, welche in das reducirte Blei übergehen, wird dieses Blei durch Schmelzen auf Treibheerden zu Bleiglätte oxydirt, wobei die edlen Metalle zurückbleiben. Die hierher gehörigen Bleisalze sind farblos bei farbloser Säure, zum Theil in Wasser löslich und zum Theil mit den Eigenschaften von Säuren, meist jedoch mit denen von Basen, begabt. Aus ihren Lösungen wird das Blei durch hineingestelltes Zink, Kadmium oder Zinn in Baumform als Bleibaum gefällt. Sie sind sehr giftig und verursachen, in den Körper aufgenommen, die als Bleikolik bekannte Krankheit. Das kohlensaure Blei $PbCO_3$ kommt als Weißbleierz in der Natur vor; eine Verbindung davon mit Bleihydroxyd PbH_2O_2 ist das Bleiweiß $2\,PbCO_3 + PbH_2O_2$, die bekannte weiße Malerfarbe. Gewonnen wird es durch Einwirkung von Essigsäure, Luft und Kohlensäure auf Blei, oder auch nach anderen Methoden. Es ist im reinen Zustand blendend weiß, kommt jedoch im Handel vielfach mit anderen Stoffen, wie Schwerspath, Gips, Thon, Kreide u. s. f. verunreinigt vor.

b) Bleivitriol ist $PbSO_4$. Bleisilikate sind der Hauptbestandtheil der bleihaltigen Gläser und der Glasur der Töpferwaare. Grün und Braunbleierz enthalten phosphorsaure Bleie. Bleiüberoxyd PbO_2 kommt

in der Natur als Schwerbleierz vor; es wird auch als Bleisäure be=
zeichnet und findet in der organischen Chemie vielfach Anwendung. Das
nächste Oxyd ist die bekannte Mennige oder Minium Pb_3O_4, welches
ein schönes, ziegelrothes Pulver darstellt und durch Erhitzen von Bleioxyd
(Massicot) erhalten wird. Das Pariserroth ist besonders reine Mennige
und wird durch Glühen von kohlensaurem Blei gewonnen. Es dient als
Farbenmaterial, zur Herstellung von Kitt, in der Glasfabrikation, Töpferei
u. s. f. Bleizucker ist essigsaures Bleioxyd und findet in der Färberei
und bei der Darstellung von Farbenmaterialien, sowie bei der Firniß=
bereitung Verwendung.

c) Chlorblei $PbCl_2$ in Verbindung mit Bleioxyd giebt die Maler=
farbe Kasselergelb, erhalten durch Glühen von Mennige mit Salmiak.
Schwefelblei PbS ist das am häufigsten vorkommende Bleierz, der
Bleiglanz (Glasurerz, Hafnererz). Selenblei $PbSe$ kommt gleichfalls
in der Natur vor (Clausthal im Harz).

192. Kupfer hat die bekannte besonders charakteristische, als Kupfer=
roth bezeichnete Farbe. In trockener Luft ist es beständig, in feuchter dagegen
überzieht es sich mit einer grünen Schicht. Die Bildung dieser Schicht
wird gefördert durch organische Säuren, durch Fette und fette Oele,
Ammoniak, verdünnte Alkalien und kochsalzhaltiges Wasser. Die Verbindungen
des Kupfers sind gleichfalls heftige Gifte; es gilt daher von ihnen das
nämliche, was vom Blei gesagt ist. Kupfer kommt in der Natur auch ge=
diegen vor, meist jedoch in Erzen. Weil diese Erze meist mit anderen
Erzen verunreinigt sind, muß das Rösten und Schmelzen mehrfach wieder=
holt werden. Man erhält zuletzt das Rohkupfer oder Schwarzkupfer,
welches noch mit einem Schwefelkupfer oder Schwefeleisen und anderem
verunreinigt ist, wovon es durch Schmelzen vor einem Gebläse (Rohgar=
machen) zum Theil befreit wird. Es heißt dann Garkupfer oder
Rosettenkupfer, auch Scheibenkupfer. Mehrfaches weiteres Um=
schmelzen zwischen Kohlen führen es noch in reineres, geschmeidigeres,
hammergares Kupfer. Am reinsten erhält man Kupfer auf elektro=
lytischem Wege.

a) Kupferoxydul Cu_2O kommt als Rothkupfererz vor und
wird, weil es Glasflüsse roth färbt, zur Anfertigung rother Gläser benutzt.
Kupferoxyd CuO oder Kupferschwärze findet in der Analyse organischer
Körper Verwendung. Das Hydrat davon, Kupferhydroxyd CuH_2O_2,
ist ein blaugrünes Pulver, welches Glas grün färbt, und in Malerfarben
(Bremerblau, Bremergrün) benutzt wird. Die Salze davon sind, wie schon
bemerkt, heftige Gifte. Eine Verbindung des kohlensauren Kupfers mit

Kupferhydroxyd, $CuCO_3 CuH_2O_2$, bildet den Malachit, das bekannte, hauptſächlich im Ural und Altai gewonnene ſchöne Geſtein, welches zu Schmuck- und Kunſtgegenſtänden und auch als Braunſchweigergrün in einer Malerfarbe Anwendung findet. Eine andere, gleichfalls in der Malerei benutzte kohlenſaure Verbindung iſt der Kupferlaſur und das Bergblau.

b) Das ſchwefelſaure Salz $CuSO_4 + H_2O$ iſt das wichtige Kupfervitriol von blauer Farbe, in Waſſer leicht löslich, färbt es dieſes blau. Waſſer, welches natürliches Kupfervitriol aufgelöſt enthält, heißt Cementwaſſer. Thut man in ſolches Waſſer altes Eiſen hinein, ſo ſcheidet ſich das Kupfer aus und wird alsdann Cementkupfer genannt. Kupfervitriol wird entweder aus dieſem Cementwaſſer ſelbſt gewonnen, oder durch Behandeln von Kupferblech mit verdünnter Schwefelſäure oder durch Röſten und Auslaugen gewiſſer Erze hergeſtellt. Im Handel kommt es gewöhnlich mit ſchwefelſaurem Kupfer verunreinigt vor. Gemiſchter Vitriol oder Adlervitriol iſt ein Gemenge von Kupfervitriol mit vielem Eiſenvitriol. Das Kupfervitriol findet Anwendung zur Herſtellung von elektriſchen Elementen, zum Verkupfern, zum Färben des Goldes, zum Schwarzfärben von Tuch- und Wollgarn, zum Erweichen des Getreides vor dem Säen, zum Fällen des Silbers, zur Herſtellung von Kupfer, namentlich auf elektrolytiſchem Wege und in der Galvanoplaſtik.

c) Arſenigſaures Kupfer giebt das Scheel'ſche Grün- oder Mineralgrün. Eſſigſaure Kupferſalze ſind der Grünſpan (auch blauer Grünſpan), der als Oel- und Waſſerfarbe, ſowie zur Herſtellung von Kupferfarben und beim Vergolden benutzt wird. Eine andere eſſigſaure Verbindung, die aber auch Kupferoxyd und arſenige Säure enthält, iſt das Schweinfurtergrün, die ſchönſte und gefährlichſte Kupferfarbe. Es kommt unter den verſchiedenſten Namen und mit den verſchiedenſten Stoffen verunreinigt als Kaiſergrün, Wienergrün, Papageigrün u. ſ. f. vor und wird aus Grünſpan hergeſtellt.

d) Von den Verbindungen mit den Halogenen nennen wir das Kupferchlorür Cu_2Cl_2, welches zur Darſtellung von Sauerſtoff lediglich durch Erhitzen in großen Maſſen angewendet wird, indem es ſelbſt dabei immer wieder gewonnen wird, denn es entzieht zuerſt bei der Erwärmung der Luft Sauerſtoff und giebt dieſen dann bei weiterer Erhitzung wieder frei. Das Kupferchlorid iſt $CuCl_2$. Eine Verbindung des Kupfers mit Schwefel Cu_2S iſt der Kupferglanz, welcher blauſchwarze, metallglänzende Kryſtalle bildet. Kupferglanz mit anderthalb Schwefeleiſen verbunden, giebt das Bunt-Kupfererz, oder bei doppeltem Gehalt an

Kupferglanz den Kupferkies. Kupfer ist auch besonders wichtig wegen seiner Legirungen, welche schon bei anderer Gelegenheit genannt sind.

193. Wismuth ist weiß mit einem Stich in's röthliche, spröde, schmilzt bei 264 Grad, verändert sich in trockener Luft nicht, verbrennt in der Luft bei starkem Erhitzen zu Oxyd und ebenso im Chlorgase zu Chlor= wismuth, findet sich meist gediegen im älteren Gebirge und ist darin sehr merkwürdig, daß es sich Magneten gegenüber entgegensetzt verhält wie Eisen. Wismuthocker oder Wismuthblüthe ist ein Oxyd Bi_2O_3, Wismuth= salze sind Gifte; das kieselsaure heißt Wismuthblende. Schmink= weiß, welches zum Schminken und als Heilmittel angewendet wird, ist ein salpetersaures Wismuthoxyd $BiONO_3 + H_2O$. Wismuthglanz ist Bi_2S_3 und bildet mit Wismuthocker und Wismuthkupfererz die Erze des Wismuth. Wismuth wird in leichtflüssigen Legirungen, wie z. B. in Rose's Metall, Newton's Metall, welche bei etwas über 90 Grad schmelzen und zu Sicherungen bei Dampfkesseln u. s. f. dienen, ferner zur Bereitung von Schminke, bei der Fabrikation gewisser Gläser und zur Herstellung gewisser glänzender Porzellanfarben benutzt.

194. Das Thallium ist dem Blei sehr ähnlich, läuft an der Luft rasch an, ist sehr weich und schmilzt bei 290 Grad, kommt ziemlich häufig vor, so in den Bleikammern der Schwefelsäure=Fabriken und im Karnallit der Staßfurter Abraumsalze. Thallium findet sich auch in gewissen Glas= sorten, welche als Thalliumglas bezeichnet werden. Seine Verbindungen, welche sehr giftig sind, haben für uns keine besondere Bedeutung.

195. Die letzte Gruppe von Metallen enthält die edlen Metalle, Quecksilber, Silber, Gold, Platin, Palladium, Iridium, Ruthenium, Rhodium, Osmium. Diese Metalle werden als edle hauptsächlich deshalb bezeichnet, weil sie von schöner Farbe, hohem Glanz, großer Dichte und vor allem von großer Beständigkeit sind. Mit Ausnahme von Quecksilber sind sie sämmtlich fest und nur bei sehr hohen Hitzegraden schmelzbar. Gold hat die bekannte goldgelbe Farbe, alle anderen sind silberweiß. Ihre Verbindungen sind alle unbeständig und geben das Metall durch Glühen oder reducirende Agentien leicht ab.

196. Quecksilber ist das einzige flüssige Metall. Es ist mehr als $13\frac{1}{2}$ Mal so dicht als Wasser, amalgamirt sich leicht mit anderen Metallen, siedet bei 360 Grad, wobei es in einen farblosen Dampf übergeht, der durch Abkühlung zu Quecksilber wieder verdichtet werden kann, gefriert bei etwa 40 Grad Kälte und bildet dann ein geschmeidiges, hämmerbares Metall. Seine Kapillaritätseigenschaften sind bereits an anderer Stelle beschrieben. Es wird verwendet zur Füllung von Thermometern, Barometern und Mano=

metern, zur Herstellung von Amalgamen, Salben u. s. f. An der Luft hält es sich ohne anzulaufen; wird es erwärmt, so bedeckt es sich mit einem rothen Quecksilberoxyd. Da Quecksilber vielfach mit anderen Metallen verunreinigt ist, muß es gereinigt werden, was am besten durch Destilliren, aber auch mittelst Durchpressen durch Leder, sodann durch Schütteln mit warmer Salpetersäure, wodurch sich die fremden Metalle oxydiren, Waschen mit Wasser und Trocknen (vermittelst Fließpapier, oder durch leichtes Anwärmen) geschieht. Quecksilber kommt auch gediegen vor, als Jungfernquecksilber. Hauptsächlich wird es jedoch aus seinen Erzen gewonnen. Fundorte sind Idria in Krain, Almaden und Almadenejas in Spanien, in der bayrischen Pfalz, bei Olpe in Westfalen, in Mexiko, Peru und namentlich in Kalifornien. Das hauptsächlichste Erz ist der Zinnober.

a) Von den Quecksilberverbindungen haben die Oxyde wegen ihrer Salze Interesse. Hg_2O Quecksilberoxydul ist ein schwarzes Pulver, seine Salze sind äußerst giftig. Quecksilberoxyd HgO ist ein rothes krystallinisches Pulver, findet in der Medicin Anwendung, ebenso wie das Quecksilberoxydul, und ist gleichfalls ein gefährliches Gift. Schwefelsaures Quecksilberoxyd $HgSO_4$ ist eine weiße Masse, welche fabrikmäßig hergestellt wird und zur Bereitung des Quecksilberchlorids dient. Auch salpetersaures Quecksilberoxyd giebt es.

b) Die Verbindung Hg_2Cl_2 ist das in der Medicin als wichtigstes aller Quecksilber=Arzneimittel bekannte Kalomel oder Quecksilberchlorür. Es findet sich auch in der Natur vor als Quecksilberhornerz. Es ist geschmack= und geruchlos, von weißer oder gelblichweißer Farbe, in Wasser fast gar nicht löslich. Einen Gegensatz dazu bildet das Quecksilberchlorid oder Aetzsublimat, auch Sublimat genannt, da dieses mit seinen Verbindungen ein heftiges Gift bildet. Es ist in Wasser löslich, schmeckt scharf und ätzend und giebt mit Chlorkalium, Chlornatrium u. s. f. Doppelsalze. Ein solches ist z. B. das weiße Quecksilberpräcipitat. Das Sublimat findet gleichfalls arzneiliche Anwendung, außerdem dient es, da es organische Lebewesen vernichtet, zum Konserviren von ausgestopften Thieren, anatomischen Präparaten, Holz (Kyanisiren), in der Zeugdruckerei u. s. f. Die Jod= und Brompräparate des Quecksilbers sind denen der Chlorpräparate ähnlich und erfahren die gleiche Anwendung wie diese.

c) Quecksilbersulfid HgS kommt schwarz und roth vor, in der ersten Form wird es als Arzneimittel angewendet, in der zweiten ist es das wichtigste Quecksilbererz, der Zinnober, welcher auch als Arzneimittel und Malerfarbe benutzt wird. Als solche wird er künstlich auf verschiedene Weise hergestellt, z. B. durch Verreiben von 6 Theilen Quecksilber mit 1 Theil

gestoßenem Schwefel zu einem schwarzen Pulver, langsames Erwärmen in
eisernen Gefäßen bis zum Schmelzen und weiteres Erhitzen in irdenen Ge=
fäßen auf dem Sandbade. Das so erhaltene Sublimat ist der prä=
parirte Zinnober; von faseriger Struktur, giebt er zerrieben ein schar=
lachrothes Pulver. Natürlich kommt Zinnober in großen dicken Massen oder
in Krystallen vor. Erhitzt man Zinnober unter Luftzutritt, so verbrennt er
mit blauer Flamme, es bildet sich ein Oxyd des Schwefels, das Quecksilber
entweicht in Dampfform und kann durch Abkühlung verdichtet werden. Auf
diese Weise kann Quecksilber aus diesem Erze gewonnen werden. Der
Zinnober des Handels ist vielfach mit anderen Stoffen, namentlich mit
Mennige, Gips und Eisenoxyd verfälscht. Knallquecksilber ist $HgC_2N_2O_2$
und explodirt beim Aufschlagen oder stärkeren Erwärmen; man beachte, daß
es Stickstoff enthält. Es wird zum Füllen der Zündhütchen gebraucht,
wobei es mit Salpeter oder Salpeter und Schwefel oder Mehlpulver ver=
rieben wird. Hergestellt wird es durch Auflösen von Quecksilber in Sal=
petersäure unter Erwärmen und Zufügen von Alkohol.

197. Silber ist ein weißes, glänzendes Metall von großer Geschmeidigkeit
und Zähigkeit; ganz dünn ausgeschlagen ist Silber mit blaugrüner Farbe
durchscheinend. Es ist etwas härter als Gold. Es schmilzt erst bei etwa
1000 Grad, ist in der Luft unveränderlich und oxydirt sich auch im Erhitzen
nicht. Geschmolzen hat es die Eigenschaft, Sauerstoff zu absorbiren, giebt
diesen jedoch im Erkalten unter Geräusch (Spratzen des Silbers) wieder
ab. Gegen die Hydroxyde der Alkalien ist es selbst in der Hitze wider=
standsfähig, ebenso gegen salpetersaure Alkalien. Von Salpetersäure wird
es jedoch schon unter gewöhnlichen Verhältnissen, von Schwefelsäure in der
Wärme, in Silbersalze aufgelöst. Zu Sauerstoff hat es wie alle edlen
Metalle nur geringe Verwandtschaft, wohl aber zu den Halogenen und zum
Schwefel. Mit jenen bildet es unmittelbar Salze, mit diesem Schwefel=
verbindungen, wenn es mit Schwefelwasserstoff in Berührung kommt. Dieses
ist der Grund für das Schwarzanlaufen der Silbergeräthe in der Nähe
von Orten oder Körpern, welche Schwefelwasserstoff enthalten. Es findet
sich gediegen oder krystallisirt oder in Erzen, vielfach in Begleitung von
anderen edlen oder unedlen Metallen. Es legirt sich mit Blei, Zink,
Wismuth, Kupfer, Gold. Das gewöhnlich verarbeitete Silber ist eine
Legirung mit Kupfer, welches es härter und klingender macht. Unsere
Mark=Silbermünzen enthalten auf 1000 Theile 900 Theile Silber, 100
Theile Kupfer. Die Erze des Silbers sind Silberglaserz oder Silber=
glanz Ag_2S, Dunkelrothgültigerz $3Ag_2S + Sb_2S_3$ und Lichtroth=
gültigerz $3Ag_2S + As_2S_2$, Miargyrit $Ag_2S + Sb_2S_3$, Sprödglas=

erz $6 Ag_2S + Sb_2S_3$; die letzteren vier Doppelsulphate mit Antimon und Arsen. Sodann noch ein dreifaches Sulfid mit Kupfer und Antimon, der Polybasit, und ein fünffaches mit Kupfer, Zink, Eisen, Antimon, Blei, welche letztere als Fahlerze bezeichnet werden. Daß Silber auch im Bleiglanz vertreten sein kann, ist bereits erwähnt. Es kommt noch vor in den Kupfererzen, Zinkerzen u. a. m. Gewonnen wird das Silber durch Rösten der Erze und nachherige Behandlung mit Quecksilber oder Säuren oder Blei.

a) Von den Verbindungen sind die Erze als Schwefelverbindungen bereits erwähnt. Die Silbersalze sind giftig, zersetzen sich leicht bei Einwirkung von Wärme, ferner von einigen Säuren, von Phosphor, Zinn, Zink, Kupfer und anderen Metallen, sowie von gewissen Oxyden unter Abscheidung von Silber, oder unter Bildung anderer Salze, namentlich von Halogensalzen. Ganz besonders auffallend ist ihre Zersetzung durch das Licht, oder richtiger gesprochen durch gewisse Lichtarten. Auf dieser Eigenschaft der Silbersalze beruht namentlich ihre Anwendung in der Photographie, von der späterhin noch die Rede sein wird. Wir heben hervor das Silbersalpeter $AgNO_3$ (durch Auflösen von Silber in Salpetersäure), welches frisch farblose Krystalle bildet, an Licht und in Gegenwart organischer Gewebe sich jedoch bald schwärzt. In Folge der letzteren Eigenschaft schwärzt es die Haut, indem die Theile, die in das Zellgewebe eindringen, sich daselbst zersetzen und metallisches Silber niederschlagen. Als Höllenstein findet es in der Medicin zum Aetzen inficirter Hautstellen Anwendung; in einer ammoniakalischen mit etwas arabischem Gummi versetzten Lösung giebt es chemische Tinte (Zeichentinte, unauslöschliche Tinte), zugleich mit einer Lösung von Pyrogallussäure in Branntwein, welcher als Anfeuchtungsmittel dient, benutzt man es zum Zeichnen von Wäsche und Leinen. Knallsilber enthält, wie die meisten Explosivstoffe, Stickstoff.

b) Chlorsilber $AgCl$, welches auch in der Natur als Hornsilber oder Hornsilbererz in grauen Massen oder regelmäßig krystallisirt vorkommt, ist künstlich hergestellt (durch Behandlung eines Silbersalzes mit Salzsäure, durch Auflösen von Silber in Salpetersäure unter Zufügung von Kochsalz) ein weißes Pulver. Dem Chlorsilber ähnlich sind Bromsilber $AgBr$ und Jodsilber AgJ; doch ist letzteres gegen Licht nicht so empfindlich, wie die beiden anderen es sind.

c) Schwefelsilber Ag_2S oder Silberglanz bildet regelmäßige Krystalle oder ist gestaltlos; im letzteren Falle heißt es auch Silberschwärze. Daß es ein Silbererz ist, und daß andere Silbererze sich durch Verbindungen von ihm mit anderen Schwefelmetallen bilden, ist

bereits erwähnt. Interessant ist, daß das Silber mit Quecksilber ein Amal=
gam giebt, welches in festen regelmäßigen Krystallen vorkommt und daß
auch natürliche Legirungen des Silbers (namentlich mit Antimon Spieß=
glanzsilber) vorhanden sind.

198. Gold, diese kostbare Substanz, gehört zu den wenigen Metallen,
die eine eigene charakteristische Farbe besitzen. Es ist sehr dicht, so dehnbar,
daß es sich bis zu Blättern von fast $\frac{1}{10000}$ mm Dicke ausschlagen und
zu unendlich feinen Drähten ausziehen läßt. Ganz dünne Blätter scheinen
grün durch; wie Silber in fein pulverisirtem Zustande schwarzgrau aus=
sieht, erscheint Gold braun. Gelöst wird es weder von den Aetzlaugen,
noch von den Säuren, wie Flußsäure, Schwefelsäure, Salpetersäure, Salz=
säure, wohl aber von einer Mischung der beiden letztgenannten Säuren,
die man Königswasser nennt. Dagegen wird es von Chlor und Brom
angegriffen. Es kommt meist gediegen in Blättchen oder Körnern, manch=
mal auch in dicken Stücken (am Ural ist ein Stück von 36 kg Gewicht
gefunden) vor und findet sich als Berggold in Gesellschaft von Quarz,
Schwefelkies und Brauneisenstein und als Waschgold im Sand vieler
Flüsse (Rhein, Donau, Isar, Inn) und dem von ihnen aufgeschwemmten
Lande. Vielfach ist es (als Elektrum) mit Silber oder Palladium legirt.
Vom Silber wird es durch Behandlung mit heißen Säuren, welche das
Silber lösen, das Gold zurücklassen (Affinirungsproceß, Quartation),
getrennt. Auch in manchen Schwefelmetallen ist es enthalten. Feines Gold
wird außer zu Blattgold und zum Vergolden von Glas und Porzellan
nicht verwendet, sondern stets in Legirungen (wie Gold mit Silber oder
Kupfer). Die deutschen Goldmünzen enthalten auf 1000 Theile 900 Theile
Gold und 100 Theile Kupfer, und zwar giebt ein Pfund Gold $69^3/_4$ Stück
Zwanzigmarkstücke oder $139^1/_2$ Zehnmarkstücke oder 279 Fünfmarkstücke.
Talmigold ist mit Gold plattirtes Blech oder plattirter Draht von einem
unedlen Metall, wie Kupfer (nach dem Erfinder Talois genannt). Blatt=
gold ist fein ausgeschlagenes Gold, unechtes Blattgold eine aus=
geschlagene Legirung von Zink und Kupfer.

Gold hat noch weniger Neigung zu chemischen Verbindungen als
Silber. Doch sind mehrere davon bekannt, wie Goldoxydul Au_2O, Gold=
säure Au_2O_3. Goldsaures Zinnoxyd giebt ein braunes oder purpur=
rothes bis schwarzes Pulver, welches als Goldpurpur bezeichnet wird
und zum Purpurfärben von Gläsern (Rubinglas) und Porzellanen dient.
Goldchlorid $AuCl_3$ bildet mit Chlornatrium oder Chlorkalium verbunden
das Goldsalz, welches in der Photographie Anwendung findet. Andere
Verbindungen sind Schwefelgold Au_2S_3, Tellurgold Au_3Te_3 in der

Natur in Verbindung mit Tellursilber als Schrifterz, mit anderen Mineralien als Weißtellurerz, Blättertellur vorkommend. Knall= gold enthält wieder Stickstoff.

199. Platin ist silbergrau, zeigt beim Erstarren die beim Silber erwähnte Eigenschaft des Spratzens, ist im rothglühenden Zustande für Wasserstoff durchlässig, ist sehr dicht, oxydirt sich selbst in der größten Hitze nicht, und wird von keiner Säure und Lauge angegriffen; von Königswasser wird es wie Gold aufgelöst. Ueber Kohle geschmolzen nimmt es Kohlenstoff auf und wird dadurch spröde. Platinmoor ist Platin in feinvertheiltem Zustand, bildet ein schwarzes Pulver und entsteht bei der Reduction ge= wisser Verbindungen (z. B. indem man schwefelsaures Platinoxyd mit kohlensaurem Natrium und Zucker kocht). Platinschwamm ist eine graue schwammige weiche Masse (erhalten durch Glühen von Platinsalmiak), welche sich zusammenhämmern läßt und früher, da man gediegenes Platin wegen der Schwerschmelzbarkeit noch nicht zu bearbeiten verstand, zur Herstellung von Platingegenständen auf kaltem Wege diente (unter anderen auch der unter dem Namen Archiometer und Archivkilogramm bekannten Ur= maaße des metrischen Maaß= und Gewichtssystems). In diesen beiden Formen hat Platin die Eigenschaft, aus der Luft namentlich Sauerstoff in ungeheuren Mengen aufzunehmen, in sich zu verdichten und ihn so activ zu machen, daß er ungemein zu Oxydirungen geneigt ist. Richtet man dagegen einen Strahl Wasserstoff, so entzündet dieser sich sofort, indem die durch den Platinschwamm eingeleitete Verbindung mit dem in ihm ver= dichteten Sauerstoff der Luft soviel Wärme entwickelt, daß der Schwamm glühend wird. Darauf beruht das bekannte Döberreiner'sche Feuer= zeug. Uebrigens kommt diese Eigenschaft zum Theil auch dem massiven Platin zu, indem dieses den Sauerstoff zwar nicht in sich verdichtet, aber wenigstens activ macht. Platin eignet sich daher, um chemische Reaktionen einzuleiten, es hat, wie man sagt, eine katalytische oder Kontakt= wirkung (die mit Fermentwirkung viel Aehnlichkeit besitzt). Platin kommt gediegen und zwar meist mit den anderen Metallen dieser Gruppe, nament= lich den noch zu behandelnden, legirt vor, mit denen es die Platinerze bildet. Auch künstlich werden vielfach Legirungen des Platin gebildet, um Metalle von größerer Härte oder größerer Beständigkeit gegen chemische Einwirkungen zu gewinnen. Eine Legirung von 90 Theilen Platin und 10 Theilen Iridium hat zur Herstellung der neuen Urmaaße des metrischen Systems gedient, welche durch Reichsgesetz vom 21. April 1893 an Stelle der früheren getreten sind. Die Platinverbindungen — eine davon ist das bereits genannte Platinsalmiak $PtCl_4 + 2(NH_4Cl)$, welches durch Ein=

wirkung von Salmiak auf eine Platinchloridlösung $PtCl_4$ entsteht — haben wenig Bedeutung. Sie finden in der Photographie Anwendung.

200. **Palladium** ist etwas leichter zu schmelzen als Platin und steht in seinen Eigenschaften dem Silber näher als diesem. Es ist nur etwa 11,4 Mal so dicht wie Wasser, löst sich in Salpetersäure und heißer Schwefelsäure und ist noch leichter oxydirbar als Silber. Beim Erhitzen in der Luft läuft es blau an. Die merkwürdigste Eigenthümlichkeit des Palladium hat bereits an einer anderen Stelle Erwähnung gefunden; es nimmt nämlich Wasserstoff, welcher eben frei geworden ist, in großer Masse selbst unter gewöhnlichen Verhältnissen auf. Als Schwamm absorbirt es fast das 700 fache seines Raumgehalts von diesem Gase, dagegen wenig oder gar nichts von Sauerstoff und Stickstoff. Ein wenig von dieser Eigen= heit, Wasserstoff zu absorbiren, kommt auch dem Platin zu. Durch die Aufnahme von Wasserstoff ändern sich die metallischen Eigenschaften des Palladium nicht, es erscheint das so gesättigte Metall wie eine Legirung. Von den chemischen Verbindungen des Palladium erwähnen wir nur das **Palladiumchlorür**, welches sich in Leuchtgas braun bis schwarz färbt, und dadurch die geringsten Mengen Leuchtgas in einem Raume erkennen läßt.

201. **Ruthenium** und **Rhodium** sind gleichfalls viel weniger dicht als Platin, im Uebrigen aber diesem ähnlich. **Osmium** ist ein hartes Metall, etwas dichter als Platin, völlig unschmelzbar, indem es vor dem Schmelzen bei sehr hohen Temperaturen in Dampfform übergeht. Es ist viel weniger beständig als Platin, da es in der Glühhitze verbrennt und in Salpetersäure sich löst.

Iridium ist wieder dem Platin sehr ähnlich, es widersteht jedoch allen Säuren und ist nicht einmal in Königswasser löslich, dafür oxydirt es sich jedoch leichter, es ist möglicherweise der dichteste Körper, den wir kennen.

Die vier letztgenannten Metalle kommen stets in Begleitung des Platin vor.

Zweiter Theil.

———

Die Kräfte und Erscheinungen in der Natur.

Von den allgemeinen Eigenschaften der Kräfte.

1. Von den Veränderungen in der Natur und ihren Ursachen.

202. Alle Vorgänge, die wir in der Natur beobachten, geschehen an Körpern. Wo wir Vorgänge annehmen müssen, deren Träger uns nicht unmittelbar zur sinnlichen Wahrnehmung gelangen, setzen wir voraus, daß es sich auch in diesem Falle um Substanzen handelt, die wenigstens diejenigen Eigenschaften haben, welche von der Körperwelt uns unzertrennlich scheinen, wie Ausdehnung, Undurchdringlichkeit u. s. f. Wir werden später solche Fälle kennen lernen, und die Schwierigkeiten, auf die man dabei stößt, nicht unberücksichtigt lassen. Insofern die Vorgänge selbst oder in ihren Wirkungen zur sinnlichen Wahrnehmung gelangen (gesehen, gefühlt, gehört u. s. f. werden), können wir sie auch als Erscheinungen bezeichnen, wie Bewegung, Leuchten, Erwärmung, Anziehung, Abstoßung, Formveränderung u. s. f.

Die Vorgänge können entweder sich in stets gleichbleibender Weise abspielen, oder sich im Laufe der Zeit verändern, jedenfalls bringen sie im Zustand der Körper irgend welche Veränderungen hervor. Es ist oft danach gefragt worden, ob es überhaupt absolute Veränderungen in den Körpern giebt, das heißt solche Veränderungen, die jeden Körper für sich, ganz unabhängig von allen andern Körpern, betreffen. Wenn beispielsweise ein Körper im Raume mit gleichmäßiger Geschwindigkeit in stets gleicher Weise sich bewegt, so scheint sich sein Zustand an sich nicht zu ändern, nur in Bezug auf einen andern ruhenden oder sich anders bewegenden Körper ändert er seine Lage. Dieses betrifft also das Erkennen des Vorganges von einem andern Standpunkt. Absolut aber würden wir den Vorgang nennen, wenn der Körper, während er sich durchaus als Einheit fühlt, das heißt nichts an sich bemerkt, was nicht von seinem Wesen eingeschlossen ist, auch diesen Vorgang als zu seiner Einheit gehörig fühlte. In diesem Falle ist die Frage ziemlich müßig. Faßt aber der Körper den Vorgang als etwas fremdes auf, dann tritt schon das Relative zu Tage. Namentlich wird dieses klar, wenn man an den Beginn des Vorganges denkt. Fahren wir auf glatter See und schauen weder auf den Himmel noch auf das Wasser, dann kommt uns der Vorgang, daß wir uns nämlich bewegen, nicht zum Bewußtsein, allein die Abfahrt läßt uns keinen Zweifel darüber, daß wir uns bewegen. Daß wir mit der Erde durch den Raum fliegen, fühlen wir nicht, wären wir beim Beginn der Bewegung der Erde zugegen gewesen, so würden wir es auch ohne die astronomischen Beobachtungen wissen. Die Frage spitzt sich also in Bezug auf die Zeit darauf zu, ob es auch Vorgänge giebt, die nie angefangen haben, also seit unendlicher Zeit gleicherweise geschehen. Darüber läßt sich gar nichts sagen, oder vielmehr, wie Kant in seiner Kritik der reinen Vernunft nachgewiesen hat, es lassen sich gleich gute Gründe für das Eine wie für das Entgegengesetzte anscheinend mit Beweiskraft beibringen. Analoges gilt von einem Beginn im Raum. Für uns liegen die Verhältnisse ziemlich einfach. Obwohl wir durch alle Erfahrungen belehrt werden, daß wir fortwährend Beeinflussungen durch die Außenwelt unterliegen und in engster Fühlung mit ihr leben, sind wir doch von unserer Existenz als einzelne besondere Wesen durchaus überzeugt, wir haben ein Bewußtsein, welches für sich gesondert besteht, und das, was uns durch die Sinne zukommt, als uns fremd bezeichnet, und zwar derartig fremd, daß wir auch nicht einmal sagen können, ob das, was uns die Sinne außer uns zeigen, so ist, wie wir es empfinden. Mag nun die Außenwelt so sein wie sie uns erscheint, oder mag sie nur so erscheinen, thatsächlich aber ganz anders geartet oder auch gar nicht sein, für uns besteht sie so wie sie ist, und alle Naturbetrachtungen können sich nur an diese unsere Außenwelt anschließen. Alle Vorgänge sind hiernach auf unser Denken und Fühlen bezogen und insofern allerdings relativ. Sie sind sogar, wenn es gestattet ist, den Comparativ zu brauchen, noch relativer als die ursprüngliche Fragestellung voraussah, weil wir diese Vorgänge nur nach den Gesetzen unserer Intelligenz beurtheilen. Ob wir diese Gesetze a priori haben, oder ob sie aus der Erfahrung abgeleitet sind, ist dabei nicht von Bedeutung, denn hat das letztere stattgefunden, so kann es auch nicht anders als vermittelst besonderer Eigenheit unserer Intelligenz geschehen sein und es findet nur eine Verschiebung statt.

203. Etwas anderes ist es, wenn behauptet wird, daß uns in vieler Beziehung ein Maaß für die Vorgänge und Erscheinungen abgeht, wenn wir keinen festen Standpunkt haben, von dem aus wir alles beurtheilen können. Wenn ein Körper sich auf der Erde bewegt, so besteht seine thatsächliche Bewegung nicht bloß aus dem, was wir gerade sehen, denn er

dreht sich noch mit der Erde um ihre Axe, er bewegt sich mit ihr um die Sonne, er fliegt auf ihr mit der Sonne um einen anderen Mittelpunkt, und mit diesem letzteren vielleicht noch um wieder einen Mittelpunkt u. s. f., kurz wir kennen die eigentliche Bewegung des Körpers nicht, sondern nur diejenige, die wir sehen. Das wäre eigentlich noch nicht so schlimm, aber da jede Bewegung jede andere beeinflußt, so können wir auch die uns sichtbare Bewegung nicht beurtheilen, weil wir nicht wissen, welcher Theil davon der Beeinflussung durch die anderen Bewegungen seine Entstehung verdankt. Lassen wir z. B. einen Stein fallen, so würden wir erwarten, daß er in gerader senkrechter Linie sich zur Erdoberfläche begiebt. Dieses wäre auch der Fall, wenn die Erde ruhte, da sie sich aber um ihre Axe dreht, weicht der Stein auf seinem Wege von der Lothlinie ab und fällt auch nicht in einer geraden Linie. Wüßten wir nun nicht, daß die Erde sich dreht, so könnten wir die Bewegung des Steines gar nicht beurtheilen. Die Drehung der Erde kennen wir, auch die Bewegung um die Sonne ist uns vertraut, deren Einflüsse sind wir also im Stande aus der gesehenen Bewegung zu eliminiren — die Griechen z. B. waren es noch nicht —, aber schon die Bewegung der Erde mit der Sonne ist uns noch keineswegs hinlänglich bekannt, noch viel weniger natürlich jede andere noch etwa vorhandene Bewegung.

Trotzdem darf man nicht sagen, daß unsere Untersuchungen in der Luft schweben. Wir sind zwar nicht im Stande, für sie absolute Angaben zu machen, und selbst die relativen Angaben sind unsicher, aber die Unsicherheit der letzteren — und für uns kommt es ausschließlich auf diese letzteren an — ist meist nur geringfügig, so geringfügig, daß sie selbst bei unserem gegenwärtigen von der Vollkommenheit leider noch sehr weit entfernten Stande der Wissenschaft nicht in Betracht kommt. Sie verringert sich, je mehr wir kennen lernen. Von diesem Gesichtspunkte sind die sämmtlichen Angaben, die der Leser im nachfolgenden findet, zu beurtheilen. Man darf sie nicht überschätzen, aber auch nicht unterschätzen, sie sind Näherungen, aber sehr brauchbare, nicht allein für die Praxis, sondern auch für den weiteren Fortschritt der Wissenschaft und für die Naturerkenntniß überhaupt.

204. Wir beobachten in der Natur fortwährend, wie Erscheinungen entstehen und vergehen. Ein Theil unserer geistigen Eigenheit ist es aber, nach Allem um den Grund zu fragen, wir haben ein Causalitätsbedürfniß, dessen wir uns so wenig entschlagen können, daß wir sogar im Schlafe bei Einwirkungen, denen wir zufällig oder infolge irgend welcher Störung in unserem Organismus unterliegen, die Ursachen träumend hinzudichten. Wir forschen also stets nach den Ursachen dafür, daß Erscheinungen

eintreten oder verschwinden, ja auch dafür, daß sie etwa sich verändern, und selbst dafür, daß sie überhaupt bestehen. Es ist ein für uns fast selbstverständlicher Satz, daß jeder Vorgang in der Natur auf Grund irgend eines Antriebes geschieht, sei es, daß dieser Vorgang nur einmal gewirkt hat oder ständig wirkt.

Alle Körper in der Natur haben das Bestreben, den Zustand, in welchem sie sich gerade befinden, beizubehalten und setzen den Veränderungen, die man an ihnen vornehmen will, einen gewissen Widerstand entgegen. Man spricht darum von einer Trägheit der Materie, wodurch aber nichts weiter ausgedrückt werden soll, als daß keine Veränderung an einem Körper oder an seinem Verhalten ohne besondere Veranlassung von selbst entsteht. Befindet sich zum Beispiel ein Körper in Ruhe und sehen wir ihn sich plötzlich in Bewegung setzen, so muß eine Ursache dafür vorhanden sein; gleichfalls suchen wir nach Ursachen, wenn der Körper sich zunächst gleichmäßig bewegt und seine Bewegung plötzlich beschleunigt oder verzögert wird. Selbst wenn nur die Richtung der Bewegung eine andere wird, müssen wir irgend eine Ursache dafür angeben, so daß ein Körper, der sich in einem Kreise bewegt, dieses nur vermöge einer stetig wirkenden Ursache thun kann. Gleiches gilt von Veränderungen der Form oder der Eigenschaften der Körper.

Je größer eine Veränderung sein soll, desto größer muß die sie bewirkende Ursache sein. Das Sprichwort „kleine Ursachen große Wirkungen“ hat in der Natur nur sehr beschränkte Bedeutung; es trifft da zu, wo die Ursachen nicht selbst die Wirkungen hervorbringen, sondern nur andere schon vorhandene Ursachen gewissermaaßen aktiv machen, auslösen. Dieses ist z. B. der Fall bei den Schieß- und Sprengwirkungen; die eigentlichen Ursachen für diese sind in der chemischen Beschaffenheit der Schieß- und Sprengstoffe bereits gegeben, der Funke, der Schlag oder Stich löst diese Ursachen nur aus. Aehnliches gilt von den Zusammenziehungen der Muskeln; die durch die Nerven gebotene auslösende Kraft ist sehr geringfügig, die Muskeln contrahiren sich aber oft mit außerordentlicher Energie. Die Ursache dazu war in ihrer Substanz verborgen bereits vorhanden, wie im Pulver die zur Explosion, wenngleich wir noch nicht genau wissen in welcher Weise.

Uebrigens können auch sonst kleine Ursachen große Wirkungen hervorbringen, wenn sie nämlich andauernd thätig sind; sie bringen in jedem Moment nur eine geringe Wirkung zu Stande, im Laufe der Zeit summiren sich jedoch diese geringen Wirkungen zu einer großen. Tropfen höhlen also wohl einen Stein, aber nur, wenn unzählige von ihnen darauf fallen.

Ferner sind die Wirkungen abhängig von der Substanzmenge, an der sie sich bemerkbar machen. Hierüber haben wir schon in Art. 50 gesprochen. Die Masse, das Gewicht oder die Substanzmenge eines Körpers ist das Maaß seiner Trägheit. Je größer die Masse, um so größer die Trägheit, um so größerer Ursachen bedarf es, eine bestimmte Wirkung hervorzubringen.

205. Sobald eine Ursache zu wirken aufgehört hat, hat auch der Fortgang der Veränderung ein Ende genommen, falls nicht etwa durch die Veränderung wieder neue Ursachen zu Veränderungen wachgerufen (ausgelöst) sind. Die von der Ursache hervorgerufene Veränderung bleibt aber vermöge der Trägheit der Substanzen bestehen; es bedarf zu ihrer Rückgängigmachung neuer Ursachen. Eine Billardkugel, die durch einen Stoß mit einem Queue aus der Ruhe in Bewegung gesetzt ist, bewegt sich, auch nachdem der Stoß aufgehört hat, und würde sich in gleicher Richtung mit gleicher Geschwindigkeit in alle Ewigkeit fortbewegen, wenn sie nicht an die Banden stieße und an der Billardfläche sich riebe. Die Undurchdringlichkeit der Banden und die stetig wirkende Reibung der Fläche sind neue Ursachen, durch deren Wirkung einerseits die Richtung der Bewegung gestört wird, andererseits die Bewegung selbst allmählich vernichtet wird. Drückt man einen Körper zusammen, so bekommt er eine neue Form, hat die Zusammendrückung aufgehört, so sollte er diese Form beibehalten. Er thut dieses auch, falls durch diese Zusammendrückung nicht neue Ursachen wachgerufen sind, die nach Aufhören des Druckes nun ihrerseits in Thätigkeit kommen und neue Veränderungen bewirken. Bei weichen Körpern (Wachs, Fett, Thon u. s. f.) sind solche Ursachen nicht vorhanden, diese Körper behalten die neue Form bei. Bei elastischen sind sie aber da und bewirken in der That, daß die Körper in die ursprüngliche Form zurücktreten. So kompliciren sich die auf den ersten Blick sehr einfachen Verhältnisse, und es bedarf eines genauen Einblickes in das Spiel der einzelnen Ursachen, um in jedem Falle den schließlichen Erfolg voraussagen zu können. Wir werden darum die einzelnen Ursachen eingehend zu betrachten haben.

206. Man nennt die Ursachen für Veränderungen gewöhnlich Kräfte und sagt, daß alle Veränderungen in der Natur durch Kräfte bewirkt werden.

Die Kräfte können unmittelbar auf die Körper wirken oder aus der Ferne durch den Raum hindurch. Man unterscheidet darnach unmittelbare Kräfte und Fernkräfte. Beispiele für die ersteren sind die Druckkraft, die Zugkraft, die Stoßkraft, für die letzteren die Anziehungskraft der Erde und der Himmelskörper, die magnetische und elektrische Anziehung u. s. f.

Die Wirkungsweise der unmittelbar angreifenden Kräfte scheint uns ohne Weiteres verständlich zu sein, diejenige der Fernkräfte nicht, weil wir nicht sehen, wie sie vor sich geht. Wir bemerken nur vielfach, wie ein Körper einen anderen, von ihm ganz getrennten, z. B. in Bewegung setzt, ohne daß wir irgend etwas nachweisen können, wodurch er auf diesen Körper gewirkt hat. Die Wirkung geschieht anscheinend ohne jede Vermittelung durch einen anderen Körper. Zugleich erkennen wir, daß, während die unmittelbaren Kräfte an den Oberflächen wirken, die Fernkräfte nicht allein diese angreifen, sondern auf die ganze Substanz, die ganze Masse der Körper ihren Einfluß äußern. Sie sind also von jenen anscheinend recht verschieden. Gewisse Eigenschaften gelten jedoch für alle Kräfte ohne Unterschied, wir haben diese zuerst zu untersuchen.

2. Von den Bestimmungsgrößen einer Kraft.

207. Wir unterscheiden an jedem Vorgang in der Natur im Allgemeinen vier Umstände: die Art des Vorganges, seinen Ort, seine Richtung und seine Größe. Z. B. für die Bewegung der Erde um die Sonne; der Vorgang ist eine Bewegung, er findet an der Stelle, wo die Erde im Raume sich befindet, statt, die Bewegung geht von West nach Ost, ihre Größe beträgt 4 Meilen in der Sekunde. Nicht immer bedarf es aber einer Angabe aller Umstände; die eine oder andere Angabe kann fehlen, weil sie für den Vorgang gleichgültig oder selbstverständlich ist.

Den obigen vier Bestimmungsgrößen entsprechend haben wir auch bei jeder Kraft und ihrer Wirkung Art, Größe und Richtung zu unterscheiden. Wir sprechen in erster Hinsicht von mechanischen Kräften, welche an den Körpern Orts- und Formveränderungen bewirken, elektrischen und magnetischen Kräften, welche das Gleiche thun oder Elektricität und Magnetismus in Bewegung setzen bezw. hervorbringen, Wärmewirkungen, welche Erwärmung hervorbringen u. s. f. Beim Ort haben wir zweierlei zu unterscheiden, denjenigen Ort, von dem die Kraft ausgeht, Centrum der Kraft; und denjenigen, an dem sie zur Wirkung kommt, Angriffspunkt der Kraft; z. B. Anziehung, die von der Sonne ausgeht und auf die Erde wirkt. Manchmal ist die Angabe des Ortes, von dem die Kraft ausgeht, nicht ausdrücklich gemacht, jedoch darin versteckt enthalten, so bei Druckangaben; der Ort, von dem die Kraft hier als ausgehend angesehen werden kann, ist der Erdmittelpunkt.

208. Was die Richtung anbetrifft, so ist die Nothwendigkeit ihrer Angabe an folgendem Beispiel sofort klar. Die Anziehung der Erde ist

senkrecht zu ihrer Oberfläche durchaus verschieden von derjenigen in Richtung dieser Oberfläche. Während man einer großen Anstrengung bedarf, um z. B. 100 Kilogramm von der Erde abzuheben, sollte man fast gar keiner Kraft bedürfen, um sie auf der ebenen Erdoberfläche fortzuziehen. Daß letzteres nicht der Fall ist, liegt größtentheils darin, daß die Erdoberfläche sehr rauh ist und man deshalb viel Reibung bei dem Ziehen der Gewichte zu überwinden hat; es ist aber Jedem bekannt, wie leicht schwere Körper auf glatten Bahnen fortzubewegen sind, z. B. auf Eisflächen. Wir zählen bekanntlich sechs Richtungen im Raume zu zwei Paaren, nämlich vorn, hinten; oben, unten; rechts, links. Die zwei Richtungen jedes Paares sind einander gerade entgegengesetzt, liegen also in denselben Geraden, die drei Richtungspaare stehen aber zu einander senkrecht. Wir können hiernach diese Richtungen durch drei gerade Linien versinnbildlichen, welche von einem Punkte ausgehen und zu einander senkrecht stehen, wie z. B. durch drei von der Ecke eines Zimmers ausgehende Kanten. Jede andere Richtung ist bestimmt, wenn wir angeben, wie sie sich zu diesen Richtungen verhält. Das geschieht am einfachsten durch Angabe der Winkel, die sie mit den drei zu einander senkrechten geraden Linien einschließt. Haben wir Vorgänge in einer Ebene zu betrachten, so sind natürlich nur zwei Paare von Richtungen, die zu einander senkrecht stehen, zu berücksichtigen. In einer geraden Linie giebt es nur ein Richtungspaar.

209. Geht man von irgend einer Stelle, wo eine Kraft wirkt, aus und bewegt sich immer in Richtung der Kraft weiter, so beschreibt man eine **Kraftlinie**. Eine solche Linie hat also an jeder Stelle diejenige Richtung, welche die an dieser Stelle wirkende Kraft besitzt. Also fällt überhaupt die ganze Kraft überall in Richtung dieser Linie und nirgends quer dazu; diese Linie ist also wirklich eine **Kraftlinie**. Eine Fläche, welche aus lauter Kraftlinien zusammengesetzt ist, heißt eine **Kraftfläche**. Eine Linie oder eine Fläche, welche alle Kraftlinien, die sie überhaupt antrifft, senk=recht durchschneidet, nennt man eine **Niveaulinie** bezw. **Niveaufläche**. Kraftlinien und Kraftflächen haben alle Kraft in sich, nichts quer zu ihnen; Niveaulinien und Niveauflächen haben nichts von der Kraft in sich, alles quer zu ihnen. Alle Kraftlinien kommen vom Centrum der Kraft, alle Niveaulinien und Niveauflächen umringen dieses Centrum (scheinbare Aus=nahmen werden wir später kennen lernen). Da Kräfte, wie die Erfahrung gelehrt hat, mit der Entfernung von ihrem Ausgangspunkt abnehmen, so schließen wir noch: wo Kraftlinien dicht bei einander sind, ist die Kraft groß, wo sie wenig dicht auf einander folgen, ist sie gering. Dieses Alles führe ich an, damit der Leser von Schlagworten, wie sie heutzutage, nament=

lich von Elektrotechnikern fast unausgesetzt gebraucht werden, die Bedeutung kennt; einiges wird später noch nachgeholt werden.

210. Die Angabe der Größe betrifft die Messung der Kräfte. Wir können jede Kraft wiederum durch eine Kraft oder durch die von ihr hervorgebrachten Wirkungen messen. Im ersten Fall sagen wir z. B., die Anziehungskraft eines Körpers sei 2, 3mal so groß wie diejenige der Erde, oder der Druck eines in einem Gefäße befindlichen Gases auf den abschließenden Deckel dieses Gefäßes sei so groß wie der Druck von 2, 3 Kilogramm auf ein Quadratcentimeter u. s. f.; wir messen dann die Anziehungskraft des Körpers oder den Druck der Gase durch die Schwerkraft der Erde. Im zweiten Fall würden wir z. B. die Größe der Anziehungskraft eines Körpers auf einen anderen durch die Zeit schätzen, innerhalb deren er ihn aus bestimmter Entfernung zu sich herabziehen könnte, oder durch die Geschwindigkeit, mit der dieser angezogene Körper aus bestimmter Entfernung auf ihm anlangen würde, oder durch die Zunahme, die die Geschwindigkeit des angezogenen Körpers in einer Sekunde im Herabfallen auf den anziehenden erfährt u. s. f.

Worauf es bei dem Messen von Kräften allein ankommt, ist, eine Vorstellung von der Größe derselben zu gewinnen. Man kann dazu auf die mannigfachste Weise gelangen und wird in jedem Falle von derjenigen Methode Gebrauch machen, die für den besonderen Zweck am dienlichsten ist, da man von einer Kraft bald die eine, bald die andere Wirkung besonders zu berücksichtigen hat. Alle Kräfte, welche auf gleiche Art wirken, werden auch in gleicher Weise gemessen werden können, also beispielsweise alle Anziehungs= und Abstoßungskräfte und überhaupt alle Kräfte, welche Ortsveränderungen oder Formveränderungen hervorbringen durch die Schwerkraft der Erde. Sonne, Mond und Erde ziehen, wie wir später sehen werden, einander und alle auf ihrer Oberfläche befindlichen Körper an. Es ist nun die Kraft, mit der die Sonne einen Körper von der Erde fort zu sich hinzuziehen strebt, nur etwa $\frac{6}{10000}$ von derjenigen, mit welcher die Erde ihn auf ihrer Oberfläche festhält; auf der Erdoberfläche ist also die Anziehungskraft der Sonne nur $\frac{6}{10000}$ von derjenigen der Erde; diejenige des Mondes ist an gleicher Stelle gar nur $\frac{3}{1000000}$ von derjenigen der Erde. Auf der Sonnenoberfläche selbst ist die Anziehungskraft der Sonne 27 Mal so groß, wie diejenige der Erde auf ihrer Oberfläche; auf der Mondoberfläche die des Mondes nur $\frac{1}{6}$ von derjenigen der Erde auf ihrer Oberfläche. Diese Beispiele zeigen auch, wie wichtig es ist, auf den Ort zu achten, an welchem die Kraft zur Wirkung gelangen soll, da auf der eigenen Oberfläche die Anziehung der Sonne

45000 Mal, die des Mondes etwa 50000 Mal so groß ist, wie die des einen und anderen Himmelskörpers auf der Oberfläche der Erde. Aehnlich können wir die Muskelkraft unseres Armes mit der Anziehungskraft der Erde vergleichen, indem wir z. B. sagen, sie sei an einem kräftigen Manne so groß, wie die Anziehungskraft der Erde auf 100 Kilogramm. Ebenso dürfen wir die Anziehungskraft eines elektrischen Körpers oder eines Magneten durch die Anziehungskraft der Erde auf diejenigen Körper, welche, ohne herabzufallen, gerade noch an dem elektrischen Körper bezw. dem Magneten hängen, messen, u. s. f.

211. Kräfte, welche ungleichartige Wirkungen hervorbringen, kann man mit einander unmittelbar nicht vergleichen, da eine solche Vergleichung gar keinen Sinn hätte, wie man ja auch ungleichartige Größen nicht zusammenzählen kann. Nur wenn diese Wirkungen ihrerseits andere Wirkungen hervorbringen, welche gleicher Art sind, kann man auf indirektem Wege zu einer Vergleichung gelangen. So z. B. bringt die Reibung an einem Körper Wärme hervor, der Schlag des Hammers dagegen Formveränderungen; man kann also zunächst diesen mit jener nicht vergleichen. Indem sich aber zeigt, daß die Formveränderung des Körpers ihrerseits gleichfalls zur Entstehung von Wärme Veranlassung giebt, kann man diese Wärme mit jener in Beziehung setzen und in diesem Falle eine Vergleichung zwischen der Reibung und dem Schlage des Hammers in der That bewerkstelligen, indem man sagt, durch jene würde unmittelbar z. B. 2, 3mal soviel Wärme hervorgebracht, als durch diesen mittelbar. Die Erfahrung hat gelehrt, daß fast alle Kräfte, wenigstens in der unbelebten Natur, auf diese Weise zu einander in Beziehung gesetzt werden können, indem eine Wirkung nie für sich allein besteht, sondern stets andere Wirkungen im Gefolge hat oder solche im Gefolge haben kann.

3. Gesetz von der Erhaltung der Kraft.

212. Hier ist der Ort, auf ein Naturgesetz einzugehen, welches alle Kraftwirkungen beherrscht und welches von unserem Landsmanne Julius Robert Mayer, auf den wir so stolz sein können wie nur immer die Engländer auf ihren Newton, entdeckt worden ist, nämlich das Gesetz von der Erhaltung der Kraft.

Wir schreiben einer jeden Kraft in der Ausübung ihrer Wirkung eine gewisse Energie zu, ein Wort, das man zunächst in demselben Sinne auffassen kann, in dem wir es bei den Handlungen eines Menschen verstehen. Je größer eine Kraft ist, desto energischer wirkt sie. Wenn eine Kraft schon gewirkt hat, so können wir ihre Energie an dieser Wirkung selbst beurtheilen; wir sprechen dann von fertiger (aktueller) Energie. Wenn eine Kraft erst wirken soll, dann haben wir noch kein Maaß für ihre Energie und können diese nur dann beurtheilen, wenn wir die Wirkung im Voraus zu berechnen im Stande sind; wir sprechen dann von ver= borgener oder möglicher (latenter oder potentieller) Energie. Hat eine Kraft schon zum Theil gewirkt, ist sie aber noch in der Wirkung be= griffen, so werden wir von ihr fertige und verborgene Energie haben. Die Summe der fertigen und der verborgenen Energie bezeichnen wir als die Gesammtenergie der Kraft. So hat die Schwerkraft der Erde an einem Stein, der bereits herabgefallen ist, ihre ganze Energie schon bewiesen; an einem solchen, der am Fallen noch verhindert ist, soll sie erst ihre Energie zeigen; an einem, der fällt, ist ein Theil ihrer Energie schon zum Vorschein gekommen, ein anderer wird noch hervortreten. Pulver, welches noch nicht abgebrannt ist, enthält noch Energie des Druckes verborgen, sobald man es abgebrannt hat, ist diese Energie in Thätigkeit gelangt, und schleuderte die Kugel aus dem Lauf oder sprengte Felsen und Mauerwerke.

213. Bei den gewöhnlichen mechanischen Kräften messen wir alle Energie durch die Arbeit, die wir in der Thätigkeit der Kraft gewinnen oder in der Hemmung ihrer Thätigkeit aufwenden müssen. Wir sagen bei diesen Kräften geradezu Energie ist Arbeit. Im ersten Beispiel ist die fertige Energie der Schwerkraft der Erde auf den bereits gefallenen Stein die Arbeit, die dieser Stein beim Aufschlagen auf die Erde geleistet hat, indem er z. B. ein Loch in die Erde schlug, oder dabei selbst zerschlug, oder andere Körper, etwa Staub, in die Höhe trieb; alle diese Leistungen können wir ohne Arbeit nicht vollbringen. Die verborgene Energie an dem noch nicht herabgefallenen Steine ist die Arbeit, die dieser Stein leisten wird, wenn er erst herabgefallen sein wird, indem er dabei z. B. selbst zerschlagen wird u. s. f. Endlich wenn der Stein gerade fällt, kann er in jedem Augenblicke dadurch, daß ihm ein Hinderniß entgegengehalten wird, aufgehalten werden, und dabei wird er im Aufschlagen an das Hinderniß Arbeit leisten, indem er z. B. dieses Hinderniß durchbohrt oder eindrückt, oder in Bewegung setzt, oder indem er beim Aufschlagen selbst zerschellt u. s. f. Das giebt den schon fertigen Theil der Energie, der andere Theil, der noch verborgene, ist die Arbeit, die der Stein leisten wird, wenn er von der Stelle, wo er aufgehalten wurde, zu der Erde herabgefallen ist.

In der Technik mißt man alle Arbeiten durch diejenige Arbeit, welche erforderlich ist, um 1 kg gegen die Schwere 1 m hoch zu heben, diese Arbeit nennt man ein Kilogrammmeter. Eine Arbeit, die 1 kg 2 m oder 2 kg 1 m hoch hebt, ist doppelt so groß, eine andere, die 1 kg 3 m oder 3 kg 1 m hoch hebt, ist 3mal so groß; kurz in dieser Weise gemessen ist jede Arbeit gleich der Kraft multiplicirt mit dem Weg, auf dem sie wirkt. Und in diesen Einheiten kann man auch Arbeiten, die mit Heben gar nichts zu thun haben, wie die durch Zerschlagen, Biegen, Drehen u. s. f. geleisteten, ausdrücken. Eine Schwierigkeit scheint nur dann zu bestehen, wenn die Energie gerade im Wirken begriffen ist, da wir dann von einem fertigen Theil ihrer Arbeit sprechen müssen, ohne daß wir doch die Arbeit sehen, wenn wir nicht, wie im obigen Beispiel, dem fallenden Stein ein Hinderniß entgegenhalten. In diesem Falle haben wir nur daran zu denken, daß die Energie sich nicht allein in dem, was wir gewöhnlich Arbeit nennen, äußert, sondern auch in anderen Wirkungen, wie z. B. bei dem bereits fallenden Stein darin, daß er eben fällt und dabei eine gewisse Geschwindigkeit des Fallens erreicht, die sich im weiteren Fallen stetig vermehrt. Wollen wir dasselbe erreichen, nämlich den Stein mit einer bestimmten Geschwindigkeit fortschleudern, so müssen wir jedenfalls Arbeit leisten, und zwar um so mehr, je größer diese Geschwindigkeit sein soll; ja es wächst diese Arbeit sogar stärker als die Geschwindigkeit, nämlich so, wie das Produkt dieser Geschwindigkeit mit sich selbst, sie ist also schon 4, 9, 16mal so groß, wenn wir demselben Körper nur eine 2, 3, 4mal so große Geschwindigkeit ertheilen wollen als in einem anderen Falle. Die Energie hat sich also in der Geschwindigkeit gezeigt, die dem fallenden Steine bereits ertheilt ist, und sie ist gleichfalls eine Arbeit, nämlich diejenige, die wir im gewöhnlichen Sinne des Wortes leisten müssen, um dasselbe zu erreichen.

214. Die Erfahrung hat nun gelehrt, daß wir alle Wirkungen in der Natur dazu benutzen können, um Arbeit im gewöhnlichen Sinne des Wortes hervorzubringen. Daß die Wirkung der Wärme uns gewöhnliche Arbeit leisten kann, weiß Jeder; wir benutzen sie stets dazu in unseren Dampfmaschinen, Gaskraftmaschinen u. s. f. Ebenso sind wir jetzt im Stande, die Wirkungen der Elektricität und des Magnetismus uns zu Arbeit dienstbar zu machen, selbst das wesenlose Licht kann uns Arbeit leisten. Gleiches gilt von den anderen Kräften. Umgekehrt sind wir auch in der Lage, alle Wirkungen durch gewöhnliche Arbeiten hervorzubringen; Wärme, indem wir zwei Körper an einander reiben oder auf einander schlagen, Elektricität in gleicher Weise u. s. f.; nur daß hier durch die Beschränktheit unserer eigenen Mittel Grenzen gesteckt sind, die wir noch nicht oder überhaupt nicht überschreiten können. Die Arbeit oder Energie bildet also das Vermittelnde zwischen allen Naturkräften, wodurch wir auch Beziehungen zwischen ihnen herstellen können. Der Mayer'sche Satz

von der Erhaltung der Kraft besagt aber: Welche Wirkungen Kräfte auch hervorbringen mögen, gänzlich unveränderlich ist dabei ihre Gesammtenergie.

Richtiger hieße hiernach dieser Satz der Satz von der Erhaltung der Energie oder das Energieprincip. Mit den Kräften ist also stets ihre Gesammtenergie, das ist dem obigen zufolge die Arbeit, die sie im Ganzen leisten können, von vornherein gegeben; und nichts ist im Stande, diese Arbeit zu verringern oder zu vermehren. Es kann diese Arbeit bald das eine bald das andere betreffen, sie kann z. B. Körper heben, zerschlagen, zusammensetzen, Wärme, Elektricität, Magnetismus oder Licht schaffen u. s. f., sie kann in Formen zum Vorschein kommen, die wir für unsere Zwecke nicht beabsichtigen; aber Alles in Allem bleibt sie sich unter allen Umständen völlig gleich.

215. Stehen uns bestimmte Kräfte zur Verfügung, so kann es sich hiernach nicht um Vermehrung oder Verringerung ihrer ganzen Leistungs=fähigkeit handeln, sondern lediglich darum, die Leistungen in der Weise zum Vorschein kommen zu lassen, wie wir es wünschen. Wir haben Alles er=reicht, wenn es uns gelungen ist, diese Leistungsfähigkeit zu unserem be=sonderen Zwecke auszunutzen, mehr zu erreichen sind wir absolut nicht im Stande. Die Wärme z. B., die wir durch Verbrennen von Kohlen in den Dampfmaschinen erzielen, erwärmt den Kessel, dessen Umgebung, das in ihm enthaltene Wasser und verdampft dieses Wasser. Außerdem dehnt sie den Kessel, dessen Umgebung und das Wasser aus. Das sind alles Leistungen, die wir selbst nur durch Arbeit hervorbringen könnten, z. B. die Erwärmung des Kessels durch Reiben oder Hämmern, die des Wassers durch Rühren, die Ausdehnung des Kessels durch geeignetes Ziehen u. s. f. Von dieser, mindestens in sieben Theile zersplitterten Energie, kommt für das Treiben der Maschinen nur ein Theil in Betracht, der an den Dampf abgegebene, da dieser Dampf durch seine Druckwirkung Kolben und Räder in Bewegung setzt. Man sucht nun die Heizanlagen und Kesseleinrichtungen so zu treffen, daß die übrigen Theile möglichst klein ausfallen, namentlich die Erwärmungen und Ausdehnungen von Kessel und Umgebung möglichst wenig Energie in Anspruch nehmen; es bleibt dann für den nützlichen Theil um so mehr übrig. Aber wie man auch verfahren mag, niemals kann man es erreichen, daß die Summe aller verausgabten Arbeiten größer oder kleiner wird. Von solchen Verhältnissen, wie sie durch mehr oder weniger vollständige Verbrennung der Kohle bedingt werden, ist natürlich abgesehen. Das Beispiel zeigt zugleich, in wie viele Theile eine Energie sich zersplittern kann, von denen wir nur einen Theil thatsächlich

verwenden. Selbst dieser eine Theil kommt uns nicht voll zu Nutzen, da bei den Bewegungen der Maschinen Reibungen zu überwinden sind, die gleichfalls Arbeit verzehren. Zugleich lehrt das Beispiel, wie vorsichtig man bei der Anwendung des Princips der Erhaltung der Energie sein muß, da man nichts fortlassen darf. Wir hätten in diesem Beispiel, um Alles zu berücksichtigen, was an Energieumsetzung dabei stattfindet, eigentlich auch die Energie anführen müssen, die zum Leuchten der Kohle beim Ver= brennen dient, und noch manches Andere mit in Anrechnung bringen sollen, dessen Darlegung hier zu weit führen würde.

216. Das Princip von der Erhaltung der Energie ist ganz ent= sprechend dem von der Erhaltung der Massen; bei den Substanzen ist ihre Masse insgesammt stets unveränderlich, bei den Kräften ihre Energie. Wie eine Masse, wenn sie anscheinend verschwindet, an anderer Stelle wieder zum Vorschein kommt, ebenso findet sich jede Energie, deren wir anscheinend verlustig gegangen sind, an anderer Stelle und in anderer Form wieder. Wie eine Masse, sie mag Veränderungen erfahren, welche man will, stets wieder als Masse erscheint, wenn auch oft in ganz anderer Gestalt, so kommt eine Energie stets wieder als Energie zum Vorschein, in welche Form sie sich auch kleiden mag, da man sie als Arbeit wieder gewinnen kann. Daß dieses Princip, abgesehen von seiner hohen wissenschaftlichen Bedeutung, auch für die Technik von ungeheuerer Tragweite ist, leuchtet unmittelbar ein.

Zugleich zeigt dieses Princip, wie eitel alle Bestrebungen nach Schaffung von Arbeit aus Nichts sind. Jede Arbeit ist mit einer Energieumwandlung verbunden; sobald die zur Verfügung stehende Energie zu Ende ist, hört auch die Arbeit auf; die Energie ist in die geleistete Arbeit übergegangen, und es bedarf einer anderen Arbeit, um sie aus dieser Arbeit zurückzugewinnen und von Neuem zu verwenden. Das be= deutet aber, daß die Arbeit wieder zu Nichte gemacht werden muß. Manch= mal geht dieses, unter Umständen jedoch geht es nicht; aber auch wenn es geht, hat man keinen Vortheil, denn man hat dann die Arbeit wieder ver= loren und ist auf dem Punkte wie vor Ausführung derselben. Ein Perpetuum mobile, wie man eine solche Maschine nennt, die ohne stetige Energiezufuhr doch stetig Arbeit leisten soll, giebt es also nicht. Nicht einmal eine Maschine, die sich, ohne Arbeit für uns zu leisten, stetig bewegt, können wir konstruiren, denn jede Bewegung um Axen oder in der Luft ist mit Arbeitsleistungen verbunden, da die Reibung an den Axenlagern oder der Widerstand der Luft zu überwinden ist.

Wo solche besonderen Hindernisse nicht zu überwinden sind, da bewegt sich ein Körper nach einem einmaligen Antriebe allerdings in alle Ewigkeit; die Erde dreht sich seit unendlichen Zeiten um ihre Axe und wird sich weitere unendliche Zeiten drehen, wiewohl sie keinen Anstoß mehr dazu er= fährt; aber das geschieht nur, weil sie dabei weiter nichts thut, sie hat keine Arbeit zu leisten und keine Widerstände zu überwinden. Könnten wir nachweisen, daß sie doch irgend eine Arbeit dabei leistet (und das ist wirklich der Fall), so müßten wir sofort schließen, daß ihre Drehung früher rascher vor sich gegangen ist, nunmehr stetig geringer werden muß und zuletzt ganz aufhören wird, falls nicht die von ihr zu leistende Arbeit noch vorher aufhört, wo sie dann mit der durch die geleistete Arbeit verringerten Geschwindigkeit sich weiter drehen würde. Für uns Erdenbewohner hätte das die Folge, daß die Tage und Nächte stetig länger würden. Wir haben am Himmelszelt in der That Beispiele von solchen Verhältnissen. Der Mond hat sich in früheren Zeiten wohl mit größerer Geschwindigkeit um seine Axe gedreht als jetzt; er hat aber dabei gewisse aus der An= ziehung der Erde auf ihn herrührende Widerstände zu überwinden gehabt, dadurch hat seine Drehgeschwindigkeit stetig abgenommen, bis sie zuletzt so weit herabgesunken ist, daß er sich genau in derselben Zeit einmal um seine Axe herumdreht, in welcher er in seiner Bahn einmal um die Erde herumkommt. Nachdem er so weit gelangt ist, haben jene Widerstände von selbst aufhören müssen, und so dreht er sich nunmehr mit dieser so verringerten Geschwindigkeit weiter um seine Axe und zeigt uns in Folge dessen immer nur die eine Hälfte seiner Oberfläche, während er sonst auch die andere im Laufe der Zeit unserem Anblick darbieten würde.

217. Wir können dem Energieprincip noch eine andere sehr be= merkenswerthe Fassung geben. Alle Vorgänge in der Natur werden von Kräften verursacht oder unterhalten. Die Energien der Kräfte kommen dabei in Wirksamkeit und werden mannigfach verwandelt, ohne daß ihre Gesammtmenge verändert wird. Fassen wir zwei Momente der Vorgänge ins Auge, so können im zweiten Moment ganz andere Formen von Energien da sein als im ersten, aber in beiden Fällen sind die Energien doch in der Leistung gleich, wie in der Zwischenzeit auch der Verlauf der Vorgänge gewesen sein mag, wenn nur nichts neues an Kräften hinzugekommen ist und die Kräfte selbst keine Veränderungen erfahren haben.

Hiernach erspart uns das Energieprincip hinsichtlich der Berechnung des Endergebnisses von Vorgängen, soweit es sich dabei um Leistungs= fähigkeit handelt, jede Kenntniß aller Zwischenvorgänge. Wir brauchen von diesen Zwischenvorgängen gar nichts zu wissen und sind doch in der Lage, die Leistungsfähigkeit in jedem Momente zu berechnen, wenn wir sie nur für einen Moment kennen. Das ist von eminenter Bedeutung, da, wie bereits an einer andern Stelle erwähnt worden ist, die Vorgänge in der Natur meist so complicirt sind, daß wir ihnen nur mit der größten Schwierigkeit folgen könnten. Doch darf die Bedeutung dieser Errungen= schaft auch nicht überschätzt werden, wir lernen nichts weiter als die Leistungsfähigkeit kennen. Die Vorgänge selbst enthüllt uns das Energie= princip nicht und kann es ja auch nicht, weil es eben von den Vorgängen unabhängig ist. Ich will dieses an einem Beispiel erläutern, da die An= gelegenheit neuerdings durch die Schule der sogenannten „Energetiker“, die mit dem Energieprincip allein alles machen zu können vermeinen, brennend geworden ist. Wenn ein Körper in Folge der anziehenden Kraft, die die Erde auf ihn und er auf die Erde ausübt — worüber bald genauere Angaben gemacht werden sollen —, frei zur Erde fällt, so ist nach dem Energieprincip die Arbeit, die er beim Aufschlagen auf die Erdoberfläche wirklich leistet, nur abhängig von seinem Ausgangspunkte und der Auf= fallstelle, sie ist dagegen ganz unabhängig von dem Wege, auf dem er an diese Auffallstelle gelangt, ob er sie in gerader, kreisförmiger, spiraliger Bahn erreicht, ist ganz gleichgültig, die Arbeit beim Aufschlagen ist stets die nämliche (abgesehen von dem fremden Einflusse der Reibung in der Luft), die Erfahrung lehrt aber, daß der Körper von allen ihm zur Verfügung stehenden und für die Energieentwickelung gleich wirksamen Wegen stets nur einen und denselben einschlägt, sobald er sich nur frei bewegen kann; es bedarf eines besonderen Zwanges, um ihn auf einem anderen Wege zu erhalten als derjenige ist, den er, wenn man sich so ausdrücken darf, frei von selbst wählt. Warum ist dieses der Fall? Das Energieprincip kann hierauf keine Antwort ertheilen, da für dasselbe alle Zwischenvorgänge gleichgültig sind. Es muß also noch ein Zweites da sein, was den Körper veranlaßt, gerade den Weg zu wählen, den er stets und in gleicher Weise wählt. Es bedarf also noch eines Gesetzes, und zwar nicht allein für diesen besonderen Fall, sondern überhaupt für alle Naturvorgänge, welches den Verlauf der Vorgänge selbst regelt. Wir werden dieses zweite Gesetz späterhin kennen lernen, es ist ein Zweckmäßigkeits= (sogenanntes teleologisches) Gesetz und von nicht minderer Bedeutung wie das Energieprincip. Beide Gesetze ergänzen sich, das eine lehrt den Effect, das andere den Weg, auf dem der Effect erzielt ist, kennen. Es würde sehr verkehrt und bedauerlich sein, wenn man sich nur um den praktisch allerdings wesentlich in Betracht kommenden Effect kümmern, den Weg aber außer Beachtung lassen wollte. Auf diese Weise wird nur eine große Gedankenlosigkeit groß gezogen, und in der That hat das Energieprincip theilweise diesen Erfolg bereits gehabt. Die großen Denker haben mit diesem Princip die Naturerkenntniß mächtig gefördert, aber den geistig Trägen ist es nur ein sehr bequemes Mittel geworden, die praktischen Zwecke auf leichte Art zu erreichen. Selbst wenn man, wie das neuerdings von manchen Forschern geschieht, überhaupt alles auf Energieumwandlung zurückführt, und was in der Natur zur Erscheinung kommt, lediglich als Energie ansieht (dies thut man sogar für die Substanz), kann man doch die Frage, auf welchem Wege die Umwandlung vor sich geht, nicht vermeiden und ist nicht anders daran, als wenn man bei den früheren Anschauungen stehen bleibt, die Energieumwandlung also nur als einen Vorgang betrachtet, wie andere Vorgänge es auch sind.

4. Wirkung und Gegenwirkung, innere Kräfte und äußere.

Wir kommen nun zu einigen anderen Eigenschaften der Naturkräfte, die nicht übergangen werden dürfen.

218. Jede Kraftwirkung ist mit einer Gegenwirkung verbunden. Schlagen wir mit einem Hammer auf einen Amboß, so schlagen wir nicht allein den Amboß, sondern auch den Hammer; schleudern wir aus einer Kanone eine Kugel heraus, so wird die Kanone zurückgeschleudert, sie erfährt einen Gegenstoß, dessen Wirkungen unschädlich zu machen eine bekannte Aufgabe der Artillerie ist. Die Wärme dehnt die Körper aus, verringert sich aber dadurch für das Gefühl u. s. f. Die Gegenwirkung (Reaktion) ist immer genau so groß wie die Wirkung (Aktion) selbst, das heißt, sie kann genau ebensoviel Arbeit leisten, wie die Wirkung. Sie ist manchmal nicht so augenfällig wie die Wirkung, aber nichtsdestoweniger von der gleichen Bedeutung. So bietet die aus der Kanone herausgeschleuderte Kugel viel Auffallenderes dar wie die zurückfahrende Kanone; der Weg, den sie macht, ist außerordentlich viel größer, die Verwüstungen, die sie anrichtet, sind viel deutlicher sichtbar. Das liegt aber lediglich daran, daß die Kugel viel kleiner ist als die Kanone, also auch weiter fortfliegen kann wie diese, und ferner, daß alle Einrichtungen an der Kanone schon so getroffen sind, daß ihre Energie sich in lauter unschädliche Arbeit aufzehrt; an sich ist diese Arbeit (abgesehen von inneren Sprengstoffen der Kugel) ganz genau so groß wie diejenige, die die Kugel als Masse verrichtet. Ebenso ist die Anziehung irgend eines Körpers auf die Erde genau so groß wie diejenige der Erde auf ihn, nur daß die Bewegung der Erde, weil ihre Masse so außerordentlich viel größer ist, viel kleiner, ja unmeßbar klein

gegen diejenige des Steines ist. Würde der Mond zur Erde fallen, dann würde die Erde ihm sehr merklich entgegenkommen.

219. Das Gesetz von der Gleichheit zwischen Wirkung und Gegenwirkung ist von Newton erkannt und hat sich überall bewährt. Es hat eine eigenthümliche Folge, die auf den ersten Blick sehr verwunderlich, aber bei reiferer Ueberlegung selbstverständlich erscheint. Haben wir nämlich ein System von Körpern, die auf einander wirken, so ist die Gesammtheit der Gegenwirkungen genau so groß wie die der Wirkungen; ein solches System kann daher wohl in seinen einzelnen Theilen Bewegungen aufweisen, aber es kann sich nicht als Ganzes von selbst in Bewegung setzen. Dieses ist z. B. in unserem Sonnensystem der Fall; alle Körper desselben ziehen sich gegenseitig, wie wir noch genauer beschreiben werden, an, die Sonne zieht die Planeten und Monde, diese ziehen die Sonne und einander an. In diesem System ist auch viel Bewegung vorhanden, sehen wir aber von den fast unmerklichen Wirkungen der Fixsterne, die nicht zu unserem System gehören, ab, so kann sich unser Sonnensystem von selbst nicht durch den Raum in Bewegung setzen. Bewegt es sich, wie gleichfalls noch zu erwähnen sein wird, dennoch, so kann das nur durch andere Kräfte, die von außerhalb des Sonnensystems kamen, bewirkt worden sein.

Kräfte, die in einem System von Körpern zwischen ihnen wirken, nennt man innere Kräfte, andere, die von Wirkungen außerhalb des Systems herrühren, heißen äußere Kräfte. Innere Kräfte wirken also nur im Innern, nicht nach Außen. Die Kräfte, die der Mensch hat, sind alles innere Kräfte; als solche können sie zwar die einzelnen Körpertheile Hand, Fuß, Kopf u. s. f. bewegen, nicht aber eine Bewegung des ganzen Menschen von Ort zu Ort hervorzubringen. Wenn wir trotzdem zu gehen im Stande sind, so liegt das daran, daß wir bei jedem Ansetzen eines Fußes sofort einen Widerstand finden, nämlich den des Bodens; dieser Widerstand ist die äußere Kraft, welche nöthig ist, um das Gehen zu ermöglichen. Ist er zu schwach, so fällt das Gehen sehr schwer, so auf Eisflächen oder auf glattem Parket; auf einer vollkommen glatten Fläche würde kein Mensch gehen können. Das Nämliche gilt von der Drehung, wir würden uns auch nicht um uns herumdrehen können, wenn die Füße keinen Widerstand im Boden fänden.

5. Nebeneinanderbestehen von Kraftwirkungen, Zusammensetzung und Zerlegung der Kräfte.

220. Alle Kraftwirkungen gehen völlig unabhängig von einander vor sich. Keine Kraft ändert die andere, vielmehr behält jede

Kraft ihre Art, Größe und Richtung bei, mit welchen und mit wie vielen anderen Kräften sie auch zusammenwirken möge. Dieser Satz muß richtig verstanden werden; Jeder wird zunächst geneigt sein, ihm zu widersprechen, denn wenn wir z. B. einen Stein fallen lassen und dieser, ehe er die Erde trifft, auf einen Tisch stößt, so bleibt er daselbst liegen; hier stört also der Zusammenhang der Tischsubstanz, was auch eine Kraft ist, die Schwer= kraft. Daß er sie stört, geben wir zu, aber ändern thut er sie nicht; der Stein unterliegt noch ganz derselben Schwerkraft auf dem Tische, der er im freien Falle an gleicher Stelle unterlegen wäre und auch in gleicher Richtung, statt zu fallen, drückt er nun. Also die Kraft hat sich nicht geändert, nur kommt ihre Wirkung in anderer Weise zum Vorschein. Und so haben wir den obigen Satz aufzufassen; durch das Zusammenarbeiten von Kräften können andere Wirkungen nach Außen sichtbar werden, als wenn eine der Kräfte für sich thätig gewesen wäre, aber die Wirkungen der einzelnen Kräfte in der gemeinsamen Thätigkeit bleiben dieselben.

Noch genauer können wir sagen: die Wirkung, welche entsteht, wenn die Kräfte gleichzeitig angreifen, ist genau dieselbe, wie wenn sie einzeln nach einander angreifen würden. Jede Kraft arbeitet im gleichzeitigen Wirken mit den anderen Kräften nach der ihr zukommenden Art, Energie, Richtung und Stelle; was zuletzt zum Vor= schein kommt, ist genau so beschaffen, wie wenn wir erst die eine, dann die andere, dritte, vierte u. s. f. Kraft für sich allein in Thätigkeit gesetzt hätten. Treibt eine Kraft einen Körper nach Norden, eine andere zugleich nach Osten, so wird er zwar weder nach Norden, noch nach Osten gehen, sondern nach einer Richtung zwischen Norden und Osten, die mehr nach Norden oder Osten neigt, je nachdem die erste oder zweite Kraft die stärkere ist; nach einem Punkte ganz derselben Zwischenrichtung wird er jedoch auch gelangen, wenn man erst die ihn nach Norden und dann die nach Osten treibende Kraft, oder umgekehrt, wirken läßt.

Wir folgern hieraus: Jede Kraft kann in eine beliebige An= zahl Theile, die nach beliebigen Richtungen wirken, zerlegt gedacht werden (Princip der Zerlegung der Kräfte). So, ent= sprechend dem vorigen Beispiel, eine nach einer Richtung zwischen Norden und Osten treibende Kraft in zwei Kräfte, von denen eine nach Norden, die andere nach Osten treibt.

Umgekehrt ergiebt sich: Jede beliebige Zahl von Kräften, die nach irgend welchen Richtungen wirken, kann zu einer einzigen Kraft oder zu einer beliebigen Zahl anderer nach anderen Richtungen wirkender Kräfte zusammengesetzt werden (Princip der Zusammensetzung von Kräften). So könnnen wir zwei Kräfte, von denen eine nach Norden, die andere nach Osten treibt, uns durch eine einzige ersetzt denken, welche nach einer Zwischenrichtung wirkt.

Der Leser wolle jedoch darauf achten, daß diese beiden Sätze nur dasjenige aussagen, was wir im Gedanken mit den Kräften vornehmen können, nicht dasjenige, was thatsächlich geschieht. A priori beweisen kann man sie nicht, sie sind aus der Erfahrung abgeleitet. So verstanden sind sie aber von der größten Wichtigkeit für den rechnenden Techniker und Naturforscher, da sie ihm helfen, Wirkungen voraus zu bestimmen, die er sonst nicht leicht übersehen könnte. Daß dabei alle Kräfte mit dem gleichen Maaße gemessen sein müssen, z. B. alle mit der Schwerkraft der Erde, ist selbstverständlich, da man Größen, die mit verschiedenen Maaßen gemessen sind, überhaupt nicht zusammensetzen kann. Wir wollen einige Fälle betrachten, die für uns von Bedeutung sind.

221. Wir schicken jedoch erst Folgendes voraus. Wie jede Richtung durch die einer geraden Linie dargestellt wird, kann man jede Größe durch eine Strecke auf dieser geraden Linie versinnbildlichen. Hat man nur eine solche, so kann man die Strecke ganz beliebig lang nehmen. Wenn jedoch mehrere Größen darzustellen sind, wird man für eine davon die Länge dieser Strecke auf der ihr zugehörigen Richtung zwar beliebig wählen, die Strecke für jede der anderen Größen aber in demselben Maaße länger oder kürzer wie jene Strecke machen müssen, als die betreffende Größe beträchtlicher oder kleiner ist wie die erste Größe. Bei der Darstellung der Kräfte läßt man die Richtungen von den Angriffspunkten der Kräfte ausgehen oder nach ihnen hinzielen und trägt die Strecken auf ihnen von den Angriffspunkten aus ab. Sind z. B. drei Kräfte vorhanden, die der Reihe nach 3, $\frac{1}{2}$, $\frac{3}{5}$ Mal so groß sind wie Schwerkraft und von denen die erste an einem Punkte nach Norden, die zweite an einem anderen nach Osten, die dritte an einem dritten Punkte nach Südosten wirkt, so sind zunächst die Richtungen die geraden Linien, die von den Angriffspunkten der Kräfte nach Norden, Osten, Südosten ausgehen, oder die nach diesen Angriffspunkten von Süden, Westen, Nordwesten hinzielen. Wir stellen nun die Größe der ersten Kraft beliebig durch eine Strecke von z. B. 5 cm, welche auf der ihr zugehörigen Richtung vom Angriffspunkt aus ab= getragen ist, dar; die beiden anderen Kräfte haben wir dann auf den zugehörigen Richtungen durch Strecken, die von den Angriffspunkten aus $5 \times \frac{1}{2}/3$, $5 \times \frac{3}{5}/3$, also $\frac{5}{6}$ und 1 cm betragen, zu versinnbildlichen. Hätten wir zur Darstellung der Größe der ersten Kraft 15 cm gewählt, so würden die Strecken für die anderen beiden Kräfte sein $15 \times \frac{1}{2}/3$,

$15 \times \frac{3}{5}/3$, also $2\frac{1}{2}$ und 3 cm u. s. f. Griffen ferner die drei Kräfte an demselben Punkte an, so würden diese Strecken auch von demselben Punkte ausgehen. Hiernach können wir uns jede an einem bestimmten Punkte angreifende Kraft und ihre Richtung durch eine gerade Linie von bestimmter Länge versinnbildlichen, die von dem Angriffspunkt aus in der Richtung der Kraft verläuft.

Wir nennen diese Darstellung der Kräfte die graphische oder zeichnerische; sie gilt nicht bloß für Kräfte, die in einer Ebene wirken, sondern in gleicher Weise auch für solche, die im Raume thätig sind.

222. Nach dieser Vorbereitung können wir weiter gehen. Dabei nehmen wir zunächst an, daß alle Kräfte, die zusammengesetzt werden sollen, an einer und derselben Stelle wirken, alle also denselben Angriffs= punkt haben.

a) Es mögen die Kräfte alle in einer und derselben geraden Linie wirken. Wirken sie in der geraden Linie auch nach derselben Richtung, z. B. alle nach Norden oder alle nach Süden, so hat man ihre Größen einfach zusammenzuzählen, um diejenige Kraft zu erhalten, welche in ihrer Wirkung sie alle zusammen ersetzt; und diese Kraft wirkt in derselben geraden Linie und nach derselben Richtung wie die einzelnen Kräfte. Wirkt ein Theil nach einer Richtung, ein anderer Theil nach der entgegengesetzten, z. B. der erstere nach Norden, der andere nach Süden, so zählt man die Größen in jedem Theil für sich zusammen und erhält dann zwei Kräfte, die in derselben Linie und einander entgegenwirken. Diejenige von ihnen, welche die größere Stärke hat, wird überwiegen, und zwar umsoviel, als ihre Stärke größer ist wie diejenige der anderen. Man bekommt also die schließlich ersetzende Kraft, indem man die schwächere von der stärkeren ab= zieht, die Richtung ist dann natürlich die der stärkeren.

b) Wenn die Kräfte nicht mehr in einer geraden Linie, aber wenigstens alle in einer und derselben Ebene wirken, wird auch die sie ersetzende Kraft jedenfalls in der nämlichen Ebene wirken. Ihre Größe, welche im ersten Fall in fast selbstverständlicher Weise angegeben werden konnte, ist jedoch nicht ohne Weiteres zu bestimmen. Die Erfahrung hat gelehrt, daß man dabei in folgender Weise vorzugehen hat: Wir nehmen der Einfachheit wegen zuerst an, daß wir es nur mit zwei Kräften zu thun haben, die an dem nämlichen Punkte wirken. A und B seien in der Figur 9 ihre Größen und Richtungen in der zeichnerischen Darstellung, X sei ihr Angriffspunkt. Dann lautet die Regel: Man ziehe durch den Endpunkt von A eine Parallellinie B' zu B und durch den von B eine solche A' zu A; den Punkt Y, in dem sie sich schneiden, verbinde man mit dem Angriffspunkt, dann ist diese Verbindungslinie D in Richtung vom Angriffspunkt zum Schnittpunkt der Größe und Richtung nach die gesuchte zusammengesetzte Kraft, welche also dasselbe leistet, wie die beiden Kräfte zusammen. Bekanntlich nennt man eine Figur, die von vier Geraden begrenzt ist, von denen je zwei einander gegenüberliegende parallel (gleichlaufend) sind, ein Parallelogramm und die Linie, welche zwei gegenüberstehende Ecken verbindet, seine Diagonale. Die Regel kann also auch so ausgedrückt werden. Man vervollständige die graphische Darstellung der beiden Kräfte zu einem Parallelogramm und ziehe vom Angriffspunkt die Diagonale; diese ist dann in Größe und Richtung die gesuchte Kraft. Diese Regel heißt der Satz vom Parallelogramm der Kräfte.

Hat man mehr als zwei Kräfte, die an demselben Punkte angreifen, so setzt man erst nach der obigen Regel zwei Kräfte zu einer zusammen,

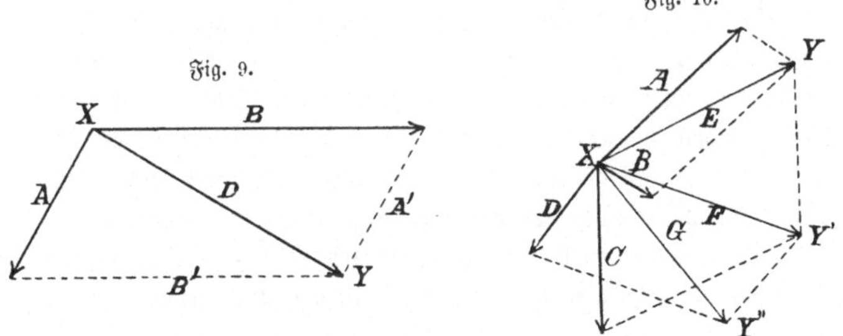

dann diese eine mit einer dritten der Kräfte zu einer neuen, dann diese neue mit einer vierten der Kräfte u. s. f., bis man ganz herumgekommen ist. Die obenstehende Figur 10 zeigt dieses Verfahren für vier Kräfte A, B, C, D, welche den Punkt X angreifen; A, B zusammengesetzt geben die Kraft $XY = E$, E und C zusammen die Kraft $XY' = F$, F und D zusammen die Kraft $XY'' = G$, welche hiernach alle Kräfte A, B, C, D ersetzt. Die Parallelogramme sind immer durch die gestrichelten Linien ergänzt.

c) Die Kräfte wirken an einem Punkt nach irgend welchen Richtungen im Raume. Da zwei gerade Linien, welche von einem Punkte ausgehen oder nach einem Punkte hinzielen, immer in einer Ebene liegen, gilt offenbar die unter b) angegebene Regel auch hier unverändert. Man setzt also erst zwei Kräfte nach dem Parallelogramm zusammen, dann die so erhaltene neue Kraft mit einer dritten der Kräfte, wieder nach dem Parallelogramm u. s. f. Dieser Fall ist also von dem vorigen gar nicht verschieden. Besonderes Interesse bietet er, wenn es sich nur um drei Kräfte A, B, C handelt; die nachfolgende Figur 11 zeigt, daß dann die alle ersetzende Kraft durch die Diagonale $XY = D''$ einer körperlichen Figur gegeben ist, welche von sechs paarweise parallelen Ebenen begrenzt und als Parallelepiped bezeichnet wird. Für diesen besonderen Fall nennt man die Regel den Satz vom Parallelepiped der Kräfte. Es ist dies aber

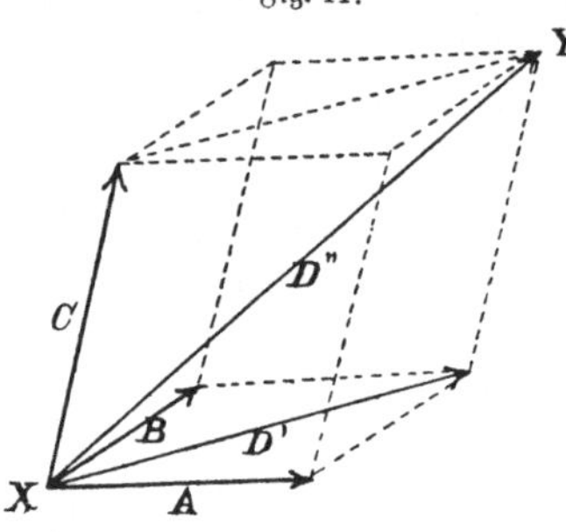

Fig. 11.

kein neuer Satz, es ist vielmehr in dem vom Parallelogramm der Kräfte bereits enthalten.

223. Wenn die Kräfte nicht alle denselben Angriffspunkt haben, sondern ein Theil der Kräfte an einem, ein anderer Theil an einem anderen, ein dritter an einem dritten Punkte u. s. f. wirkt, so setzt man die an den einzelnen Punkten thätigen Kräfte nach den früheren Regeln für sich zusammen. Man erhält dann so viele einzelne ersetzende Kräfte als Angriffspunkte vorhanden sind. Die Aufgabe ist damit erledigt, wenn die verschiedenen Angriffspunkte mit einander in gar keiner Verbindung stehen, denn es hätte in diesem Falle gar keinen Sinn, wenn man nach einer Kraft fragen wollte, die alle Kräfte überhaupt ersetzt, da ihr keine adäquate Wirkung zugeschrieben werden könnte. Anders liegen die Ver=
hältnisse, sobald zwischen den verschiedenen Angriffspunkten Verbindungen vor=
handen sind, derart, daß an keinem etwas vorgehen könnte, ohne daß auch alle anderen in Mitleidenschaft gezogen werden. In diesem Falle hat die ersetzende Kraft auch eine reelle Bedeutung, was späterhin noch klarer hervortreten wird.

Die allgemeine Behandlung der Aufgabe ist nicht leicht, wir beschränken uns auf den wichtigsten Fall.

Die Kräfte mögen alle in parallelen Linien wirken, ihre graphischen Darstellungen bilden dann parallele Linien. Wir nehmen erst zwei solche Kräfte A, B, von denen eine am Punkte X, die andere am Punkte Y wirkt. Von den folgenden Figuren bezieht sich die Fig. 12, auf den Fall, daß die Kräfte nach denselben, die Fig. 13 und 14 auf den Fall, daß sie nach entgegengesetzten Richtungen wirken. Die etwas lange, aber leicht zu übersehende Regel ist die folgende:

Die ersetzende Kraft ist gleich der Summe der beiden einzelnen Kräfte, wenn diese in gleicher Richtung, und gleich der Differenz, wenn sie in ent=
gegengesetzter Richtung wirken. Ferner stimmt ihre Richtung unter allen Um=
ständen mit derjenigen der größeren von den beiden Kräften überein. End=
lich befindet sich ihr Angriffspunkt näher der größeren der beiden Kräfte

als der kleineren, und zwar liegt er auf der die Angriffspunkte der beiden
Kräfte verbindenden geraden Linie, falls die beiden Kräfte gleich gerichtet
ſind, dagegen auf der vom Orte der größeren Kraft verlängerten geraden
Linie, wenn die beiden Kräfte entgegengeſetzte Richtungen haben, immer
aber ſo, daß ſeine Abſtände von den beiden Angriffspunkten ſich um=
gekehrt verhalten wie die Größen der zugehörigen beiden Kräfte.

In der nachſtehenden Figur 12 iſt angenommen, daß die Größe der
Kraft A gleich 3, die der Kraft B gleich 2 iſt. In der Fig. 13 dagegen
iſt angenommen, daß A gleich 2, B gleich 3 iſt. Die erſetzende Kraft C
iſt hiernach für die erſte Figur gleich 5, für die zweite gleich 1 und folgt
in der erſten Figur der Richtung von A ebenſo gut wie derjenigen von B,
da hier A und B gleichgerichtet ſind, in der zweiten dagegen derjenigen
von B, weil A und B hier entgegengerichtet ſind, und B größer iſt als A.
Der Angriffspunkt Z der erſetzenden Kraft liegt in Fig. 12 näher an A
als an B, weil A größer iſt als B, und zwar auf der Linie XY
zwiſchen A und B; in der Fig. 13 näher an B als an A, weil hier B
größer iſt als A, und zwar hinter B auf der Verlängerung von XY
über Y hinaus. Es verhält ſich die Strecke XZ zu derjenigen YZ wie

Fig. 12.   Fig. 13.

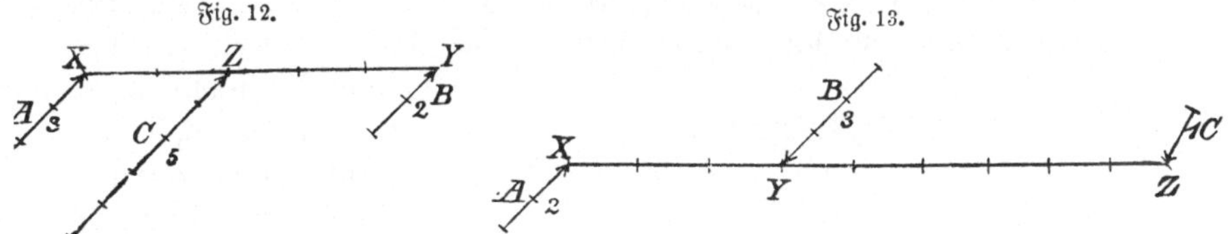

A zu B, alſo wie 2 zu 3 in der erſten, wie 3 zu 2 in der zweiten Figur.
In der erſten Figur theilt man alſo die Linie XY in 5 Theile (2 + 3)
und zählt dann von X her 2 Theile ab, wodurch man zum Punkte Z ge=
langt. In der zweiten Figur verlängern wir die Linie XY über Y hinaus
um das Doppelte ihrer Länge, wodurch wir zum Punkte Z für dieſen Fall
gelangen.

Denkt man ſich die Größe der Kraft A mit der an ihr liegenden
Strecke XZ und ebenſo die der Kraft B mit der an dieſer liegenden
Strecke YZ multiplicirt, ſo erhält man beide Male dieſelbe Zahl, nämlich
im erſten Fall 3 × 2, alſo 6 und 2 × 3, ebenfalls 6 im zweiten 2 × 3
und 3 × 2. Wir nennen dieſe beiden Produkte die Momente der
beiden Kräfte; der Angriffspunkt der erſetzenden Kraft theilt alſo den
Abſtand zwiſchen den Angriffspunkten der beiden Kräfte ſo, daß ihre
Momente einander gleich ſind. Die Strecke zwiſchen den beiden

ursprünglichen Angriffspunkten heißt der Hebel der beiden Kräfte, die Strecken zwischen diesen Angriffspunkten und dem Angriffspunkt der er= setzenden Kraft nennt man die Arme dieses Hebels oder die Hebelarme. Das Moment einer Kraft ist also das Produkt dieser Kraft in den dazu gehörigen Hebelarm. Die Kräfte multiplicirt mit den zugehörigen Hebelarmen sind also gleich.

In unseren Figuren 12 und 13 sind XY die Hebel, XZ und YZ die Hebelarme.

Wenn mehr als zwei solche parallele Kräfte vorhanden sind, so setzt man davon erst zwei zu einer zusammen, dann diese mit einer dritten zu einer neuen, dann diese mit einer vierten u. f. f. zusammen. Jede Zu= sammensetzung von zwei Kräften liefert immer die sie ersetzende Kraft, ihre Richtung und ihren Angriffspunkt. Die folgende Figur 14 bezieht sich auf vier solche Kräfte A, B, C, D, deren Angriffspunkte X_1, X_2, X_3, X_4 sind, und von denen D entgegengesetzt wirkt wie A, B, C. Die Größen dieser Kräfte sind zu 8, 16, 20, 28 gewählt (1 mm eine Krafteinheit). A und B geben die Kraft E, welche an Z_1 auf der Linie $X_1 X_2$ in Richtung von A und B mit der Intensität $8 + 16 = 24$ angreift. Da= bei verhält sich $X_1 Z_1$ zu $X_2 Z_1$ wie 16 zu 8 oder 8 zu 4. Die neue Kraft E giebt mit der gleichgerichteten C die ebenso gerichtete ersetzende Kraft F, welche an Z_2 auf der Linie $Z_1 X_3$ an= greift und die Intensität $24 + 20 = 44$ hat; zu= gleich verhält sich $Z_1 Z_2$ zu $X_3 Z_2$ wie 20 zu 24 oder 10 zu 12. Endlich giebt die Kraft F mit der entgegengerichteten D zusammengesetzt die Kraft G, deren Stärke $44 - 28 = 16$ beträgt, die hiernach in Richtung der Kräfte A, B, C wirkt, und an einem Punkte Z_3 angreift, welcher in der

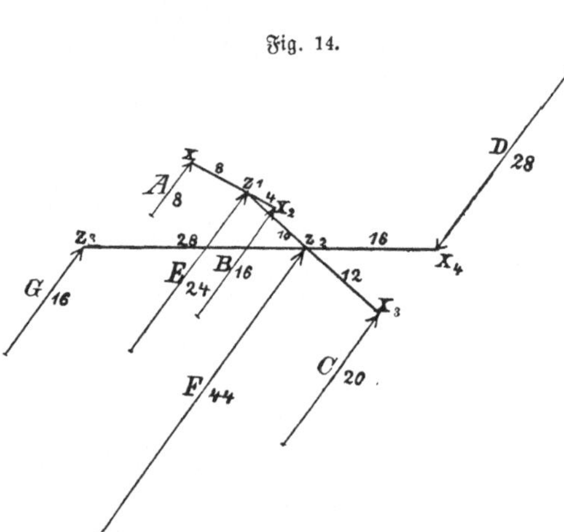

Verlängerung von $X_4 Z_2$ über Z_2 hinaus (weil in Z_2 die größere der beiden Kräfte F, D angreift und F entgegengesetzt gerichtet ist wie D) liegt, so weit von Z_2 absteht, daß die Strecke $Z_2 Z_3$ sich zu der Strecke

$X_4 Z_3$ so verhält wie 28 zu 44 oder 7 zu 11. Die Kraft G ersetzt alle 4 Kräfte.

Mit Leichtigkeit sieht man nun: die eine Reihe parallel gerichteter Kräfte, ersetzende Kraft, ist allgemein gleich dem Unterschied zwischen der Summe aller nach der einen Richtung und derjenigen aller nach der entgegengesetzten Richtung wirkenden parallelen Kräfte. Sie folgt der Richtung derjenigen Kräfte, deren Summe die größere ist, und hat einen bestimmten Angriffspunkt, welcher wie oben angegeben, zu ermitteln ist. Im vorstehenden Beispiel wirkten die Kräfte A, B, C nach einer Richtung, ihre Summe ist $8 + 16 + 20$, das ist 44, die Kraft D wirkte nach der entgegengesetzten, ihre Größe war 28; die ersetzende Kraft hat also die Größe $8+16+20-28$ das ist 16, wie bereits angegeben, und ihre Richtung folgt derjenigen der Kräfte von der größeren Gesammtwirkung, das ist der Kräfte A, B, C.

Ferner sieht man: Wenn die Richtung aller Kräfte zugleich beliebig gedreht wird, so jedoch, daß die Kräfte nicht aufhören parallel zu bleiben, so dreht sich die ersetzende Kraft in ganz gleicher Weise. Bleiben dabei die Größen der Kräfte und ihre Angriffspunkte ungeändert, so ändert sich auch die Größe der ersetzenden Kraft nicht und auch ihr Angriffspunkt bleibt der nämliche.

Man nennt den Angriffspunkt derjenigen Kraft, welche eine Reihe parallel wirkender Kräfte ersetzt, den Mittelpunkt der Kräfte oder ihren Schwerpunkt. Er hat seinen letzteren Namen von der Anwendung auf eine besondere Erscheinung, die wir später betrachten werden.

Nur in einem Falle versagt die Konstruktion, wenn nämlich zwei Kräfte mit genau gleicher Stärke in verschiedenen Punkten wirken, aber nach entgegengesetzten Richtungen. Zwei solche Kräfte nennt man ein Kräftepaar, sie haben keine ersetzende Kraft. Als Stärke des Kräftepaares wird die eine der beiden Kräfte bezeichnet. Eine Linie senkrecht zu der sie und ihren Hebel enthaltenden Ebene und durch die Mitte dieses Hebels gehend heißt die Axe des Kräftepaares.

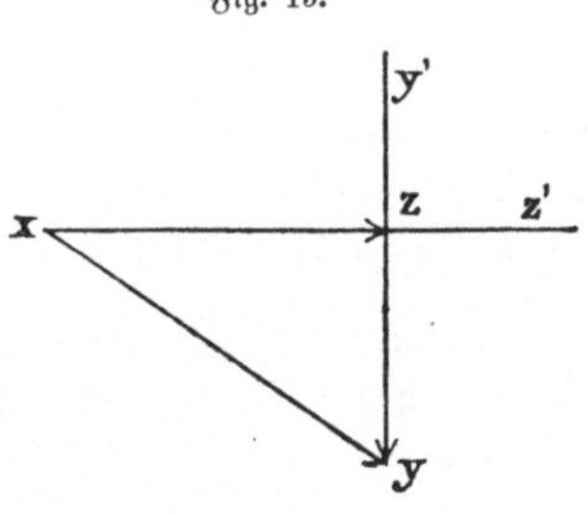

224. Was die Zerlegung der Kräfte anbetrifft, so kann diese selbstverständlich in ganz beliebiger Weise ausgeführt werden, man hat nur den umgekehrten Weg einzuschlagen wie bei der Zusammensetzung.

12*

Insbesondere bekommen wir von einer Kraft den nach einer bestimmten Richtung wirkenden Theil, wenn wir von dem Endpunkt der sie nach Richtung und Größe darstellenden Linie auf diese Richtung ein Loth fällen. Die Stelle vom Angriffspunkt bis zum Endpunkt dieses Loths stellt diesen Theil dar. In der obigen Figur 15 ist XY die Darstellung der Kraft nach Größe und Richtung und XZ der in Richtung von XZ, ZY der in Richtung von YZ wirkende Theil davon, da die Linie YZ senkrecht zu XZ gezogen ist.

225. Es hat sich der Brauch eingebürgert, die Zerlegung der Kräfte entsprechend den Ausdehnungen, mit denen man es zu thun hat, zu bewirken, also Kräfte die alle innerhalb einer Ebene wirken, in zwei Kräfte zu zerlegen, die in Richtung zweier zu einander senkrechter Linien wirken, solche, die im Raume thätig sind, in drei auf einander lothrecht wirkende Kräfte. Ueberhaupt kann jede einzelne Kraft in zwei oder drei zu einander senkrecht wirkende Kräfte zerlegt werden.

Man nennt die Theile, in die eine Kraft zerlegt wird, deren Componenten, die Kraft, welche diese Theile ersetzt, ihre Resultante. Auch Kräftepaare kann man so zerlegen und zusammensetzen wie Kräfte, unter ihrer Richtung versteht man die ihrer Axe.

Der Schlußsatz lautet hiernach:

Kräfte und Kräftepaare lassen sich beliebig zerlegen und zusammensetzen, insbesondere auch kann man jede beliebige Zahl von Kräften und Kräftepaaren durch eine Kraft bezw. ein Kräftepaar darstellen oder durch drei Kräfte, welche zu einander im Raume senkrecht wirken bezw. drei Kräftepaare, deren Axen zu einander senkrecht sind. Mehr als drei solche Componenten braucht man in keinem Falle, um alle Wirkungen voraus berechnen zu können. Die Zerlegungen und Zusammensetzungen haben keine Bedeutung, sobald zwischen ihren Angriffsstellen keine Verbindungen bestehen.

Dieser Satz gilt nicht allein für die von uns gewöhnlich so bezeichneten mechanischen Kräfte, sondern auch für die elektrischen, magnetischen u. s. f. Kräfte. Er gilt auch in gleicher Weise für die Zusammensetzung und Zerlegung von Bewegungen und manchen anderen Erscheinungen. Er ist aber, wie nochmals hervorgehoben werden muß, lediglich ein Produkt der Erfahrung.

6. Gleichgewicht und Wirkung der Kräfte.

226. Wenn ein Körper in völliger Ruhe verharrt, indem er weder sich bewegt noch seine Gestalt wechselt, noch sonst irgend eine Veränderung erfährt, oder indem er immer mit einer und derselben Geschwindigkeit in einer und derselben Richtung forteilt, so können wir entweder schließen, daß keine Kräfte zur Herbeiführung von Veränderungen vorhanden sind, oder daß zwar solche Kräfte wohl da sind, aber von anderen Kräften in ihrer Wirkung gehemmt werden. Der erste Fall hat kein besonderes Interesse. Im zweiten aber muß gefragt werden, unter welchen Umständen sich Kräfte in ihrer Wirksamkeit vollständig hemmen können. Man sagt von einem Körper, der in seinem Zustand gar keine Veränderung erfährt, er befinde sich im Gleichgewicht, und von den ihn trotzdem etwa angreifenden Kräften, sie hielten einander das Gleichgewicht. Die Lehre von dem Gleichgewicht der Kräfte heißt Statik. Für dieses Gleichgewicht der Kräfte gilt nun folgender Satz:

Wirken an irgend einer beliebigen Anzahl von Stellen irgend welche Kräfte gleicher Art, so halten sie sich das Gleichgewicht, wenn die sie alle ersetzende Kraft gleich Null ist und ein Kräftepaar nicht vorhanden ist.

Drückt man die Kräfte und Kräftepaare durch je drei Componenten nach zu einander senkrechten Richtungen aus, so müssen die Componenten einzeln gleich Null sein, man hat also sechs Bedingungen zu erfüllen. Wieder ist dabei zu beachten, daß diese Bedingungen immer nur genügen für zusammenhängende Angriffsstellen.

Wir wollen den obigen Satz durch einige Beispiele klar machen.

227. Wir schicken jedoch noch folgende Bemerkung voraus. Oft sieht man einen Körper in Ruhe verbleiben, wiewohl er von Kräften angegriffen wird, die dem Augenschein zufolge ihn in Bewegung setzen sollten. In diesen Fällen sind immer Widerstände vorhanden, welche den Kräften widerstreben und ihnen das Gleichgewicht halten. So ist, wenn gegen einen Tisch gedrückt wird, der Druck die augenscheinliche Kraft; was diesem Druck das Gleichgewicht hält, ist der Widerstand der Tischplatte. Sandkörner, die zu einem Sandhaufen aufgeschichtet sind, werden von der Erde herabgezogen; was sie am Herabfallen hindert, ist die Reibung, die sie zu überwinden haben. Bei allen Aufgaben über das Gleichgewicht sind also die Widerstandskräfte mit in Betracht zu ziehen; sie sind wie gewöhnliche Kräfte zu behandeln und in Rechnung zu setzen. Wir werden sie darum von diesen

auch nicht trennen, sondern verstehen unter Kraft allgemein auch diese Widerstandskräfte.

228. Eine Kraft für sich allein kann natürlich nicht im Gleichgewicht sein. Zwei Kräfte können sich das Gleichgewicht wohl halten, aber nur dann, wenn sie den nämlichen Punkt angreifen und mit gleicher Stärke nach entgegengesetzten Richtungen wirken. Auch mehr Kräfte als zwei vermögen sich nicht unter allen Umständen das Gleichgewicht zu halten.

Es mögen zunächst die Richtungen beliebig vieler Kräfte alle in einer geraden Linie liegen und es mögen alle Kräfte dieselbe Stelle dieser Linie angreifen. Sofort ist zu ersehen, daß, wenn sie alle von derselben Seite an dieser Stelle wirken, ein Gleichgewicht nicht möglich ist. Wohl aber ist Gleich= gewicht möglich, wenn ein Theil der Kräfte nach der einen, ein anderer nach der entgegengesetzten Richtung wirkt. Dieses Gleichgewicht tritt ein, wenn die einen in der Summe genau so groß sind wie die anderen; die alle zusammen ersetzende Kraft ist dann in der That gleich Null.

Hieraus können wir noch den Satz ableiten, daß das Gleichgewicht an einer Stelle nicht gestört wird, wenn man auf dieselbe noch weitere Kräfte wirken läßt, falls diese nur genau gleich und entgegengesetzt ge= richtet sind.

Sind die Richtungen der Kräfte gegen einander geneigt, so können sie sich nur dann das Gleichgewicht halten, wenn sie mindestens zu dreien auftreten. Einen Fall, in dem drei Kräfte sich das Gleichgewicht halten, können wir leicht bilden. Er ist wichtig, weil er uns sofort zu einem allgemeinen Satz führt.

Verlängern wir nämlich in unserer Figur 9, die wir hier in hierzu geeigneterer Gestalt als Figur 16 wiederholen, die Diagonale D, welche

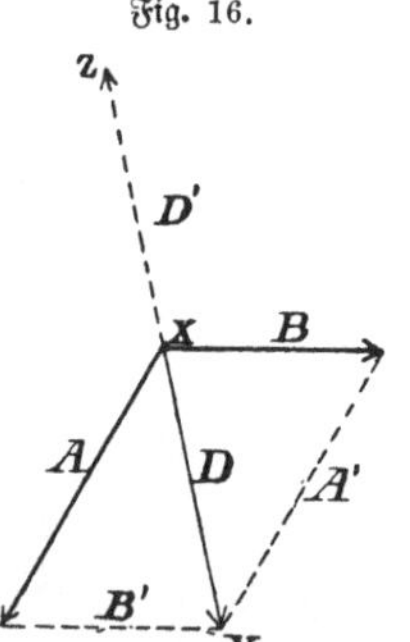

Fig. 16.

die ersetzende der Kräfte A und B darstellt, über X hinaus um ihre eigene Länge, so daß D' oder XZ gleich D oder XY ist, und denken uns D' als Kraft, welche in X entgegengesetzt wie D wirkt, so werden D' und D sich das Gleichgewicht halten; also werden sich, weil D die Kräfte A, B ersetzt, auch D', A und B das Gleichgewicht halten. Dieses ist also ein Fall, wo sich drei Kräfte das Gleichgewicht halten.

Wir folgern aber hieraus allgemein: Man kann zu jeder beliebigen, irgend welche Punkte angreifenden Zahl von Kräften immer eine Kraft finden, die ihnen allen das Gleichgewicht hält, indem man die Erjetzende aller dieſer Kräfte aufſucht und ſich eine Kraft ſchafft, die an der Angriffsſtelle dieſer erſetzenden Kraft in gleicher Stärke, aber entgegengeſetzter Richtung wirkt. Iſt auch noch ein Kräftepaar vorhanden, ſo hat man auch ein dieſem gleiches aber entgegen wirkendes Kräftepaar anzu=wenden.

Sind z. B. 21 Seile irgendwie mit einander verknüpft und ziehen 20 Leute an 20 davon, wodurch alles in Bewegung geräth, ſo kann ich trotzdem alles zur Ruhe bringen und die Mühe der 20 Leute vergeblich machen, wenn ich am 21. Seil mit einer Kraft, welche der erſetzenden Kraft jener 20 Leute gleich kommt, nach der dieſer Kraft entgegengeſetzten Richtung ziehe. Heben Arbeiter an Stricken einen Rammklotz zu einer beſtimmten Höhe empor, wo ſie ihn feſthalten, um ihn nachher erſt fallen zu laſſen, ſo wirkt ihre gemeinſame Kraft in gleicher Größe wie die Schwere des Klotzes, aber nach entgegengeſetzter Richtung. Ebenſo wirkt der Widerſtand einer Unterlage gegen ein darauf ſtehendes Gewichtsſtück in gleicher Größe wie die Schwere des Gewichtsſtückes, aber nach entgegen=geſetzter Richtung.

229. Hängen wir an jedem Ende einer Stange ein Gewicht auf und nehmen dieſe Stange auf den Nacken, ſo hat dieſer einen Widerſtand von der Schwere beider Gewichte zu leiſten, und zwar nach der entgegen=geſetzten Richtung, alſo nach oben. Gleiches gilt von einem aufrecht ſtehenden Pfoſten, auf den wir die Stange auflegen. Legen wir ſie ſo auf, daß ſie gerade an der Stelle unterſtützt wird, welche der Angriffs=punkt der erſetzenden Kraft für die Schwere der beiden Gewichte iſt, ſo bleibt die Stange im Gleichgewicht, falls ſie ſo gelagert iſt, daß die Richtung dieſer erſetzenden Kraft innerhalb des Pfoſtens verläuft. Der Pfoſten hat dann eine Kraft zu ertragen, welche gleich iſt der Summe der Schweren der beiden Gewichte, und dieſer Kraft muß er Widerſtand leiſten; dieſer Widerſtand geht nach oben und hält den beiden anderen Kräften das Gleichgewicht. Kann er das nicht, ſo bricht er zuſammen, das Gleichgewicht iſt verloren. Ebenſo exiſtirt kein Gleichgewicht, wenn die Stange an einer andern Stelle unterſtützt iſt als an der Angriffsſtelle der die Schwere der Gewichte erſetzenden Kraft (von der Schwere der Stange ſelbſt iſt dabei abgeſehen).

Hieraus und aus dem, was wir früher über die Lage dieſer An=griffsſtelle geſagt haben, folgt der Satz:

An einem unterſtützten Hebel herrſcht Gleichgewicht, wenn die Momente der an den Enden angreifenden Kräfte einander gleich sind, falls nicht etwa die Kräfte einander entgegen= gerichtet sind.

Dieser Satz ist bereits im Alterthume von dem berühmten Mathe= matiker Archimedes gefunden worden. Die Kräfte stehen alsdann im umgekehrten Verhältniß ihrer von ihren Angriffspunkten bis zum Unter= stützungspunkt gemessenen Hebelarme. Je größer also der Hebelarm einer Kraft ist, um so größer ist deren Wirkung, je kleiner, um so kleiner. Will man mit kleinen Kräften große überwinden, so hat man diese an kurzen, jene an langen Armen zu benutzen. Es bedarf also nur eines hinreichend festen Unterstützungspunktes für den Hebel, um mit seiner Hülfe auch durch kleine Kräfte jede beliebig große Kraft überwinden zu können. Das hat Archimedes gleichfalls erkannt, von ihm rührt der Ausspruch her: „Gieb mir einen festen Punkt im Weltall, so will ich dir die Erde heben." Der feste Punkt soll zum Stützen irgend eines Punktes eines Hebels dienen, wie in obigem Beispiele der Pfosten einen bot, oder eine Kette oder Schnur, an welche der Hebel angehängt wird, geben würde. In der That findet auch der Hebel die vielseitigste Anwendung in der Technik und im Verkehr. Die Wirksamkeit aller Kurbeln, Räder, Transmissionen u. s. f. läßt sich auf diejenige von Hebeln zurückführen. Mit am bekanntesten ist die Anwendung der Hebel bei den Waagen, davon wird später die Rede sein.

230. Doch kann man natürlich auch mit Hülfe des Hebels aus Nichts keine Arbeit schaffen. Die kleine Kraft wirkt an einem großen, die große an einem kleinen Hebelarm; die Wege, welche die Angriffspunkte zurücklegen, stehen also im Verhältniß der Längen dieser Hebelarme, also leistet die kleine Kraft am großen Hebelarm genau die nämliche Arbeit, wie die große am kleinen. Sie leistet sie auf einer langen Strecke, die große dagegen nur auf einer kurzen. Man drückt sich manchmal auch so aus, daß man sagt, was an Kraft gespart wird, geht an Zeit verloren; aber der Leser sieht, daß es zutreffender ist, zu sagen, geht an „Weg" verloren. So sind an einer Centesimalwaage die Bewegungen der Ge= wichtschale unmittelbar auffallend, die der Brücke dagegen fast ganz unsichtbar.

Wir haben bisher von den Kräftepaaren abgesehen; ein Kräftepaar kann nicht im Gleichgewicht sein. Zwei Kräftepaare vermögen es nur dann, wenn sie in gleicher Stärke nach entgegengesetzter Richtung wirken. Weiter gehen wir auf diese Verhältnisse nicht ein, weil sie nichts neues bieten.

231. Der Leser wird vielleicht darüber verwundert sein, wie ver= hältnißmäßig einfach ein Gebiet sich behandeln läßt, von dem er wohl weiß,

daß es Gegenstand langjährigen Studiums bildet. Die Einfachheit betrifft jedoch nur die allgemeinen Gesichtspunkte, die allein den Gegenstand unserer Darlegungen bilden. Die Schwierigkeiten kommen zum Vorschein, sobald diese allgemeinen Gesichtspunkte zur Beurtheilung einzelner Fälle dienen sollen. Sie sind darin begründet, daß, wie schon bemerkt, die Fälle selbst, wie sie in der Natur dargeboten oder von der Praxis vorgelegt werden, verwickelt sind. Die Zahl der zu berücksichtigenden Kräfte ist oft sehr groß, die Verhältnisse, unter denen diese Kräfte zur Wirkung gelangen sollen, sind vielfach sehr unübersichtlich. Es geschieht nicht selten, daß wir in Folge dessen nicht einmal im Stande sind, die Aufgabe, um die es sich etwa handelt, genau und erschöpfend zu formuliren. Einer der größten Mathematiker und genialsten Forscher hat für die gesammte Behandlung der Statik ein Princip aufgestellt, welches fast noch einfacher ist als das hier angegebene, und so bestimmte Wege für diese Behandlung in jedem Falle vorschreibt, daß ein Abirren fast ausgeschlossen ist, und doch ist die Anwendung recht complicirt.

Wir wollen dieses als Princip der virtuellen Verrückungen bezeichnete Princip, welches zu außerordentlich interessanten Gesichtspunkten führt, näher darlegen, indem wir uns jedoch dabei auf die sogenannten mechanischen Vorgänge, wie sie die Bewegung betreffen, beschränken.

Denken wir uns beliebig viele Massen, die irgendwie mit einander verbunden sind, oder auch zum Theil in gar keiner Verbindung stehen, so werden sie sich nach einigen Richtungen bewegen können, nach anderen vielleicht nicht, weil Hindernisse ihnen entgegenwirken, wie z. B. eine auf einem starren Tisch rollende Kugel längs der Tischfläche und von dem Tisch fort, aber nicht durch den Tisch hindurch. Jede Verrückung oder Verschiebung, die ein Körper unter gegebenen Verhältnissen ausführen kann, nennen wir seine virtuelle Verrückung oder Verschiebung. Bei ganz freien Körpern ist jede Verrückung virtuell, bei Rädern, die in Axen rings umschlossen liegen, sind nur Drehungen virtuelle Verrückungen, bei einer Waage nur Schwingungen, bei starren, sonst freien Körpern für jeden Theil alle Verrückungen, bei denen der Abstand von den andern Theilen nicht geändert wird u. s. f. Virtuell heißen diese möglichen, mit den besonderen Verhältnissen verträglichen Verrückungen, weil sie nur gedacht werden, wenn der Körper in Ruhe verharrt. Die Hindernisse für die andern im Raume noch ausführbaren, aber unter den besonderen Verhältnissen nicht möglichen Verrückungen stellen wir uns als entgegenwirkende Kräfte vor und zählen sie den anderen Kräften bei. Wird nun ein Körper thatsächlich verschoben, so können dabei alle Kräfte wirksam sein, indem sie die Verschiebung unterstützen oder ihr widerstreben. Projiciren wir eine Kraft nach der andern auf die Richtung der Ver= schiebung, bilden also die Componenten aller Kräfte in Richtung der Ver= schiebung, so haben wir in der Summe dieser Componenten die ganze, in Richtung der Verschiebung oder in der ihr gerade entgegengesetzten, auf den Körper wirkende Kraft. Diese multiplicirt mit der Größe der Ver= schiebung, ist die Arbeit, welche die Kraft leistet, wenn letztere in Richtung der Verschiebung wirkt, oder welche gegen die Kraft geleistet wird, wenn die Kraft der Verschiebung entgegenwirkt. Handelt es sich um virtuelle Verschiebungen, so nennen wir diese Arbeit die virtuell gewonnene oder geleistete Arbeit. Arbeiten kann man, da sie gleichartige Größen sind, beliebig addiren. Haben wir ein ganzes System von Körpern — bei einem einzigen ausgedehnten Körper, z. B. ist dieses System, das seiner einzelnen Molekel oder Atome oder sonstiger zusammengehöriger, jedoch individuell geschiedener Theile — so ist die Summe der Arbeiten für die einzelnen Theile die gesammte Arbeit des Systems. Nun lautet das Lagrange'sche Princip der virtuellen Verschiebungen:

Damit ein System von Körpern im Gleichgewicht ist, muß die virtuelle Gesammtarbeit für jede virtuelle Verrückung seiner einzelnen Theile unter Berücksichtigung aller Hemmnisse und Widerstände gleich Null sein.

Ist diese Arbeit zuerst Null, dann aber, wenn die Ver= schiebung anwächst, eine verlorene, geleistete, so kehrt das System, wenn man es thatsächlich verschiebt, in seine ur= sprüngliche Gleichgewichtslage zurück; ist sie eine gewonnene, so entfernt sich das System aus seiner Gleichgewichtslage mehr und mehr.

Fast möchte dem Leser dieser Satz als selbstverständlich erscheinen, denn etwas grobsinnlicher ausgesprochen, besagt er nur, daß im Gleichgewichts= zustand, also in der Ruhe, nichts geleistet wird und nichts zu leisten ist, daß der Zustand der Ruhe erhalten bleibt, wenn, um ihn aufzuheben, Leistungen erforderlich sind und solche von selbst nicht eintreten, daß er verloren geht, sobald solche von selbst zum Vorschein kommen. Unserem Zeitalter, das verwöhnt durch das Energieprincip und durch die mächtige Ausdehnung der Technik alles auf Leistungen bezieht, kann die Richtigkeit eines derartigen Princips kaum in Frage kommen. Aber trotzdem ist es nur ein Erfahrungsprincip, denn daß man die entscheidenden Leistungen so zu messen hat wie vorstehend angegeben ist, wird niemand als selbst= verständlich bezeichnen können; lediglich die Bestätigung durch die Erfahrung verleiht dem Princip seine feste Grundlage, es a priori beweisen zu wollen, wäre so vergebliche Mühe wie die, den Satz vom Parallelogramm der Kräfte oder die Euklidischen Axiome beweisen zu wollen. Nur darum kann es sich handeln, ob man es nicht auf noch einfachere, das heißt noch näher liegende, verständlicher scheinende Principe, die aber ihrerseits der Erfahrung entnommen wären, zurückführen kann. Indessen ist die Wahl der am verständlichsten scheinenden Principe zum Theil Geschmacksache.

Das Princip besagt nicht, daß stets Gleichgewicht, also Ruhe besteht, wenn die virtuelle Arbeit Null ist, denn wenn überhaupt keine Kräfte da sind, ist die virtuelle Arbeit wirklich Null, und doch kann sich ein Körper dabei in Bewegung (in stets gleichmäßiger und gleichgerichteter) befinden. Es besagt nur, was nothwendig ist, damit Ruhe herrscht. Drückt man es jedoch so aus:

In dem Zustande eines Systems von Körpern tritt keine Veränderung ein, falls die virtuelle Gesammtarbeit für jede virtuelle Verrückung seiner einzelnen Theile gleich Null ist, so gilt es ganz allgemein.

Wir nennen den Zustand eines Körpers oder eines Systems von Körpern stabil, falls jede Veränderung nach Aufhören der Einwirkung redressirt wird, oder wenigstens ein ständiges Streben vorhanden ist, die Veränderung zu redressiren. Geht die Veränderung nach Aufhören der ersten Einwirkung ständig weiter, so ist der Zustand labil. Findet keines von beiden statt, sondern bleibt die Veränderung bestehen, so ist der Zu= stand indifferent. Ein Körper, an einem Faden angehängt, giebt ein Beispiel für Stabilität, auf eine Spitze gestellt, ein solches für Labilität, auf eine horizontale Tischplatte gelegt, für Indifferentismus. Wir werden das bald genauer behandeln, aber der Leser wird wohl schon bemerkt haben, in welcher Verbindung dieses mit dem zweiten Theil des Lagrange'schen Princips steht; im ersten Fall mußten wir durch Heben des Körpers Arbeit leisten, im zweiten genügt die geringste Erschütterung, den Körper herabzustürzen, und leistet die Schwerkraft beim Fall die Arbeit, im dritten wird nichts geleistet und nichts gewonnen.

232. Wenn Kräfte nicht im Gleichgewicht sind, so bringen sie irgend eine Wirkung hervor. Die Lehre von dem Verhältniß der Kräfte zu ihren Wirkungen heißt die Dynamik. Statik und Dynamik zusammen bilden die Mechanik. Die Wirkungen der Kräfte sind nun ungemein mannig= faltig. Sie umfassen alle Vorgänge in der Natur und bilden mit den Kräften zusammen die Naturerscheinungen. Sie gehören nicht mehr in dieses Kapitel, welches der Darlegung der allgemeinen Verhältnisse

gewidmet war. Wir behandeln sie in neuen Kapiteln, soweit sie für uns in Frage kommen, einzeln und möglichst genau.

Wir theilen das Gesammtgebiet der Naturerscheinungen ein in mechanische Erscheinungen, sodann solche des Schalls, des Lichts, der Wärme, der Elektricität und des Magnetismus, zuletzt der Chemie. Die chemischen Erscheinungen sind bereits im ersten Theil behandelt, auch von den an zweiter Stelle genannten Erscheinungen ist manches in diesem ersten Theil bereits zur Sprache gekommen. Alle Erscheinungen aber, so verschiedenartig sie uns auch vorkommen mögen, sind den beiden Principien von der Erhaltung der Materie und derjenigen der Energie unterworfen. Hierauf wird bei der Behandlung der einzelnen Erscheinungen jedesmal hingewiesen werden.

Zweites Kapitel.

Von den Bewegungen und den mechanischen Kräften.

1. Von den Bewegungen.

233. Die mechanischen Erscheinungen bestehen in Bewegungen der Körper und Formenänderungen in denselben, doch resultiren die letzteren auch nur aus Bewegungen, so daß wir es lediglich mit diesen zu thun haben. Wir theilen alle Bewegungen in drei Arten ein: fortschreitende Bewegung (Translation), Drehung (Rotation), Schwingung (Oscillation). Die erste Art begreift Bewegungen, wodurch die Körper eben fortschreiten und sich von Ort zu Ort hinbegeben. Die Bewegung eines Geschosses, eines Schiffes, das Gehen sind alles fortschreitende Bewegungen. Drehungen sind Bewegungen um feste Linien, die Axen heißen, oder um Punkte, so die Bewegung eines Rades um seine Welle, des Kreisels auf seiner Spitze u. s. f. Schwingungen werden am besten durch die Bewegung eines Uhrpendels charakterisirt; dahin gehören auch die Bewegungen der Saiten an den Musikinstrumenten, der Zungen an Pfeifen, der Membranen der Telephone u. s. f. Die Grenzen zwischen diesen drei Arten von Bewegungen lassen sich selbstverständlich nicht scharf ziehen; die Bewegung der Erde um ihre Axe ist eine Drehung, die Bewegung um die Sonne wird man zunächst wohl als fortschreitende Bewegung auffassen, sie kann aber auch angenähert als Drehung um eine durch die Sonne gehende feste Axe angesehen werden. Aehnlich ist die Schwingung des Pendels zugleich eine fortschreitende Bewegung und eine Drehung um den Aufhängungspunkt. Wollen wir festere Charakterisirung haben, so können

wir sagen: Schwingungen sind Bewegungen, durch welche die Körper hin und her zwischen festen Grenzen gehen, Drehungen solche, bei welchen eine Linie des Körpers oder ein Punkt unbewegt festbleibt, fortschreitende Bewegungen alle anderen.

Eine Bewegung kann in die andere umgewandelt werden; so die fortschreitende Bewegung der Kolbenstange einer Lokomotive in Drehbewegung der Räder vermittelst der Kuppelung durch die Kurbeln. Ebenso die Drehbewegung der Räder in fortschreitende der Wagen u. s. f. Auch können die verschiedenen Bewegungen zugleich stattfinden. Die Treibkreisel, mit welchen die Kinder spielen, haben fortschreitende und Drehbewegung, ebenso die Räder an den Wagen, gleiches gilt von der Erde im Durcheilen des Raumes; der Mensch beim Gehen hat fortschreitende und schwingende Bewegung; beim Tanzen auch noch drehende; und so ließen sich die Beispiele in's Unendliche häufen.

234. Bei jeder Bewegung unterscheidet man ihre Bahn, Richtung, Stärke und etwaige Veränderung. Die Bahnen können gerade Linien bilden oder krumme, wie Kreislinien, oder gewundene, wie Spirallinien u. s. f. Was die Richtung anbetrifft, so ist diese immer die Richtung der Bahn selbst. Sie ist konstant die nämliche bei gerader Bahn und wechselt stetig bei krummen Bahnen.

Die Stärke der Bewegung nennt man die Geschwindigkeit. Sie wird gemessen durch diejenige Strecke, die der Körper in bestimmter Zeit zurücklegt, z. B. in der Sekunde; eine Geschwindigkeit von $600 \frac{\text{Meter}}{\text{Sekunde}}$ bedeutet hiernach, daß der Körper in der Sekunde 600 Meter zurücklegen soll, ebenso eine von $4 \frac{\text{Meilen}}{\text{Sekunde}}$ eine solche, mit der der Körper durch vier Meilen in der Sekunde forteilt. Man muß hiernach stets angeben, um welche Strecke, und um welche Zeit es sich dabei handelt. Oft läßt man die Angaben fort; alsdann setzt man voraus, daß sie bekannt seien. Bei Drehbewegungen giebt man wohl auch die Anzahl der Umdrehungen in einer Sekunde oder Minute an, die Tourenzahl, bei Schwingungsbewegungen die Zahl der Schwingungen, die Schwingungszahl. Geschwindigkeiten giebt es in der Natur in allen möglichen Abstufungen. Die größten, die wir genauer kennen, kommen den Himmelskörpern zu und betragen bis zu 100 und mehr Meilen in der Sekunde.

Endlich die Veränderung der Bewegung kann zweierlei betreffen: die Richtung und die Stärke. In ersterer Beziehung ist nicht viel zu sagen; wenn die Richtung sich plötzlich ändert, bekommt die Bahn eine

Umknickung, ändert sie sich allmählich, so wird die Bahn krumm oder gewunden. Bahnen ohne Richtungsänderung sind gerade. Aenderungen der Bewegungsstärke, der Geschwindigkeit, nennt man Beschleunigungen, wenn sie eine Verstärkung der Bewegung hervorbringen, Verzögerungen, wenn sie die Bewegung schwächen. Ein jeder Körper, der zur Erde fällt, nimmt fortwährend an Geschwindigkeit zu, seine Bewegung ist also eine beschleunigte; ein jeder in die Höhe geworfener dagegen verliert im Aufsteigen fortwährend an Geschwindigkeit, dessen Bewegung ist eine verzögerte.

235. Fortschreitende Bewegungen sind gleichförmig, wenn sie mit gleicher Geschwindigkeit in stets gleicher Richtung vor sich gehen. Sie sind ungleichförmig, wenn Geschwindigkeit oder Richtung oder beides variirt. Jede fortschreitende Bewegung, die von Kräften weder unter=halten, noch gestört wird, ist eine gleichförmige. Körper, die sich in solcher Bewegung befinden, eilen also in gerader Linie mit stets gleichbleibender Geschwindigkeit fort. Jede Veränderung einer Bewegung, sei es in der Richtung oder in der Geschwindigkeit, kann nur durch eine besondere Kraftwirkung erfolgen. Sehen wir also z. B. einen Körper mit wachsender oder abnehmender Geschwindigkeit sich in gerader Linie, oder auch mit gleich=bleibender Geschwindigkeit im Kreise, oder sonst irgend einer krummen oder geknickten Bahn sich bewegen, so sind wir sicher, daß auf ihn irgend welche Kräfte wirken.

Wie es fortschreitende Bewegungen ohne äußere Kraftwirkungen giebt, so existiren auch Drehungsbewegungen ohne solche Kraftwirkungen. Sie geschehen dann gleichfalls mit stets gleichbleibender Geschwindigkeit und außerdem mit unveränderlicher Axe. Letzteres bedeutet, daß nicht allein die Axe immer durch dieselben Punkte des Körpers geht, sondern daß sie auch im Raume immer dieselbe Richtung hat, selbst dann, wenn der Körper durch diesen Raum forteilt. Dieses ist z. B. der Fall bei der Erde (abgesehen von einer Störung, auf die hier nicht einzugehen ist), sie dreht sich um eine Axe mit ganz gleichbleibender Geschwindigkeit, ferner ist auch diese Axe in ihrem Körper immer an derselben Stelle, und endlich bleibt sich diese Axe im Raume, während die Erde um die Sonne herum=läuft, stets parallel (die Folge davon in Verbindung mit der Neigung ihrer Bahn zum Aequator ist der Wechsel der Jahreszeiten). Jede Veränderung in der Umdrehungsgeschwindigkeit eines sich drehenden Körpers, oder in der Lage und Richtung der Axe bedarf wiederum der Wirkung einer Kraft. Von letzterem kann man sich durch einen einfachen Versuch leicht überzeugen. Man setzt eine Scheibe um ihre Mitte in Drehbewegung; sucht man sie nun zu neigen, so fühlt man die Anstrengung, die man dazu machen muß, deutlich genug. Diesem Umstande ist es auch zuzuschreiben, daß Kreisel, die im Stillstande auf die Spitze gestellt, sofort umfallen, sich auf der Spitze halten, sobald man sie in Drehung gesetzt hat, so daß sie sogar durch seitliche Stöße nicht umgeworfen werden, wie man bei dem Treiben der Kreisel durch Peitschen in den Kinderspielen so oft zu sehen Gelegenheit hat. Ferner ergiebt sich gleicher Weise, daß man ausgedehnte Körper, wie Teller, Schüsseln u. s. f. viel leichter auf der Spitze eines Stockes balanciren kann, wenn man sie vorher in schnelle Drehung versetzt hat, als wenn man sie ruhend auflegt. Das wissen unsere Jongleure sehr gut; sie würden viele ihrer Balancirkunststücke nicht ausführen können, wenn sie von dieser Trägheitseigenschaft der Körper, nämlich ihre Rotationsaxe in gleicher Richtung festzuhalten, nicht Gebrauch machen würden. Auch ist es hinlänglich bekannt, um wie vieles leichter man sich auf dem Zweirad während des Fahrens im Gleichgewicht hält als im Stehen. Zwar ändern die Rotationsaxen der Räder fortwährend ihre Lage im Raume, aber solange man geradeaus fährt, bleiben sie sich stets parallel. Sobald man umbiegen will, muß man sich auch mehr vorsehen und mehr Kraft an= wenden, und daß man beim Fahren um die Ecke mit besonderer Leichtigkeit fällt, weiß jeder Radfahrer. Die Radfahrer würden auch nicht mit so großer Eleganz etwas geneigte Chausseen ohne jede Nachhülfe herunter= fahren können, wenn ihr Fahrzeug sich vermöge jener Trägheitswirkung nicht zum Theil von selbst aufrecht hielte. Doch kommen hier allerdings auch noch andere Umstände in Betracht.

Schwingungsbewegungen bedürfen stets gewisser Krafteinwirkungen, weil es ja für sie charakteristisch ist, daß sie wiederkehren.

236. Geschwindigkeiten und Geschwindigkeitsänderungen stellt man genau so dar, wie Kräfte. Da jede Bewegung Richtung hat, vereinigt man mit der Darstellung für die Größe auch diejenige der Richtung, stellt also jede Geschwindigkeit und jede Geschwindigkeitsänderung durch eine gerade Linie dar, welche in Richtung der Bewegung bezw. der Aenderung liegt. Zwei Geschwindigkeiten, von denen die eine nach Norden, die andere nach Osten geht, und von welchen jene 2mal so groß ist wie die zweite, werden also durch 2 gerade Linien repräsentirt, deren erstere nach Norden hinweist, die zweite nach Osten, und von denen jene 2mal so lang ist wie diese. Wenn zwei oder mehr verschiedene Kräfte einen Punkt nach ver= schiedenen Richtungen treiben, so kann man das so ansehen, als ob sie ihm nach verschiedenen Richtungen Geschwindigkeiten ertheilen. Er hat dann zugleich mehrere Geschwindigkeiten nach verschiedenen Richtungen; die

sie darstellenden Linien gehen von dem nämlichen Punkte aus und werden ganz genau so zusammengesetzt wie Kräfte. Ueberhaupt gelten alle Regeln, die wir für die Darstellung, die Zusammensetzung und die Zerlegung von Kräften gegeben haben, in ganz gleicher Weise für Geschwindigkeiten und Aenderungen derselben, so daß nur darauf zu verweisen ist. Nur kann hier alles noch handgreiflicher gestaltet werden, indem man jede Darstellung einer Geschwindigkeit als eine Repräsentirung des Weges ansieht, den der Körper in bestimmter Zeit, z. B. einer Sekunde, nach der betreffenden Richtung wirklich zurücklegt, oder zurücklegen würde. Ist z. B. in dem

Fig. 17.

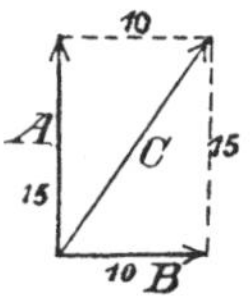

obigen Beispiel die Geschwindigkeit nach Norden 15 m in der Sekunde, die nach Osten 10 m in der Sekunde, so kann man in der Zeichnung jedes Meter durch eine Strecke von 1 mm versinnbildlichen; die beiden die Geschwindigkeiten darstellenden Linien in der Figur 17, A und B, haben dann 15 und 10 mm Länge. Die wirkliche Bewegung findet in Richtung der nach Nordosten führenden Diagonale des Parallelogramms statt, zu welchem diese beiden Linien ergänzt sind. Die Ausmessung mit einem Kantmaaßstab zeigt, daß diese fast genau $18\frac{1}{2}$ mm lang ist; also bewegt sich der Punkt nach einer nordöstlichen Richtung mit einer Geschwindigkeit von sehr nahe $18\frac{1}{2}$ m in der Sekunde.

237. Es giebt Einwirkungen, die die Körper als Ganzes betreffen, und solche, die ihre einzelnen Theile angreifen. Ein jeder Körper kann sich hiernach als Ganzes bewegen oder in seinen einzelnen Theilen relative Verschiebungen erleiden. Stehen diese Theile mit einander in Verbindung, dann pflanzen sich die Verschiebungen unter Umständen durch den ganzen Körper fort, selbst wenn sie nur an einer Stelle erregt worden sind, wofür wir später frappirende und wichtige Beispiele kennen lernen werden.

Ein Stoß auf einen Sandhaufen bewirkt, abgesehen vom aufgewirbelten Staub, nur eine Vertiefung, die Bewegung hat sich nur auf die Theile erstreckt, die unmittelbar vom Stoß getroffen waren, und sich so gut wie gar nicht auf die umgebenden ausgedehnt. Derselbe Stoß auf eine Wasserfläche bringt, wie wir früher gesehen haben, unter Umständen Wellenbewegungen hervor, die sich über die ganze Wassermasse verbreiten. Der gleiche Stoß gegen einen starren Körper gerichtet, schleudert diesen als Ganzes fort, wenn er frei ist.

238. Relative Bewegungen in diesem Sinne kommen besonders bei Flüssigkeiten und Gasen vor, sind jedoch auch bei festen Körpern vorhanden.

Bewegungen, die die Körper als Ganzes angreifen, sind von der Art der Substanz derselben unabhängig. Nur insoweit es sich um die Substanzmenge handelt, kommen Unterschiede vor, die jedoch einem leicht zu behaltenden Gesetze folgen. Jede Kraft äußert sich nämlich um so wirkungsvoller, eine je kleinere Menge Substanz sie in Angriff nimmt, die Wirkung wächst in demselben Maaße wie die Menge der Substanz abnimmt. Dieses scheint fast selbstverständlich; kleine Körper kann man mit gleicher Anstrengung viel weiter fortschleudern als große und bei ganz großen reicht manchmal unsere eigene Kraft nicht aus, um ihnen eine nennenswerthe Bewegung zu ertheilen. Daß diese Regel aber die Leistungen der Kraft nicht betrifft, ist selbstverständlich, diese sind nach dem Energieprincip immer die nämlichen. Wenn wir Kräfte unabhängig von den Massen betrachten, auf die sie etwa wirken, so nennen wir sie beschleunigende oder verzögernde Kräfte oder Kräfte schlecht weg. Setzen wir sie zu Massen in Beziehung, indem wir sie mit den Massenbeträgen multiplicirt denken, so sollen sie bewegende Kräfte heißen. Bei allen Wirkungen kommen die bewegenden Kräfte in Betracht, bei Untersuchung der Kräfte selbst die beschleunigenden, wenn auch diese Untersuchung nur an den bewegenden ausgeführt wird.

Beispielsweise werden wir später sehen, daß die Erde die Körper derartig anzieht, daß jeder im Herabfallen in der Sekunde einen Geschwindigkeitszuwachs von etwa 9,8 m erfährt und im Aufsteigen eine Geschwindigkeitsverringerung von gleichem Betrage erleidet. Die beschleunigende Kraft der Erde kann also als durch diese Zahl 9,8 gemessen angesehen werden; sie ist für alle Substanzen gleich. Die bewegende Kraft ist das Produkt dieser Zahl in die Masse des Körpers, welcher bewegt wird, also z. B. die bewegende Kraft auf die Masse 2 kg gleich $2 \times 9,8 = 19,6$ u. s. f.

Die nämlichen Gesetze bestehen auch für Richtungsänderungen. Den Widerstand, den Körper einer Aenderung der Richtung ihrer Bewegung entgegensetzen, nennt man die Centrifugalkraft. Es ist diese aber keine Kraft, sondern sie entspringt aus der Trägheit der Körper. Sie wächst mit der Masse, der Geschwindigkeit mit sich selbst multiplicirt und mit der Aenderung, welche die Richtung erfahren soll. Ein Körper, der im Kreise herumgeführt wird, äußert also einen Widerstand, der ihn vom Kreismittelpunkt forttreibt. Da die Erde sich um ihre Axe herumdreht, beschreiben alle Punkte Kreise, also haben auch alle Körper auf der Erde eine Centrifugalkraft. Sie würden von der Erde in Folge dessen davonfliegen, wenn sie nicht durch die Anziehungskraft der Erde festgehalten würden. Es kann sich aber ein Körper so schnell drehen, daß in der That die Centrifugalkraft den Zusammenhang seiner Theile überwindet und der Körper zerspringt. Deshalb werden rasch rotirende Körper, wie Räder, Centrifugen mit Schutzhüllen umgeben. Deshalb auch fliegt bei im Kreise herumgeschleuderten Massen alles Lose möglichst an den Rand, wie Luft, Flüssigkeit u. s. f., und es dienen die Centrifugen zur Ventilation oder um Körper von anhängenden Flüssigkeiten (wie Zucker vom Syrup, Wäsche vom Wasser u. s. f.) zu befreien.

Bei sich drehenden Körpern unterscheidet man noch das sogenannte Trägheitsmoment, das ist die Summe der Massen aller Theilchen, jede zweimal mit ihrem Abstande von der Drehaxe multiplicirt. Je größer dieses Moment ist, desto geringer ist die Wirkung einer Kraft auf die Drehung, desto stabiler also die Drehung selbst. Dreht sich ein Körper zufällig so, daß sein Trägheitsmoment das geringst mögliche ist, so schlägt er um, sobald er seitlich angestoßen wird. Die Erde hat die stabilst mögliche Drehung, wäre dem nicht so, so würde sie umschlagen können; die Verheerungen, die dann entstehen würden, sich auszumalen, überlasse ich der Phantasie des Lesers.

239. Finden in einem Körper allein oder in Verbindung mit der Bewegung als Ganzes auch relative Bewegungen statt, so gilt für jeden sich bewegenden Theil das gleiche Gesetz, also die gleiche Abhängigkeit von der Masse. Die Untersuchung solcher Bewegungen hat nur dann einen Sinn, wenn die verschiedenen Theile mit einander irgendwie in Verbindung stehen, weil sonst die verschiedenen Theile ebenso viele verschiedene ganz gesondert zu behandelnde Körper sind. Die Bewegung hängt von dieser Verbindung, welche eben durch die Art des Körpers gegeben ist, ab. Dadurch scheint sich die Betrachtung relativer Bewegungen in Körpern erheblich zu compliciren. Dieses ist auch richtig, jedoch nur für die Anwendung auf besondere Fälle. Die allgemeinen Gesetze sind die nämlichen. Man betrachtet die Verbindungen wie durch besondere innere Kräfte hervorgebracht (was übrigens in der That meist zutrifft). Alsdann kann man jeden Theil für sich gesondert behandeln und die Bewegung eines jeden Theiles wird unter Berücksichtigung aller äußeren und inneren Kräfte untersucht. Es handelt sich also nur noch um Angabe der Gesetze, welche die Bewegung der Körper als Ganzes regeln.

240. Diese Gesetze aufzustellen ist im Wesentlichen schon Galilei gelungen. Eines kennen wir bereits, das ist die Proportionalität der bewegenden Kräfte mit den Massen, die sie in Bewegung setzen. Das zweite ist gleich einfach und einleuchtend. Bewegung erfolgt, wenn der Widerstand, den der Körper dem Eintreten derselben entgegensetzt,

überwunden ist. Gleiches gilt von jeder Aenderung der Bewegung. Der Widerstand ist aber um so größer, je größer die Masse des Körpers ist, und zwar wächst er proportional der Masse, denn dieser Widerstand ist nichts anderes als die Trägheit des Körpers. Hiernach ist die Wirkung einer bewegenden Kraft gleich der Masse, multiplicirt mit der Aenderung des Bewegungszustandes, also multiplicirt mit der Beschleunigung oder Verzögerung, je nachdem die Kraft die Bewegung vermehrt oder verringert.

Wir haben nun noch einen wichtigen Umstand zur Sprache zu bringen, ehe wir das die Bewegung der Körper selbst regelnde Gesetz angeben. Wenn der Widerstand eines Körpers größer ist als die ihn angreifende Kraft, so kommt keine eigentliche Bewegung als Ganzes zu Stande. Wenn die Kraft größer ist als der Widerstand, so wird der Körper in Bewegung gesetzt. Die Bewegung kann aber ganz anders verlaufen als unserer etwaigen Absicht entspricht. Wollen wir eine Bewegung in bestimmter Weise zu Stande kommen lassen und in jeder Phase leiten, so darf der Körper uns nicht entschlüpfen, die Kraft muß also so geartet sein, daß sie den Widerstand, den der Körper der gewünschten Aenderung seines Zu= standes entgegensetzt, eben überwindet. Bewegungen, bei denen dieses der Fall ist, nennen wir geordnete Bewegungen. Ist die Kraft größer, so kommt zu der gewollten Bewegung noch eine nicht beabsichtigte, die uns entweder den Körper entführt oder andere Erscheinungen im Gefolge hat, die nicht allein der Dynamik angehören. Letzteres tritt namentlich ein, wenn die Bewegung relative Lagenänderungen bedingt. Wir senken einen Stab zum Theil in Wasser und halten ihn darin, indem wir vorwärts schreiten. Gehen wir nun langsam, so theilt der Stab das Wasser all= mählich, indem die ziehende Kraft, die wir ausüben, eben hinreicht, dem Wasser die ausweichende Bewegung zu ertheilen. Sobald wir uns jedoch rasch vorwärts bewegen, ist die ziehende Kraft größer als erforderlich, der Stab theilt auch jetzt noch das Wasser, aber er schleudert es zur Seite und es entstehen in dem Wasser allerlei Ringelbewegungen und Strudel, die wir insgesammt als Wirbel bezeichnen, in denen der Ueberschuß an auf= gewendeter Arbeit steckt, der sich nun in der Reibung der Wassertheilchen an einander verzehrt. Bei der Reibung entsteht Wärme. Die Neben= erscheinungen sind also Reibung und Wärme, und wir haben keine Be= ziehung mehr zwischen der aufgewendeten Kraft und dem erzielten Erfolg.

Die gewöhnlichen Betrachtungen der Mechanik beziehen sich nur auf den Fall geordneter Bewegung, wo also die bewegende Kraft eben hin= reicht, die Zustandsänderung herbeizuführen, und für diese gilt das Gesetz:

Die nach irgend einer Richtung eingetretene Beschleunigung oder Verzögerung einer Bewegung, multiplicirt mit der Masse des sich bewegenden Körpers, ist gleich der bewegenden Kraft, die diese Beschleunigung oder Verzögerung herbeigeführt hat.

Auch dieser Satz läßt an Einfachheit nichts zu wünschen übrig, und doch beherrscht er das Gesammtgebiet der Mechanik. Er bestimmt die Wirkung nach jeder Richtung. Da es jedoch vollständig genügt, die Bewegung nur nach 3 Richtungen zu kennen, um die ganze Bewegung abzuleiten, hat man den Satz nur 3 mal anzuwenden. Dabei kommen bei jeder Anwendung die Beschleunigung oder Verzögerung nach der betreffenden Richtung und die Componenten der Kraft nach dieser Richtung in Betracht. Der Satz für sich allein genügt also noch nicht ganz, es muß noch der Satz von der Zerlegung und Zusammensetzung der Kräfte und Beschleunigungen bezw. Verzögerungen hinzukommen.

Aber selbst das ist nur ausreichend, die allgemeine Natur der Bewegung zu ermitteln, nicht aber die wirkliche, in jedem besonderen Falle vorhandene Beschaffenheit. Dazu gehört noch die Angabe des Zustandes des Körpers, also seines Ortes und seiner Bewegung in irgend einem Zeitpunkt. Bei gleicher Schleuderkraft ist die wirkliche Bahn und Bewegung eines Steines, wie jeder weiß, eine ganz andere, je nachdem ich den Stein schräg in die Höhe oder schräg nach unten, oder von ebener Erde oder von einem Thurme werfe. Sind aber auch noch darüber die nöthigen Angaben gemacht, dann ist alles vorhanden, um die in jedem Falle stattfindende Bewegung zu ermitteln.

241. Indessen ist dieses so einfache Galilei'sche Bewegungsgesetz in seiner Anwendung manchmal sehr bedeutenden Schwierigkeiten unterworfen, und zwar namentlich dann, wenn es sich um relative Bewegungen handelt. Das hat folgenden Grund. Wir haben schon gesehen, daß, wenn man relative Bewegungen in gleicher Weise behandeln will, wie die Bewegungen der Körper als Ganzes, man die Verbindungen zwischen den sich aneinander vorbei bewegenden Theilen als Kräfte einführen muß. Nun bestehen alle Körper, mit denen wir es in der Natur zu thun haben, aus einer außerordentlich großen Zahl von Theilen, die sich gegeneinander bewegen können, aus einer so großen Zahl, daß wir sie fast als unendlich groß behandeln müssen. Hiernach würde eine unendlich vielmalige Anwendung des Galilei'schen Satzes erforderlich sein. In einem ungemein interessanten Gebiete der Physik, in der kinetischen Gastheorie, hat man sich dadurch zu helfen gewußt, daß man für ganze Partien solcher Theile Durchschnittsbewegungen berechnete. Im Allgemeinen aber wünscht man in der Praxis einige allgemeine Gesichtspunkte zu gewinnen, von denen aus man die Be-

wegung des betreffenden Körpers und die Bewegung innerhalb desselben zu beurtheilen vermag. Hierzu eignen sich Gesetze, welche sich nicht auf die einzelnen kleinsten Theile, sondern auf den ganzen Körper, oder auf größere Partien beziehen, naturgemäß mehr als eines, von dem man nicht einmal sagen kann, wie oft es zur Anwendung kommen muß.

Ein allgemeines Gesetz, welches alle Bewegungen zugleich umfaßt, ist das Energieprincip. Wir können es in diesem besonderen Fall leicht aussprechen. Die Energie der Kräfte während einer Verschiebung der einzelnen Theile des Systems ist, wie wir bereits wissen, deren Arbeit, und für jede Verschiebung gleich der Größe dieser Verschiebung multiplicirt mit der Größe der Wirkung der Kräfte in Richtung der Verschiebung. Die Energie der Bewegung irgend eines Theiles wird berechnet durch die halbe Masse dieses Theiles zweimal mit der Geschwindigkeit während der Verschiebung multiplicirt. Die ganze Energie der Kräfte ist die Summe ihrer Einzelenergieen in den Einzelverschiebungen, ebenso ist die ganze Energie der Bewegung die Summe der Energieen der Einzelbewegungen. Nach dem Energieprincip muß an Energie der Bewegung genau so= viel gewonnen werden, als an Energie der Kräfte verloren geht, das heißt die Energie der Bewegung muß gleich sein der von den Kräften bereits verbrauchten Energie, also der von ihnen im Hervorbringen der Bewegung bereits aufgewendeten Arbeit, so daß sie an diesem System in Zukunft um so viel weniger Arbeit noch leisten können, als sie Bewegungsenergie bereits hervorgebracht haben, bezw. falls die Kräfte die Bewegung hemmen, soviel weniger hemmend wirken können, als durch ihr Wirken bereits Bewegungsenergie verloren gegangen ist.

Dieser Satz, welcher also lediglich das Princip der Erhaltung der Energie in seiner besonderen Anwendung auf die Erscheinungen der Be= wegung bildet, heißt auch der Satz von der lebendigen Kraft, indem man die Energie der Bewegung als lebendige Kraft bezeichnet. Uebrigens ist die Energie der Bewegung, wie bereits bemerkt, die Arbeit, welche die sich bewegenden Körper leisten, wenn ihre Bewegung plötzlich auf= gehoben wird. Sie ist auch die Arbeit, die man leisten muß, um den Körpern plötzlich die Geschwindigkeit, die sie gerade haben, zu ertheilen. Sie heißt auch kinetische Energie.

242. Wir haben also schon einen allgemeinen Satz, der die Be= wegung mit den Kräften, die sie bewirken, in Beziehung setzt. Indessen habe ich schon ausgeführt, daß dieser für sich allein noch nicht genügt, um die thatsächliche Bewegung in jedem Falle zu ermitteln, und daß es noch

eines anderen Satzes bedarf, welcher feststellt, warum die Körper gerade diejenigen Bahnen wählen, die sie wirklich durchlaufen, obwohl viele andere Bahnen eingeschlagen werden könnten, auf denen die Unveränderlichkeit der Gesammtenergie gleichfalls gewährleistet ist. Dieser andere Satz ist — freilich ohne jede Bezugnahme auf das Energieprincip und zum Theil auch in nicht ganz richtiger Fassung — bereits im vergangenen Jahrhundert von dem Friedrich dem Großen befreundeten Naturforscher Maupertuis gefunden worden. Wir können ihn für unsere Zwecke so fassen, indem wir ihn zugleich etwas allgemeiner aussprechen: Alle Vorgänge in der unbelebten Körperwelt gehen unter Wahrung der Unveränderlichkeit der Gesammtenergie in der Weise vor sich, daß die Körper dabei dem geringstmöglichen Zwange unterliegen, von ihrem Widerstande gegen Veränderungen ihres Zustandes das Geringstmögliche überwunden wird, sie also so wenig nachgeben als möglich.

Fast sieht dieser Satz so aus, wie wenn er nicht viel mehr besagte als das Princip der Trägheit der Materie, indessen geht er über dieses Princip weit hinaus. Er heißt das Princip des kleinsten Zwanges oder das Princip der kleinsten Wirkung. Auf die Erscheinungen der Bewegung angewendet, führt er zu einer eigenartigen Consequenz. Da, wie wir wissen, ein Körper, der sich einmal bewegt und dabei von keinen Kräften gestört wird, in gerader Bahn mit gleichbleibender Geschwindigkeit fortzieht, so folgt, daß für jeden sich bewegenden Körper die gerade Bahn die zwanglofeste ist. Dem obigen Princip zufolge wird also jeder Körper, wenn er durch Kräfte gezwungen ist, von der geraden Bahn abzuweichen, möglichst wenig davon abzuweichen streben. Nennen wir eine Bahn, welche weniger gekrümmt ist als eine andere, gerader als diese und eine Bahn, welche unter einer Anzahl von Bahnen am wenigsten gekrümmt ist, die unter ihnen geradeste, so können wir das obige Princip für unseren Fall des Vorgangs einer Bewegung auch in der Weise aussprechen, daß wir sagen: Alle Bewegungen geschehen in der Natur so, daß die Körper unter Wahrung der Unveränderlichkeit der Gesammtenergie (der Kräfte und der Bewegung) die unter den gegebenen Verhältnissen möglichst geradesten Bahnen einschlagen. In dieser Form ist das Princip von dem genialen Physiker Heinrich Herz aufgestellt worden, wir können es als Princip der geradesten Bahnen bezeichnen. Es bildet einen besonderen Fall und einen Theil des obigen Princips des kleinsten Zwanges. Indessen bemerkt der Leser sofort, daß es schwer ist, es auf andere Bewegungen anzuwenden als auf geordnete.

Es ist ungemein verlockend, ein Princip wie das des kleinsten Zwanges in seinen Grundlagen und Consequenzen zu verfolgen und namentlich auch zu fragen, wie weit es in der Natur Geltung hat. Sieht es doch so aus, als ob es die von uns als unbelebt betrachtete Welt wie eine belebte zu behandeln auffordert und als ob es hiernach überhaupt auf die ganze Welt passend Anwendung finden könnte. Ich darf jedoch dem Leser nicht verhehlen, daß der Nachweis für die Stichhaltigkeit des Princips bisher nur auf dem Gebiete der gewöhnlichen Bewegungen mit einiger Sicherheit erbracht ist. Auch auf dem Gebiete der Elektricität und des Magnetismus ist es noch mit Erfolg von Helmholtz angewendet worden, für andere Erscheinungen fehlt der Nachweis ganz oder fast ganz. Die Bedeutung dieses Princips ist eigentlich auch erst in der neueren Zeit erkannt worden, so alt es auch ist. Doch scheint die Grundlage des Princips wie diejenige des Kampfes ums Dasein der Zusammenhang zu sein, der zwischen allen Körpern und Vorgängen in der Natur besteht, indem nichts irgendwo im Weltall geschehen kann, ohne daß es an Bestehendem Widerstand fände, und das Ergebniß auf einem gewissen Ausgleich zwischen dem Gewollten und dem zu Verändernden beruht.

243. Noch ein anderes Princip giebt es, welches fast mehr noch als das vorbehandelte in der Mechanik Anwendung findet, das gleichfalls von einem Freunde Friedrichs des Großen, von D'Alembert aufgestellte, nach diesem Forscher als das D'Alembert'sche Princip bezeichnete. Bei geordneten Bewegungen besteht zwischen der Wirkung und den wirkenden Kräften Ausgleichung. Was von den Kräften etwa noch übrig bleibt, ist für die Bewegung belanglos, das heißt unter dem Einfluß des Restes besteht Gleichgewicht. Das Problem der Bewegung ist also auf das des Gleichgewichts zurückgeführt. Man braucht nur die für die Bewegung verlorenen Kräfte zu berechnen und für sie die Gleichgewichtsbedingung aufzustellen. Die verlorenen Kräfte sind aber nichts anderes als die Unterschiede zwischen den wirklichen Kräften und ihren Wirkungen, also in jedem Falle gleich den bewegenden Kräften abzüglich den Produkten aus den Massen und den in Richtung der Kräfte stattfindenden Beschleunigungen bezw. Verzögerungen. Das D'Alembert'sche Princip lautet hiernach: Bei jeder Bewegung ist in jedem Moment die virtuelle Arbeit der verlorenen Kräfte gleich Null.

Ich gehe auf eine Auseinandersetzung über dieses Princip nicht ein, mir persönlich scheint seine Deutung mit sehr vielen begrifflichen Schwierig= keiten verbunden zu sein. In der Praxis hat es sich gut bewährt. Nur das will ich bemerken, daß es sich bei diesem Princip nur scheinbar um ein einziges Princip handelt, denn es setzt das Princip der Zerlegung von Kräften und Bewegungen bereits voraus.

Beispiele von Bewegungen werden wir in den folgenden Abschnitten mehrere kennen lernen.

2. Druck-, Zug- und Stoßkräfte.

244. Die in der Ueberschrift bezeichneten Kräfte sind unmittelbar wirkend. Druck und Zug sind nur durch ihre Richtung verschieden, jener sucht die Körper zusammenzupressen, dieser sie auseinanderzuziehen; Stoß wirkt im Wesentlichen wie ein Druck, der nur kurze Zeit andauert. Druck und Stoß entstehen, wenn Körper einander zu verdrängen suchen oder durch einander aufgehalten werden oder sich gegen einander stützen; Zug tritt auf, sobald sich Körper an einander ziehen. Druck und Stoß kann man als eine Folge der Undurchdringlichkeit der Materie ansehen, das heißt der Eigenschaft, vermöge deren ein Raum, der von einer Materie ausgefüllt ist, nicht zugleich auch von einer anderen ausgefüllt sein kann; Zug als ein Widerstreben der Körper gegen Veränderung des von ihnen ausgefüllten Raumes (der Form). Ohne Weiteres ist zu ersehen, daß diese Kräfte nur auf die Oberflächen der Körper unmittelbar wirken können; sind sie irgendwo im Inneren eines Körpers thätig, so kann das nur in der Weise geschehen, daß dort ein anderer Körper vorhanden ist, der seine Oberfläche hierzu bietet, oder daß man sich eine solche Oberfläche daselbst vorzustellen hat. Man nennt diese Kräfte deshalb auch Flächenkräfte. Damit ist natürlich nicht gesagt, daß nur die Oberfläche die Veränderungen erleidet, sondern nur, daß der Angriff dieser Kräfte stets an einer Fläche, im Allgemeinen der Oberfläche, geschieht. Die Folgen dieses Angriffs können sich aber im ganzen Körper bemerkbar machen, oder auch nur in einzelnen Theilen. Drückt man also auf einen Körper, so treibt der Druck die Theilchen der Oberfläche vor sich her, diese Theilchen treiben dann die unter ihnen befindlichen, diese wieder die nächsten u. s. f., so daß durch den Druck an der Oberfläche die ganze Substanz des Körpers in Bewegung geräth. Hat der Körper kein Widerlager, so bewegt er sich, etwas zusammengedrückt oder auch ganz unverändert, je nach der Beschaffenheit seiner Substanz in Richtung des Druckes fort. Der Druck hat dann wie ein Stoß gewirkt und den Körper fortgeschleudert. Hat er ein solches Widerlager, das ihn stützt, so drückt er sich zusammen (z. B. wenn er gar nicht ausweichen kann), oder er wird auseinandergepreßt (z. B. wenn er zur Seite ausweichen kann) u. s. f., je nach der Beschaffenheit des Widerlagers und der Art des Druckes.

245. Man kann nun einen bestimmten Druck auf einen geringen Theil der Oberfläche eines Körpers koncentriren oder auf einen größeren Theil vertheilen. In beiden Fällen ist die Größe des Gesammtdruckes dieselbe, aber im ersten Fall hat der Druck an einer Stelle eine viel größere Wirkung als im zweiten. Wo es daher darauf ankommt, an einer Stelle etwas besonderes zu erreichen, zieht man den ganzen Druck auf diese Stelle zusammen. Dieses ist z. B. der Fall bei dem Lochen, wenn es durch Andrücken eines Werkzeuges geschieht; das Instrument wird darum spitz gemacht, damit der Druck der Hand oder eines Hammers oder einer Maschine möglichst auf eine Stelle koncentrirt wird; ebenso bei dem Schneiden, Scheeren, Meißeln u. s. w., wo die ganze Kraft nur an sehr schmalen Flächen, den Schärfen oder Schneiden der Instrumente, wirkt; nicht minder beim Feilen, Poliren u. s. f. Ist es nicht angängig, den Druck auf eine Stelle oder auf schmale Flächen, wie in den vorigen Fällen, zu koncentriren, so muß man die Druckkraft selbst vergrößern. Man giebt deshalb stets an, welche Druckkraft an einem bestimmten Theil einer Fläche — wofür meistentheils eine Flächeneinheit gewählt wird — wirkt oder wirken soll. Ganz dasselbe gilt für Zug und Stoß; Zahlenangaben für sie müssen sich immer auf bestimmte Flächenstücke beziehen, etwa auf Flächeneinheiten. Die Mittel, welche zur Messung dieser Kräfte dienen, werden wir im nächsten Abschnitt kennzeichnen.

246. Einen Druck üben sich bewegende Körper aufeinander oder auf andere ruhende Körper auch dann aus, wenn sie zusammenstoßen. Der Erfolg ist dann gewöhnlich der, daß sie während des Druckes ihre Form mehr oder weniger ändern und nach der Trennung sich in anderer Weise bewegen wie vorher. Sind sie vollkommen elastisch, so bleibt nach erfolgter Trennung von der Formveränderung nichts übrig, falls nicht etwa der Stoß so heftig gewesen ist, daß der eine oder der andere Körper dabei zersplittert. Wenn dagegen die Elastizität unvollkommen ist, geht die erlittene Formveränderung gar nicht oder nur zum Theil zurück. Da dieses mit einem Verlust an Energie verbunden ist, folgt auch, daß unvollkommen elastische Körper nach dem Stoß sich nicht so bewegen wie vollkommen elastische. Die Theorie der Bewegung elastischer Körper nach dem Zusammenstoß ist sehr interessant, beim Billardspiel kann man manches davon studiren, wiewohl hierbei als störendes Element die Reibung der Bälle gegen die Billardfläche eintritt. Wesentlich beruht diese Theorie auf den beiden Sätzen, daß durch den Stoß weder die gesammte Bewegungsenergie noch das gesammte Bewegungsmoment (Produkt aus Geschwindigkeit und Masse) geändert wird, die Energien können sich nur ganz oder zum Theil aus-

tauschen, ebenso die Momente. So vertauschen 2 gleich große Billardkugeln, die mit gleicher Geschwindigkeit gerade auf einander treffen, ihre Geschwindig= keiten und Bewegungsrichtungen, sie prallen **von** einander gerade ab und eine setzt den Weg der andern fort. Holt eine Billardkugel eine andere ein, so vermehrt sie deren **Geschwindigkeit**, indem sie selbst an Geschwindigkeit verliert; **war die** erreichte Kugel überhaupt nicht in Bewegung, so erhält sie die ganze Bewegung der anstoßenden, diese bleibt liegen; kann sich die erreichte Kugel nicht bewegen, weil sie auf der anderen Seite sich gegen eine Bande stützt, so fliegt die anstoßende mit gleicher Geschwindigkeit zurück. Stößt eine Kugel gegen eine feste elastische Wand, zum Beispiel die Bande eines Billards, so wird sie unter gleichem Winkel, wie sie aufprallt, zurück= geworfen, ihre zweite Bahn liegt mit der ersten und mit einer Linie, die im Treff= punkt auf die Wand gerade zugeht — sie heißt Normale —, in einer Ebene, und auf der anderen Seite von dieser Normalen wie die erste. Verwickelter werden die Verhältnisse, wenn die Körper sich nicht bloß fortbewegen, sondern dabei auch drehen, und meist werden auch Drehungen durch das Aneinanderstoßen hervorgebracht. Beim Billardspiel sind diese Drehungen im sogenannten Effet, vermittelst dessen die Virtuosen die erstaunlichsten Wirkungen hervor= bringen, von großer Bedeutung. Doch muß bemerkt werden, daß gerade beim Stoßen gegen Billardkugeln und beim Zusammenstoßen von Billard= kugeln Drehungen nicht möglich sein sollten, sie kommen nur dadurch zu Stande, daß die Billardfläche rauh ist und Reibungshindernisse bietet, die wie Stützpunkte wirken; auf absolut glatten Billardflächen würde kein Virtuose die Effetkunststücke hervorbringen können. Beim Zusammenprallen nicht elastischer Körper finden viel verwickeltere Vorgänge statt, auf die hier nicht einzugehen ist.

3. Von der Schwerkraft der Erde.

a) Vertheilung der Schwerkraft auf der Erdoberfläche.

247. Die Erde hat, wie schon oft bemerkt, die Eigenschaft, alle Körper auf ihr zu sich heranzuziehen und an sich festzuhalten. Wir nennen diese Eigenschaft die Schwerkraft. Wenn wir Körper von ihrer Ober= fläche fortheben wollen, müssen wir diese Anziehung überwinden, dadurch bekommen wir das Gefühl, daß die Körper schwer sind. Aus dem gleichen Grunde übt ein Körper in der herabhängenden Hand einen Zug und in der aufgerichteten einen Druck nach unten. Ueberhaupt beansprucht jeder angehängte Körper den Gegenstand, an dem er angehängt ist, auf Zug, und jeder aufgesetzte seine Unterlage auf Druck, so daß sich die Fernwirkung der Schwere hierbei in unmittelbare Wirkungen umsetzt und

wir eine durch die andere messen können. Beide, Zug und Druck, werden auch als Last des Körpers bezeichnet, sie sind die Aeußerung der Anziehung der Erde auf den Körper. Diese Anziehung hängt nicht von der Beschaffenheit der Substanz der Körper **ab, sondern** nur von deren Menge; sie wächst in demselben Verhältniß wie die **Mengen, also wie** die Massen oder Gewichte der Körper. Massigere Gewichte sind deshalb schwerer als kleine, 2 Kilogramm sind doppelt so schwer wie 1 Kilogramm u. s. f. Die Schwere der Körper ist die bewegende Kraft der Anziehung der Erde auf sie. Welche Veränderungen man auch mit Körpern vornehmen mag, solange ihre Substanzmengen dabei nicht verändert werden, bleiben sie gleich schwer, man mag sie im Uebrigen beliebig umformen, oder zertheilen, zu neuen Körpern zusammensetzen, oder in ihre Elemente auflösen u. s. f. Die Schwere der Körper auf der Erde ist also ebenso unveränderlich wie deren Massen. Doch bedarf dieser Satz einer gewissen Einschränkung, und zwar aus folgenden Gründen, zu deren Auseinandersetzung wir eine kleine Abschweifung machen müssen.

248. Bekanntlich ist die Erde ein großer Körper von einer fast vollkommen kugeligen Gestalt, wir sagen zunächst geradezu eine Kugel. Sie dreht sich bei einem Umfang von etwa 40000 Kilometer um eine durch ihren Mittelpunkt gehende Axe in 24 Stunden von Westen nach Osten einmal herum, wodurch der Wechsel von Tag und Nacht und der Eindruck, als ob die Sonne und die Gestirne in 24 Stunden in umgekehrter Richtung von Osten nach Westen sich um uns drehten, entsteht. Die beiden Punkte, in denen die Drehungsaxe der Erde ihre Oberfläche schneidet, heißen die Pole; der eine davon der Nordpol, der andere der Südpol. Beide Pole ruhen, von ihnen aus nimmt die Geschwindigkeit der Bewegung auf der Erde nach der Mitte hin zu, so daß z. B. Berlin bereits mit einer Geschwindigkeit von etwa 285 Meter in der Sekunde sich dreht. In der Mitte ist die Geschwindigkeit am größten und beträgt daselbst etwa 464 Meter in der Sekunde. Die Kreislinie, welche genau in der Mitte zwischen diesen beiden Polen um die Erde herumgelegt wird, deren Ebene also durch den Mittelpunkt der Erde geht und zugleich daselbst die Axe der Erde senkrecht schneidet und diese und natürlich auch die Erde in zwei gleiche Theile zerlegt, wird der Aequator und die Ebene desselben die Aequatorebene genannt. Was nördlich davon ist, heißt die nördliche Halbkugel, was südlich, die südliche Halbkugel.

Ich erwähne ferner, daß, wenn man von irgend einem Ort auf der Erdoberfläche eine Linie nach dem Mittelpunkt der Erde sich gezogen denkt, diese Linie ein Radius heißt, und der Winkel, um welchen dieser gegen die

Aequatorebene geneigt ist, als die geographische Breite des Ortes bezeichnet wird. Orte, welche gleiche geographische Breite haben, liegen hiernach alle um die Erde herum auf einer Kreislinie, deren Ebene die Erdaxe senkrecht schneidet und von der Aequatorebene überall gleich weit absteht, ihr also parallel ist. Derartige Kreislinien heißen Breitenkreise. Denkt man sich ferner Ebenen gelegt, welche alle fächerförmig durch die Axe der Erde, also auch durch die beiden Pole hindurchgehen, so heißen diese Längen= oder Meridianebenen und die Kreislinien, in welchen sie die Erdoberfläche schneiden, Längenkreise oder Meridiankreise oder auch einfach Meridiane. Es ist klar, daß jeder Meridiankreis durch beide Pole gehen muß und daß jeder von ihnen alle Breitenkreise und auch den Aequator, der ja nichts anderes ist als ein Breitenkreis, nämlich der in der Mitte liegende, senkrecht schneidet.

Den Winkel, welchen eine durch einen Ort hindurchgehende Meridian= ebene mit einer anderen festen Meridianebene einschließt, nennt man die geographische Länge oder einfach die Länge des Ortes. Als feste Meridianebene nimmt man heutzutage diejenige, welche durch die englische Sternwarte in Greenwich hindurchgeht; die Fig. 18 zeigt diese Ebenen und Kreise. Berlin z. B. liegt nördlich vom Aequator und östlich von Green= wich, seine geographische Breite ist $52\frac{1}{2}$ Grad nördlich vom Aequator und seine geographische Länge etwa $13\frac{1}{3}$ Grad östlich von Greenwich; die geographische Breite von New=York ist $40\frac{3}{4}$ Grad nördlich vom Aequator, die geographische Länge 72 Grad westlich von Greenwich, für Melbourne in Australien lauten die entsprechenden Angaben $37\frac{5}{6}$ Grad südlich vom

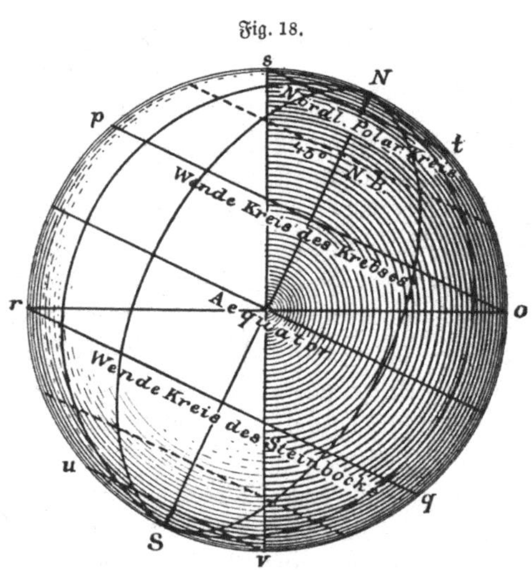

Aequator und 145 Grad östlich von Greenwich. Orte auf dem Aequator haben alle die geographische Breite 0 Grad, vom Aequator aus wachsen die Breiten nach beiden Seiten, nach Norden und Süden, in den beiden

Polen sind sie je 90 Grad. Die geographischen Längen wachsen nach Osten und Westen vom Meridian von Greenwich von 0 Grad bis 180 Grad.

Ferner hebe ich hervor, daß man an jedem Orte der Erde die Richtung, nach welcher daselbst die Schwerkraft wirkt, als Lothrichtung bezeichnet; setzt man diese Richtung über der Erde fort, so heißt sie Scheitel= richtung und der Punkt, in welchem sie den Himmel anscheinend schneidet, Scheitelpunkt oder auch Zenith. Jede Richtung senkrecht zu dieser Lothrichtung heißt horizontal oder waagerecht; eine Ebene durch irgend einen Gegenstand senkrecht zu der Lothrichtung deshalb Horizontalebene und die Linie, in welcher sie den Himmel anscheinend schneidet, Horizont des Gegenstandes. Für den Menschen ist dieses die waagerechte Ebene durch sein Auge; der Horizont begrenzt ihm dasjenige, was er von der Erdoberfläche gerade übersehen kann. Wir kehren nach dieser Abschweifung auf das Gebiet der physikalischen Geographie zu unserem Gegen= stande zurück.

249. Es hat sich zunächst herausgestellt, daß die Anziehungskraft der Erde mit der Erhebung über ihrer Oberfläche abnimmt, sie wird schwächer und schwächer je weiter man sich von der Oberfläche entfernt; steigt man so hoch wie die höchsten Spitzen der Berge, das ist etwa 9000 Meter, so hat die Schwerkraft der Erde um etwa $\frac{1}{550}$ ihres Be= trages abgenommen. Diese Abnahme ist, wie man sieht, nur gering, für die gewöhnlichen Verhältnisse kommt sie wenig in Betracht, den Grund für sie werden wir im nächsten Abschnitt einsehen. Wichtiger ist diejenige Aenderung, welche man an der Schwerkraft der Erde bemerkt, wenn man sich auf ihrer Oberfläche von Ort zu Ort fortbewegt. Man findet, daß zwar alle Orte auf gleichem Breitenkreise fast genau gleiche Schwerkraft haben, daß jedoch die Schwerkraft von Breitenkreis zu Breitenkreis sich ändert. Die Schwerkraft nimmt vom Aequator aus nach beiden Richtungen, nach dem Südpol und nach dem Nordpol hin, gleichmäßig zu und ist an den Polen am größten. Der Unterschied zwischen der Schwerkraft an einem der beiden Pole und an dem Aequator beträgt gegen $\frac{1}{200}$ des Betrages des Schwerkraft, also $\frac{1}{2}\%$. Am Aequator üben hiernach erst 1 Kilogramm und 5 Gramm zusammen denselben Druck auf ihre Unter= lage und denselben Zug auf ihre Aufhängung aus, wie an einem der beiden Pole bereits 1 Kilogramm allein. Der Mensch, dessen Durchschnitts= gewicht etwa 70 Kilogramm beträgt, fühlt sich am Aequator um die Last von etwa 350 Gramm leichter, als er sich an einem der Pole fühlen würde, und könnte dieses auch unmittelbar nachweisen, wenn er sich an einer Federwaage wiegen möchte. Für Berlin beträgt diese Zahl etwa

220 Gramm, um die Last von 220 Gramm muß er sich hier schwerer fühlen als am Aequator und dort leichter als in Berlin. Diese Abnahme der Schwerkraft von den Polen nach dem Aequator ist hauptsächlich eine Folge der Umdrehung der Erde um ihre Axe. Diese Umdrehung bewirkt, wie wir gesehen haben, daß alle auf ihr befindlichen Körper von ihr fortstreben, sie haben Centrifugalkraft. Diese aber wächst mit der Geschwindigkeit, und da die Geschwindigkeit, mit der die Körper herumgeschleudert werden, von den Polen, wo sie 0 ist, bis zum Aequator, wo sie mehr als 460 Meter in der Sekunde beträgt, stetig zunimmt, wächst auch die Centrifugalkraft, also die der Anziehung der Erde entgegenwirkende Kraft. Daher jene Abnahme der Schwerkraft, die ja der Unterschied zwischen der eigentlichen Anziehungskraft der Erde und der Centrifugalkraft ist. Die Schwere der Körper ist also in der That nicht überall auf der Erde die nämliche; darf man aber etwa $\frac{1}{2}\%$ von ihrer Größe vernachlässigen, so kann man sie auch in Bezug auf den Ort, an welchem die Körper sich auf der Erde befinden, als ebenso unveränderlich ansehen wie die Menge der Substanz oder die Masse der Körper.

250. Die Schwerkraft der Erde wirkt überall in der Lothrichtung. Gegenstände stehen auf der Erde deshalb nur dann fest, wenn sie sich in der Lothrichtung befinden. Aufrecht stehen heißt nichts anderes, als in der Lothrichtung stehen, schief stehen, geneigt dazu stehen. Der Mensch steht also aufrecht in Richtung der Lothlinie, ebenso alle Thiere, Pflanzen, Gebäude u. s. f. Jedenfalls stehen sie nicht schief. Flüssigkeiten stellen sich stets so, daß ihre Oberfläche überall die Lothrichtung senkrecht schneidet, das ist bereits in Art. 18 genau beschrieben, hier sieht man den Grund dafür ein. Wie man die Lothrichtung auffindet, ist bekannt genug; man hängt an einen Faden einen schweren Gegenstand, etwa ein Stück Blei, die Richtung des Fadens ist dann die Lothrichtung. Die früher behandelten Wasserwaagen oder Libellen geben die waagerechte oder horizontale Richtung, indem die Blasen in ihrer Erstreckung sich stets horizontal einstellen.

251. Wäre die Erde eine vollkommene Kugel und überall ganz gleich beschaffen, oder wenigstens aus Schichten zusammengesetzt, welche zwar von einander verschieden sind, von denen aber jede in sich überall gleich beschaffen ist, so würde die Lothrichtung in allen Orten unmittelbar nach dem Mittelpunkt der Erde hinlaufen, und sie durchschnitte überall ihre Oberfläche senkrecht. Aber auch abgesehen von den Bodenunregelmäßigkeiten, die wir als Berg und Thal unterscheiden, ist die Erde keine vollkommene Kugel, sondern an den Polen ein wenig abgeplattet, ihre Oberfläche bildet einen Körper

(Rotationsellipsoid), den man sich durch Umdrehung der als Ellipse bekannten Kurve um die kleinere Axe entstanden denken kann. Diese kleinere Axe ist eben die Rotationsaxe der Erde, und sie weicht um etwa 42 Kilometer von der größeren, dem Aequator angehörigen, Axe ab. In Folge dessen sind zwar die wirklichen Breitenlinien Breitenkreise, aber die Meridianlinien sind keine Kreise sondern Ellipsen. Sodann ist auch die Erde durchaus nicht überall von gleicher Beschaffenheit. Auf ihrer Oberfläche lehrt dieses schon der Augenschein, von ihrem Innern müssen wir es bis zu einer gewissen Tiefe jedenfalls auch annehmen. Alle diese Umstände bewirken, daß die Lothrichtungen im Allgemeinen nicht nach dem Erdmittelpunkte hinweisen, auch die wirkliche Erdoberfläche nicht senkrecht schneiden. Wäre aber die Erde rings mit Wasser umgeben, so würden die Lothrichtungen zwar auch dann noch nicht im Mittelpunkte zusammenlaufen, aber sie würden wenigstens die Oberfläche senkrecht schneiden. Dann würden auch die Horizontallinien an jeder Stelle der Oberfläche diese Oberfläche berühren. Die Oberfläche wäre eine Niveaufläche, die zu ihr senkrechten Linien wären die Kraftlinien der Schwerkraft der Erde. Das ist, wie bemerkt, bei der Erde thatsächlich nicht der Fall, jedoch sind die Abweichungen davon praktisch nur sehr geringfügig.

Was aber die Veränderung der Größe der Schwerkraft auf der Erdoberfläche bei dem Uebergange von einem Orte zu einem anderen anbetrifft, so ist diese aus den gleichen Gründen auch nicht allein durch die Aenderung der Centrifugalkraft bedingt.

Nimmt man noch die Unregelmäßigkeiten der Oberfläche selbst hinzu und beachtet, daß auch im Innern der Erde dichte Massen unregelmäßig mit weniger dichten abwechseln, daß sogar weite Höhlungen daselbst vorhanden sind, so wird die Betrachtung der Kraftvertheilung auf der Erde anscheinend sehr verwickelt. Die Wissenschaft geht möglichst von gesetzmäßigen Verhältnissen aus, die Unterschiede, die die Erfahrung dagegen nachweist, nennen wir dann Abweichungen. Wir hätten dann Abweichungen von der gesetzmäßig zu berechnenden Größe und Richtung der Schwerkraft. Die Abweichungen von der gesetzmäßigen Richtung heißen Lothabweichungen, die anderen können wir Schwereabweichungen nennen. Beide zu untersuchen ist sehr interessant und hat schon zu merkwürdigen Folgerungen in Bezug auf die Beschaffenheit des Erdinnern geführt, wie z. B., daß unter Gebirgen, die doch gewaltige Massenüberhöhungen über der Erdoberfläche darstellen, vielfach Massendefekte angenommen werden müssen, die die Ueberschüsse mehr oder weniger compensiren oder gar übercompensiren. Immerhin ist es bemerkenswerth, daß trotz der so vielen uns auf der Erdoberfläche sichtbaren und sehr bedeutenden Unregelmäßigkeiten, die wir auch im Innern finden, doch die vorbezeichneten Abweichungen nur geringfügig sind. Es läßt das darauf schließen, daß diese Unregelmäßigkeiten mehr der oberen Schaale der Erde angehören, daß dagegen von einer gewissen Tiefe ab, die vielleicht nicht mehr als 100 Kilometer unterhalb der Oberfläche beträgt, die Erde viel regelmäßiger gebaut ist, sei es, daß sie dann fast ganz isotrop ist oder daß sie aus isotropen Schichten zusammengesetzt ist.

<h3 style="text-align:center">b) Schwerpunkt.</h3>

252. Die Wirkungen der Schwerkraft der Erde sind sehr mannigfach und alltäglich. Zunächst ist zu bemerken, daß die Erde jeden Theil eines Körpers für sich gesondert anzieht. Was wir also als Schwere eines Körpers bezeichnen, ist die Ersetzende der Anziehungen der Erde auf alle einzelnen Theile des Körpers. Die Richtungen dieser einzelnen Anziehungen laufen alle angenähert im Mittelpunkt der Erde zusammen. Da jedoch dieser Mittelpunkt von der Erdoberfläche so sehr weit entfernt ist (mehr als 6000 Kilometer), sind diese Richtungen selbst bei den größten Körpern, mit denen wir es praktisch auf der Erde zu thun haben, einander fast genau parallel, so daß wir sagen können, die Schwere eines Körpers ist die Ersetzende von parallelen Anziehungskräften, welche die einzelnen Theile angreifen. Wir erinnern nun an das, was in Art. 223 über die Zusammensetzung paralleler Kräfte gesagt ist. Da alle diese Schwerewirkungen in gleichem Sinne gerichtet sind, wird auch die sie ersetzende Kraft im nämlichen Sinne verlaufen, somit ist die Schwere des ganzen Körpers wie diejenige seiner einzelnen Theile angenähert nach dem Mittelpunkt der Erde gerichtet. Außerdem ist sie nach den Lehren des gleichen Artikels gleich der Summe der Schweren der einzelnen Theile. Ueberhaupt ist die Schwere einer beliebigen Zahl getrennter oder zusammenhängender Körper gleich der Summe der Schweren der einzelnen Körper. Dieser Satz, der uns so selbstverständlich erscheint, ist es dem obigen zufolge durchaus nicht, er ist nicht einmal ganz streng richtig.

253. Wir haben ferner an gleicher Stelle gesehen, daß die Ersetzende paralleler Kräfte einen Angriffspunkt hat, und wir haben auch gezeigt, wie man diesen findet; es war der Mittelpunkt oder Schwerpunkt der parallelen Kräfte, und alle Kräfte wirken vereint so, wie wenn die Ersetzende in ihrem Angriffspunkte allein wirkte. Daraus folgt weiter, daß die Erde jeden Körper so anzieht, wie wenn seine ganze Masse in einem

einzigen Punkte vereinigt wäre, nämlich in seinem Schwer=
punkte. Wie man diesen Schwerpunkt durch einfache Versuche finden
kann, ist leicht zu zeigen. Da nämlich die Schwerewirkung der Erde darin
besteht, daß sie alle Körper zu sich herabzieht und diese Wirkung auf die
Körper ersetzt werden kann durch diejenige auf die Schwerpunkte, so können
wir sagen, daß alle Körper, wenn sie Freiheit haben, es zu thun,
sich unter dem Einfluß der Schwerkraft stets so stellen, daß ihr
Schwerpunkt möglichst nahe der Erde, also möglichst tief steht.
Fällt ein Körper frei, so geschieht dieses so lange, bis er auf die Erde gelangt
ist. Ist der Körper an einen Faden gebunden, so hängt er herunter, und mag
man ihn drehen und wenden wie man will, er stellt sich, sobald man ihn los=
läßt, immer in gleicher Weise ein, nämlich so, daß sein Schwerpunkt genau loth=
recht unter dem Aufhängungspunkt liegt, weil er dann unter den gegebenen
Verhältnissen die tiefste Stellung erreicht hat. Balancirt der Körper auf
einem Punkt oder auf einer Axe, so kann er zwar auch stehen, wenn der
Schwerpunkt gerade über dem Unterstützungspunkt oder der unterstützenden
Linie steht, weil die Schwerkraft alsdann gerade durch die Unterstützung
hindurch wirkt, also an ihr einen Widerstand findet, von dem sie in Gleich=
gewicht gehalten wird. Sobald man ihn jedoch auch noch so leise anstößt,
fällt er um. Will man Körper möglichst sicher stehen haben, so beschwert
man sie unten; Wagen, die sicher fahren sollen, müssen darum oben leichter
gebaut sein als unten. Man kann so Körper zum Aufrechtstehen bringen,
die man sonst auf keine Weise im Aufrechtstehen zu erhalten vermöchte;
z. B. eine Nadel, indem man sie durch einen Kork steckt und in diesen
Kork zu beiden Seiten Gabeln einstößt, die wie Flügel nach unten gerichtet
sind. Die Schwerpunkte der Gabeln liegen tief unterhalb der Spitze der
Nadel; man kann diese nunmehr beliebig auf die Spitze eines beliebig,
auch kegelförmig, gestalteten Körpers stellen, ohne daß sie umfällt; was
ohne die Belastung nach unten durch die Gabeln wohl kaum Jemand
gelingen würde.

254. Ferner sieht man, daß, wenn man einen Körper erst an einem,
dann an einem anderen, dann an einem dritten, vierten . . . Punkt nach
einander aufhängt, und in jedem Falle als Aufhängungslinie diejenige be=
zeichnet, welche von dem Aufhängungspunkt durch den Körper hindurch
lothrecht nach unten geht, daß also alle Aufhängungslinien innerhalb des
Körpers sich in seinem Schwerpunkt schneiden müssen. Man findet also
den Schwerpunkt eines Körpers, oder kann wenigstens dessen Lage im
Innern des Körpers ungefähr nach dem Augenschein beurtheilen, wenn
man den Körper erst an einem und dann an einem anderen Punkte aufhängt

und beide Male die Richtung der Aufhängungslinie im Körper verfolgt. Ist die Substanz eines Körpers in seinem Innern ganz gleichmäßig vertheilt, so kann man oft aus dem bloßen Anblick der Form auf die Lage seines Schwerpunktes schließen. So stets dann, wenn seine äußere Gestalt regelmäßig ist; der Schwerpunkt ist dann die Mitte der Gestalt.

Nunmehr können wir auch die Wirkungsweise einiger für Haus und Verkehr wichtigen Einrichtungen genauer erläutern. Ich thue dieses aber gesondert nur für die wichtigste derartige Einrichtung, die Waage, die Angaben für andere Einrichtungen streue ich gelegentlich der weiteren Betrachtungen ein.

c) Die Waage.

255. Die Waage dient zur Abwägung von Substanzmengen durch Vergleichung mit bekannten Mengen, welches die Gewichte sind. Dieses geschieht dadurch, daß man die Schwerewirkungen der Erde auf die abzuwägenden Körper und auf die Gewichte mit einander vergleicht. Demgemäß besteht die Waage in der bekanntesten und einfachsten Form aus einem Hebel, dem Waagebalken, und zwei an dessen Enden mittelst Gehänges angehängten oder aufgesetzten Schalen zur Aufnahme der Last und der Gewichte, Lastschale und Gewichtschale. Der Waagebalken ist in der Mitte mittelst Schneiden und Pfannen durch Aufhängung oder Aufsetzung gestützt. Er kann sich in beiden Fällen um die Schneide frei drehen und trägt einen Zeiger, an dem seine Drehung und Stellung gegen eine feste Marke beobachtet wird. Ebenso sind die Schalen gestützt und können sich gleichfalls frei drehen. Die Stützpunkte für Balken und Schalen sind also zugleich die Drehungspunkte.

Die Erde zieht den Waagebalken und die Gehänge und Schalen ebenso an, wie alle anderen Körper. Diese sind also zusammen für sich im Gleichgewicht, wenn ihr gemeinsamer Schwerpunkt genau lothrecht unter dem Stützpunkt des Balkens liegt (Art. 253). Die unbelastete Waage spielt dann ein, indem ihr Zeiger auf eine feste Marke hinzeigt. Sobald man auf eine der Schalen die Last aufstellt, ist das Gleichgewicht gestört, indem diese ihre Schale herunterzieht; will man das Gleichgewicht wieder herstellen, so hat man auf die andere Schale soviele Gewichte aufzusetzen, bis der gemeinsame Schwerpunkt von Waagebalken mit Gehänge und Schalen, Last und Gewichten wieder genau lothrecht unter dem Drehpunkte des Waagebalkens sich befindet. Dieses reicht aber für einfaches Wägen noch nicht aus, da schon Gleichgewicht eintreten kann, bevor noch der Waagebalken seine ursprüngliche Lage erreicht hat, er steht dann schief. Vielmehr muß man noch soviele Gewichte hinzufügen, bis der Balken überhaupt in die ursprüngliche Lage zurückgekehrt ist; alsdann fällt nicht nur der gemeinsame Schwerpunkt aller Theile, sondern auch der des Balkens mit Gehängen und Schalen für sich wieder lothrecht unter den Drehpunkt des Balkens, und die Waage spielt wieder ein. Jeder Wägung sollte hiernach erst eine Beobachtung der Stellung des Balkens, also seines Zeigers gegen eine feste Marke voraufgehen, es sollte also erst nachgesehen werden, ob die Waage leer einspielt. Wenn aber Balken und Schalen sammt Gehängen aus unveränderlichen Materialen gebaut sind und auch die Aufhängung oder Unterstützung des Balkens und der Ge= hänge immer an den nämlichen Stellen geschieht, stellt sich die Waage im unbelasteten Zustand von selbst schon in stets gleicher Weise ein, und man spart die erste Beobachtung. Waagen, welche aichfähig sind und den Aich= stempel tragen, sind so eingerichtet, daß das stets stattfinden soll; ihr Zeiger soll im unbelasteten Zustand stets einspielen; oder sie haben (wie z. B. die Brückenwaagen) eine Einrichtung, bestehend in einem kleinen auf dem Balken oder einem mit ihm fest verbundenen Theil frei zu verschiebenden und durch eine Schraube festzuklemmenden Laufgewicht, wodurch der Balken im unbe= lasteten Zustand stets in die Einspielungslage zurückgebracht werden kann, falls er dieselbe durch irgend welche Veränderungen verlassen haben sollte. Da übrigens auf Unveränderlichkeit bei keinem Dinge in der Welt mit Sicherheit gerechnet werden kann, ist es gut von Zeit zu Zeit bei allen Waagen sich davon zu überzeugen, ob sie im unbelasteten Zustand noch einspielen. Es können nämlich leicht Verrückungen der festen Theile, welche die Einspielungsmarke tragen, gegen die beweglichen, mit dem Zeiger ver= sehenen, eintreten, wodurch die Einspielung völlig verändert wird. Ge= wisse Waagen sind, um solche Verrückungen durch den Augenschein zu er= kennen, da sie auch noch andere gefährliche Einflüsse haben, mit Pendel= zeiger versehen.

256. Wenn eine Waage einspielt und man auf eine der Schalen ein Gewicht legt, so kommt sie aus der Einspielungslage heraus und stellt sich in anderer Lage ins Gleichgewicht. Je größer diese Entfernung, der Aus= schlag, aus der Einspielungslage ist, um so empfindlicher ist die Waage, um so kleinere Gewichtsunterschiede kann man mit ihr bestimmen. Man bezeichnet als Empfindlichkeit einer Waage die kleinste Gewichts= zulage, welche, zu der abzuwiegenden Last hinzugethan, einen noch hinreichend deutlichen Ausschlag der Waage verursacht; je kleiner diese Zulage, um so empfindlicher ist die Waage, je größer, um so unempfindlicher. Jede Waage hat eine größte Tragfähigkeit, die auf ihr angegeben ist, darüber

hinaus sollte sie nicht verwendet werden. Mit wachsender Tragfähigkeit nimmt gewöhnlich die Empfindlichkeit ab, daher darf eine Waage auch nicht unterhalb einer gewissen Belastung benutzt werden, weil sie dafür dann zu unempfindlich ist.

257. Was die Ermittelung der abgewogenen Menge aus der Zahl der Gewichte anbetrifft, so richtet sich diese nach der Art der Waage. Bei gleicharmigen Waagen geben die Gewichte sogleich die abgewogene Menge, bei Decimalwaagen erst, nachdem sie mit 10, bei Centesimalwaagen, nachdem sie mit 100 multiplicirt sind. Der Grund hierfür aber liegt im Hebelgesetz, welches in Art. 223 dargelegt ist, denn bei der gleicharmigen Waage hängen Gewichte und Last an gleich langen Hebelarmen, bei den Decimalwaagen hängen die Gewichte an einem zehn Mal, bei den Centesimal= waagen an einem hundert Mal so langen Hebelarm als die Last. Zugleich erhellt, daß man alle Gewichte immer nur auf die Schalen der Waage thun darf, durchaus aber nicht auf den Balken, was manchmal bequemer scheint; denn die Wirkung eines jeden Gewichts auf die Last hängt ganz von seinem Abstand von dem Drehungspunkt des Waagebalkens ab, es wirkt z. B. nur halb so stark als auf der Schale, wenn es auf den Balken mitten zwischen dem Aufhängungspunkt der Schale und dem Drehungspunkt des Balkens gesetzt ist. Gewisse Waagen, die Laufgewichtswaagen, sind allerdings absichtlich so eingerichtet, daß die Wägung durch Ver= schiebung eines bestimmten Gewichts auf dem Balken bewirkt wird. Diese sind aber dafür besonders eingerichtet, indem sie auf dem Balken an den einzelnen Stellen genaue Angaben über den Werth enthalten, den das Gewicht an diesen verschiedenen Stellen für die Wägung hat. Die ge= wöhnlichen Waagen besitzen solche Hülfsmittel nicht; bei diesen müßte man schätzen, wobei man selbstverständlich auch eher fehlgreifen kann. Im Uebrigen giebt es eine sehr große Anzahl von Waagenkonstruktionen, die jedoch alle dem nämlichen Hebelgesetz unterworfen sind.

d) Gleichgewicht und Auftrieb der Flüssigkeiten und Gase.

258. Wie bei der Waage Gewicht und Last, können sich auch Flüssig= keiten und Gase unter einander und mit festen Körpern das Gleichgewicht halten. Aus dem Princip der tiefsten Lage des Schwerpunkts erhellt zu= nächst, daß auch Flüssigkeiten und Gase als schwere Körper unter allen Umständen die möglich tiefste Stelle einzunehmen streben; die Kraft, mit der das geschieht, ist für jeden Raumtheil gleich der Schwere der darin enthaltenen Menge, Masse, der Flüssigkeit oder des Gases. Jeder Theil einer Flüssigkeit oder eines Gases sucht darum jeden anderen tiefer liegenden

zu verdrängen, ihn in die Höhe zu treiben, um sich selbst an dessen Stelle zu setzen. Dieses nennt man den Auftrieb. Dieser Auftrieb ist also gleich der Schwere der Substanzmenge, die an Stelle der verdrängten Substanz treten würde. Entgegen wirkt ihm die Schwere der zu verdrängenden Substanz, welche diese nach unten zieht. Ist letztere ebenso groß wie erstere, so halten sich Auftrieb und Schwere das Gleichgewicht. Deshalb bleiben Flüssigkeiten und Gase, wenn sie in Ruhe sind, auch ferner in Ruhe, weil was an Stelle einer Substanzmenge aus der unmittelbaren Umgebung treten würde, höchstens ebensoviel Substanz enthalten würde. Sobald aber Theile in ihnen aus irgend welchen Gründen leichter werden als die sie umgebenden, überwiegt der Auftrieb, und sie steigen in die Höhe. Werden sie schwerer, so überwiegt die Schwere und sie sinken nach unten. Der Auftrieb in Flüssigkeiten und Gasen wirkt nicht allein auf ihre eigenen Theile, sondern überhaupt auf jeden in ihnen befindlichen festen, flüssigen oder gasförmigen Körper. Immer ist er gleich der Schwere der an Stelle des zu verdrängenden Körpers tretenden Substanz, und immer wirkt ihm die Schwere des zu verdrängenden Körpers entgegen. Körper sind deshalb in Gasen anscheinend leichter als im luftleeren Raum und noch leichter in Flüssigkeiten. Je dichter die Umgebung dieser Körper ist, um so leichter müssen diese erscheinen, mit um so geringerer Kraft drücken und ziehen sie nach unten.

259. Daraus ergiebt sich, daß Wägungen in der Luft das Gewicht, die Masse eines abzuwiegenden Körpers nur dann richtig angeben, wenn dieser räumlich ebenso groß ist, wie die benutzten Gewichte. Denn ist er größer, so erfährt er einen größeren, ist er kleiner, einen kleineren Auftrieb als die Gewichte, der ihn leichter oder schwerer als diese erscheinen läßt. Die in der Luft ermittelten Gewichte sind also eigentlich nur scheinbar richtig. Für jeden Liter Volumendifferenz zwischen Last und Gewicht macht das einen Auftrieb gleich der Schwere von $1\frac{2}{10}$ Gramm, also in der Wägung einen Gewichtsunterschied von $1\frac{2}{10}$ Gramm.

Zusätzlich will ich noch erwähnen, daß, weil die Dichte der Luft stark veränderlich ist, auch der Auftrieb, den sie auf die in ihr befindlichen Körper ausübt, stark veränderlich sein muß. Er schwankt in unseren Breiten um etwa 10%. Außerdem wird er um so kleiner, je höher man emporsteigt.

Im gewöhnlichen Haushalt und Verkehr kommt weder der Auftrieb noch seine Veränderung in Frage. Bei wissenschaftlichen Arbeiten muß beides berücksichtigt werden.

260. Ist die verdrängte Flüssigkeit an Masse so groß wie der

verdrängende Körper, so wiegt dieser darin gar nichts mehr, ist sie noch größer, dann wird er gegen die Schwerkraft in die Höhe getrieben, steigt zur Oberfläche und taucht aus der Flüssigkeit mit einem solchen Stück heraus, daß die Masse des von ihm in der Flüssigkeit noch befindlichen Theiles so viel davon verdrängt, als seine eigene ganze Masse beträgt. Umgekehrt sinkt ein Körper nur so weit in eine Flüssigkeit ein, bis er so viel Flüssigkeit verdrängt hat, als er selbst an Masse hat. Darauf beruhen alle so alltäglichen Erscheinungen des Untersinkens, Schwimmens und Schwebens der Körper.

Hierauf beruht auch die Wirksamkeit gewisser als Alkoholometer, Aräometer, Saccharimeter u. s. f. bezeichneter Instrumente. Diese Instrumente sinken in eine Flüssigkeit gemäß obigem Gesetz so tief ein, bis die Masse der verdrängten Flüssigkeit ihrer eigenen Masse gleich ist. Die Masse der verdrängten Flüssigkeit ist nun gleich deren Raumgehalt multiplicirt mit ihrer Dichtigkeit. Der Raumgehalt muß um so größer werden, das heißt das Instrument muß desto tiefer einsinken, wodurch es eben mehr Flüssigkeit verdrängt, je geringer, und umgekehrt muß der Raumgehalt um so kleiner werden, das Instrument also um so weniger tief einsinken, je größer die Dichtigkeit der Flüssigkeit ist. Diese Instrumente eignen sich also zunächst zur Beurtheilung der Dichtigkeit der Flüssigkeiten aus der Tiefe ihres Einsinkens in sie. Dazu werden sie denn auch bei manchen Flüssigkeiten allein gebraucht, zum Beispiel die Mineralölaräometer in Mineralölen zur Feststellung von deren Dichtigkeit. Ihre Skalen enthalten dann die Dichtigkeitsangaben unmittelbar. In anderen Fällen handelt es sich nicht um die Dichtigkeit, sondern um den Gehalt der Flüssigkeit an einem bestimmten Stoff, z. B. an Alkohol oder Zucker oder Schwefelsäure u. s. f. In diesen Fällen hat man durch genaue experimentelle Untersuchungen den Zusammenhang zwischen der Dichtigkeit und diesem Gehalt vorher bestimmt und konnte deshalb die Skalen der Instrumente statt mit den Dichtigkeitsangaben sogleich mit den entsprechenden Gehaltsangaben versehen. Auch die Wirksamkeit der sogenannten hydrostatischen Waagen, z. B. der Mohr'schen Waage, ist in dieser Weise zu erklären. Der Schwimmkörper, den diese Waage enthält, hängt an dem einen Arm eines Waagebalkens und ist so abgeglichen, daß er in Wasser bestimmter Dichte so tief heruntersinkt, daß die Waage gerade einspielt. In dichteren Flüssigkeiten erleidet er einen stärkeren Auftrieb, der betreffende Arm geht also in die Höhe; um die Waage wieder zum Einspielen zu bringen, muß man diesen Arm mit Gewichten versehen. In weniger dichten Flüssigkeiten sinkt der Schwimmkörper in Folge geringeren Auftriebes tiefer ein, zieht also den Balkenarm nach unten. Um wieder die Waage zum Einspielen zu bringen, muß man von dem Arm Gewichte abnehmen oder zum anderen Arm welche zuthun. Aus den zugelegten bezw. entfernten Gewichten kann man dann die Dichte ermitteln.

261. Wir können noch einige andere Folgerungen ziehen. Alle Körper, die in ihrer Substanz weniger dicht sind als eine Flüssigkeit, schwimmen in dieser und können darin niemals untergehen, wenn sie sich nicht etwa mit der Flüssigkeit, wie Holz oder Schwamm, vollsaugen. Körper, welche in der Substanz dichter sind als eine Flüssigkeit, gehen darin unter, wenn sie kompakt sind, sind sie jedoch zu Hohlkörpern geformt, so können sie auch schwimmen und thun es, wenn eben die von ihnen zu verdrängende Masse Flüssigkeit größer ist als ihre eigene Masse. Bleibt letztere unverändert, so schwimmen sie um so leichter, zu einer je größeren Form sie ausgestaltet sind. Das ist der Grund, warum man Schiffe sogar aus Eisen bauen kann, wiewohl doch Eisen fast 8 mal so dicht ist wie Wasser. Die Schiff= fahrt macht von diesen Erwägungen den ausgiebigsten Gebrauch.

262. Aus gleichem Grunde müssen sich Flüssigkeiten und Gase, wenn sie sich nicht in einander auflösen, immer so schichten, daß die dichtesten sich unten, die am wenigsten dichten oben befinden. Quecksilber, Wasser und Petroleum durch einander gerührt ordnen sich schließlich so an, daß Quecksilber die tiefste, Wasser die mittlere, Petroleum die oberste Schicht bildet. Ferner werden diejenigen Körper, welche sich leicht zusammendrücken lassen, in Folge ihres eigenen Gewichts sich in der That zusammendrücken, und es werden von ihnen die tiefsten Schichten am dichtesten, die höchsten am wenigsten dicht sein. Die Luft ist als Gas sehr leicht zusammen= drückbar, die ganze Luftmasse preßt sich deshalb auch unter ihrer eigenen Schwere von oben nach unten zusammen. Wir finden darum, daß die Luft, je höher man sich in sie erhebt, um so dünner wird; zuletzt wird sie so dünn, daß selbst die allerleichtesten Körper in ihr sich nicht mehr schwebend erhalten können. Luftballons steigen so hoch, bis sie in Luftschichten kommen, von denen ein gleiches Volumen Luft ebenso viel wiegt wie sie; in diesen Schichten schweben sie dann. Von der mit der Verdünnung ver= bundenen Abnahme des Luftdrucks ist schon die Rede gewesen.

263. Sodann folgt noch, daß eine Flüssigkeit in zwei Gefäßen, die durch ein Rohr mit einander verbunden sind, immer gleich hoch steht, ob die beiden Gefäße gleich weit sind oder nicht (abgesehen von den Wir= kungen der Kapillarität). Gießt man über die Flüssigkeit in dem einen Gefäß eine neue Flüssigkeit, welche auf ihr schwimmt, so steigt die Flüssig= keit auch im anderen Gefäß, und zwar verhält sich die Höhe dieser im

zweiten Gefäß emporgestiegenen Flüssigkeit zu der Höhe der im ersten hinzugefügten wie die Dichtigkeit dieser hinzugefügten Flüssigkeit zu derjenigen der ersten Flüssigkeit. Ueberhaupt gilt folgende Regel: Jeder Säule einer Flüssigkeit wird von einer Säule einer anderen Flüssigkeit (z. B. in zwei kommunicirenden Gefäßen oder Röhren) das Gleichgewicht gehalten, wenn die Höhe der ersten Flüssigkeit sich zu derjenigen der zweiten so verhält wie die Dichtigkeit dieser zweiten Flüssigkeit zu derjenigen der ersten. Quecksilber z. B. ist etwa $13\frac{6}{10}$ mal so dicht wie Wasser; einer Quecksilbersäule von 1 m Höhe hält deshalb eine Wassersäule von $13\frac{6}{10}$ m das Gleichgewicht. Dabei ist es völlig gleichgültig, ob die in kommunicirenden Gefäßen oder Röhren befindlichen Säulen gleiche oder verschiedene Querschnitte haben, sie können auch längs ihrer Erstreckung ganz beliebig abändernde Querschnitte haben, indem die Gefäße oder Röhren bald weiter, bald schmaler werden, sich beliebig krümmen u. s. f. (hydrostatisches Paradoxon). Wesentlich ist nur die senkrechte Höhe.

264. Ganz das nämliche gilt von dem Verhalten der Gase gegen einander oder gegen Flüssigkeiten. Der Druck eines Gases ist immer gleich dem Druck der von ihm etwa vermöge der Schwere emporgehobenen Flüssigkeitssäule. Darauf beruht die Einrichtung der Barometer und Manometer, von denen die ersteren zur Messung des jeweiligen Druckes der Luft, die letzteren zu derjenigen des Druckes irgendwie verdichteter oder verdünnter Gase oder Dämpfe dienen. Thut man in ein U = förmig gebogenes Rohr eine Flüssigkeit, so stellt sich diese in beiden Schenkeln gleich hoch; in beiden Schenkeln lastet auf ihr die Luft, und zwar mit gleicher Stärke. Pumpt man aus einem Schenkel die Luft nach und nach aus, so vermindert sich in diesem der Luftdruck, die Luft über dem anderen Schenkel treibt dann die Flüssigkeit in jenem empor (die Natur hat einen Abscheu vor dem Leeren, einen horror vacui, sagte man früher). Ist alle Luft aus dem ersten Schenkel entfernt (Torricellisches Vacuum) und wird dieser in diesem Zustande zugeschmolzen, so haben wir ein Barometer. Die Schwere der Flüssigkeitssäule, welche in diesem luftentleerten Schenkel senkrecht über der Säule im anderen, der Luft frei dargebotenen, Schenkel steht, repräsentirt den Druck der ganzen Luft, also den Atmosphärendruck. Bei Quecksilber als Flüssigkeit beträgt die senkrechte Erstreckung dieser Säule über der Säule im anderen Schenkel unter normalen Verhältnissen und in unseren Breiten etwa 760 Millimeter; bei Wasser als Flüssigkeit würde sie $13\frac{6}{10}$ mal soviel betragen, also etwa $10\frac{1}{3}$ Meter. Höher, als diesem Vacuum entspricht, können Flüssigkeiten von selbst nicht steigen.

Dieses ist der Grund, warum man allein durch Pumpen z. B. Wasser niemals höher zu bringen vermag als $10\frac{1}{3}$ Meter.

265. Der Druck der Luft auf eine Fläche von 1 Quadratmeter beträgt darnach soviel als derjenige, den eine Wassersäule von 1 Quadratmeter Querschnitt und $10\frac{1}{3}$ Meter Länge vermöge der Schwere auf ihre Unterlage ausübt. Eine solche Säule Wasser wiegt gegen 10333 Kilogramm, daher die früher über den Luftdruck gemachte Angabe. Ob wir also Luftdruck sagen oder Druck von 760 Millimeter Quecksilber, $10\frac{1}{3}$ Meter Wasser, 8,2 Meter Glycerin u. s. f. bleibt sich gleich. Ferner ist noch eines zu ersehen. Die Dichte der Luft beträgt an der Erdoberfläche etwa $\frac{1}{800}$ von derjenigen des Wassers. Hätte die Luft überall die nämliche Dichte, so müßte sie dem obigen zu Folge $10\frac{1}{3} \times 800$, das ist etwa 8267 Meter hoch sein. Thatsächlich ist die Luft sehr viel höher, weil sie nicht überall so dicht ist, wie auf der Erdoberfläche, sondern je höher man steigt, um so dünner wird, wie wir schon bemerkt haben.

Wenn man wieder einen Schenkel der Röhre offen läßt und den anderen mit einem Raume verbindet, innerhalb dessen ein Dampf oder ein Gas sich befindet, so sinkt die Flüssigkeit im freien Schenkel, falls in dem betreffenden Raume ein geringerer Druck herrscht, und steigt, wenn dort ein höherer Druck vorhanden ist. Im ersten Fall ist der Druck gleich dem der Atmosphäre abzüglich des Druckes der im freien Schenkel gesunkenen, im zweiten zusätzlich des Druckes der in diesem Schenkel angestiegenen Flüssigkeitssäule. Das ist das Princip der Flüssigkeitsmanometer.

Drucke können auch dadurch gemessen werden, daß man sie gegen einen Arm einer Waage wirken läßt; sie sind dann durch den Druck der Gewichte angegeben, welche die Waage wieder zum Einspielen bringen. Auch können Formveränderungen, die sie herbeiführen, zu ihrer Schätzung dienen, wie z. B. in den sogenannten Aneroiden, in welchen zum Messen des Druckes der Luft die Einwirkung dieses Druckes auf eine metallene Kapsel oder Röhre benutzt wird u. s. f.

Daß der Druck an verschiedenen Stellen der Erde ein verschiedener sein muß, folgt aus den Auseinandersetzungen in Art. 249. Gleichen Flüssigkeitssäulen in verschiedenen Breiten entsprechen also nicht gleiche Drucke, und umgekehrt treiben gleiche Drucke in verschiedenen Breiten nicht gleich hohe Flüssigkeitssäulen auf, sondern in äquatorialen Gegenden höhere als in Polargegenden.

e) Fallgesetze, Pendelbewegungen, Flüssigkeitswellen (Wogen).

266. Wenn die Körper dem Einfluß der Schwerkraft folgen können, bewegen sie sich; wirkt die Schwerkraft allein, so geht alle ihre Bewegung nahezu zum Erdmittelpunkt, also fast senkrecht zur Erdoberfläche. Im freien Fall beschreibt jeder Körper fast genau eine gerade Linie, die ihn auf kürzestem Wege zur Erde führt. Da die Schwerkraft dem fallenden Körper fortwährend neuen Antrieb zum Fallen giebt, beschleunigt sich seine Geschwindigkeit auch fortwährend. Er kommt also mit einer um so größeren Geschwindigkeit an, von je größerer Höhe er herabfällt. Fallen verschiedene Körper von gleicher Höhe, so sollten sie, wie verschieden auch ihre Größe, Schwere, Form u. s. f. sein mag, alle zu gleicher Zeit an der Erdoberfläche anlangen. Daß das, wie die Erfahrung zeigt, nicht der Fall ist, liegt nur daran, daß sie durch die Luft fallen, und diese erst aus dem Wege räumen müssen; sie erfahren einen Auftrieb und zugleich einen Widerstand. Jener hat für verschiedene Größen, dieser auch für verschiedene Formen sehr verschiedene Wirkung.

Lassen wir aber Körper im luftleeren Raum fallen, so ist in der That alles von Größe, Form und sonstigen Zufälligkeiten gänzlich unabhängig. Die Geschwindigkeit fallender Körper nimmt in demselben Maaße zu wie die Zeit, während der sie fallen. Am Ende der ersten Sekunde beträgt sie etwa 9,8, am Ende der zweiten $2 \times 9,8 = 19,6$, der dritten $3 \times 9,8 = 29,4$ u. s. f. Meter in der Sekunde. Die Fallhöhen betragen in der ersten, zweiten, dritten u. s. f. Sekunde bezw. $\frac{9,8}{2} \times 1 \times 1$, $\frac{9,8}{2} \times 2 \times 2$, $\frac{9,8}{2} \times 3 \times 3$ u. s. f. Meter, also allgemein $\frac{9,8}{2}$, das ist 4,9 Meter zwei Mal multiplicirt mit der Falldauer.

In 10 Sekunden legt hiernach ein fallender Körper 490 Meter zurück, in 100 Sekunden 49000 Meter u. s. f. Hieraus kann man auch berechnen, wie viel Zeit ein Körper braucht, um von einer bestimmten Höhe herabzufallen; von der Spitze des Kölner Domes würde diese Zeit etwa $5\frac{1}{2}$ Sekunde betragen, von derjenigen des Eiffelthurmes etwa $7\frac{4}{5}$ Sekunde u. s. f.

267. Wird ein Körper gerade in die Höhe geworfen, so erleidet er im Aufsteigen stetig Geschwindigkeitsverluste, bis die ihm ertheilte Geschwindigkeit aufgezehrt ist; dann hört er auf zu steigen und beginnt zu fallen. Der durch die Schwerkraft bewirkte Geschwindigkeitsverlust ist selbstverständlich so groß, wie die aus gleicher Ursache beim Fall erfolgende

Beschleunigung, beträgt also etwa 9,8 Meter in jeder Sekunde. Die Zeit des Aufsteigens ist deshalb gleich der dem Körper ertheilten Geschwindigkeit dividirt durch jene Geschwindigkeitsverzögerung 9,8, die Höhe des Aufsteigens berechnet sich hieraus durch Multiplikation mit der Hälfte der dem Körper im Wurf ertheilten Geschwindigkeit. Genau dieselbe Zeit wie zum Aufsteigen braucht dann der Körper zum Wiederherabfallen, und wenn er auf die Erdoberfläche zurückgekommen ist, hat er auch seine erste ihm ertheilte Geschwindigkeit zurück erhalten. Ein Körper z. B., der mit einer Geschwindigkeit von 100 Meter in der Sekunde gerade in die Höhe geworfen ist, steigt $\frac{100}{9,8}$, das sind etwa 10,2 Sekunden; die Höhe, die er erreicht, beträgt $10,2 \times \frac{100}{2}$, also 510 Meter. Von dieser Höhe fällt er in 10,2 Sekunden wieder herab und langt auf der Erde mit der Anfangsgeschwindigkeit von 100 Meter in der Sekunde wieder an.

Wenn der Körper nicht genau lothrecht in die Höhe, sondern horizontal oder schräg fortgeschleudert wird, beschreibt er keine gerade Linie, sondern eine krumme (das Stück einer Parabel), die ihn zur Erde zurückführt. Der absteigende Theil der Bahn ist das Gegenbild des aufsteigenden. Die Verhältnisse für das Aufsteigen und Fallen sind dann ganz die nämlichen, wie früher, nur hat man statt der ganzen Geschwindigkeit, die dem Körper mitgetheilt ist, den Theil zu nehmen, der ihn allein senkrecht in die Höhe treiben würde. Die Wurfweite beträgt das doppelte Produkt der beiden Geschwindigkeiten, von denen ihn die eine senkrecht nach oben, die andere horizontal forttreiben würde, dividirt durch die Beschleunigungszahl 9,8. Die Untersuchung der Bahn geworfener Körper hat bekanntlich großes Interesse für die Schießkunst. Unter Berücksichtigung aller möglichen Verhältnisse (z. B. Gestalt der Körper und Widerstand der Luft) bildet sie das ballistische Problem.

Wenn Flüssigkeiten aus Oeffnungen ausströmen, geschieht das mit einer von dem Druck, der in der Ausströmungsöffnung herrscht, also der Höhe der Flüssigkeit über dieser Oeffnung abhängigen Geschwindigkeit; da die ausströmenden Flüssigkeitstheilchen außerdem dabei fallen, bildet der Flüssigkeitsstrahl eine krumme Linie, ganz gleich der Falllinie eines festen Körpers, der aus der Oeffnung mit gleicher Geschwindigkeit nach gleicher Richtung geschleudert würde.

Von anderen Bewegungen unter dem Einfluß der Schwerkraft erwähnen wir noch das Hinabrollen auf schiefer Ebene. Wie diese Ebene auch geneigt sein mag, der Körper hat, wenn er auf die Erde gekommen ist, genau die nämliche Geschwindigkeit, wie wenn er aus gleicher Höhe unmittelbar herabgefallen wäre. Im Uebrigen gelten alle Gesetze des freien Falls, nur daß an Stelle der vollen Beschleunigung der Schwerkraft (9,8 Meter in der Sekunde) derjenige Theil in Frage kommt, welcher davon in Richtung der schiefen Ebene wirkt.

268. Sodann führen wir die Pendelbewegung an. Ein Pendel ist eine um einen Punkt oder um eine Achse schwingende, also hin= und hergehende Stange, die an dem freien Ende mit einem Gewicht oder einem scheibenförmigen oder linsenförmigen Körper versehen ist. Die Stelle der Stange kann auch durch einen Faden oder eine Kette u. s. f. vertreten sein. Das Pendel soll zuerst ruhig hängen, wie bei einer Penduluhr, die stehen ge= blieben ist. Wir heben es an dem unteren Ende an und lassen es los, dann geht es in die frühere Lage zurück, darüber hinaus, steigt auf der anderen Seite bis zu der Höhe, aus der es losgelassen wurde, kehrt dann um und geht genau denselben Weg zurück, schwingt überhaupt immer in ganz gleicher Weise hin und her. Besser gesagt, es würde immer in ganz gleicher Weise in alle Ewigkeit hin= und herschwingen, wenn nicht Reibung und Luftwiderstand seine Bewegung allmählich vernichten würden, weshalb die Penduluhren mit regulirenden und antreibenden Einrichtungen (Echappement und Gewichte) versehen sind. Die Bahn, die jeder einzelne Punkt beschreibt, der Schwingungsbogen, ist ein Kreisstück, dessen Mitte die tiefste Stelle einnimmt. Die Dauer eines Hin= und Hergangs, die Schwingungs= dauer, ist fast ganz unabhängig von der Weite der Pendelausschläge, also von der Erstreckung der Schwingungsbogen, wohl aber abhängig von der Länge des Pendels. Pendel, welche die Schwingungsdauer von genau einer Sekunde haben, heißen Sekundenpendel, ihre Länge beträgt fast genau 1 Meter.

Die Anwendung der Pendel ist bekannt (Uhren, Metronome u. a. m.). Die Gesetze der Bewegung der Körper unter dem Einfluß der Schwerkraft sind von Galilei entdeckt.

Interessant und zur Versinnbildlichung später zu beschreibender Erscheinungen wichtig ist auch die früher erwähnte Bewegung einer Flüssigkeit, die durch einen Stoß aus der Ruhe gelangt ist. Von dem Mittelpunkt des Stoßes gehen Wellen aus, die sich, so lange kein Hinderniß entgegentritt, gleichmäßig nach allen Richtungen verbreiten, so daß Wellenberge und Wellenthäler von kreisförmiger Gestalt auf der Oberfläche sich mehr und mehr auszubreiten scheinen. Da die Ausbreitung nach allen Seiten geschieht, so kommen bei einem etwa schräg gerichteten Stoß Wellen auch nach der Seite hin, woher der Stoß gewirkt hat.

Dieses ist der Grund, warum Wellen auch dann auf die Ufer zurollen, wenn ein Landwind sie durch Aufstoßen der Luftmassen auf die Flüssigkeitsfläche erregt hat. Sie rollen zugleich auch stets vom Ufer fort, was man auch sieht, wenn der Stoßpunkt nahe genug dem Ufer ist. Wie diese Wellen infolge der Schwerewirkung und der geringen Zusammendrückbarkeit entstehen, ist bereits gesagt. Innerhalb der Wellenringe kommt die Flüssigkeit, wenn kein neuer Stoß erfolgt, schnell in Ruhe, so daß die Zahl der sich ausbreitenden Wellen immer nur sehr gering ist. Zugleich flachen sich die Wellen mehr und mehr ab. Die Geschwindigkeit, mit der Wellen sich ausbreiten, ist nach den Verhältnissen sehr verschieden. Rollen hohe Wellen auf seichtem Wasser, so laufen sie alle mit gleicher Geschwindigkeit, die von der Tiefe des Wassers abhängt. Handelt es sich aber um kleine Wellen auf

Fig. 19.

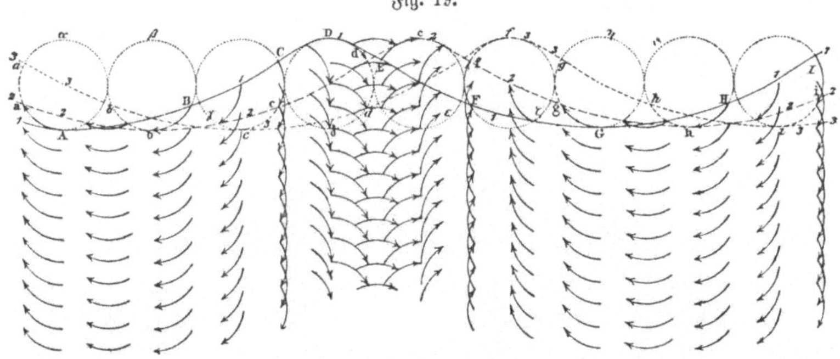

seichtem oder um große Wellen auf tiefem Wasser, so ist alles von der Tiefe des Wassers fast unabhängig und nur bestimmt durch die Wellengröße. Diese Größe, gemessen von Kamm zu Kamm, heißt die Wellenlänge. Die Wellen breiten sich in diesem Falle um so rascher aus, je größer ihre Wellenlänge ist. Uebrigens laufen große Wellen in seichtem Wasser rascher als kleine, sie laufen über diesen fort, die fast ruhend erscheinen. Finden Wellen einen Widerstand, etwa in einem entgegenkommenden Wind, oder indem infolge der Seichtheit des Wassers alle Flüssigkeit nach oben gedrängt wird, dann branden sie. In den Wellen findet keine fortführende Bewegung der Flüssigkeit als solcher statt, sie entstehen dadurch, daß die einzelnen Flüssigkeitstheilchen sich an ihrem Ort in senkrecht stehenden, kreisförmigen oder spiraligen, geschlossenen oder offenen Bahnen schwingend bewegen. Wir verdanken fast alles, was wir hierüber wissen, einem der größten Physiker nicht bloß Deutschlands sondern der Welt, Wilhelm Weber. Aus seinem Werke „Wellenlehre" ist die obenstehende Figur, welche die Bahnen der Flüssigkeitstheilchen darstellt und zeigt, wie durch Zusammensetzung derselben die Welle und ihr Fortschreiten entsteht, entnommen.

Eine Wellenbewegung wie die vorbezeichnete, die sich ungehindert aus= breitet, nennt man eine fortschreitende Welle. Es giebt auch stehende Wellen, das sind solche, welche an ihrem Orte dauernd verharren und der Oberfläche der Flüssigkeit eine feste, aus Erhabenheiten und Vertiefungen zusammengesetzte Gestalt verleihen, so daß diese wie starr aussieht. Solche Wellen können nur bewirkt werden, wenn die Flüssigkeit sich in einem Gefäße befindet und die Erschütterungen, die die Wellen hervorbringen, stetig und in gleicher Weise wirken. Zuerst laufen fortschreitende Wellen nach den Gefäßwandungen, dort prallen sie ab und laufen zurück und würden bald

Fig. 20.

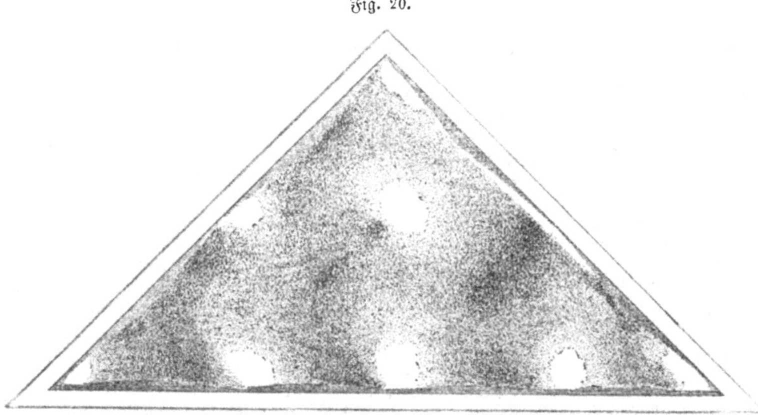

schwinden, wenn kein neuer Anstoß käme. Kommt dieser Anstoß, so laufen den zurückprallenden Wellen neuerregte entgegen, und wenn alles in regel= mäßiger Zeitfolge geschieht, vereinigen sich die stets neu zurückprallenden mit den stets neu hervorgebrachten zu dem System der stehenden Wellen, und die Flüssigkeitsoberfläche nimmt eine Gestalt an wie z. B. die in der nebenstehenden, aus dem gleichen Werk entnommene Figur, welche stehende Wellen versinnbildlicht, die durch ständige Erschütterungen an der Breitseite des dreieckigen Gefäßes hervorgebracht sind. Die Fläche besteht aus aufragenden und vertieften Kegeln, die so lange feststehen als die Erschütterungen anhalten. Hören letztere auf, so fallen die Berge und die Thäler steigen, eine Weile herrscht Unruhe in der Flüssigkeit, die letzten Bewegungen schreiten wieder fort und zum Schluß ist die Fläche geglättet. Man kann die stehenden Wellen besonders gut beobachten, wenn man ein Gefäß mit Quecksilber gefüllt auf einen Tisch stellt und z. B. mit der Hand in regelmäßigen Pausen gegen diesen anschlägt.

In der Mitte zwischen den stehenden und fortschreitenden Wellen stehen Wellen, welche durch Kreuzung von ankommenden und zurückprallenden hervorgebracht werden, auch in diesem Falle kann die ganze Oberfläche von Wellen erfüllt sein, aber diese Wellen stehen nicht fest, Berge gehen in Thäler über und Thäler in Berge. Außerdem hören sie sehr bald auf. In einer Flüssigkeit, die in einem runden Gefäße sich befindet, laufen solche Wellen beim einmaligen Anschlagen gegen den Tisch, auf dem das Gefäß etwa steht, von der Mitte nach dem Rande, dann von allen Seiten vom Rande nach der Mitte, dann wieder von hier nach dem Rande u. s. f.

Wenn fortschreitende Flüssigkeitswellen gegen ein Hinderniß stoßen, so werden sie erst zurückgeworfen. Dieses geschieht nach Gesetzen, analog denen, die für das Zurückprallen von elastischen Körpern mitgetheilt sind. Die Welle läuft mit demselben Theil vorn zurück, mit dem sie an der Wand ankam, geschah die Ankunft mit einem Wellenberg vorn, so geschieht auch die Rückkehr mit einem solchen Wellenberg voran. Indem der Berg mit dem Fuße an die Wand anstößt, staut die Flüssigkeit sich zur Höhe, dadurch werden die nachkommenden Theile mehr und mehr überhöht. Ist die Spitze des Berges angelangt, so muß diese durch die angestaute Hälfte zur doppelten Höhe angestiegen sein. Nun kommt der nachlaufende Abhang des Berges, die Flüssigkeit vor der Wand fällt also wieder, und indem das Thal anrückt, fällt sie mehr und mehr, zuletzt, wenn das Thal mit seinem Fuße an der Wand angelangt ist, ist der Berg ganz in dieses Thal gegangen und beide zusammen lassen die Oberfläche eben erscheinen. Nun aber rückt das Thal weiter nach vorwärts gegen die Wand, der zurück=prallende Berg über dieses hinweg. Allmählich entsteht an der Wand ein doppelt vertieftes Thal, während der Berg im Rückprall weiter gegangen ist. Endlich hat auch dieses Thal durch den nachrückenden höheren Theil seine frühere Gestalt erhalten und befindet sich mit dem Berg auf dem Rückgange.

Haben die Körper, gegen welche die Wellen anprallen, Oeffnungen, durch welche die Wellen zum Theil hindurchgehen können, so kommt also auf der andern Seite dieser Körper ein Stück der Welle zum Vorschein. Dieses Stück breitet sich nun aber nach allen Seiten aus und erscheint dadurch, wenn auch abgeschwächt und in der Form verändert, an Stellen, wohin es bei ungestörter Fortbewegung nicht gelangt wäre. Dieses nennt man die Beugung der Wellen. Je enger die Oeffnung im Verhältniß zu der Länge der abgebeugten Welle ist, um so mehr ab=gebeugt ist die Welle. Große Oeffnungen beugen selbst erheblichere Wellen fast gar nicht ab, kleine dagegen beugen selbst kleine Wellen. Beispiele auf verwandten Gebieten werden wir später kennen lernen.

Endlich bemerke ich noch, daß die Kombination von Wellenbewegungen mit einander im allgemeinen so vor sich geht, daß Berge und Berge höhere Berge, Thäler und Thäler tiefere Thäler, Berge und Thäler flachere Berge oder flachere Thäler ergeben, und zwar summiren sich Höhen mit Höhen und Tiefen mit Tiefen und subtrahiren sich Höhen von Tiefen und Tiefen von Höhen nach den für Zahlen geltenden Gesetzen.

Die Erscheinung, welche Wellen beim Zusammentreffen zeigen, heißt Interferenz der Wellen.

Uebrigens können aus gleichem Grunde, wie Helmholtz bewiesen hat, solche wogende Wellen auch im Luftmeere entstehen und sich verbreiten.

4. Die allgemeine Schwerkraft (Gravitation), Weltsystem.

269. Die allgemeine Schwerkraft oder Gravitation. Diese Kraft entspricht vollständig der Schwerkraft der Erde. Es war nur eine bequeme Ausdrucksweise, als wir sagten, die Erde ziehe alle Körper auf ihr an; in Wirklichkeit liegen die Verhältnisse so, daß die Erde und alle Körper auf ihr sich gegenseitig anziehen. Es zieht also die Erde zwar jeden Körper an, aber zugleich wird sie selbst von jedem Körper angezogen, und es fallen nicht bloß alle Körper gegen die Erde, sondern die Erde fällt auch zugleich gegen alle Körper, so daß völlige Gegenseitigkeit statt= findet. Indessen ist die Erde im Vergleich zu allen Körpern auf ihr so ungeheuer groß, daß der Erfolg ihrer Anziehung auf jeden Körper ihrer Oberfläche die dieses Körpers auf sie millionenfach übertrifft, wir in Folge dessen von ihrer Bewegung selbst gegen die größten Körper, mit denen wir es auf der Erdoberfläche zu thun haben, nichts bemerken können, weil diese Bewegung der Erde gegen die Körper im Verhältniß zu der Bewegung der Körper gegen sie unsagbar gering ist. Die Erde zieht nun in ganz gleicher Weise auch alle außerhalb ihrer Oberfläche befindlichen Körper an und wird von diesen wieder angezogen. Körper außerhalb der Erde sind nun die Himmelskörper, die Erde zieht also alle Himmelskörper an und wird von allen Himmelskörpern angezogen.

Allgemein gilt der Satz, daß überhaupt alle Körper in der Welt sich gegenseitig anziehen und zwar vermöge derselben Kraft, die wir als Anziehung der Erde auf Körper, die ihrer Oberfläche angehören, als Schwerkraft oder Schwere, bezeichnet haben. Diesen Satz hat der große englische Naturforscher Newton vor etwa zwei Jahrhunderten aufgestellt und in einem berühmten Werke (Philosophiae Naturalis Principia Mathematica), welches die Grundlage unserer heutigen rechnenden Astronomie und Mechanik, ja sogar in gewisser Beziehung unserer modernen höheren Mathematik bildet, in allen seinen Folgerungen untersucht. Er hat noch weiter dargethan, daß diese Anziehung zweier Körper auf einander in gleichem Verhältniß anwächst wie die Massen, Substanzmengen dieser Körper, dagegen mit wachsender Entfernung dieser Körper abnimmt, und zwar ebenso abnimmt, wie diese Entfernung mit sich selbst multiplicirt zunimmt. Ferner hat er gezeigt, daß sie gänzlich unabhängig ist von der Beschaffenheit der Substanzen der betreffenden Körper. Zwei Körper von den Massen 2 Kilogramm und 6 Kilogramm greifen also einander in allen Entfernungen 4mal so stark an als zwei andere von den Massen 1 Kilogramm und 3 Kilogramm, und 3mal so stark, als zwei von den Massen 2 Kilogramm und 2 Kilogramm oder 1 Kilogramm und 4 Kilogramm, dagegen nur $\frac{1}{2}$mal so stark, wie zwei von den Massen 3 Kilogramm und 8 Kilogramm oder 4 Kilogramm und 6 Kilogramm, oder 1 Kilogramm und 24 Kilogramm u. s. f. Ferner ist die Anziehung zweier Körper auf einander in doppelter Entfernung nur noch $\frac{1}{4}$, in dreifacher $\frac{1}{9}$, in vierfacher $\frac{1}{16}$, in zwanzigfacher $\frac{1}{400}$ u. s. f. von der Anziehung in einfacher Entfernung.

Es ist hiernach eine Wechselwirkung der Körper auf einander durch das ganze Weltall hindurch verbreitet. Kein Körper besteht eigentlich für sich isolirt, jeder wird vielmehr von allen Körpern, den kleinsten und größten, angezogen und zieht seinerseits alle Körper an. Selbst das kleinste Theilchen auf der Erde wird von Sonne, Mond, allen Planeten und Fixsternen angezogen und zieht seinerseits alle diese Himmelskörper an. Das ist eben die allgemeine Schwerkraft, die Gravitation, von der die Schwerkraft der Erde nur einen besonderen Fall bildet. Die Folgen dieser allgemeinen Anziehung sind ungemein weittragende. Mit Recht wird man sofort fragen: da alle Körper der Welt sich gegenseitig anziehen, warum fallen sie nicht auf einander und vereinigen sich nicht zu einem einzigen Körper, wie ja auf der Erde nichts von ihr getrennt ist, was nicht durch besondere Kräfte von ihr fern gehalten wird? Daß das nicht stattfindet, ist in besonderen Verhältnissen begründet, die wir, weil sie sehr wissenswerth sind, kurz angeben wollen, wenn wir erst einiges vorausgeschickt haben werden, was zum Verständniß des folgenden nöthig ist.

270. Es giebt bekanntlich eine unzählige Menge von Himmelskörpern, wir nennen sie Gestirne, die wir dadurch sehen, daß sie leuchten. Zwei von ihnen erscheinen uns recht groß und haben für uns besondere Wichtigkeit, Sonne und Mond. Die anderen sehen sehr klein aus und viele machen nur den Eindruck leuchtender Punkte. Nach dem Schein

dürfen wir aber nicht urtheilen; ein Berg erscheint uns in genügender Entfernung klein im Verhältniß zu einem Erdhaufen, der uns nahe ist. Es können also auch die Himmelskörper, die wir nur als leuchtende Punkte sehen, doch sehr große Körper sein und uns nur deshalb so unbedeutend erscheinen, weil sie eben sehr weit von uns entfernt sind. In der That lehrt die Himmelskunde (Astronomie), daß manche von den uns so klein scheinenden Lichtpünktchen Körper sind, die an Größe unsere Erde viele Millionen Mal übertreffen; die Sonne freilich erscheint uns als größere Scheibe, immerhin aber doch so klein, daß ein Papierscheibchen von wenigen Millimetern Durchmesser so gehalten, daß es deutlich gesehen werden kann (in etwa 25 Centimeter Entfernung vom Auge) uns die ganze Sonne zudeckt. Und doch ist die Sonne an Anderthalbmillionen Mal so groß wie die Erde, innerhalb des Sonnenkörpers haben ein und eine halbe Million Kugeln von der Größe der Erde noch Platz. Es giebt aber Himmelskörper, welche viel kleiner erscheinen als die Sonne, und trotzdem sehr viel Mal größer sind als sie, die sie vielleicht an Größe in demselben Maaße übertreffen, wie sie ihrerseits die Erde. Andererseits freilich giebt es kleine und auch sehr kleine Himmelskörper. Der Mond, der uns so groß erscheint wie die Sonne, ist thatsächlich außerordentlich viel kleiner als sie; er ist sogar kleiner als die Erde, er erscheint uns nur deshalb so groß wie die Sonne, weil er uns viel näher ist als diese, nämlich fast 400 mal näher; wäre er so groß wie die Sonne, so würde er uns fast den ganzen Himmel verdecken. Immerhin ist der Mond noch recht groß im Verhältniß zu den Körpern auf der Erde. Manche Himmelskörper sind aber selbst noch kleiner als diese; ja es giebt wohl welche, die nicht größer sind als kleine Steine oder gar als Sandkörner und Stäubchen. Vom Stäubchen bis zu Körpern, bei deren Größenvorstellung uns völlig schwindelt, ist Alles im Weltall vertreten und Alles wird von derselben Kraft umfaßt.

So ungeheure Verschiedenheiten in der Größe der Himmelskörper vor= handen sind, so enorme Abweichungen bestehen auch in ihren Entfernungen von uns. Viele kleine Himmelskörper mögen uns in geringen Entfernungen von wenigen Meilen umschwärmen; manche gerathen in unsere Atmosphäre und gelangen dabei in Folge der Reibung bei dem Durcheilen durch sie in heftiges Glühen, in dieser Weise die Sternschnuppen bildend, deren täglich Tausende die Erde heimsuchen, während zu gewissen Zeiten, namentlich im August und November, ihre Anzahl viele Hunderttausende oder Millionen erreicht. Andere fallen ganz zur Erde herab, das sind die Meteorsteine, steinartige unregelmäßige Gebilde, deren Hauptbestandtheil meist das Eisen ist. Die größeren Himmelskörper sind aber ziemlich weit von uns entfernt. Schon der uns nächste, der Mond, kommt uns nicht näher als etwa 50000 Meilen, dann folgen Venus und Mars, die sich uns bis auf 5 Millionen bez. 10 Meilen nähern, um aber freilich zu anderen Zeiten in Fernen von 35 bezw. 50 Millionen Meilen zu rücken. Die Sonne ist von uns 20 Millionen Meilen entfernt, andere Sterne stehen von uns um Millionen Mal Millionen Meilen ab, kurz, wir sehen, daß die Natur nicht allein ungeheure Riesen von Weltkörpern beherbergt, sondern diese auch in ungeheuren Entfernungen von einander im Weltenraum zerstreut hat.

Indessen treten vielfach mehrere Körper zu einer gewissen Gemeinschaft zusammen und bilden dann ein besonderes System. Der massigste unter ihnen übernimmt die Leitung, weil seine Anziehung die bedeutendste ist; er wird dann als der Centralkörper dieses Systems betrachtet, während die anderen Körper seine Gefolgschaft bilden. Mehrere solche Systeme können dann noch ein höheres System zusammensetzen, das höchste System ist das ganze Weltsystem. Unsere Erde gehört einem bei aller Unge= heuerlichkeit doch in Bezug auf das ganze Weltsystem nur äußerst winzigen Systeme an, dem Sonnensystem. Darin präsidirt die Sonne, gegen welche alle anderen Körper dieses Systems kaum in Betracht kommen. Diese Körper sind die Planeten (in der Reihe von der Sonne ab: Merkur, Venus, Erde, Mars, Jupiter, Saturn, Uranus, Neptun, nebst vielen hunderten kleiner Planetchen zwischen Mars und Jupiter) und Kometen (Haarsterne). Die Planeten ihrerseits präsidiren wieder in engeren Systemen, indem alle, bis auf Merkur, Venus und die ganz kleinen Planeten zwischen Mars und Jupiter, noch mit Monden versehen sind; die Erde mit einem Monde, Mars mit 2, Jupiter mit 5, Saturn mit 8 und noch mehreren Ringen dazu u. s. f.

Weiter lehrt die Himmelskunde, daß Alles im Weltenraume sich in steter Bewegung befindet; kein Körper ruht müßig, alle, klein und groß und selbst die allergrößten befinden sich in eilender Hast und jagen mit oft unbegreiflicher Geschwindigkeit dahin. Früher hat man geglaubt, daß nur die Planeten sich bewegen, und sie deshalb im Gegensatz zu den anderen Sternen, welche Fixsterne heißen, die umherirrenden (das bedeutet der Name Planeten) genannt. Jetzt wissen wir, daß auch die Fixsterne nicht fest am Himmel stehen, sondern gleichfalls sich bewegen und ihre Entfernungen von uns und von einander stetig ändern. Daß wir das nicht unmittelbar sehen können, sondern erst mit den feinsten Messungs= mitteln der neueren Wissenschaft nachzuweisen im Stande waren, liegt an den ungeheuren Entfernungen dieser Körper von uns, vermöge deren Wege von vielen Hunderten von Millionen Meilen nur in der Breite eines Haares erscheinen. Diese Bewegungen, welche von Urbeginn an vorhanden gewesen sind, würden alle Himmelskörper in geraden Linien forttreiben. Da jedoch die Himmelskörper sich gegenseitig anziehen, lenken sie sich gegenseitig von ihren Wegen ab und machen diese Wege gekrümmt.

In dem Sonnensystem z. B. ist die Wirkung der Anziehung der Sonne auf die Planeten so groß, daß ihre geraden Wege sich in geschlossene krumme Linien umgewandelt haben, die fast kreisförmig sind und um die Sonne herumgehen. Die Sonne bildet hiernach gewissermaaßen die Mitte unseres engeren Sonnensystems und wird von allen Planeten in Begleitung ihrer Monde in weiten fast kreisförmigen Bahnen umkreist. Die Planeten wieder bilden Mittelpunkte für ihre Monde, von welchen sie ihrerseits wie die Sonne von ihnen umkreist werden. Es war bekanntlich der große Kopernikus, der dieses Alles vor mehr als 300 Jahren entdeckt und damit den gewaltigsten Fortschritt in unserer Welterkenntniß herbeigeführt hat. Daß alle Planeten und Kometen außerdem mit der Sonne noch durch das Weltall jagen, ist fast selbstverständlich und auch nachgewiesen. Ob dabei unser Sonnensystem eine andere noch gewaltigere Sonne umkreist, ist noch nicht sicher entschieden, aber sehr wahrscheinlich. Jedenfalls muß diese höhere Sonne dann aber so weit von uns entfernt sein, daß sie uns nur als ein winziges Lichtpünktchen erscheinen kann. Nimmt man noch dazu, daß bei sehr vielen Körpern, so bei der Sonne und allen Planeten und Monden auch nachgewiesen ist, daß sie sich um sich selbst drehen, so sieht man, welche Unruhe in der Welt herrscht. Die Drehungen der Planeten und Monde um sich selbst bewirken bei ihnen den Wechsel von Tag und Nacht; für die Erde beträgt diese Umdrehungszeit 24 Stunden, ebensoviel etwa für Mars und Venus, Jupiter dreht sich trotz seiner Größe — er ist viele hundertmal größer als die Erde — in wenig mehr als 10 Stunden um sich herum, die Sonne in etwas mehr als 25 Tagen, der Mond genau in derselben Zeit, in der er sich um die Erde herum bewegt, in 28 Tagen etwa, weshalb er uns stets dieselbe Seite zuwendet. Uebrigens sind die Himmelskörper fest oder flüssig oder gasförmig, die Sonne z. B. ist zum größten Theil gasförmig und an der Oberfläche von dicken Wolken metallischer Dämpfe bedeckt, auch bestehen die Himmelskörper aus ganz denselben Stoffen wie die Erde.

271. Nunmehr ist es klar, weshalb die Himmelskörper, ihren gegenseitigen Anziehungen folgend, nicht zusammenstürzen. Sie fallen thatsächlich

fortwährend gegen einander, aber da sie noch außerdem in Richtungen quer zu ihren Verbindungslinien stark bewegt sind, fallen sie an einander vorbei, und indem sie dieses stetig thun, drehen sie sich um einander. Wo zwei Himmelskörper keine solche Bewegung quer zu ihren Verbindungslinien haben, oder wo diese Querbewegung zu schwach ist, da stürzen sie thatsächlich zusammen. Wir sehen ja auch fast täglich solche Himmelskörper auf die Erde fallen, und sicher fallen deren noch viel mehr auf die Sonne und auf die anderen Fixsterne. Im Allgemeinen besteht also allerdings im Weltall das Bestreben nach Vereinigung, namentlich werden auch hier die Kleinen von den Großen aufgezehrt, oder richtiger gesprochen, die Kleinen kommen dabei am meisten zu Schaden, indem sie beim Auftreffen auf die Großen vielfach zerschlagen und zersplittert oder gar verbrannt werden. Der Fall, daß große Himmelskörper auf einander fallen, ist noch nicht beobachtet, wird jedoch wahrscheinlich gleichfalls vorkommen; die Folgen eines Zusammensturzes solcher Riesen wie die Sonne oder auch nur wie unsere Erde und der Mond, sind, gemessen nach den Begriffen der Lebewesen, so furchtbarer Art, daß man an sie gar nicht denken mag, sie lassen sich jedoch ziemlich genau voraussagen.

Alle Bewegungen aber, die im Weltall zwischen den Himmelskörpern vor sich gehen, geschehen genau entsprechend den Newton'schen Gravitationsgesetzen. Vorausberechnen lassen sie sich freilich nicht in aller Strenge, einmal weil unsere mathematischen Hülfsmittel noch zu unvollkommen sind, sodann auch, weil wir weder die Massen noch die Entfernungen, noch die Geschwindigkeiten, noch überhaupt die Himmelskörper auch nur zum geringen Theil kennen. Man verfährt infolge dessen so wie in vielen ähnlichen Fällen, indem man von möglichst einfachen Verhältnissen ausgeht und die Abweichungen davon allmählich Schritt für Schritt in Rechnung zieht. Im Sonnensystem überwiegt, wie bemerkt, die Sonne alle anderen Körper so sehr an Größe, daß sie selbst keinem Planeten oder Kometen zu gehorchen scheint, wohl aber alle Planeten und Kometen ihr unterthan sind. Wiewohl sich genau genommen nicht bloß die Planeten und Kometen um die Sonne bewegen, sondern sich auch diese um sie bewegt, besser gesagt, alles — Sonne, Planeten und Kometen — um den gemeinschaftlichen Schwerpunkt des ganzen Systems bewegt, kann man doch für die Verhältnisse im Sonnensystem die Sonne als ruhend ansehen. Sieht man auch von allen anderen Planeten und Kometen ab, so gelten für die Bewegung jedes Planeten oder Kometen um die Sonne die folgenden drei sogenannten Kepler'schen Gesetze.

1. Die Bahn des Planeten oder Kometen ist eine Ellipse oder

eine Parabel oder eine Hyperbel, in deren Brennpunkt die Sonne steht.

2. Eine Linie von der Sonne nach den Planeten oder Kometen gezogen, schiebt sich mit diesen in gleichen Zeiten über gleiche Flächenstücke.

3. Die Umlaufszeiten zweier verschiedener Planeten oder Kometen einmal mit sich selbst multiplicirt, verhalten sich wie ihre größten Entfernungen von der Sonne zweimal mit sich selbst multiplicirt.

Kepler hat diese Gesetze zum Theil durch Beobachtung der Bewegungen am Himmelszelt gefunden, Newton hat sie aus seinem Gravitationsgesetz abgeleitet.

Von den drei möglichen Bahnen ist nur die Ellipse geschlossen, die beiden anderen sind offen. Die Planeten bewegen sich alle in Ellipsen, die Kometen auch in Parabeln oder Hyperbeln. Die Kometen, die letzteres thun, kommen also niemals wieder, wenn sie einmal an der Sonne vorbeigegangen sind, sie verlieren sich im Weltenraum, bis sie in den Bereich eines anderen Himmelskörpers kommen und diesem unterthan werden. Genau dieselben Gesetze gelten für die Bewegung der Monde um die Planeten und für die Bewegung von Fixsternen um einander. Durch die Gegenwart der anderen Planeten, Kometen, Fixsterne u. s. f. erleiden diese Gesetze Aenderungen, die man als Störungen bezeichnet. Die Astronomen quälen sich viel, diejenigen Störungen in der Bewegung der Körper unseres Sonnensystems zu ermitteln, welche durch die Anziehung aller auf jeden bewirkt werden. Es sind aber die Störungen immerhin verhältnißmäßig gering.

5. Kohäsion und Adhäsion.

272. Von den Wirkungen in unmeßbare Fernen kommen wir zu den Wirkungen in unendliche Nähe. Wir haben hier zunächst die Kraft zu erwähnen, welche jeden Körper in sich zusammenhält. Man nennt diese Kraft die Kohäsion und stellt sie sich am einfachsten als eine Anziehung vor, welche die Theilchen eines Körpers auf einander ausüben, und die es bewirkt, daß die Körper nicht von selbst zerfallen und daß sie jeder Zerstückelung Widerstand leisten. Am stärksten ist die Kohäsion in den festen Körpern, schwächer in den Flüssigkeiten und anscheinend gar nicht vorhanden in den Gasen und Dämpfen, da in diesen vielmehr die einzelnen Theilchen einander zu fliehen scheinen. Die Kohäsion ist eine Kraft, die nur in unmeßbar geringen Abständen, aber in diesen oft mit ungeheuerer Intensität wirkt. Wie außerordentlich rasch sie mit wachsender Entfernung der Theilchen abnimmt, ersehen wir daraus, daß, wenn wir einen Körper

in zwei Theile zerschnitten haben, es uns meist nicht mehr möglich ist, ihn durch Zusammendrücken wieder ganz zu machen. Wir sind im Allgemeinen nicht im Stande, die Theile einander so weit zu nähern, daß die Kohäsion wieder genügend Kraft hat sie zusammenzuhalten. Alle Körpertheilchen wirken also auf einander erstens vermöge der allgemeinen Schwerkraft, sodann vermöge der Kohäsion; letztere verschwindet schon in für uns unmeßbar kleinen Abständen, erstere macht sich in den fernsten Weiten bemerkbar.

Auch bei der Kohäsion entsteht die Frage, warum die Theilchen der Körper dieser folgend sich nicht unmittelbar mit einander vereinigen; denn daß sie das nicht thun, sehen wir ja daran, daß wir fast jeden Körper noch zusammendrücken können. Dabei finden wir, daß es um so schwerer ist einen Körper zusammenzudrücken, je näher die Theilchen einander bereits sind. Man hat deshalb früher angenommen, daß alle Körpertheilchen einander nicht bloß anziehen, sondern auch abstoßen, und daß in gewissen Abständen die Anziehung überwiegt, je geringer aber die Abstände werden, um so mehr die Abstoßung in den Vordergrund tritt, bis sie die Anziehung völlig übermannt. Namentlich für elastische Körper ist diese Annahme ausgearbeitet worden und hat hier auch gute Dienste geleistet. Jetzt ist man geneigt, den Grund in einer Bewegung zu suchen, in der alle Theilchen der Körper sich stets, wie die Mücken eines Mückenschwarms, befinden sollen. Wir sehen diese Bewegung nicht, weil die sie ausführenden Theilchen sehr klein und auch die Wege, die diese, wenn auch mit großer Geschwindigkeit, zurücklegen, ganz unmeßbar geringfügig sind. Was wir also früher in Bezug auf das Verhalten der großen Himmelskörper gesagt haben, wäre dann auch auf die unmeßbar kleinen Theilchen der Körper zu übertragen, derartig, daß jeder Körper wie eine Welt für sich zu betrachten sein würde.

273. Vielfach bemerken wir, daß auch verschiedene Körper Anziehungen auf einander ausüben, welche von der allgemeinen Schwerkraft durchaus abweichen und mehr der Kohäsion gleichen, indem sie wie diese nur in sehr geringen Abständen wirken. Wir nennen die Kraft, die dieses bewirkt, Adhäsion. Durch sie hängen z. B. zwei Glasplatten oder eine Glasplatte und eine glatte Stahlplatte u. s. f., wenn man sie an einander gedrückt hat, so fest zusammen, daß man oft einer ziemlich bedeutenden Anstrengnng bedarf, um sie von einander gerade abzureißen. Auch die Wirkungen unserer Klebemittel beruhen wahrscheinlich auf Adhäsion, wenngleich hier wohl auch Kohäsion mit im Spiele ist. Adhäsion und Kohäsion zusammen sind die Ursache der im ersten Kapitel beschriebenen Kapillaritätserscheinungen.

Zu den Kräften, welche in unmeßbarer Nähe wirken, sind auch die chemischen Kräfte zu rechnen, welche die chemischen Verbindungen und Zersetzungen verursachen, von diesen haben wir bereits gesprochen.

Drittes Kapitel.

Vom Schall und den Tönen (Akustik).

1. Töne und Geräusche.

274. Unter Schall verstehen wir alles, was gehört werden kann, wie unter Licht alles, wodurch gesehen werden kann. Doch unterscheiden wir dabei zwei Klassen, Geräusche und Töne, jene sind ungeregelte, diese geregelte Schallerscheinungen.

Alle Schallerscheinungen werden durch Bewegungen hervorgerufen und durch Bewegungen fortgeleitet. Dieses ist so augenfällig, daß hierüber auch im Alterthum kein Zweifel bestand. Die schallenden Körper bringen den Schall durch ihre Bewegung hervor, die Umgebung, innerhalb deren sie sich befinden, pflanzt durch Bewegung den Schall fort. Die Erfahrung hat gelehrt, daß der Schall nur durch gewöhnliche Materie (Luft, Wasser, Holz, überhaupt irgend ein Gas, eine Flüssigkeit oder einen starren Kör= per) hervorgebracht und verbreitet werden kann, derartig daß nirgend ein Schall entstehen oder sich verbreiten kann, wo keine solche Materie vor= handen ist. Bekannt ist der Versuch, durch den das unmittelbar bewiesen wird. Man stellt eine stetig tönende Glocke unter den Recipienten einer Luftpumpe; sobald man die Luft auszupumpen beginnt, wird der Glockenton schwächer und schwächer; hat man die Luft ganz entfernt, so ist gar nichts mehr zu hören. Der Ton kann den leeren Raum, der seinen Entstehungs= ort vom Ohre trennt, aus Mangel an gewöhnlicher Substanz nicht durch= dringen. Läßt man Luft wieder zu, so erscheint auch der Ton wieder.

Die Bewegung, durch welche ein Schall hervorgebracht und verbreitet wird, gehört zu der Klasse der Schwingungen. Die Körper, welche den Schall verursachen, schwingen und ebenso die Körper, welche den Schall verbreiten. Sind die Schwingungen regelmäßige, so giebt der Schall einen Ton, sind sie unregelmäßig, so haben wir ein Geräusch, dessen Cha= rakter um so stärker ausgeprägt ist, je weniger Regelmäßigkeit herrscht. Schwingungen nun bestehen in Hin= und Hergehen der Körper oder ihrer Theile. Die Verbreitung des Schalls geschieht stets in Richtung des Hin= und Hergehens der Körpertheilchen in der Schwin=

gungsrichtung. Eine derartige Verbreitung nennt man eine longi=
tudinale. Schallwellen sind hiernach Longitudinalwellen. Wie
die Schwingungen im Einzelnen geschehen, hängt ganz von den besonderen
Umständen ab und läßt sich genau nur in einzelnen Fällen angeben. Ein
solcher einfacherer Fall ist beispielsweise der der Schwingung einer Violin=
oder Klaviersaite. Die an zwei Stellen befestigte Saite geht hin und her,
darin besteht ihre Schallschwingung, indem sie aber so schwingt, treibt sie
die Luft vor sich her, verdichtet sie auf ihrer Vorderseite und verdünnt sie
auf der Rückseite, geht sie zurück, so tritt das Umgekehrte ein. Durch die
Schwingung der Saite entstehen also Verdichtungen und Verdünnungen in
der Luft, und da letztere elastisch ist, pflanzen sich diese Verdichtungen und
Verdünnungen in ihr fort. Betrachtet man die Verdichtung wie einen
Wellenberg, die Verdünnung wie ein Wellenthal, so geschieht die Fort=
bewegung der Verdichtung und Verdünnung genau so wie die einer
Flüssigkeitswelle. Zugleich ersieht man aus der Art des Vorganges, daß
die Lufttheilchen sich ebenso bewegen wie die Saite, also an ihrer Stelle
in gerader Linie hin= und hergehen, und zwar auch in Richtung
der Fortpflanzung der Welle. Die Fortpflanzung geschieht zunächst
nach beiden Seiten von der schwingenden Saite, sie breitet sich aber auch
nach anderen Richtungen, wenn auch schwächer, aus.

Aehnlich, wenn auch etwas verwickelter, sind die Vorgänge, wenn eine
Stimmgabel schwingt. Die Zinken gehen wie Pendel hin und her und
verdichten die Luft vor sich und verdünnen sie hinter sich. Die Luftwellen
verbreiten sich in analoger Weise wie früher durch den Raum, am stärksten
in Richtung der Schwingungen der Gabelzinken und senkrecht dazu, am
schwächsten in diagonalen Zwischenrichtungen. Das letztere kann leicht
nachgewiesen werden: dreht man eine angeschlagene Stimmgabel um ihren
Stiel, so hört man sie am stärksten tönen, wenn ihre Schwingungen gerade
gegen das Ohr gerichtet sind, dreht man sie weiter, so nimmt der Ton ab,
dann schwillt er wieder an, bis die Gabelfläche parallel dem Ohre steht,
dann nimmt er ab und schwillt wieder an u. s. f. Dasselbe tritt ein, wenn
man um eine tönende Stimmgabel herumgeht. Der Versuch scheint zuerst
von Wilhelm Weber gemacht zu sein.

Noch verwickelter sind die Schwingungsbewegungen und die Schall=
ausbreitung, wenn Glocken angeschlagen werden, alsdann schwingen die
verschiedenen Theile der Glocke sehr verschieden, während einige nach vor=
wärts gehen, können andere nach rückwärts sich bewegen u. s. f. Die Luft
wird in gleicher Weise in Bewegung gesetzt wie in den beiden anderen
Fällen. Die Schwingungen angeschlagener oder gestrichener Körper sind

besonders eingehend an Scheiben von Chladni studirt worden. Indem er leichten trockenen Sand auf die Scheiben streute, sah er diesen Sand, sobald die Scheibe durch Anschlagen oder Streichen mittelst eines Violinbogens zum Schwingen gebracht wurde, in hüpfende Bewegung gerathen, sich in bestimmten Figuren (Chladni'sche Klangfiguren) ordnen und dann in Ruhe verbleiben.

Schwierig und noch nicht voll aufgeklärt sind die Vorgänge beim Anblasen von Pfeifen. Bläst man an der Oeffnung eines hohlen Körpers etwas schräg vorbei, so hat man in der Luftsäule der Höhlung einen elastisch nachgebenden Gegenstand, sie drückt sich zusammen und schnellt wieder auseinander, um bei Fortdauer des Blasens sich wieder zusammenzudrücken u. s. f. Dadurch wirkt sie auch auf den anblasenden Luftstrom, so daß auch dieser periodische Veränderungen erfährt. Die Luft in der Höhlung schwingt also hin und her und die Schwingungen verbreiten sich weiter im Raume. Das ist ungefähr der Vorgang bei unseren sogenannten Flötenpfeifen, die sich noch compliciren, wenn die Pfeifen, wie die Flöte oder die Clarinette, Löcher haben, die beliebig geöffnet und geschlossen werden. Bei den Zungenpfeifen ist der Vorgang ähnlich. Wenn die Zungen, was gewöhnlich der Fall ist, leicht gebaut sind, wie z. B. bei der Oboe, ist die Schwingung der Luftsäule in den Pfeifen von der Bewegung der Zungen fast unabhängig, und geht so wie bei den Flötenpfeifen vor sich.

Man kann auch Töne hervorbringen, indem man umgekehrt Luft aus einem Hohlraum stoßweise in den offenen Luftraum treibt. Eine hierzu geschaffene sehr bekannte Einrichtung ist die sogenannte Sirene, die aus einer Windlade besteht, deren Deckel mit Löchern versehen ist und von einem anderen in gleicher Weise durchlochten Deckel überdeckt ist, der letztere ist drehbar. Treibt man in die Lade Luft, so stößt sie durch die Oeffnungen des festen Deckels auf den beweglichen Deckel und setzt diesen in Drehung. Dadurch werden die Löcher im ersten Deckel abwechselnd frei und geschlossen, die Luft strömt also abwechselnd aus und wird abwechselnd zurückgehalten. Das Ausströmen und damit die Einwirkung auf die äußere Luft ist also periodisch unterbrochen. Die Einwirkung besteht nun naturgemäß in einer Verdichtung der äußeren Luft, ist sie unterbrochen, so geht die Verdichtung nach rückwärts wieder zurück, pflanzt sich aber zugleich nach vorwärts fort. Kommt eine neue Einwirkung, indem die Löcher wieder frei werden, so wiederholt sich der Vorgang und es entsteht Luftwelle auf Luftwelle. Beim Pfeifen mit gespitzten Lippen sind die Vorgänge ähnlich, die Lippen zittern dabei ein wenig hin und her, und außerdem wirkt die äußere Luft elastisch zurück auf die aus dem Munde herausgeblasene, und läßt sie abwechselnd stärker und schwächer ausströmen. Man kann dieses namentlich beim Pfeifen in tiefen Tönen ziemlich deutlich fühlen.

Bei den sogenannten singenden Flammen, die man am leichtesten erhält, wenn man über eine Wasserstoffflamme eine Röhre schiebt, scheinen die Stöße dadurch zu entstehen, daß dann die Flamme nicht stetig brennt, sondern ständig explodirend verpufft; die regelmäßigen raschen Explosionen bewirken Verdünnungen und Verdichtungen in der Luft.

Durch periodische Stöße werden Töne auch hervorgebracht im Phono=graph und Telephon. In beiden Fällen wird eine Membran stoßartig in Schwingungen versetzt. Beim Phonographen geschieht dieses, indem ein Stift, der an der Membran befestigt ist und auf eine Rolle drückt, abwechselnd in die Vertiefungen der Rolle schnellt und wieder hoch geht (die Vertiefungen hat der Stift vorher selbst hervorgebracht, indem gegen die Membran gesungen, gesprochen u. s. f. ward, wodurch diese in Schwingungen kam und den Stift mehr oder weniger stark nach vorwärts drückte). Beim Telephon wird die Membran magnetisch abwechselnd angezogen und schnellt abwechselnd zurück.

Die Einrichtung, welche Menschen und Thiere zum Hervorbringen von Schallen und Tönen haben, ist eine Art Zungenpfeife, die Stimmbänder, welche den Kehlkopf überspannen, sind die Zungen. Die Luft dringt, aus der Lunge herausgestoßen, zwischen der von ihnen begrenzten Stimmritze hindurch und setzt die Stimmbänder in Bewegung nach oben; da diese Bänder elastisch und sehr kräftig sind, schnellen sie die Luft zurück und gehen in ihre ursprüngliche Lage, die Luft treibt sie wieder auf, und so setzt sich das Spiel fort. Die Stimmbänder gerathen also in Schwingungen. Anders jedoch als bei den gewöhnlichen Zungenpfeifen, wo die Energie der schwingenden Zungen gegen die der schwingenden Luft nicht wesentlich in Betracht kommt, wirken die Zungen des Kehlkopfes gerade sehr energisch und regeln ihrerseits die schwingende Bewegung der Luft. Diese pflanzt sich durch den Mund und die Nase in die äußere Luft fort, wir sprechen dann oder wir singen u. s. f.

275. Kann sich eine Schwingung, z. B. die einer Luftmasse, nicht frei ausbreiten, indem ein Hinderniß ihr entgegensteht, z. B. ein Schirm, eine Wand u. s. f., so setzt sie dieses Hinderniß durch das periodische Anstoßen, z. B. von Verdichtungen und Verdünnungen, gleichfalls in Schwingungen. Indessen sieht man leicht, daß die Schwingungen nicht allein von den an=kommenden Schwingungen abhängen können, sondern auch von der Be=schaffenheit des Hindernisses mit bestimmt sein müssen. Ein Körper reagirt

nicht auf alle ihn treffenden Schwingungen gleich gut. Diejenigen Töne, auf welche ein Körper am leichtesten und deutlichsten reagirt, nennt man seine Eigentöne. Treffen z. B. verschiedene Schwingungen auf einen solchen Körper, so schwingt er zwar mit allen mit, aber am stärksten mit derjenigen, die seinem Eigenton entspricht, die anderen sind dann oft kaum hörbar. Diese Erscheinung heißt die Resonanz. Singt man z. B. in ein geöffnetes Klavier hinein, so treffen die dadurch entstehenden Luftwellen zwar alle Saiten, aber deutlich mit klingt, resonirt, nur die Saite, deren Ton gerade gesungen wird. Je mehr Widerstand ein Körper ankommenden Wellen entgegensetzt, desto mehr wahrt er seinen Eigenton; Körper, welche von sehr starken Wellen getroffen werden, oder welche nicht energisch genug widerstehen können, nehmen aber die ankommenden Wellen an, schwingen mit ihnen mit und geben sie also auf der anderen Seite weiter. Oft wird das Mitschwingen dadurch erzwungen, daß der schwingende Körper den anderen unmittelbar angreift. Dieses ist bei der Art des Mitschwingens der Fall, die in der praktischen Musik mit am meisten Anwendung findet, und sie betrifft die Resonanzböden. Die Wellen, die z. B. die Saiten er= regen, sind infolge der Dünnheit der Saiten unbedeutend, aber indem sie schwingen, zerren sie an ihren Befestigungspunkten hin und her, oder sie drücken gegen ein Widerlager mehr oder weniger. Die Befestigungspunkte oder die Widerlager stehen mit dem Resonanzboden in Verbindung, dadurch wird dieser in erzwungene schwingende Bewegung versetzt, und setzt nun seinerseits die Luft in ebensolche Bewegung, und da die Resonanzböden breite Flächen darstellen, kommen große Luftmassen in Schwingung und die Töne werden stärker gehört. Beispielsweise hört man eine hin= und herschwingende Saite fast gar nicht. Befestigt man ihre zwei Stützen über einem breiten Brett, so tönt sie laut. Bei der Violine ist das nämliche auf folgende Weise erzielt. Die Saite läuft über den Steg. Der Steg ist nur an einem Ende durch das Stimmholz unterstützt, das andere Ende ruht leicht auf der oberen Fläche des Violinkörpers. Schwingt eine Saite hin und her, so drückt sie auf den Steg beim Heruntergehen mehr als beim Heraufgehen, dasselbe thut dieser Steg nunmehr mit seinem freieren Ende auf die ihm zur Stütze dienende Fläche, diese geräth also in Schwingungen, setzt die Luft im Inneren der Violine in Schwingungen, durch diese den Resonanzboden, und nun schwingt alles an der Violine und in derselben, und das überträgt sich wieder an die äußere Luft, und zwar handelt es sich dabei um unmittelbar erzwungene Schwingungen, es richtet sich also alles nach den Schwingungen der Saite. Doch reagirt dabei freilich die etwas freiere Luft im Inneren der Violine auch mit ihrem Eigenton, der sich mit den Tönen der Violine vermischt. Beim Klavier ist der Vorgang ganz analog, nur daß der Zwang hier vermittelst der Befestigungspunkte unmittelbar auf den Resonanzboden ausgeübt wird. Auch in anderen Fällen kommt diese Resonanzwirkung zum Vorschein. Eine Stimmgabel angeschlagen und frei in der Luft gehalten, ist kaum zu vernehmen; stellt man sie auf eine Tischplatte, so resonirt diese und man hört den Ton nunmehr deutlich.

Da es sich in allen diesen Fällen um etwas Erzwungenes handelt, besteht die Kunst bei der praktischen Anwendung in der geeigneten Wahl der Stoffe und Abmessungen des zu zwingenden Körpers, denn nicht alles läßt sich zu bestimmten Zwecken mit gleichem Erfolg zwingen. Es ist auch genügend bekannt, mit welchen Summen in dieser Hinsicht gut gebaute Instrumente bezahlt werden.

276. Ich kann hier gleich einschalten, daß der Vorgang beim Hören auch auf erzwungenen Schwingungen beruht. Die Luftwellen kommen durch den Gehörgang an das Trommelfell und setzen dieses in erzwungene Schwingungen, diese werden, wieder erzwungen, auf die Luft des mittleren Ohres übertragen und außerdem mit Hülfe der darin hängenden, und einerseits mit dem Trommelfell, andererseits in einer Reihe mit einander und mit einer als ovales Fenster bezeichneten Membran verbundenen Gehörknöchelchen auf dieses ovale Fenster und von da in das innere Ohr übergeleitet. Dieses innere Ohr ist ungemein complicirt gebaut, es enthält Höfe, die drei Bogengänge und die Schnecke. Die Funktion aller einzelnen Theile ist noch nicht genügend bekannt, die Schallwellen scheinen unter Vermittelung des ovalen Fensters in die Schnecke einzudringen. Diese enthält eine Flüssigkeit, welche übrigens auch die Höfe und die Gänge füllt, und in sie dringt der Gehörnerv und breitet sich dort zu einem als Corti'sches Organ bezeichneten sehr eigenartigen Stimmengebilde aus. Indem die Wellen sich in der Flüssigkeit ausbreiten, treffen sie durch diese das Cortische Organ und bewirken durch dessen Reizung die Schallempfindung.

Der Leser wolle bereits an dieser Stelle beachten, daß wir durchaus die Empfindung eines Reizes von dem Reiz selbst unterscheiden müssen. Der Vorgang, wodurch der Reiz hervorgebracht wird, ist physikalisch, er besteht in Bewegungen, den können wir also, wie wir sagen, verstehen. Die Empfindung des Reizes ist aber eine seelische Thätigkeit, über die wir nichts auszusagen vermögen. Die Empfindung ist sogar in gewisser Beziehung von der Art des Reizes unabhängig. Im Ohr ist alles Schall und Ton, wie im Auge alles Licht ist, wie wir auch den Reiz hervorbringen mögen, z. B. im Auge durch Licht, Druck, Stoß, elektrischen Strom u. s. f. Man spricht darum auch seit dem großen Physiologen Johannes von Müller von den specifischen Sinnesempfindungen.

277. Wie wir bei Flüssigkeitswellen fortschreitende Wellen von den stehenden unterschieden haben, muß dieses auch bei den Schallwellen geschehen. Auch kommen die stehenden Schallwellen genau in derselben Weise zu Stande, wie die stehenden Flüssigkeitswellen, sie erfordern also Begrenztheit des tönenden Körpers oder der Luft, stetig sich wiederholende gleiche Anstöße und kommen durch Zusammenwirken der entstehenden Wellen mit den zurückgeworfenen zu Stande. In der Wirkung auf die Empfindung unterscheiden sie sich nicht von den fortschreitenden Wellen. Bei stehenden Wellen befindet sich jedes Theilchen in stets gleicher Bewegung. Sind also gewisse Punkte einmal in Ruhe, so verbleiben sie stets in Ruhe. Man nennt solche ruhende Punkte Schwingungsknoten, sie zerlegen die ganze Schwingung in einzelne Theile, die sich zu einander entgegengesetzt verhalten. So zerlegen Knoten an einer schwingenden Saite diese in Theile, von denen einer nach oben schwingt, wenn der benachbarte sich nach unten bewegt u. s. f. Zwischen den Knoten schwingen die einzelnen Theile wie völlig selbstständig. Stetig sich aneinander schließende Knotenpunkte geben Knotenlinien oder Knotenflächen. Knoten bringt man an Saiteninstrumenten hervor, indem man während des Streichens oder Anschlagens einzelne Stellen der Saite ständig berührt, diese Stellen werden dann am Mitschwingen gehindert. Knoten entstehen aber bei stehenden Schwingungen durch die Art der Schwingung selbst, z. B. in Pfeifen, Posaunen u. s. f. Ihre Zahl und Form, falls sie als Linien oder Flächen ausgebildet sind, hängt ganz von der Begrenzung des schwingenden Körpers, der Art der Tonerregung und solchen Umständen, wie die Berührung einzelner Stellen u. s. f., ab. In den früher erwähnten Chladni'schen Klangfiguren sind die Stellen, an denen der aufgestreute Sand in Ruhe bleibt, eben die Knotenlinien. Hier sind sie also unmittelbar zu sehen.

Ferner werden Schallwellen ganz oder zum Theil zurückgeworfen, reflectirt, und zwar nicht bloß wenn sie auf fremde Körper stoßen, sondern auch wenn sie innerhalb der schwingenden Substanz auf ausbrechende oder sich verengernde Theile stoßen. In den offenen Pfeifen bilden sich die stehenden Wellen gerade dadurch, daß die darin erregte Luftschwingung am offenen Ende, wo sie in die äußere Luft übertritt, zum Theil zurück in die Pfeife geworfen wird. Hier geschieht die Zurückwerfung so, daß die Welle in umgekehrter Folge zurückgeht, kam sie mit einer Verdichtung an, so läuft sie mit einer Verdünnung zurück. Bei den gedeckten Pfeifen geschieht die Zurückwerfung am gedeckten Ende vollständig, und zwar umgekehrt wie im vorigen Falle, also daß eine Verdichtung als Verdichtung, eine Verdünnung als Verdünnung zurückläuft. Das stimmt mit den Verhältnissen bei gewöhnlichen Wasserwellen überein. Dagegen läuft eine Welle in einer Saite von dem Befestigungspunkte oder einem Berührungspunkte umgekehrt, also ein Wellenberg als Wellenthal, ein Wellenthal als Wellenberg zurück. Schwingende Saiten verhalten sich also wie offene Pfeifen. Doch ist die Analogie nicht vollständig, da jede Pfeife ein mehr oder weniger geschlossenes Ende hat, da wo die Bewegung erregt wird. In offenen Pfeifen läuft also eine Verdichtung bis zum offenen Ende, kehrt als Verdünnung um, läuft zum Ende am Mundstück, wird dort als Verdünnung zurückgeworfen, eilt zum offenen Ende als Verdünnung und kommt wieder als Verdichtung zurück, um als solche sich wieder zum offenen Ende zu wenden u. s. f.; nachdem sie viermal die Pfeife hin= und hergegangen ist, hat sie den Anfangszustand wieder erreicht. In der gedeckten Pfeife kommt die Verdichtung als Verdichtung zum Mundstück zurück und wird dort als Verdichtung zurückgeworfen, hier also ist der Anfangszustand schon nach zweimaliger Durchwanderung der Pfeife wieder hergestellt, also nach einem Wege, der nur halb so groß ist, wie in einer gleich langen offenen Pfeife.

Folge der Schallreflexion sind das Echo, das Hallen u. s. f.

Auch Beugung erleiden die Schallwellen wie die Wasserwellen, und zwar um so stärkere, je länger sie sind im Verhältniß zu der Oeffnung, durch die sie gehen, oder dem Hinderniß, das sie umgehen. Es wird bald zu erwähnen sein, daß die Schallwellen oft ziemlich lang sind, sie werden deshalb auch bei allen Gelegenheiten gebeugt, sie gehen um Ecken herum. Dieses ist mit ein Grund, weshalb Töne fast in allen Richtungen gehört werden, auch wenn sie aus engen Oeffnungen dringen oder Häuser zu umgehen haben, und weshalb wir so unsicher sind, wenn wir die Richtung angeben sollen, in der sie eigentlich erregt werden; die Richtung, in der sie anlangen, kann ganz verschieden sein von der, von welcher sie ausgehen. Deshalb sind auch Schallschatten wenig bemerkbar, daß aber solche in der That nicht ganz fehlen, kann jeder bei einiger Aufmerksamkeit bestätigen.

Endlich geben Schallwellen auch Interferenzen, worauf eben die Entstehung der stehenden Wellen beruht, sie können sich verstärken und bis zu völliger Tonlosigkeit schwächen.

278. Die Ausbreitung der Schallwellen geschieht in der Luft mit einer Geschwindigkeit von gegen 330 Meter in der Sekunde. Sie ist sehr

viel geringer als diejenige des Lichts, deshalb sehen wir stets zuerst den Blitz und hören oft viel später den Donner. In Flüssigkeiten ist diese Geschwindigkeit größer, z. B. in Wasser 1435 Meter in der Sekunde, noch größer ist sie im Allgemeinen in festen Körpern, in Tannenholz beträgt sie 6000, in Eisen und Glas 5000 Meter u. s. f. Sie ist von der Länge der Wellen fast unabhängig, was für die Musik von hoher Bedeutung ist.

2. Tonleiter.

279. Bei jedem Ton unterscheiden wir seine Stärke, seine Höhe und seinen Klang (oder Klangfarbe). Die Stärke hängt ab von der Größe (Amplitude) der Ausschläge der einzelnen oscillirenden Theilchen der tönenden Körper; je heftiger eine Klaviersaite angeschlagen wird, desto stärker tönt sie. Mit dieser Größe wächst entsprechend die Größe der Ausschläge der Theilchen des den Ton verbreitenden Körpers. Die Ton= höhe ist durch die Wellenlänge der Schwingungen, oder was auf das Nämliche herauskommt, durch die Anzahl der Schwingungen in bestimmter Zeit, die Schwingungszahl bestimmt. Der Ton ist um so höher, je kleiner seine Wellenlänge, also auch die Schwingungsdauer, je größer also die Schwingungszahl ist. Tonhöhe entspricht völlig der Lichtfarbe, wie Ton= stärke der Lichtstärke analog ist. Ein Ton, welcher ebenso hoch ist wie ein anderer, ist dessen Prime, ein Ton, welcher doppelt so hoch ist, dessen Oktave. Die Prime eines Tones hat mit ihm die gleiche Schwingungs= zahl und gleiche Wellenlänge, die Oktave die doppelte Schwingungszahl und halbe Wellenlänge. Da es in der Musik nicht auf die einzelnen Töne, sondern auf deren Verbindung und Aufeinanderfolge ankommt, kehren alle Tonverhältnisse in den einzelnen Oktaven wieder. Dieses ist freilich nicht der einzige Grund, warum man nur die Töne einer Oktave zu betrachten hat. Diese Töne bilden zusammen die Tonleiter.

280. Es giebt innerhalb einer Oktave selbstverständlich unzählig viele Töne, praktisch jedoch werden deren nur wenige angewendet. Nennen wir das Verhältniß der Schwingungszahlen zweier auf einander folgender Töne deren Intervall (wofür man oft auch einfach Ton sagt), so sind diese Intervalle in der Durtonleiter

$$\underset{\frac{9}{8}}{c} \quad \underset{\frac{10}{9}}{d} \quad \underset{\frac{16}{15}}{e} \quad \underset{\frac{9}{8}}{f} \quad \underset{\frac{10}{9}}{g} \quad \underset{\frac{9}{8}}{h} \quad \underset{\frac{16}{15}}{a} \quad c.$$

Das heißt der Ton c macht acht Schwingungen in derselben Zeit, in der der Ton d deren neun vollzieht u. s. f. Die Intervalle unserer Durton= leiter bestehen also aus drei Zahlen $\frac{9}{8}$, $\frac{10}{9}$, $\frac{16}{15}$. Die erste heißt ein großes, die zweite ein kleines ganzes Intervall, die dritte ein großes halbes Intervall. Ein großes ganzes Intervall ist gleich $\frac{81}{80}$ des kleinen ganzen Intervalls. $\frac{81}{80}$ bildet hiernach den Intervall-unterschied zwischen einem großen ganzen und kleinen ganzen Ton, es heißt ein Komma. Es giebt auch ein kleines halbes Intervall, dessen Zahl ist $\frac{25}{24}$. Das Produkt dieses kleinen halben Intervalls und des großen halben Intervalls ist gleich $\frac{10}{9}$, die beiden Intervalle zusammen geben hiernach ein kleines ganzes Intervall. Der Unterschied zwischen einem großen halben Intervall und einem kleinen halben Intervall ist mehr als doppelt so groß wie der zwischen einem großen ganzen Intervall und einem kleinen ganzen Intervall.

Die Intervalle der einzelnen Töne gegen den ersten Ton sind

$$1 \quad \frac{9}{8} \quad \frac{5}{4} \quad \frac{4}{3} \quad \frac{3}{2} \quad \frac{5}{3} \quad \frac{15}{8} \quad 2.$$

Diese heißen bekanntlich Prime, Sekunde, Terz, Quart, Quinte, Sexte, Septime, Oktave.

Die zweite Tonleiter, deren wir uns bedienen, die Molltonleiter, besteht aus folgenden Intervallen

$$\frac{9}{8} \quad \frac{16}{15} \quad \frac{10}{9} \quad \frac{9}{8} \quad \frac{16}{15} \quad \frac{9}{8} \quad \frac{10}{9}.$$

Sie enthält also dieselben großen und kleinen ganzen und halben Intervalle, nur in anderer Anordnung. Die Intervalle gegen den ersten Ton sind

$$1 \quad \frac{9}{8} \quad \frac{6}{5} \quad \frac{4}{3} \quad \frac{3}{2} \quad \frac{8}{5} \quad \frac{9}{5} \quad 2.$$

Beide Tonleitern geben also gleiche Primen, Sekunden, Quarten, Quinten und Oktaven, dagegen verschiedene Terzen, Sexten und Septimen. Die Durleiter hat eine große Terz, große Sexte und große Septime, die Mollleiter kleine Terz, kleine Sexte und kleine Septime. Der Unterschied zwischen diesen großen und kleinen Intervallen beträgt $\frac{25}{24}$, also ein kleines halbes Intervall.

Diese beiden Tonleitern heißen die diatonischen.

281. Eine Tonleiter läßt sich von jedem beliebigen Ton aus bilden, der Ausgangston ist die Tonika. Bei der Bildung der Leiter hat man genau die Intervalle einzuhalten, also unter Fortlassung der charakterisirenden Bezeichnungen groß und klein, z. B. in einer Durtonleiter.

Ganzes, Ganzes, Halbes, Ganzes, Ganzes, Ganzes, Halbes Intervall.

Die gewöhnliche Tonfolge c d e f g h a c ist eine solche Tonleiter auf c als Tonika. Geht man jedoch von der Tonika e aus, so würde, wenn man f nehmen wollte, ein halbes Intervall an erster Stelle stehen, während doch ein ganzes stehen sollte. Wollte man g nehmen, so würden anderthalb Intervalle stehen, was auch nicht geht. Man muß also einen Zwischenton zwischen f und g einschalten, dieser kann durch Erhöhung des f oder durch Erniedrigung des g geschaffen werden. Auf diese Weise also hat sich die Nothwendigkeit herausgestellt zwischen die ganzen Intervalle noch andere halbe einzuschalten, durch Erhöhung der voraufgehenden Töne oder durch Erniedrigung der nachfolgenden. Die so erweiterte Tonleiter heißt die enharmonische. Die Erhöhung eines Tones bezeichnet man bekanntlich durch Anhängung eines is, die Erniedrigung durch solche eines es an den Buchstaben des Tones. Die enharmonische Durtonleiter auf c würde demnach sein

	cis		dis		eis		fis		gis		ais		his
c		d		e		f		g		a		h		c
	des		es	fes			ges		as		b		ces

282. Der Mensch bei freiem Singen bringt diese Erhöhungen und Erniedrigungen unwillkürlich hervor. Bei musikalischen Instrumenten, namentlich den Schlaginstrumenten, würde diese große Zahl von Unter= scheidungen sehr unbequem sein; man hat sich darum allmählich dahin ge= einigt, die geringen Unterschiede zwischen den erhöhten und erniedrigten Tönen außer Acht zu lassen, und hat das ganze Intervall einer Oktave in zwölf gleiche halbe Intervalle getheilt. Das ist die temperirte Stimmung unserer chromatischen Tonleiter. Doch ist die Tem= perirung auf Kosten der Natürlichkeit erzielt, alle Intervalle sind ver= ändert. Wie man aus diesen halben Tönen die verschiedenen Tonleitern zusammenzusetzen hat, gehört nicht hierher. Es ist auch ungemein einfach, da man immer nur die beiden Intervallereihen

Ganzes, Ganzes, Halbes, Ganzes, Ganzes, Ganzes, Halbes bei den
Durtonleitern
Ganzes, Halbes, Ganzes, Ganzes, Halbes, Ganzes, Ganzes bei den
Molltonleitern

zu bilden hat.

3. Akkorde, Klangfarbe, Resonanz.

283. Das Zusammenklingen zweier oder mehrerer Töne bezeichnen wir hier als Akkord. Wir fassen es im Allgemeinen als angenehm harmonisch oder konsonirend auf, wenn die Intervalle aller Töne einfache Verhältnisse bieten; sonst sind sie dissonirend. Doch besteht eine bestimmte Grenze zwischen Konsonanzen und Dissonanzen nicht, wenn auch die Extreme scharf von einander sich unterscheiden. Zwei Töne bilden mit Ausnahme der Sekunden und Septimen Konsonanzen, drei Töne geben,

wenn sie in Terzen auf einander folgen, konsonirende Dreiklänge (z. B. der Durdreiklang c e g, der aus einer großen Terz und einer kleinen Terz zusammengesetzt ist, der Molldreiklang c es g, bei dem die kleine Terz der großen vorgeht. Die einfachen Verhältnisse sind hier $\frac{5}{4}$, $\frac{6}{5}$, $\frac{3}{2}$ bezw. $\frac{6}{5}$, $\frac{5}{4}$, $\frac{3}{2}$ u. s. f.); unter ähnlichen Verhältnissen bilden vier Töne einen Vierklang (z. B. der Septimenakkord f, a, c^1, e^1), fünf Töne einen Fünfklang u. s. f. Es scheint sehr verwunderlich, daß unsere Empfindung sich nach der größeren oder geringeren Einfachheit von Zahlenverhältnissen richten soll. Die Thatsache wird aber verständlicher, wenn man beachtet, daß zwei oder mehr Töne ebenso mit einander interferiren können. Sind nun die Schwingungszahlen zweier solcher Töne von einander verschieden, so verstärken und schwächen sie sich abwechselnd. Wir hören dieses in den sogenannten Schwebungen, deren Anzahl für zwei zusammenklingende Töne in der Zeitsekunde gleich ist dem Unterschiede der Schwingungszahlen dieser Töne. Von dieser Anzahl in der Sekunde hängt der Eindruck des Zusammenklingens ab. Er wird mit wachsender Zahl im Allgemeinen schlechter. Doch sind die Verhältnisse etwas ver= wickelt, da die Empfindung nicht der Zahl der Schwebungen proportional geht und vielfach auch von der Höhe der Töne und ihrer Klangfarbe ab= hängt. Es können Zusammenklänge in höheren Oktaven durchaus an= genehm sein, die in tieferen stark dissoniren, und umgekehrt. Absolute Konsonanzen sind Prime und Oktave, vollkommene namentlich die Quinte und dann auch die Quarte. Die anderen sogenannten Konsonanzen sind unvollkommen, weil sie besonders durch die Höhe der Töne be= stimmt sind.

284. Die Klangfarbe hängt bekanntlich von der Beschaffenheit des Körpers ab, welcher den Ton hervorbringt. Der nämliche Ton klingt ge= sungen ganz anders, als auf dem Klavier angeschlagen, und auf diesem anders als auf der Violine, oder der Flöte u. s. f. Der Grund für diese auffallende Erscheinung besteht darin, daß kein Ton unserer Musikinstrumente für sich eine einfache Erscheinung ist, jeder vielmehr bereits einen Zusammen= klang verschiedener einfacher Töne bildet. Die Schwingungszahlen dieser, einen Ton zusammensetzenden, Einzeltöne stehen zu einander in den ein= fachen Verhältnissen von 1, 2, 3, 4, 5, ... Man nennt die sämmt= lichen einen Ton bildenden Einzeltöne die Theiltöne des Tones, den Theilton mit kleinster Schwingungszahl seinen Grundton, die anderen seine Obertöne. Ein Ton besteht also aus Grundton und Obertönen; so der Ton c des Klaviers aus den Tönen c, c^1, g^1, c^2, e^2, g^2, b^2, c^3 u. s. f. Es bedarf besonderer Aufmerksamkeit und besonderer Vorkehrungen,

um die Partialtöne eines Tones getrennt von einander zu hören. Das Ohr faßt sie im Zusammenklang auf und bestimmt nach der Zahl von ihnen, die noch genügende Stärke haben, und nach der Höhe derjenigen, welche sich besonders bemerkbar machen, den Charakter des Tones. Die Klangfarbe wird also durch die hervortretenden besonderen Obertöne bestimmt. Die tieferen Obertöne sind zu einander harmonisch, da sie aus Oktaven, Quinten, Quarten, Terzen bestehen, die höheren sind unharmonisch, z. B. b^2 c^3 als Sekunde. Je nach dem Vorherrschen der einen oder anderen klingen die Töne der Instrumente mehr oder weniger angenehm. Doch finden Instrumente mit vorherrschend unharmonischen Obertönen (z. B. Triangel, Glocken, Stimmgabel) nur ausnahmsweise Anwendung. Töne ohne Obertöne klingen weich, aber in der Tiefe dumpf; solche mit den ersten Obertönen sind klangvoll; bei Anwesenheit der ungeradzahligen Obertöne (im vorigen Beispiel g^1, e^2, b^2 u. s. f.) allein sind sie hohl; scharf und rauh fallen sie aus, wenn die höheren Obertöne hervortreten u. s. f.

Welche Obertöne vorherrschen, läßt sich im Einzelnen von vornherein kaum angeben. Töne ganz ohne Obertöne hervorzubringen, bedarf besonderer Zurichtungen, am leichtesten sind sie durch schwingende Saiten zu bewirken, man hat dabei dafür zu sorgen, daß keine resonirende Körper in der Nähe vorhanden sind.

Die Vokale A, O und U sind Klänge mit nur je einem bemerkbaren Ton, nämlich b^2, b^1 und f. Der Klang des Vokals E enthält die Töne b^3 und f^1, der des Vokals J die Töne d^4 und f, dem Diphthong Ö gehören die Töne cis^3 und f^1, dem Ü die Töne g^3 und f. Doch schwanken die Angaben, weil anscheinend die Vokalklänge auch von der Mundstellung abhängen. Mit Ausnahme der drei erstgenannten Vokale sind also alle anderen zweitönig. Die Konsonanten bilden überhaupt keine Töne, sondern Geräusche. Es ist einleuchtend, daß beim Singen diejenigen Töne auf Vokale am leichtesten anklingen, welche den Eigentönen der Vokale entsprechen oder wenigstens harmonisch zu ihnen sind, und daß eine Sprache um so leichter Gesang zuläßt, je reicher ihre Worte an Vokalen sind. Doch hängt freilich der ästhetische Werth nicht allein davon ab, namentlich nicht, wenn zugleich dramatische Wirkungen zu erzielen sind.

Die Klänge des Klavieres enthalten wesentlich nur die harmonischen Obertöne, die ersten unharmonischen sind fast unmerkbar, weil die Anschlagstelle der Saiten (empirisch) so gewählt ist, daß sie gerade die Knotenpunkte dieser Töne trifft, die Stellen der Hauptausweichung also auf Knotenpunkte treffen, das heißt nicht zur Geltung kommen. In den tiefen

Klängen herrschen die tieferen Obertöne vor, die sogar zum Theil den Grundton übertönen, in den höheren die höheren, und indem diese nahe nebeneinander liegen, entsteht der klingende Klang. Auch die Klänge der Violine entfalten viele Obertöne; die höheren herrschen vor, alle sind aber schwächer als der Grundton. Die eigenartige Klangfarbe wird zum Theil noch durch das Streichen des Bogens auf den Saiten hervorgebracht. Bei den Flötenpfeifen sind die hohen Obertöne schwach, die tiefen zwar stärker, aber nicht so stark wie der Grundton, die gedackten Pfeifen ent= halten außerdem nur ungeradzahlige Töne, also den Grundton, den zweiten, vierten u. s. f. Oberton. Aehnlich verhalten sich Zungenpfeifen mit Ansatz= rohr, solche ohne Ansatzrohr haben mehr hohe Obertöne.

Die Obertöne sind jedoch nicht allein Ursache für die charakteristischen Unterschiede zwischen den verschiedenen Klängen — welche übrigens auch noch von anderen Umständen mit abhängen z. B. von der Anwesenheit begleitender Geräusche —, sondern sie bestimmen auch die harmonischen Beziehungen der Klänge zu einander. Es wird von vielen angenommen, daß unsere Tonleitern, die man bekanntlich auf den Dreiklängen aufbauen kann, dem Umstande ihre Ausbildung verdanken, daß in den meisten musikalischen Klängen Obertöne zu Dreiklängen in der That zusammen= treten (z. B. im Ton auf c die Töne $c^1 g^1 e^2$). Helmholtz definirt Klänge als Konsonanzen, wenn sie in den Hauptobertönen übereinstimmen, sie sind um so konsonanter, je mehr solche gleiche Obertöne sie haben. Die kon= sonantesten Klänge sind also Primen, da diese alle Töne gleich haben, sie sind überhaupt einander gleich. Dann kommen Oktaven, die zwar nicht alle, aber eine sehr große Zahl gleicher Obertöne aufweisen (z. B. den Klang $c c^1 g^1 c^2 e^2 g^2 b^2 c^3 \ldots$ und die Oktave dazu $c^1 c^2 g^2 c^3 \ldots$), hierauf die Duodecimen, die Quinten, Quarten, Terzen u. s. f. Da wir hiernach in konsonanten Klängen ganz oder zum Theil dasselbe hören, sind diese Klänge die naturgemäßen Grundlagen für die Eintheilung der Tonleitern. In der That sind sie auch als solche benutzt. Wir verwenden dazu die Oktaven und theilen alles nach Oktaven ab, die Griechen haben mehr die Quinte und Quarte dazu benutzt, letztere namentlich bei Ausbildung ihres Tetrachordes. Daß man bei den verschiedenen Verfahrungsweisen nicht durch die ganze Skala zu gleichen Klängen gelangt, ist leicht einzusehen, ebenso, daß vieles von der Wahl der Tonica abhängt. Bekannt ist die relativ große Zahl der wirklich verschiedenen Tonleitern bei den Griechen und die sogenannten Kirchentöne, die daraus hervorgegangen sind. Unsere Oktaven= eintheilung findet sich in der Anlage bereits in den griechischen Tonleitern vor, ihre vollständige Ausbildung ist jedoch ein Produkt der Entwickelung der harmonischen Musik, ebenso die weitere Theilung innerhalb der Oktaven.

Was von zweiklangigen Konsonanzen gesagt ist, gilt in gleicher Weise von den drei-, vier- und mehrklangigen Akkorden, sie werden als konsonant aufgefaßt, wenn das Ohr in den verschiedenen Tönen Verwandtes hört, wodurch gewissermaßen der Uebergang von dem einen Klang zu dem andern bewirkt wird, ein Uebergang ähnlich dem bei dem Vorbereiten nnd Auflösen dissonanter Akkorde oder dem beim Wandeln der Tonleiter.

Verwickelt werden diese Verhältnisse noch dadurch, daß bei dem Zusammenklingen von Tönen neue Töne, sogenannte Kombinationstöne entstehen, und zwar tiefere sowohl als höhere. So geben zwei einfache Töne zusammenklingend noch einen Ton, dessen Schwingungszahl gleich ist der Differenz und einen anderen, dessen Schwingungszahl gleich ist der Summe der Schwingungszahlen dieser beiden Töne, das sind der Differenzton und der Summationston.

Diese Kombinationstöne verbinden sich mit den ursprünglichen Tönen und miteinander zu neuen Kombinationstönen u. s. f., so daß schließlich ein sehr komplizirtes Gewirr von Tönen entsteht.

Man hört sie zwar meist nicht ohne besondere Zurüstung, weil sie zu schwach sind, sie tragen jedoch mit zur Charakterisirung der Konsonanzen bei und spielen nach Helmholtz bei der Beurtheilung der Akkorde eine wichtige Rolle.

Dem Vorstehenden zufolge ist bereits jeder Klang, wir sagen auch Ton, eine ziemlich komplizirte Erscheinung. Unser Ohr erhält dabei eine große Anzahl von Einzeltönen. Jeder Ton stellt eine besondere Schwingung dar, die Schwingungen als Bewegungen setzen sich aber zu einer Schwingung zusammen, deren Amplitude und Dauer von der Amplitude- und Schwingungsdauer der verschiedenen Einzeltöne abhängt. Daraus würde sich freilich erklären, warum wir einen Klang als etwas Einheitliches auffassen. Indessen trifft gerade das Entgegengesetzte zu, denn würden wir die Klänge deshalb, weil ihre Einzeltöne sich zu einer Gesammtschwingung zusammensetzen, wirklich als individualisirte Töne vernehmen, dann wäre nicht zu verstehen, warum wir verschiedene Klänge gleicher oder ungleicher Farbe als verschieden auffassen, selbst wenn sie zugleich erklingen. Wie geartet die Schwingungen auch sein mögen, dynamisch setzen sie sich immer zu einer Schwingung zusammen. Diese gelangt in unser Ohr und sollte hiernach immer nur als ein Ton wahrgenommen werden. Da das nicht der Fall ist, muß unser Gehör die Fähigkeit besitzen, in der resultirenden Schwingung alle Einzelschwingungen, aus denen diese zusammengesetzt ist, herauszuerkennen. Das Gehör zerlegt wieder, was sich vorher zusammengesetzt hat. In der That haben die Untersuchungen von Ohm und Helmholtz dargethan, daß unser Ohr zunächst nur solche Schwingungen als Töne auffaßt, welche die möglichst einfache Form haben, nämlich Schwingungen, die nach Art der Pendelschwingungen vor sich gehen. Diese Schwingungen hören wir als Töne. Setzen sich mehrere solcher Schwingungen zu komplizirteren Schwingungen zusammen, so zerlegt unser Gehör sie wieder in einfache Schwingungen und faßt diese gesondert als einzelne Töne auf. Wie dieses geschieht, ist noch nicht völlig aufgeklärt; nach Helmholtz ist das früher erwähnte Cortische Organ hierzu die anatomische Grundlage, indem es aus einer Anzahl von Einzelfasern besteht, deren jede gewissermaßen auf eine besondere einfache Schwingung abgestimmt ist. Der Vorgang wäre analog dem beim Resoniren der Saiten eines Klavieres. Wird eine Klangmasse hineingeleitet, so resonirt jede Saite den Ton, der in der Klangmasse ihrem Eigenton entspricht, auf den sie abgestimmt ist. Ebenso würden im Cortischen Organ diejenigen Fasern gereizt werden, für welche in der Klangmasse die Reizmittel vorhanden sind, und jede Faser würde nur auf einen besonderen Reiz reagiren und diesen Reiz für sich in das Gehirn leiten und eine gesonderte Empfindung hervorbringen. Daß aber in der Natur die Arbeitstheilung auf das Aeußerste getrieben ist, habe ich bereits erwähnt. Selbst einen einzelnen Klang hören wir als Ton nur, wenn er gar keine Obertöne hat, sonst hören wir in der That auch alle Obertöne mit, wenn wir sie auch nur bei besonderer Aufmerksamkeit und unter Anwendung besonderer Vorsichtsmaßregeln gesondert auffassen; und eben dadurch wird der Klang zu dem charakterisirten Klang der Violine, des Klavieres, der Stimme u. s. f. Der Klang verhält sich zum Ton wie ein Zusammenwirken verschiedener Klänge zum Einzelklange. Uebrigens ist in dieser Hinsicht das Ohr dem Auge sehr überlegen, letzteres vermag vermischte Farben nicht mehr wieder zu trennen.

Zuletzt erwähne ich noch, daß wir nicht alle Schwingungen als Töne auffassen.

Die tiefsten Töne, die wir noch als solche erkennen, haben etwa 30 Schwingungen in der Sekunde, also in der Luft eine Wellenlänge von $\frac{330}{30}$, das ist 11 Meter. Die höchsten hörbaren Töne reichen bis gegen 40000 Schwingungen hinauf; die Wellenlänge für diese beträgt also $\frac{330}{40000}$. Das ist etwas mehr als 8 Millimeter. Töne mit kleineren Schwingungszahlen als 30 hören sich nicht mehr wohl als solche an, sie sind knarrend. Töne mit mehr als 40000 Schwingungen hören wir überhaupt nicht

Doch scheint es manche Thiere zu geben, die sie vernehmen können. Also alle als Töne noch zu unterscheidenden Schalle bilden etwa 11 Oktaven. Doch reichen die musikalisch verwerthbaren Töne nur bis etwa 4000 Schwingungen, also 82 Millimeter Wellenlänge hinauf. Das giebt etwa 7 Oktaven. Das c unserer Klaviere enthält gegen 130 Schwingungen, die Normalstimmgabel a^1 435 Schwingungen u. s. f. Jedenfalls hat das Ohr ein viel umfangreicheres Gebiet als das Auge, da dieses nur wenig mehr als $2\frac{1}{2}$ Oktaven an Farben umfaßt. Sein Bau ist auch viel verwickelter als der des Auges und noch entfernt nicht in allen Einzelheiten erkannt, zumal es anscheinend noch mit Organen verbunden ist, die (wie vermuthlich die sogenannten Bogengänge) zur Orientirung im Raume dienen.

Viertes Kapitel.

Von dem Licht (Optik).

1. Lichtquellen.

285. Licht ist Alles, was uns die Körper sichtbar macht; ohne Licht vermögen wir keinen Körper zu sehen. Wenn wir also sagen, daß ein Körper uns sichtbar ist, so meinen wir damit zugleich, daß er uns Licht zusendet. Einige Körper erscheinen uns sehr hell, andere weniger hell, noch andere fast dunkel, wiederum andere so dunkel, daß sie nur dadurch gesehen werden, daß sie sich von ihrer weniger dunklen Umgebung abheben. Nach diesen oder ähnlichen Abstufnngen beurtheilen wir die Menge des Lichtes, welches uns die einzelnen Körper zusenden. Je heller ein Körper ist, desto mehr Licht schreiben wir ihm zu, je dunkler, desto weniger. Für die Menge des Lichtes, die ein Körper aussenden kann, besitzen wir nach oben hin ebensowenig eine Grenze, wie für die Menge von Wärme. Nach unten hin ist die Grenze gegeben, wenn Körper absolut dunkel sind. Die strahlendste Helle, die wir kennen, ist diejenige der Sonne; zwischen dieser und der absoluten Dunkelheit giebt es unendlich viele Abstufungen. Wir haben diejenigen des Mondes, des elektrischen Bogenlichtes, des verbrennenden Magnesiumdrahtes, des Leuchtgases u. s. f., bis zu dem winzigen Licht des Oellämpchens, das kaum noch mäßige Räume zu erhellen vermag und vielleicht Tausende von Millionen mal schwächer ist als das Sonnenlicht. Die Instrumente, welche dazu dienen, die Helligkeit verschiedener Lichter mit einander zu vergleichen, sind die Photometer.

286. Gewisse Körper sind uns durch sich selbst sichtbar, sie heißen selbstleuchtend. Andere dagegen werden erst dann sichtbar, wenn sie

belichtet sind. So ist die Sonne ein selbstleuchtender Körper; dagegen sind der Mond, die Erde und die anderen zum Sonnensystem gehörigen Körper im Allgemeinen nicht selbstleuchtend, sondern empfangen ihr Licht von der Sonne. Wir besitzen die Mittel dazu, die meisten Körper auf der Erde selbstleuchtend zu machen. Am einfachsten geschieht dieses dadurch, daß wir den Körpern möglichst viel Wärme zuführen. So können wir das dunkle Eisen durch Erhitzen dazu bringen, daß es röthlich zu leuchten beginnt und durch weiteres Erhitzen es in strahlende Weißgluth versetzen. Gleiches gilt von den anderen Metallen, welche schwer schmelzen. Bei anderen Körpern gelingt dieses nicht, weil sie vorher schon sich verflüchtigen. Es kommen sodann gewisse chemische Umsetzungen in Frage, wodurch entweder unmittelbar Licht hervorgebracht wird, wie z. B. das Licht des faulenden Holzes, des Phosphors, mancher leuchtender Thiere (Johanniswürmchen), oder wodurch Stoffe entstehen, welche durch die bei den Umsetzungen auftretende Wärme zum Leuchten gebracht werden können.

Alles Licht, welches durch Anzünden hervorgebracht wird, welches also von brennenden Kohlen, brennendem Holz, Leuchtgas, Oel, Talg u. s. f. geliefert wird, entsteht in dieser letztgenannten Weise. Hierüber ist schon an anderer Stelle gesprochen worden. Später werden wir sehen, daß auch Elektricität Licht hervorbringen kann, und zwar gleichfalls sowohl durch unmittelbare Schaffung, als auch mittelbar durch Bewirkung von Wärme, welche dann ihrerseits die Körper bis zum Leuchten erhitzt. Das erstere findet z. B. statt bei den prachtvollen Lichterscheinungen, welche in luftverdünnten Räumen entstehen, wenn man durch sie Elektricität hindurch treibt, wie in den, wohl kaum einem unserer Leser unbekannten, Geislerschen Röhren. Das zweite in unseren elektrischen Lampen, sowohl den Glühlichtlampen als auch den Bogenlichtlampen.

Gewöhnlich verbindet man mit der Vorstellung von einem selbstleuchtenden Körper zugleich die Vorstellung großer Hitze desselben. Dieses ist auch richtig, wenn der Körper durch Erwärmung leuchtend geworden ist. Es können aber Körper, welche auf eine der anderen oben genannten Arten zum Leuchten gebracht sind, durchaus dabei kalt bleiben. Irgend welche Unterschiede zwischen dem Licht heißer und kalter Lichtquellen bestehen nicht.

2. Ausbreitung des Lichts (Schatten- und Lichtvertheilung).

287. Was das Verhalten des Lichts zu den Körpern betrifft, so haben wir zunächst ein anscheinend rein Aeußerliches zu erwähnen, das jedoch zu einer wichtigen Folgerung führt. Es giebt Körper, welche Licht

nicht durchlassen, sie sind undurchsichtig. Stellt man einem leuchtenden Körper einen solchen undurchsichtigen Körper entgegen, so entzieht dieser allen Orten hinter ihm, von denen aus man den leuchtenden Körper gar nicht sehen kann, alles Licht. Diese Orte liegen im Kernschatten. Stellen, von denen aus man den leuchtenden Körper nur zum Theil zu sehen vermag, entzieht er das Licht desjenigen Theiles, den man nicht sieht. Diese Stellen erhalten also zwar Licht, aber zu wenig; sie liegen im Halbschatten oder Halblicht. Orte, von denen aus man die ganze Lichtquelle überschauen kann, werden durch die Gegenwart des Körpers gar nicht gestört; sie liegen außerhalb des Schattens im vollen Licht oder Kernlicht. Der Kernschatten dehnt sich um so mehr aus, je kleiner der leuchtende Körper im Verhältniß zum schattenwerfenden ist. Er erstreckt sich, sich immer mehr erweiternd, bis ins Unbegrenzte, wenn der leuchtende Körper nur ein leuchtender Punkt (wie z. B. ein Fixstern) ist, und bildet den Theil eines Kegels, dessen Spitze im leuchtenden Punkt liegt, während sein Mantel durch den Umfang des schattenwerfenden Körpers geht. In diesem Falle giebt es auch nur einen Kernschatten, keinen Halbschatten. Vergrößert sich der leuchtende Körper, so wird der Kernschatten immer schmaler und zugleich tritt rings um ihn der Halb= schatten, sich mehr und mehr ausdehnend, auf. Ist der leuchtende Körper, soweit er dem schattenwerfenden zugewendet ist, so umfangreich wie dieser, so reicht der Kernschatteu zwar immer noch ins Unbegrenzte, er ist aber an allen Stellen gleich breit, nämlich so breit, wie jeder der beiden Körper. Sobald der leuchtende Körper den schattenwerfenden an Größe übersteigt, zieht sich der Kernschatten zusammen und läuft in eine Spitze aus, so daß er einen Kegel bildet, dessen Mantel durch den Umfang des schatten= werfenden Körpers und denjenigen des leuchtenden geht. Dieser Kegel ist überall vom Halbschatten umgeben, der sich ins Unbegrenzte fortsetzt.

Einen solchen Schattenkegel wirft die von der Sonne beleuchtete Erde. Die Spitze dieses Kegels liegt mehr als 200 000 Meilen hinter der Erde. Da der Mond durchschnittlich nur etwa 50 000 Meilen von der Erde absteht, geräth er bei seiner Bewegung um die Erde manchmal auch in den Schatten der Erde. Bleibt er im Halbschatten, so wird er zwar noch vollständig beleuchtet, aber nur von einem Theil der Sonne. Kommt ein Theil von ihm in den Kernschatten, so erhält dieser gar kein Sonnenlicht. Ist er ganz im Kernschatten verschwunden, so zeigt er sich vollständig verdunkelt. Auf diese Weise erklären sich die verschiedenen Arten der Mondfinsternisse, die wir am Himmelszelte beobachten. Diese Mondfinsternisse der Erde sind also Sonnenfinsternisse für den

Mond. Sonnenfinsternisse der Erde bekommen wir, wenn der Mond uns die Sonne ganz oder zum Theil verdeckt. Da jedoch der Mond kleiner ist als die Erde, ist der Theil des Kernschattens, mit dem er die Erde noch streifen kann, sehr schmal, so daß niemals die ganze Erde Sonnenfinsterniß haben kann (wohl aber der ganze Mond), sondern immer nur ein schmaler Streifen auf ihr. Im Uebrigen kann die Sonnen- finsterniß total sein, ringförmig oder sichelförmig, je nach dem wechselnden Abstande des Mondes von der Erde und je nach der Art, wie er sich für die betreffenden Punkte der Erde zwischen sie und die Sonne schiebt. Sonnenfinsternisse der Erde sind Erdfinsternisse des Mondes.

Die nachfolgende Figur 21 zeigt die Konstruktion des Kernschattens und Halbschattens eines runden Körpers, der von einem runden Körper beleuchtet wird.

Fig. 21.

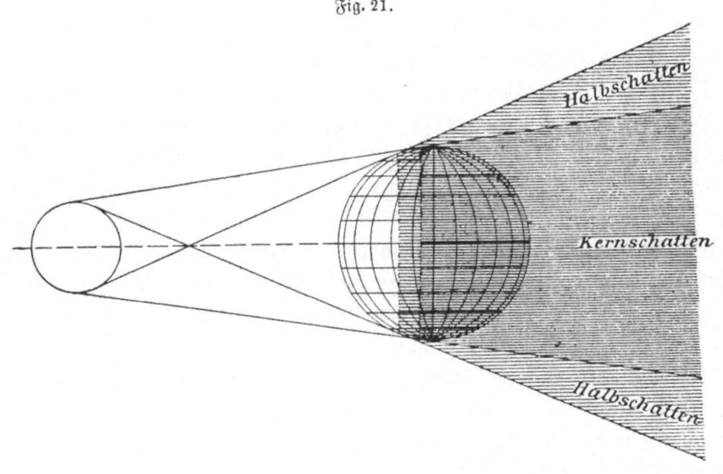

288. Einen Körper, welcher Licht auffängt, wollen wir allgemein einen Schirm nennen. Stellt man hinter einen solchen Schirm, ihm gleichgerichtet, einen zweiten, so schneidet dieser den Schatten des ersten durch; es entsteht auf ihm ein Schattenriß des schattenwerfenden Körpers. Die Begrenzung dieses Schattenrisses ist dem obigen zufolge abhängig von der Begrenzung des leuchtenden und von derjenigen des schattenden Körpers, sie ist also im Allgemeinen von vornherein nicht leicht vorauszusagen. Ist der leuchtende Körper sehr klein im Verhältniß zum schattenwerfenden Körper, so wird dessen dem Licht dargebotene Figur entscheidend sein; findet das Umgekehrte statt, so wird alles von der

Figur des leuchtenden Körpers abhängen. Kleine oder weitabliegende Lichtquellen geben deshalb richtigere Schattenrisse wie größere; sie bilden Körper durch ihren Schatten genauer ab. Kleine schattenwerfende Körper dagegen haben Schattenrisse, deren Umgrenzung fast nur von derjenigen der Lichtquellen bestimmt ist, bilden also mehr die Umgrenzung der Licht= quelle als ihre eigene ab.

289. Wir schneiden jetzt in den ersten Schirm eine Oeffnung; sofort erscheint auf dem zweiten Schirm eine entsprechende helle Fläche innerhalb des Schattens. Ein Theil dieser Fläche ist besonders hell, er befindet sich im Kernlicht, das ist derjenige, welchem von dem übrigen Theil des Schirmes gar nichts von dem leuchtenden Körper verdeckt ist. Ein anderer, diesen rings umgebender Theil ist nur halbhell, befindet sich im Halblicht, weil ihm ein Theil der Lichtquelle durch den Schirm verdeckt wird. Offenbar sind die Verhältnisse für die Beleuchtung ganz dieselben wie die für die Beschattung. Namentlich also ist die Begrenzung des hellsten Theiles (entsprechend dem Kernschatten) bestimmt durch die Form der Oeffnung und die Form der Lichtquelle. Ist die Lichtquelle sehr klein im Verhältniß zur Oeffnung, so ist die Begrenzung des Lichtfleckes auf dem zweiten Schirm durch die Form der Oeffnung allein bestimmt, diese Form wird also abgebildet. Findet das Umgekehrte statt, so ahmt die Form des Lichtfleckes diejenige der Lichtquelle nach; es erscheint auf dem zweiten Schirm ein Bild der Lichtquelle. Darauf beruht die eigenartige Thatsache, daß man Abbildungen irgend welcher Gegenstände auch dadurch auf einem Schirm, oder einer Wand, oder Glasplatte erlangen kann, daß man einen großen Schirm mit einer engen Oeffnung zwischenstellt. Größe muß der Schirm haben, um alles fremde Licht auszuschließen. Man hat daraufhin photographische Apparate ganz ohne Gläser konstruirt. Eine Erscheinung, die in gleicher Weise zu erklären ist, kann Jeder leicht beobachten, der vor seinem Fenster Läden hat. Diese Läden haben vielfach Einschnitte, scheint durch sie die Sonne hinein, so sieht man auf der Wand nicht ein Bild des Einschnittes, sondern ein solches der Sonne, falls der Einschnitt nicht etwa zu groß ist. Wer keine solchen Läden hat, gehe an einen blätterreichen Baum und achte auf die Lichtflecke am Boden, welche zwischen den Schattenrissen der Blätter verstreut liegen. Scheint die Sonne auf den Baum, so sehen alle diese Lichtflecke rund wie die Sonne aus. Sie stammen vom Sonnenlicht, welches durch die Zwischen= räume zwischen den Blättern durchgegangen ist. Diese Zwischenräume sind bei hinlänglich dichter Belaubung eng genug, sind aber kaum jemals kreis= förmig, so daß von ihnen die angezeigte Form jedenfalls nicht herrühren

kann. Findet zufällig eine sichelförmige Sonnenfinsterniß statt, so sind alle Flecke von Sichelform. Uebrigens hängt die Form all' dieser Schatten- und Lichtbilder streng genommen auch von dem Abstand der Schirme von einander ab.

290. So verwickelt nun anscheinend diese Verhältnisse sind, so kann man sie doch durch die einfachsten geometrischen Zeichnungen jedes Mal nachweisen, wobei lediglich gerade Linien von dem Umfang des leuchtenden nach demjenigen des schattenwerfenden Körpers oder der Oeffnung in demselben zu ziehen und zu verlängern sind. Hieraus ist zu schließen, daß das Licht sich ganz geradlinig ausbreitet. Jede Linie von einem Punkt eines leuchtenden Körpers nach einem Punkt der Umgebung nennen wir einen Lichtstrahl. Der Körper beleuchtet die Umgebung vermittelst dieser Lichtstrahlen. Ziehen wir von allen Punkten des leuchtenden Körpers nach einem Punkte der Umgebuug gerade Linien, so haben wir alle Lichtstrahlen, durch die dieser Punkt beleuchtet wird. Jeder leuchtende Punkt sendet also nach allen Punkten der Umgebung Lichtstrahlen, und in jedem Punkt der Umgebung vereinigen sich Lichtstrahlen, die von den einzelnen Punkten des leuchtenden Körpers ausgegangen sind. Wohin man auf geradem Wege von den einzelnen Punkten des leuchtenden Körpers nicht gelangen kann, da findet keine Beleuchtung statt, und jeder Punkt wird nur von denjenigen Punkten des leuchtenden Körpers beleuchtet, zu denen von ihm aus gerade Wege führen. Diese so einfachen Regeln bilden die Grundlage aller Licht- und Schattenkonstruktionen in ihren mannigfaltigsten Erscheinungen. Daß unter Umständen Licht freilich auch ein wenig um die Ecke herumgehen kann, werden wir später noch sehen.

3. Sichtbarkeit, Lichtgeschwindigkeit.

291. Ein Strahl für sich bietet uns keine bestimmte Lichterscheinung. Ein Punkt wird uns erst sichtbar, wenn sich mindestens zwei Strahlen in ihm kreuzen, oder an ihm nahe vorbeigehen. Je mehr Strahlen durch einen Punkt durchgehen oder je dichter Strahlen um ihn geschaart sind, desto heller erscheint er uns, desto mehr tritt er aus seiner Umgebung hervor. Kreuzen oder verdichten sich Strahlen nicht in einem Punkte, sondern in mehreren, so treten alle diese Punkte einzeln hervor, derjenige ist der hellste, der die meisten Strahlen in seiner Nähe hat. Folgen diese Punkte unmittelbar auf einander, so daß sie sich in steter Reihe an einander schließen, so haben wir sichtbare Linien oder Flächen oder Räume. Wir sehen also überall da leuchtende Stellen, von wo aus Strahlen aus=

gehen oder wo Strahlen sich durchkreuzen bezw. stark verdichtet sind. Damit aber diese Stellen sich als scharf umgrenzte Figuren darbieten, ist nothwendig, daß eben von ihnen vornehmlich die Strahlen herkommen, die in unser Auge gelangen. An ihrer Grenze muß ein plötzlicher Abfall der von dort herkommenden Strahlenmenge stattfinden. Ist das der Fall, so treten diese Stellen individuell aus ihrer Umgebung hervor, anderenfalls, wenn dieser Abfall nur allmählig vor sich geht, ist ihre Begrenzung verschwommen. Noch eines kommt in Betracht. Sind sie von Stellen umgeben, von welchen selbst Strahlen herkommen, oder gehen ihre Strahlen durch Räume, welche gleichfalls erleuchtet sind, kurz, haben sie einen hellen Hintergrund, wie man sagt, so können sie sich nicht so hervorheben, als wenn sie allein leuchteten. Ist dieser Hintergrund so hell wie sie selbst, so verschwimmen sie in diesem, ihre Konturen verlieren sich, sie heben sich von ihm nicht ab; ist er noch heller, so erscheinen sie wieder, aber nur, weil sie dunkler sind, im Negativ, wenn wir mit den Photographen reden wollen. Körper können also aus ihrer Umgebung aus zwei Gründen sich abheben und individuell erscheinen, erstens, weil von ihnen mehr Strahlen herkommen als von dieser, und zweitens, weil das Umgekehrte der Fall ist. Helle Körper sieht man also nicht unter allen Umständen gesondert hervortreten. So sehen wir z. B. die Sterne am Tage nicht. Die ganze Luft ist nämlich am Tage von den Sonnenstrahlen durchleuchtet, das Licht der Gestirne vermischt sich mit diesem Sonnenlicht und tritt nicht gesondert hervor. Sobald aber die Sonne durch den Mond verfinstert ist, erscheinen alle Sterne. Aus gleichem Grunde sieht man die prachtvolle Glorie, von der die Sonne umgeben ist, und die man Korona nennt, nur, wenn der Mond die Strahlen ihres eigentlichen Körpers abschneidet, also bei Sonnenfinsternissen. Den Mond sehen wir, so oft er überhaupt am Tage am Himmel steht, deshalb, weil er uns von der Sonne mehr Strahlen zusendet als eine gleich große Fläche der Luft, auch wenn diese von der Sonne durchleuchtet ist. Ebenso sehen wir mitunter die Venus am hellen Tage; rückt sie aber der Sonne nahe, so kommen ihre Strahlen zuletzt durch Luftschichten, die uns mehr Strahlen zusenden als sie, und sie verschwindet unserem Auge. Tritt sie ganz in die Sonnenstrahlen, so sehen wir sie wieder, aber nun nicht, weil sie leuchtet, sondern weil sie sich dunkel von dem hellen Hintergrund abhebt.

292. Ferner sehen wir Körper und überhaupt leuchtende Stellen dort, wo die von ihnen herkommenden Strahlen zusammenlaufen. So sehr sind wir daran gewöhnt, an Orten Licht zu suchen, wo Strahlen außerhalb des Auges zusammenlaufen, daß wir selbst in Fällen, in denen

Strahlen thatsächlich gar nicht zusammenlaufen können, weil sie auf irgend eine Weise plötzlich durchschnitten sind, daß wir also da, wo sie zusammenlaufen würden, wenn man sie gehörig verlängerte, Licht sehen, so als ob sie dort wirklich zusammenliefen. Solche Stellen sind also nur in unserer Einbildung vorhanden. Wir nennen sie darum auch imaginative oder virtuelle, während die Stellen, in denen Strahlen wirklich zusammenlaufen, reelle heißen. Für das Sehen haben jene ganz dieselbe Bedeutung wie diese. Wir kommen bald darauf zurück.

293. Ein leuchtender Punkt sendet Strahlen nach allen Richtungen aus; denken wir uns um ihn herum eine Kugel gelegt, so beleuchtet er alle Theile der Innenfläche dieser Kugel, und zwar alle Theile gleich stark. Das Licht, was auf die Innenfläche dieser Kugel gelangt, ist alles, was der Punkt überhaupt aussendet. Entfernen wir diese Kugel und legen eine andere größere um den Punkt herum, so dient dasselbe Licht, um nunmehr diese größere Kugel in allen Theilen gleichmäßig zu beleuchten. Jeder Theil dieser Kugel muß hiernach weniger Licht erhalten als ein gleich großer Theil der früheren engeren Kugel, und zwar in demselben Maaße weniger, als die engere Kugel kleiner ist wie die weitere. Hieraus schließen wir, daß unter gleichen Umständen ein Flächenstück um so schwächer beleuchtet wird, je weiter es von der Lichtquelle entfernt ist, und zwar nimmt die Beleuchtungsstärke ab in demselben Verhältniß, in welchem der Abstand von der Lichtquelle mit sich selbst multiplicirt zunimmt, ein Gesetz ganz ähnlich dem früher behandelten Gesetz für die Abnahme der allgemeinen Schwerkraft. Neigen wir ferner die Fläche gegen die Lichtstrahlen, so gehen Strahlen vorbei, die früher aufgetroffen sind, also auch mit der Neigung gegen die Strahlen nimmt die Beleuchtungsstärke ab. Die Strahlen der Sonne sind in der That im Winter in unseren Breiten gegen die Erdoberfläche viel stärker geneigt als im Sommer, daher wir auch im Winter weniger Licht (und Wärme, wie wir noch sehen werden) bekommen als im Sommer.

294. Ferner hat die Erfahrung gelehrt, daß, wenn ein Körper zu leuchten beginnt, nicht alle Körper sofort beleuchtet werden, sondern erst die ihm am nächsten befindlichen, dann die folgenden u. s. f., zuletzt die fernsten. Verlischt ein leuchtender Körper, so werden zuerst die nächsten, dann die folgenden u. s. f., zuletzt die fernsten Körper dunkel. Also das Licht breitet sich nicht momentan durch den Weltenraum aus, sondern bedarf dazu einer gewissen Zeit. Es verschwindet auch nicht mit der Lichtquelle momentan sondern von Innen heraus erst im Laufe der Zeit. Man nennt die Ge=

schwindigkeit, mit der das Licht von einem leuchtenden Körper aus sich aus=
breitet, die Fortpflanzungsgeschwindigkeit des Lichtes. Mit gleicher
Geschwindigkeit breitet sich auch vom ausgelöschten Körper her die Dunkel=
heit aus. Diese Licht= (und Dunkelheit=) geschwindigkeit ist nun so
außerordentlich groß, daß wir auf der Erde nur durch die allerfeinsten
Messungsmittel nachweisen können, daß Licht und Dunkelheit in der That
Zeit brauchen, um sich fortzupflanzen. Sie beträgt nämlich in der Luft
nicht weniger als etwa 300000 Kilometer in der Sekunde. Da der Um=
fang der Erde gegen 40000 Kilometer hat, so vermöchte Licht in einer
Sekunde mehr als 7mal sich rings um die Erde herum fortzupflanzen.
Von dem Monde bis zu uns sind es etwa 370000 Kilometer, diese
Strecke würde das Licht in wenig mehr als einer Sekunde zurücklegen.
Bis zur Sonne haben wir die stattliche Strecke von 150000000 Kilometer,
dazu braucht das Licht etwa 500 Sekunden oder gegen acht Minuten. Ver=
schwände die Sonne plötzlich, so würden wir sie noch acht Minuten lang
sehen. In der That sehen wir auch die Sonne aus diesem Grunde acht
Minuten lang, nachdem sie schon untergegangen ist, und wir sehen sie
acht Minuten lang noch nicht, nachdem sie schon aufgegangen ist. Manche
von den Fixsternen, die wir am Himmel sehen, sind unfaßbar weit von
uns entfernt; von dem uns nächsten Stern schon braucht das Licht an
drei Jahre, um zu uns zu gelangen, ihn würden wir noch drei Jahre
sehen, wenn er auch schon verschwunden wäre. Und so mag es Sterne
geben, die wir jetzt noch sehen, die aber schon vor vielen Jahrhunderten
ihr Licht verloren haben und andere, die wir noch nicht sehen, und die doch
schon seit Jahrhunderten Licht aussenden. Manchmal beginnen Sterne
plötzlich hell zu leuchten, wir müssen dann eine furchtbare Katastrophe auf
ihnen befürchten; aber wenn Lebewesen dort davon betroffen sind, kommt
unser Mitleid zu spät; diese haben längst ausgelitten, wenn wir es eben
erst zu Gesicht bekommen. Dieses sind einige der Folgerungen aus der
Thatsache, daß das Licht, wenn es sich auch mit für uns unfaßbar großer
Geschwindigkeit ausbreitet, doch immerhin Zeit zur Ausbreitung und zum
Verschwinden braucht, und daß die Schöpfung von so ungeheuerlicher Größe
ist, daß das unfaßbar Große ihr gegenüber unfaßbar klein wird. Uebrigens
pflanzt sich das Licht nicht durch alle Körper mit gleicher Geschwindigkeit
fort, am raschesten geschieht dieses durch den sogenannten leeren Raum
zwischen den Himmelskörpern. Sodann durch die Gase, Flüssigkeiten und
am langsamsten, aber immerhin noch unfaßbar schnell, durch die festen
Körper. Im Allgemeinen können wir sagen, daß es sich durch einen
Körper um so rascher ausbreitet, je weniger dicht dieser ist. Der Vorsicht

wegen nennt man Körper optisch dichter als andere, wenn Licht durch sie hindurch sich weniger rasch bewegt als durch diese.

4. Reflexion, Spiegelbilder.

295. Wir wollen nunmehr auf das Verhältniß des Lichtes zu der Körperwelt näher eingehen. Wir haben bereits bemerkt, daß auch Körper, welche nicht selbst leuchten, Licht aussenden können, nämlich dann, wenn sie welches von einem leuchtenden Körper zugeschickt erhalten; sie vermögen also Licht zurückzustrahlen. Diese Erscheinung nennt man die Zurückwerfung oder Reflexion des Lichtes. Die Reflexion des Lichtes tritt stets ein, sobald Licht auf die Oberfläche eines Körpers stößt. Die Art der Zurück= werfung wird ganz durch die Beschaffenheit der Oberfläche bedingt. Ist die Oberfläche rauh, so wird das Licht nach allen Seiten hin zerstreut. Dieses nennt man die diffuse Reflexion. Körper, welche in dieser Weise Licht reflektiren, senden es also nach allen möglichen Richtungen hin, wirken demnach auf andere Körper genau so wie selbstleuchtende Körper. Sie werden von allen Seiten gesehen und beleuchten alle Punkte des Raumes, von denen man überhaupt auf geradem Wege zu ihnen gelangen kann. Solche Körper sind z. B. Papier, Kreide, alle Erden, Hölzer. Kurz fast alle Körper der Natur werden uns durch solche diffuse Reflexion sicht= bar. Von jedem einzelnen ihrer Punkte gelangen eine Menge von Strahlen in das Auge, wo dieses sich auch befinden mag, wenn es nur die Körper überhaupt ansieht, und wir sehen jeden einzelnen Punkt dieser Körper, weil die Strahlen, die in das Auge gelangen, von diesen einzelnen Punkten aus= gehen. Sie kreuzen sich in diesen Punkten.

Doch sind die praktisch herzustellenden solchen Körper nicht unter allen Umständen diffus reflektirend, sondern nur für mehr oder weniger steil auffallende Strahlen. Für stärker geneigte Strahlen werden sie spiegelnd (s. d. folgenden Artikel), wie man beispielsweise an einem Blatt Papier oder einer getünchten Wand u. s. f. deutlich beobachten kann, wenn man schräg hinsieht.

296. Die andere Art von Reflexion, die regelmäßige Reflexion, tritt bei Körpern auf, welche eine glatte und polirte Oberfläche haben. Solche Körper nennt man spiegelnde. Von diesen Körpern wird auf= fallendes Licht nicht nach allen Richtungen zerstreut, sondern nur nach ganz bestimmten Richtungen zurückgeworfen. Spiegel können deshalb ihrerseits auch nicht zugleich alle Punkte des Raumes durch reflektirtes Licht erhellen, sondern nur diejenigen, welche sich im Wege der von ihnen zurückgeworfenen Strahlen befinden. Dieses ist allgemein bekannt. Auch erscheint ein Spiegel

nur an denjenigen Stellen hell, von welchen aus zurückgeworfenes Licht in das Auge gelangt. Dafür sind aber Spiegel an diesen Stellen ganz besonders hell. Sie vermögen auch andere Körper viel stärker zu beleuchten als diffus reflektirende Körper, weil sie ja nicht wie diese das Licht nach allen Richtungen zerstreuen, sondern es zusammenhalten. Unter Reflexion ohne jeden Zusatz versteht man diese regelmäßige, spiegelnde Reflexion. Sie geschieht ähnlich wie die Zurückwerfung einer elastischen Kugel, die man gegen eine Wand gerade oder schräg geschleudert hat. Das Gesetz hierfür war bereits im Alterthum bekannt. Es lautet: Der reflektirte Theil eines Lichtstrahls bildet denselben Winkel mit der Oberfläche wie der auffallende Theil und liegt außerdem mit diesem in einer Ebene, welche die Oberfläche senkrecht schneidet. Man kann dieses Reflexionsgesetz etwas gelehrter aus-

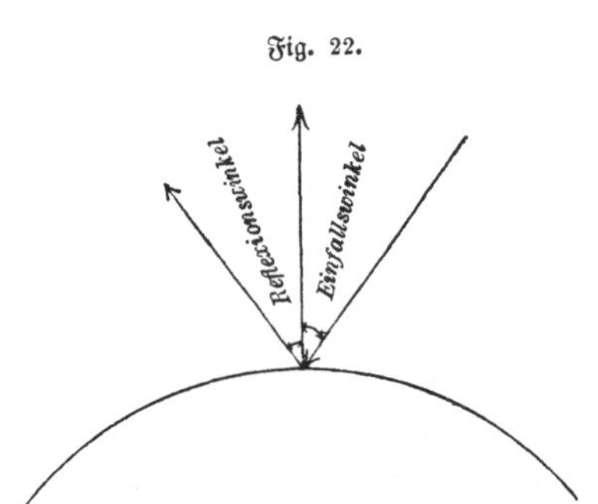

drücken. Errichtet man an der Stelle, wo ein Strahl auf die Oberfläche eines Körpers auftrifft, eine gerade Linie genau senkrecht zu der Oberfläche an dieser Stelle, so nennt man diese Linie ein Einfallsloth. Das obige Gesetz besagt nun: Der reflektirte Strahl liegt mit dem Einfallsstrahl und dem Einfallsloth in einer und derselben Ebene und bildet mit dem Einfallsloth genau den nämlichen Winkel wie der Einfallsstrahl, das Einfallsloth halbirt den Winkel zwischen diesen beiden Strahlen. Man nennt den Winkel zwischen Einfallsstrahl und Einfallsloth den Einfallswinkel, den zwischen reflektirtem Strahl und Einfallsloth Reflexionswinkel, beide sind also einander gleich, dieses ist in der obenstehenden Figur 22 versinnbildlicht.

Insbesondere ist hervorzuheben, daß Strahlen, welche senkrecht auf einen Spiegel auffallen, auf den Weg zurückgeworfen werden, den sie gekommen sind; sie gehen also zur Lichtquelle zurück.

297. Aus der Eigenschaft der Spiegel, Licht regelmäßig zu reflektiren, ergiebt sich, daß jede Spiegelstelle nur einen Strahl zurückwirft. Man sieht deshalb nicht eigentlich die Spiegel selbst an der reflektirenden Stelle, sondern vielmehr lediglich diejenigen Stellen des Raumes, in welchen sich die von ihnen zurückgeworfenen Strahlen wirklich

oder gehörig verlängert durchkreuzen, und diese brauchen nicht auf den Spiegeln selbst zu liegen. Diese Durchkreuzungsstellen nennt man die Spiegelbilder. Sie sind wirklich oder reell, wenn die Durch=kreuzung thatsächlich stattfindet, die Strahlen also nach der Reflexion ein=ander zugeneigt sind, nicht wirklich, virtuell oder imaginativ, wenn dieses nicht stattfindet, die Strahlen also nach der Reflexion von einander abgeneigt sind, aber eine Durchkreuzung in der Verlängerung der Strahlen nach rückwärts erfolgen würde (Art. 292). Reelle Bilder liegen deshalb stets vor den Spiegeln, virtuelle hinter den Spiegeln. Wir sehen also thatsächlich nicht die Spiegel, sondern Stellen vor ihnen oder hinter ihnen erleuchtet. Bilder aber sind diese Stellen von den Körpern, von welchen das Licht auf die Spiegel fällt. Man kann die reellen Bilder von den virtuellen leicht unterscheiden; denn weil die ersteren thatsächlich da sind, die anderen aber nicht, sondern nur in der Vorstellung, giebt es einfache Mittel, jene auch als solche Allen zugleich zu zeigen, wogegen diese unter keinen Umständen Allen zugleich sichtbar gemacht werden können. Bringt man nämlich dem Spiegel gegenüber in den Gang der reflektirten Strahlen einen Schirm, so kann man die wirklichen Bilder durch Hin= oder Herschieben des Schirmes, oder des Spiegels, oder der Lichtquelle mit Leichtigkeit auffinden. Sie erscheinen thatsächlich auf dem Schirm und können, da sie von diesem diffus reflektirt werden, von allen Seiten ge=sehen werden. Virtuelle Bilder dagegen lassen sich auf diese Weise niemals sichtbar machen. Man sieht nur einen verwaschenen Lichtfleck auf dem Schirm. Das aber haben die reellen Bilder mit den virtuellen gemein, daß man auch sie ohne Zuhülfenahme solcher diffuser Reflexionen, wie eben solcher von einem Schirm, nicht von allen Seiten sehen kann, sondern immer nur dann, wenn man in Richtung der im Bilde sich kreuzenden Strahlen blickt. Sobald man den Kopf aus diesen Strahlen herausbringt, schwindet das Bild vollständig. Sieht man es trotzdem, wie es manchmal geschieht, in der Luft schweben, so kommt das nur daher, weil in der Luft Staub= und Nebeltheilchen vorhanden sind, welche es diffus reflektiren, wie es der Schirm that. Ein virtuelles Bild kann aber auch auf diese Weise nicht zum Vorschein kommen.

298. Ferner zeigt eine einfache Ueberlegung, daß, wenn man das Bild eines Gegenstandes sieht — man sagt gewöhnlich den Gegenstand im Spiegel sieht —, man umgekehrt auch vom Gegenstande im Spiegel gesehen wird. Nie kann man im Spiegel von einem Orte aus gesehen werden, wenn man diesen Ort nicht auch selbst im Spiegel sieht. Zwei Personen können sich also nur gleichzeitig in einem Spiegel sehen; daß

eine die andere darin sieht, ohne daß sie zugleich darin von ihr gesehen wird, ist unmöglich. Dieses ist eine einfache Folge der geradlinigen Fortpflanzung des Lichtes und gilt für alle möglichen Spiegel. Ueberhaupt besteht vollständige Gegenseitigkeit zwischen Gegenstand und Bild. Betrachtet man das Bild als Gegenstand, so liegt sein Bild da, wo der Gegenstand sich befindet; dieser ist sein Bild.

299. Wir haben nun zu erwähnen, daß manche Spiegel das Licht in der That so reflektiren, daß Strahlen, welche von einem Punkte ausgehen, sich nach der Reflexion wirklich, oder nach rückwärts gehörig verlängert in einem Punkte schneiden. Solche Spiegel geben also von jedem leuchtenden Punkt wieder einen Punkt als Bild. Ist ein Gegenstand aus

Fig. 23.

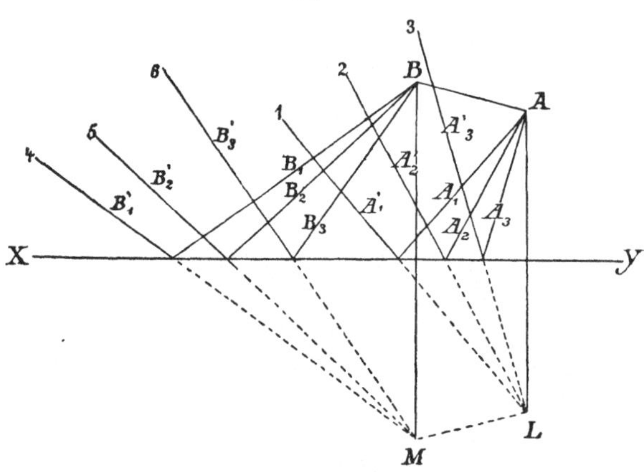

mehreren Punkten zusammengesetzt, so entwerfen sie von jedem Punkte ein Bild. Die Bildpunkte liegen dann vielfach gegen einander so, wie es die einzelnen Punkte des Gegenstandes thun. Sie bilden dann in der That ein Spiegelbild des ganzes Gegenstandes. Ob ein solches Bild reell oder virtuell ist, ob es kleiner oder größer als der Gegenstand ausfällt, ob es aufrecht steht oder verkehrt ist, dieses alles hängt ab von der Form des Spiegels und der Lage der Lichtquelle zu ihm und läßt sich in jedem Falle bei Vergegenwärtigung des obigen Reflexionsgesetzes mit Leichtigkeit entscheiden.

Ebene Spiegel geben stets aufrechtstehende virtuelle Bilder, welche genau ebenso weit hinter den Spiegeln zu liegen scheinen, als die Gegenstände sich vor ihnen befinden und genau ebenso groß sind wie die Gegenstände. Wir können das mit Leichtigkeit an der obenstehenden Figur 23 zeigen. A, B sind zwei leuchtende Punkte, jeder von ihnen sendet einen Strahlenkegel aus, der in der Figur, um nicht durch viele Linien zu verwirren, durch je drei Strahlen A_1, A_2, A_3, bezw. B_1, B_2, B_3 dargestellt ist. Die gerade Linie XY ist ein Durchschnitt durch den ebenen Spiegel. Die Strahlen des ersten Kegels geben die reflektirten Strahlen A'_1, A'_2, A'_3, die des zweiten die Strahlen B'_1, B'_2, B'_3, wobei diese reflektirten Strahlen nach dem Reflexionsgesetz mit dem Spiegeldurchschnitt XY genau dieselben Winkel bilden, wie die entsprechenden einfallenden Strahlen. Verlängert man die reflektirten Strahlen nach rückwärts, was durch die gestrichelten Linien ge= schehen ist, so sieht man, wie sich die Verlängerungen von A'_1, A'_2, A'_3 im Punkte L, die von B'_1, B'_2, B'_3, im Punkte M schneiden. Jene verlaufen also so, wie wenn sie von L, diese, wie wenn sie von M her= kämen. L ist hiernach das Bild von A, M das von B. Beide Bilder sind virtuell, sie liegen hinter dem Spiegel und man sieht auch, daß der Spiegel XY die Strecke von A nach L und die von B nach M halbirt. Die Bilder liegen also hinter dem Spiegel gerade den Gegenständen gegen= über; gesehen werden sie aber nur, wenn das Auge in Richtung der reflektirten Strahlen A'_1, A'_2, A'_3, bezw. B'_1, B'_2, B'_3 blickt. Es sieht dann von den beiden Punkten A, B, ihr Bild LM, welches dem Gegen= stande AB gegenüberliegt und ebenso groß ist wie dieser Gegenstand. Da der Spiegel nur diejenige Seite des Gegenstandes zeigt, welche ihm zugekehrt ist, sieht man auch, daß im Bilde Links und Rechts vertauscht sein müssen. Uebrigens erhellt aus der obigen Darstellung, daß man bei einem ebenen Spiegel die Lage der virtuellen Bilder sofort angeben kann, man fällt von jedem Punkte des Gegenstandes auf den Spiegel eine Senk= rechte und verlängert diese hinter dem Spiegel um ihre eigene Länge; der Endpunkt ist das Bild dieses Punktes. Auf diese Weise hätten wir die beiden Bildpunkte L und M auch finden können. Besteht die ganze Linie AB aus leuchtenden Punkten, so liegen alle Bilder dieser Punkte auf der Linie LM, diese Linie erscheint leuchtend, ist das Bild von AB. Aehnliches gilt von jedem beliebigen Gegenstand, man sieht ihn im ebenen Spiegel stets so, wie er selbst aussieht.

300. Von krummen Spiegeln nennt man diejenigen, deren Krümmung erhaben ist, konvexe, solche, deren Krümmung vertieft ist, konkave oder Hohlspiegel. Konvexe Spiegel geben stets virtuelle aufrechte und ver= kleinerte Bilder. Jeder kennt sie und ihre Wirkung, der sich in den in Gärten als Schmuckgegenstand aufgestellten spiegelnden Glaskugeln be= trachtet hat. Konkave Spiegel geben reelle Bilder sowohl als virtuelle. Sind diese Spiegel kugelförmig, so entstehen reelle Bilder, so lange der

Gegenstand dem Spiegel nicht näher gekommen ist als bis zur Hälfte seines Radius, anderenfalls sind die Bilder virtuell. Die reellen Bilder stehen verkehrt, auf dem Kopfe, die virtuellen aufrecht. Die virtuellen sind stets größer als der Gegenstand, die reellen nur dann, wenn der Gegenstand dem Spiegel näher ist als sein Mittelpunkt, ist er ihm ferner, so sind die Bilder kleiner. Der Abstand dieser Bilder von der Spiegelfläche variirt außerordentlich. In einem Falle befindet sich das Bild sogar in der Unendlichkeit, nämlich wenn der Gegenstand gerade in der Mitte zwischen dem Mittelpunkt des Spiegels und ihm selbst liegt. Ist dagegen der Gegenstand vom Spiegel unendlich fern, so schließen wir vermöge dessen, was wir oben über die Gegenseitigkeit zwischen Bild und Gegenstand gesagt haben, daß sein Bild in der Mitte zwischen dem Mittelpunkt des Spiegels und dem Spiegel selbst liegt. Nun sind Strahlen, welche aus unendlicher Ferne kommen, einander parallel, ebenso Strahlen, welche in unendliche Ferne gehen. Nach der Reflexion schneiden sich also parallele Strahlen an derselben Stelle, von welcher sie ausgehen müssen, wenn sie durch die Reflexion als parallele Strahlen zurückgesandt werden sollten. Diese Stelle heißt der Brennpunkt des Spiegels. Strahlen, welche vom Brennpunkt ausgehen, verlaufen nach der Reflexion parallel, Strahlen, welche parallel ankommen, durchkreuzen sich im Brennpunkt. Diese Bestimmung des Brennpunktes gilt für alle möglichen Spiegel, ob sie kugelförmig vertieft sind, oder parabolisch, ellipsoidisch u. s. f., sie gilt auch für konvexe Spiegel, nur ist der Abstand vom Spiegel je nach der Form des Spiegels immer in anderer Weise bestimmt. Der Brennpunkt kann auch virtuell sein, indem er hinter dem Spiegel liegt. Bei dem kugelförmigen Konkavspiegel liegt er, wie oben angegeben, um den halben Radius vor dem Spiegel, bei kugelförmigen Konvexspiegeln um den halben Radius hinter dem Spiegel, so daß er bei diesen nicht reell ist, bei parabolischen und elliptischen Spiegeln liegt er im geometrischen Brennpunkt, beim ebenen Spiegel liegt er in der Unendlichkeit.

Die Sonne ist von uns so weit entfernt, daß ihre Strahlen fast als genau parallel angesehen werden können. Ihre Strahlen vereinigen sich also stets im Brennpunkt des Spiegels. Ebene Spiegel reflektiren sie hiernach parallel zurück, konvexe zerstreuen sie so, daß sie sich rückwärts verlängert hinter ihnen (wenn sie voll sind, in ihnen) in der Mitte zwischen Spiegel und Spiegelmittelpunkt schneiden und dort ein unendlich kleines virtuelles Bild zu erzeugen scheinen. Konkave Spiegel vereinigen sie thatsächlich vor sich in einem Punkt in der Mitte zwischen ihnen und ihrem

Mittelpunkt, dort schneiden sich alle reflektirten Sonnenstrahlen zu einem reellen Bilde, und wenn man da einen Schirm hinhält, bekommt man einen äußerst hellen Lichtfleck, der aus Gründen, die wir später noch kennen lernen werden, so große Hitze zeigt, daß er zünden und bei genügender Größe des Spiegels sogar die feuerfestesten Substanzen schmelzen und verflüchtigen kann. Daher der Name des Vereinigungsortes als Brennpunkt.

301. Spiegel dienen häufig, um Licht an einen Ort zu werfen, wo sonst keines hinkommt. Man sieht, daß man dazu nur ebene und konkave Spiegel brauchen kann; die konvexen zerstreuen das Licht, statt es zusammenzuhalten und womöglich zu verdichten. Beleuchtungsspiegel sind deshalb ausschließlich eben oder konkav. Will man ferner an einen Ort möglichst viel Licht konzentriren, so wählt man konkave Spiegel. Im Uebrigen hängt die Lichtmenge, die konzentrirt wird, von der Stellung des Spiegels und von seiner Fläche ab, worauf aber nicht näher einzugehen ist, da die Theorie nicht einfach genug ist, praktisch aber Jeder sich die günstigste Stellung und Größe des Spiegels leicht ausprobiren kann. Ferner bedient man sich der Konkavspiegel, um Licht zusammengehalten in große Fernen zu senden, z. B., um das Landläufigste nicht erst anzuführen, in den Leuchtthürmen. Man stellt derartige Spiegel hinter die Flamme so, daß diese im Brennpunkt sich befindet, die Strahlen werden parallel aus dem Thurm herausgesandt und bleiben also in weiten Fernen noch bei einander, so daß das Licht auch sehr weit gesehen werden kann. Doch hat man hierfür jetzt andere sicherer wirkende Einrichtungen. Endlich dienen Spiegel thatsächlich dazu, um Bilder von Gegenständen zu entwerfen, an denen man die äußere Beschaffenheit der Gegenstände betrachten kann. Alle Spiegel unserer Zimmer haben nur diesen Zweck; da man sich selbst nicht gut betrachten kann, sieht man in den Spiegel, dort hat man sein Ebenbild unmittelbar vor sich und kann es beliebig besichtigen. Aehnlichem Zwecke dienen die Spiegel, welche in gewissen, zur Beobachtung der Himmelskörper dienenden, als Spiegelteleskope bezeichneten, Fernrohren angebracht sind. Sie entwerfen Bilder dieser Himmelskörper, die man mit dem Auge oder mit besonderen Hülfsmitteln, die wir bald kennen lernen werden, untersucht.

302. Die Bilder, welche Spiegel entwerfen, sind durchaus von deren Form abhängig; manche lassen so verzerrte Bilder entstehen, daß, wer in sie hineinsieht, vor sich selbst erschrickt, und, wenn er sich an die Scheußlichkeit gewöhnt hat, darüber lachen muß. Auf den Jahrmärkten findet man oft Buden, die als Lachkabinets bezeichnet werden; sie sind

mit solchen Spiegeln ausgestattet, welche die tollsten Abbildungen der Gegenstände geben. Kombinirt man ferner mehrere Spiegel mit einander, so kann man das Licht hinbringen, wohin man will, und Bilder beliebig zu neuen Bildern zusammenstellen. Die Damen benutzen zwei im Winkel oder einander gegenüber gestellte Spiegel, um auch von der Rückseite ihrer Frisur oder ihrer Toilette eine Anschauung zu gewinnen. Allen bekannt werden auch die Kaleidoskope sein, welche aus Röhren bestehen, die mehrere im Winkel gegen einander gestellte Spiegel und bunte Glasstücke enthalten. Diese bilden sich in allen Spiegeln ab und die Bilder setzen sich zu schönen, sehr symmetrischen Gebilden zusammen. Auch Gespenster= erscheinungen werden mit Spiegeln hervorgebracht.

Nicht immer auch giebt ein Spiegel von einem leuchtenden Punkt als Bild wieder einen leuchtenden Punkt, dieses ist sogar streng genommen kaum je der Fall. Meist ist das Bild eines leuchtenden Punktes eine leuchtende Fläche, die man als Brennfläche bezeichnet und deren Schnitt mit einer Ebene eine Brennlinie giebt. Man sieht solche Brennlinien z. B. am Boden eines Glases Wasser, wenn man es in geeigneter Weise gegen das Licht hält, oder wenn man ein Blech cylinderförmig biegt und mit der konkaven Seite dem Lichte zugewandt auf den Tisch stellt u. s. f. Was wir als Bild des leuchtenden Punktes sehen, ist hiernach das Stück der Brennfläche, von dem aus Strahlen in unser Auge gelangen, so daß dieses Bild je nach der Stellung des Auges sehr verschiedene Lage und Helligkeit haben kann. Doch hat diese Brennfläche in den praktisch wichtigen Fällen einen Punkt, der besonders hell ist, und dieser Punkt wird vor= nehmlich als der Bildpunkt des leuchtenden Punktes bezeichnet. Da aber immerhin auch die anderen Punkte der Brennfläche mit wirksam sind, sind die Bilder, mit Ausnahme der von ebenen Spiegeln entworfenen, auch aus diesem Grunde ihren Gegenständen nicht immer ähnlich genug und oft sehr verwaschen und undeutlich. Die Undeutlichkeit steigt noch, wenn das Licht in breiten Massen auf den Spiegel trifft.

303. Wir haben diese Verhältnisse genauer dargelegt, weil Spiegel in Jedermanns Händen sich befinden, der Leser also Alles leicht kontrolliren kann. Dann jedoch auch, weil damit ein großer Theil dessen, was noch weiter zu sagen ist, soweit vorweggenommen ist, daß es immer nur gewisser Hinweise bedürfen wird.

Wenn der Leser jedoch noch fragen will, wie eigentlich dunkle Gegen= stände oder dunkle Stellen in Gegenständen abgebildet werden, da sie doch keine Strahlen, die zu reflektiren wären, aussenden, so lautet die einfache

Antwort: Dadurch, daß ihre helle Umgebung abgebildet wird, sie er=
scheinen als Aussparungen in den Bildern der hellen Umgebung, so daß
es aussieht, als ob sie selbst abgebildet wären.

5. Brechung, optische Apparate.

a) Gesetze der Brechung.

304. Nicht alles Licht, welches auf einen Körper auffällt, wird von
diesem zurückgeworfen. Ein Theil des Lichtes wird auch von den Körpern
durchgelassen. Auch dieser Theil ist bei den verschiedenen Körpern ver=
schieden groß. Diejenigen Körper, welche viel Licht durchlassen, nennen
wir durchsichtig; diejenigen, welche nur wenig durchlassen, durch=
scheinend. Undurchsichtig sind solche Körper, durch welche gar kein
Licht dringen kann. Das durch die Körper durchgehende Licht bewirkt,
daß man durch sie hindurchsehen kann. Es geht jedoch nicht in die Körper
hinein und kommt auch nicht aus ihnen heraus, ohne eine gewisse Ver=
änderung zu erfahren. Jeder Lichtstrahl geht nämlich in einen Körper
nur dann ohne Veränderung hinein (und dieses auch nicht immer), wenn
er auf seine Oberfläche genau senkrecht auffällt. Sobald er aber aus
einem Körper in einen anderen schräg eindringt, wird er von seinem
Wege abgelenkt, er erleidet an der Oberfläche einen Knick und setzt innerhalb
des Körpers seinen Weg in anderer Richtung fort, als er angekommen
ist. Dieses nennt man die Brechung oder Refraktion des Lichtes.
Wenn die Oberfläche des Körpers rauh ist, so ist mit der Brechung
zugleich wie im gleichen Falle bei der Reflexion eine Zerstreuung des
Lichtes nach allen Richtungen verbunden, die Brechung ist eine diffuse und
die brechende Fläche wirkt ihrerseits bei der Beleuchtung anderer Körper
wie eine selbstleuchtende Fläche. Wenn dagegen die Fläche glatt oder
polirt ist, geschieht die Brechung regelmäßig wie die Spiegelung, jedem
einfallenden Strahl entspricht nur ein gebrochener.

305. Eine Brechung an einer Fläche tritt nur dann ein, wenn diese
Fläche zwei Substanzen von einander scheidet, innerhalb deren das Licht
sich mit verschiedenen Geschwindigkeiten fortpflanzt. Das Verhältniß der
Lichtgeschwindigkeit in der einen Substanz zu der Lichtgeschwindigkeit in
der anderen ist entscheidend für die Größe der Brechung. Ein Strahl
wird beim Uebergang aus der ersten Substanz in die zweite um so mehr
von seinem Wege abgelenkt, je verschiedener diese Lichtgeschwindigkeiten
sind, je mehr also jenes Verhältniß von 1 abweicht. Es kann sogar
vorkommen, daß diese Ablenkung so groß ist, daß der einfallende Lichtstrahl,

wenn er zu schräg ankommt, in die erste Substanz zurück hinein gelenkt wird, daß er also gar nicht in die zweite Substanz eindringt. Es wird alsdann alles Licht reflektirt, und die in dieser Weise spiegelnde Fläche erscheint ganz besonders hell und vollkommen undurchsichtig. Dieses nennt man die **vollständige** oder **totale Reflexion**.

306. Da man von der brechenden Eigenschaft der Körper fast ausschließlich in der Luft Gebrauch macht, bezieht man die Lichtgeschwindigkeit in den verschiedenen Substanzen auf diejenige in der Luft, man nennt die Lichtgeschwindigkeit in der Luft dividirt durch die Lichtgeschwindigkeit in irgend einer Substanz den **Brechungsquotienten der Substanz**. Beispielsweise ist der Brechungsquotient für Wasser $1\frac{1}{3}$, d. h. in Luft breitet sich das Licht $1\frac{1}{3}$ mal rascher aus als in Wasser. Für Diamant ist die entsprechende Zahl $2\frac{1}{2}$, für Glas $1\frac{4}{10}$ bis $1\frac{7}{10}$ u. s. f.

307. Man hat nun für die Brechung folgende Gesetze gefunden. Zunächst liegt der einfallende Strahl mit dem Einfallsloth und dem gebrochenen Strahl genau in derselben Ebene. Dieses entspricht den Verhältnissen der Reflexion. Ferner zeigt sich, daß, wenn der einfallende Strahl in einen Körper übergeht, in welchem das Licht sich mit geringerer Geschwindigkeit ausbreitet, welches also den größeren Brechungsquotienten hat, der gebrochene Strahl von der brechenden Fläche abgelenkt wird, daß er dagegen der Fläche zu gebrochen wird, wenn das Umgekehrte stattfindet, die zweite Substanz also den kleineren Brechungsquotienten aufweist. Dasselbe besagt die Angabe, daß der Strahl in der zweiten Substanz der Verlängerung des Einfallsloths in dieser Substanz im ersten Fall zugelenkt, im zweiten von ihm mehr abgelenkt wird. Daraus erklärt sich, warum ein Lineal schräg in Wasser gesteckt in der That geknickt, der Boden einer Wassermasse erhöht erscheint und Gegenstände in einem mit Wasser gefüllten Gefäß sichtbar werden, die sonst vom Rand schon verdeckt sind.

308. Hieraus ist ferner zu ersehen, daß die vorhin erwähnte totale Reflexion nur an einer Fläche geschehen kann, wo das Licht in eine Substanz mit größerer Lichtgeschwindigkeit, also kleinerem Brechungsquotienten, eintreten soll, z. B. beim Uebergang von Wasser oder Glas in Luft, von Diamant in Luft oder Wasser oder Glas u. s. f., nie aber, wenn es umgekehrt in eine Substanz mit größerem Brechungsquotienten überzugehen hat. Uebrigens tritt die totale Reflexion auch im ersten Falle nicht unter allen Umständen ein, sondern nur, wenn die Neigung der einfallenden Strahlen gegen die Fläche unter einen gewissen Werth sinkt. Für den Uebergang des Lichts von Wasser in Luft ist diese Grenzneigung

etwa 42 Grad; sind die im Wasser ankommenden Strahlen um mehr als 42 Grad gegen die trennende Fläche geneigt, so gehen sie noch in Luft über, sobald aber die Strahlen auf die Fläche unter einem kleineren Winkel als 42 Grad auftreffen, prallen sie vollständig zurück, die Wasser= fläche sieht silberglänzend aus und ist völlig undurchsichtig. Man sieht manchmal in einem Glase oder einer Karaffe mit Wasser Luftblasen, die wie Silber glänzen; das sind Stellen, an denen das Licht total reflektirt wird, weil es zu schräg gegen ihre Fläche auftrifft. Für den Uebergang aus Glas in Luft ist der nämliche Grenzwinkel für die Neigung gegen die Trennungsfläche etwa 50 Grad.

309. Auch die Größe der Ablenkung der Strahlen beim Uebergang aus einem Körper in einen anderen läßt sich genau angeben. Es ist nämlich das Verhältniß der Entfernungen gleichliegender Punkte des ein= fallenden Strahles und des gebrochenen von dem Einfallslothe bezw. von dessen Verlängerung für alle beliebigen, wie schräg oder wie steil auf= fallenden Strahlen, immer das nämliche, und zwar gleich dem umgekehrten Verhältniß der entsprechenden Brechungsquotienten. Wir wollen das wieder an einer Figur, 24 auf der folgenden Seite, zeigen. XY ist die als krumm angenommene brechende Fläche, $A_1 A_2$ sind zwei auffallende Strahlen, $A'_1 A'_2$ die gebrochenen, N ist der Auftreffpunkt, NL das Einfallsloth, NL' das verlängerte Einfallsloth. Es ist in der Figur angenommen, daß der Brechungsquotient n' der unteren Substanz größer ist als derjenige n der oberen. Deshalb sind $A'_1 A_2$ dem Lothe NL' zu gebrochen, so daß der Brechungswinkel bei beiden Strahlen kleiner ist als der Einfallswinkel. Ferner sind auf dem ersten einfallenden Strahl A_1 und seinem gebrochenen Strahl A'_1 zwei sonst beliebige Punkte B_1, B' angenommen, die gleich weit vom Auftreffpunkt N abstehen, $B_1 C_1$ und $B'C'_1$ sind ihre Entfernungen von dem Einfallsloth und seiner Ver= längerung. Ebenso sind B_2 und B'_2 zwei beliebige Punkte auf dem zweiten Strahl und seinem gebrochenen Strahl, die wieder beide vom Auftreffpunkt N gleich weit abstehen, und es sind $B_2 C_2$ bezw. $B'_2 C'_2$ deren Entfernungen vom Einfallsloth und seiner Verlängerung. Wir haben dann $\dfrac{B_1 C_1}{B'_1 C_1} = \dfrac{n'}{n}$ ebenso $\dfrac{B_2 C_2}{B'_2 C_2} = \dfrac{n'}{n}$ und so fort für jeden beliebig einfallenden und zugehörigen gebrochenen Strahl. Wir können das nämliche Gesetz auch noch anders ausdrücken. Nimmt man auf dem einfallenden Strahl irgend einen Punkt und auf dem zugehörigen gebrochenen einen anderen, welcher genau so weit vom Einfallsloth absteht wie jener Punkt, so stehen die Entfernungen beider Punkte von ihrem

Auftreffpunkte oder die Strahlenlänge bis zum Auftreffpunkte in dem nämlichen Verhältniß zu einander, wie die Brechungsquotienten, wie schräg oder steil der Strahl auch auffallen mag. In der Figur 24 sind für den Strahl A_1 und seinen gebrochenen A'_1 die Punkte D_1 und D'_1 solche zusammengehörige, indem $D_1 E_1 = D'_1 E'_1$ gemacht ist; ebenso im Strahl A_2 und seinem gebrochenen A'_2 die Punkte D_2 und D'_2, weil $D_2 E_2 = D'_2 E'_2$ gewählt ist. Wir haben alsdann $\dfrac{D_1 E_1}{D'_1 E'_1} = \dfrac{n}{n'}$ und ebenso $\dfrac{D_2 E_2}{D'_2 E_2} = \dfrac{n}{n'}$ und überhaupt für alle beliebigen Strahlen.

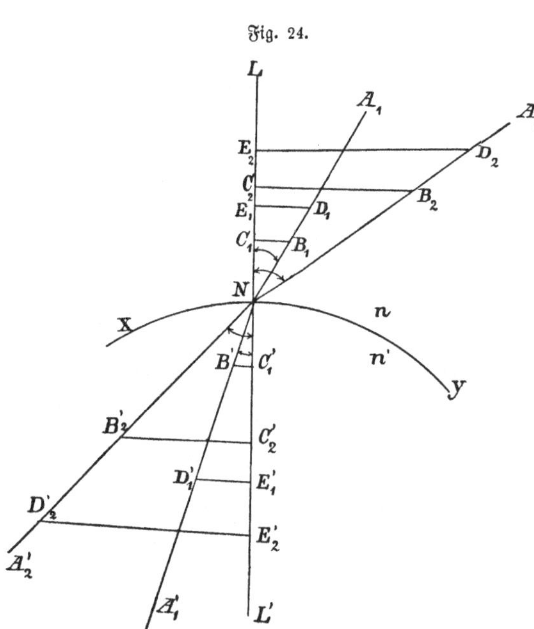

Fig. 24.

Endlich will ich noch sagen, daß die Mathematiker das nämliche Gesetz auch so fassen: Der Sinus des Einfallswinkel dividirt durch den des Brechungswinkels ist gleich dem Brechungsquotienten der Substanz, in welcher der Strahl gebrochen wird, dividirt durch den Brechungsquotienten der Substanz, in welcher er ankommt. Der Leser kann sich nun diejenige Fassung aussuchen, die ihm am klarsten ist und seiner Vorstellung am meisten entspricht. Alle besagen gar nichts anderes, als daß der einfallende und gebrochene Strahl in den beiden Substanzen in gleichen Zeiten Wege zurücklegen, welche sich so verhalten wie ihre Geschwindigkeiten in diesen beiden Substanzen und zur Zurücklegung gleicher Wege Zeiten brauchen, welche den Geschwindigkeiten umgekehrt entsprechen. Das wird dem Leser ganz selbstverständlich erscheinen. Die mathematischen Gleichungen sind nur bequemer, wenn man die den einfallenden Strahlen zugehörigen gebrochenen wirklich zeichnen will. Man benennt dieses Brechungsgesetz als das Snellius'sche, weil es von einem (holländischen) Naturforscher Namens Snellius gefunden worden ist.

310. Nachdem ein Lichtstrahl beim Eintritt in einen anderen Körper gebrochen ist, setzt er seinen Weg in der neuen Richtung durch diesen Körper fort, bis er wieder auf die begrenzende Oberfläche trifft und an dieser aus dem Körper wieder austritt. Dabei erleidet er eine neue Brechung; kommt er an eine dritte Fläche, so erfährt er abermals eine Brechung u. s. f. So wird ein Lichtstrahl an jeder Fläche, in der er aus einer Substanz in eine andere tritt, immer wieder gebrochen und kann auf diese Weise eine beliebige Anzahl von Brechungen durchmachen. Auch dann, wenn er innerhalb der nämlichen Substanz zwar bleibt, aber Theile derselben durchsetzt, die vom Licht nur mit verschiedenen Geschwindigkeiten durchzogen werden können, erfährt er Brechungen, ganz so, wie wenn er durch verschiedene Substanzen gekommen wäre.

Wir wissen z. B., daß die Luft in den höchsten Schichten am dünnsten ist und nach der Erdoberfläche hin stetig an Dichtigkeit zunimmt. Mit der Dichtigkeit aber variirt auch die Geschwindigkeit des Lichts in den einzelnen Schichten. Deshalb werden die Strahlen der Sonne und überhaupt aller Gestirne beim Durchgang durch die Luft, wenn sie diese nicht gerade senkrecht durchsetzen, fortwährend gebrochen, da die verschiedenen Schichten der Luft stetig in einander übergehen. Die Strahlen werden so zu krummen Linien und zwar kehren diese ihre hohle Seite nach unten. Gelangen sie in das Auge eines Menschen, so beurtheilt dieser die Lage des Himmelskörpers nach der Richtung des letzten Stückes dieser Strahlen. Der Körper scheint ihm darum höher über dem Horizont zu stehen als es thatsächlich der Fall ist. Darum sehen wir z. B. die Sonne schon ehe sie aufgegangen ist, und wir sehen sie noch, nachdem sie bereits untergegangen ist.

Ferner erhellt, daß wir durch solche krumme Strahlen auch manchmal Gegenstände werden sehen können, die wir, weil sie zu fern sind, auf geradem Wege überhaupt nicht sehen sollten. Solche krumme Strahlen, die von Gegenständen der Erde in die Luft hineingehen und dort unter Umständen so gebrochen und reflektirt werden, daß sie zu anderen Stellen der Erde zurückbiegen, verursachen die Erscheinungen der Fata Morgana in ihren verschiedenartigen Gestaltungen. Wie schon bemerkt, sucht das Auge die Gegenstände immer in derjenigen Richtung, welche die Strahlen unmittelbar bei ihrem Eintritt in das Auge hatten, also nicht in Richtung des ganzen krummen Strahles, sondern in derjenigen des letzten Stückes.

Daher sieht es durch solche gekrümmte Strahlen die Gegenstände, von denen die Strahlen ausgegangen sind, an ganz anderer Stelle als an derjenigen, wo diese sich befinden, nämlich oft am Himmel verkehrt schweben oder an Wolken u. s. f., wodurch die Gespensterhaftigkeit der Erscheinung noch ausdrucks= voller hervortritt. Man kennt ja die Schilderungen der Wüstenreisenden von Fata Morgana=Erscheinungen, die ihnen die wunderbarsten Gegenstände vor= gespiegelt haben.

311. Durch Brechung können Lichtstrahlen ganz ebenso wie durch Spiegelung zur Durchkreuzung oder zur Anhäufung an bestimmten Stellen gebracht werden. Die Brechung wird also gleichfalls zur Entstehung von Bildern Veranlassung geben, und man wird durch solche gebrochene Strahlen wieder im Allgemeinen nicht die brechenden Flächen, sondern andere Stellen, diejenigen nämlich, in denen die Bilder entstehen, leuchtend sehen. Die Be= trachtungen hierfür sind ganz die nämlichen, die wir bereits in Art. 295 ff. angestellt haben. Ob solche Bilder entstehen oder nicht, ob diese Bilder reell sind oder virtuell, ob sie den Gegenständen ähnlich sind oder nicht, ob sie größer oder kleiner wie die Gegenstände, oder gleich groß sind, ob sie aufrecht stehen oder verkehrt, alles dieses hängt wieder von der Form der brechenden Flächen und der Lage der abzubildenden Gegen= stände ab.

Gewöhnlich werden zur Herstellung von Bildern durchsichtige Körper (z. B. Glas) gewählt, welche von Kugelstücken (erhabenen oder hohlen) begrenzt sind, weil solche sich am leichtesten mit genügender Regelmäßigkeit herstellen lassen und geeignet sind Bilder hervorzubringen, welche den Gegenständen hinlänglich ähnlich sind. Die hier in Frage kommenden Apparate sind die Brillen, Lupen, Fernrohre, Mikroskope, Operngläser, Photographischen Kammern (Camera obscura) u. s. f.

b) Das Auge.

312. Wir besprechen jedoch zuerst einen Apparat, den jeder in zwei Exemplaren mit sich herumführt, und der uns besonders die Unendlichkeit der Welt und die Allmacht ihres Schöpfers staunend erkennen läßt, das Auge. Es ist eine Kugel, Augapfel, von einer dicken Haut gebildet (Sclerotica genannt), welche vorne durchsichtig ist und dort Hornhaut (cornea) heißt. Hinter der Hornhaut kommt eine mit der wässerigen Flüssigkeit (humor aqueus) ausgefüllte Kammer. Diese reicht bis zu der Regenbogenhaut (Iris). Letztere bildet einen Ring, innerhalb dessen eine Oeffnung, die Pupille, vorhanden ist. Unmittelbar hinter

dieser Oeffnung liegt ein durchsichtiger knorpeliger, von zwei Stücken von Kugelflächen begrenzter Körper, die Linse (lens oder crystallinum). Darauf folgt die das Uebrige ausfüllende Substanz, der gallertartige Glaskörper (humor vitreus). Im Inneren austapezirt ist das Auge mit verschiedenen Häuten, namentlich der das Adersystem enthaltenden Aderhaut und der das Nervengeflecht beherbergenden Netzhaut (retina). Auf der Retina gehen die Nervenfasern in eigenartige Gebilde aus, die als Stäbchen und Zäpfchen bezeichnet werden; erstere liegen nach vorn, letztere sind zwischen ihnen zerstreut. Außerdem ist daselbst der sogenannte Sehpurpur vorhanden, eine Substanz, die lichtempfindlich wie eine photographische Platte ist und über deren Rolle beim Sehen völlige Klarheit noch nicht herrscht. Die Nerven sammeln sich zu einem dicken Strang, der den Sehnerven (nervus opticus) bildet und den Augapfel durchzieht, um nach dem Gehirn zu gehen. Das Auge ist durch viele an seine Außenseite geheftete Muskeln, welche zu den umgebenden Knochen führen, nach allen Richtungen drehbar. In Figur 25 auf der folgenden Seite ist ein Durchschnitt durch ein menschliches Auge dargestellt.

S ist die Sclerotica, C die Hornhaut, A die vordere Augenkammer, V die hintere, I die Iris, P die Pupille, L die Linse, R die Retina, N der Sehnerv, Ch die Aderhaut, Cl die Augenaxe, l die Stelle deutlichsten Sehens auf der Retina.

Beide Augen sind gleich gebildet, ihre Nervenstränge durchkreuzen sich, so daß der rechte Optikus links, der linke rechts in das Gehirn dringt. Alles in dem Auge, von der Hornhaut bis zur Retina, ist durchsichtig und von kugelförmigen Flächen begrenzt. Die Natur hat nun die Brechungsverhältnisse von Hornhaut, wässeriger Feuchtigkeit, Linse, Glaskörper so angeordnet, daß Strahlen, welche von Punkten der Außenwelt ausgehen, und in das ihnen zugewandte Auge dringen, innerhalb des Auges oder nicht weit hinter ihm wieder in Punkten zu Bildern dieser Gegenstände sich vereinigen bezw. vereinigen würden.

Das Zuwenden des Auges geschieht durch Drehen des Auges selbst oder des Kopfes, meist durch beides. Wir richten uns dabei immer so ein, daß die ankommenden Strahlen bei beiden Augen gerade auf die Pupille zugehen, die Strahlen kommen dann nahezu in der Richtung der Augenaxen an. Sodann passen wir durch Bewegen gewisser Muskeln die Form des Auges der Entfernung der Gegenstände in der Weise an, daß die Bilder in beiden Augen gerade auf die Retina fallen, und zwar auf eine bestimmte Stelle (1 in der Figur) der Retina unterhalb der Eintrittsstelle des Sehnerven. (Diese Eintrittsstelle selbst ist blind; Licht, welches auf diese fällt, wird nicht wahrgenommen, sie heißt deshalb der blinde Fleck.) Alsdann sehen wir die Gegenstände deutlich, indem ihre Bilder die Nerven der Retina er=regen und die Erregung vermittelst des nervus opticus bis zum Gehirn fort=gepflanzt wird.

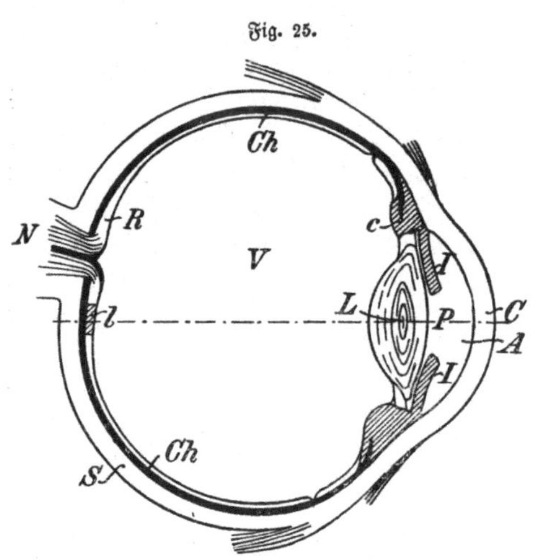

Fig. 25.

Das Auge kann in seiner Thätigkeit genau so er=schlaffen, wie jedes andere Organ, die Erschlaffung tritt um so rascher ein, je größer die Beanspruchung, also je heller das zu sehende Objekt ist. Das Auge ist dann geblendet und sieht ein Negativ vom Gegenstande, das unter Umständen auch bei geschlossenem Auge zum Vorschein kommt und in wunderbaren Farben glänzt. Das sind die Nachbilder, die auch durch schwachleuchtende Gegenstände ent=stehen, wenn das Auge völlig ausgeruht, also besonders empfindlich ist. Was man entoptische Bilder nennt, verdankt seine Entstehung den fortwährenden Einwirkungen, denen das Auge durch das circulirte Blut, den wechselnden Druck der inneren Muskeln (z. B. an der Pupille) u. s. f. ausgesetzt ist, wodurch, da der Sehnerv auf jeden Reiz mit der Empfindung Licht antwortet, der Eindruck schwebender Lichtmassen entsteht, wenn man das Auge schließt. Diese inneren Lichtmassen heißen das Eigenlicht des Auges, sie sind rein subjektiv, können also keineswegs äußere Gegenstände sichtbar machen, was für diejenigen gesagt sei, die sich vielleicht erinnern, daß bei den Griechen für das Sehen auch die Theorie bestand, daß das Auge die Gegenstände wie eine Laterne beleuchtet. Irradiation endlich ist die Erscheinung, daß helle Gegenstände größer aussehen, wie gleich große dunkle, sie entsteht vermuthlich dadurch, daß gereizte Nervenelemente auch die nicht gereizten ihrer Nachbarschaft in Mitleidenschaft ziehen.

313. Die Bilder auf der Retina sind verkehrt und sehr klein im Verhältniß zu den Gegenständen. Die Aufrichtung, Vergrößerung und

Verlegung in die Gegenstände selbst, oder, falls die Strahlen krummlinig ankommen, dahin, wohin die Richtung der Strahlen unmittelbar am Auge hinweist, jedenfalls aber in die Außenwelt, so, als ob die Bilder Gegen= stände und die Gegenstände Bilder wären, ist ein seelischer Vorgang, von dessen Natur, wie von der Natur überhaupt aller Empfindungen, wir nichts wissen. Das Bild giebt den Reiz, die Empfindnng ist das Sehen. Doch sehen wir um so richtiger, je mehr wir bereits gesehen haben und durch die anderen Sinne unser Sehen haben kontrolliren können.

Das Vermögen der Anpassung des Auges an Entfernungen nennt man dessen Akkomodationsfähigkeit. Es ist für diese Fähigkeit ganz gleich, ob die Strahlen von wirklichen Gegenständen herkommen oder von Bildern von solchen. Nicht das einmal macht einen Unterschied, ob die Bilder reell oder virtuell sind, einzig das ist entscheidend, wo die Strahlen wirklich oder gehörig verlängert zusammenlaufen.

314. Die Akkomodation ist immer mit einer gewissen Anstrengung verbunden, wie Jeder sofort merkt, sobald er einen Gegenstand deutlich sehen will, den er sonst nicht hinreichend scharf sieht. Die Entfernung von Gegenständen, die man ohne fühlbare Anstrengung deutlich sieht, nennt man die natürliche Sehweite. Diese natürliche Sehweite beträgt etwa 25 Centimeter, d. h. Gegenstände in der Entfernung von 25 Centimeter sieht ein normales Auge ohne besondere Akkomodation. Von Gegenständen, welche ferner sind, entsteht bei gleicher Stellung des Auges ein Bild vor der Netzhaut, von solchen, welche näher sich befinden, eines hinter der Netzhaut. Im ersten Fall gehen die Strahlen vor der Netzhaut bereits wieder auseinander, im zweiten laufen sie erst hinter der Netzhaut zusammen.

Jeder Punkt eines Gegenstandes giebt nun einen Strahlenkegel, der im Auge zu einem neuen Strahlenkegel gebrochen wird, dessen Spitze eben das Bild dieses Punktes ist. Trifft dieser Kegel vorher die Netzhaut, also ehe seine Strahlen im Bilde sich bereits durchkreuzt haben, oder trifft er die Netzhaut, nachdem dieses bereits geschehen ist, so beleuchtet er sie nicht in einem Punkt, sondern in einer Fläche. Jeder Punkt sieht also wie eine kleine Fläche aus, giebt einen Zerstreuungskreis, und indem diese Kreise sich im Bilde vom ganzen Gegenstande über einander decken, entsteht auf der Netzhaut ein undeutliches und verwaschenes Bild. Da man nun alles so sieht, wie es auf der Netzhaut abgebildet ist, erscheint der Gegenstand undeutlich und verwaschen.

315. Hier hilft also die Akkomodation aus. Sie geht darauf aus, zu bewirken, daß alle Lichtkegel so gebrochen werden, daß ihre Spitzen

genau auf die Netzhaut fallen. Dieses ist für Entfernungen außerhalb der natürlichen Sehweite im Allgemeinen leichter, als für solche innerhalb derselben. Für Gegenstände, die dem Auge allzu nahe sind, ist die Akkomodation sogar ganz unmöglich. Jeder kann sich leicht davon über= zeugen. Indessen sind die Grenzen der Akkomodationsfähigkeit auch ab= hängig von der Beschaffenheit des Auges; manche Augen entwerfen die Bilder der Gegenstände so weit vor der Netzhaut, andere wieder so weit hinter derselben, daß es bereits erheblicher Akkomodation braucht, sie auf die Netzhaut zu bringen; und da ein Bild an sich schon um so mehr vor der Netzhaut liegt, je weiter, und um so mehr hinter der Netzhaut, je näher der Gegenstand dem Auge ist, so reicht manchmal alle Akkomodation nicht aus, um das Bild auf die Netzhaut zu versetzen. Im ersten Fall sieht das Auge entfernte, im zweiten nahe Gegenstände undeutlich und verwaschen, es ist im ersten Falle kurzsichtig, im zweiten weitsichtig.

Diesem Mangel der Augen helfen wir durch Brillen ab. Brillen entwerfen von den Gegenständen Bilder in Entfernungen, auf welche das Auge zu akkomodiren vermag. Das Auge betrachtet also durch Brillen nicht die Gegenstände selbst, sondern deren von diesen hergestellte Bilder, ob diese wirklich zu Stande kommen oder nicht, macht dabei keinen Unter= schied. Die Brillen sind verschieden stark, was von der Krümmung ihrer Gläser abhängt; das heißt die Entfernungen, in denen ihre Bilder vor dem Auge liegen, sind verschieden groß. Man wählt sich diejenige Brille, bei deren Benutzung das Auge zum gewöhnlichen Sehen am wenigsten zu akkomodiren hat. Brille und Auge sind ein optischer Apparat, so, als ob das Auge mit noch einem brechenden Körper versehen wäre.

316. Man nennt den Winkel, unter welchem zwei von zwei Punkten ausgehende Strahlen an der Pupille des Auges sich schneiden, den Gesichtswinkel für den Abstand zwischen den beiden Punkten. Er ist um so kleiner, je kleiner der Abstand zwischen den beiden Punkten ist und je weiter sie vom Auge entfernt sind. Nun lehrt die Erfahrung, daß wir Strahlen nur dann als von einander gesondert aufzufassen vermögen, wenn ihr Winkel nicht unter einen gewissen Werth sinkt, etwa eine Bogenminute (eine Haaresbreite in deutlicher Sehweite), sonst fallen für uns die Strahlen zusammen, so, als ob sie nur von einem Punkte kämen. Wir vermögen deshalb Punkte, deren Strahlen am Auge Winkel bilden, die unterhalb jener Grenze liegen, nicht mehr von einander zu trennen, wir sehen sie zu= sammen als einen Punkt. Daraus folgt, daß wir an jedem Gegenstande nur diejenigen Punkte getrennt auffassen, von denen uns Strahlen zugehen, die am Auge stärker geneigt sind, als jenem kleinsten Gesichtswinkel entspricht.

Von der Unterscheidung zwischen den einzelnen Punkten hängt aber die Er=
kennung der Beschaffenheit des Gegenstandes ab. Wir werden deshalb von
einem Gegenstande um so weniger von seiner Struktur sehen, je kleiner er
ist oder je ferner er sich vom Auge befindet. Wollen wir also einen
Gegenstand hinsichtlich seiner Struktur recht eingehend studiren, um zwischen
ihm und einem anderen dem Aeußern nach ihm ähnlichen zu unterscheiden
(z. B. eine Seidenfaser, um sie in ihrer inneren Struktur von einer Wollen=
faser zu unterscheiden), so lautet die Hauptregel, daß man den Gegenstand
nahe an das Auge heranbringen soll. Das weiß Jeder. Wäre nun die
Akkomodationsfähigkeit des Auges unbeschränkt, so gäbe es kaum ein Mittel,
das wirksamer wäre, um die Gegenstände zu besehen. Das ist aber nicht
der Fall, es ist nicht möglich, die Gegenstände über einen gewissen Abstand
an das Auge heranzubringen, ohne daß die Akkomodationsfähigkeit des
Auges ein Ende nimmt und jene in Folge dessen undeutlich und ver=
waschen erscheinen. Ferner können wir auch nicht alle Gegenstände, deren
Beschaffenheit unsere Neugier erregt, fassen und uns herannähern. Endlich
sind manche Gegenstände so klein, daß selbst die stärkste Annäherung an
das Auge nicht ausreichend sein würde, um Strahlen, die von verschiedenen
Punkten kommen, von einander zu trennen.

c) Lupen, Fernrohre, Mikroskope.

317. Hier greifen nun die optischen Apparate helfend ein. Man
kann sie nach ihrem Zweck gemäß den obigen Angaben in folgende Klassen
eintheilen:

a) Apparate, welche von Gegenständen, die wir behufs genauer Unter=
scheidung ihrer Struktur ganz nahe an das Auge herangebracht haben, und
die wir wegen mangelnder Akkomodation in solcher Nähe doch nicht deutlich
sehen können, Bilder entwerfen, die mindestens unter dem gleichen Ge=
sichtswinkel gesehen werden wie die Gegenstände, die sich im Abstand der
deutlichen Sehweite vom Auge befinden. Wir nennen solche Apparate ge=
wöhnlich Lupen. Sie bestehen aus einer Glaslinse oder aus mehreren in
einer Fassung befestigten Glaslinsen, werden ganz nahe an den zu be=
trachtenden Gegenstand herangebracht und entwerfen von ihm ein virtuelles
Bild, welches für ein hinter ihnen befindliches Auge in deutlicher Sehweite
liegt. Das Bild erscheint mindestens unter dem gleichen Gesichtswinkel wie
der Gegenstand, von der Stelle aus betrachtet, wo die Lupe sich befindet.
Wir haben also den Vortheil, den Gegenstand noch ebenso groß zu sehen,
daneben aber außerdem in deutlicher Sehweite, so daß wir ihn auch scharf

genug sehen. Die Lupen sind, abgesehen von den Brillen, wohl die ver=
breitetsten optischen Instrumente.

b) Apparate, welche dem gleichen Zwecke dienen und ebenso wirken,
und außerdem die Gegenstände vergrößert erscheinen lassen. Solche nennen
wir Okulare. Ein wesentlicher Unterschied zwischen ihnen und den
Lupen ist nicht vorhanden, sie sind gewöhnlich nur etwas komplicirter
eingerichtet, weil sie auch andere Zwecke zu erfüllen haben, auf die hier
nicht eingegangen werden kann. Auch dienen die Lupen zur unmittel=
baren Betrachtung der Gegenstände, die Okulare zu derjenigen von
Bildern von Gegenständen. Dieses ist jedoch etwas nur äußerlich unter=
scheidendes.

c) Apparate, welche von Gegenständen, die uns zu fern liegen oder
zu klein sind, Bilder in hinreichender Nähe oder hinreichender Größe ent=
werfen. Solche Apparate nennen wir Objektive.

318. Allein aus Objektiven besteht der optische Theil der photo=
graphischen Kammer und des Projektionsapparates (Skioptikon). Die
Objektive entwerfen von den Gegenständen reelle Bilder, welche bei jener
auf die lichtempfindliche photographische Platte fallen und dort durch
chemische Umsetzungen fixirt werden (Art. 341), bei diesem auf einem Schirm
aufgefangen werden, von welchem aus sie überall gesehen werden können.
Die Objektive der photographischen Apparate haben die Aufgabe, möglichst
scharfe, die der Projektionsapparate bei aller Schärfe auch möglichst große
Bilder hervorzubringen.

Objektive und Okulare zu einem Apparat verbunden, geben die Fern=
rohre, Mikroskope, Operngläser u. s. f. Das Objektiv ist dem Gegenstand,
das Okular dem Auge zugewandt (daher die Namen). Jenes entwirft ein
Bild vom Gegenstand vor dem Okular, durch dieses betrachtet man das
Bild wie durch eine Lupe. Bei Fernrohren und Operngläsern u. s. f.,
kurz, Apparaten zur Betrachtung ferner Gegenstände, geben die Objektive
reelle verkleinerte, aber sehr nahe gebrachte, in Folge dessen unter viel
größerem Gesichtswinkel erscheinende Bilder, die Okulare rücken sie in die
deutliche Sehweite und erhalten mindestens die durch das Objektiv hervor=
gebrachte Vergrößerung des Gesichtswinkels.

319. Fernrohre, welche zur Beobachtung der Himmelskörper dienen,
nennt man astronomische Fernrohre. Sie haben außer der Nahe=
rückung und dadurch bewirkten Vergrößerung des Gesichtswinkels noch den
Zweck, die Bilder möglichst hell erscheinen zu lassen. Wie das erreicht
wird, ist aus Folgendem zu sehen. Die Helligkeit hängt ab von der Zahl
der Strahlen, die in das Auge gelangen. Bei gewöhnlichem Sehen können

natürlich nicht mehr hinein, als zur Pupille gelangen. Diese ist ziemlich
eng. Sie erweitert sich zwar von selbst, wenn die Gegenstände zu dunkel
erscheinen, um von ihnen mehr Licht in das Auge dringen zu lassen, wie
sie sich auch selbstthätig verengert, um Strahlen abzuschneiden, wenn die
Gegenstände uns zu hell leuchten und blenden. Allein ihre Erweiterung
ist ebenso wie ihre Verengerung begrenzt, im Ganzen ist ihre Fläche jedenfalls
klein. Lichtschwache Gegenstände, wie viele Himmelskörper (sogar die un=
endlich überwiegende Zahl) es sind, können deshalb nicht deutlich genug
gesehen werden. Kann man aber Lichtstrahlen, welche auf eine große
Fläche fallen, so verdichten, daß sie durch die kleine Fläche der Pupille
hindurch können, so erscheinen die Körper so hell, wie wenn die Pupille so
groß wäre wie jene Fläche. Nun sammelt das Objektiv alle auf es
fallenden Strahlen im Bilde, das Okular nimmt die vom Bilde sich aus=
breitenden Strahlen auf und durch dieses dringen sie in das Auge.
Letzteres bekommt also um so mehr Strahlen, je größer das Objektiv ist,
falls der aus dem Okular tretende Strahlenkegel, der also alles enthält,
was auf das Objektiv an Strahlen gefallen ist, nicht etwa so breit ist,
daß nur ein Theil durch die Pupille hindurch kann. Der Gegenstand ist
dann so hell, als ob das Auge ihn unmittelbar mit so vielen Strahlen
sähe, als auf die Fläche des Objektivs fallen.

Uebrigens erscheinen im astronomischen Fernrohr nur die Körper
unseres Sonnensystems unter einem hinlänglich vergrößerten Gesichtswinkel,
die anderen Himmelskörper sind so außerordentlich weit entfernt, daß die
Vergrößerung nicht ausreicht, um sie uns selbst in den stärksten Fernrohren
anders denn als Punkte erscheinen zu lassen; bei diesen dienen die Fern=
rohre lediglich der Helligkeitsvermehrung, ihre Objektive sind deshalb sehr
groß. Die astronomischen Fernrohre geben verkehrte Bilder, was bei den
Himmelskörpern natürlich nicht stört.

Die Fernrohre, welche zur Betrachtung irdischer Gegenstände dienen
(terrestrische Fernrohre), sind so eingerichtet, daß sie aufrechte Bilder
entwerfen, und unterscheiden sich im Uebrigen von den astronomischen
Fernrohren nicht. Das einfachste davon ist das Opernglas, das wohl
Jeder kennt; andere solche Fernrohre sind der Krimstecher, das Reise=
fernrohr, die Fernrohre der Landvermesser (die übrigens oft auch verkehrte
Bilder geben) u. s. f.

320. Mikroskope dienen zur Untersuchung sehr kleiner Gegenstände
und haben darum die Aufgabe, von ihnen vergrößerte Bilder zu geben.
Die Vergrößerung des Gesichtswinkels lediglich durch Herannäherung an
das Auge würde nicht genügen, wie schon bemerkt; das Bild muß wirklich

größer ausfallen, als der Gegenstand ist. An der Vergrößerung sind meist Objektiv und Okular beide betheiligt, das Objektiv liefert bereits ein vergrößertes reelles Bild, das Okular vergrößert es noch weiter und rückt es in deutliche Sehweite, sein Bild von dem Bilde des Objektivs ist, wie das aller Okulare, ein virtuelles.

Wir sahen, daß die Fernrohre nicht eigentlich vergrößerte Bilder geben, sondern sie nur unter einem größeren Gesichtswinkel erscheinen lassen, die Bilder sind sogar stets verkleinert. Deshalb können sie sehr hell erscheinen, weil alle Strahlen zusammengehalten werden. Anders ist es bei den Bildern der Mikroskope, diese sind thatsächlich größer als die Gegenstände, das Licht, was von den kleinen Gegenständen ausgeht, findet sich zwar vollständig in den Bildern wieder, aber es wird auf eine vergrößerte Fläche vertheilt. Diese kann daher in ihren einzelnen Theilen nicht so hell erscheinen, wie gleich große Theile des Gegenstandes. Mit der Vergrößerung nimmt also die Lichtstärke der Bilder ab, und diese werden oft so dunkel, daß man sie überhaupt nicht mehr sehen kann. Dieses ist der Grund, warum zu Beobachtungen mit stärkeren Mikroskopen auch stärkere Erleuchtung der Gegenstände erforderlich ist. Das nämliche gilt auch für die Projektionsapparate aus den gleichen Ursachen. Die Mikroskope sind deshalb gewöhnlich mit Spiegeln oder anderen Einrichtungen versehen, die dazu dienen, hinreichende Mengen von Licht auf die zu beobachtenden Gegenstände zu werfen. Für die gewöhnlichen Zwecke genügt es, durch diese Spiegel das Tageslicht (am besten das einer hellen Wolke) oder Lampenlicht auf das zu untersuchende Objekt von oben oder unten zu werfen.

321. Nach diesen allgemeinen Auseinandersetzungen wollen wir noch einige besondere Bemerkungen machen. Zunächst gilt bei der Abbildung durch Brechung der nämliche Satz über die Sichtbarkeit der Bilder, wie bei derjenigen durch Spiegelung, daß also Bilder, ob sie reell oder virtuell sind, nur gesehen werden können, wenn das Auge sich in Richtung der gebrochenen Strahlen befindet, es sei denn bei den reellen Bildern, daß man sie auf diffus reflektirende oder brechende Schirme fallen läßt, in welchem Falle das Licht so zerstreut wird, daß eben nach jeder Richtung Strahlen gehen. Sodann ist hervorzuheben, daß die Bilder nicht immer ihren Gegenständen ähnlich sind. Wie bei der Spiegelung wird auch bei der Brechung ein Lichtpunkt im Allgemeinen als Lichtfläche abgebildet, doch sind in den Fernrohren, Mikroskopen u. s. f. die Einrichtungen so getroffen, daß diese Lichtflächen fast nur in einem einzigen Punkt sichtbar sind, der dann der Bildpunkt ist, die Bilder also hinlänglich scharf erscheinen. Zur

Aehnlichkeit gehört jedoch auch, daß die Bilder nicht verzerrt sind; sie müssen zwischen den verschiedenen Abmessungen die nämlichen Verhältnisse aufweisen wie die Gegenstände. Sie dürfen ferner auch nicht krumm sein, wenn jene eben sind u. s. f. Alles dieses läßt sich streng nicht erreichen. Indem man aber die brechenden Körper in geeigneter Zahl und Form an geeigneter Stelle angebracht und etwa störende Strahlen durch sogenannte Blenden von der Herstellung der Bilder ausgeschlossen hat, ist es der heutigen Technik gelungen, Apparate von sehr großer Vollkommenheit zu schaffen.

322. Die brechenden Körper in unseren optischen Apparaten bestehen alle aus Glas, sind rund und haben kugelige, konvexe oder konkave, oder auch ebene Begrenzung. Sie heißen allgemein Linsen. Linsen, welche auf beiden Seiten konvex sind, nennt man Sammellinsen (oder bi= konvexe), ebenso auch, wenn sie auf einer Seite konvex, auf der anderen

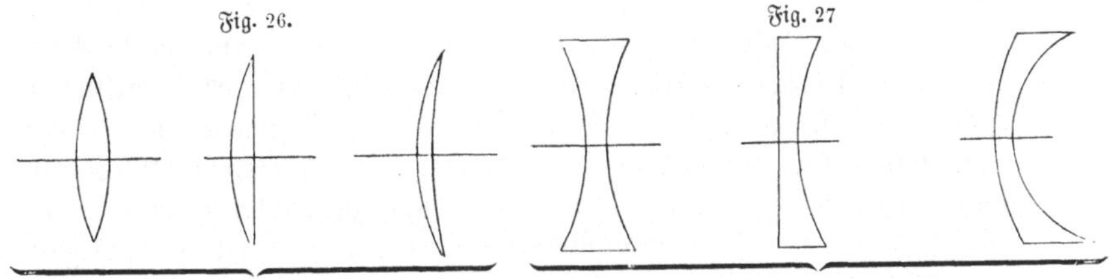

Sammellinsen.   Zerstreuungslinsen.

eben sind (plankonvex). Sind sie auf beiden Seiten hohl (bikonkav), oder auf einer hohl, auf der anderen eben (plankonkav), so werden sie als Zerstreuungslinsen bezeichnet. Es giebt auch Linsen, welche auf einer Seite erhaben, auf der anderen hohl sind. Ueberhaupt sind Sammel= linsen in der Mitte dicker als am Rande, Zerstreuungslinsen umgekehrt am Rande dicker als in der Mitte. Beide Arten von Linsen sind in den obenstehenden Figuren 26 und 27 dargestellt. Eine Linie senkrecht durch die beiden Begrenzungsflächen hindurch (größte Dicke bei den Sammel= linsen, geringste bei den Zerstreuungslinsen) heißt Axe der Linse.

Jede brechende Fläche hat, ganz so wie jeder Spiegel, einen reellen oder virtuellen Brennpunkt, in welchem sich also alle der Axe parallel an die Fläche ankommenden Strahlen nach dem Durchgang durch diese Fläche, wirklich oder gehörig verlängert, schneiden, und von dem Strahlen aus= gehen müssen, falls sie nach Durchsetzung der Fläche parallel weiter gehen sollen. Da jedoch die Strahlen von der einen oder anderen Seite her ankommen können, so hat jede brechende Fläche sogar zwei Brennpunkte, einen für Strahlen, die aus der einen Substanz ankommen oder in dieser nach der Brechung weiter gehen sollen, einen anderen für Strahlen, die aus der zweiten Substanz ankommen oder in dieser nach der Brechung weiter gehen sollen. Ebenso hat auch jede Linse als Ganzes zwei Brennpunkte; einen für Strahlen, welche von vorne ankommen oder nach der Brechung nach vorne gehen sollen, einen anderen für solche, welche von hinten kommen oder nach der Brechung nach hinten gehen sollen. Den Abstand eines Brennpunktes von der brechenden Fläche und bei nicht zu dicken Linsen von deren Mitte nennen wir Brennweite. Bei Linsen, welche beiderseits von derselben Substanz umgeben sind, z. B. Luft, sind beide Brennweiten gleich groß, die Linse liegt also in der Mitte zwischen ihnen. Alle Sammellinsen haben reelle Brennpunkte, alle Zerstreuungslinsen virtuelle. Sammellinsen werden deshalb auch als Brenngläser bezeichnet; sie geben brennende Sonnenbilder, wenn man sie gegen die Sonne richtet.

323. Die Linsen entwerfen je nach der Lage der Gegenstände zu ihnen reelle oder virtuelle, aufrechte oder verkehrte, vergrößerte oder verkleinerte Bilder. Zerstreuungslinsen geben unter allen Umständen von außer ihnen befindlichen Gegenständen virtuelle Bilder, welche aufrecht stehen und verkleinert sind. Sie eignen sich deshalb nur zu Okularen und werden dazu in dem sogenannten Galileischen Fernrohr, von dem das Opernglas eine Abart ist, angewendet. Die Bilder liegen stets auf derselben Seite wie der Gegenstand zwischen der Linse und dem auf derselben Seite mit dem Gegenstand befindlichen Brennpunkt und nähern sich diesem, je weiter der Gegenstand von der Linse abrückt. Sammellinsen können gleichfalls virtuelle Bilder geben, nämlich dann, wenn der Gegenstand sich zwischen ihnen und dem entsprechenden Brennpunkte befindet. Auch diese Bilder stehen aufrecht, jedoch sind sie nicht verkleinerte, sondern vergrößerte. Diese Bilder liegen also mit den Gegenständen auf gleicher Seite. In dieser Weise werden Sammellinsen als Lupen und in den Okularen gebraucht. Die Vergrößerung wächst, je näher der Gegenstand von der Linse her an den Brennpunkt kommt, zugleich rückt das Bild auf derselben Seite mehr und mehr in die Ferne; wenn der Gegenstand gerade in dem Brennpunkt angelangt ist, ist das Bild unendlich groß, aber es liegt in unendlicher Ferne. Geht der Gegenstand auch nur unendlich wenig über den Brennpunkt hinaus, so schlägt das Bild auf die andere Seite um, es wird reell, indem es die Linse zwischen sich und dem Gegenstande hat; zugleich dreht es sich um, so daß es verkehrt steht. Es bleibt nun immer reell und verkehrt und rückt aus unendlicher Ferne immer näher an den zweiten

Brennpunkt der Linse, je weiter der Gegenstand auf der anderen Seite von der Linse abrückt. Zuerst ist es noch vergrößert und zwar so lange, bis der Gegenstand von der Linse doppelt so weit abgerückt ist als der Brenn=punkt; in diesem Abstand ist das Bild gerade bis zu der Größe des Gegen=standes herabgesunken und liegt so, daß die Linse in der Mitte zwischen ihm und dem Gegenstand sich befindet, steht also von der Linse gleichfalls um die doppelte Brennweite ab. Entfernt sich der Gegenstand noch weiter, so ist das Bild verkleinert und wird immer kleiner, indem es zugleich dem mit ihm auf gleicher Seite befindlichen Brennpunkt nahe rückt. Sobald der Gegenstand in unendliche Ferne gelangt ist, hat sein Bild den be=zeichneten zweiten Brennpunkt erreicht und ist unendlich klein geworden. In allen Größen und Abständen bleibt es ihm jedoch ähnlich. Hieraus erhellt auch, daß bei der Abbildung wirklicher Gegenstände Zerstreuungs=linsen niemals wie Sammellinsen, wohl aber diese wie Zerstreuungslinsen wirken können, nur geben sie dann statt Verkleinerungen Vergrößerungen.

324. Wir haben bisher angenommen, daß die Strahlen von einem wirklichen Gegenstande herstammen, so daß sie, von diesem ausgehend, gegen die Linse hin mehr und mehr auseinander fahren. Das Nämliche gilt, wenn sie von einem bereits entworfenen Bilde herkommen, indem sie, nachdem sie sich in diesem durchkreuzt haben, weitergehen. Treffen jedoch solche Strahlen eine Linse, ehe sie sich im Bilde durchkreuzt haben, so laufen sie umgekehrt gegen die Linse zusammen, sie würden sich ganz zusammen=ziehen, wenn die Linse sie nicht auffinge und wieder bräche. Solche Strahlen treffen die Linse gewissermaßen von vorne. Ihnen gegenüber vertauschen die Sammellinsen und Zerstreuungslinsen ihre Rollen. Hierüber ist also nichts besonderes zu sagen.

325. Wir haben nun nichts weiter zu thun als anzugeben, daß ganz dieselben Betrachtungen auch für Systeme von Linsen gelten, sobald diese alle einander parallel gestellt sind, so daß ihre Axen zu einer Axe zusammenfallen. Jedes System von beliebig vielen so vereinigten Linsen hat als Ganzes zwei Brennpunkte. Es wirkt wie eine einfache Sammel=linse, wenn diese Brennpunkte reell, wie eine einfache Zerstreuungslinse, wenn sie virtuell sind. Die Objektive sind einfache Sammellinsen oder Systeme, welche wie einfache Sammellinsen wirken. Die Gegenstände liegen immer vor ihren ersten Brennpunkten, so daß ihre Bilder stets reell sind und verkehrt stehen. Bei Ferninstrumenten sind die Gegenstände noch viel weiter, als die doppelte Brennweite der Objektive beträgt, von diesen entfernt; die Bilder sind also auch verkleinert. Bei Mikroskopen bringt man die Gegenstände zwischen die doppelte und die einfache Brenn=

weite. Die Bilder sind also vergrößert und von den Objektiven mehr als die doppelte Brennweite entfernt. Die Okulare sind einfache Zerstreuungs= linsen oder aus beliebigen Linsen zusammengesetzt und wirken dann als einfache Zerstreuungslinsen in der bereits angegebenen Weise, nur daß sie statt einer Verkleinerung umgekehrt eine Vergrößerung herbeiführen.

Systeme von Linsen statt einfacher Linsen benutzt man, um die früher angeführten und bald noch ferner zu erwähnenden Fehler der Ab= bildung zu korrigiren, sowie aus gewissen praktischen Rücksichten. Die einzelnen Systeme befinden sich in besonderen Fassungen und diese sind in einander und, bei den Mikroskopen, auch gegen die Gegenstände verschiebbar, um immer eine geeignete und möglichst scharfe Einstellung auf letztere oder deren Bilder zu bewirken. Doch hängt die Einstellung von der besonderen Beschaffenheit des be= obachtenden Auges ab, weil nicht alle Augen die gleiche deutliche Sehweite haben. Sie kann also für ein Auge sehr scharf, für ein anderes zugleich völlig unbrauchbar sein. Jeder hat deshalb für sein Auge besonders ein= zustellen und sich dabei nach der Schärfe zu

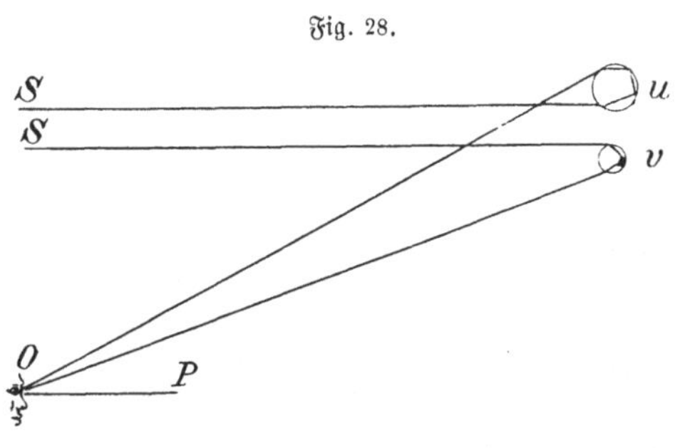

richten. Ist die Einstellung nicht ausreichend, so erscheint das Bild aus denselben Gründen, welche in Art. 314 angegeben sind, unscharf und verwaschen.

Wir haben hier als besonders interessant die beiden Brennpunkte hervorgehoben. Es giebt noch zwei andere Punktpaare von Bedeutung. Die Hauptpunkte sind so geartet, daß ein Gegenstand, der sich an dem einen befindet an dem andern sein Bild hat, und daß dieses Bild genau so groß ist und so liegt wie der Gegenstand. Die Knotenpunkte haben die Eigenschaft, daß ein Strahl, der durch einen von ihnen durchgeht, im Bilde den andern passiren muß und im Bilde genau so gegen die Axe geneigt ist wie im Gegenstande. Im menschlichen Auge liegen die Haupt= punkte nahe der Pupille, die Knotenpunkte nahe der hinteren Fläche der Linse. Der vordere Brennpunkt befindet sich etwa 13 Millimeter vor dem Auge, der hintere im Auge nahe der Retina.

326. Aus der vereinten Wirkung von Spiegelung und Brechung

entstehen eine große Anzahl schöner Naturerscheinungen. Wir erwähnen nur die Höfe um Mond und Sonne, die durch Spiegelungen des Lichtes in Eiskrystallen entstehen, welche in den hohen Schichten der Luft oft in großen Massen angesammelt sich befinden. Sodann noch den Regenbogen, der durch Spiegelung und Brechung der Sonnenstrahlen in den in der Luft schwebenden oder als Regen herabfallenden Wassertropfen hervor=gebracht wird und den man auch an Fontänen beobachten kann; und zwar der innere durch Brechung, Spiegelung, Brechung, der äußere durch Brechung, Spiegelung, abermalige Spiegelung, Brechung, wie es die Figur 28 zeigt. Ueber die Farben des Regenbogens wird der Leser sofort das Nöthige hören.

327. Diese gedrängte Auseinandersetzung muß genügen; in die Einzel=heiten einzugehen würde große Vorbereitungen erforderlich machen, ist auch nicht nöthig, da das allgemeine Bild der vorstehenden Angaben dadurch nicht verändert wird.

Doch möchte ich zu bemerken nicht unterlassen, daß auch hier in gewisser Beziehung das Princip der geringsten Wirkung zur Geltung kommt. Durchsetzt nämlich ein Strahl verschiedene Substanzen, wobei er auch von anderen Substanzen beliebig zurückgeworfen werden kann, so ist sein ganzer Weg vom Ausgangs= bis zum Ankunftspunkt zwar beliebig gebrochen oder krumm, immer aber so geartet, daß der Strahl ihn in der unter den gegebenen Umständen denkbar kürzesten Zeit zurückgelegt hat. Keinen andern Weg kann man nachweisen, auf dem der Strahl von seinem Ausgangspunkte rascher seinen Ankunftspunkt hätte erreichen können. Bei Spiegelung ist der thatsächlich gewählte Weg sogar überhaupt der kürzest mögliche, der geradeste.

Dieser Satz faßt alle vorstehend angegebenen Gesetze für die Spiegelung und Brechung zusammen, er bildet die Warte, von der aus man alles beurtheilen kann und ist, da er einem allgemeinen Principe entspringt, von sehr hoher Bedeutung, denn er bleibt auch noch richtig, selbst nachdem erkannt ist, daß es physikalisch gar keine Lichtstrahlen, wie man sie ge=wöhnlich versteht, giebt, nur hat man das Wort Strahl durch ein anderes zu ersetzen, oder dieses Wort richtig zu definiren.

6. Farbenzerstreuung (Dispersion).

328. Licht erfährt, wenn es aus einem Körper in einen anderen eintritt, an der Trennungsfläche nicht bloß eine Ablenkung, sondern auch eine Ausbreitung und dadurch Zerlegung in verschiedene Farben. Man

nennt dieses Dispersion oder Farbenzerstreuung des Lichtes. Mit den Farben aber hat es folgende Bewandtniß. Das Sonnenlicht scheint uns eine völlig gleichartige Erscheinung zu bilden, es ist blendend weiß. Nichtsdestoweniger ist das nicht der Fall. Wir bemerken zunächst, daß die verschiedenen Körper uns das Sonnenlicht nicht immer weiß zurückgeben, sondern roth, oder blau, oder grün u. s. f. Wir sagen dann, die Körper seien gefärbt und haben die Farben Roth, Blau, Grün u. s. f. Allein, wenn die Sonne untergegangen ist, zeigen die Körper, falls sie nicht sonst beleuchtet werden, keine Farben mehr. Die Farben sind auf ihnen also durch die Beleuchtung entstanden. Beleuchten wir ferner einen blauen Körper mit rothem Licht oder grünem Licht, so erscheint er dunkel. Er giebt also dieses rothe und grüne Licht nicht zurück, beleuchtet man ihn aber mit blauem Licht, so erscheint er in seiner Farbe. Hieraus müssen wir schließen, daß der blaue Körper zwar blaues Licht zurückwirft, alles andere Licht aber zurückhält oder durchläßt. Verallgemeinern wir dieses, so gelangen wir zunächst zu der Ansicht, daß das Sonnenlicht aus sehr verschiedenen Lichtarten zusammengesetzt ist. Alle Lichtarten zusammen bringen auf uns den Eindruck des Weißen hervor. Sobald Lichtarten im Weißen fehlen, entstehen die Farbeneindrücke. Wir sagen darum geradezu, das weiße Sonnenlicht bestehe aus allen möglichen Farben, Roth, Gelb, Grün, Blau, Violett u. s. f., und ein Körper erscheine uns auf der Oberfläche in einer bestimmten Farbe, wenn er diese Farbe des Sonnenlichtes zurückwirft, die anderen Farben dagegen durchläßt oder zurückbehält. Ferner, ein Körper erscheine in seiner Masse gefärbt, wenn er diese Farbe durchläßt, alle anderen aber zurückwirft oder sonstwie zurückhält.

329. Worauf das Wesentliche der Verschiedenheit der einzelnen Lichtarten oder Farben beruht, werden wir später (Art. 357) sehen. Hier haben wir hervorzuheben, daß die verschiedenen Lichtarten sich in allen festen und flüssigen Körpern mit verschiedenen Geschwindigkeiten fortpflanzen. Da wir nun gesehen haben, daß die Brechung durch Geschwindigkeitsänderungen an der brechenden Fläche veranlaßt wird und daß ihre Größe von dem Betrage der Geschwindigkeitsänderung abhängt, so folgt hieraus, daß die Körper verschiedene Farben verschieden stark brechen. Diese müssen deshalb aus einander treten, wenn sie früher vereinigt waren, so daß sie nun getrennt sichtbar werden. Das ist die Dispersion.

Tritt das Licht aus dem Körper wieder aus, so erfolgt eine er=neute Brechung; diese kann im entgegengesetzten Sinne vor sich gehen wie die vorige, so daß die ganze Dispersion wieder aufgehoben wird. Doch kann die Ablenkung auch verstärkt zur Erscheinung kommen, das hängt ganz von der Form und der Beschaffenheit der Körper ab, in welche das Licht wieder eintritt. Die Glasprismen, welche Schmuckbehänge unserer Kron= und Wandleuchter bilden, sind besonders geeignet, die Dispersion des Lichts zu zeigen. Auch wird es jedem der Leser längst aufgefallen sein, welch herrliche Farbenerscheinungen sie bieten, wenn die Sonne sie bestrahlt. Manchmal sieht man von ihnen Lichtstreifen an die Wand, die Decke oder den Boden des Zimmers geworfen, welche alle Farben, Roth, Gelb, Grün, Violett aufweisen. Dieses nennt man ein Spektrum. Zwischen den verschiedenen Farben sind keine Lücken, wenn man sie nicht durch besonderer Kunstgriffe veranlaßt, indem man z. B. das Licht, ehe oder nachdem es durch das Prisma gegangen ist, eine Substanz durchsetzen läßt, welche gewisse Farben zurückwirft oder zurückbehält. In der That enthält das Sonnenlicht alle uns nur bekannten Farben, ja unzählige Farben, da die von uns mit Namen bezeichneten nur besonders charakteristische betreffen, und jede Farbe in unmerklichen Abstufungen zu den nächsten Farben führt.

Nachdem das Licht in seine Farben zerlegt ist, bleiben diese un= veränderlich, weder Spiegelung noch Brechung hat auf sie Einfluß, Roth bleibt Roth, Blau bleibt Blau u. s. f. Fallen doch Veränderungen vor, so verdanken sie gewissen Nebenvorgängen ihre Entstehung.

330. Der Leser wird vermuthlich fragen, warum sieht man ein weißes Blatt, welches doch dem obigen zufolge alle Farben aussendet, durch ein Prisma nicht in der ganzen Fläche gefärbt, sondern nur an den Rändern. Dieses findet überhaupt bei jeder ausgedehnten leuchtenden Fläche, auch bei der Sonne, statt und hat folgenden Grund. Jeder Punkt sendet Licht aller Arten aus, und da das Prisma dieses Licht aus= einander zieht, so erscheint jeder Punkt als ein mit allen Farben gefärbtes Band (das ist eben das Spektrum). Liegen nun zwei leuchtende Punkte dicht neben einander, so bildet das Prisma von beider Licht zwei gefärbte Bänder, die sich zum Theil decken müssen. Bei drei, vier . . . Punkten giebt es drei, vier . . . gefärbte Bänder, die sich zum Theil überdecken. Indem sich aber die verschiedensten Farben überdecken, bringen sie wieder den Eindruck Weiß hervor. Deshalb kann eine leuchtende Linie oder Fläche in ihrem Inneren nicht gefärbt erscheinen; die von den einzelnen Punkten gegebenen Spektren überdecken eben einander. An den Rändern aber ragen Stücke von Spektren der Randpunkte hervor, welche nicht von Spektren überdeckt werden. Die Ränder erscheinen darum farbig. Auch

ist leicht zu ersehen, daß gegenüberliegende Ränder entgegengesetzt gefärbt sein müssen, nämlich mit den Farben der entgegengesetzten Enden des Spektrums eines Lichtpunktes, also der eine roth, wenn der andere violett erscheint und umgekehrt. Man sieht auch ein Blatt weißes Papier durch ein Prisma an zwei anstoßenden Kanten gelblich=roth, an den anderen blau=violett gefärbt. Befindet sich in einem weißen Blatt Papier ein schwarzes Stück aufgeklebt, so gilt für die Begrenzung zwischen diesem und dem weißen Papier ganz das nämliche wie für den Rand des weißen Papiers überhaupt; nur müssen sich hier die Farben selbstverständlich umkehren, die den blauen Rändern parallelen Ränder des schwarzen Papiers erscheinen roth, die den rothen parallelen blau gefärbt. Spektra beobachtet man also am reinsten, wenn man das Licht möglichst nur von einem Punkte ausstrahlen läßt. Doch kann auch eine scharfe Lichtlinie zweckentsprechend benutzt werden, wenn sie quer zu ihrer Richtung zu einem Bande aus einander gezogen wird, so daß die Spektra ihrer verschiedenen Punkte über= bezw. untereinander liegen. Apparate, welche zur Herstellung und Beobachtung der Spektra dienen — was dabei noch zu sehen ist, wird bald angegeben werden — heißen Spektroskope.

331. Wir sahen, daß das Licht der Sonne aus allen möglichen Farben gemischt ist. Dieses Licht erscheint uns völlig weiß. Indessen bedarf es zur Bildung des Weiß nicht immer aller nur möglichen Farben. Es reichen dazu schon zwei Farben aus. So geben Grün= blau und Roth und ebenso Blau und Gelb, Grüngelb und Violett mit einander gemischt Weiß. Zwei Farben, die sich gemischt zu Weiß ergänzen, nennt man Komplementärfarben. Doch ist nöthig, daß die Farben rein sind, wie sie die Prismen durch Zerlegung des Lichts liefern. Die gewöhnlichen Farben des Handels sind es nicht; sie sind meist schon selbst Mischfarben und ergänzen sich deshalb auch nicht paar= weise zu Weiß.

Subjektiv erscheinen aber die Komplementärfarben vielfach bei einander durch Kontrastwirkung. Wird ein Schirm durch eine gelb= liche Flamme (Gasflamme, Petroleumlampe, elektrisches Glühlicht, Kerze) beleuchtet, so sieht durch Kontrast der Schatten eines Gegenstandes auf ihm bläulich aus. Grünlich wird der Schatten, wenn die Beleuchtung durch rothes Licht erfolgt. Aehnliches tritt bei den bereits erwähnten sogenannten Nachbildern ein, die im Auge entstehen, wenn wir dieses einer stärkeren Lichteinwirkung ausgesetzt haben, und die Jeder aus eigener Erfahrung hinlänglich kennt. Weiße Gegenstände erscheinen im Nachbild dunkel, dunkle weiß, rothe grünlichblau, gelbe blau u. s. f. Doch sind hier die Verhältnisse etwas komplizirter.

332. Eine Folgerung aus der Zerlegung des Lichts in seine verschiedenen Farben durch die Brechung (bei der Spiegelung giebt es keine solche Zerlegung) ist noch die, daß durch Brechung von jedem leuchtenden Punkt so viele Bilder entstehen müssen, als er Farben aussendet. Diese Bilder liegen nicht einmal neben einander, sondern zum Theil auch hinter einander. Bilder, welche von Gegenständen durch Brechung entstehen, werden also eigentlich niemals scharf und ungefärbt sein können. Indessen hat man durch Verbindung von Linsen verschiedener Glasarten (Kronglas und Flintglas) zu sogenannten farblosen (achromatischen) Systemen und durch besondere Anordnung der Linsen dem Mangel der Farbenabweichung entgegen zu treten vermocht, so daß in den besseren optischen Apparaten die Bilder scharf und ungefärbt erscheinen. In schlechteren freilich sind die Bilder farbig, deshalb unscharf und undeutlich. Unser Auge ist ein bewunderungswürdig achromatisch konstruirter Apparat, aber absolut farblose Bilder giebt es ebenfalls nicht.

333. Die Farben des Spektrums nennen wir einfache Farben, in der That ist es durch kein Mittel gelungen eine dieser Farben noch weiter zu zerlegen. Farben, die aus diesen Farben zusammengesetzt werden, heißen Mischfarben. Es ist eine auffallende Thatsache, daß die Mischfarben, sofern sie nicht geradezu weiß sind, gleichfalls im Allgemeinen den Spektralfarben angehören, das heißt, daß man durch Mischung von Farben auch nur wesentlich die Spektralfarben enthält oder, daß man jede Spektralfarbe durch Mischen zweier oder mehrerer Farben im geeigneten Verhältniß herstellen kann. Ein Widerspruch gegen die Einfachheit der Spektralfarben liegt darin nicht, diese Einfachheit bezieht sich auf die physikalischen Eigenschaften. Physiologisch kann sie auch zusammengesetzten zukommen, und die Farbenempfindung ist ein physiologischer Vorgang. Newton, Maxwell und Helmholtz haben die Theorie der Farbenmischung bis in die äußersten Feinheiten durchgearbeitet. Darnach kann man jede Spektralfarbe durch Mischen von 3 Farben — nach Helmholtz Roth, Grün und Violett — in geeigneten Verhältnissen herstellen. Das Erläuternde „in geeigneten Verhältnissen" bezieht sich auf die Intensität der Farben, die selbstverständlich ebenso variirt werden kann wie die des weißen Lichtes. Diese Thatsache hat dazu geführt, anzunehmen, daß überhaupt die Nervenelemente des Sehnerven in 3 Arten zerfallen, deren jeder eine der drei genannten Farben empfindet, während jede andere Farbe zwei von ihnen oder alle drei mit verschiedenen Reiz=

abstufungen reizt. Die Abstufungen im Reiz würden dieselben sein wie die in der Intensität beim Mischen der betreffenden Farbe. Die Akten hierüber sind noch keineswegs geschlossen; auch sind dieser, von Helmholtz ausgebauten Theorie manche sehr erhebliche Widersacher entstanden.

Gestützt wird diese Theorie wesentlich durch die Erscheinungen der bekannten Farbenblindheit. Fehlt eine Art von Nervenelementen, oder wirkt eine abnorm, so ist das Auge für die betreffende Farbe blind und verwechselt sie mit anderen Farben. Auch mischt es die Farben anders wie ein normales Auge.

Goethes lebhafter und vielfach sehr energischer Kampf gegen die physikalische Farbenlehre wird den Lesern bekannt sein. Der Genius dieses Mannes hat auch hier befruchtend gewirkt.

Die Regeln der Farbenmischung gelten nur für die Spektralfarben. Mischt man gewöhnliche Farben, Pigmente, so kann man zu ganz anderen Resultaten kommen als bei der Mischung gleicher Spektralfarben. So geben blaue und gelbe Farbstoffe Grün, während bei gleicher Kombination von Spektralblau und Spektralgelb Weiß resultirt. Der Grund liegt darin, daß die Farben der Pigmente bereits Mischfarben sind, und daß für den Eindruck, den diese Farben machen, auch viele Nebenumstände entscheidend sind, wie die mehr oder weniger große Durchsichtigkeit der Pigmente u. s. f., so daß dem Eindruck der betreffenden Pigmentfarbe noch nicht diese Farbe thatsächlich zu entsprechen braucht. Die vorerwähnten Kontrast= erscheinungen zeigen ja deutlich, daß wir selbst dann Farbeneindrücke haben, wenn gar keine Farben da sind, und umgekehrt können uns wirkliche Farben als solche verschwinden, z. B. wenn sie sich in ihrer eigenen Be= leuchtung, Blau in blauer, Roth in rother u. s. f. befinden, wobei sie einen weißlichen Eindruck machen. Kaum giebt es ein Gebiet, auf dem wir so vielen Täuschungen unterworfen sind, wie das der Farben= wahrnehmung. Festen Boden haben wir nur, wenn es sich um die physikalischen Spektralfarben handelt.

334. Gewöhnlich ist bei der Dispersion die Reihenfolge der Farben die der im Regenbogen zu beobachtenden Roth, Gelb, Grün, Blau . . . und Roth ist am wenigsten abgelenkt. Das ist die normale Dispersion. Unter Umständen kann diese Folge Störungen erleiden, wir haben dann eine anomale Dispersion. So giebt Fuchsin ein Spektrum, bei dem Blau und Violett weniger gebrochen ist als Roth und Gelb, das Spektrum also fast umgekehrt ist, wobei noch Grün fehlt. Aehnliche Unregelmäßigkeiten weisen die meisten Theerfarbstoffe auf, ebenso Chlorophyll u. s. f. Wahr=

scheinlich finden auch hier Vorgänge statt wie bei der Verwandlung von Farben.

335. Endlich möchte ich noch erwähnen, daß bei der Zertheilung des Lichts die Gesammtenergie unverändert erhalten bleibt, was aber vorher dem weißen Lichtbündel angehörte, befindet sich nunmehr im Spektrum, ist auf die verschiedenen Farben vertheilt. Die Vertheilung ist keine gleichmäßige, die meiste Energie kommt — was nicht als selbstverständlich zu erwarten steht — dem hellsten Theile des Spektrums zu, dem gelben, nach Roth und Violett fällt die Energie ab, und zwar nach Roth stärker als nach Violett. Doch hängt vieles von der Art, wie das Spektrum hervorgebracht wird, ab, da sowohl die Helligkeiten als die Breiten der Farben je nach den Umständen verschieden sein können.

7. Spektralanalyse.

336. Sodann ist zu erwähnen, daß nicht jeder leuchtende Körper auch alle Farben, wie die Sonne es thut, aussendet. Dieses geschieht vielmehr nur bei den festen und flüssigen Körpern, wenn sie glühen, nicht dagegen der Regel nach bei den Gasen und Dämpfen. Jene geben also ein ununterbrochenes Spektrum, diese ein unterbrochenes, ein Linienspektrum. Den Uebergang zwischen diesen beiden Arten von Spektren bilden die Bandenspektren, welche statt der Linien breite Banden haben und welche von Gasen unter gewissen Umständen ausgesandt werden. Im Uebrigen hängt Alles von der Natur der Gase und Dämpfe ab. So giebt leuchtender Dampf von Kochsalz nur zwei Farben, die noch dazu sich so wenig von einander unterscheiden, daß es besonderer Mittel bedarf, sie zu trennen. Das Spektrum dieses Dampfes besteht demnach nur aus zwei schwachen Linien, die beide gelb sind. Das Spektrum von Wasserstoff, welcher glüht oder sonstwie Licht aussendet, besteht wesentlich aus 13 Linien, von denen jedoch nur 3 besonders hervortreten, eine ist roth, eine grünblau, eine dritte blauviolett. Andere leuchtende Dämpfe und Gase geben andere aus einzelnen getrennten Linien gebildete Spektra, so Eisendampf ein Spektrum, welches aus mehr als 400 Linien besteht.

Die Linienspektra sind für die betreffenden Gase und Dämpfe sehr charakteristisch. Betrachtet man einen leuchtenden Dampf oder ein leuchtendes Gas durch ein Prisma, so sieht man so viele getrennte farbige Bilder vom Dampf oder Gase, als sie an Farben aussenden, während leuchtende flüssige und feste Körper zu einem kontinuirlichen Bilde auseinander gezogen sind, welches alle Farben enthält (also genauer gesprochen aus unendlich vielen an einander grenzenden Bildern, für jede Farbe eines, besteht). An diesen Bildern, das sind eben die Linienspektra, kann man die Dämpfe und Gase stets wieder erkennen. Damit ist ein Mittel gewonnen, auch von selbstleuchtenden Körpern, zu denen wir nicht hingelangen können, allein dadurch, daß man sie durch ein Prisma betrachtet, zunächst zu entscheiden, ob sie fest, flüssig oder gasförmig bezw. dampfförmig sind. Geben diese Körper ein kontinuirliches Spektrum, so sind sie fest oder flüssig, geben sie ein Linienspektrum, gas- bezw. dampfförmig. Auf diese Weise ist es thatsächlich gelungen, bei manchen Himmelskörpern (Nebelflecken) ihre gasförmige Natur nachzuweisen. Sodann lehrt die Vergleichung des Spektrums mit den Spektren auf der Erde untersuchter Gase oder Dämpfe unter Umständen auch die Natur der nicht erreichbaren Gase oder Dämpfe kennen.

337. Nur in dem Falle, wenn Gase und feste oder flüssige Körper zusammen Licht aussenden, scheint dieses nicht angängig zu sein, weil die Spektren sich überdecken. Hier tritt aber noch etwas anderes hinzu, was wieder aus dem Verhalten der Körper gegen das Licht folgt. Die Körper halten nämlich von Licht, welches durch sie geht, einen gewissen Theil zurück, sie absorbiren Licht. Manche absorbiren fast alles Licht, was auf sie fällt, werfen weder etwas zurück, noch lassen sie etwas durch. Dies sind die ganz schwarzen Körper, wie Ruß. Andere werfen mehr oder weniger zurück, absorbiren aber den Rest, so daß sie selbst zwar Farbe haben und sichtbar sind, aber jedes Durchsehen verhindern. Wieder andere lassen Licht durch, absorbiren jedoch von allen Farben etwas oder besondere Farben ganz oder zum Theil. Sie können dann im durchgehenden Licht ebenso gefärbt erscheinen, wie andere im auffallenden. Im Uebrigen hängt alles von der Dicke der absorbirenden Schicht ab, je größer diese ist, um so mehr wird natürlich verschluckt. Es sind deshalb Körper in dicken Massen fast oder ganz undurchsichtig, durch die in dünnen Schichten gar wohl durchgesehen werden kann. Am durchsichtigsten sind Gase und Dämpfe, dann die nicht metallischen Flüssigkeiten. Doch verschluckt z. B. Wasser so viel Licht, daß in Gewässern schon in die geringe Tiefe von 100 Meter nur wenig hinkommt und der tiefe Meeresgrund fast in völlige Finsterniß gehüllt ist.

338. Man weiß nun, daß alle Gase und Dämpfe, wenn sie leuchten, genau die Farben aussenden, welche sie von Licht, das durch sie geht, absorbiren. Das Emissionsspektrum ist dem Absorptionsspektrum gleich. Befindet sich also hinter diesen Dämpfen ein fester oder flüssiger leuchtender Körper, so werden in dessen, sonst lückenlosem Spektrum, gerade die Farben fehlen, welche diese Gase

oder Dämpfe im Leuchten selbst aussenden. Leuchten die Gase oder Dämpfe gleichfalls, so geben sie zugleich solche Farben selbst her, und diese nun vervollständigen anscheinend das Spektrum des festen oder flüssigen Körpers wieder. Wenn aber letzterer stärker leuchtet als ersterer, so werden alle übrigen Theile des Spektrums heller sein, als die durch die leuchtenden Gase vervollständigten, es erscheinen darin die betreffenden Stellen trotzdem als dunkle Linien. Finden wir also, daß ein Körper zwar ein kontinuirliches Spektrum aussendet, dieses aber von dunklen Linien quer durchgezogen ist, so wissen wir hiernach, daß dieser Körper fest oder flüssig ist und von einem oder mehreren Gasen bezw. Dämpfen umgeben ist. Zugleich können wir aus der Lage der dunklen Linien durch Vergleichung mit den hellen Linien der Gase und Dämpfe, die uns bekannt sind, sagen, von welchen Gasen und Dämpfen der Körper umgeben ist.

339. Dieses und das obige bilden den Grundgedanken der Spektralanalyse, welche uns nicht allein auf der Erde neue Elemente hat entdecken helfen, sondern auch die Zusammensetzung der Himmelskörper an ihrer Oberfläche zu enthüllen vermochte. Sie ist im Wesentlichen von deutschen Forschern geschaffen. Gustav Kirchhoff und Robert Bunsen haben wir diesen wunderbarsten Zweig der Naturforschung zu verdanken. Doch hat lange vor ihnen, gleichfalls ein Deutscher, Fraunhofer, die Thatsache entdeckt, daß das auf den ersten Blick kontinuirliche Spektrum der Sonne von einer Unzahl von dunklen Linien durchzogen ist — die man seitdem Fraunhofer'sche Linien nennt —, ohne freilich ihre enorme Bedeutung zu erkennen. Die auffallendsten derselben hat er mit Buchstaben bezeichnet, z. B. mit D die dem Chlornatriumdampf entsprechende Doppellinie, mit C, F und Hγ die drei hervorragendsten Linien des Wasserstoffs u. s. f. Diese Bezeichnungen sind noch jetzt maßgebend; jeder Optiker weiß, daß D eine Lichtfarbe bezeichnet, welche vom Chlornatriumdampf absorbirt, aber auch ausgesandt wird. In diesen Fraunhofer'schen Linien haben Kirchhoff und Bunsen wie in einem Buch gelesen, daß die Sonne auf ihrer Oberfläche fast alle Stoffe enthält, die wir auch auf der Erde besitzen, und die Folgezeit hat gelehrt, daß im Weltall überhaupt hinsichtlich der Zusammensetzung der Himmelskörper größte Einheitlichkeit herrscht, wenn auch nicht jeder Himmelskörper alle Stoffe enthält.

8. Umwandlungen des Lichts.

340. Was wird nun aus dem absorbirten Licht? Nach dem Princip der Erhaltung der Kraft kann es nicht verloren gehen. Es geht auch nicht verloren, sondern bringt in den Körpern besondere Erscheinungen hervor,

von denen bald die einen, bald die anderen vorherrschen. Es kann erstens wieder als Licht zum Vorschein kommen. Dieses geschieht bei manchen Körpern, die, nachdem sie beleuchtet worden sind, im Dunkeln nachleuchten (Phosphorescenz), wie der Diamant, die leuchtenden Farben. Sodann bei anderen Körpern, indem das absorbirte Licht während der Beleuchtung gewisse besondere Lichterscheinungen hervorruft, die man Fluorescenz nennt. So bewirkt es beim Petroleum, welches im durchgehenden Lichte gelblich aussieht, im auffallenden Licht die eigenthümliche bläuliche Farbe. Die im ersten Abschnitt als Reagens oft erwähnte Curcumatinktur ist gelb, fluorescirt jedoch grün, Uranglas ist gelblichgrün und fluorescirt hellgrün, Flußspath, welches manchmal violett oder grünlich vorkommt, giebt blaues Fluorescenzlicht, kleingestoßene Rinde der Roßkastanie mit Wasser über= gossen giebt eine Flüssigkeit, welche prachtvoll hellblau leuchtet, eine Lösung des Chlorophylls in Aether sieht im durchgehenden Licht grün, im auf= fallenden blutroth aus. In allen diesen, mit Leichtigkeit noch zu ver= mehrenden Fällen sieht man deutlich, daß das Fluorescenzlicht nicht etwa von der Oberfläche, sondern aus dem Innern der Körper herkommt. Es entsteht zwar nicht bei jeder erregenden Lichtfarbe, so oft es aber ent= steht, hat es für die betreffende Substanz immer die nämliche Farbe, gleich= giltig ob die Beleuchtung durch Roth, Gelb, Grün oder irgend welche andere Farbe bewirkt wird. Ferner liegt gewöhnlich das Fluorescenzlicht von dem erregenden Licht nach dem schwächer gebrochenen Ende des Spektrums hin, also blaues Licht erregt grünes, gelbes oder rothes, grünes Licht gelbes oder rothes u. s. f. Es hat also den Anschein, als ob hier wirklich eine Umwandlung brechbarerer in weniger brechbare Strahlen stattgefunden hätte. Doch geschieht dieses zugleich mit Absorption, und der Vorgang ist wahrscheinlich der, daß erst die Strahlen absorbirt werden und daß dann ein Theil ihrer Energie durch irgend welche Bewegungen, welche das absorbirte Licht in der Substanz hervorgebracht hat, als Strahlen wieder zum Vorschein kommt. Derselbe Vorgang findet wahrscheinlich auch bei der Phosphorescenz statt. Uebrigens ist es erwähnenswerth, daß durch Fluorescenz auch Licht sichtbar gemacht werden kann, welches wir nicht sehen. Hinter dem Violett setzt sich nämlich das Spektrum noch eine Strecke fort zum ultravioletten Theil; diese Spektralfarben sehen wir nicht mehr, lassen wir sie aber auf eine fluorescirende Substanz fallen, so kommen sie im weniger brechbaren Fluorescenzlicht zum Vorschein.

Eine andere Wirkung des absorbirten Lichtes besteht in Erwärmung der Körper, dieses Licht geht also auch in Wärme über, worüber später noch einiges zu sagen ist.

341. Endlich — und das ist die wichtigste Umwandlung des ab=
sorbirten Lichtes — bringt es chemische Umsetzungen hervor, von der Art,
wie wir deren mehrere bereits kennen gelernt haben (Art. 47 ff.).   In
dieser Weise ist das absorbirte Licht in den lebenden Pflanzen thätig,
denen es im Aufbau ihres Körpers aus den unorganischen Stoffen, die sie
der Luft durch Blätter und Zweige und dem Erdboden durch die Wurzeln
entnehmen, behilflich ist. Es ist bekannt, wie durstig nach Licht die meisten
Pflanzen sind, so daß viele von ihnen sich dem Lichte zuneigen und manche
ihm mit einzelnen Theilen ihres Körpers folgen. Bei Lichtmangel ver=
kommen sie größtentheils. Praktisch wird die Eigenschaft des Lichtes, ab=
sorbirt chemische Zersetzungen zu veranlassen, namentlich in der Photo=
graphie benutzt. Die Substanzen, welche dazu hauptsächlich Verwendung
finden, sind die Haloidsalze des Silbers, Chlorsilber, Jodsilber, Brom=
silber (Art. 197). Die Zersetzung hängt von der absorbirten Menge des
auffallenden Lichtes ab, welche unter sonst gleichen Umständen der Licht=
stärke proportional ist. Fällt also auf die lichtempfindliche Platte das durch
die Linsen der Kamera Obskura entworfene Bild eines äußeren Gegenstandes,
so werden an allen hellen Stellen stärkere Zersetzungen eintreten, als an
den dunkleren. Mit anderen Worten, die Zersetzungen geben ein Bild,
welches dem durch das Licht entworfenen in der Lichtvertheilung entspricht.
Darauf beruht eben überhaupt die Möglichkeit zu photographiren. Das
durch die Zersetzung des Silbersalzes ausgeschiedene Silber tritt als feines
schwarzes Pulver auf. Alle im Lichtbilde hellen Stellen erscheinen also im
Zersetzungsbilde dunkel, alle dort dunklen hier hell. Das Zersetzungsbild
ist also das Gegenstück zum Lichtbilde. Man nennt es deshalb das Ne=
gativ. Photographirt man dieses (nachdem man die überflüssigen Zer=
setzungsprodukte durch Waschen entfernt hat) durch Auflegen eines mit
lichtempfindlicher Substanz versehenen Papieres und Aussetzen gegen das
Licht der Sonne, so bekommt man das Gegenbild zum ersten Zersetzungs=
bilde, also ein zweites Zersetzungsbild, welches demnach genau dem Licht=
bilde gleicht, das ist das Positiv, die eigentliche Photographie.

342. Indessen ist zu bemerken, daß nicht alle Lichtarten, in gleichen
Mengen absorbirt, gleich stark chemisch wirken. Die Erfahrung hat ge=
lehrt, daß die Lichtarten gegen das violette Ende des Spektrums hin viel
stärker chemisch wirksam sind, als die gegen das rothe Ende hin. Photo=
graphiren im blauen Licht erfordert darum sehr viel weniger Zeit als
solches im gelben oder rothen, die Expositionsdauer ist für ersteres
Licht unvergleichlich viel kürzer als für letzteres. In gelbem und rothem
Licht kann man photographische Platten lange Zeit ganz frei halten, ohne

daß sie sich schwärzen. Es eignen sich darum auch nicht alle Beleuchtungen der Gegenstände zum Photographiren, sondern nur diejenigen, welche auch viele „chemische Strahlen" enthalten, das sind solche, die die Sonne, das elektrische Bogenlicht, das Magnesiumlicht und andere weiß oder bläulich aussehende Lichtarten geben. Hieraus folgt die Schwierigkeit, farbige Gegenstände hinreichend scharf und naturgetreu zu photographiren; wartet man so lange, bis auch das von den gelben Stellen herkommende Licht hinreichend gewirkt hat, so ist das von den blauen oder violetten herstammende schon allzu sehr wirksam gewesen, und giebt ganz schwarze Flecken; thut man das nicht, so sind wieder die gelben Stellen unscharf. Dieser Schwierigkeit hat die neuere Photographie Abhülfe zu schaffen gewußt, indem sie den Silbersalzen Stoffe beigemischt hat, welche die nicht genügend chemisch wirksamen Strahlen ganz besonders stark absorbiren, so daß durch die Menge gewonnen wird, was dem einzelnen Strahl an chemischer Kraft fehlt.

343. Ich möchte zugleich erwähnen, daß chemisch wirksame Strahlen auch noch von denjenigen Stellen des Spektrums des Sonnenlichts und anderer Lichtarten über das Violett hinaus herkommen, die wir gar nicht mehr sehen. Diese Strahlen verrathen sich also auch durch die chemischen Wirkungen, die sie ausüben. Wahrscheinlich giebt es Strahlen, die auch noch über diese hinaus liegen, die neuerdings so viel bewunderten Röntgen-Strahlen scheinen solche zu sein. Sie sind, wie die gewöhnlichen ultravioletten Strahlen, daran erkennbar, daß sie Fluorescenz erregen, sie haben aber noch die Eigenschaft, daß für sie viele Körper noch durchsichtig sind, die für die anderen Strahlen undurchsichtig sind. Doch ist das kein systematischer Unterschied, da die Körper auch für gewöhnliche Strahlen nicht vollständig durchsichtig sind, und manche Körper auch von gewöhnlichen Farben, die einen vollständig, die anderen gar nicht durchlassen. Also etwas mystisches sind die Röntgen-Strahlen nicht, sie reihen sich anderen bekannten an, ihre Eigenschaften sind nur graduell von diesen verschieden. In den gewöhnlichen Spektren kommen sie nicht vor, wie übrigens überhaupt nicht in allen Spektren alle Farben da sind. Wie sie entstehen, wird später zu sagen sein, wo auch einige andere Eigenarten Erwähnung finden werden. Auch am rothen Ende ist das Spektrum mit dem sichtbaren Theil noch nicht zu Ende, auch vor diesem giebt es Licht, welches nicht als Licht wirkt, sondern, wie wir später sehen werden, als Wärme. Alle Strahlen, die uns z. B. die Sonne zusendet, zerfallen hiernach in drei Theile. Davon geben zwei Theile, von denen einer (der ultrarothe genannt) in der Farbe vor dem Roth, der andere (der ultraviolette)

hinter dem Violett liegt, keine unmittelbaren Lichtwirkungen (doch kann der ultraviolette durch Fluorescenz sichtbar gemacht werden), der erste Theil jedoch bewirkt vornehmlich Wärme, der zweite chemische Umsetzungen. Der dritte Theil liegt zwischen den beiden anderen, vereinigt in sich die Haupt= wirkungen der beiden anderen Theile und leuchtet außerdem. Deshalb spricht man von einem Wärmespektrum, chemischen Spektrum und Lichtspektrum. Wir könnten noch hinzufügen Fluorescenzspektrum. Doch handelt es sich in allen Fällen nur um graduell verschiedene Strahlengattungen.

9. Doppelbrechung.

344. Zu noch anderen Eigenschaften des Lichtes gelangen wir, wenn wir eine andere Art der Zertheilung beim Uebergang in Körper betrachten. Manche Körper haben nämlich die Eigenthümlichkeit, daß sie Licht beim Durchgang durch sie nicht bloß in seine Farben zerstreuen, sondern über= haupt in zwei getrennte Theile zerlegen, deren jeder für sich alle im auffallenden Licht ent= haltenen Farben besitzt. Aus einem Strahl werden also in solchen Körpern zwei Strahlen. Man nennt sie deshalb doppelbrechend. Der eine Strahl heißt der ordentliche (ordinäre), der andere der außerordentliche (extra= ordinäre). Sieht man z. B. durch einen Kalk= spathkrystall nach einem leuchtenden Punkt, so erscheint dieser doppelt. Das Licht, welches vom

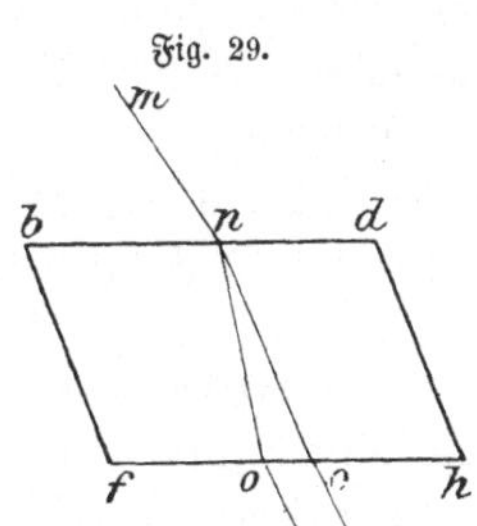

Punkt ausgeht, wird beim Eintritt in den Krystall in zwei Theile zerlegt, die sich von einander getrennt halten, selbstverständlich mehr und mehr aus einander gehen und beim Austreten aus dem Krystall auch getrennt bleiben. Je dicker der Krystall ist, desto mehr stehen die Bilder von einander ab. Dieses ist in der obenstehenden Figur 29 dargestellt: b d f h ist der Kalk= spathkrystall, m n der einfallende Strahl. Man bemerkt, wie dieser an der Einfallstelle n in die zwei Strahlen n o und n e auseinandergeht, welche nach dem Austritt bei o und e die beiden Strahlen o und e geben. Der ordentliche Strahl ist hier o, der außerordentliche e. Hält man den austretenden Strahlen o und e einen Schirm entgegen, so sieht man auf diesem, wo sie ihn schneiden, zwei Lichtflecke. Dreht man den Krystall um den einfallenden Strahl herum, so drehen sich die beiden Lichtflecke gleichfalls herum, das ist voraus zu sehen. Die Helligkeit ändert sich dabei nicht. Aus dem, was wir über den Grund für die Erscheinung der Brechung gesagt haben, können wir unmittelbar schließen, daß die beiden Strahlen im Krystall sich mit verschiedenen Geschwindigkeiten fortpflanzen.

Wir können also auch sagen, daß es Körper giebt, die das in sie eintretende Licht in zwei Theile zerlegen, die sich mit verschiedenen Geschwindigkeiten in ihnen ausbreiten und die sich darum von einander trennen.

345. Die Erfahrung hat gelehrt, daß diese Körper Krystalle sind; kein in sich vollkommen gleichartiger und gestaltloser Körper zeigt Doppelbrechung, falls man ihn nicht etwa durch einseitigen Druck oder Zug oder durch besondere Behandlung mittelst Wärme und Elektricität oder Magnetismus in seinem Inneren ungleichartig macht. Nicht einmal alle Krystalle weisen Doppelbrechung auf, nämlich diejenigen nicht, welche keine besonders hervortretende Figuraxe haben, und welche dem sogenannten ersten, regulären oder tesseralen System angehören. (Beispiele dafür sind Krystalle des Salzes, Diamants, Granats, Alauns, Borazits, Flußspaths, Salmiaks, Spinells u. s. f.) Auch von den anderen Krystallen verhalten sich nicht alle gleich. Einige brechen die beiden Theile weiter aus einander als andere, sie sind stärker doppelbrechend als diese.

Krystalle, deren Brechungsverhältniß für den ordentlichen Strahl größer ist als für den außerordentlichen, heißen positiv, die anderen negativ. Doch hat diese Unterscheidung wenig Bedeutung.

Ferner haben diejenigen Krystalle, die eine besonders hervortretende Figuraxe besitzen (es gehören dazu die beiden folgenden Krystallsysteme, das Tetragonale und das Hexagonale), noch die Eigenschaft, daß der eine von den beiden Strahlen, in die sie einen einfallenden Strahl zerlegen, sich völlig wie ein gewöhnlich gebrochener Strahl verhält. Er gehorcht allen früher angegebenen Gesetzen (Art. 308 ff.), ist also die gerade Fortsetzung des einfallenden Strahls, wenn dieser die Krystallfläche senkrecht trifft, liegt bei schräger Einfallsrichtung mit dem einfallenden Strahl und dem Einfallsloth stets in der nämlichen Ebene, hat, welche Richtung er im Krystall auch einschlagen mag, stets die nämliche Fortpflanzungsgeschwindigkeit und gehorcht auch dem Snellius'schen Brechungsgesetz. Er ist also wirklich ein ordentlicher Strahl, wie er genannt wurde. Der andere Strahl ist darin außerordentlich, daß er den einfachen Brechungsgesetzen nicht gehorcht und seine Fortpflanzungsgeschwindigkeit im Krystall ganz von seiner Richtung in ihm abhängt. Eine besondere Richtung haben diese Krystalle, in welcher der außerordentliche dem ordentlichen völlig gleicht. Man nennt sie die optische Axe des Krystalls; die Krystalle selbst heißen darnach optisch einaxig. Tritt ein Strahl in Richtung dieser Axe in einen solchen Krystall, so bleibt er einfach.

(Beispiele für derartige Krystalle sind im tetragonalen System: Zirkon, Zinnstein; im hexagonalen: Bergkrystall, Eis, Beryll, Chlorcalcium, Korund, Kalkspath, Rubin, Smaragd, Turmalin, Sapphir u. s. f.)

Die den drei letzten Systemen angehörenden Krystalle geben keine ordentlichen Strahlen; in ihnen sind beide Strahlen außerordentlich und folgen also beide nicht den gewöhnlichen Brechungsgesetzen, namentlich sind bei beiden die Fortpflanzungsgeschwindigkeiten durchaus abhängig von ihren Richtungen im Krystall. Trotzdem nennt man auch bei ihnen einen der Strahlen ordentlich, nämlich denjenigen, der sich weniger abweichend von den gewöhnlichen Brechungsgesetzen verhält. Diese Krystalle haben zwei optische Axen, sie heißen darum optisch zweiaxig. In jeder der Axen haben also beide Strahlen gleiche Fortpflanzungsgeschwindigkeit. Doch erfolgen für Strahlen, welche diese Richtungen einschlagen, sehr merkwürdige Zerlegungen. Sie zerfallen nämlich in eine unendliche Zahl von Strahlen, die auf einem Kegelmantel liegen und treten aus dem Krystall als Strahlencylinder aus, so daß man einen hellen Ring sieht. Das ist die innere konische Refraction. Umgekehrt: tritt ein Strahl, der im Krystall sich in Richtung einer optischen Axe bewegt, aus diesem heraus, so zerfällt er wieder in Strahlen, die einen Kegelmantel bilden. Das ist die äußere konische Refraction. Beispiele für zweiaxige Krystalle sind Arragonit, Chlorbaryum, Glimmer, Kryolith, Salpeter, Schwefel, Schwerspath, Seignettesalz, Strontianit, Talk, Topas, Anthracit, Bernsteinsäure, Borax, Augit, Eisenvitriol, Feldspath, Gyps, Oxalsäure, Weinsäure, Zucker, Kupfervitriol, und eine große Zahl von Salzen und Doppelsalzen.

Die Gesetze der Doppelbrechung sind zuerst von dem berühmten Huyghens untersucht und mit einer für den damaligen Stand der Wissenschaft außerordentlichen Schärfe festgestellt worden.

Zu beachten ist noch, daß die optischen Verhältnisse der Krystalle für die verschiedenen Farben sehr verschieden sein können, namentlich sind auch die optischen Axen für verschiedene Farben verschieden gerichtet, wodurch auch in der Erscheinung eine sehr erhebliche Komplikation eintritt.

10. Polarisation.

346. Außer der Doppelbrechung erfahren die einfallenden Strahlen noch eine andere sehr wichtige Veränderung. Ein gewöhnlicher Lichtstrahl, wie wir ihn z. B. von der Sonne zugesandt erhalten, zeigt ringsherum um seine Erstreckung, das ist um seine Fortpflanzungsrichtung, überall die nämlichen Eigenschaften. Wir mögen den ihn aussendenden Körper, oder, was auf dasselbe hinauskommt, den ihn aufnehmenden, um seine Richtung

drehen, wie wir wollen, es bleiben alle Erscheinungen völlig ungeändert. Solches Licht nennt man natürliches Licht. Anders verhalten sich die Strahlen, die aus doppelbrechenden Körpern kommen, sie zeigen eine ausgesprochene Seitlichkeit. Läßt man von den beiden Strahlen, welche z. B. aus einem Kalkspathkrystall austreten, einen, den ordentlichen oder außerordentlichen, durch einen zweiten Kalkspathkrystall gehen, so zerfällt dieser Strahl dabei wieder in zwei Strahlen. Fängt man diese auf einem Schirm auf, so hat man zwei Lichtflecke, einen vom ordentlichen, den anderen vom außerordentlichen Strahl. Insoweit ist also alles noch ganz ebenso, wie wenn man natürliches Licht durch einen Krystall gehen läßt. Aber wenn man im letzteren Falle den Krystall um die Strahlenrichtung dreht, verändern zwar die Lichtpunkte ihre Lage, wie schon erwähnt, doch bleiben ihre Helligkeiten stets die nämlichen. Dagegen, wenn wir im anderen Fall in gleicher Weise einen der beiden Krystalle drehen, drehen sich nicht bloß die Lichtflecken, sondern sie ändern auch ihre Helligkeit, und zwar nimmt der eine an Helligkeit zu, wenn der andere abnimmt. Stehen die Krystalle vollkommen gleich, so daß einer wie die Fortsetzung des anderen aussieht, wenn sie zufällig gleich dick sind, so ist nur einer von den Lichtpunkten zu sehen, dreht man dann z. B. den zweiten Krystall, so erscheint auch der zweite Lichtpunkt und nimmt stetig an Helligkeit zu, während der andere in gleichem Maaße an Helligkeit abnimmt. Sobald die Drehung 90 Grad erreicht hat, hat jener alles Licht an sich gerafft und dieser ist verschwunden. Dreht man noch weiter, so verliert er wieder an Helligkeit und der andere tritt hervor, bis die Drehung 180 Grad erreicht hat; nun ist der andere wieder ganz hell und jener ist verschwunden. Bei weiterer Drehung treten dieselben Erscheinungen hervor. Dasselbe würde stattfinden, wenn man nicht den Krystall um den einfallenden Strahl, sondern diesen um sich selbst drehen würde. Also der außerordentliche Strahl und der ordentliche, die im zweiten Krystall aus dem einen, aus dem ersten ausgetretenen ordentlichen oder außerordentlichen Strahl entstanden sind, beide haben zwei Lagen im zweiten Krystall, in denen sie besonders hell sind und zwei andere, in denen sie ganz verschwinden. Hieraus folgt, wenn wir uns zur besseren Versinnbildlichung die Strahlen horizontal fortlaufend denken, daß jeder dieser beiden Strahlen ein Rechts und ein Links, Oben und Unten hat, und zwar hat jeder von ihnen rechts dieselbe Beschaffenheit wie links und oben wie unten, aber die Beschaffenheit an der rechten oder linken Seite ist bei beiden eine andere als die in der oberen oder unteren. Dabei ist der einzige augenfällige Unterschied zwischen diesen Strahlen und natürlichen Strahlen der, daß sie

von einem Strahl herrühren, der durch einen doppelbrechenden Krystall
gegangen ist, die natürlichen dagegen vom leuchtenden Körper unmittelbar
kommen. Der Durchgang durch diesen Krystall muß diesen Strahlen also
eine Seitlichkeit verliehen haben.

347. Diese von Malus entdeckte Seitlichkeit nennt man die Polarisation; Lichtstrahlen, welche sie zeigen, heißen polarisirt. Natürliches Licht ist also unpolarisirt. Es wird erst polarisirt, sobald es durch doppelbrechende Krystalle geht. Dabei erstreckt
sich die Polarisation auf den ordentlichen und außerordentlichen Strahl zugleich, und zwar stehen ihre Seiten im rechten
Winkel zu einander. Denn, wenn man beide durch den zweiten Krystall
gehen läßt, so daß man vier Lichtpunkte zu zwei Paaren hat, zeigen diese
Paare beim Drehen des zweiten Krystalls entgegengesetztes Verhalten; er-
lischt in dem einen der ordentliche Lichtpunkt, so leuchtet im anderen dieser
dafür um so heller und statt dessen ist in diesem der außerordentliche verschwunden u. s. f.

Wir werden später (Art. 360 ff.) für diese Seitlichkeit eine bessere
Vorstellung gewinnen. Einstweilen können wir sagen, ein solcher (es giebt
auch Strahlen, die in anderer Weise polarisirt sind, davon sehen wir hier
ab) polarisirter Lichtstrahl beruht auf einem gewissen Vorgang
in einer Ebene, die seine ganze Länge enthält. Wir nennen diese
Ebene die Polarisationsebene. Drehen wir den Strahl, so dreht sich
auch diese Ebene. Bei einem natürlichen Lichtstrahl existirt eine solche
Ebene nicht, bei ihm finden die Vorgänge rings um ihn in allen Richtungen
in gleicher Weise statt. Geht ein solcher Strahl jedoch durch einen
doppelbrechenden Körper, so wird er in zwei polarisirte Strahlen zerlegt,
die Polarisationsebenen dieser beiden Strahlen stehen senkrecht zu einander;
diese Strahlen sind senkrecht zu einander polarisirt. Geht ein polarisirter
Lichtstrahl durch einen doppelbrechenden Krystall, so wird auch er in zwei
Strahlen, die wieder senkrecht zu einander polarisirt sind, zerlegt. Die
Doppelbrechung zerlegt also nicht bloß die Strahlen, sondern ordnet auch
die Vorgänge, durch welche sie gebildet sind, in bestimmter Weise.

348. Doch ist die Doppelbrechung nicht das einzige Mittel, natürliches Licht zu polarisiren. Jede Reflexion und Brechung polarisirt Licht
bereits, wenngleich im Allgemeinen nur theilweise. Es giebt sogar für
die Reflexion einen gewissen Einfallswinkel — für die Reflexion von Glas
in Luft z. B. beträgt dieser Winkel 55 Grad —, unter welchem alles
Licht polarisirt zurückgeworfen wird, und zwar fällt die Polarisationsebene
mit der Ebene, welche den einfallenden und reflektirten Strahl enthält,

zusammen. Solches Licht verhält sich dann nach der Reflexion völlig wie das aus einem doppelbrechenden Krystall tretende. Unter allen anderen Umständen verhält sich reflektirtes und gebrochenes Licht wie eine Mischung aus natürlichen und polarisirten Strahlen. Die Menge der polarisirten Strahlen nimmt mit wachsender Zahl der Reflexionen und Brechungen zu. Deshalb ist auch das vom Himmel zerstreut zurückgeworfene Sonnenlicht theilweise polarisirt, wiewohl das Sonnenlicht selbst durchaus natürliches Licht ist. Aus gleichem Grunde bietet die Untersuchung des Lichtes von Himmelskörpern auf etwaige Polarisation eines der bequemsten und sichersten Mittel zur Entscheidung, ob diese Körper selbst leuchten, oder ganz oder theilweise erborgtes Licht reflectiren. Dieses ist zuerst von Arago geschehen. Die Deutung dieser Erscheinungen besteht darin, daß alle Körper die Neigung haben, auf das Licht ordnend zu wirken. Sie reflektiren Licht und lassen Licht nur durch, wenn dieses sich einer gewissen Ordnung unterzogen hat. Doppelbrechende Krystalle können sogar unter allen Umständen nur solches Licht durchlassen, welches sie vollständig geordnet haben. Doch kann diese Ordnung nach zwei Seiten vor sich gehen, indem die Vorgänge welche den Strahl bilden, in zwei zu einander senkrechten Ebenen geschehen können, ohne daß der Krystall dem Strahl den Durchgang wehrt. Die Vorgänge ordnen sich deshalb beim Eintritt des Lichtes in den Krystall in solchen zwei zu einander senkrechten Ebenen, und da sich zugleich eine Differenz in der Fortpflanzungsgeschwindigkeit der beiden so geordneten Vorgänge einstellt, werden sie auch nach verschiedenen Richtungen abgelenkt, es entsteht die Doppelbrechung. Sicher wird diese Ordnung durch die innere Beschaffenheit der Krystalle und Körper bewirkt. Dem Auge bietet polarisirtes Licht die nämliche Erscheinung dar wie natürliches (doch hat es allerdings auch für das Sehen einige besondere Eigenthümlichkeiten). Physikalisch ist es aber von diesem sehr verschieden, wie sich oben be= reits gezeigt hat, und wie noch bei vielen anderen Gelegenheiten hervortritt.

349. Wir haben nur noch auf Folgendes, das polarisirte Licht be= treffend, aufmerksam zu machen. Entfernt man von den beiden aus einem Krystall austretenden Strahlen einen, z. B. den außerordentlichen, und läßt nur den anderen durch den zweiten Krystall, entfernt dann von den aus diesem austretenden wieder einen, so daß man zuletzt überhaupt nur einen Strahl (statt vier) noch übrig behält, so wissen wir, daß bei gewisser Stellung des zweiten Krystalls zum ersten er völlig ausgelöscht wird, d. h. aus beiden Krystallen tritt überhaupt kein Licht aus, und wenn man durch sie sieht, ist alles dunkel.

Für die Entfernung immer eines der Strahlen hat man verschiedene

Einrichtungen. Die beste ist die unter dem Namen des Nikol'schen Prisma bekannte. Ein Kalkspathkrystall ist vorne und hinten in bestimmter Weise geschliffen, dann fast diagonal zu zwei Keilen durchschnitten. Diese Keile sind dann durch Kanadabalsam wieder zusammengeklebt, so daß der Krystall unverletzt erscheint. Tritt senkrecht zur vorderen Fläche ein Strahl ein, so wird er doppelt gebrochen, der ordentliche geht bis zur Verklebungsschicht und fällt dort unter einem solchen Winkel auf die Kanadabalsamschicht — welche einen geringeren Brechungskoefficienten hat, als diesem Strahl im Kalkspath zukommt — daß er total reflektirt werden muß (Art. 296). Er geht dann durch die Seite des Prismas. Der außerordentliche dagegen kann, weil ihm ein kleinerer Brechungsquotient als der Balsamschicht zukommt, nicht total reflektirt werden, er geht durch diese und tritt aus der Hinterfläche des Krystalls aus. Stellt man diesem Nikol'schen Prisma ein ähnliches gegenüber, so geht also in dieses nur ein Strahl hinein. Dieser wird wieder in einen ordentlichen und außerordentlichen zerlegt, von denen der ordentliche wieder total zur Seite reflektirt wird,

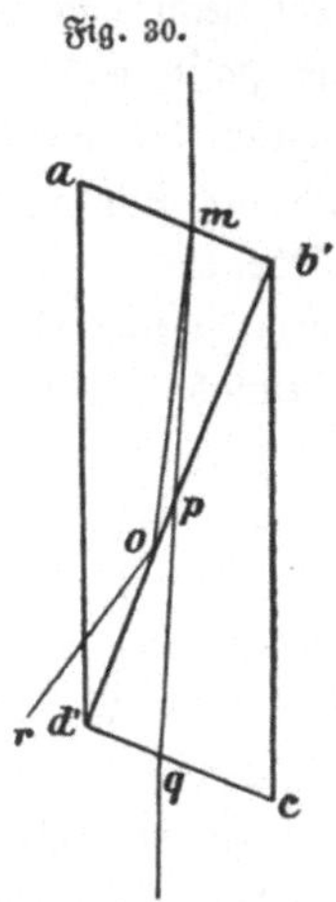

Fig. 30.

Fig. 31.

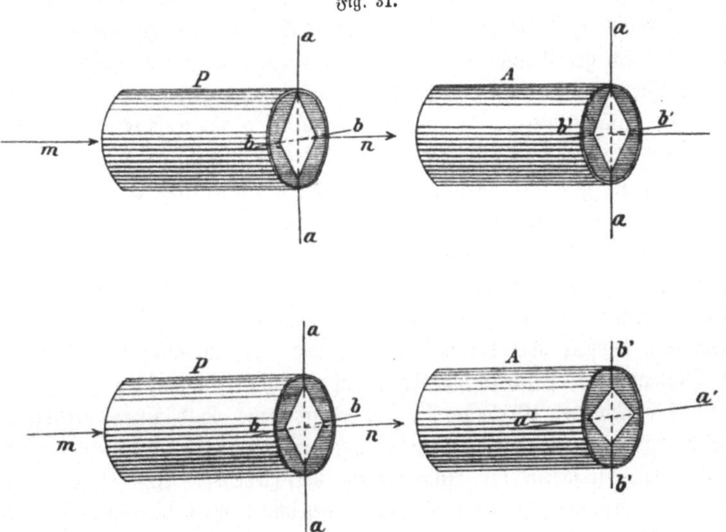

der außerordentliche aber durchgeht, es bleibt also zuletzt wirklich nur ein Strahl übrig. Stehen die Prisma hinter einander mit parallelen Kanten, parallele Prismen, so erscheint beim Durchsehen alles hell, dreht man ein Prisma um seine Länge als Axe um 90 Grad, gekreuzte Prismen, so wird alles dunkel, man kann durch sie nicht durchsehen. Man nennt das erste Prisma das polarisirende oder den Polarisator, das zweite das analysirende oder den Analysator. Die umstehenden Figuren 30 und 31 zeigen den Strahlengang in einem Nikol'schen Prisma und die Anordnung zweier solcher Prismen parallel und gekreuzt. Ich würde den Leser mit dieser etwas komplicirten Beschreibung nicht behelligt haben, wenn es sich nicht um eine Einrichtung handelte, die bei außer= ordentlich vielen naturwissenschaftlichen Untersuchungen Anwendung findet.

11. Drehung der Polarisationsebene.

350. Bereits bei der Reflexion und Brechung polarisirten Lichtes findet eine Drehung der Polarisationsebene statt, durch welche diese im reflektirten Strahl der Einfallsebene, im gebrochenen einer dazu senkrechten Ebene ge= nähert wird. Doch tritt diese Drehung nur bei schräg auffallendem Licht ein; senkrecht auffallendes geht ohne Drehung durch und wird ohne Drehung reflektirt. Außerdem findet die Drehung nur an der Oberfläche statt, sonst nirgend. Es giebt jedoch Körper, welche polarisirtes Licht auch dann drehen, wenn dieses gerade durch sie geht, und außerdem dieses Licht in ihrer ganzen Masse drehen, nicht bloß an der Oberfläche beim Eintritt in ihre Substanz. Dadurch unterscheidet sich diese Drehung grundsätzlich von der durch gewöhnliche Reflexion und Brechung bewirkten. Man schreibt solchen Körpern, sie heißen optisch aktive, während die anderen optisch inaktive genannt werden, Drehungsvermögen zu, welches allen anderen fehlt, und vermöge deren sie jeden polarisirten Lichtstrahl, der in sie eintritt und durch sie geht, so lange um sich selbst drehen, als er sich in ihnen befindet. Die Drehung eines Strahles, oder was dasselbe ist, seiner Polarisationsebene, wächst also mit der Länge des Weges, den der Strahl in dieser Substanz zurücklegt, und zwar wächst sie diesem Wege proportional. Ist der Weg in einem Fall doppelt oder dreimal so lang wie in einem anderen, so ist auch die Drehung der Polarisationsebene doppelt oder dreimal so groß. Die Geschwindigkeit der Drehung ist für verschiedene Substanzen verschieden. Gleiche Wege durch verschiedene Substanzen bedingen also nicht gleiche Drehungen, sondern im Allgemeinen verschiedene. Als specifisches Drehungsvermögen einer Substanz bezeichnet man diejenige Drehung, die die Polarisationsebene erfährt, wenn der Lichtstrahl einen Weg von 100 Millimeter in ihr zurücklegt.

351. Eine Drehung kann nun in dem einen oder anderen Sinne erfolgen; stellt man sich dem ankommenden gedrehten Strahl entgegen, so heißt er rechtsgedreht, wenn die Drehung von links nach rechts erfolgt ist (wie die des Zeigers einer Uhr), linksgedreht im anderen Fall (entgegengesetzt der des Zeigers einer Uhr). Die drehenden Substanzen drehen theils nach rechts, sie heißen dann Rechtsdrehende, theils nach links, sie sind dann Linksdrehende. Dextrose z. B. ist rechtsdrehend, ebenso Rohrzucker, Lävulose dagegen linksdrehend. Doch giebt es Substanzen, welche bald rechts, bald links drehen. Dieses sind jedoch fast ausschließlich Krystalle und zeigen dann auch in den Formen gewisse Sonderheiten, wodurch man die rechtsdrehenden sofort von den linksdrehenden unterscheiden kann. Ein Theil der aktiven Substanzen dreht nur im festen krystallisirten Zustande und verliert das Drehvermögen, sobald er flüssig wird oder in Lösung kommt. Ein anderer dreht nur im flüssigen und gelösten, oder zwar festen aber nicht krystallinischen (also im amorphen) Zustand.

352. Im Uebrigen ist das Drehungsvermögen aller Substanzen von der Temperatur abhängig. Es nimmt mit wachsender Temperatur stetig ab, kann sich jedoch bei den an zweiter Stelle genannten Substanzen noch erhalten, selbst wenn die Verdampfungstemperatur überschritten ist, also die Substanzen in Dampfform übergegangen sind. Ferner ist von Wichtigkeit, zu bemerken, daß die Drehung sehr stark von der Farbe des Lichtes abhängig ist. Sie nimmt zu, je weiter die Farbe nach dem violetten Ende des Spektrums hin liegt. Geht also polarisirtes Licht, welches mehrere Farben enthält, durch eine aktive Substanz, so sind die Polarisationsebenen der verschiedenen Farben verschieden stark gedreht. Dadurch tritt eine gewisse Scheidung der Farben ein, die man als Rotationsdispersion bezeichnet.

Wie sich diese Scheidung für das Ansehen äußert, können wir leicht zeigen. Wir lassen das aus dem aktiven Körper ausgetretene Licht durch einen Analysator gehen. Da also in Bezug auf diesen die Polarisationsebenen der verschiedenen Farben nunmehr verschieden orientirt sind, werden, dem Früheren zufolge, die verschiedenen Farben aus ihm auch nicht mit gleicher Helligkeit austreten können, gewisse davon werden sogar ganz ausgelöscht sein. Nachdem das Licht aus dem Analysator ausgetreten ist, wird es also nicht in derselben Weise aus den verschiedenen Farben gemischt sein, wie bei Eintritt in ihn, seine Gesammtfarbe wird also ein anderes Aussehen bekommen. Waren in ihm ursprünglich alle Farben enthalten, so daß es beim Eintritt weiß aussah, und wird der Analysator so gedreht, daß die gelben Strahlen aus ihm gar nicht herauskommen, so wird das austretende Licht, da ihm die mittlere Farbe mangelt, hauptsächlich aus den Endfarben bestehen und röthlich=violett aussehen. Dreht man jetzt den Analysator nach der einen oder anderen Seite, so tritt entweder die blaue oder die rothe Farbe stärker hervor, das Gesichtsfeld schlägt also in Blau oder Roth um. Da diese Farben sehr verschieden von einander sind, kann man also jene Stellung des Analysators, bei der die röthlich=violette Färbung entsteht, mit großer Sicherheit auffinden. Deshalb hat man diese Färbung als die empfindliche bezeichnet (teinte de passage), sie ist gegen jede Drehung des Analysators empfindlich, indem sie nach der einen Seite in Blau, nach der anderen in das davon so verschiedene Roth übergeht. Zugleich sieht man, daß bei Anwendung aus verschiedenen Farben zusammengesetzten Lichtes (z. B. von Tageslicht, Lampenlicht u. s. f.) durch keine Drehung der Nikols eine vollständige Verdunkelung des Gesichtsfeldes eintreten kann, sondern daß dieses stets farbig, wenn auch mehr oder weniger hell, erscheint, sobald nur zwischen den Nikols eine aktive Substanz vorhanden ist. Nur wenn einfarbiges Licht angewendet wird, kann das Gesichtsfeld auch bei Gegenwart aktiver Substanzen ganz verdunkelt werden.

353. Von den Krystallen haben Drehvermögen die nicht doppelbrechenden und von den doppelbrechenden die optisch einaxigen. Letztere für solche Strahlen, welche in Richtung der optischen Axe eintreten und im Krystall verlaufen; alle folgenden Angaben beziehen sich darum bei diesen Krystallen auf Platten, welche senkrecht zur optischen Axe aus ihnen geschnitten sind, und von senkrecht auffallenden Strahlen durchsetzt werden. In allen anderen Richtungen dieser Krystalle und der Krystalle überhaupt wird die Drehung durch die Doppelbrechung verdeckt. Die Krystalle sind aktiv nur als Krystalle. Der am stärksten drehende krystallinische Körper ist der Zinnober (HgS), eine Platte davon, von etwa 111 Millimeter Dicke, dreht gelbe Strahlen, wie sie Kochsalzdämpfe aussenden, vollständig um ihre Richtung herum. In weitem Abstande davon kommt dann der interessanteste aller drehenden Krystalle, bei dem die Erscheinungen der Drehung zuerst studiert sind, der Bergkrystall (SiO_2). Die Drehung dieses Krystalls beträgt für die oben bezeichneten Strahlen bei einer Dicke der Platte von 100 Millimeter etwa $21\frac{2}{3}$ Grad.

Der Bergkrystall kommt in der Natur in zwei Modifikationen vor, die chemisch genau dieselbe Zusammensetzung haben, aber für den Anblick sich dadurch von einander unterscheiden, daß die Gestalt der einen genau das Spiegelbild derjenigen der anderen ist. Sie sind in Figur 3 auf

Seite 11 dargestellt. Diese beiden Modifikationen verhalten sich in Bezug auf Drehung der Polarisationsebene genau entgegengesetzt, beide drehen diese Ebene zwar um gleich viel, aber die eine dreht sie rechts, die andere links.

Bergkrystall hat auch eine starke Rotationsdispersion. Klebt man zwei entgegengesetzt drehende Platten Seite an Seite, neben einander, und stellt diese Doppelplatte zwischen zwei Nikols, so erscheint das Gesichtsfeld bei Benutzung von Tageslicht in zwei Hälften getheilt, die ungleich gefärbt sind und von einer scharfen Linie, der Trennungslinie, an der die Platten zusammengeklebt sind, geschieden werden. Stellt man auf die empfindliche Farbe ein, so sind sie gleichgefärbt, sobald man aber dann den Analysator dreht, wird die eine Hälfte roth, die andere blau, dieses ist eine Erweiterung dessen, was am Schluß des voraufgehenden Artikels gesagt ist. Andere drehende Krystalle zu nennen (ihre Zahl ist sehr beschränkt) ist nicht von Belang.

354. Von Stoffen, welche im amorphen Zustand, fest, oder in Flüssigkeiten gelöst, drehen, kennt man an 300. Sie sind sämmtlich organischer Natur und zum größten Theile entweder rechtsdrehend oder linksdrehend. Einige von ihnen kommen in zwei Modifikationen vor, in denen sie entgegengesetzt drehen. Krystallisirt verlieren sie das Drehungsvermögen. Es gehören dazu gewisse Kohlehydrate, Mannite, Glykoside, organische Säuren, Terpentine, Harze, ätherische Oele, Kampher, Alkaloide, Bitterstoffe, Eiweißstoffe u. a. m.

Die Gesammtdrehung ist stets die Summe aller Drehungen nach der einen abzüglich aller Drehungen nach der anderen Seite und geschieht nach der Richtung, welche überwiegt. Dieses gilt jedoch nur, wenn die Substanzen getrennt hinter einander geschaltet sind; sind sie durch einander vermischt, so treten gewöhnlich verwickelte Beziehungen auf, die das Endergebniß nicht übersehen lassen. Ganz die nämlichen Regeln gelten für Krystalle, sie bleiben also auch in Kraft bei der Kombinirung dieser Körper mit Krystallen, so daß, wenn man die Drehung eines dieser Körper durch die eines Krystalls kompensirt hat, diese Drehung genau so groß und entgegengesetzt ist, wie die des Krystalls.

Befindet sich ferner eine drehende Substanz in Lösung, so nimmt die Drehung mit wachsendem Gehalt der Lösung an drehender Substanz zu, zwar nicht genau proportional, aber bei manchen Substanzen so wenig davon abweichend, daß die Zunahme dem Gehalt gleichlaufend angesehen werden kann.

Von dem Drehvermögen macht man Gebrauch zur Erkennung der betreffenden Substanzen und zur Bestimmung ihrer Mengen, z. B. von Zucker im Syrup u. s. f. Die dazu dienenden Apparate heißen Polarimeter. Daß es noch andere Methoden giebt, die Polarisationsebene von Lichtstrahlen zu drehen, wird später erwähnt werden.

12. Wellenlehre des Lichtes (Undulationstheorie).

a) Das Licht als Wellenbewegung.

355. Wir haben aus den Erscheinungen der Polarisation geschlossen, daß zwar natürliche Strahlen rings um ihre Richtung gleichartig sind, nicht aber polarisirte. Diese haben ausgesprochene Seitlichkeit und sind Vorgänge in Ebenen, welche diese Strahlen selbst enthalten. Naturgemäß fragt man, was das für Vorgänge sind. Die Frage hängt offenbar mit derjenigen zusammen nach dem, was überhaupt Licht ist. Hier ist ein Dreifaches zu unterscheiden: 1. Was geht in Körpern vor, welche leuchten? 2. Wie verbreitet sich das Licht durch den Raum? 3. Was geht im Auge oder genauer in der Seele der Lebewesen vor, daß sie durch Licht Gegenstände sehen und erkennen können? Auf Frage 1 und 3 besitzen wir keine rechte Antwort, die erstere betrifft die Natur der Körper und der Erscheinungen überhaupt, die dritte außerdem noch die Natur unserer Wahrnehmungen. Ueber beide giebt es nur Muthmaßungen, über welche die tiefsten Denker nicht einig sind. Die zweite Frage läßt sich eher beantworten und diese ist auch die praktisch wichtigste, doch wird auch über die erste Frage hier und in späteren Abschnitten einiges zu ersehen sein. Was man über die Verbreitung des Lichtes nach der gegenwärtig noch gangbarsten Theorie annimmt, ist Folgendes.

356. Der ganze Raum ist von einer unendlich feinen Materie erfüllt, die man Aether nennt. Diese durchdringt nicht blos den Raum, sondern auch alle Körper ohne Unterschied. In jedem Körper richtet sie sich zum Theil nach dessen Beschaffenheit; Aether im Glase hat also etwas andere Eigenschaften wie Aether im Wasser, oder in der Luft, oder im freien Raume, oder in Krystallen u. s. f. Dieser Aether nun verbreitet das Licht; alle Lichtstrahlen sind also Vorgänge im Aether. Sobald ein Körper leuchtet, geräth aller Aether in ihm in Bewegung. An der Oberfläche des leuchtenden Körpers setzen diese sich bewegenden Aethertheile auch die Aethertheilchen der unmittelbaren Umgebung in Bewegung, diese dann die nächsten, diese wieder die nächsten u. s. f. immer weiter durch den Raum hindurch, bis zu andern Körpern. Also die Verbreitung des Lichtes

ist eine Verbreitung von Bewegung der Aethertheilchen, verursacht durch einen leuchtenden Körper, und wir sehen, wenn diese Bewegung der Aethertheilchen auch in unser Auge gedrungen, an die Netzhaut gelangt ist und dort die Nerven in Erregung setzt.

357. Ueber die Art dieser Bewegung hat man die Annahme gemacht, daß sie niemals in Richtung der Strahlen selbst geschieht. In die Richtung der Strahlen fällt nur die Verbreitung der Bewegung, die Bewegung selbst geht quer zu den Strahlen vor sich. Solche Bewegungen, die quer zu ihrer Verbreitungsrichtung geschehen, nennt man transversale. Dabei können die Bewegungen sehr mannigfaltig sein, immer jedoch geschehen sie so, daß die Theilchen sich nicht von ihrer ursprünglichen Stelle dauernd entfernen, sondern stets nur um diese hin und her gehen. Also sind sie Schwingungs= oder Oscillationsbewegungen (Art. 233). Da ferner die Bewegung sich allmählich ausbreitet, befinden sich nicht alle Theile eines Strahles zu derselben Zeit im gleichen Bewegungszustande. Alle Theilchen machen mit der Zeit alle Bewegungen durch, aber zu derselben Zeit befinden sich immer nur einzelne im gleichen Zustande (gleicher Phase) der Bewegung, andere wieder in anderen Zuständen. Man nennt den Abstand zwischen zwei nächsten Aethertheilchen, welche sich in genau dem nämlichen Bewegungszustand befinden, entsprechend früher angewandten Bezeichnungen die Wellenlänge des Strahls. Auf jeder Wellenlänge sind alle möglichen Bewegungszustände vorhanden. Von Wellenlänge zu Wellenlänge wiederholen sich diese Bewegungszustände in stets gleicher Reihenfolge, und so besteht ein Strahl aus einzelnen ganz gleich beschaffenen an einander gereihten Stücken, denen sich mit Weiterverbreitung des Lichtes mehr und mehr anschließen; und jedes Stück, das ist jede Wellenlänge, enthält alle Bewegungen, die in irgend einer der anderen Wellenlängen vorkommen und in gleicher Folge. Dieser allgemeine Charakter der Bewegung, vermöge dessen wir sie Wellenbewegung nennen, wird auch nicht geändert, wenn die Strahlen an Körper gelangen oder in solche eindringen.

Von der Länge der Wellen hängt die Eigenschaft des Lichtes für unsere Empfindung ab. Strahlen, welche aus Wellenlängen zwischen etwa 0,03 bis 0,0008 Millimeter zusammengesetzt sind, bringen wesentlich Wärmeerscheinungen hervor, solche, deren Wellenlängen zwischen 0,0008 und 0,0003 Millimeter liegen, leuchten, wärmen und wirken chemisch, darunter wirken sie hauptsächlich nur chemisch und Fluorescenz erregend. Alle eigentlichen Lichtarten haben also Wellenlängen zwischen etwa 0,0008 und 0,0003 Millimeter. Die verschiedenen Farben haben verschiedene Wellen-

längen, und zwar nehmen die Wellenlängen vom rothen Ende des Spek=
trums nach dem violetten hin stetig ab. Ob also ein Licht roth, oder gelb
oder grün u. s. f. aussieht, hängt allein von der Wellenlänge seiner Strahlen
ab. Die Lichtstärke hängt von der Energie der Bewegung ab.

358. Kommt die Bewegung aus dem Aether des Raumes an einem
Körper an, so ergreift sie auch die Aethertheile dieses Körpers. Allein da
diese von den Eigenschaften des Aethers im Raum abweichende, nach der
Natur des betreffenden Körpers sich richtende Eigenschaften haben, wird die Be=
wegung modificirt. Stößt sie z. B. auf einen Körper, in welchem der Aether
dichter oder weniger dicht ist als im Raume, so prallt sie zum Theil ab,
ganz ähnlich wie ein elastischer Ball, der auf eine Wand trifft, und auch
nach ähnlichen Gesetzen. Dadurch entsteht Reflexion. Zum Theil dringt
sie jedoch in den Aether des Körpers ein und erfährt eine Ablenkung von
ihrem ursprünglichen Wege (Brechung) und eine Zerstreuung in Gruppen
von Strahlen gleicher Wellenlänge (Dispersion in Farben) oder auch eine
Zerlegung in verschiedene Wellensysteme (Doppelbrechung) u. s. f.

359. Da die mittlere Wellenlänge des leuchtenden Lichtes dem obigen
zufolge etwa 0,0005 Millimeter beträgt, so enthält 1 Meter Strahl durch=
schnittlich gegen 2 000 000 solche Wellenlängen. Das Licht legt in der
Sekunde 300 000 000 Meter zurück, in einer Sekunde bilden sich demnach
nicht weniger als 600 Billionen Wellenlängen hinter einander aus; wohl
mehr als in 10 000 000 Jahren Menschen auf der ganzen Erde entstehen.
Zugleich folgt, daß, weil jede Wellenlänge alle Bewegungszustände enthält,
ein Aethertheilchen seine ganze Bewegung jedes Mal durchschnittlich in dem
600 billionten Theil einer Sekunde vollführt, also in einer Sekunde
600 Billionen Mal um seine Ruhelage oscillirt. Die Bewegung der
Aethertheilchen im Lichtstrahl ist hiernach ein unfaßbar rasches Zittern.
Wollte Jemand den Umfang der Erde mit einem einzelnen Millimeter
ausmessen, so müßte er 15 000 Mal dieses thun, um eben so viele Opera=
tionen auszuführen, wie ein Aethertheilchen in einer Sekunde hin und her
schwingt. Wie viele Jahrtausende müßte er wohl dazu leben!

360. Wir haben früher gesehen, daß polarisirte Strahlen Seitlichkeit
besitzen und daraus schon den Schluß gezogen, daß sie jedenfalls einen
Vorgang andeuten, der in einer sie selbst enthaltenden Ebene geschieht.
Jetzt können wir genauer sagen: Polarisirte Strahlen der behandelten Art
bestehen aus Bewegungen in einer Ebene. Am einfachsten werden wir uns
vorstellen, daß in einem polarisirten Strahl jedes Aethertheilchen in gerader
Linie senkrecht zum Strahl hin und her pendelt. Der Strahl sieht in Folge
dessen in jedem Augenblick wie eine Schlangenlinie aus. Die nachstehenden

4 Figuren versinnbildlichen zwei Wellenlängen eines solchen Strahls in vier verschiedenen um den vierten Theil einer Oscillationsdauer von einander abstehenden Zeitmomenten; man sieht, wie die Zustände der einen Wellenlänge sich in gleicher Folge in der anderen wiederholen, und zugleich, wie jede Wellenlänge in den einzelnen Theilen fortwährend ihre Form ändert und dabei doch die allgemeine Form beibehält.

Solche Wellen entstehen z. B. in einer Schnur und laufen darin entlang, wenn man sie an einem Ende faßt und dieses fortwährend in einer und derselben Linie hin und her oder auf und ab bewegt. Denkt man sich von einem Punkte aus solche Schnüre nach allen Richtungen ausgehen und

Fig. 32.

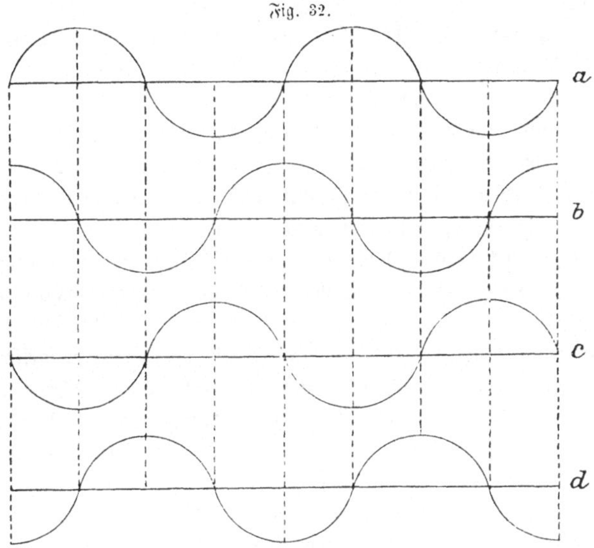

sich ins Unendliche erstrecken, und läßt diesen Punkt das Ende jeder der Schnüre einmal erschüttern, so läuft in jeder Schnur eine Welle fort bis ins Unendliche. Folgt noch eine Erschütterung, so entsteht eine weitere Welle, die der ersten nachläuft; kurz, bei jeder Erschütterung entspringt eine neue Welle, und jede Welle läuft hinter den früheren her, ohne daß doch dabei die einzelnen Theile der Schnur andere Bewegungen ausführten als quer zum Fortlaufen der Wellen gerichtete. Erfolgen die Erzitterungen des Endes einer Schnur immer in gleicher gerader Linie, so haben wir ein Bild für gewöhnliche geradlinig polarisirte Lichtstrahlen. Geht die Erzitterung in der Weise vor sich, daß das Ende stetig im Kreise herumgedreht wird, so sind die Wellen schraubenförmig und pflanzen sich so fort,

und jedes Theilchen der Schnur bewegt sich in einem Kreise um seine ur=
sprüngliche Lage als Mittelpunkt; solche Wellen nennt man kreisförmig
polarisirt. Wird das Ende der Schnur in einer Ellipse bewegt, so hat
man wieder schraubenförmige, schraubenartig sich fortbewegende Wellen,
nur ist die Schraubenlinie an einer Seite weiter als quer dazu. Das giebt
ein Bild von elliptisch polarisirten Wellen. Wir können also jetzt
das Wesen der Polarisation des Lichtes allgemeiner dahin fassen, daß in
polarisirtem Licht die Aethertheilchen zwar beliebige (in geradlinig polarisirtem
geradlinige, in kreisförmig polarisirtem kreisförmige u. s. f.) Bahnen be=
schreiben, aber jedenfalls stets dieselben Bahnen in stets gleicher Weise
durchlaufen.

Ein Bild für natürliches Licht gewinnen wir, wenn wir annehmen,
daß die Erschütterungen des Endes einer Schnur fortwährend in Richtung
und Größe und Form geändert wird, dabei aber innerhalb jeder für uns
meßbaren, wenn auch noch so kurzen Zeit, alle Aenderungen erschöpft sind,
und dann, jedoch in völlig beliebiger Folge, wiederkehren. Die Bewegungen
der Aethertheilchen in einem natürlichen Lichtstrahl sind also unregelmäßig
oder besser ungeordnet, bald kreisförmig, bald geradlinig, bald heftiger,
bald langsamer, jetzt rechts, dann links u. s. f. Das Charakteristische bleibt
jedoch bestehen, daß auch sie senkrecht zur Ausbreitung des Lichtes geschehen.
Indem natürliches Licht an Körper kommt und in diese eindringt, oder von
diesen Reflexion erfährt, wird es zum Theil oder ganz polarisirt. Die
Körper wirken also auf die Schwingungen der Aethertheilchen ordnend.
Doch hängt die Form und der Grad der Ordnung, die sie schaffen, einer=
seits von ihrer eignen Natur ab, andererseits von Nebenumständen, wie
Einfallswinkel, Brechungswinkel u. s. f.

361. Gehen von einem leuchtenden Punkte Wellen aus, so verbreiten
sie sich in der oben versinnbildlichten Weise durch den Raum nach allen
Richtungen, ganz so wie die Tonwellen, Wasserwellen u. s. f. Die Fläche,
bis zu der sie in einem Moment allseitig gelangt sind, die also den leuchtenden
Punkt umschließt und als Fläche gleicher Ankunft bezeichnet werden kann,
weil eine Welle zu allen ihren Punkten zu derselben Zeit anlangt, heißt die
Wellenfläche. Alle Punkte einer Wellenfläche befinden sich in gleichem Be=
wegungszustande. Das ist eine unmittelbare Folge der Definition. Bei
ungestörter Ausbreitung des Lichtes ist die Wellenfläche in isotropen Sub=
stanzen selbstverständlich eine Kugelfläche. In doppelbrechenden Körpern
gehört zu jedem Strahl eine Wellenfläche. So haben in einaxigen Krystallen
die ordentlichen eine Kugelfläche als Wellenfläche, die außerordentlichen
ein Sphäroid, dessen Axe die optische Axe ist und welches die Kugel=

fläche in den Endpunkten der Axe berührt. Bei den zweiaxigen Krystallen sind die beiden Wellenflächen recht komplicirt mit Ausbauchungen und trichter=förmigen Vertiefungen versehen, die zwar vollständig bekannt sind, aber sich schwer beschreiben lassen. Wenn das Licht sich nicht ungestört ausbreitet, ist die Wellenfläche von anderer Form, die naturgemäß von der Art der Störung abhängt und nur ermittelt werden kann, wenn die Art der Störung genau angegeben ist. Die hierzu vorhandenen Methoden sind in ihrer Grundlage zwar einfach, in der Anwendung aber verwickelt. Die Grundlage derselben verdanken wir Huyghens, die genaue Durcharbeitung Young und Fresnel. Wir können sie hier nur kurz skizziren.

Die Ausbreitung des Lichtes geschieht, wie bemerkt, dadurch, daß die von der leuchtenden Stelle ausgegangene Bewegung immer weiteren Theilen des Aethers mitgetheilt wird. Diese Mittheilung geschieht allein durch Uebertragung von einem Theil auf den unmittelbar benachbarten. Wir können hiernach von der leuchtenden Stelle absehen, und die Ausbreitung der Bewegung so betrachten, als ob diese Bewegung von einem Ort in die unmittelbare Umgebung übergeht. Das ist der Grundgedanke des soge=nannten Huyghens'schen Princips. Bestimmter noch besagt es, daß die ganze Energie der Bewegung unverkürzt an die Umgebung weiter gegeben wird. An irgend einer Stelle ist also die ankommende Energie so groß, wie wenn alle sich bereits bewegenden Theilchen selbst leuchtende Punkte wären und zwar mit einer Energie leuchteten, die derjenigen ihrer wirklichen Bewegung gleichkommt. Daß letztere geringer sein muß wie diejenige der wirklich leuchtenden Stelle, ist selbstverständlich, es ist auch leicht einzusehen, daß sie abnimmt, wie die Entfernung von der leuchtenden Stelle mit sich selbst multiplicirt zunimmt. Dabei kommen in Betracht nur diejenigen Theilchen, von denen überhaupt Bewegung nach der betreffenden Stelle hingelangen kann. Man braucht nicht einmal alle diese Theilchen zu be=rücksichtigen, es genügt vollständig diejenigen Theilchen in Rechnung zu ziehen, die sich auf dem Stück einer Fläche befinden, von wo aus die Bewegungen ungehemmt an die betreffende Stelle übertragen werden können und daselbst gleichzeitig ankommen. Das ist die wirksame Fläche, sie ist durchaus von der Art des Hindernisses abhängig, das wie ein Schirm etwa einen Theil der Wellenfläche von der Wirksamkeit abschneidet.

Da selbstverständlich die wirksame Fläche so geartet sein muß, daß die Bewegungen aller ihrer Punkte gleichzeitig an die betreffende Stelle an=langen, ist sie wohl eine Fläche gleicher Ankunft mit Bezug auf diese Stelle, braucht es aber keineswegs mit Bezug auf den leuchtenden Punkt zu sein, sie braucht also einer Wellenfläche nicht anzugehören, also können sich die Theilchen auf ihr in den allerverschiedensten Schwingungszuständen befinden, also werden sie auch nach der betreffenden Stelle die allerverschiedensten Antriebe übertragen können.

Wohin gar keine Bewegung kommt, herrscht Dunkelheit, wohin die größtmögliche Energie gelangt, ist größte Helligkeit vorhanden. Gleiche Helligkeit an allen Stellen wird hiernach nur dann vorhanden sein können, wenn die wirksame Welle für alle diese Stellen gleich ist.

Aus dieser Betrachtungsweise scheint sich zu ergeben, daß das Licht sich nicht bloß nach vorwärts, sondern auch ständig nach rückwärts ausbreiten muß. Das ist auch wirklich der Fall, jedoch thut eine eingehende Untersuchung der Verhältnisse dar, daß alle Antriebe nach rückwärts so erfolgen, daß sie sich gegenseitig bereits in unmittelbarer Nähe der Antriebstellen fast vollständig aufheben. Löscht man also ein Licht aus, so wandert die einmal entstandene Bewegung in der früher angegebenen Weise durch den Raum weiter; am inneren Saum der so entstehenden Lichtschaale geht das Licht auch nach rückwärts, aber immer nur eine unmerkbar kurze Strecke. Etwas Aehnliches kann man bei Wellenringen im Wasser beobachten. Hat der Antrieb aufgehört, so dehnen sich die Wellen weiter und weiter aus, nach innen von ihnen gehen auch Wellen, die viel niedriger sind und nur geringe Ausdehnung haben. Gleiches gilt von der Verbreitung des Schalls.

Auffallen kann es noch, daß es zur Unterhaltung der Bewegung ständig neuer Antriebe bedarf, daß ein Aethertheilchen, nachdem es einmal in Bewegung gerathen ist, nicht auch seine Bewegung noch einige Zeit beibehält. Das Auffallende verliert sich aber, wenn man dieses „einige Zeit" richtig bemißt. Es kann Bedeutung nur in Bezug auf die Bewegung selbst haben. Verlangten wir aber selbst, daß dies Theilchen sich nach Aufhören der Bewegung Tausendmal oder eine Million mal oder Tausend-Millionen mal noch bewegt, was ja ungeheuer viel ist, so würde das doch eine für uns nur ganz unmerkbare Zeit in Anspruch nehmen, da in einer Sekunde schon 600 Billionen Schwingungen vorfallen. Die Theilchen mögen (auch unabhängig von der Rückwärtsverbreitung des Lichts) nach Aufhören des Antriebes noch osciliren, wir merken es nicht, weil die Zeiten unmeßbar klein sind.

Das Huyghens'sche Princip ist ungemein fruchtbar; man kann mit seiner Hülfe fast alle optischen Erscheinungen (und überhaupt alle mit Wellenbewegungen in Verbindung stehenden Vorgänge) ableiten, es ist aber trotz der anscheinend vorhandenen Einfachheit nicht ganz leicht zu verstehen, und eine strenge Ableitung aus den über die Art der Lichtbewegung gemachten Annahmen ist noch nicht gelungen. Gustav Kirchhoff hat die befriedigensten Untersuchungen hierüber angestellt.

b) Strahlen, Interferenz, Beugung.

362. Drei sehr merkwürdige Folgerungen ergeben sich aus den obigen Ansichten.

Erstens: Wir können einen Lichtstrahl nicht mehr als eine gerade Linie ansehen; gerade Strahlen giebt es gar nicht, die gerade Linie bei einem Strahl ist nichts weiter als seine Ausbreitungsrichtung.

Da, wie wir gesehen haben, die Oscillationen der Aethertheilchen senkrecht zu der Ausbreitungsrichtung geschehen, so können wir Strahlen auch definiren als Senkrechte zu den Oscillationen. Trotzdem ist hier einige Vorsicht geboten. Verbreitet sich Licht von einem leuchtenden Punkte innerhalb einer isotropen Substanz, so schneidet die Wellenfläche, das ist die Fläche gleicher Ankunft, alle Strahlen senkrecht, die Strahlen sind Normalen der Wellenflächen und die Oscillationen der Aethertheilchen finden an jeder Stelle einer Wellenfläche parallel zu ihr statt, wie man sagt, tangential. Hier sind Verbreitungsrichtung und Strahl durchaus das nämliche mit der Wellennormale und die Schwingungsrichtung ist zu beiden senkrecht. Anders liegen die Verhältnisse bei nicht isotropen doppelbrechenden Substanzen. Bei den einaxigen Krystallen giebt es freilich noch einen ordentlichen Strahl, für diesen gelten alle gewöhnlichen Gesetze, Verbreitungsrichtung, Strahl und Wellennormale sind das nämliche. Die Wellenfläche ist, wie schon bemerkt, bei ungestörter Ausbreitung eine Kugelfläche. Für den außerordentlichen Strahl dagegen und für beide Strahlen in den zweiaxigen Krystallen fallen die drei genannten Richtungen nicht zusammen. Will man die Linie vom leuchtenden Punkte zu der betreffenden Stelle der Wellenfläche — sie ist innen wie außen ein Rotationsellipsoid um den leuchtenden Punkt, dessen Rotationsaxe die optische Axe ist — als Strahl bezeichnen, was am nächstliegenden ist, dann brauchen die Oscillationsrichtungen, die jedenfalls parallel der Wellenfläche geschehen, nicht senkrecht zu diesem Strahl mehr zu stehen. Will man daran festhalten, daß die Oscillationen senkrecht zur Strahlenrichtung vor sich gehen, dann kann jene Verbindungslinie nicht mehr Strahl heißen, sondern Strahl ist dann die Senkrechte von dem leuchtenden Punkte auf die Oscillationsrichtung, also eine zu der Wellennormale parallele Linie durch den leuchtenden Punkt. Hier schrumpft also der Begriff des Strahls noch mehr zu einer rein geometrischen Fiction zusammen, da sogar der willkürlichen Uebereinkunft gelassen

wird, was man als Strahl bezeichnen will. Jedenfalls ist aber ein physika=
lischer Lichtstrahl ein sehr complicirtes Gebilde.

Wir haben früher als allgemeinen Satz, der das Gesammtgebiet der
geometrischen Optik beherrscht, den auf Seite 283 gegebenen hingestellt,
wonach die Strahlenverbreitung zwischen zwei Punkten so geschieht, daß die
Strahlen in der kürzesten Zeit von der einen Stelle nach der andern ge=
langen. Diesen Satz können wir auch jetzt noch beibehalten, wie auch
Strahlen definirt werden. Daß trotzdem die geometrische Optik nicht
in der einfachen, ihr früher gegebenen Form, bestehen bleiben kann, wenn
man von den dargelegten physikalischen Verhältnissen ausgeht, statt von den
rein geometrischen, wird sich bald zeigen.

363. Zweitens: Da Bewegungen sich gegenseitig vernichten können, wenn
sie nämlich nach entgegengesetzten Richtungen geschehen, so müssen sich zwei
Lichtstrahlen, in denen die Bewegungszustände gerade entgegengesetzt sind,
z. B. wie die in a und c der voraufgehenden Figur 32, völlig auslöschen.
Also Licht zu Licht addirt kann mitunter völlige Finsterniß geben. Sind
die Bewegungszustände in zwei Strahlen nicht genau entgegengesetzt, aber
immerhin einander widerstreitend, so tritt wenigstens eine Schwächung des
Lichtes ein. Stimmen sie mit einander ganz oder zum Theil überein, so entsteht
eine Verstärkung. Diese Erscheinungen, daß Lichtstrahlen einander ganz
auslöschen, schwächen oder auch verstärken, je nach den Umständen, nennt
man die Interferenz des Lichtes.

Entscheidend hierfür ist, daß die Wellen gegeneinander verschoben sind,
daß also die Oscillationsphasen verschieden sind. Von solchen Wellen sagt
man, sie hätten einen Gangunterschied. Indessen tritt Interferenz nicht
unter allen Umständen ein, wenn zwei Strahlen einen solchen Gangunter=
schied aufweisen, namentlich dann nicht, wenn die Oscillationsrichtungen
senkrecht zu einander sind, was wohl auch von vornherein einleuchtend ist.
Es kann deshalb auch nie ein außerordentlicher Strahl mit einem ordent=
lichen interferiren, wohl aber können dies zwei ordentliche oder zwei außer=
ordentliche mit einander thun. Gerade aus dem Umstande, daß es Strahlen
giebt, die trotz eines vorhandenen Gangunterschiedes nicht mit einander zum
Interferiren gebracht werden können, hat Fresnel geschlossen, daß in Licht=
strahlen die Oscillationen transversale sein müssen, während Huyghens, der
Vater der Wellenlehre des Lichts, nach Analogie der Verhältnisse beim
Schall auch beim Licht Longitudinal=Schwingungen angenommen hatte.

Wie sich die Interferenz äußert, hängt ganz von dem vorhandenen
Gangunterschied ab. Die Strahlen können sich verstärken, vernichten,
schwächen. In rein einfarbigem Licht stellt sich also die Erscheinung in

abwechselnd auf einander folgenden Helligkeiten dar, die durch Dunkelheiten unterbrochen sind, zu denen ein stetiger Uebergang führt. Welche Farbe das Licht hat, ist für die Erscheinung als solche gleich. Jedoch bedingt die Farbe einen Unterschied für die Breite der abwechselnd hellen und dunklen Partien. Daher bewirkt die Interferenz zum Theil auch eine Dispersion der Strahlen in einzelne Farben, und man sieht nicht mehr hell und dunkel wechseln, sondern zugleich auch die Farben, so daß ganz dunkle Stellen überhaupt nicht mehr zum Vorschein kommen. Im Übrigen hängt alles von den besonderen Verhältnissen ab, unter denen die Interferenz verursacht wird. Eines der einfachsten Mittel, Interferenzerscheinungen hervorzubringen, beruht darauf, daß man Licht mehrmals von verschiedenen Flächen reflektiren läßt und die verschiedenen Strahlen dann vereinigt. Interferenz tritt hiernach stets auf, wo Licht auf dünne Schichten von durchsichtigen Körpern trifft. Ein Theil wird an der ersten Oberfläche reflektirt, ein anderer tritt in die Schicht ein, wird von der andern Oberfläche zurückgeworfen und tritt zum Theil wieder aus der ersten Oberfläche heraus. Dieser kann mit dem ersten Theil interferiren und bewirkt, daß im einfarbigen Licht die Schicht mit dunklen und hellen, im vielfarbigen mit verschieden gefärbten Stellen besetzt erscheint. Derartige Erscheinungen, namentlich farbige, wird der Leser oft genug gesehen haben. Dünne Schichten Oel auf Wasser, Seifenblasen, blind gewordenes Glas, Sprünge im Glase und anderen durchsichtigen Körpern u. s. f. bieten sie. Die sogenannten Newton'schen Farbenringe, die entstehen, wenn man zwei Glaslinsen oder eine Glas= linse und eine Glasplatte zusammenlegt, sind gleichfalls solche Erscheinungen der Interferenz; die Schicht, welche sie bewirkt, ist die Luftschicht zwischen den Gläsern. Gleichfalls müssen unter Umständen Interferenzen entstehen, wenn die aus einem doppelbrechenden Krystall austretenden Strahlensysteme sich nicht hinlänglich trennen. Indessen können dabei nur Systeme ordent= licher mit solchen ordentlicher und Systeme außerordentlicher mit solchen außer= ordentlicher interferiren. Ohne Zuhülfenahme wiederholter Reflexionen und Refractionen kann man also mit Krystallplatten gleichfalls Interferenzen hervorbringen, aber dann gehören dazu mindestens zwei solche Platten. Wo man anscheinend mit einer auskommt, geben die Nicols die andere her. Von diesen Interferenzerscheinungen, die zu den prachtvollsten gehören, die wir hervorbringen können, macht man namentlich in mineralogischen Unter= suchungen Gebrauch, denn sie hängen ganz von den optischen Eigenschaften der Krystalle ab. Sie bestehen in gefärbten Liniensystemen oder in einfarbigen Erscheinungen und wechseln nicht bloß mit den Krystallen sondern auch mit der Art, wie die Platten aus den Krystallen geschnitten sind. Doch sind die dabei entscheidenden Verhältnisse etwas komplicirt und die nöthigen Einrichtungen nicht gerade einfach.

364. Drittens: Kommt Licht an eine Oeffnung in einem Schirm, so erschüttert es, wie alle Aethertheilchen, auch die in der Oeffnung befindlichen. Diese bilden nun nach dem Huyghens'schen Princip ihrerseits Ausgangsstellen von Erschütterungen für alle Theilchen, welche hinter dem Schirm liegen. Also muß man hieraus folgern, daß Licht durch Schirmöffnungen nicht gerade durchgeht, sondern hinter dem Schirm sich nach allen Seiten ausbreitet. Dieses ist auch in der That der Fall, Strahlen, welche durch Oeffnungen gehen, werden am Rande nach der Seite abgebeugt. Dieses nennt man die Beugung des Lichtes. Streng genommen geschieht die Abbeugung nach allen Richtungen, so daß die Strahlen, die an der Oeffnung zusammengehalten sind, beim Durchgang durch sie bis an die hintere Schirmwand gebeugt werden, und nunmehr hinter dem Schirm den ganzen Raum ausfüllen.

Indessen lehrt die genaue Rechnung — und die Erfahrung bestätigt es — daß, je weiter die Oeffnung ist, um so rascher die Helligkeit der abgebeugten Strahlen nach der Seite zu abnimmt, so daß bei hinlänglich weiten Oeffnungen es den Anschein hat, als ob das Licht nur gerade durchgeht. Sind die Oeffnungen jedoch sehr eng, so tritt allerdings die Beugung sehr bemerkbar hervor, durch sehr enge Oeffnungen wird das Licht vollständig in einer Halbkugel zerstreut, wie der Schall bei relativ größeren Oeffnungen. Dabei kommen verschiedene Strahlen mit einander in Konflikt und es entstehen neben der Beugung Interferenzerscheinungen. Fängt man das durch eine Oeffnung gegangene Licht auf einem Schirm auf, so sieht man deshalb bei geeigneter Einrichtung den Rand des Lichtfleckes nicht allein verwaschen, sondern auch von abwechselnd hellen und dunklen oder farbigen Streifen umgeben, die ganz weit außerhalb der Umgrenzung liegen können, welche der Lichtfleck bei geradem Durchgange des Lichtes haben müßte. Offenbar gilt ganz das Nämliche auch von Licht, welches am Rande von Körpern überhaupt vorbeigeht. Also auch die Schattengrenzen dürfen nicht scharf sein, sondern müssen von abwechselnden Streifen von Hell und Dunkel oder von Farbenrändern begrenzt sein. Das ist auch thatsächlich der Fall.

Daß wir das im Allgemeinen nicht sehen, liegt daran, daß die gewöhnlichen schattengebenden Körper ziemlich ausgedehnt sind und dabei die Streifen so dicht aufeinander folgen und so schmal sind und auch so wenig in der Helligkeit abweichen, daß sie nicht mehr hervortreten können. Richtet man sich aber entsprechend ein, so sind all' diese Erscheinungen auf das schönste zu sehen. Z. B. bekommt man prachtvolle Farbenbänder, die sich zu ganzen Spektren zusammensetzen und sogar mehrere Spektren hintereinander geben, die immer länger und allerdings auch immer schwächer werden, je weiter man beiderseits von der Mitte abgeht, wenn man Licht von einer polirten Fläche reflektiren läßt, welche mit nahe auf einander folgenden parallelen Linien versehen ist (Beugungsgitter). Die komplementären Erscheinungen erhält man beim Durchsehen durch eine Glasplatte, welche von solchen Linien durchzogen ist. Viele der Farbenerscheinungen in der Natur, welche unser Auge entzücken und uns mit Bewunderung für die Schöpfung erfüllen, entstehen durch solche Beugungen und Interferenzen (so bei vielen Schmetterlingen, manchen Vögeln — man denke an die Augen in den Pfauenfedern —, Meeresthieren, wie dem Venusgürtel u. s. f.). Sie rühren also nicht von Farbstoffen her, und heißen deshalb vielfach auch physikalische Farben.

Diese Beugungs- und Interferenzerscheinungen kann man unter Zugrundelegung des Huyghens'schen Princips bis in die feinsten Details der Rechnung unterziehen. Es ist dieses von Young, Fresnel und Schwerdt geschehen und in allen Fällen hat man die genaueste Uebereinstimmung der Berechnungen mit den thatsächlichen Erscheinungen gefunden und darin beruht wesentlich die Stütze für die Wellenlehre des Lichtes. Sie bieten auch mit das beste Mittel zur Bestimmung der Wellenlänge der verschiedenen Farben: da, wie schon bemerkt, die Erscheinungen von dieser Wellenlänge abhängen, muß man umgekehrt aus diesen Erscheinungen die Wellenlängen ermitteln können.

365. Es ergiebt sich noch eine interessante Folgerung, auf die aufmerksam gemacht werden muß. Wir können allgemein sagen, Beugungen und Interferenzen entstehen stets, so oft Licht von Körpern reflektirt wird, oder durch Körper geht, welche Strukturverschiedenheiten aufweisen. Jeder Körper, welcher solche Verschiedenheiten hat, z. B. durchsichtige und undurchsichtige oder weniger durchsichtige Stellen oder Unterbrechungen oder Dickenverschiedenheiten u. s. f., giebt also Anlaß zur Entstehung einer Beugungs-Interferenzfigur. Das Licht, welches von ihm reflektirt kommt oder durch ihn geht, wird zu einer solchen Figur auseinandergezogen. Nun hängt diese Figur und ihre Ausdehnung ganz von der Struktur des Körpers ab, und wie zu jedem Körper eine bestimmte solche Figur gehört, gehört auch umgekehrt zu jeder solchen Figur ein bestimmter Körper von bestimmter Struktur. Hieraus schließen wir, soll durch Vereinigung der Strahlen, nachdem sie von einem Körper reflektirt oder durch einen Körper gegangen sind, unter Zuhilfenahme optischer

Instrumente ein optisches Bild des Körpers entstehen können, so darf kein Strahl der Beugungs=Interferenzfigur fehlen, **die ganze Figur** muß ihre Strahlen hergeben. Kann man nur einen Theil der Figur ausnutzen, so entsteht ein Bild nicht von dem Körper, sondern von einem andern Körper, dessen Struktur so geartet ist, daß sie gerade diesen benutzten Theil der Figur als **ganze** Beugungs=Interferenzfigur hervorbringen würde. Das ist eine sehr verwunderliche Folge, denn da es niemals möglich ist, die ganze Figur in ein optisches Instrument wirksam hinein zu bekommen, so folgt, daß optische Instrumente, auch abgesehen von allen früher angegebenen Abweichungen, überhaupt nicht die Gegenstände abbilden können, daß man in optischen Instrumenten nur Bilder von Gegenständen sieht, die gar nicht vorhanden sind und deren Aussehen jedesmal durch den mehr zufälligen Umstand bestimmt ist, wie viel von der Beugungs= Interferenzfigur im Instrument zur Wirksamkeit kommt. Da ferner die Abbeugung zur Seite um so energischer ist, um je feinere Strukturunter= schiede es sich handelt, ergiebt sich weiter, daß man um so weniger erwarten kann, ein dem Gegenstande ähnliches Bild zu sehen, je kleiner der Gegen= stand ist, oder um je feinere Strukturunterschiede es sich handelt, also je stärkere Vergrößerungen man anwenden muß. Also gerade dann, wenn wir eben etwas sehen wollen, wissen wir nicht, was wir sehen, oder besser, ob das, was wir sehen, dem Gegenstande auch nur ähnlich ist. Wir können sogar unter Umständen etwas sehen, was dem Gegenstande absolut un= ähnlich ist, und also den größten Täuschungen ausgesetzt sein. Glücklicher= weise verlieren sich die Beugungserscheinungen von der Mitte nach den Seiten so rasch, daß in gewöhnlichen Fällen es nicht mehr darauf an= kommt, die ganze Figur zur Wirksamkeit zu bringen, sondern nur den Haupttheil, den mittleren. Freilich absolut gleich kann das Bild dem Gegenstande nicht sein, sondern nur mehr oder weniger ähnlich. Bei schwächeren Vergrößerungen ist die Aehnlichkeit der Gleichheit so nahe, daß sie dieser gleichgesetzt werden kann. Bei stärkeren Vergrößerungen wachsen die Schwierigkeiten, die Aehnlichkeit zu erhalten; was man in dieser Be= ziehung erreicht hat, verdankt man den theoretischen und praktischen Arbeiten von Abbe. Ueber eine gewisse Vergrößerung kann man aber mit den gegenwärtigen Mitteln überhaupt nicht kommen, da dann die seitlichen Theile der Beugungs=Interferenzfigur entscheidende Bedeutung er= halten. In die feinsten Strukturen der Körper — und hierfür scheint es kaum eine Grenze zu geben — werden wir also kaum jemals eindringen können.

366. Weiter können wir auf diese Verhältnisse leider nicht eingehen. Nur das wollen wir bemerken, daß kaum eine unserer Wissenschaften, vielleicht mit Ausnahme der Astronomie, mit solcher Schärfe und Genauigkeit alle Erscheinungen, mitunter komplicirtester Art, voraus zu berechnen weiß, wie die Optik. Es sind manche Erscheinungen sogar rechnerisch früher bekannt gewesen, als man sie in der Erfahrung gefunden hat. Die Mittel dazu bietet die oben dargelegte Ansicht von der Art, wie Licht sich ausbreitet, die Wellenlehre oder Undulationstheorie des Lichtes, deren Ausbildung sich an die Namen Huyghens, Young, Fresnel, Neumann, Kirchhoff knüpft. Vollkommen freilich ist die Theorie nicht, da es noch nicht gelungen ist, mit ihrer Hilfe eine der alltäglichsten Erscheinungen, die Zerstreuung der Farben bei der Brechung, zu erklären, wenigstens nicht unter Zuhilfenahme allein des Aethers. Newton hat das Licht für von den leuchtenden Körpern fortgeschleuderte Theilchen ihrer Substanz gehalten und darauf gleichfalls eine bewunderungswürdige Theorie gebaut, die man jedoch hat aufgeben müssen, als man sehr viele Thatsachen fand, die durch diese Theorie in keiner Weise erklärt werden konnten.

Von einer anderen in der neuesten Zeit erst entstandenen Theorie wird später die Rede sein.

Fünftes Kapitel.

Von der Wärme.

1. Wärme und Wärmequellen.

367. Die Erfahrung lehrt, daß manche Körper sich warm anfühlen, andere wieder kalt, und daß wir, ohne die Beschaffenheit der Körper zu ändern, sie beliebig für unser Gefühl warm oder kalt machen können. Die Erwärmung und die Abkühlung kann so weit getrieben werden, daß wir die Körper nicht mehr anzufassen vermögen, ohne uns zu verbrennen oder uns Frostblasen zuzuziehen. Doch ist damit das Aeußerste noch nicht erreicht. Für die Erwärmung wenigstens scheint es gar keine Grenze zu geben. Da also Erwärmung und Abkühlung beliebig bewerkstelligt werden kann, so nehmen wir an, daß es in der Natur etwas giebt, was wir Wärme nennen und durch dessen Mittheilung an Körper wir diese für unser Gefühl erwärmen, sowie wir sie durch dessen Entziehung für unser Gefühl abkühlen. Kalte Körper und warme enthalten beide Wärme, aber die kalten Körper für unser Wärmegefühl zu wenig und um so weniger, je

kälter sie sind, die warmen Körper für unser Gefühl mehr und um so mehr, je wärmer sie sind. Der Mangel an Wärme und der Ueberfluß daran, beide können zuletzt schmerzerregend wirken. Darin unterscheidet sich die Wärmeempfindung von der Licht= und Schallempfindung, welche beide nur im Uebermaaß unbequem und wohl auch gefährlich werden, nicht jedoch im Mangel. Doch ist es wahrscheinlich, daß Wärme= und Kälteempfindung durch getrennte Nerven vermittelt werden, so daß Mangel an Wärme Uebermaaß an Kälteempfindung wäre.

368. Die Wärme ist für sich nichts Faßbares. Man kann sie nicht aus den Körpern wie eine Substanz herausziehen; überall, wo wir ihr begegnen, ist sie stets an Körper gebunden. Wir können also nicht bestimmt sagen, was Wärme ist. Das Einzige, was wir einstweilen wissen, ist, daß Wärme nichts Materielles an sich hat; sie ist weder eine Flüssigkeit, noch ein Gas, noch fest; ihr Ueberfluß macht die Körper nicht schwerer, ihr Mangel nicht leichter. Es ist eine Naturerscheinung, die den Körpern besondere Eigenschaften verleiht und die von Körper zu Körper beliebig übergehen kann.

Trotzdem kann man die Wärmemengen messen. Als Einheit dafür hat man die Kalorie festgesetzt, das ist der hundertste Theil der= jenigen Menge von Wärme, deren man bedarf, um ein Kilo= gramm Wasser vom Gefrieren bis eben zum Sieden zu bringen. Eine Wärmemenge 5 z. B. bedeutet das 5 fache des hundertsten Theiles jener Wärme, also 5 Kalorieen.

369. Wärme entsteht bei vielen chemischen Vorgängen; namentlich chemische Verbindungen sind mit oft sehr bedeutenden Wärmeentwickelungen verbunden. Die Verbrennungen insbesondere, welche, wie wir gesehen haben, chemische Vorgänge sind, bringen sehr viele Wärme hervor; so die Verbrennung von Wasserstoff und Sauerstoff zu Wasser, die Verbrennung des Leuchtgases und der Mineralöle zu Wasser, Kohlenoxyd, Kohlensäure u. s. f., die Verbrennung der Metalle in Sauerstoff zu Oxyden, in Chlor zu Chloriden, die Verbrennung der verschiedenen Kohlen und des Holzes u. s. f. So giebt 1 Kilogramm Wasserstoff beim Verbrennen mit Sauer= stoff zu Wasser etwa 34500 Kalorieen, vermittelst deren man also 345 Kilogramm Wasser von der Gefriertemperatur bis eben zum Sieden bringen kann. Steinkohlen beim Verbrennen geben für je 1 Kilogramm etwa 8000 Kalorieen, Holzkohlen die Hälfte davon, ähnlich Braunkohlen und Torf.

370. Auf diese Weise, durch Oxydationen vermittelst des Sauerstoffs der eingeathmeten Luft, entsteht die Wärme in den warmblütigen Lebewesen. Diese Oxydationen gehen im Körper stetig vor sich, es wird also auch stetig

Wärme geschaffen. Stetig verliert sich jedoch, auf bald anzugebende Weise, die Wärme des Körpers, und es stellt sich zuletzt ein gewisses Gleichgewicht zwischen Schaffung und Abgabe von Wärme her, welches bei gesundem Körper mit großer Energie festgehalten wird, so daß der Körper im Inneren immer gleich warm ist (beim Menschen 37 bis 38 Grad Celsius). In Krankheitsfällen treten abnorme Wärmeentwickelungen auf, oder der Körper verliert die Fähigkeit genügend Wärme zu schaffen. Alsdann ist Fieber und Abkühlung die Folge, gegen welche der Mensch so empfindlich ist, daß schon eine Veränderung seiner Temperatur um 5 Grad lebensgefährlich wirkt und eine Steigerung von 6 Grad unvermeidlich zum Tode führt, während eine Abkühlung, wenn sie nicht zu lange andauert, besser ertragen wird (18 bis 20 Grad, doch schwindet das Bewußtsein schon viel früher).

371. Aber auch chemische Verbindungen ohne Verbrennung vermögen Wärme zu verursachen. Selbst Vermischungen von Substanzen mit einander sind vielfach mit Wärmeentwickelung verbunden, so die Vermischung von Alkohol mit Wasser, und in noch höherem Maaße, die von Schwefelsäure mit Wasser. In anderen Fällen freilich haben chemische Umsetzungen Wärmeverluste im Gefolge. Ebenso sind auch manche Vermischungen mit starkem Wärmeverbrauch verbunden; man nennt die gebildeten Mischungen Kältemischungen und bedient sich ihrer absichtlich, um Kälte, wo man ihrer bedarf, hervorzubringen. Eine solche Mischung ist z. B. die von Schnee mit Salz, und noch wirksamer die von Schnee mit Chlorcalcium.

Wo bei der Herstellung einer Verbindung oder Mischung Wärme entsteht, wird bei der Zerlegung in die früheren Bestandtheile genau ebenso viel Wärme verbraucht und der Wärmeumsatz ist um so bedeutender, um je stärkere chemische und andere Kräfte es sich dabei handelt.

372. Noch viele andere Mittel giebt es, Wärme hervorzubringen oder verschwinden zu lassen. Drückt man einen Körper zusammen, so erwärmt er sich, dehnt man ihn aus, so kühlt er sich ab; schlägt man auf einen Körper mit dem Hammer, so tritt abermals eine Erwärmung ein. Gleiches geschieht, wenn man einen Körper mit einem anderen reibt, was bekanntlich wilde Völkerschaften benutzen, um sich Feuer zu verschaffen. Dieses sind also, wie man sieht, mechanische Mittel. Aber auch durch Elektricität kann man, wie wir sehen werden, Körper erwärmen und abkühlen, ebenso durch Licht wenigstens erwärmen.

373. In allen diesen Fällen scheint Wärme völlig aus dem Nichts hervorgebracht zu sein, denn die Wärme, welche beim Verbrennen entsteht, ist vorher fühlbar nirgends dagewesen, ebensowenig die beim Mischen oder

Drücken, Hämmern, Reiben. Dieses ist jedoch nicht der Fall. Zwar die Wärme ist allerdings als solche vorher nicht vorhanden gewesen, sie ist aber auch nicht aus dem Nichts entstanden, denn es sind bei den chemischen Vorgängen chemische Kräfte verschwunden, gleicherweise wie bei der mechanischen Behandlung der Körper die Kräfte unseres Armes oder irgend welcher Maschinen. Es ist bekannt, und es wird später noch genauer ausgeführt werden, daß man mit Hülfe von Wärme Arbeit leisten kann. Nach dem von Robert Mayer entdeckten Gesetz von der Erhaltung der Kraft, welches wir in Artikel 214 ff. bereits behandelt haben, ist diese Arbeit ganz genau so groß, wie die zur Hervorbringung der Wärme geleistete, alle Verluste mitgerechnet.

2. Ausbreitung der Wärme, Strahlung, Leitung.

374. Sind wir hiernach im Stande, in Körpern Wärme beliebig zu schaffen und verschwinden zu lassen, so besteht doch das einfachste Verfahren, einen Körper mit Wärme zu versehen oder ihm Wärme zu entziehen, darin, daß wir ihn mit einem anderen in Verbindung bringen, der wärmer ist als er, falls wir ihn erwärmen wollen, und der kälter ist, falls wir ihn abkühlen wollen. Die Wärme besitzt nämlich die merkwürdige Eigenschaft, sich in den Körpern stets möglichst so zu vertheilen, daß diese alle gleich warm erscheinen. Sobald man zwei Körper in Berührung bringt, welche nicht gleich warm sind, geht aus dem wärmeren Körper Wärme so lange in den kälteren über, bis beide gleich warm geworden sind. Dieses Bestreben der Wärme nach Ausgleichung ist so groß, daß diese sogar durch den Raum hindurch auch dann stattfindet, wenn wir aus ihm alle Luft entfernt haben. Gleicht sich Wärme innerhalb eines Körpers, oder durch Körper aus, die mit einander in Berührung stehen, so sagt man, es geschehe dieses durch Leitung, die Wärme sei innerhalb des Körpers oder von Körper zu Körper von wärmeren Stellen nach kälteren abgeleitet; man faßt den Vorgang als eine Bewegung der Wärme von Stelle zu Stelle, und damit auch von Körper zu Körper auf. Geschieht die Ausgleichung durch den luftentleerten Raum hindurch, so sagt man, die Wärme strahle aus, sie verbreite sich durch Strahlung. Also Wärmeleitung und Wärmestrahlung sind die Mittel zur Ausbreitung und Ausgleichung der Wärme. Gewöhnlich sind beide Vorgänge mit einander verbunden. So erwärmt ein Ofen die ihn umgebende Luft unmittelbar; in dieser verbreitet sich die Wärme durch Leitung weiter und kommt so auch zu allen Gegenständen des Zimmers. Andererseits aber strahlt der Ofen auch Wärme aus, was man sehr deutlich empfindet, wenn man sich ihm gegenüber stellt.

375. Die Wärmestrahlung hat so große Aehnlichkeit mit der Lichtstrahlung, daß alle Gesetze, welche für diese gelten, ohne Weiteres auf sie
übertragen werden können. Die Wärme strahlt also in geraden Linien aus.
Wie viel ein Körper ausstrahlt, hängt von seiner Wärme ab, doch auch
von der Beschaffenheit der Oberfläche, wärmere Körper strahlen mehr als
kältere, ebenso solche mit rauher Oberfläche mehr als solche mit glatter.
Auch die Substanz ist von Bedeutung, je weniger ein Körper reflektirt,
desto mehr strahlt er im Allgemeinen unter gleichen Verhältnissen aus.
Ruß reflektirt fast nichts und strahlt am stärksten, blanke Metalle reflektiren
viel und strahlen schwach. Es giebt Körper, welche Wärmestrahlen in
gleicher Weise durchlassen wie Lichtstrahlen, andere wieder, welche sie vollständig in sich aufnehmen und verzehren, also für Wärmestrahlen durchsichtige (diathermane) und undurchsichtige (athermane) Körper. Metalle
sind für Wärme (wie für Licht) sehr undurchsichtig, ebenso die Kohlenarten,
Steinsalz ist der am meisten für Wärme durchsichtige Körper. Im Uebrigen
ist die Uebereinstimmung zwischen der Durchlässigkeit für Wärmestrahlen
und der für Lichtstrahlen nur eine allgemeine, im Einzelnen finden sehr
bedeutende Abweichungen statt. So wenig ferner die Körper für Licht aller
Farben (aller Wellenlängen) gleich durchlässig sind, ebenso wenig sind sie
für Wärme aller Farben (aller Wellenlängen) durchgängig. Sodann werden
Wärmestrahlen wie Lichtstrahlen gebrochen, zurückgeworfen, gebeugt, polarisirt, sie interferiren, werden doppelt gebrochen, haben Wellenlängen u. s. f.
Kurz jede Erscheinung, die wir an Lichtstrahlen bemerken, findet sich auch
an Wärmestrahlen. Vielfach sind Wärmestrahlen mit Lichtstrahlen so vermischt, daß es besonderer Mittel bedarf, sie von einander zu trennen. So
sind, wie wir bereits gesehen haben, in den Strahlen der Sonne Wärme-
und Lichtstrahlen mit einander vereinigt. Koncentriren wir die Sonnenstrahlen durch ein gegengehaltenes Brennglas, oder einen gegengehaltenen
Hohlspiegel in einen Punkt, so wird dieser Punkt nicht bloß sehr hell von
den in ihm zusammenlaufenden Lichtstrahlen, sondern auch sehr heiß von
den gleichfalls in ihm zusammenlaufenden Wärmestrahlen. Daher sein
Name Brennpunkt.

Ein wenig paradox spricht man wie von Wärmestrahlen auch von
Kältestrahlen und schreibt letzteren außer der entgegengesetzten Empfindung
alle Eigenschaften der ersteren zu. Beispielsweise kann man auch Kältestrahlen in einem Punkt vereinigen, also einen Frostpunkt hervorbringen
analog dem Brennpunkt. Daß sich dieses aber durch den umgekehrten
Vorgang erklärt, sieht der Leser leicht.

376. Die Wärmestrahlung geschieht mit gleicher Geschwindigkeit wie

die Lichtstrahlung, also außerordentlich rasch, da die Strahlen sich in einer Sekunde fast um 300000 Kilometer ausbreiten.

Ganz anders verhält es sich mit der Wärmeleitung. Diese geht im Verhältniß dazu außerordentlich langsam vor sich; sie gleicht mehr einem Fortkriechen der Wärme von Ort zu Ort. Alle Körper sind im Stande die Wärme fortzuleiten, doch die verschiedenen Körper in verschiedenem Maaße, man unterscheidet deshalb gute Wärmeleiter und schlechte. Zu den ersteren gehören die Metalle, zu den letzteren die Nichtmetalle. Am besten leitet Silber die Wärme fort, dann kommen Kupfer und andere Metalle; schlecht leiten die Wärme Glas, die Erden, Hölzer, Haare u. s. f. Man kann die Leitungsfähigkeit eines Körpers für Wärme leicht beurtheilen, wenn man ihn an einer Stelle erwärmt und darauf achtet, wann er an einer anderen Stelle dadurch warm wird. Man bemerkt dann leicht, daß z. B. Eisen mehr als 6 mal so gut leitet wie Wismuth, aber vom Messing darin um das Zweifache, vom Gold um das Fünffache, vom Silber gar um das Neunfache übertroffen wird. Silber leitet ferner mehr als 100 mal so gut wie Glas und die meisten Gesteine. Diese noch besser als Holz. Manche Körper leiten die Wärme so schlecht, daß man sie zum Zusammenhalten der Wärme in anderen Körpern benutzt. Dahin gehören die Gase und alle Gespinnstfasern, aus denen wir unsere Kleidung und unsere Bedeckungen bereiten, die ja den Zweck haben, die Wärme, die unserem Körper eigen= thümlich ist, an der allzuschnellen Ausbreitung zu verhindern.

Uebrigens verliert ein Körper um so rascher seinen Wärmeüberschuß, je wärmer er in Bezug auf seine Umgebung ist. Die Sonne strahlt un= geheure Mengen von Wärme aus, weil der sie umgebende Raum sehr kalt, sie selbst dagegen sehr heiß ist. Sie würde sich sehr bald an Wärme erschöpfen, wenn sie sich nicht auf irgend eine Weise, über die man nur Vermuthungen hat, Ersatz schüfe.

Die Wirkungen der strahlenden Wärme sind die nämlichen wie die der geleiteten.

3. Fühlbare Wärme, Arbeitswärme, Temperatur.

377. Indessen ist nicht der ganze Inhalt der Körper an Wärme Ursache zu der Bewegung der Wärme, sondern nur der als Wärme fühlbare. Die Wärme bringt nämlich noch eine große Anzahl anderer Wirkungen in den Körpern hervor, die mit dem, was wir „Wärme" nennen, gar keine Aehnlichkeit haben. Die Folge davon ist, daß wir alle Wärme, die ein Körper hat, in zwei Theile scheiden müssen. Einen Theil, der im gewöhn= lichen Sinne des Wortes als Wärme erscheint, das ist also die fühlbare

Wärme, und einen zweiten, der in anderer Gestalt sich bemerkbar macht und den wir aus Gründen, die dem Leser bald klar werden sollen, Arbeitswärme nennen wollen, der jedoch auch als verborgene, latente Wärme bezeichnet wird. Die Verschiedenheiten der fühlbaren Wärme sind es, die die Bewegung der Wärme von Ort zu Ort und von Körper zu Körper veranlassen, nicht die der Arbeitswärme. Zwei Körper, welche gleiche fühlbare, aber verschiedene Arbeitswärmen haben, gleichen ihre Wärmen nicht aus, wohl aber bei gleicher oder verschiedener Arbeitswärme, falls sie verschiedene fühlbare Wärmen haben. Also kommen bei den Wärmebewegungen auch nicht die ganzen Wärmen in Betracht. Doch hängen allerdings die Arbeitswärmen mit den fühlbaren Wärmen so innig zusammen, daß selten eines ohne das andere geändert werden kann und meist jedes in Mitleidenschaft gezogen wird, wenn das andere einer Veränderung unterliegt.

378. Die fühlbare Wärme eines Körpers nennen wir dessen Temperatur oder seinen Wärmegrad. Je mehr fühlbare Wärme ein Körper besitzt, desto höher ist seine Temperatur, je weniger desto niedriger. Zwei Körper haben gleiche Temperaturen, wenn sie gleiche fühlbare Wärmen aufweisen, so daß die Wärme keine Neigung zeigt, von dem einen zu dem anderen überzugehen. Sie nehmen um gleich viel an Temperatur zu, ihre Temperatur wächst um die gleiche Anzahl Grade, wenn ihre fühlbare Wärme um gleich viel vermehrt ist und sie nach Vermehrung dieser Temperatur gleichfalls keine Neigung zeigen, Wärmen unter einander auszutauschen. Wenngleich wir das Princip der Temperaturmessung später erst auseinandersetzen werden, dürfen wir doch annehmen, daß dem Leser die Mittel dazu, die Thermometer und deren Einrichtung bekannt sind. Um verschiedene Körper um gleiche Temperaturen zu erwärmen, bedarf es im Allgemeinen verschiedener Mengen von Wärme. Zunächst ist klar, daß diese Mengen mit den Massen der zu erwärmenden Körper zunehmen, indem sie diesen proportional anwachsen. Aber abgesehen davon hängen diese Wärmemengen auch noch von der Beschaffenheit der Substanzen ab. Am meisten Wärme braucht man anscheinend zur Erwärmung des Wassers, gleiche Massen Alkohol oder Aether verlangen zu gleicher Erwärmung etwas mehr als die Hälfte davon, Eisen, Kupfer und Zink nur etwa $\frac{1}{10}$, Silber nur $\frac{1}{20}$, Platin und Quecksilber gar nur $\frac{1}{30}$. Man nennt diejenige Menge von Wärme, welche nöthig ist, um einen Körper um eine bestimmte Zahl von Wärme-(Temperatur-)graden zu erwärmen, im Verhältniß zu derjenigen, welche zu gleichem Behufe bei einer ebenso großen Masse Wasser nöthig ist, die specifische Wärme des Körpers. Diese ist also für Wasser 1,

Alkohol und Aether etwa 0,54, Eisen, Kupfer und Zink etwa 0,1, Silber 0,06, Platin und Quecksilber 0,033, bei den Gasen etwa 0,24 u. s. f. Doch sind die specifischen Wärmen der Körper nicht unveränderlich, sondern von ihrem Zustande abhängig; namentlich wachsen sie mit der Wärme, die die Körper schon haben, an, und zwar bedarf man um so mehr Wärme, um die Körper noch weiter in ihrer Temperatur zu steigern, je mehr sie davon schon haben. Auch von dem Aggregatzustand hängt die specifische Wärme ab, sie ist z. B. bei Wasser im festen (Eis=) Zustande nur 0,5, im gasförmigen (Wasserdampf) nur 0,24 von derjenigen im flüssigen Zustand. Diese specifische Wärme bezieht sich auf gleiche Massen und heißt darum auch die specifische Wärme für gleiche Gewichte. Bezieht man sie auf gleiche Volumina, so nennt man sie die specifische Wärme für gleiche Volumina. Man bekommt die Zahlen für diese aus denen für jene, wenn man jene mit den Zahlen für die Dichtigkeit multiplicirt.

Die specifischen Wärmen für gleiche Massen multiplicirt mit den Verbindungsgewichten der betreffenden Körper (Art. 41) nennt man die Molekularwärmen. Für die festen Elemente sind die Molekular= wärmen anscheinend einander nahezu gleich und haben den Betrag von etwa 6,4. Treten solche Elemente in Verbindung, so ist die Molekularwärme dieser Verbindung gleich der Summe der Molekularwärmen der einzelnen Atome. Dieses ist das Dulong'sche Gesetz. Doch gilt es namentlich im ersten Theil nicht allgemein. Die gasförmigen und flüssigen Elemente sind bereits aus= geschlossen, auch einige feste Elemente fügen sich diesem Gesetze nicht. Wo es gilt, bedeutet es, daß innerhalb ganzer Gruppen von Körpern zur Er= wärmung der gleichen Zahl von Atomen der verschiedenen darin enthaltenen Elemente gleiche Mengen von Wärme nöthig sind.

4. Ausdehnung durch Wärme, Thermometer.

379. Zu dem zweiten Theil der Wärme, der Arbeitswärme, gelangen wir, wenn wir die weiteren Eigenthümlichkeiten der Wärme in Betracht ziehen. Der Name, den wir für diesen Theil gewählt haben, deutet schon an, daß er der besonders für die Technik wichtige ist und in Arbeits= leistungen besteht.

Steigende Wärme lockert das Gefüge der Körper, dehnt sie aus, ab= nehmende festigt die Körper, zieht sie zusammen. So ist z. B. die Länge eines Meterstabes aus Stahl bei der Temperatur des kochenden Wassers um mehr als 1 Millimeter länger als bei der Temperatur des gefrierenden Wassers, und auch seine Breite und Dicke ist bei jener Temperatur bedeutender als bei dieser, so daß er überhaupt an Größe zugenommen, also an Dichtigkeit in gleichem Maaße abgenommen hat. Gleiches gilt für alle Körper mit nur sehr wenigen Ausnahmen. Mit steigender Temperatur nimmt ihre Größe zu, ihre Dichtigkeit also in demselben Grade ab, mit fallender tritt das Umgekehrte ein. Die bezeichneten Ausnahmen beziehen sich darauf, daß manche Körper mit steigender Temperatur an Dichte zunehmen, statt abzunehmen, und erst wenn ihre Temperatur eine bestimmte Höhe erreicht hat, bei noch weiter wachsender Wärme sich wie die anderen Körper verhalten. Das berühmteste und wichtigste Beispiel dafür ist das Wasser. Dieses zieht sich, wenn man es vom Gefrierpunkt aus erwärmt, zunächst zusammen, um später erst, wenn seine Wärme schon eine gewisse Höhe erreicht hat (fast genau 4 Grad Celsius), sich fernerhin stetig auszudehnen. Wasser ist also nicht am dichtesten im Gefrieren, sondern bei größerer Wärme. Die Schlüsse, die man hieraus früher in Bezug auf die Temperatur der Meerestiefen gezogen hat, daß nämlich diese Tiefen eine gleichmäßige Temperatur von 4 Grad besitzen müssen, haben sich nicht bewahrheitet und konnten es auch nicht, weil das Dichtemaximum bei Wasser, welches wie das Meerwasser Salze gelöst enthält, tiefer herabrückt. Die großen Ozeane haben am Boden eine ziemlich gleichmäßige Temperatur von 1 bis 2 Grad unter Null, gleichviel unter welcher Zone. Abgeschlossene Meeresbecken, wie das Mittelländische, haben höhere Temperaturen.

380. Auf der Eigenschaft der Körper, mit Veränderung ihrer Temperatur ihren Raumgehalt zu ändern, beruht die Einrichtung der gewöhnlichen Instrumente zur Messung der Temperaturen, der Thermometer. Die gewöhnlichen Thermometer bestehen aus einem Glasgefäß mit einem daran geschmolzenen Glasstengel und einer dahinter befindlichen Skala, an welcher die Temperaturen abgelesen werden. Im Glasgefäß und zum Theil im Stengel ist Quecksilber oder eine andere Flüssigkeit enthalten.

Thut man ein solches Thermometer in schmelzenden Schnee oder gefrierendes Wasser, so stellt sich das Ende des Flüssigkeitsfadens im Stengel auf eine Stelle der Skala, welche die Gefriertemperatur des Wassers angiebt, oder, was dasselbe ist, die Schmelztemperatur des Eises. Diese Stelle ist bei den Thermometern nach Reaumur und Celsius mit 0 bezeichnet und heißt der Nullpunkt oder Eispunkt oder Gefrierpunkt oder Erstarrungspunkt. Bei den in England und Amerika gebräuchlichen Thermometern nach Fahrenheit trägt diese Stelle die Bezifferung 32. Der Leser ersieht hieraus, daß die Bezeichnung Nullpunkt gar keine besondere Bedeutung hat. Namentlich darf er ja nicht annehmen, daß damit gesagt sein soll, die Körper, welche die Temperatur Null Celsius oder

Reaumur, also 32 Fahrenheit haben, besäßen gar keine fühlbare Wärme. Sie besitzen solche Wärme, aber nur so viel, als gefrierendes Wasser oder schmelzendes Eis hat, weiteres besagt die Bezeichnung Nullpunkt nicht, die Bezeichnung dient nur, um weiter zu zählen.

Senkt man ferner das Thermometer in kochendes Wasser, so steigt der Flüssigkeitsfaden in die Höhe und bleibt an einer Stelle stehen, die der Siedepunkt oder Kochpunkt heißt. An den Thermometern nach Reaumur ist diese Stelle mit 80, an denen nach Celsius mit 100, an denen nach Fahrenheit mit 212 bezeichnet.

Zwischen dem Nullpunkt und dem Siedepunkt ist die Skala gleich= mäßig, bei dem Thermometer nach Reaumur in 80, bei dem nach Celsius in 100, bei dem nach Fahrenheit in 180 Theile getheilt. Man nennt jeden Theil einen Temperaturgrad, und zwar nach Reaumur, Celsius oder Fahrenheit. Der Temperaturgrad nach Reaumur ist offenbar der größte, er ist so viel wie $1\frac{1}{4}$ Grad nach Celsius und $2\frac{1}{4}$ Grad nach Fahrenheit. In Deutschland wird neben dem Thermometer nach Celsius nur noch dasjenige nach Reaumur benutzt. Indessen bürgert sich das erstere mehr und mehr ein. Wir werden daher im Folgenden nur von den Angaben dieses Thermometers, welches auch das Hundert= theilige heißt und dessen Grade auch Centigrade genannt werden, Gebrauch machen. Grade Temperatur sollen also stets Celsiusgrade sein.

Man kann, wenn man die Skala eines Celsiusthermometers über 100 Grad noch weiter gleichmäßig theilt, auch Temperaturen messen, die höher gehen als die Siedetemperatur des Wassers, nämlich, falls die Flüssigkeit im Thermometer Quecksilber ist, bis zur Siedetemperatur des Quecksilbers, das ist etwa bis zu 357 Grad, bei welcher das Quecksilber zu verdampfen beginnt. Theilt man andererseits die Skala unter dem Nullpunkt noch weiter, so kann man auch Temperaturen messen, welche tiefer sind als die Gefriertemperatur des Wassers und zwar im gleichen Falle so weit, bis das Quecksilber im Thermometer selbst einfriert, das ist etwa bis 40 Grad Kälte, wie sie bei uns selbst in strengsten Wintern nicht vorkommt, aber im hohen Norden und tiefen Süden nicht selten überschritten wird. Zur Messung von noch tieferen Temperaturen bedient man sich solcher Thermometer, welche mit Alkohol gefüllt sind, oder des sogenannten Luftthermometers, das kann ein Thermometer sein, welches mit Luft gefüllt ist, die im Stengel durch ein sich mitbewegendes Quecksilbertröpfchen abgegrenzt ist. Letztere Thermometer dienen auch zur Messung sehr hoher Temperaturen, über sie wird bald noch einiges gesagt werden.

381. Die Thermometer, mit denen das Publikum es zu thun hat, sind meist Quecksilberthermometer. Sie enthalten auch nicht alle Temperatur= grade, sind jedoch genau nach dem oben angegebenen Princip getheilt und wirken in der oben angegebenen Weise. Wichtig ist jedoch zu bemerken, daß wenn die Temperatur in einem Raume, z. B. einer Flüssigkeit, einem Bade, sicher genug bestimmt werden soll, man das Thermometer stets möglichst so weit einzusenken hat, daß höchstens nur das oberste Ende des Fadens heraussieht; die Einsenkung des Gefäßes allein genügt nicht. Andernfalls hat die Flüssigkeit, welche herausragt, nicht die Temperatur, die man messen will, sondern eine höhere oder niedrigere, je nachdem die Temperatur der Umgebung höher oder niedriger ist als die des Raumes, dessen Temperatur gemessen werden soll, und man bekommt diese letztere Temperatur zu hoch oder zu niedrig. Auch muß man mit der Ablesung so lange warten, bis der Stand des Quecksilbers in der Röhre konstant geworden ist. Wir kehren jetzt zu unserem Gegenstande zurück.

382. Man nennt diejenige Vergrößerung, welche ein Körper erfährt, wenn die Temperatur, die er hat, um einen Grad gesteigert wird, seinen Ausdehnungskoefficienten; dieser ist kubisch, wenn die Vergrößerung den ganzen Raumgehalt des Körpers betrifft, linear, wenn sie sich nur auf eine Abmessung bezieht. Da alle Körper drei Abmessungen haben, und die Ausdehnungskoefficienten immerhin kleine Größen sind, kann man den kubischen als das Dreifache des linearen, letzteren also als den dritten Theil des kubischen ansetzen. Tritt mit Erwärmung eine Zusammenziehung ein, so ist dieser Koefficient eigentlich ein Zusammenziehungskoefficient. Die Ausdehnungskoefficienten der Körper sind im Allgemeinen sehr von ihren Temperaturen abhängig, man giebt darum auch gewöhnlich nur Durchschnitts= werthe für sie an, meist zwischen 0 und 100 Grad.

383. Die Gase und Dämpfe werden am meisten von der Wärme beeinflußt, sie haben alle fast genau denselben Ausdehnungskoefficienten, nämlich etwa $\frac{1}{273}$. Erwärmt man ein Gas von 0 Grad bis 100 Grad, so strebt es also den Raum, den es einnimmt, um etwa 37 Procent zu vergrößern. Steht ihm kein Hinderniß entgegen, so vergrößert es auch sein Volumen um diesen Betrag. Ist es jedoch fest eingeschlossen, so ver= mehrt sich sein Druck, und zwar nach dem in Artikel 24 angegebenen Gesetz um genau den nämlichen Betrag von 37 Procent. Hat das Gas also zu Anfang unter Atmosphärendruck gestanden, so übt es jetzt mehr als $\frac{1}{3}$ Atmosphärendruck mehr aus. Bei einer Erwärmung bis zu 1000 Grad steigt dieser Druck um $3\frac{7}{10}$, bei einer solchen bis zu 2000 Grad, wie wir sie noch erreichen können, um mehr als 7 Athmosphären u. s. f. Kurz,

der Druck steigt genau in demselben Maaße wie das Volumen durch die Erwärmung steigen würde. Dieses Gesetz gilt in gleicher Weise auch für Dämpfe, es wird als das Gesetz von Gay = Lussac bezeichnet. Von der außerordentlich starken Druckvermehrung der Gase und Dämpfe durch wachsende Erwärmung wird viel Gebrauch gemacht. Hier erwähnen wir nur, daß, da die Druckvermehrung so geschieht, wie die Volumenvermehrung geschehen sollte, man auch sie benutzen kann, um Temperaturen zu messen. Dementsprechend sind die gewöhnlichen Luftthermometer auf Messung der Temperaturen durch Druckvermehrung einer in einem Gefäß vermittelst Quecksilber abgeschlossenen Luftmenge bei unveränderlich gehaltenem Volumen eingerichtet.

Das, was man in den Lehrbüchern als Ausdehnungskoefficienten bei konstantem Volumen verzeichnet findet, ist also nicht eigentlich ein Ausdehnungs= sondern ein Druckkoefficient; er giebt an, wie der Druck eines auf konstantem Volumen gehaltenen Gases oder Dampfes zunimmt, wenn die Temperatur um 1 Grad zunimmt, und abnimmt, wenn sie um 1 Grad fällt. Was wir aber früher als Ausdehnungskoefficient bezeichnet haben, ist in der That ein solcher, nur müssen wir nunmehr hinzufügen, bei konstantem Druck, anderenfalls ist die Ausdehnung bei gleicher Temperaturerhöhung nicht die nämliche, da sie von den Aenderungen des Druckes abhängt. Die gegebene Zahl bezieht sich auf konstanten Druck. Von der Größe dieses Druckes selbst ist sie ebenso wie von derjenigen der Temperatur fast ganz unabhängig.

384. Die Ausdehnung der Flüssigkeiten ist viel geringer als diejenige der Gase, sie beträgt selbst bei denjenigen Flüssigkeiten, die sich am stärksten ausdehnen, nicht viel mehr als $\frac{1}{3}$ von derjenigen der Gase; außerdem ist sie sehr stark von der Temperatur abhängig, sie wächst durchschnittlich mit wachsender Temperatur. Zu den am stärksten sich ausdehnenden Flüssigkeiten gehören die Kohlenwasserstoffe, also auch die Mineralöle. Auch Chloroform und Aether dehnen sich stark aus, ebenso der Schwefelkohlenstoff und der Alkohol, schwächer bereits das Wasser und noch schwächer das Quecksilber. Doch sind das nur durchschnittliche Angaben. Wie stark die Ausdehnung der Flüssigkeiten von der Temperatur abhängt, ist z. B. am Wasser zu ersehen, welches sich von 5 bis 10 Grad nur um etwa 0,00026, dagegen in dem gleichen Temperaturintervall von 95 bis 100 schon um 0,0038 seines Volumens, also fast 12mal so stark, ausdehnt. Ein Kilogramm Wasser hat bei 4 Grad bekanntlich einen Raumgehalt von einem Liter, bei 0 Grad in Folge der erwähnten Ausnahmestellung des Wassers $\frac{1}{8}$ ccm mehr, bei 10 Grad $\frac{1}{4}$, bei 20 Grad $1\frac{3}{4}$, bei 30 Grad

$4\frac{3}{10}$, bei 40 Grad $7\frac{7}{10}$, bei 50 Grad 12, bei 60 Grad 17, bei 70 Grad $22\frac{6}{10}$, bei 80 Grad $28\frac{9}{10}$, bei 90 Grad $35\frac{7}{10}$, bei 100 Grad 43 ccm mehr. Ein Kilogramm Quecksilber nimmt bei 0 Grad nur $73\frac{1}{2}$ ccm ein, bei 100 Grad $74\frac{9}{10}$, bei 200 Grad $76\frac{1}{4}$, bei 300 Grad $77\frac{2}{3}$ u. s. f. Daraus erhellt zur Genüge, wie rasch die Ausdehnung mit der Temperatur anwächst und zugleich, wie verschieden sie bei verschiedenen Flüssigkeiten sein kann.

385. Da durch die Ausdehnung der Flüssigkeiten und Gase deren Dichtigkeit verringert wird, so folgt aus Art. 262, daß Flüssigkeiten und Gase sich entsprechend ihrer Temperatur schichtenweise lagern oder zu lagern streben. Warme Flüssigkeiten und Gase steigen deshalb in kälteren in die Höhe, kalte Flüssigkeiten und Gase sinken in warmen unter. Dieses kann man mit Leichtigkeit beobachten. Es ist auch bekannt, daß es in Zimmern oben an der Decke wärmer ist als unten am Fußboden; die Wärme steigt in die Höhe, sagt man, es ist aber nicht die Wärme, was in die Höhe steigt, sondern die erwärmte Luft. An deren Stelle muß kältere Luft treten. Das geschieht überall, und so entsteht ein Abfluß und Zufluß von Luft, der oft sehr heftiger Art ist und auf welchem auch die natürliche Ventilation, die Luftregulirung in brennenden Lampen, Oefen u. s. f. beruht. Die Folgen dieses Strebens warmer Luft nach oben und kalter als Ersatz an Stelle der warmen sind in der freien Natur sehr oft und sehr deutlich bemerkbar; sie treten als Winde in Erscheinung.

386. Winde herrschen auf der Erde fast ununterbrochen und kommen bald aus der einen bald aus der anderen Richtung. Zugleich werden sie in ihrer Richtung auch durch die Umdrehung der Erde beeinflußt, denn die von polareren Gegenden kommenden haben eine geringere Umdrehungsgeschwindigkeit als die aus äquatorialeren Gegenden anlangenden. Die konstantesten Winde, die Passatwinde, entstehen in der That durch einen solchen Ausgleich der heißen hochsteigenden und beiderseits abfließenden Luft in den tropischen Gegenden gegen nachdringende kühlere aus den kälteren Breiten beider Halbkugeln der Erde. Entscheidend sind dabei die Geschwindigkeitsunterschiede dieser zufließenden Luft gegen die Umdrehungsgeschwindigkeit der Luft in den Gegenden, in welche sie gelangt, wodurch sie gegen diese zurückbleibt und der Eindruck hervorgebracht wird, als ob sie von Ost nach West weht (da die Erde sich von West nach Ost dreht). Doch ist der dabei stattfindende Vorgang ein etwas komplicirter und hier nicht genau wiederzugebender.

387. Eine andere Folge der Auflockerung der Flüssigkeiten und Gase durch Temperaturerhöhung besteht darin, daß der Auftrieb (Art. 258), den

diese Substanzen auf in ihnen befindliche Körper verursachen, geringer wird. Deshalb könnte ein Luftballon in heißer Luft nicht so hoch steigen wie in kalter. Es ist auch der scheinbare Gewichtsverlust der Körper in warmen Flüssigkeiten und Gasen geringer als in kalten.

388. Von den festen Körpern dehnen sich manche ebenfalls ziemlich erheblich aus. Doch ist bei den meisten diese Ausdehnung gering. Ein Messingstab von 1 m Länge dehnt sich für 100 Grad um etwa $1\frac{9}{10}$ mm aus, ein Stahlstab noch weniger, nur um etwa 1 mm, ein Platindraht nur um $\frac{9}{10}$ mm, ein Glasstab je nach der Zusammensetzung um $\frac{7}{10}$ bis 1 mm, während eine Quecksilbersäule von gleicher Länge sich um mehr als 6 mm, eine Wassersäule gar um mehr als 12 mm ausdehnen würde. Nur die Ausdehnung von Phosphor, Paraffin, Kautschuck, Wachs kann mit derjenigen der Flüssigkeiten sich vergleichen. Unter den festen Körpern giebt es einen, der sich bei Erwärmung stetig zusammenzieht, das ist Jodsilber.

Feste Körper, welche eine bestimmte Struktur zeigen, haben nach verschiedenen Richtungen verschiedene Ausdehnung. So dehnen sich Hölzer längs der Faser vielfach kaum um den zehnten Theil des Betrages aus, um den sie sich quer zur Faser ausdehnen. Aehnliches gilt von Krystallen, auch diese dehnen sich nach verschiedenen Richtungen verschieden aus, sie können sich sogar nach einer Richtung zusammenziehen, während sie sich nach anderen ausdehnen. Wie die Ausdehnung der Flüssigkeiten hängt auch diejenige der festen Körper stark von der Temperatur ab, namentlich in der Nähe der Schmelztemperatur wird sie mitunter sehr groß. Die obigen Angaben beziehen sich auf gewöhnliche Temperaturen.

389. Wo die Wärmezufuhr Ausdehnung, die Wärmeverringerung Zusammenziehung herbeiführt, da entsteht umgekehrt, wenn man die Körper zusammendrückt, Wärme, wenn man sie ausdehnt, verschwindet Wärme und es entsteht Kälte. Die Wärme, welche in dem einen Falle entstanden, in dem anderen verschwunden ist, ist so groß wie diejenige, welche erforderlich ist, um den zusammengedrückten Körper wieder zu seiner früheren Größe auszudehnen, bezw. wie diejenige, welche gewonnen wird, wenn man den Körper wieder zusammendrückt. Es besteht also zwischen den Vorgängen der Wärmezufuhr und Ausdehnung der Körper bezw. Wärmeverringerung und Zusammenziehung der Körper vollständige Gegenseitigkeit, eines vermag immer das andere zu bewerkstelligen. Und da jede Ausdehnung eines Körpers nur durch eine Arbeit zu bewirken ist, leistet die Wärme dabei Arbeit, und sie kommt wieder zum Vorschein, wenn die Arbeit von außen durch Zusammendrückung wieder zurückgegeben wird. Der Wärmetheil, der auf Ausdehnung verwendet wird, ist also in der That Arbeitswärme,

diese ist als solche in den Körpern vorhanden, wenn sie auch nicht fühlbar ist; sie kann durch Arbeit wieder zum Vorschein gebracht werden. Diese Arbeitswärme ist also eine latente Wärme der Ausdehnung.

5. Schmelzung und Verdampfung.

390. Andere Theile der Arbeitswärme ergeben sich aus der weiteren Eigenschaft der Wärme, den Aggregatzustand der Körper zu verändern. Die Wärme verwandelt feste Körper in flüssige, diese in Dämpfe und Gase. Im Allgemeinen geht ein fester Körper bei steigender Temperatur erst in einen flüssigen und dann in einen dampf- und gasförmigen Zustand über. Bei sinkender Temperatur werden Gase und Dämpfe wieder zu Flüssigkeiten und diese zu festen Körpern. Bei diesen Aenderungen des Aggregatzustandes, also bei dem Uebergang aus dem festen in den flüssigen und aus diesem in den dampfförmigen Zustand, tritt die Eigenthümlichkeit auf, daß die Wärme ganz und gar dazu verbraucht wird, diesen Uebergang zu bewerkstelligen. Sie ist wieder Arbeitswärme. Eine weitere Erwärmung findet so lange nicht statt, als auch nur die geringste Menge von dem betreffenden Körper noch nicht in den neuen Aggregatzustand übergegangen ist. Nimmt man z. B. 1 kg Eis, welches eben zu schmelzen beginnt, also 0 Grad hat, und erwärmt es, bis es vollständig zu Wasser geschmolzen ist, so braucht man dazu so viel Wärme als nöthig sein würde, um die gleiche Masse Wasser um 79 Grad zu erwärmen, also 79 Kalorieen. Trotzdem bleibt das aus dem Eise entstehende Wasser so lange auf 0 Grad, bis alles Eis weggeschmolzen ist. Erst wenn alles Eis in Wasser übergegangen ist, beginnt dieses Wasser sich zu erwärmen. Ganz dasselbe findet bei der Schmelzung irgend welcher anderen Körper statt; nur daß die Wärmen, welche im Schmelzproceß verwandt werden, für die verschiedenen Körper sehr verschieden sind. Für Platin beträgt sie etwa $\frac{1}{3}$ von derjenigen für Eis, für Silber etwa $\frac{1}{4}$, für Phosphor $\frac{1}{16}$, für Quecksilber nur $\frac{1}{28}$ u. s. f.

391. Ganz ähnlich sind die Verhältnisse beim Uebergang aus dem flüssigen Zustand in den dampfförmigen, auch hier findet eine weitere Temperatursteigerung von dem Moment, wo die Verdampfung beginnt, nicht mehr statt, sie tritt erst ein, nachdem alle Flüssigkeit bis auf die letzte Spur in Dampf verwandelt ist. Zur Erwärmung eines Kilogramms Alkohol von 0 Grad bis es zu verdampfen beginnt, bedarf es etwa 52 Kalorieen, lediglich zur Verdampfung dieses Kilogramms jedoch mehr als 202 Kalorieen, und diese vierfache Wärme wird nur zur Verdampfung, gar nicht zur Temperaturerhöhung verwandt. Noch größer, fast $2\frac{1}{2}$ Mal so groß, ist

die Wärme, welche allein zur Verdampfung einer gleichen Masse Wasser nöthig ist. Wie groß aber auch diese Wärme sein mag, so lange Dampf mit seiner Flüssigkeit in Berührung steht, hat und behält er stets die nämliche Temperatur. Er ist alsdann gesättigt, denn sobald man ihm an einer Stelle Wärme entzieht, schlägt er sich sofort als Flüssigkeit daselbst nieder. Ist alle Flüssigkeit verdampft, so bewirkt weitere Erwärmung eine Temperaturerhöhung und der Dampf ist überhitzt, kühlt man ihn jetzt ab, so bleibt er so lange noch Dampf, bis er zu der Temperatur gelangt ist, bei der er entstanden ist, alsdann erst kondensirt er sich zu Flüssigkeit. Ueberhitzte Dämpfe erfahren also Temperaturänderungen, nicht aber gesättigte, so lange sie gesättigt bleiben.

392. Hiernach haben wir zwei neue latente Wärmen, die latente Schmelzwärme, welche zum Schmelzen, und die latente Verdampfungswärme, welche zum Verdampfen verbraucht wird. Auch diese Wärmen sind also Arbeitswärmen und für unser Temperaturgefühl und unsere Thermometer völlig unbemerkbar, wir erkennen sie nur daran, daß sie die Körper in andere Zustände überführen, was eben eine Arbeitsleistung ist. Zum Vorschein kommen sie sofort, sobald man die Dämpfe auf irgend eine Weise verdichtet oder die Flüssigkeiten zum Erstarren bringt.

393. Verdampfen oder schmelzen Körper ohne Wärmezufuhr, wie man sagt von selbst, so raffen sie die dazu nöthige Wärme aus ihrer ganzen Umgebung auf, sie kühlen die umgebende Luft und alles, was sich darin befindet, ab. Darauf beruht die starke Temperaturerniedrigung durch verdunstenden Alkohol oder Aether und durch Schmelzen von Eis oder der Kältemischungen. Wasser in einem Gefäß, welches mit einem Tuch umwickelt ist, das von Zeit zu Zeit mit Aether angefeuchtet wird, kann bis zum festen Gefrieren Wärme verlieren. Ebenso wenn das Gefäß in eine Kältemischung gestellt ist. Sogar sich selbst entziehen die Körper im Verdampfen und Schmelzen Wärme, und es tritt dabei die merkwürdige Erscheinung auf, daß z. B. eine Flüssigkeit, welche ein energisches Bestreben hat in ein Gas überzugehen, dabei sich selbst so viel Wärme entrafft, daß sie in den entgegengesetzten Zustand fällt, fest wird. Das ist der Fall bei der flüssig gemachten Kohlensäure; sie bleibt nur flüssig unter sehr hohem Druck. Erlaubt man ihr durch Aufhebung des Druckes wieder ihre gewöhnliche Gestalt, die gasförmige anzunehmen, so thut sie das mit so großer Gier, daß die dazu nöthige Wärme aus ihrer Umgebung nicht rasch genug herangezogen werden kann, sie entrafft es ihrem eigenen Körper und wird dadurch so kalt, daß sie, statt als Gas in Freiheit zu entweichen, als Schnee noch mehr gebunden niederfällt. Dieses ist auch der Grund, weshalb man

zusammengeballten Kohlensäureschnee in der Hand halten kann; er schlägt sich selbst Fesseln, indem er mit allzugroßer Hast sich ins Ungebundene stürzen will. Auf ähnlichen Gründen beruht es, daß man flüssige Luft in einem offenen Wasserglase davontragen kann. Die Wärme aus der Umgebung kann nicht rasch genug herangeholt werden, und so nehmen diese Körper sie fortwährend aus sich selbst, verdunsten in jedem Moment und werden durch den dadurch herbeigeführten eigenen Wärmeverlust wieder fest oder flüssig.

394. Die Temperaturen des Schmelzens und Verdunstens sind dem Obigen zufolge ganz konstante Größen, man spricht darum von einer Schmelz= oder Gefrier= oder Erstarrungstemperatur und einer Siede= oder Verdampfungstemperatur und betrachtet sie für jeden Körper als charakteristische Größe. Man benutzt sie deshalb auch, um Körper zu erkennen oder von anderen ähnlichen Körpern zu unterscheiden.

Indessen sind diese Temperaturen immer nur dieselben, wenn die Körper unter denselben Umständen schmelzen oder sieden. Sobald die Verhältnisse sich ändern, ändern sich auch diese Temperaturen. Dieses gilt namentlich vom Druck, der auf den Körpern lastet.

Durch Druckerhöhung rückt der Schmelzpunkt bei den meisten Körpern (welche flüssig einen größeren Raum einnehmen als fest) nach oben, bei einigen (welche flüssig einen kleineren Raum einnehmen als fest), namentlich beim Wasser, nach unten. Die Aenderung der Schmelztemperatur durch Druckänderung ist sehr gering, jedoch leicht nachzuweisen. So kann man einen spitzen oder scharfen Gegenstand in Eis eindrücken; indem man drückt, rückt man die Schmelztemperatur des Eises an der Druckstelle nach unten. Das Eis schmilzt deshalb an dieser Stelle, die Spitze oder Schärfe verwandelt es unter sich durch den Druck in Wasser und dringt so immer tiefer. Auch daß man Eis durch einen umgeschlungenen Draht oder Faden, den man fest anzieht, zu durchschneiden vermag, beruht darauf. Endlich auch das Zusammenschweißen von Eisstücken durch Aneinanderdrücken; erst schmelzen die Eisstücke an den Druckstellen und dann gefriert das Wasser wieder, sobald der Druck aufgehört hat und kittet die Stücke fest zusammen. Davon hat man auch zur Erklärung des Fließens der Gletscher Gebrauch gemacht. Bei einigen Tausend Atmosphären Druck ist Wasser noch flüssig, selbst wenn es 20 Grad unter Null hat.

395. Viel bedeutender ist der Einfluß des Druckes auf die Siede= temperatur der Flüssigkeiten. Wasser siedet bei 100 Grad nur, wenn die darauf lastende Luft ihren normalen Druck hat, unter höheren Drucken siedet es erst bei höheren Temperaturen, unter niedrigeren schon bei tieferen.

Gleiches gilt für alle anderen Flüssigkeiten. So siedet Wasser, wenn die Luft über ihm bis auf einen Druck von etwa 4,6 Millimeter ausgepumpt ist, schon bei 0 Grad Wärme; wenn die Luftverdünnung nur bis 92 Millimeter Druck gegangen ist, erst bei 50 Grad; bei 100 Grad siedet es unter dem Luftdruck von 760 Millimeter; bei 120 Grad etwa unter dem doppelten; bei 134 Grad unter dreifachem; bei 144 Grad unter vierfachem; bei 171 Grad unter achtfachem; bei 202 Grad unter dem sechzehnfachen Atmosphärendruck u. s. f. Alkohol siedet bei 0 Grad unter einem Druck von $12\frac{1}{4}$ Millimeter; bei 50 Grad unter einem solchen von 220 Millimeter; unter Atmosphären= druck etwa bei 78 Grad; unter doppeltem, dreifachem, vierfachem, sechzehn= fachem u. s. f. erst bei den Temperaturen 97, 108, 118, 171 u. s. f. Quecksilber siedet bei 0 Grad nur unter fast unmerklichem Druck (0,0005 Milli= meter); selbst bei 100 Grad erst unter einem Druck von etwa $\frac{3}{4}$ Millimeter; bei 200 Grad jedoch schon unter 19,9 Millimeter; bei 300 Grad unter 242 Millimeter; unter Atmosphärendruck bei 359 Grad; unter doppeltem, dreifachem u. s. f. bei 400, 422 Grad u. s. f.

Ganz ähnlich sind die Verhältnisse bei allen Flüssigkeiten; selbst die= jenigen, welche unter gewöhnlichen Verhältnissen nur bei hohen Temperaturen sieden, können schon bei ganz niederen Temperaturen zum Sieden gebracht werden, falls sie nicht etwa vorher fest werden, wenn man nur den Druck über ihnen gehörig verringert. Umgekehrt kann man Flüssigkeiten, welche unter gewöhnlichen Verhältnissen schon bei niederen Drucken sieden, durch Druckvermehrung dazu bringen, daß sie erst bei höheren Temperaturen zu sieden anfangen. Die Druckvermehrung und Verminderung hat jedoch, wie auch die obigen Beispiele zeigen, um so geringere Wirkung, je höher der auf den Flüssigkeiten bereits lastende Druck ist: um die Siedetemperatur des Wassers von 0 bis 50 Grad zu erhöhen, bedarf es einer Druckzunahme von nur 87,4 Millimeter, dagegen zur weiteren Erhöhung bis 100 Grad einer weiteren Druckvermehrung um fast den achtfachen Betrag, um 682,6 Millimeter, für weitere 50 Grad einer solchen von 2820 Millimeter, für noch weitere 50 Grad einer solchen von 10 929 u. s. f. ins Un= gemessene steigend.

396. Es ist klar, daß der Druck, unter dem eine Flüssigkeit siedet, genau der nämliche ist, den der aus ihm sich entwickelnde Dampf hat. Man nennt diesen letzteren den Dampfdruck oder die Dampfspannung, Dampftension. Diese ist also bei gesättigten Dämpfen gleich dem Druck, unter welchem der Dampf sich entwickelt, und um so niedriger, bei je niedrigeren Temperaturen der Dampf entsteht, um so höher, bei je höheren dieses geschieht. Sobald der Dampf mit seiner Flüssigkeit nicht mehr in

Berührung steht, indem alles verdampft und er überhitzt ist, kann man ihn wie jedes Gas durch Zusammendrücken auch zu höheren Spannungen bringen. Dieses geht jedoch im Allgemeinen nur so lange, bis der Druck erreicht ist, unter welchem der Dampf bei der Temperatur, die er hat, gerade gesättigt sein würde. Von dem Moment ab bewirkt jede weitere Zusammendrückung keine weitere Spannungserhöhung mehr, sondern nur eine Verdichtung des Dampfes zu Flüssigkeit. Die Dampfspannungen ge= sättigter Dämpfe sind also für sie ebenso charakteristische Größen wie die Verdampfungstemperaturen. Jedem gesättigten Dampf kommt bei einer bestimmten Temperatur eine bestimmte Spannung zu. Die Temperatur ist so groß wie die Temperatur, bei welcher der Dampf sich entwickelt, die Spannung ist so groß wie der Druck, unter dem die Dampfentwickelung geschieht. Keines von beiden läßt sich ändern, ohne daß das andere sofort steigt oder fällt. Es ist also ein großer Unterschied zwischen gesättigten Dämpfen und überhitzten.

397. Diese Betrachtungen haben zur Voraussetzung, daß der Dampf, sobald er entwickelt ist, auch sofort soweit entfernt wird, daß nicht durch seine Gegenwart selbst eine Druckvermehrung entsteht, also daß der Dampf frei fortziehen kann. Ist das nicht der Fall, indem z. B. die Flüssigkeit in einem rings geschlossenen Gefäß kocht, so daß der Dampf sich über der Flüssigkeit ansammelt, so übt er noch seinerseits einen Druck auf die Flüssig= keit aus. Dadurch erhöht sich deren Siedetemperatur, folglich auch die Dampfspannung und Dampftemperatur; je mehr Dampf entwickelt wird, desto höher erwärmt sich die Flüssigkeit, da sie bei höheren Temperaturen siedet. So steigen Dampfspannung und Siedetemperatur stetig, indem immer eine die andere in die Höhe treibt, bis entweder die zugeführte Wärme nicht ausreicht, um die weitere Steigerung der Temperatur zu unterhalten, es hört dann das Kochen auf, oder bis die Dampfspannung so groß geworden ist, daß das Gefäß diesen inneren Druck nicht mehr aushalten kann und auseinander gesprengt wird. Darauf beruhen die so gefährlichen Kesselexplosionen. Die Dampfentwickelung in unseren Dampf= maschinen muß in Gefäßen, Kesseln, vorgenommen werden, welche bis auf einige Abführungsröhren rings geschlossen sind; wird zu stark geheizt, so reichen diese Röhren nicht aus, um den Dampf rasch genug zu entfernen, er sammelt sich mehr und mehr im Kessel an, die Siedetemperatur und Spannung steigt, und schließlich kann der Kessel den inneren Druck nicht mehr aushalten. Deshalb versieht man die Dampfkessel mit Sicherheits= ventilen, die vom Dampfe noch früher gehoben werden, als Gefahr für den Bestand des Kessels eintritt.

Einen Gebrauch macht man von diesen Eigenschaften der Flüssigkeiten und Dämpfe, wenn man hochgespannte Dämpfe entwickeln will, was in sehr vielen Fällen nöthig ist. Die Hausfrauen bedienen sich gleichfalls derselben, um Speisen zu bereiten, die bei höherer Temperatur kochen müssen als in offenen Töpfen zu erreichen ist. Der dazu dienende Papin'sche Topf ist nichts weiter als ein Gefäß mit einem fest zuzumachenden Deckel, der dem Dampf erst bei gewisser Spannung zu entweichen gestattet, die höher ist als die Spannung des Wasserdampfes unter gewöhnlichen Verhältnissen, so daß auch die Kochtemperatur des Wassers in dem Topf eine höhere wird.

398. Die vorstehenden Betrachtungen beziehen sich auf möglichst einfache Verhältnisse. Die Erfahrung hat manche Abweichungen von den geschilderten Gesetzmäßigkeiten kennen gelehrt. So gilt der Satz, daß Körper bei einer bestimmten Temperatur nur fest oder nur flüssig sein können, nur im Allgemeinen, im Einzelnen kommen Ausnahmen vor. Zwar feste Körper können fest nur bleiben, wenn ihre Temperatur unterhalb einer bestimmten Höhe, eben der Schmelztemperatur, sich befindet, die ihrerseits von dem sonstigen Zustande abhängt, unter dem sich der betreffende Körper befindet (wie z. B., was schon erwähnt, von dem Druck). Aber Flüssigkeiten bleiben mitunter flüssig, selbst wenn sie Temperaturen aufweisen, bei denen sie eigentlich gefroren sein sollten. Man nennt diese Erscheinung die Unterkühlung, und es kann diese Unterkühlung ziemlich weit getrieben werden. So vermag man reines Wasser noch bis zu 10 und mehr Grad unterhalb seines Gefrierpunktes flüssig zu erhalten. Aehnliche Verhältnisse machen sich geltend beim Uebergange vom flüssigen in den dampfförmigen Zustand, stets verhält sich der Dampf ähnlich den festen Körpern im entsprechenden Falle, er kondensirt sich zu einer Flüssigkeit genau bei seiner — von den äußeren Umständen, z. B. dem Druck, geregelten — Kondensationstemperatur (scheinbare Ausnahmen werden wir bald kennen lernen). Die Flüssigkeit dagegen kann sich noch erhalten, wenn ihre Siedetemperatur überschritten ist. Man bezeichnet dies als den Siedeverzug. Es sind also wesentlich die flüssigen Körper, welche in ihrem Zustande über die betreffenden Temperaturgrenzen hinaus erhalten bleiben können. Doch ist zu bemerken, daß dabei viele anscheinend unbedeutende Nebenumstände eine Rolle spielen, namentlich die Reinheit der Flüssigkeiten und der Gefäße, innerhalb deren sie sich befinden; selbst die mehr oder weniger große Glätte der Gefäße ist von Bedeutung, indem die Unterkühlung und die Ueberhitzung um so leichter zu bewerkstelligen ist, je reiner Flüssigkeit und Gefäß ist und je weniger Rauheiten das letztere hat. Beim Gefrieren wie beim Sieden bemerkt

man deutlich, daß die innerhalb der Flüssigkeit sich bildenden Eistheilchen oder Dampfblasen sich zuerst da ansetzen, wo in der Flüssigkeit Staub oder andere feste Körperchen suspendirt sind und wo das Gefäß Rauhigkeiten aufweist. Dieses liegt auf dem Gebiete der sogenannten katalytischen Wirkungen, für welche wir früher (Art. 48) auf ganz anderen Gebieten Beispiele kennen gelernt haben. Die Kondensation des Wasserdampfes in der Luft (s. den nächsten Abschnitt) scheint sogar meist um Staubtheilchen, die selbst in den höchsten Schichten der Atmosphäre reichlich vorhanden sind, zu geschehen. Wirft man andererseits in unterkühltes Wasser ein Stückchen Eis hinein, so gefriert das Wasser sofort um dieses Eisstückchen. Auch Erschütterungen begünstigen das Gefrieren und Sieden, sie reichen oft hin, um unterkühlte Flüssigkeiten sofort zum Gefrieren, überhitzte zum Sieden zu bringen. Beides geschieht plötzlich und mit großer Energie. Deshalb werden insbesondere die Siedeverzüge unter Umständen sehr gefährlich, der Dampf entwickelt sich, sobald das Sieden durch irgend einen Umstand bewirkt ist, explosiv und kann den Behälter (etwa den Kessel) sprengen. Dabei nimmt die Temperatur sofort den Betrag an, der ihr unter den betreffenden Umständen zukommt. Die Unterkühlung verschwindet und ebenso die Ueberhitzung.

399. Andere Komplikationen treten ein, wenn die Körper aus Mischungen verschiedener Substanzen bestehen. So schmelzen Legierungen (die wenigstens zum Theil Mischungen sind) oft bei tieferer Temperatur, als selbst jeder ihrer Bestandtheile es thut. Ein sehr auffallendes Beispiel hierfür ist das sogenannte Wood'sche Metall, welches aus Cadmium, Zinn, Blei und Wismuth legiert ist; keines dieser Metalle schmilzt unter 230 Grad, die Legirung ist aber schon bei 65—70 Grad flüssig. Flüssigkeiten, welche feste Körper gelöst enthalten, also Lösungen, gefrieren der Regel nach bei tieferen Temperaturen als die Flüssigkeiten selbst, dieses ist z. B. der Fall beim Meerwasser, welches bis zu 4% Salz und andere Stoffe gelöst enthält. Ein französischer Physiker, Raoult, hat hierfür das interessante Gesetz gefunden, daß für jede Flüssigkeit die Gefrierpunktserniedrigung durch Aufnahme eines Stoffes in Lösung sich umgekehrt verhält, wie das Molekulargewicht dieses Stoffes, und daß für alle Stoffe bei gleicher Atomzahl diese Erniedrigung gleich groß ist und nur abhängt von der Natur der betreffenden Flüssigkeit. Doch gilt dieses Gesetz nur, wenn von den Stoffen verhältnißmäßig wenig sich in der Lösung befindet, also nur für schwache Lösungen. Außerdem darf mit der Lösung der Stoffe keine chemische Veränderung vor sich gehen, es dürfen also die Moleküle weder zerfallen noch sich vereinigen. Was das Sieden von Lösungen

anbetrifft, so kann dieses unter höherer oder niedrigerer Spannung als das Sieden der Flüssigkeiten selbst geschehen je nach der Natur der gelösten Stoffe. Verbleiben die Stoffe in der Flüssigkeit, z. B. wenn diese Stoffe feste sind, wie Salze, so wird durch ihre Gegenwart die Siedetemperatur stets erhöht, die Dampfspannung ist also geringer als der Temperatur entspricht. Gleichfalls tritt Erhöhung der Siedetemperatur, Erniedrigung der Dampf= spannung ein, wenn zwar von den Stoffen ein Theil in den Dampf mit übergeht (was z. B. geschieht, wenn diese Stoffe selbst Flüssigkeiten sind), aber verhältnißmäßig weniger, als in der Flüssigkeit zurückbleibt. Das Umgekehrte findet statt, wenn die Stoffe stärker in dem Dampf vertreten sind als in der Flüssigkeit.

6. Verdunstung, Nebel, Wolken, Regen.

400. Wie bekannt, verdunsten Flüssigkeiten zu Dampf auch bei Temperaturen, die weit unter ihrer Siedetemperatur bei dem betreffenden Druck liegen; so verdunstet Wasser unter gewöhnlichem Luftdruck selbst bei 0 Grad. Die Dämpfe, die in dieser Weise durch Verdunsten entstehen, haben aber an der Flüssigkeit stets die Spannung, die ihnen bei der herrschenden Temperatur zukommt, also z. B. Wasserdämpfe bei 0 Grad eine Spannung von 4,6 Millimeter, bei 20 Grad eine solche von $17\frac{1}{3}$ Milli= meter u. s. f., und es werden um so mehr Dämpfe entstehen je höher, um so weniger je niedriger diese Temperatur ist. Die Erde ist mit einer großen Menge von Wasserflächen bedeckt, an allen verdunstet Wasser, und der Wasserdampf steigt in die Luft, weil er leichter ist als diese. Da er sonst alle Eigenschaften von Gasen hat, verbreitet er sich daselbst, soweit die Um= stände es ihm nur immer gestatten und verliert dadurch an Spannung. Kommt nun immer genügend Wasserdampf nach, so wird der Spannungs= verlust fortdauernd ersetzt. Es stellt sich zuletzt ein Zustand her, in welchem der ganze betreffende Luftraum mit Dampf erfüllt ist, von der Spannung, die ihm als gesättigtem Dampf bei der betreffenden Temperatur zusteht. Die Luft ist dann mit Dampf gesättigt, und es verdunstet nichts mehr, der Thaupunkt ist erreicht, wie man sagt. Sowie nun die Temperatur fällt, es kühler wird, kondensirt sich der Dampf in der Luft zu Wasser= kügelchen und es entsteht Nebel. Nebel entsteht auch, wenn der Wasser= dampf in Luftschichten geführt wird, die eine tiefere Temperatur, als ihm seiner Spannung nach zukommt, haben. Ebenso wenn durch Winde Luft hineingeweht wird, die eine solche tiefere Temperatur mitbringt. Die Wolken sind solche Nebel in höheren Luftschichten. Durch fortgesetzte Abkühlung kann soviel Dampf in Nebel umgewandelt werden, daß die

einzelnen Nebeltheilchen sich zusammenballen und zu schwer werden, um sich in der Luft halten zu können, der Nebel fällt zur Erde und durchfeuchtet alles, falls er ihr nahe genug ist. Ist der Nebel weit entfernt von der Erdoberfläche, bildet er also Wolken, so vergrößern sich die fallenden Nebeltheilchen, indem sie die Luft durcheilen und dabei alle ihnen begegnenden Nebeltheilchen mit sich vereinigen. Sie gelangen in mehr oder weniger großen Tropfen zur Erde herab, es regnet. Oft gefrieren die Nebeltheilchen auf ihrem Wege zur Erde und geben Schnee oder, durch noch nicht genügend aufgeklärte Vorgänge, Hagel. Sie können auch in den Wolken gefrieren und bilden dann Schneewolken. Umgekehrt, steigt die Temperatur der Luft, so kann immer mehr Wasser verdunsten, die Luft füllt sich mit noch mehr Dampf und die Dampfspannung steigt, so lange als Wasser zum Verdunsten vorhanden ist. Warme Luft enthält darum mehr Dampf als kalte. Ist nichts mehr zum Verdunsten da und steigt die Temperatur noch weiter, so dehnt sich der Wasserdampf der Luft mehr und mehr aus und verbreitet sich auch mehr und mehr. Die Luft wird dann trocken und Nebel und Wolken schwinden, bis wieder die Temperatur fällt oder Zufuhr von Dampf kommt. Auf Meeren und Seen ist genügend Wasser vorhanden, über diesen ist deshalb die Luft immer hinlänglich feucht. Seewinde bringen darum auch Nebel und Regen. Auf Landstrecken kann es oft an Wasser zum Verdunsten mangeln; es giebt bekanntlich große Landgebiete, die fast gar kein Wasser enthalten. Liegen diese in heißen Gegenden, so wird die Luft über ihnen überaus trocken; es reicht die Zufuhr an Feuchtigkeit durch Seewinde, selbst wenn solche wehen, nicht aus, um soviel Wasserdampf herbeizuschaffen, daß dieser bei der herrschenden Temperatur die Luft sättigt, und es können weder Nebel noch Wolken entstehen, oder, wenn sie entstehen, vergehen sie bald wieder, es kommt nicht zum Regnen. Solche Gegenden sind Wüsten, die Länder und Völker strenger trennen als Oceane. Selbstverständlich giebt es zwischen regenreichen und regenlosen Gegenden alle möglichen Zwischenstufen und nicht alle regenlosen Gegenden sind deshalb Wüsten. Ich will noch erwähnen, daß feuchte Luft leichter ist als trockene bei gleicher Temperatur, weil Wasserdampf nur $\frac{2}{3}$ von der Dichtigkeit der Luft hat.

401. Aus der Feuchtigkeit der Luft und den verschiedenen Mengen, in denen der Dampf in ihr je nach der Temperatur sich halten kann, erklären sich manche Erscheinungen, die man fast täglich beobachten kann. Es beschlagen kalte Körper, die man in warme Luft bringt; ebenso Körper, welche man unter die Temperatur ihrer Umgebung abkühlt. Ferner beschlagen die Fenster eines Zimmers von Innen, überhaupt beschlägt die

Innenseite eines Raumes, der innen wärmer ist als außen. Doch tritt in allen Fällen das Beschlagen erst ein, wenn die Temperatur des kälteren Theiles oder der kälteren Außenseite unter diejenige gesunken ist, welche der Dampfspannung des in der Luft befindlichen Wasserdampfes entspricht. Auch daß man den Athem, der ja sehr warm ist, bei kalter Witterung sieht, bei warmer nicht, hat den gleichen Grund; man sieht im ersten Fall den zu Nebel verdichteten Dampf, welcher mit ausgeathmet wird. Gesättigter und überhitzter Wasserdampf ist wie Luft undurchsichtig. Was aus dem kochenden Wasser als Dampf aufsteigt, ist in Folge der niedrigeren Temperatur der darüber befindlichen Luft bereits zu Nebel verdichteter Dampf. Instru= mente, welche zum Messen der Feuchtigkeit dienen, sind die Hygrometer und Psychrometer, die ersteren beruhen auf der Eigenschaft mancher Körper, wie Holz, Haare, Elfenbein, bei feuchter Luft sich zu verlängern, bei trockener sich zu verkürzen.

7. Verflüssigung der Gase, kritische Temperatur, Zustands= gleichung, korrespondirende Zustände.

402. Wir kommen zu anderen sehr interessanten Folgerungen, wenn wir den umgekehrten Weg einschlagen und von der Kondensirung der Dämpfe zu Flüssigkeiten sprechen. Wir greifen aber weiter, indem wir von der Kondensirung der Gase überhaupt reden. Die Verflüssigung eines Gases beruht darauf, daß man die Theilchen einander hinlänglich nähert, also das Gas auf ein genügend kleines Volumen bringt. Dieses kann auf doppelte Weise geschehen: erstens durch gewaltsame Zusammendrückung mittelst Vermehrung des Druckes, etwa indem man das Gas in einen Kolben thut, auf den es abschließenden Stempel mehr und mehr Gewichte setzt und diesen dadurch immer tiefer hinunterdrückt, oder auch indem man von dem Gase immer mehr in einen engen Raum hineinpreßt. Zweitens durch freiwillige Zusammenziehung des Gases bei steter Entziehung von Wärme. Früher hat man geglaubt, daß man nach der ersten Methode allein zum Ziele gelangen könnte. Man hatte auch keine Mittel, den Gasen genügend Wärme zu entziehen, und versuchte es deshalb durch Zusammendrücken sie zu verflüssigen. Bei einigen gelang dieses leicht, bei anderen jedoch nicht; namentlich war es bei Luft und ihren Bestandtheilen und auch bei dem Wasserstoff nicht möglich, so starke Drucke (bis zu mehreren Tausend Atmosphären) man auch anwandte. Man nahm daher an, diese Gase ließen sich überhaupt nicht verflüssigen, und nannte sie des= halb permanente Gase. Mittlerweile hat aber die Erfahrung gelehrt, daß man alle Gase zu verflüssigen allerdings vermag, jedoch nur, wenn man

ihre Temperatur unter einer für jedes Gas charakteristischen Grenze, welche man die kritische Temperatur nennt, hält.

Für Wasserdampf z. B. ist diese kritische Temperatur etwa 365 Grad über Null; hat man Wasserdampf von einer höheren Temperatur, etwa von 370 oder mehr Graden, so ist es durch keine Drucksteigerung möglich, ihn zu Wasser zu kondensiren, sobald er während der Zusammendrückung nicht unter 365 Grad abgekühlt wird. Man kann ihn soweit zusammen= drücken, daß er so dicht wird wie Wasser oder noch dichter; aber er bleibt ein Dampf mit allen elastischen Eigenschaften eines solchen und wird nicht Wasser. Erst wenn die Temperatur den kritischen Werth von 365 Grad erreicht, kann man ihn mit einem Druck von etwa 200 Atmosphären, welcher sein kritischer Druck heißt, zu Wasser verdichten. Ist die Tem= peratur noch niedriger, so reichen geringere Drucke dazu aus, nämlich immer diejenigen, welche gleich den Dampfspannungen bei der betreffenden Temperatur sind, also es reicht schon eine Atmosphäre, wenn der Dampf 100 Grad Temperatur hat. Aehnlich sind die Verhältnisse bei anderen Gasen und Dämpfen. Für Alkoholdämpfe ist die kritische Temperatur etwa 240 Grad, für Aether 190 Grad, Ammoniak 130 Grad, Kohlensäure 31 Grad. Es giebt aber Gase, für welche diese Temperatur sehr tief unter Null liegt. Für die beiden Bestandtheile der Luft, Sauerstoff und Stick= stoff, beträgt sie 118 bezw. 146 Grad unter Null, für ihr Gemisch, die Luft, 140 Grad unter Null. Das sind ganz ungeheuerliche Kältegrade, und so lange man keine Mittel hatte, sie hervorzubringen, konnte man in der That diese Gase und Luft nicht zu Flüssigkeiten zusammendrücken. Jetzt versteht man derartig niedrige Temperaturen zu schaffen und vermag so flüssigen Sauerstoff mit 50, flüssigen Stickstoff mit nur 34, flüssige Luft mit 39 Atmosphären Druck herzustellen. Man versteht auch die Luft fest zu machen, sie wird bei etwas mehr als 200 Grad Kälte fest, so daß Münchhausen's Gedanke, Luftziegel zu fabriciren, nicht mehr so abenteuerlich klingt, daß Immermann's armer Baron darüber den Verstand zu verlieren brauchte. Soweit unsere Kenntnisse bisher reichen, müssen wir sagen, daß alle Gase und Dämpfe flüssig gemacht werden können, wenn man sie nur unter ihre kritische Temperatur bringt und darunter erhält. Daß sie sich, nachdem sie flüssig oder fest geworden sind, meist selbst darunter weiter halten, ist schon bemerkt.

Den Zustand einer Flüssigkeit oder ihres Dampfes bei der kritischen Temperatur und dem kritischen Druck nennt man den kritischen Zustand.

Bei diesem kritischen Zustand besteht ein Unterschied zwischen der Flüssigkeit und ihrem Dampfe nicht. Befindet sich über der Flüssigkeit ihr

Dampf, so fehlt jede Trennung zwischen ihnen. Es folgt hieraus auch, daß der früher (Art. 15) beschriebene kapillare Meniscus einer Flüssigkeit, über der sich ihr Dampf befindet, bei Annäherung an den kritischen Zustand sich mehr und mehr abflacht.

Die ungemein interessanten Versuche über die kritischen Zustände der Körper sind von Cagnard de la Tour und Andrews eingeleitet. Die Verflüssigung der Gase ist dann von Pictet, Cailletet, Wroblewski und andern Physikern bewirkt worden.

403. Die kritischen Zustände der Körper sind von hoher Bedeutung für ihr physikalisches Verhalten gegenüber Veränderungen. Viele Gesetze, die dieses Verhalten regeln, lassen sich unter Bezugnahme auf diese kritischen Zustände einfacher zum Ausdruck bringen und — was namentlich von Vortheil und für eine Einsicht in das Wesen der Körper und die physikalischen Vorgänge von Bedeutung ist — so aussprechen, daß sie sogleich für ganze Klassen von Körpern gelten, also diese mit einander in Beziehung setzen. Es bedarf um dieses zu erklären einer kleinen Vorbereitung.

Allgemein gesprochen verstehen wir unter dem Zustand, in welchem ein Körper sich befindet, die Summe aller Eigenschaften, die er aufweist, also beispielsweise seine Dichtigkeit, Temperatur, seinen Druck, seine elektrischen und magnetischen Aeußerungen, seinen Aggregatzustand u. s. f. Man greift nun gewisse charakteristische Zustände, wie es beispielsweise die Aggregat= zustände sind, als Hauptzustände heraus und verfolgt zunächst die Aen= derungen der Eigenschaften der Körper durch irgend welche Eingriffe, während der betreffende charakteristische Zustand erhalten bleibt, z. B. die Körper fest oder flüssig oder gasförmig oder dampfförmig bleiben. So= dann untersucht man diejenigen Aenderungen, welche eintreten, wenn die Körper aus einem Hauptzustand in einen anderen übergeführt werden. Die Erfahrung hat nun gelehrt, daß keine Eigenschaft eines Körpers geändert werden kann, ohne daß auch die anderen Eigenschaften in Mitleidenschaft gezogen werden. Daraus ergiebt sich sofort, daß überhaupt zwischen den Eigenschaften der Körper Beziehungen bestehen müssen, die so geartet sind, daß man wenigstens eine berechnen kann, wenn die anderen gegeben sind. Man nennt diese Beziehungen die Zustandsgleichungen der Körper. Sie sind also für jeden Körper allein bedingt durch die Eigenschaften, die dieser Körper aufweist. Es ist wahrscheinlich, daß für jeden Körper eine solche Zustandsgleichung vorhanden ist, die seine sämmtlichen Eigenschaften umfaßt (wozu nicht allein die physikalischen, sondern auch die chemischen gehören) und die sich durch seine sämmtlichen Hauptzustände hindurchzieht, also für alle Aggregatformen in gleicher Weise dient. Man kennt aber diese umfassende Zustandsgleichung für keinen einzigen Körper und weiß auch keinen Weg, auf dem man etwa zur Kenntniß dieser Gleichung gelangen könnte. Infolgedessen hat man sich zunächst genöthigt gesehen, von diesen allgemeinen Zustandsgleichungen ganz zu abstrahiren und besonders solche Gleichungen aufzusuchen, die nur gewisse Eigenschaften umfassen, welche eben für die betreffende besondere Untersuchung von Bedeutung sind. Aber auch so ist das Problem noch nicht lösbar, deshalb hat man weitere Einschränkungen eingeführt und nur noch solche Gleichungen gesucht, welche einige der Hauptzustände umfassen und im schlimmsten Fall sich nur auf einen der Hauptzustände beziehen. Ueber den Weg, den man dabei einzuschlagen hat, wird später einiges gesagt werden. Hier ist hervorzuheben, daß selbst dieses nur mit einiger Annäherung hat bewirkt werden können, daß vor allem der feste Zustand ganz abseits steht und der flüssige mit dem dampf= und gasförmigen nur soweit hat vereinigt werden können, als er dem dampfförmigen nahe genug ist. In der Wärmelehre, soweit sie sich auf physikalische Verhältnisse bezieht, sind die in Betracht kommenden Eigenschaften Druck, Dichte und Temperatur. Die Gleichungen, die diese drei Größen zu einander in Beziehung setzen, sind die eigentlich sogenannten Zustandsgleichungen. So ist das Boyle=(Mariotte=) Gay=Lussacsche Gesetz (Art. 24, 382) unter gewissen Voraussetzungen die Zustandsgleichung der Gase und der überhitzten Dämpfe. Das erweiterte Gesetz von van der Vaals umfaßt auch gesättigte Dämpfe und zum Theil Flüssigkeiten, andere von anderen Forschern, Clausius, Sarrau und auch vom Verfasser dieses ausgearbeitete sollen noch allgemeiner gültige solche Beziehungen darstellen. Möglicherweise besitzen wir sogar schon in einer Gleichung, die Clausius aus gewissen später zu erwähnenden Betrachtungen abgeleitet hat, Mittel zu noch genaueren und umfassenderen Zustandsgleichungen zu gelangen.

Es hat sich nun herausgestellt, daß diese Zustandsgleichungen vieler Körper in der einfachsten Form sich niederschreiben lassen, wenn man eben von Dichte, Temperatur und Druck im kritischen Zustande ausgeht, also für jeden Körper diese drei Größen durch die entsprechenden kritischen Größen mißt. Zustände verschiedener Körper, welche in dieser Weise beurtheilt von den betreffenden kritischen gleich weit abstehen, nennt man korrespondirende Zustände, und die betreffenden Gleichungen dieser Körper die korrespondirenden Gleichungen. Die korrespondirenden Gleichungen sind es, die innerhalb ganzer Klassen von Körpern mit einander in merkwürdiger Weise zusammenhängen. So gilt z. B. die Beziehung, daß die Drucke gesättigter Dämpfe dieselben Beträge ihrer kritischen Drucke darstellen, wenn die um 273 vermehrten Siedetemperaturen die nämlichen

Beträge der gleichfalls um 273 vermehrten kritischen Temperaturen dar=
stellen. Auf solche und ähnliche Korrespondenzen (zum Theil auch ohne
Beziehung auf die kritischen Zustände) haben Dalton, Eugen Dühring
und sein Sohn Ulrich, van der Vaals und andere hingewiesen.

8. Arbeit durch Wärme, mechanisches Wärmeäquivalent.

404. Wir wollen die Verdampfung der Flüssigkeiten noch von einem
anderen Gesichtspunkt betrachten, um den Ausdruck Arbeitswärme für den
nicht fühlbaren Theil der Wärme noch mehr zu rechtfertigen. Wir sehen,
daß mit der Verdampfung selbst eine Temperaturerhöhung nicht verbunden
ist. Wohl aber wird stetig Flüssigkeit in einen anderen Aggregatzustand
übergeführt, und dabei verschwindet Wärme. Nun unterscheiden sich die
Dämpfe von ihren Flüssigkeiten besonders dadurch, daß sie eine eigene
Spannung haben. Wir haben also einen Körper ohne merkliche eigene
Spannung in einen solchen mit eigener Spannung verwandelt. Diese
Spannung kann man dazu benutzen und benutzt sie auch dazu, Maschinen
zu treiben, also Arbeit zu leisten. (Roh kann man sich das in einem Falle
in folgender Weise vorstellen. Man läßt den Dampf in einen Cylinder
strömen, der vorn einen dichtführenden Stempel hat; dieser Stempel ist
durch Stange und Kurbel mit einem Rade verbunden, welches auf einer
Axe sitzt, das durch Riemen und Räder mit den Maschinen in Verbindung
steht oder das zu einem mit noch anderen Rädern versehenen Wagen oder
einer Lokomotive gehört. Indem der Dampf einströmt, treibt er durch
seinen Eigendruck den Stempel vor sich her, bewegt also die Stange, die
Kurbel, damit das erste Rad und durch dieses die anderen Räder und
Maschinen oder die Lokomotive. Läßt man jetzt durch Oeffnen eines Ventils
den Dampf aus dem Cylinder heraus und führt Dampf oder Luft durch
ein anderes Rohr gegen die vordere Seite des Stempels, so wird dieser
zurückgetrieben, wodurch abermals Bewegung der Stange, Räder und
Maschinen erfolgt u. s. f.). Die Wärme hat also aus einem zur unmittel=
baren Arbeitsleistung unbrauchbaren Körper einen geschaffen, der sofort
zu jeder Arbeit bereit ist und sie vermöge seiner Natur auch leistet.
Statt Temperaturerhöhung hervorzubringen, bringt sie also Arbeitsquellen
hervor.

405. Wir können aber noch weiter gehen. So oft man nämlich
einen Körper überhaupt erwärmt, dehnt die Wärme ihn aus. Das ist
offenbar eine Arbeitsleistung, denn wir müssen Arbeit anwenden, um ihn
wieder zusammenzudrücken. Ferner so oft sie Flüssigkeiten verdampfen läßt,

zerstört sie den innigen Zusammenhang ihrer Theile, das ist wieder eine Arbeitsleistung. Fassen wir also alles zusammen, so können wir sagen: so oft man Körpern Wärme zuführt, leistet diese Wärme in diesen Körpern Arbeit und erhöht auch ihre Temperatur. Je mehr Arbeit sie in ihnen leistet, desto geringere Mengen bleiben für die Temperaturerhöhung, im äußersten Fall wird alles in solcher Arbeit aufgezehrt und es tritt gar keine Temperaturerhöhung ein. Je weniger solche Arbeit geleistet wird, desto höher wächst die Temperatur an. Dieses haben wir schon beim Verdampfen der Flüssigkeiten gesehen; wenn durch Druckerhöhung die Verdampfung, also die Zersplitterung der Flüssigkeit, verhindert wird, steigt die Temperatur sofort. Schließen wir ein Gas ganz fest ab und erwärmen es, so kann es sich in diesem Falle nicht ausdehnen, seine Temperatur steigt in Folge dessen schneller als wenn es Freiheit zum Ausdehnen hätte. Nun kann es noch kommen, daß die Wärme noch andere Arbeiten leistet, z. B. kann sie die Festigkeit der chemischen Verkettung der Elemente in dem Körper lockern (Dissociation); sie kann vorhandene magnetische Eigenschaften beeinträchtigen; wir können ihr absichtlich noch besondere Arbeiten aufbürden, indem wir z. B. bei einem in einem Cylinder befindlichen durch einen Stempel abgeschlossenen Gase diesen Stempel noch mit besonderen Gewichten belasten, die das Gas bei seiner Erwärmung und in Folge dessen eintretenden Ausdehnung oder der Dampf vor sich herzuschieben hat, was eben eine Arbeitsleistung ist u. s. f.

406. Was nun auch die Wärme leisten mag, eines kann nur auf Kosten des anderen geschehen. Muß eine bestimmte Menge Wärme neben der Temperaturerhöhung auch Arbeit im Innern des Körpers leisten (sogenannte innere Arbeit), durch Ausdehnen, Schmelzen, Verdampfen, Trennen der Elemente, Drehen der Molekel u. s. f., so kann sie die Temperatur nicht so hoch bringen als sonst möglich wäre. Kommt noch dazu andere Arbeit in Ueberwindung äußerer Kräfte (sogenannte äußere Arbeit), z. B. Heben von Gewichten, so kann wieder die Temperaturerhöhung oder auch die innere Arbeit oder beides nur geringer ausfallen u. s. f. Fällt eine Leistung fort, so gewinnen die anderen.

Jede Menge Wärme stellt also eine bestimmte Menge Leistungsfähigkeit dar, nichts kann sie vermehren, nichts verringern. Umgekehrt kann man mit einer bestimmten Leistungsfähigkeit immer nur eine bestimmte Wärmemenge hervorbringen. Im Uebrigen können sich die thatsächlichen Leistungen in der mannigfachsten Weise äußern. Das ist das Princip der Erhaltung der Kraft angewandt auf die Wärme. Denkt man sich die ganze Leistungsfähigkeit in Form von gewöhnlicher Arbeit dargestellt, so nennt man diese Arbeit für eine Kalorie das mechanische Aequivalent der Wärme oder kürzer das Wärme=äquivalent. Es ist diejenige Arbeit, die man erzielen würde, wenn man die ganze Kalorie nur zu solcher Arbeit verwenden könnte. Umgekehrt, be=nutzt man diese Arbeit, um allein Wärme hervorzubringen, so gewinnt man gerade eine Kalorie, auf welche Weise man auch in dem einen oder anderen Falle verfahren mag. Die Zahl hierfür ist 427 Kilogrammmeter, das heißt, so groß wie diejenige Arbeit ist, die man gegen die Schwerkraft zu leisten hat, wenn man auf der Erde 1 Kilogramm 427 Meter oder 427 Kilo=gramm 1 Meter hochheben will. Dieses Wärmeäquivalent hat zuerst Julius Robert Mayer auf eine äußerst geniale Weise berechnet; kurz darauf ist es von einem hochverdienten englischen Forscher, Joule, durch die mühsamsten Versuche, die alle darauf hinausgingen, die durch exact gemessene mechanische oder sonstige Arbeit hervorgebrachten Erwärmungen zu bestimmen, mit so großer Sicherheit festgestellt worden, daß seitdem (es sind nun mehr als 50 Jahre verflossen) fast nichts daran zu ändern sich gefunden hat. Jetzt gehört diese Zahl zu den unentbehrlichsten der Wissenschaft und Technik.

407. Noch auf eines will ich aufmerksam machen. Wenn alle Wirkungen der Wärme so sehr von einander abhängen, so kann man eigentlich auch nicht von der specifischen Wärme der Körper überhaupt reden, da, wie wir oben gesehen haben, ihre Temperaturerhöhung je nach den Leistungen der Wärme verschieden ausfällt. Man muß also bei der spe=cifischen Wärme noch angeben, unter welchen Verhältnissen die Erwärmung stattfinden soll. Ueber die inneren Vorgänge haben wir keine Macht, die äußeren Verhältnisse aber können wir beliebig gestalten. Man unterscheidet darum auch namentlich zwei specifische Wärmen, eine bei konstantem Druck, eine andere bei konstantem Volumen. Beides sind Wärmen, welche nöthig sind, um einen Körper um einen Grad Temperatur zu erwärmen. Aber im ersten Fall soll der Druck, der auf dem Körper lastet (z. B. der Luft=druck), immer derselbe bleiben, bei der Ausdehnung schiebt also der Körper diesen Druck vor sich her, wodurch eine Arbeitsleistung bedingt ist. Im zweiten soll das Volumen konstant bleiben, der Körper also sich überhaupt nicht ausdehnen und also auch keine entsprechende Arbeit leisten. Es ist dem vorigen zufolge klar, daß die erstere Wärme größer sein muß als die letztere, sie beträgt bei Gasen, wenn als Druck der normale Luftdruck angesehen wird, etwa $\frac{4}{10}$ mehr als diese.

9. Uebergang der Wärme, Carnot'sches Princip, absolute Temperatur, Entropie, mechanische Wärmelehre.

408: Endlich ist noch auf folgende Eigenschaft der Wärme hinzuweisen. Wir sahen, daß Wärme von einem Körper zu einem anderen freiwillig übergeht; aber nur wenn dieser kälter ist als jener. Andererseits ist man aber im Stande, auf Umwegen Wärme auch kälteren Körpern zu entziehen und wärmeren zu übertragen. Man hat hierüber das Princip aufgestellt, daß Wärme von selbst nur von wärmeren zu kälteren Körpern übergeht, und daß das Umgekehrte nur stattfindet, wenn neben dem Uebergang der Wärme noch besondere Arbeitsvorgänge nebenhergehen, sonst nicht. Das ist im Wesentlichen die Grundlage des berühmten Carnot'schen Satzes der Wärmelehre, sie ist durch Clausius geschaffen.

Es ergeben sich aus diesem Satz viele der merkwürdigsten Folgerungen, aus denen wir jedoch nur zwei hervorheben. Erstens folgt nämlich, daß während die Verwandelbarkeit der Arbeit in Wärme ganz unbeschränkt ist, die der Wärme in Arbeit es nicht ist. Es giebt, so viel wir bis jetzt sehen können, kein Mittel, alle Wärme, die ein Körper hat, aus ihm zu entnehmen und in Arbeit vollständig überzuführen, ein Theil der Wärme bleibt stets als solche übrig. In der Natur werden nun fortwährend Arbeiten zur Schaffung von Wärme verbraucht, andererseits freilich auch Wärme zur Schaffung von Arbeit. Da aber aus der durch Arbeit geschaffenen Wärme dem obigen zufolge niemals alle Arbeit zurückgewonnen werden kann, sondern etwas an Wärme stets zurückbleiben muß, so hat man folgern wollen, daß mit der Zeit eine vollständige Umwandlung aller möglichen Arbeit in Wärme wird eingetreten sein müssen. Alsdann würde im ganzen Weltraum die nämliche Temperatur, aber auch die nämliche Leblosigkeit herrschen, denn auf Arbeit beruht alles Leben.

409. Zweitens hat man aus dem Carnot'schen Satz in Verbindung mit gewissen Erscheinungen bei den Gasen entnommen, daß zwar für Temperaturerhöhung keine Grenze da sei, für die Temperaturerniedrigung jedoch eine solche wohl existiere. Wenn Körper die Temperatur von etwa 273 Grad unter Null — gemessen mit einem Gasthermometer — erreicht haben, sollen sie auf keine Weise noch weiter abgekühlt werden können. 273 Grad unter Null wäre also der wirkliche absolute Nullpunkt der Temperatur; man nennt darum Temperaturangaben — gemessen mit einem Gasthermometer — gerechnet von diesem wirklichen Nullpunkt, absolute Temperaturen. So hat schmelzendes Eis die gewöhnliche Temperatur

0 Grad und die absolute 273 Grad, kochendes Wasser die gewöhnliche Temperatur 100 Grad und die absolute 373 Grad u. s. f. Für die Gase hat die Einführung der absoluten Temperatur noch den Vorzug, daß man die beiden Gesetze von Boyle=Mariotte (Art. 24) und Gay=Lussac (Art. 383) sehr einfach in ein Gesetz zusammenfassen kann, nämlich: Der Druck eines Gases multiplicirt mit dem Volumen ist stets der abso= luten Temperatur proportional.

410. Zur näheren Erläuterung des Carnot'schen Satzes habe ich noch folgendes hinzuzufügen. Die Wärme, sagten wir, geht von selbst nur von einem wärmeren Körper zu einem kälteren über, nicht aber umgekehrt. Bezeichnen wir einen Vorgang, der ganz ohne unser Zuthun in der Natur geschieht, als einen natürlichen Vorgang, so können wir sagen, der natürliche Vorgang für die Verbreitung der Wärme ist der, daß die Wärme von wärmeren zu kälteren Körpern übergeht, nicht umgekehrt. Die Natur hat also in diesem Falle, wenn wir ein wenig anthropomorphistisch reden, eine gewisse „Vorliebe" für den einen Vorgang und eine Abneigung gegen den anderen, derartig daß sie den ersten Vorgang überall begünstigt, dem anderen aber Widerstand entgegensetzt und zu ihm nur gezwungen werden kann. Das ist nicht der einzige Fall, den wir kennen. Der Grad der Vorliebe für bestimmte Vorgänge ist nun je nach den Umständen sehr ver= schieden, in manchen Fällen hat die Natur gar keine Vorliebe weder für den einen Vorgang noch für den ihm entgegengesetzten. Benutzen wir Aus= drücke, die im Art. 231 ihre Erklärung gefunden haben, so können wir nun auch sagen, ein Zustand ist stabil, wenn kein natürlicher Vorgang ihn zu ändern strebt, er ist labil, wenn ein solcher Vorgang vorhanden ist, und er ist indifferent, wenn die Aenderung ebensowohl nach der einen als nach der entgegengesetzten Richtung vor sich gehen kann. Mit wachsender Vorliebe für den Vorgang wird der Zustand labiler und der, in den er sich durch diesen Vorgang umwandelt, stabiler. Offenbar würden wir hiernach die Zustände der Körper in Bezug auf ihre Erhaltung beurtheilen können, wenn wir ein Maaß für das, was wir als Vorliebe der Natur bezeichnet haben, hätten. Dieses Maaß gewährt eben der vorbezeichnete Carnot'sche Satz, er gestattet in jedem Falle zu berechnen, welche Vorliebe die Natur für den betreffenden Zustand hat und zu beurtheilen, ob für einen anderen Zustand eine größere Vorliebe da ist und für welchen. Dabei handelt es sich aber nicht etwa nur um den Zustand des gerade zu untersuchenden Körpers, sondern um den für alle bei dem etwaigen Vorgang in Mit= leidenschaft gezogene Substanzen. Der Gesammtzustand ist entscheidend, für diesen muß eine Vorliebe vorhanden sein und auf diesen bezieht sich die

Berechnungsmöglichkeit. Der einzelne Körper kann dabei in einen Zustand gerathen, für den die Natur an sich keine Vorliebe haben würde; mit den anderen zusammen erhält er sich im Gleichgewicht. Wo wir durch Zwang den natürlichen Vorgängen entgegenarbeiten, indem wir z. B. Wärme aus einem kälteren Körper auf einen wärmeren übertragen, da giebt die Natur möglichst wenig nach und nur indem ihr gestattet wird anderweitig ihrer Vorliebe zu folgen. Der Leser bemerkt, wie das Princip des kleinsten Zwanges auch hier mitspielt und anscheinend noch energischer als in früheren Fällen (jedoch nur anscheinend). Die Größe, die zur Messung des Grades der Vorliebe dient, heißt seit Clausius die Entropie der Körper, sie ist für jeden Zustand bestimmt durch die Eigenschaften der Körper und die Verhältnisse, unter denen diese sich befinden. Alle Veränderungen innerhalb eines Systems von Körpern geschehen also so, daß dabei die Entropie wächst oder mindestens nicht abnimmt. Vorgänge, bei denen das erstere stattfindet, sind jedenfalls nicht umkehrbar (irreversibel), da ja sonst die Entropie wieder abnehmen müßte, Vorgänge, für welche das letztere geschieht, sind umkehrbar (reversibel). Wir können gewöhnlich von vornherein beurtheilen, ob ein Vorgang umgekehrt werden kann oder nicht. Haben wir nun einen umkehrbaren Vorgang, so bleibt die Entropie des ganzen Systems, das an dem Vorgang theilnimmt, unverändert, ebenso wie die gesammte Energie; ist der Vorgang nicht umkehrbar, so bleibt zwar die gesammte Energie unverändert, nicht aber die Entropie, diese wächst. Die Vorgänge in der Natur sind wohl ausschließlich nicht umkehrbar, also bleibt zwar die Gesammtenergie im Weltall stets die nämliche, aber die Entropie strebt einem Maximum zu, oder die Welt strebt einem stabilen Endzustande zu, aus dem sie von selbst nicht mehr herauskommen kann. Das ist im Wesentlichen ein anderer Ausdruck für das, was am Schluß des Art. 408 gesagt ist. Doch darf man die Bedeutung derartiger allgemeiner Sätze nicht übertreiben, da sie nur aus Anwendungen auf minimalen Gebieten gewonnen sind und der ganzen Welt Endlichkeit in demselben Sinne wie unserer begrenzten Sphäre zuschreiben.

Auf den beiden Principen der Energie und Entropie beruhen alle Rechnungen in der Wärmelehre, namentlich auch soweit sie auf die Technik Anwendung finden. Da es sich dabei um Leistungen handelt und alle Leistungen in mechanischem Maaß ausgedrückt werden können, hat man das Lehrgebäude, welches auf diesen beiden Principen als Grundlagen aufgeführt worden ist, als die mechanische Wärmelehre bezeichnet. Robert Mayer und Sadi Carnot sind ihre Begründer, nach ihnen gehört der größte Ruhm Clausius. Zu einer gewissen Vollendung haben Helmholtz, Lord Kelvin

Gibbs, Planck, Duhem, Nernst und viele andere diese Lehre gebracht. Daß zwei so allgemeine Principe nicht allein in der Wärmelehre Anwendung finden, ist klar, sie sind auf die chemischen, elektrischen und auf manche andere Vorgänge mit Vortheil übertragen worden.

10. Natur der Wärme, kinetische Theorie der Konstitution der Körper.

411. Was ist nun die Wärme, die anscheinend von allen Er-scheinungen in der Natur die größte Rolle spielt, da, wie wir sehen, alle natürlichen Vorgänge auf ihre Vermehrung hinzielen und auf Umwandlung jeder anderen Energie in Wärme hinarbeiten? Gewiß ist sie keine Sub-stanz, daran ist nach den vorstehend mitgetheilten Erfahrungen kein Zweifel mehr. Die Versuche des Grafen Rumford im Beginne unseres Jahr-hunderts haben dieses schon deutlich dargethan, das Phlogiston der Che-miker des vergangenen Jahrhunderts ist längst zu Grabe getragen. Ebenso sicher ist die Wärme keine Kraft, sie führt zu Erscheinungen, die auch durch Kräfte hervorgebracht werden können, wie die Ausdehnung der Körper, aber alles weist darauf hin, daß sie selbst nicht mit Kräften, wie etwa die Schwerkraft es ist, verglichen werden kann. Die gewöhnliche Antwort auf die gestellte Frage lautet: die Wärme ist eine Bewegung, oder, vorsichtiger ausgedrückt, eine Art Bewegung (a mode of motion wie der bekannte eng-lische Physiker Tyndall behauptet). Diese Antwort entspricht unseren An-sichten von der Wärme eigentlich nicht, Wärme ist so wenig eine Bewegung wie Licht eine Bewegung ist, sie ist wie dieses eine Aeußerung einer Bewegung und zwar nach der noch bestehenden Ansicht diejenige Aeußerung, die wir als die Energie der Bewegung bezeichnen; sie ist also — so müssen wir uns ausdrücken — die Energie einer Bewegung, denn daß Wärme selbst eine Energie ist und nicht bloß Energien hervorruft, darüber herrscht gar kein Zweifel. Strahlt die Wärme, so wird die betreffende Energie durch die Bewegung der Aethertheilchen von Körper zu Körper übermittelt. Be-wegt sich die Wärme innerhalb eines Körpers oder von einem Körper in einen anderen ihn berührenden durch Leitung, so geht die Energie der Be-wegung aller Wahrscheinlichkeit nach durch Bewegung der Theilchen der Körper selbst von Stelle zu Stelle. Ein Körper enthält hiernach Wärme, wenn seine Theilchen Bewegungsenergie besitzen, er enthält um so mehr Wärme, je größer diese Bewegungsenergie ist, um so weniger, je gering-fügiger sie ist. Körper ganz ohne Bewegung ihrer Theilchen würden hier-nach gar keine Wärme haben, sie befänden sich auf dem absoluten Null-punkt der Temperatur, das wäre die feste untere Grenze für den Wärme-

inhalt der Körper, also auch für ihre Temperatur, nach oben hin gäbe es keine Grenze, da wir auch für Bewegungsenergien keine kennen.

Was sich bei einem warmen Körper bewegt, sollen also die Theilchen dieses Körpers sein; es liegt nahe anzunehmen — und es ist darauf schon hingedeutet (Art. 61) —, daß diese sich bewegenden Theilchen die Molekel und Atome der Körper sind; indessen bestehen noch Meinungsdifferenzen zwischen den Physikern, ob als Wärme nur die Energie der Bewegung der Molekel (also der verbundenen Atome) in Frage kommt oder auch die der Atome innerhalb eines jeden Molekels. Das letztere ist das wahrschein=lichere. Auch darüber herrscht noch keine Einigkeit, ob es sich dabei nur um die fortschreitende Bewegung handelt oder auch um etwa vorhandene Schwingungen und Drehungen der Atome und Molekel. Das einfachste ist, anzunehmen, daß in der That auch die letzteren in Betracht kommen, namentlich die Schwingungen, da wir in festen Körpern den kleinsten Theilchen wohl vornehmlich solche Schwingungsbewegungen zuschreiben müssen.

Wie nun solche Bewegungen Wirkungen hervorbringen können, welche unmittelbar wie Kräfte aussehen, oder solche, die wie von Kräften verur=sacht scheinen, ist nicht schwer darzuthun. Stößt ein sich bewegender Körper gegen einen anderen, so treibt er ihn entweder fort oder er drückt auf die Stoßstelle, und zwar ist in beiden Fällen die Energie dieser Wirkung bestimmt durch die Energie des anstoßenden Körpers, es kommt also eine Fortbewegung oder ein Druck zum Vorschein. Wärme, so erklärt wie angegeben, vermag hiernach in der That Druckerscheinungen und Fort=bewegungen zu erklären. Die ersten treten beispielsweise ein, wenn ein Gas oder eine Flüssigkeit in einem ringsgeschlossenen Gefäß sich befindet und erwärmt wird; die Theilchen bewegen sich heftiger und heftiger, stoßen also mit mehr und mehr Energie gegen die Gefäßwandungen, üben einen wachsenden Druck auf diese aus. Ist aber das Gefäß nur durch einen beweglichen Stempel oder Deckel geschlossen, so wird dieser durch die Stöße fortbewegt oder fortgeschleudert, das Gas oder die Flüssigkeit dehnt sich aus. In dieser Wirkung verzehrt sich ein Theil der Energie der sich be=wegenden Theilchen, das würde bedeuten, daß das Gas oder die Flüssigkeit weniger warm erscheint als im ersten Fall. Man hat, wie schon bemerkt, zwei sehr geschickte Namen in die Wissenschaft eingeführt, um das, was die Wärme innerhalb der Substanz eines Körpers leistet, von dem zu trennen, was nach außen, also an anderen Körpern zum Vorschein kommt. Man nennt das erstere die innere Arbeit der Wärme, das letztere die äußere Arbeit. In dem ersten Beispiel war keine äußere Arbeit

vorhanden, nur das Streben nach einer solchen that sich in der Druck=
vermehrung kund, alle Wärme war innere Energie der Bewegung der
kleinsten Theilchen der Körper, im zweiten Beispiel wurde ein Theil dieser
inneren Bewegung auf äußere Arbeit verwendet. Daß diese zusammen
mit der zurückgebliebenen inneren Energie so groß ist wie im ersten Fall,
ist schon im Abschnitt 8 dieses Kapitels dargethan. Aehnliches geschieht,
wenn Flüssigkeiten verdampfen, die Wärme vermehrt die Bewegungsenergie
der Theilchen ständig, bis schließlich die Theilchen an der Oberfläche so
heftig sich bewegen, daß sie aus dem Verbande der Flüssigkeit herausfliegen;
manche kehren wieder zurück, es fliegen aber mehr heraus als zurückkehren,
und die Flüssigkeit verdunstet. Ueberhaupt ist klar, daß jede Vermehrung
der Bewegungsenergie in einem System von Körpern den Zusammenhang
dieses Systems zu lockern und unter Umständen die Körper ganz aus=
einander zu treiben geeignet ist. Das wird jeder von vornherein zuzugeben
geneigt sein; denn je heftiger die Bewegung ist, desto leichter kommen die
Körper aus ihrem gegenseitigen Wirkungssysteme heraus, falls sie sich etwa
gegenseitig anziehen, und desto leichter fallen Zusammenstöße vor, die ja
unmittelbar auseinander treibend wirken. Daraus erklären sich alle
Wirkungen der Wärme, wobei sie zertheilend und zerlegend wirkt wie
die Erscheinung der Dissociation, die der chemischen Zerspaltung, der
Aenderung des Aggregatzustandes u. s. f. in zwangloser Weise. Da man
ferner annimmt, daß die Wärmebewegung innerhalb der Körper zu den
ungeordneten Bewegungen gehört, bei denen also weder in der Richtung
der Bewegung noch in der Geschwindigkeit irgendwelche Regelmäßigkeit
herrscht, so erklärt sich auch, warum Erscheinungen, die auf einer gewissen
Ordnung innerhalb der Körper beruhen (wozu bereits die der chemischen
Affinitäten gehören, ferner der Magnetismus u. a. m.) in ihrer Intensität
abnehmen müssen, wenn die Wärme ansteigt.

Nun ist auch klar, was fühlbare Wärme ist und was latente, jene
besteht in der inneren Bewegungsenergie der Körper, diese in inneren
Arbeitsleistungen, die die Zertheilung der Körper betreffen, sei es, daß diese
bloß ausgedehnt werden (latente Wärme der Ausdehnung), oder daß sie
schmelzen (latente Schmelzwärme), oder verdampfen (latente Verdampfungs=
wärme), oder daß sie dissociirt werden (latente Dissociationswärme), oder
daß sie chemisch zersetzt werden (latente Zersetzungswärme), oder daß sie
entmagnetisirt werden (latente Entmagnetisirungswärme) u. s. f.

Vorgänge, die nur latente Wärmen betreffen, lassen die Temperatur
der Körper ungeändert, sie heißen darum isothermisch, die entgegen=
gesetzten könnte man isoergisch nennen. Vorgänge, bei denen Wärme

weder zugeführt noch abgeleitet wird, bezeichnet man als abiabatisch. Dieses führe ich nur nebenbei an.

412. Der Leser bemerkt, wie eng verbunden die hier vorgetragene Ansicht über die Natur der Wärme mit der über die Konstitution der Körper überhaupt ist; freilich ist die Theorie, wonach die Körper aus einzelnen sich nach allen Richtungen bewegenden Theilchen zusammengesetzt sein sollen, sehr viel älter als die Ansicht von der Wärme als einer Bewegungsenergie, da sie bereits im Alterthum zu einer ziemlich vollständigen Ausbildung gediehen war. Aber ihren eigentlichen Werth, soweit sie von Bewegungen Gebrauch macht, hat sie erst in Verbindung mit der Lehre von der Natur der Wärme erhalten. Man bezeichnet sie als die kinetische Theorie von der Konstitution der Körper.

Da man die Energie mechanisch messen kann, also auch den Wärmeinhalt eines Körpers in mechanischem Maaß genau auszudrücken vermag, so muß man offenbar auch für die Bewegung der Körpertheilchen Zahlenangaben machen können. Indessen treten hier ganz nicht zu überwindende Schwierigkeiten ein; zunächst messen wir die fühlbare Wärme durch die sogenannte Temperatur. Vermöchten wir dieses wenigstens durch die absolute Temperatur zu bewirken, so ginge das noch an, weil viele Hinweise da sind, die es zulässig erscheinen lassen, diese absolute Temperatur unmittelbar der Bewegungsenergie der Theilchen proportional zu setzen. Aber auch das ist nicht der Fall, bis jetzt haben die Bemühungen der Physiker, eine Skala zur Messung der absoluten Temperaturen aufzustellen, noch zu keinem befriedigenden Ergebniß geführt. Die Angabe in Art. 409, daß es genügt, zu der an einem gewöhnlichen Gasthermometer nach Celsius abgelesenen Temperatur 273 zu addiren, um zu der absoluten Temperatur zu gelangen, ist nur angenähert richtig und beruht auf gewissen Annahmen, die ich, weil sie auch für die Konstitution der Körper von Interesse sind, kurz erwähnen will.

Die Wärme erwärmt die Körper und dehnt sie aus, das letztere erfordert Arbeit, wenn dabei ein äußerer Widerstand zu überwinden ist (z. B. der Luftdruck oder die Wandung des Behälters) und wenn zwischen den Körpertheilchen sie zusammenhaltende Kräfte vorhanden sind. Den äußeren Widerstand können wir, wenn auch niemals vollständig, aber doch stets soweit entfernen, daß er für die hier in Betracht kommenden Untersuchungen nicht mehr in Frage kommt. Anders ist es mit den inneren Kräften, über diese sind wir nicht Herr. Gäbe es aber Körper, die so beschaffen sind, daß zwischen ihren Theilchen keine solchen Kräfte wirken, so würde alle Wärme, die man ihnen zuführt, falls auch der äußere

Widerstand fortgeschafft ist, ganz und gar in fühlbare Wärme verwandelt werden. Solche Körper giebt es nun in der Natur nicht, wohl aber sind welche vorhanden, die ihnen in dieser Hinsicht sehr nahe kommen, das sind die Gase, in hinreichender Entfernung von ihrer Verflüssigung. Gase, die der vorstehenden Bedingung genau entsprechen würden, heißen ideale Gase, die wirklichen kommen den idealen mehr oder weniger nahe, und zwar um so näher, je tiefere Temperaturen erforderlich sind, sie zu ver= flüssigen. Am nächsten dem idealen Gaszustand scheint unter gewöhn= lichen Verhältnissen der Wasserstoff zu kommen, dann folgen Stickstoff, Sauerstoff, die Mischung dieser die Luft u. s. f. Ein Thermometer, aus einem idealen Gase hergestellt, würde die absolute Temperatur zu messen gestatten, mit Thermometern aus den wirklichen Gasen erhält man nur angenähert richtige Werthe, und dieses auch nur, wenn die Temperaturen nicht zu tief sind und die Gase nicht unter zu hohem Druck stehen.

Das betrifft das Eine, die Temperaturmessung. Es ist aber ferner klar, daß die Berechnungen für die Bewegung der Theilchen sich auf Zuwachs dieser Bewegung von dem Stillstande der Körpertheilchen bis zu der betreffenden Bewegung beziehen. Bei idealen Gasen ist dieses alles fühlbare Wärme, bei den wirklichen Gasen bereits nicht mehr, ein Theil besteht in latenter Wärme der Ueberwindung des Zusammenhangs zwischen den einzelnen Theilchen. Noch viel weniger findet das statt bei den Flüssig= keiten und festen Körpern. Für letztere ist eine Berechnung der Bewegung der kleinsten Theilchen überhaupt nicht möglich, weil wir noch nicht wissen, welchen Theil die vorbezeichnete latente Wärme von der ganzen Wärme ausmacht, für die ersteren hat die Berechnung nur einen angenäherten Werth. Sie ist zuerst von Clausius bewirkt worden und hat ergeben, daß bei den sogenannten permanenten Gasen unter den gewöhnlichen Ver= hältnissen die kleinsten Theilchen sich bewegen mit einer Geschwindigkeit von etwa 1800 Meter in der Sekunde beim Wasserstoff und von etwa 500 Meter in der Sekunde beim Sauerstoff und Stickstoff. Das sind sehr bedeutende Geschwindigkeiten, die noch dadurch an Bedeutung gewinnen, daß sie nicht die größten Geschwindigkeiten darstellen, sondern nur die durchschnittliche Geschwindigkeit, die den betreffenden Theilchen zukommt, einzelne Theilchen können 10 oder 100mal größere Geschwindigkeiten haben. Warum fliegen die Gastheilchen nicht überhaupt auseinander bei so exorbi= tant großen Geschwindigkeiten, die selbst im Durchschnitt beim Wasserstoff fast 100mal so groß sind wie die Geschwindigkeit eines Kourierzuges? Die Antwort hierauf hat Clausius dahin gegeben, daß die Theilchen, weil sie fortwährend an einander stoßen, trotz der großen Geschwindigkeiten

immer nur ganz geringfügige Wegstrecken zurücklegen. Ein Wasserstoff=
theilchen hat im Durchschnitt kaum einen Weg von $\frac{1}{5000}$, ein Lufttheilchen
kaum einen solchen von $\frac{1}{10000}$ eines Millimeters zurückgelegt, so stößt es
bereits an ein anderes entsprechendes Theilchen und muß seinen Weg ändern,
so fliegen die Theilchen mehr zitternd mit fortwährend veränderter Richtung
und bleiben also beisammen.

413. Nur für die Gase hat die kinetische Theorie ihrer Konstitution
in der sogenannten kinetischen Gastheorie, welche eine Schöpfung von
Krönig, Clausius, Boltzmann, Maxwell, O. E. Meyer u. a. ist, eine gewisse
Durcharbeitung erfahren. Für die Flüssigkeiten ist der Anfang einer solchen
gleichfalls vorhanden, die festen Körper stehen auch hier abseits.

Ich habe dem Leser diese kinetische Theorie der Wärme und der Körper
ziemlich eingehend vorgetragen, darf ihm aber nicht verhehlen, daß viel
Mißtrauen gegen dieselbe entstanden ist und noch besteht. Dem glänzenden
Anfang entsprach der Fortgang dieser Theorie nicht in dem erwarteten
Umfange und manches, was bereits festzustehen schien, ist als unsicher
erkannt worden. Die Verhältnisse liegen zu komplicirt, und wir wissen von
dem inneren Wesen der Körper gar zu wenig. Die hohe Genialität, mit
der einige Forscher die hieraus erwachsenden Schwierigkeiten zum Theil
überwunden haben, mag ein wenig für die Theorie bestochen haben. Man
darf aber andererseits auch nicht verkennen, daß wir einstweilen keine andere
an deren Stelle zu setzen in der Lage sind, die die Erscheinungen auch nur
annähernd so gut auf eine Grunderscheinung zurückzuführen gestattet wie
eben die kinetische Theorie. Das namentlich in Laienkreisen gegenwärtig so
beliebte Mittel, alles durch Elektricität zu erklären, muß hier versagen;
Wärme kann keine Elektricität sein, denn letztere ist keine Energie, sondern
bewirkt nur Energieumwandlungen, Wärme ist aber selbst Energie.

Sechstes Kapitel.

Von den magnetischen und elektrischen Kräften.

1. Magnetische und elektrische Anziehung und Abstoßung. Arten von Elektricität und Magnetismus.

414. Die magnetischen und elektrischen Kräfte haben das
Eigenartige an sich, daß sie sich an den Körpern anscheinend nur gelegentlich
zeigen. Sie gehören nicht, wie die Schwerkraft, zu ihren niemals fehlen=
den Eigenschaften, sondern können willkürlich hervorgerufen, verstärkt und

geschwächt oder auch ganz entfernt werden. Was die magnetischen Kräfte anbetrifft, so giebt es für sie wenigstens gewisse Körper, die von Natur ihnen unterworfen sind, die also von Natur magnetische Eigenschaften zeigen. Es giebt aber keine Körper auf der Erde, ausgenommen vielleicht die Erde selbst, die von Natur nach Außen hin elektrisch sind. Die Schwerkraft der Körper ist unseren Einwirkungen vollständig entzogen, mit den magnetischen und elektrischen Kräften können wir bis zu einem gewissen Grade nach Willkür schalten.

Noch einen anderen Unterschied haben wir zu erwähnen. Die Schwerkraft äußert sich stets in Anziehung, die magnetischen und elektrischen Kräfte dagegen bestehen in Anziehungen und in Abstoßungen. Speciell die magnetischen Kräfte treten niemals nur als Anziehungen oder nur als Abstoßungen auf, sondern stets zugleich als Anziehungen und Abstoßungen. Bei den elektrischen Kräften scheinen diese beiden Wirkungen auch getrennt vorkommen zu können; eine tiefere Betrachtung, auf die wir hier noch nicht eingehen können, zeigt jedoch, daß das auch bei ihnen nicht der Fall ist.

415. Körper, welche magnetische Kräfte äußern, nennen wir magnetische Körper oder Magnete; Körper, welche elektrische Kräfte aufweisen, elektrische oder elektrisch geladene Körper. Wir schreiben jenen Magnetismus, diesen Elektricität zu, dürfen aber nicht annehmen, daß dieses Beides etwas Greifbares wäre, denn es fehlt ihnen die Haupteigenschaft aller Substanz, die Schwere. Wenn wir einen Körper noch so stark magnetisch oder elektrisch machen, ändert sich doch seine Schwere dadurch nicht im Geringsten. Wir kennen nur die Aeußerungen des Magnetismus und der Elektricität, ohne zu wissen, was ihre eigentliche Natur ist. Ein Körper hat um so mehr Magnetismus und Elektricität, je stärker seine Kraftwirkungen sind. Diese hängen also nicht etwa von den Massen der magnetischen und elektrischen Körper ab, sondern lediglich von der Stärke ihres Magnetismus oder ihrer Elektricität. Im Uebrigen gilt für die Abhängigkeit der Kraftwirkungen von der Entfernung zwischen den magnetischen oder den elektrischen Körpern genau dasselbe Gesetz, welches die Schwerewirkungen regelt; auch sie nehmen in demselben Maaße ab, wie die Entfernung mit sich selbst multiplicirt zunimmt (Coulombsches Gesetz). Die magnetische Anziehung und Abstoßung ist nur abhängig von den Magneten und deren Entfernungen, die elektrische auch von der Substanz, welche den Raum, innerhalb dessen die elektrischen Körper sich befinden, ausfüllt. Die Substanzen, durch welche hindurch elektrische Kraftwirkungen stattfinden, heißen Dielektrika. Luft ist also z. B. ein solches Dielektrikum.

416. Es giebt zwei Arten von Magnetismus und zwei Arten von
Elektricität; jene beiden Arten nennt man Nordmagnetismus und
Südmagnetismus, diese Glaselektricität und Harzelektricität
oder positive Elektricität und negative Elektricität. Magnete
enthalten stets beide Arten von Magnetismus; es giebt keinen Magneten
und es ist völlig unmöglich einen solchen Magneten herzustellen, der nur
eine Art Magnetismus besitzt. Elektricität zwar kann ein Körper von
beiden Arten haben oder nur von einer; doch ist es auch hier nicht möglich,
nur eine Art für sich hervorzubringen. Stets entstehen beide Arten zu=
gleich, nur daß wir sie auf verschiedenen Körpern jede für sich vereinigen
können, was beim Magnetismus, wie gesagt, nicht geht.

Nordmagnetismus finden wir an einer Magnetnadel an demjenigen
Ende, welches nach Norden zeigt, falls die Nadel in ihrer Mitte aufgehängt,
oder wie in den Bussolen, auf eine Spitze gestellt ist; Südmagnetismus in
dem entgegengesetzten nach Süden zeigenden Ende. Glaselektricität (positive
Elektricität) zeigt ein Glasstab, der mit einem wollenen Tuch gerieben ist,
Harzelektricität (negative Elektricität) eine Siegellackstange, mit der das
nämliche geschehen ist. Gleichartige Magnetismen und gleichartige
Elektricitäten stoßen sich stets ab, ungleichartige ziehen sich
stets an. Also zwei Nordenden zweier Magnetnadeln oder zwei geriebene
Glasstangen stoßen sich ab; das nämliche findet statt für zwei Südenden
zweier Magnetnadeln und für zwei geriebene Siegellackstangen. Dagegen
zieht ein Nordende einer Magnetnadel ein Südende einer anderen an,
ebenso eine geriebene Glasstange eine geriebene Siegellackstange.

2. Erdmagnetismus.

417. Elektricitäten kann man durch rein mechanische Operationen
hervorbringen, namentlich durch Reibung, darauf beruhen unsere Elektrisir=
maschinen, auf diese Weise elektrisirt man Körper. Bei Magnetismen
ist dieses anscheinend nicht möglich. Um Magnete herzustellen, brauchen wir
immer wieder Magnete oder Elektricität unter gewissen Umständen. Der
größte Magnet, der uns in dieser Beziehung zur Verfügung steht, ist die
Erde selbst. Sie ist ein gewaltiger Magnet, ihren Magnetismus nennt
man insbesondere den Erdmagnetismus. Sie hat selbstverständlich
gleichfalls beide Arten Magnetismus; der Nordmagnetismus ist vornehmlich
auf der Südhalbkugel, der Südmagnetismus auf der Nordhalbkugel auf=
gehäuft. Die besondere Stellung, welche unsere Bussolennadeln und über=
haupt jede Magnetnadel, die sich frei bewegen kann, einnimmt, indem sie
sich ungefähr von Nord nach Süd richtet, ist eine Folge dieses Erd=

magnetismus. Das nach Norden weisende Ende der Magnetnadel nennt man ihren Nordpol, das nach Süden zeigende den Südpol. Die Verbindungslinie der beiden Pole heißt die magnetische Axe der Nadel. Die Bussolennadeln zeigen in unseren Gegenden nicht ganz genau nach Norden bezw. Süden, vielmehr weist der Nordpol ein wenig nach Westen, der Südpol also ebenso viel nach Osten hin. Die Abweichung von der genauen Hinweisung nach Norden nennt man die Mißweisung der Magnetnadeln oder ihre Deklination. Diese Mißweisung ist an verschiedenen Orten der Erde sehr verschieden. Bei uns beträgt sie etwa 11 Grad nach Westen, in Petersburg ist sie verschwindend klein, in Paris etwa 16 Grad nach Westen, in Tobolsk fast ebenso viel nach Osten. Ueberhaupt zeigt die Nadel mit ihrem Nordende etwas nach Westen in Westeuropa, ganz Arabien, der westlichen Hälfte von Australien, ganz Afrika, fast dem ganzen Atlantischen Ocean, sowie im östlichen Theile von Nordamerika. Dagegen weist die Nadel mit diesem Ende etwas nach Osten fast in ganz Rußland, Asien (bis auf ein ringsgeschlossenes Gebiet in Westasien, welches auch nach dem stillen Ocean übergreift und u. a. auch Japan enthält, wo die Nadel nach Westen zeigt), der anderen Hälfte von Australien, dem ganzen stillen Ocean und dem größten Theil von Amerika. Doch ändern sich die Verhältnisse mit der Zeit so stark, daß sie sich im Laufe der Jahrhunderte völlig umkehren können (säkulare Variation), wie überhaupt die Erscheinungen des Erdmagnetismus sehr veränderlich sind (tägliche und jährliche Variation).

418. Die genauere Beobachtung einer in ihrer Mitte aufgehängten Magnetnadel lehrt ferner, daß sie auch mit einem Ende nach unten, mit dem anderen also nach oben weist. Dieses nennt man die Neigung oder Inklination. Auch diese ist an den einzelnen Orten der Erde sehr verschieden. Bei uns zeigt das Nordende nach unten, das Südende nach oben, und das ist im Allgemeinen auf der ganzen nördlichen Halbkugel der Fall, wogegen auf der südlichen Halbkugel umgekehrt das Nordende nach oben, das Südende nach unten weist. Auf der Nordhalbkugel der Erde giebt es eine hoch im Norden liegende Stelle, wo die Nadel ganz genau nach unten zeigt, also senkrecht mit dem Südende nach oben sich aufrichtet. Diesen Punkt nennt man den magnetischen Nordpol der Erde, er liegt westlich von der Mitte der Westküste von Grönland (auf der Halbinsel Boothia Felix). Einen ähnlichen Punkt giebt es tief im Süden auf der Südhalbkugel, nur zeigt dort die Nadel senkrecht mit dem Südende nach unten, das ist der magnetische Südpol der Erde; dieser liegt südlich von Vandiemensland, jenem fast gegenüber. Je mehr man sich von diesen beiden Polen nach

dem Aequator hin entfernt, desto weniger tief zeigen das Nordende bezw. das Südende nach unten, die Nadel nähert sich also mehr und mehr der horizontalen Lage; in der Nähe des Aequators giebt es Orte, sie liegen auf dem sogenannten magnetischen Aequator, wo die Bussolennadeln ganz horizontal liegen oder hängen.

Die Kraft, mit welcher die Erde Magnetnadeln in ihrer Richtung festhält, heißt ihre magnetische Intensität.

Alle Orte auf der Erde, welche gleiche Deklination haben, liegen auf Isogonen, haben sie gleiche Inklinationen, so befinden sie sich auf Iso=klinen, wirkt in ihnen der Erdmagnetismus mit gleicher Intensität, so gehören sie Isodynamen an. Das sind drei Kurvensysteme, die zur Versinnbildlichung der Vertheilung des Erdmagnetismus auf der Erd=oberfläche dienen. Die Isogonen laufen zum Theil durch die magnetischen Pole und sind recht komplizirt, die Isoklinen und Isodynamen umschlingen diese Pole und sind einfacher gestaltet, doch sind auch sie nicht etwa Kreise, sondern geschlossene gerollte Kurven. Alle drei Kurvensysteme ändern mit der säkularen Variation nicht nur ihre Lage sondern auch ihre Form.

419. Von welcher Bedeutung die magnetischen Eigenschaften der Erde für die Schifffahrt geworden sind, ist hinlänglich bekannt. Da jeder Ort auf der Erde seine besondere Deklination und Inklination hat und diese auf Karten verzeichnet sind, kann der Seemann auf hohem Meere, durch Beobachtung der Anzeigen seiner Bussole, sich zurechtfinden. Auch in Berg=werken und beim Bau von Tunnels dient die Bussole als Richtungsanzeiger und ist dort ebenso unentbehrlich wie dem Schiffer auf hohem Meere. Wer die Benutzung der Magnetnadeln zur Orientirung auf dem Meere erfunden hat, ist nicht bekannt. Man weiß nur, daß in Europa Magnet=nadeln im Beginn des 13. Jahrhunderts bei den Seefahrern bereits in Gebrauch waren. Die Chinesen haben sie jedoch schon viel früher zur Orientirung auf weiten Landreisen angewendet.

3. Natürliche Magnete, Magnetisirung, Elektrisirung.

420. Außer der Erde selbst als Ganzes, haben auch gewisse Gesteine in ihr von Natur Magnetismus, dahin gehört namentlich der schon Art. 171 f. behandelte Magneteisenstein. Dieser Körper bildet also natürliche Magnete. Doch ist er nicht in so großen Massen vertreten, daß durch ihn die magnetischen Eigenschaften der Erde erklärt werden könnten, für welche es bis jetzt in der That noch keine Erklärung giebt. Wir können nun mit Hülfe dieser natürlichen Magnete andere Körper magnetisch machen, indem wir diese mit ihnen streichen. Indessen lehrt die Erfahrung, daß es nur

sehr wenige Körper giebt, die auf diese Weise zu genügend starken Magneten werden, nämlich eigentlich nur drei: Eisen, Nickel und Kobalt. Praktisch wird dazu auch nur das Eisen benutzt. Dabei zeigt sich, daß weiches Eisen den ihm durch Streichen mit einem anderen Magnet ertheilten Magnetismus nicht zu behalten vermag, sondern sofort fast ganz verliert, sobald der ihn magnetisirende Körper entfernt ist. Weiches Eisen giebt nur zeitweilige (temporäre) Magnete. Streicht man dagegen Stahl, also hartes Eisen, so bleibt dieser auch nach Aufhören des Streichens magnetisch. Stahl giebt dauernde (permanente) Magnete. In der That sind auch alle Magnete des Handels, Magnetnadeln, Hufeisenmagnete, Stabmagnete u. s. f. Stahlmagnete. Bei dem Magnetisiren zeigt sich, daß die magnetisirenden Körper dabei fast nichts von ihrem Magnetismus verlieren. Das Magnetisiren besteht also nicht in einer Uebergabe von Magnetismus von einem Körper auf einen anderen, sondern nur in dem Erwecken von Magnetismus in dem zu magnetisirenden Körper. Wir müssen also annehmen, daß die magnetisirbaren Körper von Natur schon Magnetismus besitzen, daß dieser aber aus Ursachen, über die man nur Vermuthungen hat, erst dann nach Außen sich bemerkbar macht, wenn man die Körper mit Magneten streicht; und ferner, daß er nach Aufhören des Streichens bei gewissen Körpern wieder in den früheren wirkungslosen Zustand zurückkehrt, bei anderen aber dauernd in Thätigkeit bleibt. Uebrigens verlieren auch die stärkst magnetisirbaren Körper in der Weißgluth die Fähigkeit der Magnetisirbarkeit fast vollständig.

421. Früher nahm man an, daß jeder Körper zwei magnetische Fluida in sich berge, denen man freilich jede substanzielle Eigenschaft absprechen müßte. Diese Fluida sollten entgegengesetzte Eigenschaften und außerordentliches Bestreben sich zu vereinigen haben und indem sie sich mit einander vollständig vermischen (wie es etwa Wasser und Alkohol thun), sollten diese entgegengesetzten Eigenschaften sich gegenseitig neutralisiren. Ein nichtmagnetischer Körper sollte also ein solcher sein, der zwar beide Magnetismen hat, aber durcheinander gemischt. Die Magnetisirung sollte darin bestehen, daß die Fluida mehr oder weniger entmischt würden. Je weiter die Entmischung vor sich geht, desto mehr treten die Eigenschaften der beiden Fluida gesondert hervor, desto stärker magnetisch zeigt sich der Körper, er kann aber nicht beliebig stark werden, sondern nur so stark, als es die Mengen Fluida, die er hat, eben zulassen; sind diese getrennt, so könnte kein weiteres Magnetisiren eine Verstärkung herbeiführen. Die Trennungsfähigkeit der Fluida sollte von der Natur der Substanzen selbst abhängen, Körper, innerhalb deren die Fluida sich leicht bewegen, wären

hiernach leicht zu magnetisiren, entmagnetisiren sich aber eben so leicht; wo die Bewegung der Fluida auf Widerstand stößt, ist die Magnetisirung erschwert, aber ebenso die Entmagnetisirung. In Körpern, welche gar nicht magnetisirt werden können, wäre die Beweglichkeit der Fluide ganz gehemmt. Man sieht, daß diese Theorie eine ganze Anzahl von Erscheinungen ziemlich zwanglos erklärt. Allein sie hat trotzdem aufgegeben werden müssen, nicht allein wegen der wesenlosen Fluida, wofür wir etwas anderes setzen, was auch nicht viel vorstellbarer ist, sondern weil sie bereits bei einer Haupterscheinung des Magnetismus versagt. Zerbricht man einen Magnet in zwei Hälften, so sollte man nach der Fluida=Theorie erwarten, daß die eine Hälfte wesentlich das eine Fluidum und das zweite wesentlich das andere Fluidum enthält. Das ist aber, wie schon Art. 420 hervorgehoben ist, nicht der Fall, beide Hälften sind sich ganz gleich und jede bildet einen vollständigen Magnet. Ueberhaupt wie weit man auch in der Zertheilung eines Magneten gehen mag, man erhält immer wieder nur vollständige Magnete und die beiden Pole an jedem dieser Magnete sind stets gleich stark, an keinem überwiegt der eine oder andere Pol. Die Mengen Magnetismus sind in den kleinsten Theilchen einander ganz gleich. Hieraus ergiebt sich mit Nothwendigkeit, daß der Magnetismus nicht eine Eigenschaft der Körper als Ganzes sein kann, sondern nur eine solche ihrer kleinsten Theilchen, sie ist also eine molekulare, eine an die Molekel gebundene Eigenschaft. Deshalb hat man angenommen, daß in jedem Körper jedes kleinste Theilchen bereits ein vollständiger Magnet sei, daß in den unmagnetischen Körpern diese Theilchen regellos durcheinander liegen, derartig, daß selbst innerhalb eines kleinen Raumes nach jeder Richtung Nordpole und Südpole gleichmäßig vorhanden sind, ihre Wirkungen sich also aufheben, und dieses soll auch bestehen bleiben, wenn etwa die Theilchen sich bewegen, durch die Bewegung sollte die Regellosigkeit eher noch unterstützt werden. Das Magnetisiren bestände dann in einem Richten der Theilchen, vermöge dessen nach der einen Seite vorwiegend Nordpole, nach der andern also vorwiegend Südpole hinweisen würden. Der Grad des Richtens hinge von der Stärke der richtenden Kraft ab und von der Substanz, um die es sich handelt; geht das Richten leicht vor sich, so kann es auch leicht verloren gehen, wenn die richtende Kraft zu wirken aufhört, anderenfalls bleibt es eher bestehen. Sind alle Theilchen gerichtet, so kann eine weitere Verstärkung des Magnetismus nicht mehr stattfinden. Diese Hypothese erklärt also alles, was auch die erstere zu erklären im Stande war, aber außerdem noch die Erscheinung der Ge=bundenheit an die Molekel, die die erstere Hypothese in keiner Weise aufzuhellen in der Lage war. Daß aber dadurch nur die Frage auf die Molekel der Körper geschoben ist und keineswegs schon gesagt ist, was eigentlich Magnetismus ist, sieht der Leser sofort. Wir werden deshalb nochmals darauf zurückzukommen haben. Immerhin ist es von Interesse zu wissen, wo der Sitz des Magnetismus zu suchen ist.

Die Kraft, mit der ein Körper der Magnetisirung widerstrebt, heißt die Coercitivkraft, es ist dieselbe Kraft, mit der er sich gegen die Entmagnetisirung auflehnt. Worin diese Coercitivkraft ihrerseits beruht, ist noch nicht genügend aufgeklärt.

422. Betrachten wir nun die entsprechenden Verhältnisse bei der Elektricität, so haben wir schon bemerkt, daß es natürliche elektrische Körper nicht giebt und vielleicht nur die Erde als solche allein ein natürlich elektrischer Körper ist, wofür manche Anzeichen sprechen. Wir können aber Körper durch Reiben elektrisch machen, elektrisiren. Doch ist auch dieses nicht bei allen Körpern ausführbar, sondern vornehmlich nur bei Nichtmetallen. Namentlich leicht auf diese Weise zu elektrisiren sind Glas, Harze, Haare, Schwefel, Phosphor und noch einige andere Körper. Von Glas und den Harzen ist schon gesprochen worden, hinsichtlich der Haare ist bekannt, daß z. B. Katzen elektrisch werden, wenn man sie über das Fell streicht: auch die Haare des Menschen werden elektrisch und können sogar wie diejenigen der Katzen im Dunkeln zu leuchten beginnen. Das haben schon manche Damen an sich bei eifrigem Kämmen beobachtet. Mit jedem so elektrisirten Körper kann man nun jeden anderen Körper elektrisch machen, indem man ihn damit berührt, ganz so wie das bei dem Magnetismus der Fall ist, nur mit dem wichtigen Unterschiede, daß dabei der elektrisirende Körper seine Elektricität nicht behält, sondern sie zum Theil abgiebt, so daß hier anscheinend ein Uebertreten von Elektricität von einem Körper auf einen anderen stattfindet. Man sagt deshalb, man habe diesem einen Körper eine elektrische Ladung mitgetheilt und jenen anderen entladen. Auf diese Weise wird auch die Elektricität, die in den Elektrisirmaschinen auf den Glasscheiben hervorgerufen wird, auf die metallischen sogenannten Konduktoren anscheinend übergeführt.

Auch hier hat man von der Hypothese der Fluida Gebrauch gemacht, und zwar deshalb mit besserem Erfolge als beim Magnetismus, weil die Elektricität, die hier in Betracht kommt, an die Körper als Ganzes, nicht an die Molekel gebunden zu sein scheint. Ja, während der Magnetismus alle Theilchen der Körper betrifft, hat man es bei der Elektricität mehr mit den an der Oberfläche gelegenen Theilchen zu thun; bei manchen Körpern, dazu gehören alle Metalle, kann die Elektricität ruhig überhaupt nur auf der Oberfläche verharren, bei anderen dringt sie zwar in das Innere mit ein, immerhin jedoch im Allgemeinen nur wenig. Elektricität sollte also ein Fluidum sein: Zuerst nahm man zwei solche Fluida entsprechend den beiden Elektricitätsarten an. Später wurde von Franklin behauptet, ein Fluidum reiche aus. Jeder nicht elektrische Körper enthalte eine gewisse normale Menge dieses Fluidums, jeder positiv elektrische besitze mehr als diese normale Menge, jeder negative weniger. Das klingt ganz plausibel. Das Elektrisiren sollte hiernach in einer wirklichen Mittheilung oder Entziehung von Fluidum bestehen, so daß letzteres von der elektrisirenden Substanz auf die elektrisirte unmittelbar überfließt, wodurch jene negativ elektrisch, diese positiv würde, oder so daß die elektrisirende der elektrisirten Fluidum entzieht, sie also positiv, diese dagegen negativ elektrisch erschiene. Wenn man zwei Fluida annimmt, kann man gleichfalls von einem Ueberfließen des einen oder anderen Fluidums aus einem Körper in einen anderen sprechen. Oder man kann auch so verfahren, wie bei der Annahme zweier magnetischer Fluida, nämlich indem man voraussetzt, jeder unelektrische Körper enthalte beide Fluida durchmischt, in jedem elektrischen seien die Fluida getrennt. Aber da dieses zur Folge haben würde, daß jeder elektrische Körper stets beide Elektricitätsarten und in gleicher Menge aufweisen müsse (wie jeder Magnet thatsächlich beide Magnetismen hat), was wie bemerkt (wenigstens nach Außen) nicht immer der Fall ist, so kann die weitere Annahme, daß Elektricität von einem Körper auf einen andern überzugehen vermag, doch nicht entbehrt werden. Wir werden bald Erscheinungen kennen lernen, die dieses zum Theil bestätigen, zum Theil modificiren.

4. Gebundenheit des Magnetismus, Ausbreitung der Elektricität, Gewitter, Spannung und Energie der Elektricität und des Magnetismus.

423. Der Magnetismus ist, wie bemerkt, an die kleinsten Theilchen der Körper gebunden, insofern zeigt er eine gewisse Analogie mit der Wärme, deren Sitz wir ja gleichfalls in den kleinsten Theilchen der Körper suchen müssen. Allein es besteht zwischen den beiden Erscheinungen der grundsätzliche Unterschied, daß während die Wärme sich beliebig von Ort zu Ort verbreiten kann, sei es durch Strahlung oder durch Leitung, dieses beim Magnetismus nicht der Fall ist. Der Magnetismus bewegt sich nicht von Stelle zu Stelle, kein Theilchen vermag, so viel wir wissen, seinen Magnetismus an ein anderes Theilchen ohne Weiteres abzugeben. Der

Magnetismus ist wirklich an die Theilchen gebunden und nicht beliebig übertragbar. Liest der Leser in älteren Werken von magnetischen Strömen, so ist darunter etwas ganz anderes verstanden, es sind damit die elektrischen Ströme, die wir bald kennen lernen werden, bezeichnet. Findet er den gleichen Namen in neueren Werken (insbesondere auf dem Gebiete der Elektrotechnik), so soll auch hier damit etwas anderes, was wir gleichfalls noch kennen zu lernen haben, angedeutet werden. Jedenfalls giebt es keinen sich bewegenden Magnetismus in demselben Sinne, wie es sich bewegende Wärme giebt.

424. Ganz anders verhält sich die Elektricität. Diese kann sich nicht allein innerhalb ihres Trägers, sondern auch von Körper zu Körper fort=bewegen. Sie bewegt sich jedoch nicht in allen Körpern gleich schnell, sondern in einigen Körpern äußerst rasch, so daß wir gar keine Möglichkeit haben, ihr in ihrer Ausbreitungsgeschwindigkeit zu folgen, in anderen da=gegen nur sehr langsam, so langsam unter Umständen, daß sie in Jahren nicht vom Fleck kommt. Jene Körper nennen wir Leiter der Elek=tricität (Konduktoren), diese Nichtleiter (Isolatoren). Leiter sind alle Metalle, auch der menschliche Körper leitet gut, Nichtleiter sind im Allgemeinen alle anderen Substanzen. Diese sind zugleich auch Dielektrika. Kein Körper ist ein vollkommener Leiter und keiner ein vollkommener Nicht=leiter, alle vielmehr setzen der Bewegung der Elektricität mehr oder weniger Widerstand entgegen und alle haben ein gewisses Leitungsvermögen. Doch sind Widerstand und Leitungsvermögen bei den verschiedenen Körpern eben außerordentlich verschieden, so daß die Elektricität bei den einen Millionen von Jahren brauchen würde, um sich um dieselbe Strecke fortzubewegen, zu deren Zurücklegung bei anderen ein unfaßbar kurzer Augenblick oft genügt. Die Nichtleiter geben die Möglichkeit, einen elektrischen Körper als solchen zu erhalten, z. B. indem man ihn an Seiden= oder Baumwollfäden aufhängt oder auf Glas= oder Harzstücke stellt: die umgebende Luft ist ein Nichtleiter, ebenso sind die Fäden und Glas= oder Harzstücke Nichtleiter. Dieses nennt man den elektrischen Körper isoliren. Verbindet man ihn dagegen durch einen Draht mit der Erde oder berührt ihn mit dem Finger, so verschwindet seine Elektricität sofort, indem sie durch den Draht bezw. den Körper zur Erde stürzt und auf dem Körper nur in so geringer Menge zurückbleibt, daß sie für uns nicht mehr in Erscheinung tritt. Dieses nennt man elektrische Körper entladen.

425. Da, wie wir gesehen haben, gleichartige Elektricitäten sich stets abstoßen, findet auch zwischen den verschiedenen Theilen einer einheitlichen

elektrischen Ladung Abstoßung statt; sie treiben sich also gegenseitig möglichst auseinander und kommen erst zur Ruhe, wenn sie an isolirende Körper stoßen. Dieses ist der Grund, weshalb alle Elektricität ein so außerordent= liches Ausbreitungsbestreben besitzt und in Leitern sich ganz und gar an die Oberfläche begiebt und auch von da noch fortstrebt und thatsächlich forteilt, sobald ihr nur die Möglichkeit dazu gegeben ist. Man bezeichnet dieses Ausbreitungsbestreben der Elektricität als ihre Spannung. Es ist um so größer, je mehr Elektricität in einem Raum eingezwängt sich findet und kann so groß werden, daß die Elektricität sogar den Widerstand der umgebenden Luft und anderer isolirender Mittel überwindet und in diese übergeht oder diese gewaltsam durchbricht und sich zum Theil nach anderen Körpern hinbegiebt, um mehr Raum zu gewinnen. Es treten dabei sehr seltsame Lichterscheinungen auf, die als elektrische Funken und Licht= büschel unseren Lesern bekannt sein werden. Manchmal werden auch die isolirenden Körper, wenn sie fest sind, durchschlagen oder zertrümmert, wie z. B. Kartenblätter oder Glasstücke, und wenn sie flüssige oder gasförmige Massen bilden, zur Seite geschleudert.

426. Die Natur bietet uns oft genug Gelegenheit, dieses Ausbreitungs= bestreben der Elektricität zu beobachten und ihre Wirkungen fürchten zu müssen, und zwar in den Gewittern. Die Gewitter sind wesentlich elektrische Erscheinungen. Zu Zeiten nämlich laden sich die Wolken auf eine noch nicht hinreichend aufgeklärte Weise mit Elektricität und oft wird diese Ladung einer Wolke so groß, daß die Elektricität nicht mehr auf ihr bleiben kann nnd sich gewaltsam durch die Luft hindurch Bahn macht. Sie stürzt dann entweder in eine andere Wolke oder fährt zur Erde, indem sie die Luft, die sie durcheilt, und alles was darin ist, glühend macht, das ist der Blitz. Zugleich jagt sie plötzlich die Luft zur Seite und verursacht dadurch und indem die Luft nachher wieder jäh in ihren früheren Raum zurückstürzt, wodurch mächtige Schallwellen entstehen, den Donner. Bei Gewittern, die sich weit entfernt abspielen, sieht man Blitze oder deren Wiederschein, ohne den Donner hören zu können; man spricht dann vom Wetterleuchten. Die Form und der Weg der Blitze sind ganz und gar von den Verhält= nissen der Entladung und der die Wolken umgebenden Luft abhängig. Meist sind die Blitze flächenförmig oder gebogene und vielfach verzweigte gewellte Linien, und ihr Weg führt auf möglichst gerader Linie zu ihrem Ziel und geht durch solche Strecken, in welchen die Elektricität den möglich geringsten Widerstand findet. Schlägt aber der Blitz irgendwo ein, so kann er die außerordentlichsten Verheerungen anrichten, indem die Elektricität in ihrem Ausbreitungsbestreben alles zerschlägt und zerreißt, was diesem

Bestreben nur irgend Widerstand leistet. Zugleich bringt sie noch andere, nicht minder gefährliche Wirkungen hervor, die wir noch kennen lernen werden, und durch welche sie zünden, schmelzen und tödten kann.

427. Nicht immer übrigens geschieht die Ausbreitung der Elektricität in und durch ein isolirendes Mittel auf diese gewaltsame Weise. Unter Umständen geht sie ganz still vor sich und wird nur an Lichterscheinungen erkannt. Man sagt dann, die Elektricität ströme aus den betreffenden Körpern aus. Auch in diesem Falle ist es nöthig, daß die Elektricität auf diesen Körpern unter den gegebenen Verhältnissen keinen genügenden Raum findet. Das ist offenbar der Fall bei Spitzen. Aus Spitzen strömt die Elektricität schon, wenn sie nur in verhältnißmäßig geringer Menge daselbst vorhanden ist, aus, weil selbst geringe Mengen darauf nicht ausreichend Platz finden. Darauf beruht die Erscheinung der Sankt Elmsfeuer. Manchmal nämlich werden auch Körper auf der Erde stark elektrisch, so auch Schiffe. Indem die Elektricität sich ausbreitet, soweit sie nur irgend kann, gelangt sie auch bis in die Mastspitzen und strömt aus diesen, wenn sie ihr nicht genügend Raum geben, in die Luft aus, wobei sie die Er= scheinung von Lichtbüscheln hervorbringt. Derartige Büschel treten selbst= verständlich nicht allein an Schiffen, sondern überall auf, wo Elektricität aus einem Körper still ausströmt, man hat sie auch auf Bergspitzen beobachtet. Die Bedeutung der Spitzenwirkung für die Blitzableiter werden wir bald kennen lernen. Stille Entladungen können auch bei anders geformten Körpern vor sich gehen, wenn die Luft dem Ausbreitungsbestreben keinen hinreichen= den Widerstand bietet, wie das der Fall ist, wenn sie viel Feuchtigkeit und Staub enthält, oder, wie in den Geißler'schen Röhren, hinreichend ver= dünnt ist.

428. Das Ausbreitungsbestreben der Elektricität ist also durch eine gewisse Spannung bedingt, in der sie sich wegen der Abstoßung, die ihre einzelnen Theile auf einander ausüben, mit sich selbst befindet, es wächst mit dieser Spannung und naturgemäß auch mit der Menge der Elektricität. Da von diesem Bestreben die Leistung der Elektricität abhängt, so wird also die Energie der Elektricität gemessen durch das Produkt der Elektricitätsmenge und ihrer Spannung. Elektricität ist also (worauf schon hingewiesen ist) nicht selbst Energie, wie die Wärme es ist, erst in Verbindung mit Spannung giebt sie Energie. Es können deshalb große Mengen Elektricität völlig unthätig verharren, wenn sie keine aus= reichende Spannung besitzen, und andererseits vermögen ganz geringe Elek= tricitätsmengen bedeutende Energie zu entwickeln, wenn ihre Spannung bedeutend ist. Die Mengen sind selbstverständlich gegeben, die Spannungen

hängen aber von der Vertheilung der Elektricität auf den betreffenden Körpern ab, also auch namentlich von der Form (nicht jedoch von der Substanz) der Körper. Die gleiche Menge Elektricität hat auf einer Spitze eine ganz andere Spannung (nämlich eine viel höhere) als auf einer Kugel. Außerdem hängt die Spannung noch ab von der Gegenwart anderer Körper und von der Substanz, innerhalb derer die geladenen Körper sich befinden.

Es ist schon hervorgehoben, daß aller Wahrscheinlichkeit nach die Erde ein von Natur mit Elektricität geladener Körper ist. Diese Elektricität muß also gleichfalls Spannung besitzen. Man hat sich in der Wissenschaft und Praxis daran gewöhnt, alle Spannungen von dieser Erdspannung aus zu messen, also anzugeben, um wie vieles eine Spannung größer oder kleiner ist als diese Erdspannung. Letztere ist also gewissermaßen der Nullpunkt, aber nur für Spannungsmessungen, an sich ist sie sehr bedeutend. Die Spannung der Elektricität heißt auch ihr elektrisches Potential.

Auf jedem Körper strebt die Elektricität sich so auszubreiten, daß ihre Spannung überall gleich groß ist; hat sie dieses erreicht, so besteht ein Streben nur noch nach außen hin. Auf dem Körper ist die Elektricität überall im Gleichgewicht. Dieses erreicht sie in Metallen ohne weiteres; wird ein Metall mit Elektricität geladen, so fluktuirt diese ein wenig hin und her und ordnet sich so auf dem Körper an, daß überall auf ihm gleiche Spannung herrscht. Die Zeit, die dazu erforderlich ist, kann selbst bei schlechter leitenden Metallen kaum wahrgenommen werden. Auf Nichtleitern kann diese Ausgleichung nicht geschehen, dort tritt Gleichgewicht ein, sobald die Spannungen mit den Widerständen sich ausgleichen. Ferner folgt, daß innerhalb metallischer Körper, ob diese voll oder hohl sind, überhaupt keine elektrische Spannung da ist, falls dort nicht durch irgend welche Mittel Elektricität festgehalten wird. Umgiebt man sich rings mit einem Metallgehäuse, so merkt man absolut nichts von einer etwaigen Ladung des Gehäuses, diese mag noch so groß sein, es ist also auch völlig unmöglich, einen Körper durch ein Metall hindurch zu laden. Dieses hat Faraday durch einen entsprechenden Versuch — er schloß sich in ein Gehäuse aus Holzlatten ein, welches mit Stanniol überzogen war — auf das sicherste erwiesen. Auch hat man erkannt, daß dieses etwas befremdende Verhalten der Elektricität nicht stattfinden könnte, wenn ihre Kraftwirkungen im Verein mit den übrigen Eigenschaften nicht den Art. 415 mitgetheilten Coulomb'schen Gesetzen gehorchen würden, und dieses giebt sogar den besten Beweis für die Richtigkeit dieses Gesetzes, welcher durch unmittelbare Versuche über Kraftwirkungen nur sehr schwer und unsicher hätte erbracht werden können.

Die Lehre von dem Gleichgewicht der Elektricität heißt Elektrostatik, und man hat sich sogar daran gewöhnt, Elektricität, welche sich im Gleich= gewicht befindet, als statische Elektricität zu bezeichnen. Zur Er= kennung der Elektricitäten dienen die Elektroskope, zur Messung ihrer Mengen und Spannungen die Elektrometer.

429. Auch beim Magnetismus spricht man von einer Spannung und berechnet sie genau ebenso wie bei der Elektricität. Also wird auch die Energie des Magnetismus ähnlich gemessen wie die der Elektricität, durch die Spannung multiplicirt mit der Menge des Magnetismus. Die Gleich= gewichtsbedingungen sind aber hier ganz andere als in der Elektrostatik, weil das Verhalten des Magnetismus von dem der Elektricität so grund= verschieden ist, daher hier auch die vorbezeichneten verwunderlichen Er= scheinungen der Elektricität nicht vorhanden sind.

Die Instrumente zur Bestimmung des Magnetismus der Körper, z. B. der Erde, heißen allgemein Magnetometer.

5. Influenz der Elektricität und des Magnetismus, Blitzableiter, Dielektrika.

430. Unterstützt wird das Ausbreitungsbestreben der Elektricität noch durch folgende sehr merkwürdige Eigenschaft derselben. Elektricität ruft nämlich in allen umgebenden Körpern, auch wenn sie nicht mit ihnen in Berührung kommt, wiederum Elektricität hervor. Diese Fernwirkung der Elektricität nennt man ihre Influenz. Dabei gilt das Gesetz, daß durch Influenz stets beide Arten Elektricität, und auch stets in ganz gleicher Menge hervorgerufen werden. An der der Elektricität zugewandten Seite des Körpers entsteht die ihr ungleichartige, an der abgewandten die ihr gleichartige Elek= tricität. Hat man z. B. einen Glasstab durch Reiben elektrisch gemacht und bringt in seine Nähe irgend einen Körper, etwa eine Metallkugel, so bekommt diese an der dem Glasstab zugewandten Seite die andere Art Elektricität, also Harzelektricität, an der vom Glasstab abgewandten die gleiche Art, also Glaselektricität. Entfernt man die Kugel oder den Glas= stab, so verschwinden die beiden Elektricitäten der Kugel vollständig. Es ist, als ob die beiden Elektricitäten in der Kugel bereits von je dagewesen, aber in Folge ihrer Anziehung auf einander derartig durch einander gemischt gewesen sind, daß, weil sie sich entgegengesetzt verhalten, nach außen keine Kraftwirkung von ihnen in Erscheinung treten konnte, und als ob sodann durch die Anwesenheit des nur mit einer Art Elektricität versehenen Glasstabes

eine Entmischung, Scheidung, der beiden Elektricitäten der Kugel eingetreten ist, indem die Glaselektricität des Glasstabes die Harzelektricität
der Kugel heranzog, so daß diese an die dem Glasstab zugewandte Seite
der Kugel sich begeben mußte, die Glaselektricität der Kugel jedoch abstieß,
und sie so an die ihr abgewandte Seite der Kugel trieb. Oder auch nach
Franklin's Ansicht — als ob der Glasstab das Fluidum der Kugel nach
der entgegengesetzten Seite getrieben hat, wodurch diese positiv erscheint, die
dem Glasstab zugewandte Seite aber negativ.

431. Da die ungleichartige Elektricität dem Glasstabe näher ist als
die gleichartige, wird sie von der Elektricität des Glasstabes stärker angezogen als die gleichartige abgestoßen wird. Im Ganzen ist also eine
überwiegende Anziehung die Folge und hierdurch erklären sich zwei Erscheinungen: Können nämlich die Elektricitäten von den Körpern nicht fort,
so ziehen sie die Körper mit sich, wenn diese sich frei zu bewegen vermögen. Der Glasstab und die Kugel nähern sich also beide einander,
oder eines dem andern. Es gewinnt den Anschein, als ob sich die Körper
anzögen, während es thatsächlich nur ihre Elektricitäten thun. Dadurch
ist also erklärt, warum ein elektrischer Körper auch einen von vornherein
nicht elektrischen anzieht. Die Anziehung kann in eine Abstoßung übergehen,
sobald der influenzirte Körper bis zur Berührung mit dem influenzirenden
herangezogen ist. Alsdann gleicht sich nämlich ein Theil seiner herangezogenen Elektricität mit einem Theil der heranziehenden aus, und es kann
nun die Abstoßung der influenzirenden Elektricität auf den ihr gleichartigen
Theil der influenzirten überwiegen, wodurch der Körper anscheinend wieder
zurückgestoßen wird. Zweitens ist klar, daß durch die zuerst überwiegende
Anziehung der influenzirenden Elektricität auf den ihr ungleichartigen Theil
der influenzirten das an sich schon vorhandene Ausbreitungsbestreben der
Elektricität noch vermehrt wird, denn diese Anziehung bewirkt noch ferner
ein Streben der Elektricität, sich von ihren Trägern zu entfernen. Entladungen von Körpern geschehen also leichter, wenn in ihrer Nähe andere
Körper vorhanden sind. Dabei geht die Elektricität in der That von dem
einen Körper zu dem anderen über und gleicht sich mit der dort vorhandenen
ungleichartigen Elektricität aus, so daß sie für die Außenwelt verschwindet.
Noch weiter unterstützt wird dieser Uebergang, wenn die gleichartige influenzirte Elektricität vorher entfernt wird, was durch Verbindung des
betreffenden Körpers vermittelst eines Drahtes oder des Körpers des
Beobachters mit der Erde geschieht. Wir können also jetzt allgemein sagen,
daß die Elektricität großes Bestreben besitzt sich möglichst auszubreiten
und außerdem mit ihr ungleichartiger Elektricität sich zu vereinigen, also

kurz auf die eine oder andere Weise für die Außenwelt zu verschwinden. Wo sie es nicht in friedlicher stiller Weise thun kann, indem sie sich dabei höchstens einen Lichtbüschel anzündet, da geschieht es, wenn sie nur stark genug ist, unter Donner und Blitz und Zerstörung alles dessen, was ihrem Streben nach Selbstvernichtung in den Weg tritt.

432. Nun wird es leicht sein, die Wirkung des Blitzableiters zu erklären. Ein Blitzableiter ist eine Metallspitze, die möglichst hoch über dem zu schützenden Gegenstande angebracht ist und durch eine Metallstange oder durch Metalldrähte mit der Erde in Verbindung steht. Befindet sich eine elektrische Wolke über dem betreffenden Gegenstande, z. B. einem Hause, so influenzirt sie die umgebende Erde, das Haus und auch den Blitzableiter mit beiden Elektricitätsarten. Die gleichartige wird abgestoßen und geht aus dem Hause wie aus dem Ableiter zur Erde. Die ungleichartige wird angezogen und bewegt sich möglichst nach den oberen Theilen des Hauses und des Blitzableiters. Das Haus und die umgebende Erde bieten nun genügenden Raum für die Ansammlung großer Elektricitätsmengen; hat das Haus keinen Ableiter und steht auch sonst nichts in der Nähe, wohin der Blitz eher fahren würde, so tritt zuletzt ein gewaltsames Ueberschlagen der Elektricität der Wolke in das Haus, und die dann erfolgende Durchstürmung des Hauses und Vereinigung der Blitzelektricität mit den großen Elektricitätsmengen des Hauses kann die bösesten Verwüstungen hervorbringen. Ist jedoch ein Blitzableiter vorhanden, so tritt, weil die Spitze die Elektricität selbst in geringen Mengen nicht beherbergen kann, durch diese eine stete unschädliche Ausströmung von Elektricität ein, welche sich, wie wir, um nur die groben Verhältnisse anzugeben (die thatsächlichen Vorgänge sind viel verwickelter), sagen können, mit der Elektricität der Wolke vereinigt und diese dadurch für die Außenwelt zum Verschwinden bringt. Die Wirkung des Blitzableiters besteht also darin, daß eine sonst eintretende plötzliche, gefährliche Massenentladung in eine unschädliche, stetig vor sich gehende langsame Entladung in geringen Mengen umgewandelt wird.

Der Blitz entladet sich also eigentlich nicht durch den Blitzableiter, sondern die influenzirte Elektricität dieses Ableiters kommt ihm entgegen und gleicht sich mit ihm zwischen Himmel und Erde aus. Zugleich geht die abgestoßene gleichartige Elektricität in stetigem Strome zur Erde. Ist der Blitzableiter irgendwo unterbrochen oder die Verbindung mit der Erde eine zu schlechte, so kann diese abgestoßene Elektricität aus dem Ableiter in das Haus oder sonst einen Gegenstand schlagen. Gleiches kann mit der aus der Erde und allen unteren Theilen heraufgezogenen ungleichartigen Elektricität geschehen. Man sieht dann an den Unterbrechungsstellen Funken bald nach der einen, bald nach der anderen Seite überspringen. In gleicher Weise erklären sich auch die Funken, die man bei Gewittern durch Telegraphen= apparate und Telephone oft schlagen sieht; influenzirt werden hier außer der Erde und den Häusern auch die Apparate und Telephone, selbst die ver= bindenden Drähte, kurz alles, was sich unterhalb der Gewitterwolke befindet, und die Funken treten da auf, wo die influenzirten Gegenstände Unter= brechungen haben, welche die regelmäßige Bewegung der Elektricität hemmen und sie zwingen größere Räume zu überspringen.

Zusätzlich möchte ich den Leser davor warnen, in diesen und ähnlichen leuchtenden Entladungen die Elektricität selbst sehen zu wollen. Was leuchtet, ist die übertragende Substanz, Luft', abgesplitterte Theilchen u. s. f. Elek= tricität frei von aller Substanz kennen wir nicht, Elektricität und auch Magnetismus sind stets an Substanz gebunden, bedürfen eines substanziellen Trägers.

433. Nicht immer übrigens begünstigt die Influenz auch thatsächlich das Ausbreitungsbestreben der Elektricität, manchmal tritt sie ihm an= scheinend sogar hinderlich in den Weg. Dieses ist der Fall, wenn die Elektricität eines Körpers sich nach einer Richtung hin leicht entfernen könnte und man sie durch Influenz nach anderer Richtung hin bindet. In diesem Falle tritt das Vereinigungsbestreben dem Ausbreitungsbestreben in den Weg. Ein Beispiel bietet die Leidener oder Kleist'sche Flasche, das ist eine Glasflasche, die innen und außen bis zu einem gewissen Ab= stande von der Mündung mit Staniol beklebt ist. Berührt man die Innenfläche vermittelst eines Metalldrahtes mit einem elektrischen Körper, so breitet sich über sie Elektricität aus. Diese würde bald durch die Luft, welche immer Feuchtigkeit und Staubtheilchen hat, entführt werden. Indem sie aber die äußere Staniolfläche influenzirt, wird sie von der ihr ungleich= artigen Elektricität angezogen und hat nunmehr eher ein Bestreben, durch das Glas hindurch sich mit dieser zu vereinigen. Kann sie das nicht, so bleibt sie wenigstens in der Flasche, indem sie und die influenzirte ungleich= artige Elektricität sich gegenseitig festhalten. Namentlich sicher halten sie sich fest, wenn die Abstoßung der gleichfalls influenzirten gleichartigen Elektriciät dadurch aufgehoben ist, daß diese durch Berührung mit dem Finger oder Verbindung der äußeren Staniolfläche vermittelst eines Drahtes mit der Erde abgeleitet ist.

Zugleich sieht man leicht ein, daß in eine Flasche, welche auch außen Staniol hat und die zur Erde abgeleitet ist, mehr Elektricität muß hinein= gehen können, als in eine, die außen unbelegt ist, denn die influenzirte un= gleichartige Elektricität zieht aus dem elektrischen Körper, welcher die Innen=

fläche der Flasche ladet, immer mehr Elektricität hinein. Man nennt solche Apparate, welche zum Aufbewahren und Verdichten von Elektricität dienen, elektrische Kondensatoreu oder Akkumulatoren. Die Leidener oder Kleist'sche Flasche ist ein solcher Kondensator, ebenso jede Vorrichtung aus zwei isolirten Metallplatten, zwischen welchen Luft oder sonst irgend ein Isolator, Glas, Schwefel, Wasser, mit Paraffin getränktes Papier u. s. f. sich befindet, gleichfalls der Elektrophor, der aus einem in eine Metall= schale gegossenen Harzkuchen besteht, der von einem Metalldeckel über= deckt wird.

434. Auch der Magnetismus besitzt die Eigenschaft influenzirend zu wirken. Jeder Magnet bringt schon durch seine Nähe in anderen Körpern Magnetismus hervor, und zwar beide Arten und in ganz gleichen Mengen. Nähert man einen Schlüssel dem Nordpol eines Magnetstabes, so wird in ihm an der diesem Pol zugekehrten Seite ein Südpol hervorgerufen, an der abgekehrten Seite ein Nordpol. Das umgekehrte findet statt, wenn der Schlüssel dem Südpol genähert wird. In jedem Falle wird die Anziehung auf den zugewandten Magnetismus die Abstoßung auf den abgewandten überwiegen und im Ganzen auch hier eine Anziehung zur Erscheinung kommen. Dadurch erklärt sich, warum Magnete auch ursprünglich nicht magnetische Körper anziehen. Sie ziehen also thatsächlich nicht diese Körper an, sondern einen der von ihnen in den Körpern influenzirten Magnetismen. Da jeder Magnet beide Magnetismen hat, so werden auch beide in= fluenzirend wirken. Dadurch kompliciren sich hier die Verhältnisse etwas. Stets aber resultirt im Ganzen eine Anziehung, wodurch die influenzirten Körper unter allen Umständen zu den Magneten hingezogen werden. Aus= nahme hiervon bilden nur die sogenannten diamagnetischen Körper, wie Wismuth, bei denen die Erscheinungen gerade die umgekehrten sind, also stets Abstoßung erfolgt. Von diesen sehen wir jedoch ab, weil die dabei in Frage kommenden Kräfte ungemein wenig zu bedeuten haben. Hat sich der influenzirte Körper dem Magneten bis zur Berührung genährt, so bleibt er an ihm haften, es tritt keine Abstoßung ein, denn die Magnetismen gleichen sich nicht ohne Weiteres aus, wie die Elektricitäten es thun. Auch ist es nicht möglich, einen der influenzirten Magnetismen abzuleiten, wie das bei der Elektricität so leicht geschieht. Um einen Magneten als solchen zu erkennen, genügt es also, ihm ein Stück nicht magnetisches Eisen zu nähern.

435. Im Uebrigen äußert sich die elektrische wie die magnetische Influenz sehr verschieden auf die verschiedenen Körper. Die elektrische Influenz ergreift mit größter Stärke die Leiter (Metalle), schwach oder fast

gar nicht die Nichtleiter; bei jenen tritt sie momentan ein und verschwindet momentan, sobald die Körper oder die influenzirende Elektricität entfernt sind, bei letzteren nimmt sie viel Zeit in Anspruch und verschwindet auch nur sehr langsam. Dieses ist leicht vorauszusehen, wenn man beachtet, daß die Scheidung der Elektricitäten durch Influenz, und ihre Wieder=vereinigung eben eine Bewegung der Elektricitäten nöthig macht und daß Leiter diese Bewegung ohne Weiteres zulassen, Nichtleiter dagegen ihr einen Widerstand entgegensetzen. Die magnetische Influenz erstreckt sich fast nur auf Eisen, Nickel und Kobalt, sie geschieht momentan und verschwindet momentan nach Aufhören der influenzirenden Kräfte, wenn diese Metalle weich (d. h. nicht gehärtet) sind; sie geht nur allmählich vor sich, bleibt dann aber zum Theil erhalten auch nach Entfernung der Magnete, wenn diese Metalle gehärtet sind (z. B. wie Stahl). Die Influenz durch Magnete macht also, wie z. B. das Streichen mit ihnen, weiches Eisen zu temporären, Stahl zu permanenten Magneten. Da die Erde ein großer Magnet ist, bringt sie gleichfalls diese Influenzwirkungen hervor, in der That ist bekannt, daß Eisenstäbe meist magnetisch sind, auch wenn sie nie in die Nähe von Magneten gekommen sind. Die Erde macht sie dazu.

436. Die in Art. 433 hervorgehobene Eigenschaft der Elektricität, auf Leitern sich stets nach der Oberfläche zu begeben, dort sich in der Spannung auszugleichen und dann in Ruhe zu verharren, bleibt auch bestehen, wenn Influenz durch andere Körper vorhanden ist oder wenn die Elektricität des betreffenden Körpers andere Körper influenzirt. Die Spannung ist dann auch abhängig von der Lage und Form dieser Körper und von den auf ihnen influenzirten Elektricitäten. Ferner ist auch das noch richtig, daß innerhalb der Leiter die Spannung stets gleich Null ist, falls sich nicht dort selbst Elektricitäten befinden. Leiter schützen also gegen jede Influenzwirkung. Durch einen Metallschirm hindurch kann die Elek=tricität nicht influenziren. Ist der Schirm begrenzt, so geht die Influenz=wirkung um ihn herum und ist je nach seiner Größe mehr oder weniger geschwächt. Bildet der Schirm ein ganzes Gehäuse, so hemmt er für den Innenraum die Influenz vollständig, so vollständig, daß auch nicht die geringste Spur im Innenraum davon zu merken ist. Hieraus erklärt sich auch leicht der Name Dielektrika, den man den Nichtleitern gegeben hat, die Leiter sind für Influenzwirkungen undurchlässig, die Nichtleiter aber durchlässig, das besagt eben ihr Name. Die Durchlässigkeit der Dielektrika hängt von deren Substanz ab; durch feste und flüssige Dielektrika (Schellack, Glas, Schwefel, Oele u. s. f.) wirkt die Influenz stärker als durch gas=förmige. Das Maaß der Durchlässigkeit eines Nichtleiters heißt dessen

Dielektricitätskonstante. Krystalle haben nach verschiedenen Richtungen verschiedene elektrische Durchlässigkeit, also auch verschiedene Dielektricitäts=konstanten. Wie viel Influenzelektricität ein Körper aufnehmen kann, ist außer durch diese Konstante der ihn umgebenden dielektrischen Substanz noch durch seine Form und Lage bestimmt, alles zusammen regelt seine Kapacität.

Bei dem Magnetismus besteht eine Schirmwirkung zum Theil auch, wenn nämlich der Schirm aus einem magnetisch weichen Körper gebildet ist, wie weiches Eisen, sie ist aber nicht so vollständig wie bei der Elek=tricität, bei dieser darf der Schirm fast beliebig dünn sein, viel dünner als ein Blatt, beim Magnetismus nicht, dort muß der Schirm eine gewisse Dicke aufweisen, wenn die Schirmwirkung eine möglichst große sein soll.

6. Die elektrischen Wirkungen und die Dielektrika.

437. Die elektrischen Kraftwirkungen, ob in Anziehung und Abstoßung oder in Influenz bestehend, verbreiten sich auf den kürzesten Wegen wie diejenigen der Schwerkraft. Die Kraftlinien eines elektrischen Punktes strahlen also in geraden Linien aus. Sind die Elektricitäten nicht in einem Punkte vereinigt, sondern in mehreren Punkten oder auf Körpern, so werden die Kraftlinien komplicirter und können alle möglichen Formen annehmen. Elektrische Kraftlinien verlieren sich entweder in der Unendlichkeit oder sie enden irgendwo auf einem Körper; geschieht das letztere, so wird an der Endigungsstelle Elektricität influencirt. Denken wir uns von Punkten auf einem elektrischen Körper, die eine zusammenhängende geschlossene Linie bilden, solche Kraftlinien ausgehen, so bilden sie am Körper den Mantel einer Röhre, verfolgen wir die Kraftlinien im Raume weiter, so wird diese Röhre nach der Gestalt dieser Kraftlinien sich krümmen, winden, bald sich ver=engern, bald sich erweitern, wo sie aber auf einen Körper trifft, entsteht Influenz, und zwar stets in gleicher Intensität. Die Kraftlinien nehmen beim Ausgang vom elektrischen Körper gewissermaßen eine Influenzirungs=fähigkeit mit sich und erhalten sie auf ihrem ganzen Wege in völlig un=veränderlicher Stärke. Aus diesen Betrachtungen ergiebt sich sofort: keine elektrische Kraftlinie kann sich selbst durchschneiden, keine kann zu dem Körper, von dem sie ausgegangen ist, zurückkehren, wenn dieser nur eine Elektricitäts=art hat, keine vermag einen Leiter zu durchdringen, innerhalb eines Leiters giebt es keine elektrischen Kraftlinien. Ein Leiter in den Weg der Kraft=linien gestellt, schneidet sie ab oder zwingt sie, um ihn herumzugehen. Ein Dielektricum koncentrirt die Kraftlinien, wenn es durchlässiger ist als die Umgebung, es zerstreut sie mehr im entgegengesetzten Fall, läßt aber stets

Kraftlinien durch. Von allen Leitern gehen die Kraftlinien senkrecht nach außen, von Nichtleitern können sie auch schräg abgehen.

Die Niveauflächen schneiden die Kraftlinien senkrecht, also sind die Oberflächen von Leitern stets Niveauflächen, die übrigen Niveauflächen umgeben sie, können aber alle möglichen Formen haben; wie sie jedoch gestaltet sind, so vermögen sie niemals die Oberfläche eines Leiters zu durchschneiden. Innerhalb der Leiter giebt es keine bestimmten Niveauflächen, da dort keine Kräfte wirken. Die nebenstehende aus dem klassischen Werke Maxwell's über Elektricität und Magnetismus entnommene Abbildung giebt eine Vorstellung von dem Verlauf von Kraftlinien und Niveaulinien. Sie bezieht sich auf den Fall, daß innerhalb eines isotropen Mediums zwei Metallkugeln vorhanden sind, die entgegengesetzte Ladungen aufweisen, und von denen die eine A 4 mal so starke positive Elektricität hat wie die andere B negative. Die von den Kugeln ausgehenden Linien sind die Kraftlinien, die die Kugeln umschlingenden die Niveaulinien.

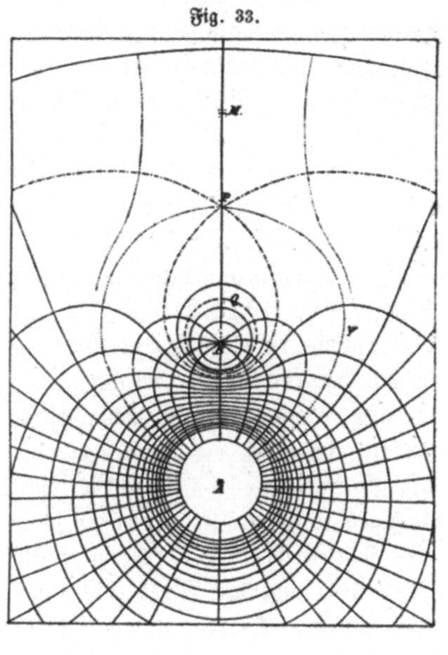

Fig. 33.

Ganz ähnlich sind die Verhältnisse für die magnetischen Kraftlinien und Niveauflächen, nur daß diese überall da sind. Auch ist es dem Leser wohl bekannt, wie man diese Kraftlinien (besser ihre Richtung) sichtbar machen kann. Indem man den Magnet in Eisenfeilicht thut, hängt sich Feilicht an Feilicht und es bilden sich zusammenhängende Fäden, die durchaus die Gestalt der Kraftlinien nachahmen.

438. Da elektrische Kraftlinien nur durch Dielektrika hindurch gehen, so werden sie auch nur in diesen, falls sie überhaupt besondere Wirkungen haben, solche Wirkungen ausüben. In der That gehen sie auch nicht durch Körper, ohne in ihnen besondere Veränderungen hervorzubringen. Man bezeichnet diese Veränderungen als Elektrostriktion. Sie äußern sich wesentlich darin, daß die betreffenden Körper eine Volumenvermehrung erfahren, die oft so bedeutend ist, daß sie deutlich gemessen werden kann. Ehe

jedoch diese Elektrostriktion thatsächlich nachgewiesen worden ist, hat bereits
Faraday angenommen, daß die elektrischen Kraftlinien in ihrer Richtung
spannend, quer dazu drückend wirken; daß wo Kraftlinien verlaufen sollten,
also im Dielektrikum, Spannungen und Drucke vorhanden sind, die nothwendig
Deformationen hervorbringen müssen, welche eben die Elektrostriktion geben.
Diese Spannungen und Drucke würden das Dielektrikum mechanisch zer=
stören, wenn es ihnen nicht Widerstand böte. Das Gleichgewicht tritt ein,
wenn dieser Widerstand, der passend als elastischer Widerstand bezeichnet
werden kann, den Wirkungen an den Kraftlinien gleichkommt. Allein jeden=
falls befindet sich das Dielektrikum dabei in einem erzwungenen Zustand
und, da es nach einer Richtung gezogen, nach einer anderen gedrückt wird,
muß es, auch wenn es sonst isotrop sein sollte, nach verschiedenen Richtungen
verschiedene Eigenschaften annehmen. Auch dieses ist mittlerweile als that=
sächlich nachgewiesen. Kerr hat gefunden, und andere Forscher haben es
bestätigt, daß Dielektrika — selbst Flüssigkeiten — doppelbrechend werden
wie Krystalle, sobald sich in ihnen geladene Körper befinden, und zwar
schwingt der eine Strahl parallel, der andere senkrecht zu den Kraftlinien.

439. Wodurch wird aber dieser eigenartige Zwangzustand hervor=
gebracht, da doch die Kraftlinien an sich etwas Wesenloses sind. Die
einfachste Annahme hierüber ist die, daß die kleinsten Theilchen der Dielektrika
sich gegen elektrische Kräfte genau so verhalten wie die der magnetisirbaren
gegen magnetische. Die elektrischen Kräfte würden also die Theilchen der
Dielektrika in gleicher Weise richten wie die magnetischen die Theilchen der
magnetisirbaren Körper, und dieses Richten ist naturgemäß bestimmt durch
die Richtung der elektrischen Kräfte, welche die der Kraftlinien ist. Dadurch
muß ein Gegensatz zwischen der Richtung in den Kraftlinien und der Richtung
senkrecht dazu entstehen. Dabei kann man sich vorstellen, daß in jedem
Dielektrikum von vornherein alle Theilchen elektrisch sind, und zwar daß
jedes Theilchen beide Arten Elektricität hat, wie jedes magnetische Theilchen
beide Arten Magnetismus. Der elektrische Körper richtet die unmittelbar an
ihn angrenzenden Theilchen so, daß sie ihm die ungleichnamige Elektricität
zuwenden, die gleichnamige also abwenden. Diese Theilchen richten die
folgenden, und so pflanzt sich dieses fort durch das ganze Medium. Ver=
schwindet die Elektricität, so gehen die Theilchen des Mediums in ihre
frühere Lage zurück. Es giebt noch andere Erklärungsweisen, auf die aber
nicht eingegangen werden kann. Nur das ist zu erwähnen, daß Maxwell,
der Faraday's Ideen theoretisch bearbeitet, mit neuen Gesichtspunkten ver=
sehen und zur höchsten Vervollkommnung gebracht hat, diese Vorgänge nicht
eigentlich in der Substanz der Dielektrika selbst sucht, sondern in dem sie

erfüllenden Aether, der je nach der Substanz, innerhalb deren er sich be=
findet, besondere Eigenschaften haben soll, eine Annahme, die uns aus der
Optik bereits geläufig ist. Die Thatsache, daß die Elektrostriktion Doppel=
brechung hervorbringt, spricht hierfür, da wir ja alle optischen Vorgänge
in den Aether haben verlegen müssen. Auch denkt sich Maxwell die
Aethertheilchen nicht wie kleine Magnete, sondern er glaubt, daß alle diese
Erscheinungen dadurch hervorgerufen werden, daß der Aether Verschiebungen
erfährt in den Kraftlinien und senkrecht dazu, die in ihm einen erzwungenen
Zustand bewirken, welcher schwindet, wenn die elektrische Kraft geschwunden
ist. Hier ist offenbar etwas vorhanden, was zu der Lichttheorie hinüber=
leitet. In der That hat Maxwell theoretisch gefolgert, daß unter diesen
Umständen die Dielektricitätskonstante gleich sein müsse dem mit sich selbst
multiplicirten optischen Brechungsexponenten der betreffenden Substanz für
Wellen von sehr großer Länge, und die Erfahrung hat diese Folgerung
bestätigt. Darauf komme ich noch zurück.

Uebrigens nennt man, gleichgültig von welcher Ansicht man ausgeht,
den Zustand in der Umgebung elektrischer Körper die dielektrische
Polarisation.

Faraday aber hat seine Theorie über die Wirkung der Elektricität
auf die Umgebung ausgebaut, um nicht annehmen zu müssen, daß die
elektrischen Influenzwirkungen unvermittelt durch die Ferne geschehen. Die
Theilchen der Dielektrika bieten die Vermittelung, falls man von der erst
aufgeführten Hypothese Gebrauch macht. Sie richten nacheinander die
gleichnamig geladene Seite von dem elektrischen Körper fort; befindet sich
ein Leiter in dem Dielektrikum, so wenden ihm also die Theilchen eben
diese Seite zu und bringen auf ihm die entgegengesetzte, also die der
influenzirenden Elektricität ungleichnamige hervor. Man kann sogar so weit
gehen anzunehmen, daß die Ladungen leitender Körper überhaupt nur schein=
bar auf ihnen sich befinden, in Wahrheit aber auf der abgewandten Seite
der sie unmittelbar umgebenden Theilchen des Dielektrikums. Nach der
Maxwell'schen Aethertheorie würde die Influenz sich durch die bezeichneten
Aetherverschiebungen fortpflanzen ähnlich wie Licht es thut.

440. In einem ganz ähnlichen Verhältniß wie die Dielektrika zur
Elektricität, stehen die magnetisch durchlässigen Körper zu dem Magnetismus.
Jeder magnetisch durchlässige Körper koncentrirt die magnetischen Kraftlinien
in seiner Substanz, je durchlässiger der Körper, desto stärker ist die Kon=
centration. Weiches Eisen als der durchlässigste koncentrirt sie am meisten,
es sammelt die Kraft in seiner Substanz. Dieses geht unter Umständen
so weit, daß für die übrige Umgebung fast nichts mehr übrig bleibt.

Schließt man beispielsweise einen Hufeisenmagneten dadurch in sich, daß man seine Enden mit einem sie überragenden Stück weichen Eisens (dem Anker) überdeckt, so laufen fast alle Kraftlinien, die von dem einen Pol zum anderen gehen, durch dieses Eisenstück. Das ganze System ist nach außen fast wirkungslos. Von dieser Methode, magnetische Kräfte zu koncentriren, macht man in der Technik den ausgiebigsten Gebrauch. Daß die dabei auftretende magnetische Polarisation der dielektrischen im Wesen gleich ist, bedarf keiner Darlegung, da ja letztere der ersteren nachgebildet ist. Ob jedoch diese magnetische Polarisation durch die Maxwell'schen Aether= verschiebungen ersetzt werden kann, muß bezweifelt werden.

Die Koncentrirung der Kraftlinien erklärt die sehr auffallende Er= scheinung, daß Körper gegen Magnete je nach der Umgebung, in der sie sich befinden, bald wie gewöhnliche Magnete sich verhalten, bald gerade entgegengesetzt. Es ist nach dem Vorstehenden klar, daß das Erstere statt= finden muß, wenn sie im Koncentriren der magnetischen Kraftlinien ihre Umgebung übertreffen, das Letztere, wenn umgekehrt die Umgebung die Kraftlinien stärker in sich vereinigt.

Die Körper verhalten sich magnetisch zu ihrer Umgebung analog wie in Bezug auf ihre Schwere. Wie jeder Körper in einem Gase oder in einer Flüssigkeit an Gewicht anscheinend verliert, so auch an magnetischer An= greifbarkeit; wie ein Körper der Schwerkraft gerade entgegen sich bewegen kann, so auch der magnetischen Wirkung; in beiden Fällen aus dem näm= lichen Grunde, weil die Schwerkraft bezw. der Magnetismus auf die Um= gebung stärker wirkt als auf den betreffenden Körper. Wir beobachten also auch niemals so wenig wie die Schwere, ebensowenig die magnetische Wirkung auf Körper im vollen Betrage, sondern stets abzüglich der betreffenden Wirkung auf die Umgebung. Wir haben also auch einen magnetischen Auftrieb, wie es einen hydrostatischen giebt. Der Gedanke liegt nahe, auf diese Weise das Verhalten der Diamagnete zu erklären, es würden dieses Körper sein, die magnetisch noch weniger durchlässig sind als Luft oder selbst der luftleere Raum. Doch genügt diese Auffassung der Dia= magnete nicht allen Erscheinungen, die dabei auftreten, wohl aber den wesentlichsten.

7. Elektrische Ströme und Magnete, Wirkungen.

a) Treibende Kraft, Widerstand.

441. Wir haben gesehen, wie sehr die Elektricität sich zu bewegen neigt. Elektricität, welche in einem Körper sich bewegt, wollen wir einen elektrischen Strom nennen. Im Wesentlichen nichts weiter ist das,

was sonst mit dem Namen elektrischer Strom bezeichnet wird. Die Körper, welche die sich bewegende Elektricität hergeben, sollen Elektricitäts= quellen oder Stromquellen heißen. Ohne jetzt auf die verschieden= artigen Elektricitätsquellen einzugehen, können wir aus dem bisherigen doch schon entnehmen, daß Elektricität nie von einem Ort nach einem anderen strömt, wenn sie nicht dadurch ihrem Ausbreitungs= und Ausgleichungs= bestreben Genüge thun kann. Verbinden wir also zwei Körper, welche mit Elektricitäten von gleicher Art und gleicher Spannung versehen sind, durch einen leitenden Körper, etwa einen Draht, so ändert sich dadurch nichts, die Elektricitäten bleiben in Ruhe. Sobald aber in einem von ihnen die Spannung größer ist als im anderen, gleicht sich seine Elektricität mit der des anderen Körpers so lange aus, bis in beiden die Spannung gleich groß geworden ist und im Draht fließt ein Strom, welcher erst aufhört, wenn die Ausgleichung der Spannungen beendigt ist. Dieses ist ganz analog der Ausgleichung der Temperaturen verschieden warmer Körper durch Bewegung der Wärme. Die Temperatur entspricht der Spannung. Gleiches geschieht, wenn die Elektricitäten der beiden Körper ungleichartig sind. Sorgt man dafür (die Mittel dazu werden wir später angeben), daß die Verschiedenheit der Spannungen oder die Art der Ladungen immer wieder hergestellt wird, so fließt der Strom ständig. Elektricitätsquellen sind also nur wirksam, wenn sie ihre Elektricitäten nach Orten geringerer Spannung oder zur Ausgleichung mit anderen ungleichartigen Elektricitäten abgeben können. Es kann der Fall eintreten, daß ein elektrischer Strom in eine Elektricitätsquelle zurückführt (das ist sogar der praktisch wichtigste Fall). Alsdann besteht diese jedenfalls aus zwei Theilen, welche entweder mit gleichartigen Elektricitäten verschiedener Spannung oder mit ungleich= artigen Elektricitäten geladen sind, und der Draht geht von dem einen Theile aus und endet in dem anderen.

442. Die treibende Kraft der elektrischen Ströme nennt man ihre elektromotorische Kraft. Sie ist dem Obigen zu Folge abhängig von dem Spannungsunterschied zwischen Anfang und Ende des Stromes bezw. von den Mengen ungleichartiger Elektricitäten, die sich zu vereinigen streben, was aber wesentlich wieder auf einen Spannungsunterschied herauskommt. Je stärker diese Kraft, desto stärker der Strom. Die Stromstärke (Stromintensität) ist gleich der treibenden Kraft dividirt durch den Widerstand, den der Leiter der Bewegung der Elektricität entgegensetzt. Das ist das sogenannte Ohm'sche Gesetz.

443. Ferner wollen wir bemerken, daß der Strom sofort zu fließen beginnt, wenn die Verbindung der Theile durch den Draht geschehen ist,

und zu fließen aufhört, sobald diese Verbindung an irgend einer Stelle unterbrochen ist, falls nicht die Ausgleichungsbestrebungen für Spannung oder Elektricität so stark sind, daß der Strom die Unterbrechungsstelle in Funken überspringt. Wir sagen darum, wir schließen einen Strom oder öffnen einen Strom, wenn wir meinen, daß wir einen Strom zu fließen anfangen bezw. aufhören machen. Sodann sei noch hervorgehoben, daß jeder elektrische Strom ein in sich völlig geschlossener und zurücklaufender Vorgang ist. In vielen Fällen lehrt dieses der unmittelbare Augenschein, in anderen freilich nicht, wie z. B., wenn der Strom nur durch einen Draht von einem Körper zu einem anderen oder zur Erde, aber nicht wieder zurückgeführt wird. Es treten dann einige Nebenerscheinungen innerhalb des umgebenden Mediums ein, auf die wir nicht weiter eingehen wollen, welche die Schließung des Vorganges ersetzen. Endlich haben wir noch zu sagen, daß keine Ausgleichung nur von einer Seite aus geschieht, sondern stets zugleich von beiden Seiten.

Der Vorgang in einem, z. B. zwei verschiedenartig geladene Körper verbindenden Draht ist also ein doppelter, es strömt in ihm vom ersten zum zweiten Körper Elektricität, aber auch umgekehrt vom zweiten zum ersten. Ein elektrischer Strom hat also eigentlich keine bestimmte Richtung, da nach beiden Seiten Elektricität strömt. Man bezeichnet aber nach Vereinbarung diejenige Richtung, in welcher in jedem Falle die positive Elektricität, die Glaselektricität strömt, als die Richtung des Stromes.

444. So lange Elektricität durch Körper strömt, befindet sich auf ihrer Oberfläche freie statische Elektricität, nicht aber in dem Innern der Körper, wenigstens nicht, wenn diese Körper ganz homogen sind. Sind die Körper nicht homogen, so treten statische Ladungen auch an den Grenzflächen zwischen zwei verschiedenen Körpern auf. Diese statischen Ladungen befinden sich in Spannung und zwar ist diese Spannung nicht konstant, sondern zwischen zwei Stellen ist die Differenz so groß wie die elektromotorische Kraft, welche den Strom von der einen Stelle zur anderen treibt. Verbindet man diese Stellen durch einen besonderen Draht, so wird dieser von einem Zweigstrom durchflossen und die elektromotorische Kraft dieses Zweigstromes ist eben gleich der Spannung, die zwischen der einen und der anderen Stelle besteht. Doch sind die Körper nicht etwa ihrer ganzen Erstreckung nach nur mit einer Elektricität geladen, sondern im Allgemeinen in der einen positiv, in der anderen negativ, und zwar gehen die positiven Ladungen gleichmäßig in die negativen über, so daß dazwischen Stellen vorhanden sind, die gar keine Ladung besitzen. Von den besonderen Spannungen, welche an den Trennungsflächen verschiedener Substanzen entstehen, wird

nachher die Rede sein. Oft nennt man die auf der Oberfläche vorhandene Elektricität die elektroskopische Elektricität.

Wenn Elektricität ohne sich zu stauen fließt, und das ist der allgemeine Fall, dann geht in einen bestimmten Raum eines Körpers genau so viel hinein, als in der gleichen Zeit herausgeht. Strömen Elektricitäten nach einer Stelle hin, so müssen andere von dieser Stelle fortströmen und zwar in gleicher Intensität. Diesen Satz nennt man das erste Kirchhoff'sche Gesetz für elektrische Ströme. Ferner müssen unter den gleichen Bedingungen alle vorhandenen elektromotorischen Kräfte auch in der Stromunterhaltung verbraucht werden, das heißt zu Folge des Ohm'schen Gesetzes, alle elektromotorischen Kräfte müssen zusammen so groß sein wie die Stromstärken, jede mit dem Widerstand multiplicirt, gegen den der betreffende Strom zu kämpfen hat. Das ist das zweite Kirchhoff'sche Gesetz für elektrische Ströme. Ströme, welche diesen Gesetzen entsprechen, sind stationär, sie verlaufen stets in gleicher Weise ohne jede Aenderung.

Man nennt Instrumente, welche zum Messen elektrischer Ströme dienen, Galvanometer, und solche, die nur Ströme überhaupt erkennen und die Richtung feststellen helfen: Galvanoskope. Sie gehören zu den feinsten Apparaten über welche die Physik verfügt.

b) Wärme-, Licht-, elektrolytische, konvektive, physiologische Wirkung.

445. Die Elektricität in Bewegung, der elektrische Strom, hat eine ganze Menge von Eigenschaften, die der ruhenden Elektricität fehlen. Einige von diesen Eigenschaften haben wir bereits kennen gelernt. Sie waren zum Theil roh mechanischer Natur, indem die Elektricität, wo ihrer Bewegung Widerstand entgegentrat, sich, nöthigenfalls unter Zerstörung des widerstehenden Körpers Bahn brach, zum Theil betrafen sie freundliche oder glanzvolle Lichterscheinungen, die in Lichtbüscheln und Funken auftraten.

Von den anderen Wirkungen sich bewegender Elektricität erwähnen wir zunächst die Erwärung der Körper, welche sie hervorbringt. So oft sie z. B. durch einen Draht aus einem Körper in einen anderen strömt, erwärmt sie diesen, sie erwärmt überhaupt jeden Körper, durch den sie sich bewegt. Die Erwärmung ist um so stärker, je mehr Widerstand die Elektricität auf ihrer Bahn hat überwinden müssen; sie wächst auch mit der Menge der sich bewegenden Elektricität, und zwar nimmt sie zu wie der Widerstand und wie die Stromstärke mit sich selbst multi- plicirt wächst, oder wie die Stromstärke multiplicirt mit der elektromotorischen Kraft (Joule'sches Gesetz). Sie kann soweit gehen, daß die Körper zu glühen anfangen, sie leuchten dann. Dieses ist der Fall bei unseren Glühlampen, woselbst die Elektricität durch einen Kohlenfaden strömt. Sie erhitzt diesen, bis er zu glühen beginnt und Licht ausstrahlt. Auch der elektrische Funke ist eine auf diese Weise hervorgebrachte Glüh= erscheinung. In unseren Bogenlampen stehen sich zwei Kohlenstäbe gegen= über und haben zwischen sich einen kleinen Zwischenraum. Indem die Elektricität, welche den Stäben aus einer Elektricitätsquelle zugeführt wird, gezwungen ist, diesen Zwischenraum zu überspringen, reißt sie kleine Kohlen= theilchen mit sich, die sie ganz weißglühend vor Hitze macht, diese geben hauptsächlich das Bogenlicht. Doch stehen nicht alle Lichterscheinungen, welche die Elektricität hervorbringt, mit Erwärmung in Verbindung, viele derselben, und zwar die merkwürdigsten, wie die im schon erwähnten Büschellicht und in den sogenannten Geißler'schen Röhren, finden fast ohne jede Erwärmung statt. Diese sind Phosphorescenzerscheinungen, von denen in der Lehre vom Licht gesprochen ist.

Die elektromotorische Kraft ist eine Spannung, die Stromstärke eine Elektricitätsmenge, ihr Produkt giebt eine dem Joule'schen Gesetz zufolge vom Strom hervorgebrachte Wärme, also eine Energie; das bestätigt, was in Art. 413 von der Energie der Elektricität gesagt ist, und zeigt zugleich, wie man diese Energie durch Wärme messen kann.

446. Eine andere Wirkung sich bewegender Elektricität ist die Zer= legung gewisser Körper in ihre chemischen Bestandtheile. Wir haben dieser chemischen Zerlegung durch sich bewegende Elektricität in Art. 50 unter dem Namen der Elektrolyse schon Erwähnung gethan. Läßt man z. B. durch einen Draht Elektricität fließen und taucht seine beiden Enden in Wasser, so daß die Elektricität gezwungen ist durch das Wasser zu gehen, so zerlegt sie dieses in seine beiden chemischen Bestandtheile, in Wasserstoff und Sauerstoff, der Wasserstoff erscheint an dem einen Endes des Drahtes, der Sauerstoff an dem anderen in Form von Gasbläschen. Aehnlich werden Lösungen von Salzen in zwei Theile zerlegt, nämlich meist in das Metall (welches dem Wasserstoff entspricht) und den Rest des Salzes. Das Metall scheidet sich an dem einen Ende des Drahtes aus, der Rest an dem anderen, woselbst er irgend welche Verbindungen eingehen kann. Darauf beruht die Gewinnung der Metalle durch Elektrolyse, z. B. des Kupfers aus Kupfervitriol, des Aluminiums aus Thonerde u. s. f., was man als Elektrometallurgie bezeichnet.

Die Metalle, welche an dem einen Ende des Drahtes abgeschieden werden, lagern sich an diesem ab. Ist an dieses Ende irgend ein Körper gebracht, der selbst leitet oder auf der Oberfläche durch Einreiben mit einer leitenden Substanz leitend gemacht ist, so lagert sich das Metall auch auf diesem ab und überzieht ihn vollständig mit einer fest haftenden Schicht. Das ist die galvanische Ueberziehung der Körper mit Metallen, die galvanische Vergoldung, Versilberung, Verkupferung, Vernickelung u. s. f. Der Ueberzug schmiegt sich der Form des betreffenden Körpers vollständig und auf das genaueste an. Läßt er sich abnehmen, so erhält man ein Ab= bild von dem Körper, in welchem die Erhöhungen als Vertiefungen, diese als Erhöhungen erscheinen, ein Negativ. Auf diese Weise kann man also Körper auch abformen und zwar so genau, wie es kaum durch sonst irgend ein Mittel möglich ist. Hierauf beruht die Galvanoplastik.

Nicht alle Körper lassen sich durch Elektricität chemisch zerlegen; zu= nächst scheiden die guten Leiter vollständig aus, sodann der größte Theil der festen Körper und Gase. Dagegen lassen sich manche Flüssigkeiten und Lösungen von festen Körpern in Flüssigkeiten elektrolytisch zerlegen, ebenso manche feste Körper (Glas, Salze) bei höheren Temperaturen, weil hier die Wärme bereits vorgearbeitet hat. Man nennt die zerlegbaren Körper Elektrolyte und die Theile, in welche sie durch die strömende Elektricität zerlegt werden, ihre Jonten. So ist Wasser ein Elektrolyt und Wasser= stoff und Sauerstoff sind seine Jonten; ebenso ist eine Lösung von Kupfer= vitriol ein Elektrolyt und Kupfer und SO sind dessen Jonten u. s. f.

Die Stelle, an der ein elektrischer Strom in ein Elektrolyt eintritt, heißt die Anode, die wo er aus dem Elektrolyt herauskommt, die Kathode. Anode ist also allgemein eine Stelle, wo ein Strom ankommt, in einen Raum eintritt, Kathode, wohin er weitergeht, aus einem Raum heraustritt; beide zusammen sind die Pole oder Elektroden des Stromes. Dem entsprechend heißen von den zwei Bestandtheilen eines Elektrolyts der sich an der Anode abscheidende das Anion, der an der Kathode auftretende das Kation. Metalle und Wasserstoff sind Kationten, andere Substanzen sind Anionten.

Da unserer früheren Festsetzung zufolge in der Anode der positive Strom, in der Kathode der negative Strom eintritt (der positive austritt) und die Jonten Verwandschaft zu den Elektroden zeigen, so nennt man in Erinnerung dessen, daß jede Elektricität sich zu der ihr ungleichnamigen hingezogen fühlt, die Anionten den elektronegativen, die Kationten den elektropositiven Bestandtheil des Elektrolyts.

447. Die Elektrolyte leiten an sich nicht, lassen aber doch den Strom zu Stande kommen, indem sie sich zersetzen. Man nennt sie deshalb auch Leiter und unterscheidet sie von den eigentlichen Leitern dadurch, daß man

diese als Leiter erster Klasse bezeichnet, während die Elektrolyte Leiter zweiter Klasse heißen. Wie die Leiter erster Klasse die Elektricität leiten, weiß man nicht recht, es muß dieses ein Vorgang sein, der die kleinsten Theilchen betrifft und diese dabei heftig erschüttert, da ja Wärme entsteht. Ueber die Leitung der Leiter zweiter Klasse hat man sich folgende Vorstellung gemacht, deren Grundlage von Clausius herrührt. Zunächst denkt man sich, daß in allen chemischen Verbindungen, die zu einem Molekel vereinigten Atome in zwei Gruppen zerfallen, von denen die eine eine wesentlich negative, die andere eine wesentlich positive Ladung hat, die ersteren sind die elektronegativen, die Anionten, die anderen die elektropositiven, die Kationten. Durch die Regellosigkeit, die unter den Molekeln herrscht, kommen diese Leitungen nicht nach außen zur Wirkung. Diese Annahme stimmt mit der analogen für die Dielektrika (die Elektrolyte sind übrigens auch Dielektrica) und für die Magnete. Ferner sollen in der in Art. 61 angegebenen Weise in den chemischen Verbindungen überhaupt nicht alle Molekel durchaus starre Aggregate der Atome bilden, sondern sie sollen auch Atome unter einander austauschen, nur im Durchschnitt sollen sie stets dieselbe Zusammensetzung zeigen. Dieses ist namentlich verständlich, wenn man auch die Molekel sich bewegen läßt; denn prallen sie auf einander, so muß durch die Erschütterung des Stoßes nothwendig eine Lockerung des Verbandes der Atome entstehen. Eine chemische Verbindung befindet sich also in steter Dissociation und in steter Bildung; je höher der Grad der Dissociation schon ist, desto geringerer Kräfte wird es bedürfen, sie zu einer dauernden zu machen, ein desto besserer Elektrolyt wird die Verbindung sein. Nun spalten sich bei der Dissociation auch die elektropositiven von den elektronegativen Bestandtheilen ab, jene werden Neigung haben, sich an die positive, diese sich an die negative Elektrode zu begeben, als an die ungleichnamigen. Zuerst geschieht das in der unmittelbaren Umgebung der Elektroden. Die benachbarten Anionten lagern sich an der Anode. Dort neutralisirt sich ihre Ladung gegen die zufließende ungleichnamige Elektricität. Nun sind in der Umgebung der Anode überschüssige Kationten vorhanden. Diese vereinigen sich mit Anionten der nächsten Schicht, es bleiben in dieser Schicht Kationten frei, diese vereinigen sich wieder mit Anionten der nächsten Schicht u. s. f. Zuletzt bleiben an der Kathode Kationten frei, die sich an die Kathode ablagern und daselbst ihre Ladung verlieren. Der nämliche Vorgang in entgegengesetzter Richtung findet von der Kathode aus statt. Wir haben also zwei gleiche, entgegengerichtete Vorgänge, es binden sich Anionten und Kationten von Schicht zu Schicht durch die ganze Flüssigkeit, bis an der Kathode Kationten übrig bleiben, und es binden sich Kationten mit Anionten von Schicht zu Schicht, bis an der Anode Anionten frei auftreten und sich an diese lagern. Man bezeichnet diesen Vorgang als Wanderung der Jonten. Eine eigentliche Wanderung ist es nicht, sondern nur ein stetiges Binden und Lösen, der Effect ist aber der nämliche, wie wenn die betreffenden Jonten unmittelbar von Anode zu Kathode bezw. von Kathode zu Anode wanderten.˙ Ueber diese Wanderung der Jonten sind sehr eingehende und sorgfältige Untersuchungen angestellt worden. Namentlich hat Kohlrausch eine Reihe von Gesetzmäßigkeiten aufgefunden, die Licht über die Natur dieser Vorgänge verbreiten und auch über die Konstitution der chemischen Verbindungen überhaupt. Neben der Wanderung der Jonten geschieht aber noch ein Zweites: Die Jonten bringen ihre Ladungen zu den Elektroden und dort gleichen sich diese Ladungen mit den betreffenden zuströmenden Elektricitäten aus. Hieraus erhellt deutlich, daß der Vorgang der Stromleitung in einem Elektrolyten ein ganz anderer ist als der Uebergang der Elektricität von Stelle zu Stelle. Dieses findet gar nicht statt, in diesem Sinne wird der Strom überhaupt nicht durch das Elektrolyt geleitet, nur indem fortwährend neue Jonten von den Elektroden abgeschieden werden, werden daselbst die ankommenden Elektricitäten stetig neutralisirt, was zur Unterhaltung des Stromes eben nothwendig ist. Die Jonten tragen die ungleichnamigen Elektricitäten heran. Offenbar ist hiernach die Leitungsfähigkeit eines Elektrolyts unmittelbar abhängig von der Geschwindigkeit, mit der die Jonten (in dem oben angegebenen Sinne) wandern. Kohlrausch hat gefunden, daß in verhältnißmäßig dünnen Lösungen von Elektrolyten die Leitungsfähigkeit gleich ist der Anzahl Molekel des Elektrolyts in der Raumeinheit multiplicirt mit der Summe der Geschwindigkeiten der Jonten, und hat berechnet, daß, damit ein Jon innerhalb des Elektrolyts in einer Sekunde auch nur ein Millimeter fortwandert, es einen Druck erleiden müsse, der dem Stoße von mehreren Tausend Kilogramm gleichkommt. Das sind also sehr bedeutende Kräfte, um die es sich bei der Elektrolyse handelt.

Nunmehr wird der Leser auch leicht die Bedeutung zweier Gesetze übersehen, die Faraday auf Grund eingehendster Untersuchungen aufgestellt hat.

Die durch einen Strom in verschiedenen Elektrolyten abgeschiedenen Mengen Jonten verhalten sich wie deren Aequivalentgewichte bezogen auf gleiche Valenzen.

Die von Strömen verschiedener Stärke abgeschiedene Menge Jonten eines Elektrolyts ist den Stromstärken proportional.

25*

Zufolge des ersten Satzes kann man also durch elektrolytische Untersuchungen auch die Aequivalentgewichte bestimmen, zufolge des zweiten vermag man aus elektrolytischen Bestimmungen Stromstärken zu messen. Letzteres findet in der Praxis viel Anwendung bei der Konstruktion gewisser Elektricitätszähler, die auch Voltameter heißen (Silbervoltameter, Kupfer=voltameter, Wasservoltameter u. s. f.)

Uebrigens nennt man die von einem Strom, dessen Stärke in irgend welchen Einheiten gemessen als Einheit bezeichnet wird, von einem Jon in der Zeiteinheit abgeschiedene Menge dessen elektrochemisches Aequi=valent für die betreffende Strommessung.

Viele Untersuchungen auf diesem Gebiete verdanken wir außer Kohl=rausch noch unserm Helmholtz und auch Ostwald.

448. Wie die strömende Elektricität Flüssigkeiten zersetzt, vermag sie auch Flüssigkeiten fortzuführen, eine Erscheinung, die man als elektrische Endosmose bezeichnet. Sie tritt stets auf, wenn die Flüssigkeit sich in engeren Röhren oder Poren befindet, geschieht also beispielsweise auch durch Diaphragmen aus durchlässigem Material. Sie wächst mit der Stärke des Stromes. Im Allgemeinen geschieht die Fortführung in Richtung des Stromes, es giebt aber auch Flüssigkeiten, die dieser Richtung entgegen fortgeführt werden, was offenbar davor warnt, der festgesetzten Stromrichtung eine entscheidende physikalische Bedeutung beizumessen. Mit den Flüssigkeiten werden auch darin schwebende Theilchen mit fortgeführt.

Auch das umgekehrte Phänomen ist bekannt, daß durch Strömen von Flüssigkeiten in engen Röhren oder durch Diaphragmen elektrische Ströme hervorgebracht werden, sie heißen Strömungsströme oder Diaphrag=menströme. Wahrscheinlich spielt dabei die Reibung gegen die Wandung der Röhre und der Poren eine Rolle, denn in freien Flüssigkeitsstrahlen giebt es solche Ströme nicht.

449. Auch chemische Verbindung kann die Elektricität bewerkstelligen, doch thut sie dieses anscheinend nur in Folge anderer Wirkungen, wie Wärmewirkungen oder Erschütterungen u. s. f. Denn wir bemerken, daß zur Bewerkstelligung von chemischen Verbindungen auf elektrischem Wege, z. B. von Sauerstoff und Wasserstoff zu Wasser, das Durchschlagen elektrischer Funken nöthig ist, und gewöhnlich durchfließende Elektricität, wenn sie ihre Bahn nicht glühend macht, nicht ausreicht.

450. Sehr merkwürdig ist auch die Wirkung des elektrischen Stromes auf Lebewesen. Nähert man den Finger einem elektrischen Körper, bis die Elektricität in ihn überspringt, so fühlt man an der betreffenden Stelle einen stechenden Schmerz. Ist der Körper stark genug geladen, so kommt

noch eine heftige Erschütterung hinzu. Faßt man die Enden eines Drahtes, dem aus einer Elektricitätsquelle Elektricität zugeführt wird, mit je einer Hand, so bekommt man ein eigenartiges Schwäche= und Krampfgefühl. Dieses und noch vieles andere sind die physiologischen Wirkungen des Stromes, die sich so steigern können, daß der Tod durch sie herbei= geführt wird, wie das leider so oft geschieht, wenn Menschen oder Thiere vom Blitz getroffen werden oder mit Drähten in Berührung kommen, welche von starken Strömen hoher Spannung durchflossen werden.

Physiologische Wirkungen sind es gewesen, welche zuerst den Anstoß zur Untersuchung der Eigenschaften elektrischer Ströme gegeben haben. Sie wurden gegen das Ende des vergangenen Jahrhunderts von dem italienischen Forscher Galvani an Froschschenkeln beobachtet. Daher der Name Galvanismus zur Bezeichnung der Wirkungen elektrischer Ströme überhaupt.

Auch ist es bekannt, daß elektrische Ströme im Körper der Lebewesen, besonders in den Muskeln und den Nerven, aber auch in den Drüsen, fortdauernd circuliren, die eine Schwankung, die sogenannte negative Schwankung, erfahren, sobald durch einen Willensakt irgend eine Thätig= keit ausgelöst wird. Diese physiologischen Ströme sind freilich sehr schwach, sie wirken auch mehr auslösend. Wie sie entstehen und wie der Wille die negative Schwankung bewirkt, ist gänzlich unbekannt. Die eingehendsten Untersuchungen hierüber, nach den Vorarbeiten Alexanders v. Humboldt, verdanken wir Du Bois Reymond.

Auf die Sinne wirken elektrische Ströme ebenfalls, und zwar ent= sprechend deren specifischen Eigenschaften.

c) Elektrodynamische, elektromagnetische Wirkungen, Konstitution der Magnete, Hall'sches Phänomen.

451. Die vorgenannten Eigenschaften, welche der strömenden Elektricität zukommen, betrafen offenbar unmittelbare Wirkungen derselben; sie sind keine Fernwirkungen, da sie an denjenigen Stellen auftreten, welche die Elektricität gerade durchströmt. Indessen giebt es auch sehr auffallende Fernwirkungen des elektrischen Stromes. Nehmen wir zwei parallel laufende Drähte und lassen sie beide von Elektricität nach derselben Richtung durch= fließen, so zeigt sich, daß sie sich gegenseitig anziehen, werden sie dagegen nach entgegengesetzten Richtungen von Elektricität durchflossen, so stoßen sie sich gegenseitig ab. Also zwei gleichgerichtete Ströme ziehen sich an, zwei entgegengerichtete stoßen sich ab. Dieses sind ganz andere Erscheinungen als die zuerst behandelten Anziehungen und Abstoßungen

ruhender Elektricität. Wir nennen diese elektrostatische Kräfte, jene elektrodynamische. Man beachte auch die fundamentalen Unterschiede zwischen beiden. Elektrostatische Anziehungen und Abstoßungen finden stets statt, ob die Elektricität ruht oder sich bewegt; elektrodynamische dagegen nur, wenn sie sich bewegt. Sie wächst mit der Stärke der Bewegung, nimmt mit dieser ab und ist ganz verschwunden, sobald die Bewegung aufgehört hat. Ferner tritt elektrostatische Anziehung bei ungleichartigen Elektricitäten, elektrodynamische dagegen bei gleichartigen Strömen und entsprechend elektrostatische Abstoßung bei gleichartigen Elektricitäten, dagegen elektrodynamische Abstoßung bei ungleichartigen Strömen auf.

Wenn zwei Ströme nicht parallele Bahnen haben, sondern sich kreuzende, so gilt die allgemeine Regel, daß sie sich anziehen, wenn sie beide nach dem Kreuzungspunkt hinfließen, oder beide von ihm fortfließen; sich abstoßen, wenn einer nach ihm hin, der andere von ihm fortfließt. Hieraus kann man leicht ableiten, daß zwei aneinanderliegende Theile eines und desselben Stromes sich abstoßen müssen, weil der eine Theil nach dem Trennungspunkt hinfließt, der andere von ihm fortfließt. Und daraus wieder folgt, daß jeder elektrische Strom das Streben nach möglichster Ausbreitung seiner Bahn hat. Kann er zwischen verschiedenen Bahnen wählen, so sucht er sich diejenige aus, deren Theile von einander am meisten abstehen, also die rundeste und weiteste. In Leitern begeben sich deshalb Ströme möglichst nach der Oberfläche, ganz so wie ruhende Elektricität es aus ähnlichem Grunde thut. Die elektrodynamische Anziehung und Abstoßung ist von dem französischen Forscher Ampère entdeckt und nach ihren etwas komplicirten Gesetzen untersucht worden. Das Gesetz, welches ihre Wirkung regelt, heißt nach ihm das Ampère'sche Gesetz.

452. Eine zweite noch auffallendere Fernwirkung des elektrischen Stromes besteht darin, daß er Magnetnadeln zu drehen sucht und wo die Verhältnisse es zulassen, sie auch wirklich um ihre Mitte dreht. Diese Drehung entsteht dadurch, daß der Strom jeden Pol einer Magnetnadel um seine Bahn herumzuwirbeln strebt, und zwar den Südpol immer in entgegengesetzter Richtung wie den Nordpol. Hat man einen Strom vor sich, der dem Beobachter in Richtung vom Kopf zu den Füßen geht, so wird der Nordpol einer Magnetnadel um ihn wie der Zeiger einer Uhr von links nach rechts herumgewirbelt, der Südpol entgegengesetzt von rechts nach links. Fließt der Strom entgegengesetzt, so tritt das Umgekehrte ein. Der Strom zieht also weder den einen noch den anderen Pol an, er stößt die Pole auch nicht ab, sondern er wirbelt sie um sich herum, ohne ihre

Entfernung von ihm irgend zu ändern. Dieses ist also eine ganz besondere Art von Kraftäußerung, die mit keiner der bisher behandelten auch nur die geringste Aehnlichkeit hat. Wir können die Pole an einem Magnet nicht von einander trennen, was wir beobachten, ist also die kombinirte Wirkung des Stromes auf beide.

Lassen wir einen Strom einen horizontalen Draht durchfließen und stellen über ihm eine Magnetnadel auf eine Spitze auf oder hängen über ihm eine Magnetnadel an einem Faden auf, so stellt sich diese Nadel möglichst quer zum Draht, also zum Strom. Lassen wir den Strom über der Nadel fortgehen, so dreht sich letztere herum und stellt sich wieder quer zum Strom, nur diesmal mit vertauschten Enden. Aehnliches geschieht, wenn der Strom nicht genau über oder unter der Magnetnadel fortfließt, sondern sich mehr zur Seite befindet. Entfernen wir ferner den Strom aus dem Draht, öffnen wir ihn, so stellt sich die Magnetnadel so ein, wie sie es zu Folge der Wirkung des Erdmagnetismus auf sie thun muß, also in Richtung der Mißweisung. Sowie wir dann den Strom wieder fließen lassen, ihn schließen, schlägt sie aus, um sich zu ihm möglichst quer zu stellen. Befindet sich die Nadel an einem Orte, die Stromquelle an einem anderen, und sind beide Orte durch einen Draht verbunden, welcher von der Stromquelle ausgeht, an der Nadel vorbeigeht und zur Stromquelle zurückführt, so schlägt die Nadel jedes Mal aus, sowie man am zweiten Orte den Strom schließt, und geht in ihre erste Lage zurück, sowie man ihn dort öffnet.

453. Man kann also auf diese Art von einem Orte nach einem anderen Zeichen geben, die man durch Verlängern oder Verkürzen der Dauer des Schlusses bezw. Oeffnens und durch Verstärken oder Schwächen des Stromes, wodurch die Ausschläge verstärkt bezw. geschwächt werden, beliebig zu variiren vermag. Setzt man für die so zu gewinnenden verschiedenen Zeichen verschiedene Bedeutung fest, so hat man ein Mittel zu telegraphiren. So sind in der That die ersten Telegraphen eingerichtet gewesen, sie waren Nadeltelegraphen, und so sind manche Telegraphen noch jetzt eingerichtet (namentlich die die Kontinente verbindenden Kabeltelegraphen). Instrumente, welche Magnetnadeln enthalten, die von Drahtwindungen umgeben sind, und welche dazu dienen, an den Bewegungen der Magnetnadeln Ströme, welche die Drahtwindungen durchfließen, zu erkennen und ihrer Stärke nach zu beurtheilen, sind die Galvanometer.

In gewissen Fällen können statt der Drehungen der Magnete auch Anziehungen und Abstoßungen erfolgen. Doch sind auch hier das Wesentliche die Drehungen der einzelnen Pole, diese Drehungen können aber bei

gewissen Einrichtungen der Magnete und der Strombahnen sich so zu=
sammensetzen, daß anscheinend reine Abstoßungen und Anziehungen erfolgen.

Da in der Natur alles auf Gegenseitigkeit beruht, so wirken auch
Magnete auf Ströme, indem sie diese drehen, sobald sie selbst festliegen,
diese aber beweglich sind. Namentlich also dreht die Erde als Magnet
elektrische Ströme. Dieses geschieht so lange, bis die Ströme quer zu
der Richtung der gewöhnlichen magnetischen Kräfte stehen, bei der Erde
also quer zu der Richtung einer frei aufgehängten Magnetnadel an dem
betreffenden Ort.

Das sind die magnetischen Kraftwirkungen des elektrischen
Stromes und die elektrodynamischen der Magnete. Erstere sind
von Oerstedt entdeckt, letztere von Ampère untersucht.

454. Ströme wirken auf einander, Ströme wirken auf Magnete,
Magnete wirken auf Ströme, Magnete wirken auf einander. Wir haben
also einen vollständig geschlossenen Ring von Wirkungen. Was liegt näher
als der Gedanke, daß es sich in allen diesen Fällen nur um eine und die=
selbe Wirkung handelt? In der That hat Ampère nachgewiesen, daß
man die Wirkung eines jeden Magnetes auf einen Strom oder
auf einen anderen Magnet sich ersetzt denken kann durch die
eines Stromes, welcher in einer Ebene durch die Mitte und
quer zur Axe des Magnets um diesen herum fließt. Umgekehrt
kann die Wirkung eines Stromes auf einen anderen Strom
oder auf einen Magnet ersetzt werden durch die eines Magnets,
dessen Mitte in der Mitte der Fläche der Strombahn sich be=
findet und dessen Axe quer dazu gerichtet ist. Also Magnete
können in allen elektrodynamischen und magnetischen Wirkungen durch
Ströme, Ströme ebenso durch Magnete ersetzt werden. Wie die Ströme,
welche Magnete ersetzen, anzuordnen, in den Stärken und Bahnen zu
regeln sind, muß in jedem Falle besonders entschieden werden, ebenso wie
das mit Magneten zu geschehen hat, welche an Stelle von Strömen treten
sollen. Die magnetischen Wirkungen der Erde z. B. lassen sich annähernd
durch die eines Stromes darstellen, der in Richtung des magnetischen
Aequators von Osten nach Westen die Erde umkreist; jedoch nur annähernd,
für die thatsächlichen Verhältnisse gehörten viel mehr Ströme in verwickel=
teren Bahnen, Gauß hat die Mittel angegeben, wie sie zu berechnen sein
würden.

455. Von allen Naturerscheinungen, mit denen wir es zu thun haben,
ist der Magnetismus wohl die räthselhafteste Erscheinung. Man hat darum
den Ausweg, ihn durch Wirkung elektrischer Ströme zu ersetzen, gern ein=

geschlagen. Wir sahen, daß jeder Magnet angesehen werden kann als ein Konglomerat von Molekularmagneten, jeden Molekularmagnet aber können wir dem Obigen zufolge durch einen Strom ersetzen. Also würden wir schließen: In jedem Körper wird jedes Molekel von einem elektrischen Strom umspült, der Körper erscheint unmagnetisch, so lange die Molekularströme ungeordnet durcheinander liegen, er zeigt magnetische Eigenschaften, sowie diese Ströme geordnet sind, also die Flächen ihrer Bahnen wesentlich nach einer Richtung gekehrt sind und die Ströme wesentlich nach einer und derselben Richtung herumfließen. Das ist die von Ampère aufgestellte Theorie des Magnetismus. Sie bietet aber dem Verständniß sehr mannigfache Schwierigkeiten. Die wichtigste ist folgende: Jeder Strom erwärmt seine Bahn und verzehrt sich dadurch, wenn er nicht stetig unterhalten wird. Die Molekularströme sollten also eigentlich auch ihre Bahnen erwärmen und rasch schwinden. Was unterhält sie also ständig? Ampère nahm an, daß die Erwärmung in diesem Falle nicht vorhanden sei, weil die Bahnen keinen Widerstand bieten sollten. Von solchen Bahnen können wir uns keine rechte Vorstellung machen. So wenig wir statische Elektricität als solche kennen, so wenig ist dieses auch bei der strömenden Elektricität der Fall. Einen elektrischen Strom als solchen ohne einen substanziellen Träger hat noch Niemand gesehen oder als wirkend erkannt. Man kann darum auch nicht annehmen, daß die Molekularströme nur um die Molekel herumfließen, sie müssen in ihrer Substanz strömen oder in der Substanz, in der die Molekel etwa gebettet sind. Substanz bietet aber dem Stromdurchgang immer Widerstand. Diese Schwierigkeit läßt sich also auf diesem Wege nicht heben, ohne daß man zu Hypothesen greift, die völlig in der Luft schweben. Besser und verständlicher ist folgende Annahme. Wir waren schon gezwungen vorauszusetzen, daß die Molekel der Körper elektrisch geladen sind, wir betrachten ferner alle Theilchen eines Körpers als in Bewegung befindlich, mit den Theilchen bewegen sich die Elektricitäten. Nun weiß man, daß Elektricität nicht bloß dann magnetische und elektrodynamische Wirkungen hervorbringt, wenn sie strömt, sondern überhaupt, wenn sie bewegt wird. Eine im Kreise herumgeschwungene elektrische Klingel wirkt wie ein elektrischer Strom, der diesen Kreis durchfließt, und zwar um so stärker, je größer die Geschwindigkeit ist. Folglich müssen die sich bewegenden Theilchen der Körper magnetische und elektrodynamische Wirkungen hervorbringen. Diese Wirkungen hängen von den Ladungen, den Geschwindigkeiten, der Ordnung, und endlich von den Formen der Bahnen ab, sie wachsen mit den Ladungen, den Geschwindigkeiten und der Ordnung, und ebenso mit der Rundung der Bahnen. Auch diese Wirkungen würden freilich sich

mit der Zeit selbst vernichten. Was sie unterhält, ist das, was die Mole=
kularbewegung selbst erhalten soll, die Wärme, die ja nicht sinken kann,
ohne daß sie sofort durch die Umgebung ersetzt wird. Man kann mit
dieser Hypothese fast alle Erscheinungen des Magnetismus erklären, doch
ist darauf hier nicht näher einzugehen.

456. Noch in anderer Weise wirken Magnete auf Ströme ein, sie
sind nämlich im Stande, die Ströme nicht allein mit ihren Trägern anzu=
ziehen und abzustoßen, sondern auch innerhalb ihrer Träger sie zu verschieben
und in der Form ihrer Bahn zu verändern. Diese sehr merkwürdige Er=
scheinung ist von dem Amerikaner Hall entdeckt und heißt nach ihm das
Hall'sche Phänomen. Es hängt von der Stärke des Stromes selbst
ab und von der Stärke des Magnets, mit beiden wächst es, außerdem ist
es noch bestimmt durch die Form, Dicke u. s. f. der Träger des Stromes,
sowie durch die Art seiner Substanz. Letztere ist auch entscheidend dafür,
ob die Verschiebung nach der einen oder anderen Seite geschieht. Dieses
scheint dafür zu sprechen, daß die Verschiebung der Strombahn eine
sekundäre Erscheinung ist, indem zunächst der Magnet in der Struktur der
Substanz, innerhalb deren der Strom fließt, irgend welche Veränderungen
bewirkt, wodurch dann der Strom gezwungen wird, seinen Weg zu ändern.
Begleiterscheinungen des Hall'schen Phänomens sind Wärmebewegungen,
die der Leser bereits zu deuten in der Lage sein wird.

d) Induktionswirkungen.

457. Nicht minder auffallend ist die inducirende Wirkung der
strömenden Elektricität. Jeder elektrische Strom bringt hervor, inducirt,
sobald man mit ihm nur irgend eine Veränderung vornimmt, in allen ihn
umgebenden Körpern wieder elektrische Ströme, Induktionsströme.
Gleiches geschieht, sobald man mit diesen Körpern irgend welche Verände=
rungen ausführt. Dieses ist etwas der Influenz der ruhenden Elektricität
analoges, unterscheidet sich jedoch von ihr grundsätzlich. Die Influenz
besteht stets, so lange die Elektricität da ist; die Induktion dagegen nur
so lange man mit den elektrischen Strömen oder den Körpern in ihrer
Nähe Veränderungen vornimmt; sie verschwindet sofort, sobald diese Ver=
änderungen aufgehört haben. Die Influenz ist also an bestehende Ver=
hältnisse geknüpft, die Induktion an vorübergehende.

Die Veränderungen, welche Induktion bewirken, können rein äußerliche
sein, indem nur der Träger eines Stromes, z. B. ein Draht, durch den
der Strom fließt, oder einer der umgebenden Körper hin und her bewegt
oder gebogen oder überhaupt irgendwie in seiner Lage und Form verändert

wird. Sie können aber auch den Strom selbst betreffen, indem man seine Stärke erhöht oder vermindert, ihn entstehen oder verschwinden läßt. In allen solchen Fällen treten in den umgebenden Körpern Induktionsströme auf, die mit den Veränderungen anwachsen und mit ihnen verschwinden, und die völlig die nämlichen Eigenschaften haben wie die gewöhnlichen Ströme, also ihre Bahn erwärmen, Elektrolyte zersetzen, physiologische Wirkungen ausüben, andere Ströme anziehen oder abstoßen, die Magnet=nadeln drehen u. s. f. Ihre Richtung im Verhältniß zu der Rich=tung der inducirenden Ströme ist stets so geartet, daß sie ver=mittelst ihrer elektrodynamischen Wirkungen die mit den indu=cirenden Strömen oder den inducirten Körpern vorgenommenen Aenderungen zu redressiren suchen, also diesen Aenderungen durchaus widerstreben (Regel von Lenz). Fließt z. B. ein Strom in Richtung des Zeigers einer Uhr, so erzeugt er in einem ihm parallelen Draht beim Oeffnen einen gleichgerichteten, beim Schließen einen entgegen=gerichteten Strom, ebenso wenn Strom und Draht durch Bewegen eines von beiden oder beider von einander entfernt werden oder einander genähert werden. Selbst seine eigene Bahn vermag ein Strom zu induciren, wenn irgend welche Veränderung vorgenommen wird (Selbstinduktion).

458. Auch Magnete haben die Fähigkeit, in umgebenden Körpern Induktionsströme hervorzubringen, und zwar thun auch sie dieses nur, wenn mit ihnen oder den sie umgebenden Körpern irgend eine Veränderung vor=genommen wird, sei es in der Lage, Form oder Magnetisirung. Auch diese Ströme sind so gerichtet, daß sie die Veränderungen zu redressiren streben, also namentlich auch Aenderungen der Magnetisirung wieder auf=zuheben suchen, indem sie die Magnetisirung stärken, wenn sie geschwächt ist, und schwächen, wenn man sie verstärkt hat.

459. Da Magnete Ströme induciren, steht zu erwarten, daß, um=gekehrt, Ströme auch Magnetismus hervorbringen. Dieses ist in der That der Fall. Also Ströme haben die Fähigkeit, Magnetismus hervorzubringen. Diese Fähigkeit besitzt jeder Strom als solcher, auch abgesehen von irgend welchen Veränderungen, die mit ihm etwa vorgenommen werden. Jeder elektrische Strom bringt in allen in seiner Nähe befindlichen Körpern Magnetismus hervor, falls sie sich überhaupt magnetisiren lassen; also namentlich in Eisen, Nickel und Kobalt. Führt man einen Strom einmal oder mehrmals um einen Eisenstab herum, so wird dieser Stab zum Magneten. Er bleibt magnetisch so lange der Strom fließt, und kann es auch noch ferner nach Aufhören des Stromes bleiben, falls er aus Stahl besteht; bei weichem Eisen verschwindet der Magnetismus mit dem Strome.

Magnete, welche durch elektrische Ströme dazu gemacht sind, nennt man Elektromagnete. Man kann ihnen durch Verstärkung der Ströme und geeignete Umwickelung mit diesen Strömen außerordentliche Stärke verleihen. Alle diese Induktionswirkungen sind von dem englischen Physiker Faraday gefunden worden.

Fassen wir alle diese Erscheinungen zusammen, so sehen wir, daß auch in dieser Hinsicht Ströme und Magnete sich völlig ersetzen. Man kann also überhaupt von den Wirkungen des einen so sprechen, wie von denen des anderen, und ohne Unterschied sagen: Ströme und Magnete bringen elektromagnetische Wirkung in gleicher Weise hervor. Die Lehre von diesen Wirkungen heißt Elektromagnetismus.

e) Elektrotechnik, Telegraphie, Elektrotherapie.

460. Die Wirkungen der elektrischen Ströme auf Magnete und die dieser auf jene, die elektromagnetischen Wirkungen der Ströme bezw. Magnete, sind alle in hohem Maaße abhängig von äußeren und inneren Verhältnissen, wie Stärken der Ströme und Magnetismen und deren etwaiger Verändernng, Form und Lage der Ströme und Körper u. s. f. Man macht von ihnen im heutigen Verkehrsleben und in der heutigen Industrie den ausgedehntesten Gebrauch. Die ganze Telegraphie und ein bedeutender Theil der Elektro=technik beruht auf ihnen. Die Bewegung der Magnetnadeln, Magnetisirung von weichen Eisenkörpern bei Beginn und Entmagnetisirung bei Aufhören von Strömen dienen in den Telegraphenapparaten und Signal=apparaten, z. B. elektrischen Klingeln, zum Hervorbringen von Signalen und Zeichen. Die Induktionswirkung von bewegten Magneten benutzt man in den Dynamomaschinen zur Hervorbringung von elektrischen Strömen behufs Speisung von Glühlampen oder Bogenlampen und Bewirkung elektrolytischer Zersetzungen. Die Anziehung ferner zwischen Strömen und Magneten vermag Maschinen in Gang zu setzen. Befindet sich an einem Wasserfall eine Dynamomaschine, deren Magnete durch die Kraft des herabfallenden Wassers in Drehung versetzt werden, so bringen diese In=duktionsströme hervor, die so lange andauern, als die Dynamomaschine im Gange ist. Diese Ströme können wir durch Drähte nach einem anderen Ort fortleiten, dort sie Magnete, welche an einer Welle befestigt sind, die Räder trägt, welche ihrerseits mit Maschinen verbunden sind, in Bewegung setzen lassen und dadurch die Maschinen in Betrieb bringen. Darauf beruht die elektrische Kraftübertragung, denn in der That ist die Kraft des Wasserfalls vermittelst des Stromes nach einem anderen Orte übertragen. Die wunderbarste Leistung dieser elektromagnetischen Kräfte ist wohl die

Ermöglichung des Sprechens in die Ferne durch die Fernsprecher oder Telephone, für welches sich die Grenzen mehr und mehr erweitern, so daß der Zeitpunkt heranzurücken scheint, wo man vom fernsten Osten nach dem fernsten Westen Deutschlands und noch darüber hinaus sich wird mündlich verständlich machen können. Sie hat die vorerwähnten Wirkungen der elektrischen Ströme und Magnete zur Grundlage, doch greifen hier akustische Vorgänge mit elektrischen eng in einander, über welche in Art. 274 Einiges bereits gesagt ist. Andere, besonders auf Induktionswirkung stetig unterbrochener und wieder geschlossener Ströme beruhende Einrichtungen sind die Induktionsapparate, welche eine vielseitige Anwendung, namentlich auch in der Elektrotherapie zur Anregung der Nerven= und Muskelthätigkeit finden.

f) Elektromagnetische Kraft=(Induktions=)Linien.

461. Wir haben bereits eine Klasse von elektrischen Kraftlinien, die wir passend als elektrostatische Kraftlinien bezeichnen können, kennen gelernt. Von ihnen scharf zu unterscheiden sind die elektromagnetischen Kraftlinien der elektrischen Ströme. Dagegen fallen die elektromagnetischen Kraftlinien der Magnete mit den magnetischen Kraftlinien der Magnete, die wir bereits gleichfalls kennen, zusammen. Wir dürfen aber nunmehr weiter gehen und sagen: die elektromagnetischen Kraftlinien der Ströme sind so zu konstruiren wie die magnetischen Kraftlinien der Magnete, die sie ersetzen können. Deshalb spricht man auch bei elektrischen Strömen schlechtweg von magnetischen Kraftlinien.

Wie diese Kraftlinien abzuleiten sind, ist leicht zu zeigen. Jeder Strom kann in der Weise durch einen Magnet ersetzt werden, daß man sich die von ihm umströmte Fläche auf der einen Seite nordmagnetisch, auf der anderen südmagnetisch denkt. Wir haben also an Stelle des Stromes eine magnetische Platte, deren Rand durch die Strombahn ge= geben ist und die quer zu ihrer Erstreckung, transversal, magnetisirt ist, so, als ob sie aus lauter unendlich kleinen Magneten zusammengesetzt wäre, die senkrecht zu ihrer Fläche stehen. Die Kraftlinien einer solchen Platte gehen senkrecht von den Punkten der einen Seite aus, umlaufen den Rand und enden auf der andern Seite im gegenüberliegenden Punkt, woselbst sie die Platte wieder senkrecht treffen. Im Wesentlichen sind es also geschlossene Kurven, welche den Rand umfassen. Das sind auch die magnetischen Kraft= linien eines elektrischen Stromes. Diese Kraftlinien sind also geschlossene Kurven, die um den Strom herumlaufen. In der That sahen wir früher auch, daß jeder Strom einen Magnetpol um sich herumwirbelt; die Bahn, in der er dieses thut, ist die magnetische Kraftlinie. Die Kraftflächen sind ringförmig geschlossene Flächen, die sich gegenseitig und alle zusammen den Strom umgeben. Die Niveauflächen sind senkrecht dazu, diese gehen alle vom Strom aus und verlaufen als offene Flächen bis in die Unendlichkeit. Hier erhellt recht deutlich, wie verschieden diese elektromagnetischen Gebilde der Ströme sind von den elektrostatischen. Die elektrostatischen Kraftlinien gehen von den Elektricitäten aus, die Niveauflächen umschließen die Elektricitäten. Umgekehrt umschließen die elektromagnetischen Kraftlinien die Ströme und die Niveauflächen gehen von den Strömen aus. Sind mehrere Ströme vorhanden, dann kompliciren sich die Verhältnisse. In der nachfolgenden Figur sind Kraftlinien und Niveaulinien für zwei gleichgerichtete und gleichstarke parallele Kreisströme in einem Durchschnitt durch den Mittelpunkt der Ströme gezeichnet. Die 4 kleinen Kreise bezeichnen die Querschnitte der Ströme. Was von Kreis zu Kreis läuft, sind die Niveaulinien, was die Kreise umschlingt, die Kraftlinien.

Fig. 34.

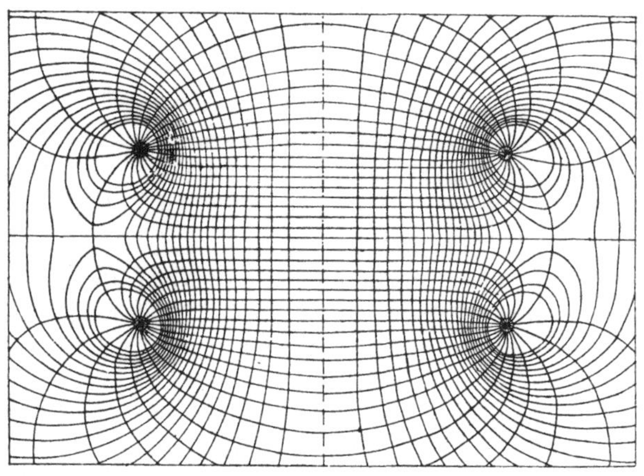

Die elektromagnetischen Kraftlinien sind entscheidend für alle entsprechenden Wirkungen der Ströme und Magnete. Alle Bewegungserscheinungen folgen den Kraftlinien, alle Induktionserscheinungen sind schräg zu den Kraftlinien gerichtet. Ein Leiter oder Magnet, der angezogen oder abgestoßen oder gedreht wird, folgt den Kraftlinien; wird er quer oder schräg zu den Kraftlinien bewegt, so tritt in ihm Induktion ein. Ueberhaupt erscheint letztere, so oft Kraftlinien durch einen Körper gehen, sei es, daß der Körper durch sie geführt wird, sei es, daß sie selbst durch

den Körper geführt werden. Da im Uebrigen alle Sätze für die gewöhn=
lichen magnetischen Kraftlinien in gleicher Weise für die elektromagnetischen
gelten, kann man auch letztere und damit die Induktionskraft koncentriren.
Hieraus wird der Leser schon erkennen, warum unsere Elektrotechnik, bei
der es wesentlich auch auf Induktionsphänomene und deren Koncentration
ankommt, von der Vorstellung der Kraftlinien einen so ausgiebigen Ge=
brauch macht.

g) Verbreitung elektromagnetischer Störungen.

462. Jede Veränderung eines elektrischen Stromes oder Magnets,
ob sie die Lage und Form oder die Stärke betrifft, bringt eine Veränderung
der Kraft= und Induktionslinien hervor, die sich durch den ganzen Raum
fortpflanzt. Man bezeichnet derartige Veränderungen als Störungen
der Ströme oder Magnete und nennt das unbegrenzte Gebiet für alle
elektromagnetischen Wirkungen das elektromagnetische Feld. Solche
Störungen pflanzen sich also durch das ganze unbegrenzte Feld fort und
äußern sich, wo sie auf Körper treffen, wiederum in solchen Störungen,
indem sie Ströme oder Magnetismus oder beides oder elektrische Ladungen
u. s. f hervorbringen, ganz so wie Licht sich durch den Raum fortpflanzt
und die Körper, auf die es auftrifft, zum Leuchten bringt. Durch die
wundervollen Untersuchungen des so früh verstorbenen Heinrich Herz ist
nachgewiesen, daß die Fortpflanzung elektromagnetischer Störungen völlig
nach denselben Gesetzen vor sich geht, wie diejenige des Lichts. Also: sie
ist senkrecht zu der Richtung der Störungen, erfolgt mit der nämlichen
Geschwindigkeit wie diejenige des Lichts, erleidet beim Auftreffen auf Körper
Reflexion, Brechung, Polarisation, Beugung u. s. f. Kurz alle Eigenschaften,
die wir beim Licht gefunden haben, treten in ganz analoger Weise bei den
elektromagnetischen Störungen auf, nur daß sie nicht als Licht, sondern in
anderer Form zur Beobachtung kommen. Die Fortpflanzung dieser
Störungen geschieht hiernach, wie diejenige des Lichts, in Strahlen, durch
Verbreitung gewisser Vorgänge, die wir auch hier als Wellenbewegungen
bezeichnen können. Die Wellenlängen sind sehr viel größer als diejenigen
des Lichts und auch viel variabeler. Die kürzesten, die wir einstweilen
hervorzubringen vermögen, betragen einige Centimeter, die längsten können
viele Kilometer erreichen. Dabei sind die magnetischen Störungen immer
senkrecht gerichtet zu den elektrischen.

Der Gedanke liegt nahe, daß, wenn wir vermöchten elektromagnetische
Störungen hervorzubringen, die periodisch zu und abnehmen, elektro=
magnetische Schwingungen, und die so rasch aufeinander folgen, daß ihre

Wellenlänge (das wäre der Abstand zweier nächsten Stellen, in denen die Störung sich in der gleichen Phase befindet) derjenigen des Lichtes gleich käme, sie beim Auftreffen auf Körper als Licht in Erscheinung treten würden. Dadurch wäre eine Verbindung zwischen so verschiedenen Erscheinungen gewonnen wie Licht und elektromagnetische Wirkungen, und wir hätten in der Reihe wachsender Wellenlängen: Röntgen=Strahlen, chemische Strahlen, Lichtstrahlen, Wärmestrahlen, elektromagnetische Strahlen. Wir sind noch nicht so weit, diesem Gedanken sichere Berechtigung zuzusprechen. Die mit den Namen der Forscher Faraday, Maxwell, Helmholtz und Herz verknüpften Untersuchungen haben aber bereits zu einer neuen Theorie des Lichts, der elektromagnetischen Lichttheorie, geführt, dem eigenartigsten Sproß der neueren Naturwissenschaft, der sogar mehr zu leisten verspricht wie die bestehende Undulationstheorie.

In beiden Theorien handelt es sich also um periodische Veränderungen, die sich durch den Raum fortpflanzen. In dem letzteren nehmen wir als Mittel für die Fortpflanzung den Aether an. Nichts steht dem entgegen, das gleiche auch für die Fortpflanzung der elektromagnetischen Störungen anzunehmen, auch für diese würde der Aether das Mittel abgeben. Was dabei im Aether vorgeht, wissen wir nicht; möglich, daß auch hierbei nur gewöhnliche Bewegungen in Frage kommen, möglich aber auch, daß Elektricitäten und Magnetismen entstehen und vergehen, darüber hat man sich noch keine klare Vorstellung bilden können. Das ist auch zunächst noch nicht von so großer Bedeutung, denn auch in der gewöhnlichen Undulationstheorie ist von schwingenden Bewegungen nur der Einfachheit wegen gesprochen. Die Theorie bleibt bestehen, wenn es sich dabei auch um andere Vorgänge als solche Bewegungen handelt und niemand kann sagen, ob wirklich Be= wegungen es sind, die die Verbreitung des Lichtes bewirken. Nach der elektromagnetischen Lichttheorie würden wir einen leuchtenden Körper als Herd von sehr raschen elektromagnetischen Schwingungen zu betrachten haben, die sich innerhalb der kleinsten Theilchen oder um sie herum ab= spielen (indem z. B. Kreisströme in den Molekeln oder um sie herum ent= stehen, vergehen, wieder entstehen, schwanken u. s. f.) und die sich also durch den Aether verbreiten. Solche Schwingungen sind auch vorhanden, wenn Ladungen entstehen und vergehen, wird dabei der Aether elektrisch polarisirt und entpolarisirt, so giebt auch das eine elektrische Schwingung; Kraftlinien, elektrostatische und magnetische entstehen und vergehen, ziehen sich zusammen und fahren auseinander u. s. f. Es ist von hoher Bedeutung, daß im All= gemeinen durchsichtige Körper auch Dielektrika, also durchlässig für elektrische Schwingungen sind. Daß nicht alle Dialektrika auch durchsichtig sind, thut nichts zur Sache, die nicht durchsichtigen sind Dielektrika für elektrische Schwingungen von Wellenlängen, die viele Hunderte mal größer sind als die Lichtwellen, sie brauchen deshalb noch nicht auch durchlässig zu sein für elektrische Schwingungen von so kleinen Wellenlängen wie die Lichtwellen. Sind doch Körper undurchsichtig, welche für Wellen noch geringerer Wellen= länge (Röntgen=Strahlen) durchsichtig sind. Entscheidend aber ist, daß rein elektrische Größen wie die Fortpflanzungsgeschwindigkeit elektromagnetischer Wellen und die Dielektricitätskonstanten der Dielektrika mit rein optischen, der Fortpflanzungsgeschwindigkeit des Lichts und den Brechungsexponenten in Beziehung stehen. Auch vermag man auf Grund der elektromagnetischen Lichttheorie die Dispersion des Lichts zu erklären, was in der gewöhnlichen Undulationstheorie nicht gelingt.

Wie die Dielektrika den durchsichtigen, so entsprechen die Leiter den undurchsichtigen Körpern. Sie können die elektrischen Schwingungen ab= sorbiren (in Wärme verwandeln) oder reflektiren. Ganz rasche Schwingungen vermögen nicht in Leiter einzudringen, diese sind für sie vollständig un= durchsichtig. Dieses ist der Grund, warum Wechselströme hoher Schwingungs= zahl ziemlich gefahrlos sind, selbst bei Spannungen und Stärken, die bei Gleichströmen tödtlich wirken würden.

h) Entladung der Elektricität, Geißler'sche Röhren, Kathodenstrahlen, Röntgen=Strahlen, Lenard=Strahlen, Tesla=Licht.

463. Zu den Bewegungserscheinungen der Elektricität gehören wie be= merkt auch die Entladungen derselben. Wir verstehen darunter im engeren Sinne das Uebergehen der Elektricität durch die Luft oder ein anderes Gas oder durch das Vakuum von einem Körper zu einem anderen. Ein Theil der hierhergehörigen Erscheinungen ist bereits beschrieben (Art. 432 u. a.). Wir haben noch das nachzuholen, was sich auf die elektrischen Ströme bezieht. Versieht man eine Glasröhre mit Elektroden, die in das Innere hineinragen, und schaltet die Röhre in einen Stromkreis ein, so schlagen bei genügend starkem Strome Funken von der einen Elektrode zur anderen über. Pumpt man nun allmählich aus der Röhre die Luft oder das darin enthaltene Gas aus, so werden die Funken schwächer und schwächer, zugleich bilden sich an beiden Elektroden eigenartige Lichterscheinungen aus. Die Kathode umsäumt sich mit einer zarten Lichtschicht, darauf folgt ein weniger heller Raum und hierauf wieder Licht, welches als Glimmlicht be= zeichnet wird. Die Anode sendet zuerst kontinuirliches Licht aus. Je weiter die Verdünnung des Gases in der Röhre vor sich geht, desto mehr

schwinden die Funken, desto mehr breitet sich das Anodenlicht zur Kathode hin aus, indem es sich zugleich schichtet, das Kathodenlicht breitet sich mehr seitwärts. Zuletzt schwinden die Funken ganz und das Rohr ist mit dem bezeichneten Licht erfüllt. Verdünnt man noch weiter, so beginnt das Anodenlicht allmählich sich zurückzuziehen, das Kathodenlicht wächst und zugleich sieht man von dem ersten Lichtsaum an der Kathode Strahlen geradlinig ausgehen, den dunkeln Raum und das Glimmlicht und das Anodenlicht durchsetzen und gerade weiterlaufen. Diese Strahlen sind der merkwürdigste Theil der Erscheinung, es sind die Kathodenstrahlen. Sie verbreiten sich, wie bemerkt, geradlinig wie Lichtstrahlen, unbekümmert darum, wo sich die Anode befindet. Diese ist für sie also von gar keiner Bedeutung. Von gewöhnlichen Lichtstrahlen sind sie aber sehr verschieden. Wo sie auf einen Körper treffen, erhitzen sie ihn und erregen in ihm Fluorescenz. Letzteres ist der Fall wenn sie auf die Glasfläche aufstoßen. Die Glasfläche beginnt stark im Fluorescenzlicht zu leuchten. Findet sich ein Metall auf ihrem Wege, so werden sie ganz oder zum Theil abgeschnitten, das Metall wirft also einen Schatten auf die fluoreszirende Glasfläche, welcher ihm ähnlich ist. Da die Fluorescenz mit wachsender Beleuchtung durch die Kathodenstrahlen abnimmt, so erscheint der Schatten hell auf dunklerem Grunde, sobald das Metall entfernt wird. Ferner wird auf der Glaswand auch die Form der Kathode abgebildet und zwar unter Umständen mit der größten Deutlichkeit, z. B. erscheint das Bild einer Münze, wenn eine solche die Kathode abgiebt. Doch sind alle diese Schatten und Abbildungen nicht immer den Gegenständen absolut ähnlich, wahrscheinlich weil die Strahlen beim Auftreffen auf Metalle Biegungen erfahren, und weil sie gebogen von der Kathode ausgehen. Was diese Strahlen noch merkwürdiger macht, ist, daß sie vom Magneten abgelenkt werden und zwar so, wie wenn sie elektrische Ströme wären, und doch sind sie es kaum, da wie Hertz nachgewiesen hat, der von der Kathode zur Anode gehende Strom einen ganz anderen Weg einschlägt als die Kathodenstrahlen, wenn die Anode nicht zufällig der Kathode gerade gegenüber liegt. Sodann stoßen sich Kathodenstrahlen gegenseitig ab. Alle diese Erscheinungen bringen uns in große Verlegenheit, wenn wir sagen sollen, was denn eigentlich die Kathodenstrahlen sind. Lichtstrahlen im gewöhnlichen Sinne des Worts sind es kaum, denn diese erleiden, wenn überhaupt, nur ganz geringfügige magnetische Einwirkungen, stoßen sich auch nicht gegenseitig ab, bilden auch nicht ohne Weiteres ihre Träger ab. Elektrische Ströme sind es auch nicht. Nach Hertz stellen sie möglicherweise nur einen Zwang- oder Bewegungszustand im Aether dar, der, wo materielle Theilchen vorhanden sind, sich in diesen durch Leuchten oder Fluoresziren bemerkbar macht. Früher nahm man wohl auch an, daß die Strahlen durch von der Kathode abgeschleuderte Theilchen der Kathodensubstanz selbst (in der That zerstieben auch die Elektroden unter der Stromeinwirkung) oder der anlagernden noch vorhandenen Gastheilchen gebildet sind. Diese Theilchen müssen sich dann aber, Hertz zufolge, so rasch bewegen, daß sie in der Sekunde fast viermal um den Erdäquator herumfliegen könnten. Solche Moleculargeschwindig= keiten sind nicht wohl annehmbar, sie betragen das Hunderttausendfache dessen, was für den gewöhnlichen Zustand der Gasmolekel früher angegeben worden ist. Crooks hat aber hierauf seine Theorie der strahlenden Materie begründet und diese auch zur Erklärung der Erscheinungen am Radiometer herangezogen. Es giebt kaum ein Gebiet in der Physik, auf dem so viel und mit solcher Mühe gearbeitet worden ist, wie das des elektrischen Leuchtens der Gase — ich brauche hier nur an die schönen Arbeiten von Eugen Goldstein zu erinnern —, auf dem so viele wunder= bare Erscheinungen entdeckt worden sind, und wo alle Bemühungen zu irgend einer Einsicht in das Wesen der Sache zu gelangen so völlig un= fruchtbar geblieben sind. Uebrigens entstehen Kathodenstrahlen auch wo das Glimmlicht durch enge Oeffnungen gehen muß.

464. Von den Stellen an denen die Kathodenstrahlen Fluorescenz erregen, gehen nun die berühmten Röntgen=Strahlen (auch X=Strahlen) aus. Diese sind aber durchaus nicht so mysteriös wie die Kathodenstrahlen. Sie sind, wie schon ausgeführt, wahrscheinlich Lichtstrahlen von sehr kurzer Wellenlänge, spiegeln und brechen lassen sie sich nur in sehr geringem Maaße, zum sehen sind sie ebenso wenig geeignet wie die den Lichtstrahlen noch näher stehenden ultravioletten Strahlen, aber sie erregen wie diese Fluoreszenz und wirken chemisch, man kann mit ihnen photographiren. Außerdem gehen sie durch Körper, welche für gewöhnliche Lichtstrahlen un= durchsichtig sind. Ich brauche auf die vielen, auf den ersten Blick ver= blüffenden Anwendungen dieser Röntgen=Strahlen nicht einzugehen. Die meisten meiner Leser werden damit hinlänglich vertraut sein. Dem Forscher sind sie einstweilen eine Fortsetzung der Lichtfarben noch weiter über den sichtbaren Theil des Spectrums hinaus. Eine andere mit den Röntgen= Strahlen verwandte Gattung von Strahlen scheinen die Lenard'schen Strahlen zu sein. Schließt man eine Geißler'sche Röhre der Kathode gegenüber durch ein eingeschmolzenes Plättchen aus Aluminium ab und läßt die Kathodenstrahlen auf dieses Plättchen fallen, so erscheinen Strahlen auch auf der Außenseite des Plättchens, die sich in die Luft verbreiten. Diese enthalten die Lenard'schen Strahlen, die die meisten Eigenschaften

mit den Röntgen=Strahlen theilen. Ich will noch erwähnen, daß, wie Goldstein gefunden hat, die Kathodenstrahlen auch Salze zu färben vermögen, wie das geschieht, weiß ich nicht anzugeben, die Farben halten auch nicht dauernd vor.

465. Man kann in einem Raum auch Lichterscheinungen bewirken, ohne einen Strom hineinzuleiten und abzuleiten. Dieses geschieht zunächst, wenn man außen um den Raum herum Ladungen anbringt. Diese influenziren das im Raum vorhandene Gas, welches zugleich zu leuchten beginnt. Ein anderer Weg dazu ist der, rasche und starke elektrische Schwingungen durch den Raum hindurch zu schicken. Darauf beruht das sogenannte Teslalicht.

Wahrscheinlich ist in allen diesen Fällen das Licht eine sekundäre Erscheinung, hervorgebracht durch den periodisch sich ändernden Zwangzustand im Aether, der den Raum erfüllt. Daß so vieles auch von der Dichte und der Natur des Gases, das den Raum erfüllt, abhängt, darf nicht Wunder nehmen, dasselbe ist ja auch in der Optik der Fall.

Möglicherweise sind auch die Polarlichter Erscheinungen analoger Art, die sie vermuthlich veranlassenden elektrischen Schwingungen dürften von der Sonne ausgehen. In der That treten diese Lichter besonders häufig auf, wenn das Aussehen der Sonne darauf hinweist, daß auf ihr besonders rege Thätigkeit herrscht (die Sonne zeigt dann viele Flecken, Fackeln und Protuberanzen).

i) Wärme und Licht im Zusammenhang mit elektromagnetischen Erscheinungen.

466. Ein elektrischer Strom bringt Wärme hervor, daß Wärme auch unmittelbar elektrische Ströme schaffen kann, werden wir bald sehen. Andere Wirkungen der Wärme auf elektrische Ströme sind mehr sekundärer Art, sie entstehen durch die Wirkung auf die Träger der Ströme. Namentlich wird die elektrische Leitungsfähigkeit der Körper stark von der Wärme beeinflußt. Erhitzt man einen Draht, durch den ein Strom fließt, mehr und mehr, so nimmt die Leitungsfähigkeit zu, also steigt die Intensität des Stromes. Man kann also auch umgekehrt durch die beobachtete Zunahme der Stromintensität die Zunahme der Wärme berechnen. Auf diesem Prinzip beruht einer der empfindlichsten Apparate zur Messung von kleinen Wärmemengen, das Bolometer, welches in den Händen von Langley und Lummer zu interessanten Untersuchungen gedient hat.

467. Eine ähnliche Wirkung hat das Licht, wenigstens auf einige Körper, namentlich auf Selen.

Unmittelbarer aber sind die Einwirkungen des Lichtes auf die Elektricität bei Entladungen und Ladungen. Hertz zuerst hat bemerkt, daß unter dem Einfluß namentlich von Strahlen, die dem violetten Ende des Spektrums angehören, wenn diese Strahlen die negative Elektrode beleuchten, die Entladung viel leichter vor sich geht. Später haben andere Forscher (Hallwachs, Elster und Geitel, Righi u. A.) beobachtet, daß überhaupt negative Elektricität von solchem Licht zerstreut wird, daß solches Licht sogar die Eigenschaft besitzt, positive Elektricität hervorzubringen. Das ist sehr auffallend. Doch wird auch unter Umständen positive Elektricität zerstreut, nämlich durch Licht von noch kleinerer Wellenlänge.

Die Erde ist elektrisch geladen und zwar negativ. Das Sonnenlicht muß also auch ihre Elektricität zerstreuen, es ist nicht ausgeschlossen, daß auf diese Weise die sogenannte Luftelektricität mit entsteht und daß dadurch deren Veränderungen im Laufe des Tages zu erklären sind. Doch habe ich vorsichtshalber „mit entsteht" gesagt, es giebt so un= glaublich viele Wege, auf denen Elektricität entstehen kann und in der Natur auch hervorgebracht wird, daß man auf einen Weg durchaus nicht schwören kann. Irre ich nicht, so sind über den Ursprung der Elektricität in den Gewittern an 30 und mehr Hypothesen bereits aufgestellt worden, alle können für diesen Ursprung qualitativ einen guten Grund an= geben. Ob sie quantitativ ausreichen, wissen wir nicht, und nichts ist wahr= scheinlicher, als daß in der That mehrere Ursachen die Elektricität in den Gewittern und in der Luft hervorbringen.

Weitere unmittelbare Einwirkungen des Lichtes auf Elektricität oder Magnetismus kennen wir noch nicht.

468. Dagegen giebt es umgekehrt unmittelbare Wirkungen der Elektricität und des Magnetismus auf Licht. Faraday zuerst hat entdeckt, daß Ströme und Magnete auch solchen Substanzen, die an sich kein optisches Drehungsvermögen haben (Art. 353), ein solches Vermögen ver= leihen. Es ist dazu nichts weiter erforderlich, als daß die Substanzen in das Wirkungsgebiet der Ströme und Magnete gebracht werden. Sie er= halten dann ein Drehungsvermögen mit einer Axe, die in Richtung der magnetischen Kraftlinien verläuft. Alle früher in der Optik für die Drehung der Polarisationsebene mitgetheilten Gesetze gelten auch hier, nur daß die Drehung eben an die Existenz der Ströme und Magnete gebunden ist. Man nennt dieses Drehungsvermögen das elektromagnetische Drehungsvermögen. Es wächst mit der Stärke des Magnets oder des Stromes und hängt im Uebrigen auch von der betreffenden Substanz ab; selbst Gase zeigen solches Drehungs=

vermögen. Außerdem iſt es für verſchiedene Farben verſchieden, dadurch entſteht auch hier eine Rotationsdispersion.

In neuerer Zeit hat dann noch Kerr gefunden, daß Strahlen bei der Reflexion von Magneten eine Drehung der Polariſationsebene erfahren und daß dabei auch die Bahnen der Aethertheilchen geändert werden (geradlinig polariſirtes Licht wird elliptiſch polariſirt u. ſ. f.). Endlich iſt im letzten Jahre entdeckt worden, daß unter dem Einfluß von Magneten auch die Spektrallinien Aenderungen erleiden, wobei ebenfalls Modifikationen der Bahnen der Aethertheilchen auftreten. Dieſelben Einwirkungen finden auch auf Wärmeſtrahlen ſtatt.

8. Stromquellen.

a) Natürliche Ströme, Erdſtröme, Polarlichter.

469. Natürliche Ströme giebt es faſt überall, denn wir kennen kaum einen Vorgang in der Natur, der nicht mit Auslöſung von Elektricitäten und Ausgleichung derſelben in Strömen verbunden wäre; jeder mechaniſche Vorgang faſt bringt Elektricität hervor, alle Lebenserſcheinungen ſind mit Elektricität verbunden, gleiches ſcheint von den chemiſchen Veränderungen zu gelten, kurz Elektricität in Ruhe und in Bewegung ſcheint faſt ebenſo allgegenwärtig zu ſein wie Wärme in Ruhe und in Bewegung, und den Wärmeſtrahlen und Lichtſtrahlen entſprechen die elektromagnetiſchen Strahlen. Weſentlich ſpielen ſich dieſe elektriſchen Vorgänge in der Erde und in der Luft ab. Innerhalb der Erde ſcheinen überhaupt faſt ſtändig elektriſche Ströme zu zirkuliren.

Verbindet man nämlich zwei Punkte der Erde durch einen Draht, ſo giebt es kaum einen Moment, in welchem nicht im Drahte ein elektriſcher Strom nachzuweiſen iſt. Nun kann allerdings dieſer Strom auch durch die Berührung der Drahtenden mit der Erde in der bald anzugebenden Weiſe entſtehen, alſo ſekundär bewirkt ſein, allein andere Erſcheinungen, die man an dieſem Strom beobachtet, laſſen unzweifelhaft erkennen, daß wenigſtens ein Theil des zur Beobachtung gelangenden Stromes einen natürlichen Vorgang darſtellt. Man findet nämlich, daß dieſer Strom im Laufe des Tages ganz regelmäßig dem Stande der Sonne folgend abwechſelnd ab und zunimmt, daß der Strom, wie man ſagt, einen täglichen Gang hat, und dieſer Gang wiederholt ſich von Tag zu Tag mit ſo auffallender Genauigkeit, daß es unzuläſſig erſcheint, den Strom als etwas rein ſekundäres anzuſehen. Er ſchließt ſich auch dem Stande der Sonne im Laufe des Jahres an, er iſt im Sommerhalbjahr viel ſtärker als im

Winterhalbjahr. Bemerkenswerth ist dabei, daß dieser tägliche und jährliche Gang mit dem entsprechenden Gange des Erdmagnetismus im Zusammenhang steht, daß ferner auch noch außerordentliche Fluktuationen im Strome sich zeigen, die mit außerordentlichen Variationen des Erdmagnetismus übereinkommen. Man wird also nicht umhin können, wirkliche Ströme innerhalb der Erde — sie heißen Erdströme — anzunehmen, deren Stärke und Richtung von dem Stande der Sonne am Himmelszelt abhängt und mit der Stärke und Richtung der erdmagnetischen Veränderungen zusammenhängt. Es hat sogar den Anschein, als ob überhaupt die von unseren Magnetometern angezeigten erdmagnetischen Veränderungen nicht allein den Erdmagnetismus betreffen, sondern wesentlich dadurch entstehen, daß die Veränderungen der Erdströme Veränderungen im Stande der Magnete in den Magnetometern bewirken (was sie zu Folge Art. 452 thun müssen). Doch müssen diese Aenderungen der Erdströme auch wirkliche Aenderungen des Erdmagnetismus hervorrufen, da ja Ströme Magnetismus induciren. Im Ganzen aber dürften die Erdströme das primäre sein, die erdmagnetischen Variationen, wie wir sie an unseren Magnetometern beobachten, das sekundäre. Genau hat das noch nicht nachgewiesen werden können. Wenn jedoch, worauf alles hindeutet, Vorgänge auf der Sonne die elektrischen und magnetischen Variationen auf der Erde bewirken, dann ist es wahrscheinlicher, daß diese Vorgänge elektrischer Natur sind als magnetischer, da einerseits die Sonne zu heiß ist, um selbst ein Magnet sein zu können, und andererseits, selbst wenn die Sonne ein Magnet wäre, die Größe ihres Magnetismus und die Aenderungen, die wir ihrem Magnetismus zuschreiben müßten, wenn die magnetischen Variationen auf der 20 Millionen Meilen von ihr entfernten Erde durch sie bewirkt sein sollten, so ungeheuer sein müßten, daß wir uns auf der Erde vergeblich nach einer Substanz umsehen würden, die solche Magnetismen aufweist; die Sonne aber besteht aus keinen anderen Substanzen als die Erde. Wahrscheinlich wird die Sonne von mächtigen elektrischen Strömen durchzogen, deren Lage zur Erde, wie diese sich dreht und um die Sonne läuft und wie die Sonne selbst sich um ihre Axe dreht, ständig variirt, wodurch in der Erde Ströme inducirt werden müssen (Art. 458). Außerdem werden auf der Sonne auch starke elektrische Schwingungen ständig vor sich gehen (plötzliches Aufblitzen von ungeheuren Wolkenmassen kann kaum anders als durch elektrische Entladungen erklärt werden, die meist hin und herlaufen, also eben in elektrischen Schwingungen bestehen) und diese können sich durch den Aether bis zur Erde fortpflanzen und hier Ströme hervorbringen. Doch darf ich nicht unterlassen hervorzuheben, daß die umwälzenden säkularen Variationen des Erdmagnetismus ihren Grund in Änderungen innerhalb der Erde haben dürften. Die Erd=ströme sind zuerst von Steinheil beobachtet worden, als er, um beim Telegraphiren die Rückleitung zu sparen, die Erde selbst, die ein guter Leiter ist, als solche benutzte. Auch sind sie den Telegraphisten recht gut bekannt und machen sich zu Zeiten (im Durchschnitt alle 11 Jahre, was auch mit Vorgängen auf der Sonne zusammenhängt) unangenehm bemerkbar. Man kennt Fälle, in denen sie alles Telegraphiren unmöglich gemacht und Leitungen und Apparate zerstört haben. In solchen Zeiten können sie also sehr bedeutende Stärken erreichen, im Allgemeinen sind sie aber schwach. Was wir jedoch von ihnen auf die angegebene Weise beobachten, sind nur Abzweigungen; ihre eigentliche Stärke und Richtung kennen wir nicht. Im Drahte müssen sie im Allgemeinen um so stärker erscheinen, je weiter die Punkte von einander entfernt sind, die der Draht verbindet. Hervorragende Verdienste um die Aufklärung dieser merkwürdigen Naturerscheinungen hat sich in Deutschland der leider nunmehr verstorbene frühere Staatssekretär des Reichspostamts, Stephan, erworben, der den Forschern Mittel, Apparate und Hilfskräfte in unermüdlicher Freigebigkeit zur Ausführung ihrer Untersuchungen auf diesem Gebiete gewährt hat. Der Direktor der Berliner Sternwarte, Förster, hat diese Untersuchungen angeregt und geleitet.

470. Auch in der Luft finden elektrische Ströme ständig statt; ihre Gesetze sind noch so gut wie gar nicht erforscht, sie dürften auch viel kom=plicirter sein als für die Ströme innerhalb der Erde, weil der Zustand der Luft viel mehr Veränderungen unterliegt als der der Erdmasse, die theils die Ströme in Stärke und Richtung beeinflussen, theils selbst sekundäre Ströme hervorrufen. Meist verhalten sich diese Ströme in der Luft wie Entladungsströme, es geht Elektricität von Luftschicht zu Luftschicht, von der Luft zur Erde und umgekehrt von der Erde zur Luft. Namentlich in den polaren Gegenden sind solche Entladungsströme un=gemein häufig, und sie nehmen oft genug das Aussehen der bereits erwähnten Polarlichter an.

Die eigentlichen Polarlichter scheinen nicht in solchen Entladungsströmen zu bestehen, sondern, wie schon bemerkt, den Erscheinungen zu entsprechen, welche in luftverdünnten Räumen auftreten, so oft letztere von elektrischen Schwingungen durchzogen werden. Auch finden Polarlicht=Entwickelungen besonders in denjenigen Zeiten statt, in welchen auch starke Erdströme und Variationen des Erdmagnetismus zu beobachten sind. Die Polarlichter werden durch den Erdmagnetismus gerichtet, indem die Polarlichtsäulen der

Richtung dieses Magnetismus folgen. Daher scheinen sie für jeden Ort perspektivisch in einem Punkte zusammenzulaufen, der am Himmel da sich befindet, wohin auf der nördlichen Halbkugel der Erde das Südende, auf der südlichen das Nordende der Magnetnadel weist, dort bilden sie die Krone, die also nur eine perspektivische Erscheinung ist. Wie die elektrischen Ströme in den Polarlichtern cirkuliren, ist nicht bekannt; es ist möglich, daß sie den ganzen Bogen entlang fließen, aber auch, daß sie die Licht= säulen, also auch die Kraftlinien des Erdmagnetismus spiralig umwinden, endlich auch, nach den mitgetheilten Angaben von Hertz hinsichtlich des Ver= hältnisses der Kathodenstrahlen zu den elektrischen Strömen in Geißler'schen Röhren, daß sie überhaupt in gar keinem Zusammenhang mit dem, was wir als Polarlicht sehen, stehen, sondern einen ganz andern Weg ein= schlagen. Die Polarlichter wären dann Kathodenstrahlen zu vergleichen, die ja auch vom Magnet beeinflußt werden; dann sind wahrscheinlich die Lichtsäulen nur scheinbar einfach gekrümmt, in Wahrheit aber spiralig um die Kraftlinien des Erdmagnetismus gewunden. In Zeiten hoher Sonnen= thätigkeit ist die Erde manchmal ganz und gar von Polarlichtern eingehüllt, im Allgemeinen sieht man jedoch Polarlichter in der tropischen Zone nicht, und am häufigsten in Gürteln, die die magnetischen Pole der Erde um= schlingen. Ich will noch bemerken, daß das Spektrum der Polarlichter eine eigenthümliche Linie im Grün aufweist, die man mit Sicherheit als einem Stoffe der Erde angehörig noch nicht konstatirt hat; doch besteht viel Wahrscheinlichkeit dafür, daß diese Linie sich auch im Spektrum der Luft vorfindet.

Praktische Anwendung haben die hier genannten natürlichen elektrischen Ströme noch nicht gefunden, nur einmal haben amerikanische Telegraphisten mit Erdströmen telegraphirt, das war 1859, als gegen Ende August und Anfang September die Erde von solchen Strömen geradezu durchstürmt wurde.

b) Thermoelektricität, Peltier=Effekt, elektrische Elemente und Batterien, Kontaktelektricität, Spannungsgesetz.

471. Was nun die Einrichtungen zur künstlichen Schaffung elektrischer Ströme anbetrifft, so sind diese, auch abgesehen von solchen, die Induktions= ströme hervorbringen, sehr mannigfacher Art. Die Einrichtungen durch metallische Verbindung elektrisirter Körper sind bereits erwähnt worden. Diese geben Ströme von starkem Ausbreitungs= und Vereinigungsbestreben der in ihnen sich bewegenden Elektricitäten, also von starken Spannungen, aber doch immerhin geringen Elektricitätsmengen. Sie sind auch, wenn die

Elektrisirung der Körper nicht immerfort erneuert wird, nur von kurzer Dauer.

Eine andere Erscheinung ist mehr geeignet, dauernde elektrische Ströme hervorzubringen. Löthet man nämlich zwei Streifen aus verschiedenen Metallen mit beiden Enden an einander, so daß man eine geschlossene metallische Bahn hat, und erwärmt eine der Löthstellen, so entsteht in dieser Bahn ein elektrischer Strom. Ein solcher Strom tritt überhaupt jedes Mal auf, so oft die eine Löthstelle eine andere Temperatur hat wie die andere, und er wächst im Allgemeinen mit der Temperaturdifferenz der beiden Löthstellen. Man nennt diese Ströme Thermoströme und die durch sie bewegte Elektricität Thermoelektricität. Das sind also Ströme, die durch Wärme in Bewegung gesetzt sind. Durch geeignete Verbindung mehrerer solcher aus verschiedenen Metallen zusammengesetzter Bahnen stellt man Thermoketten her, welche bei einseitiger Erhitzung durch irgend eine Flamme, z. B. Gasflamme, schon ziemlich bedeutende Ströme liefern.

Die Thermoströme sind von Seebeck entdeckt, sie sind am stärksten zwischen Wismuth und Antimon. Wärme transportirt hiernach Elektricität von einer Stelle nach einer andern. Auch das Umgekehrte findet statt, Elektricität führt Wärme von einer Stelle nach einer andern. Läßt man einen thermoelektrischen Kreis, z. B. aus Wismuth und Antimon, von einem Strom durchfließen, so erwärmt sich eine Löthstelle und die andere kühlt sich ab, und zwar in der Weise, daß der Thermostrom, der nun durch diese Erwärmung der einen und Abkühlung der andern Löthstelle entsteht, dem ursprünglichen Strom entgegenläuft. Diese Erscheinung nennt man den Peltier=Effekt. Sie ist durchaus verschieden von der, daß ein Strom überhaupt seine Bahn erwärmt, denn das letztere betrifft alle Theile der Bahn, der Peltier=Effect dagegen bedeutet für eine Stelle Erwärmung, für die andere Abkühlung. Auch ist er der Stromintensität selbst proportional, wogegen die allgemeine Erwärmung wächst, wie diese Stromintensität mit sich selbst multiplicirt wächst.

Beide, Thermostrom und Peltier=Effekt, sind von der Natur der an= gewandten Substanzen und von der Höhe der Erwärmung selbst abhängig. In letzterer Hinsicht muß hervorgehoben werden, daß bei starker Er= wärmung sogar die betreffende Erscheinung sich völlig umkehren kann. Dazwischen ist dann eine Erwärmung vorhanden, woselbst die Erscheinung überhaupt nicht auftritt, so als ob beide Löthstellen gleiche Temperatur hätten.

Thermoelemente werden auch viel zu Temperaturmessnngen verwendet.

472. Eine der wichtigsten Quellen für elektrische Ströme bilden noch jetzt die sogenannten **elektrischen Elemente**. In ihnen wird der elektrische Strom durch chemische Einwirkung in Bewegung gesetzt und erhalten. Es zeigt sich nämlich, daß, sobald zwei verschiedene Metalle sich berühren, sie gegen einander an der Berührungsfläche eine elektrische Spannung annehmen, die man einer durch die Berührung entstehenden Berührungs- oder Kontaktelektricität zuschreibt. Das Gleiche findet statt, wenn man die Metalle von einander fern hält, sie aber durch einen Draht mit einander leitend verbindet. Dabei ist die Spannung zwischen den beiden Metallen in diesem Falle genau so groß wie im vorigen, und es ist ganz gleichgiltig, ob der Draht sehr dick oder sehr dünn, aus einem Metalle oder aus vielen zusammengesetzt ist, wenn nur überall gleiche Temperatur herrscht. Das ist das nach seinem Entdecker Volta benannte **Volta'sche Spannungsgesetz**. Die Spannung zwischen den Metallen ist für sie charakteristisch, sie tritt immer in gleicher Größe auf, und es erscheint an der Berührungsstelle das eine Metall elektrisch positiv, das andere negativ. Ein Metall kann positiv oder negativ sein, je nach dem Metall, mit dem es zur Berührung gebracht oder durch Metalle verbunden ist. Zwei Metalle muß es hiernach geben, die unter allen Umständen immer gleich elektrisch werden, das eine immer positiv, das andere immer negativ, dazwischen werden die Metalle liegen, die bald positiv, bald negativ sind. Ordnet man die Metalle, so daß jedes Metall gegen das voraufgehende sich negativ, gegen das folgende positiv verhält, so erhält man die sogenannte **Spannungsreihe der Metalle**. Je weiter zwei Metalle in dieser Reihe auseinander liegen, desto stärker ist ihre elektrische Spannung. Die Reihe beginnt mit Aluminium als dem positivsten Metall und endet mit Palladium als dem negativsten. Doch gehören nicht bloß Metalle dazu, sondern auch manche Erze und auch Kohle, überhaupt die Leiter erster Klasse. Die Leiter zweiter Klasse folgen dem Spannungsgesetz nicht, und gerade dadurch ist die Möglichkeit gewährt, mit Hilfe der Kontaktelektricität elektrische Ströme hervorzubringen.

473. Es können sich nämlich die durch Kontakt hervorgerufenen Elektricitäten in Leitern erster Klasse aus Gründen, die anzugeben zu tief in die Theorie hineinführen würde, nicht ausgleichen. Vielmehr stellt sich blitzschnell ein gewisser Gleichgewichtszustand her, durch den alle Elektricität, zwar getrennt, aber in Ruhe gehalten wird. Sobald jedoch zwischen die beiden Metalle, diese berührend, eine elektrolytische Flüssigkeit gebracht wird, indem man die Metalle in ein Gefäß mit einer solchen Flüssigkeit, z. B. Wasser, getrennt eintaucht und sie nunmehr durch einen Draht verbindet,

beginnt durch Einflüsse, die an den Metallen entstehen und die Zersetzung der Flüssigkeit verursachen, auf dem in Art. 447 angegebenen Wege eine Ausgleichung der Spannung, die sich, wie in allen anderen Fällen, in einem Strom, der den Draht und scheinbar auch die Flüssigkeit durchzieht, äußert. Da indessen die Metalle durch den Draht in Berührung bleiben, muß sich die Spannung auch sofort wieder herstellen. Sie wird also fort=während, so lange die Verbindung durch den Draht aufrecht erhalten ist, durch den Einfluß des Elektrolyts ausgeglichen und durch die Kontakt=wirkung der Metalle wieder hergestellt und dadurch gewinnt der Strom Dauer und fließt so lange durch den Draht und die Flüssigkeit, bis eben diese letztere keine elektrolytischen Wirkungen mehr aufweist oder bis der Draht an irgend einer Stelle unterbrochen wird. Der Strom läuft offenbar in sich zurück, wenngleich in der Flüssigkeit der Transport der Elektricität anscheinend anders geschieht wie im Draht, indem dort die Jonten die Elektricität von Schicht zu Schicht befördern. Im Draht und auch in der Flüssigkeit erzeugt er Wärme.

Seine treibende Kraft heißt die elektromotorische Kraft des Elements, die beiden in der Flüssigkeit tauchenden Körper nennt man die Pole des Elements, und zwar ist positiv derjenige Pol, welcher positive Elektricität zeigt, negativ der andere. Daß diese Körper oder auch irgend welche von ihnen ausgehenden Drähte auch Elektroden heißen, ist bereits erwähnt.

474. Mehrere Elemente mit einander metallisch (z. B. durch Drähte oder Metallstreifen) verbunden, geben eine Batterie. Die Verbindung kann so geschehen, daß alle Elemente mit den ungleichnamigen oder so, daß sie alle mit den gleichnamigen oder endlich so, daß sie zu einem Theil mit den ungleichnamigen, zum Theil mit den gleichnamigen Polen verbunden sind, sie sind dann hinter oder neben einander oder gemischt ge=schaltet. Das erste geschieht, wenn man stark gespannte, das zweite, wenn man stark mit Elektricität gefüllte Ströme haben muß, das dritte, wenn Spannung und Elektricität in gleichem Maaße wünschenswerth sind. Das sind also Elemente und Batterien mit einer Flüssigkeit, wie die sogenannten Feldelemente, die im Felddienst benutzt werden und als Flüssigkeit gewöhnlich eine Chromsäurelösung haben.

Die meisten im Gebrauch befindlichen Elemente enthalten nicht eine Flüssigkeit, sondern deren zwei, wodurch ihre treibende Kraft vermehrt wird. Die eine Flüssigkeit befindet sich in einem Glasgefäß, die andere in einem in dieses Gefäß hineingestellten Cylinder aus porösem Material, der als poröse Zelle bezeichnet wird. Das eine Metall taucht in die eine, das andere in die andere Flüssigkeit. So giebt es sogenannte Daniell'sche Elemente, welche im Gefäß eine Kupfervitriollösung, in der porösen Zelle verdünnte Schwefelsäure enthalten. In das Kupfervitriol taucht ein Kupferblech, welches um die poröse Zelle herumgeht, in die verdünnte Schwefelsäure ein massives Zinkstück, welches amalgamirt ist, weil es sonst zu rasch von der Schwefelsäure verzehrt würde. Durch den Strom wird das Kupfervitriol zersetzt und Kupfer am Kupferpol abgeschieden, gleichzeitig wird das Zink in der Schwefelsäure aufgelöst und Zinksulfat gebildet. Der Kupferpol erleidet also nur in der Weise eine Veränderung, daß er sich eben stetig vergrößert, der Zinkpol aber wird allmählich zerfressen und muß von Zeit zu Zeit amalgamirt und zuletzt durch einen neuen ersetzt werden. Das bekannte Meidinger'sche Element ist eine Abart des Daniell'schen Elementes, die Flüssigkeiten befinden sich hier nicht in einander, wozu eben die poröse Zelle nöthig ist, sondern eine, die verdünnte Schwefelsäure, steht über der anderen der Kupfervitriollösung. Hier bildet der Kupferpol eine Spirale, der Zinkpol einen Cylinder. Die Grove'schen Elemente enthalten im äußeren Gefäß verdünnte Schwefelsäure, in der porösen Zelle Salpetersäure, in jene taucht ein Zinkcylinder, in diese ein Platinblech. Im Bunsen'schen Element ist das Platinblech durch ein Stück sogenannter Retortenkohle ersetzt, welche in besonderer Weise präparirt ist. In einer Abart dieser Elemente befindet sich in der porösen Zelle eine Mischung von verdünnter Schwefelsäure und chromsaurem Kalium. Das Leclanché'sche Element hat gleichfalls Zink und solche Kohle zu Polen, jedoch im äußeren Gefäß eine Lösung von Chlorammonium (Salmiak), in der porösen Zelle Mangansuperoxyd (Braunstein). Außer diesen bekanntesten giebt es noch eine erhebliche Anzahl anderer Elemente.

c) Polarisation, Akkumulatoren.

475. Hier ist auch der Ort von den sogenannten Sekundärbatterien oder Akkumulatoren einiges zu bemerken. Thut man in ein Glas mit Wasser zwei sich gegenüberstehende Bleche von gleichem Metall, z. B. Platin, und verbindet diese durch je einen Draht mit je einem der Pole eines Elements, so fließt der elektrische Strom durch das Wasser und zersetzt dieses, wie schon bemerkt, in Wasserstoff und Sauerstoff, die sich an den Blechen in Bläschen ansammeln. Löst man sodann die Drähte von den Polen des Elements und bringt ihre so befreiten Enden mit einander in Verbindung, so als ob das Glas mit Wasser selbst ein Element wäre, so

zeigt sich in der That im Draht ein Strom, der sonst nicht vorhanden sein könnte, weil die Bleche aus gleichem Metall bestehen. Dieser Strom hat die entgegengesetzte Richtung, wie der Strom, der aus dem Element kam und das Wasser durchfloß. Er heißt der Polarisationsstrom und die Bleche heißen polarisirt. Auch er zersetzt das Wasser. Da er die entgegengesetzte Richtung hat, so lagert er an demjenigen Blech Sauerstoff ab, wo jener Strom Wasserstoff hinführte und am anderen Wasserstoff, den jener mit Sauerstoff bedeckt hat. Es finden sich also nunmehr an jedem Bleche Wasserstoff und Sauerstoff, diese verbinden sich zu Wasser und die Bleche werden wieder frei. Sobald das geschehen ist, ist auch der Polarisationsstrom verschwunden, und alles hat seinen früheren Zustand wieder erreicht. Hier ist die Veränderung der Elektroden eine mehr äußerliche, in anderen Fällen bewirkt der Strom durch die angelagerten Theile des Elektrolyts eine chemische Veränderung derselben, wodurch noch größere elektrische Gegensätze geschaffen werden können.

476. Vorrichtungen, welche in dieser Weise Polarisationsströme geben, heißen Sekundärbatterien oder Akkumulatoren. Die Bedeutung des ersteren Namens ist klar, der letztere kommt dieser Vorrichtung deshalb zu, weil es den Anschein hat, als ob diese Vorrichtungen in sich Elektricität aufgespeichert haben. Thatsächlich ist nichts weiter eingetreten als eine Veränderung an ihren Elektroden, wodurch diese in einen elektrischen Gegensatz zu einander getreten sind, der durch den Polarisationsstrom allmählich wieder ausgeglichen wird. Die in Gebrauch befindlichen Akkumulatoren haben verdünnte Schwefelsäure als Flüssigkeit und Platten, welche aus oxydirtem Bleischwamm bestehen, als Elektroden. Läßt man einen Strom durchziehen, so lagert sich an einer Platte, durch Elektrolyse der Schwefelsäure, Wasserstoff ab, welcher dem Oxyd Sauerstoff entzieht, um Wasser zu bilden, und diese Platte dadurch in Bleischwamm zurückführt. An der anderen Platte stellt sich der Sauerstoff ein und oxydirt sie noch mehr, sie geht in Bleisuperoxyd über. Das ist die Ladung des Akkumulators. Schaltet man jetzt den Strom aus und verbindet die beiden Platten unmittelbar durch einen Draht, so läuft in ihm ein entgegengesetzter Strom, der Polarisationsstrom; an der Bleischwammplatte tritt der Sauerstoff auf und oxydirt diese, an der Bleisuperoxydplatte lagert sich Wasserstoff, welcher dieser Platte Sauerstoff entzieht und sie in ein Oxyd zurückführt. Zuletzt bestehen also beide Platten wieder aus Bleioxyd. Das ist die Entladung. Wenn beide Platten wieder zu Bleioxyd geworden sind, hört der Strom auf. Man kann den Akkumulator an beliebiger Stelle sich entladen lassen und durch den Entladungsstrom jede beliebige Wirkung erzielen. Diese

vorstehend beschriebene Einrichtung ist zur Besprechung gewählt, weil man erfahrungsmäßig auf diese Weise die stärksten Entladungsströme und dauerhaftesten Apparate bekommt.

Selbstverständlich polarisiren sich auch die gewöhnlichen Elemente durch ihren eigenen Strom, sie geben daher nie einen so starken Strom, als es zufolge ihrer Beschaffenheit der Fall sein sollte. Doch sind sie darauf eingerichtet, sich möglichst wenig zu polarisiren. Regeneriren durch einen Ladungsstrom, wie die vorbeschriebenen Akkumulatoren, lassen sie sich aus hier nicht anzugebenden Gründen nicht.